“粮食工程”专业系列教材

谷物加工工艺学

马　涛　肖志刚　主编

科学出版社
北　京

内 容 简 介

本书共分 6 章，包括：绪论、谷物籽粒的形态结构及其理化性质、谷物加工前处理、稻谷加工、小麦加工、玉米加工、其他谷物的加工。通过学习本课程，学生应该掌握谷物加工的基本原理和技能，熟悉关键设备的结构、工作原理及影响工艺效果的主要因素，具有对现有加工企业的生产工艺及设备进行分析研究和技术改造的能力，了解谷物加工副产品综合利用的主要途径及谷物深加工新技术。希望通过学习，培养学生分析问题、解决问题的能力，使他们成为谷物加工的高级工程技术和管理人才。

本书可作为粮食工程专业和食品科学与工程专业粮油加工方向本科学生的教材，也可作为相关专业的研究生、科技人员、粮食加工企业管理人员的参考书。

图书在版编目（CIP）数据

谷物加工工艺学/马涛，肖志刚主编．—北京：科学出版社，2009
“粮食工程”专业系列教材
ISBN 978-7-03-025692-8

Ⅰ．谷…　Ⅱ．①马…②肖…　Ⅲ．谷物-粮食加工-生产工艺-教材
Ⅳ．TS210．4

中国版本图书馆 CIP 数据核字（2009）第 175635 号

责任编辑：席　慧／责任校对：张怡君
责任印制：张　伟／封面设计：耕者设计工作室

科学出版社 出版
北京东黄城根北街 16 号
邮政编码：100717
http://www.sciencep.com
北京凌奇印刷有限责任公司 印刷
科学出版社发行　各地新华书店经销
*
2009 年 12 月第　一　版　　开本：787×1092　1/16
2023 年　1　月第十次印刷　　印张：27　1/4
字数：732 000

定价：88.00 元

（如有印装质量问题，我社负责调换）

《谷物加工工艺学》编写人员

主　编　马　涛　（渤海大学）
　　　　肖志刚　（东北农业大学）

副主编　沈　群　（中国农业大学）
　　　　贾奎连　（沈阳师范大学）
　　　　杜　明　（大连工业大学）
　　　　刘　崑　（锦州医科大学）

编　者　（按姓氏笔画排序）
　　　　马　涛　（渤海大学）
　　　　左　锋　（黑龙江八一农垦大学）
　　　　刘　崑　（锦州医科大学）
　　　　杜　明　（大连工业大学）
　　　　李　良　（东北农业大学）
　　　　沈　群　（中国农业大学）
　　　　肖志刚　（东北农业大学）
　　　　贾奎连　（沈阳师范大学）

主　审　姚惠源　（江南大学）

前　　言

“谷物加工工艺学”是粮食工程专业和食品科学与工程专业粮油加工方向本科学生的主干课程之一。本书是为了适应教学计划调整的需要，并为了培养现代谷物加工高级专门人才而编写的，它的内容与“谷物化学”、“油脂工艺学”和“粮油检验”等一起构成了谷物加工学科的基本知识体系。

本书结合先进技术与生产实践，系统地阐述了稻谷、小麦、玉米及大麦、荞麦、燕麦、高粱、粟等其他谷物原料的加工工艺品质，谷物加工的基本原理和方法、生产工艺、主要设备结构、工艺效果分析等。

本书对近年来国内外谷物加工中应用的新技术（如糙米调质技术、营养米生产技术、小麦粉营养强化技术、低脂玉米产品生产技术）、新工艺（如谷糙分离工艺、小麦碾皮制粉工艺、玉米提胚和强化分级制粉工艺）、新设备作了较为全面的阐述及分析，同时对小麦前路出粉、中路出粉、剥皮制粉工艺进行了比较和分析，并对玉米干法联产加工、湿法加工技术作了较详尽的介绍。

通过学习本书，学生应该掌握谷物加工的基础理论和基本技能，掌握加工设备的结构和基本原理，具有对谷物加工设备进行选择、使用、改进以及进行技术测定和技术改造、组织生产管理、制订操作规程等的能力，初步具备对大中型谷物加工工艺项目论证和设计的能力。

本课程是一门应用性较强的技术科学，要求学习者理论联系实际，要善于用学到的理论知识分析生产中的各种现象及其内在联系，在实践过程中提高分析问题和解决问题的能力。

本书由马涛教授、肖志刚副教授任主编，沈群、贾奎连、杜明、刘崑任副主编，姚惠源教授主审。编写分工为：马涛负责绪论和第二章的编写，沈群负责第一章的编写，贾奎连负责第三章的编写，刘崑和杜明负责第四章的编写，肖志刚负责第五章和第六章的编写。黑龙江八一农垦大学左锋参加了第五章部分内容的编写，东北农业大学李良参加了第六章部分内容的编写。

本书编写过程中参考引用了有关兄弟院校、研究院所和有关单位出版的教材、资料和个人发表的论文，编者在此深表感谢。

由于编者水平有限，书中难免有不妥之处，恳请读者批评指正。

编　者

2009 年 5 月

目　　录

前言

绪论 …………………………………………………………………… 1

第一章　谷物籽粒的形态结构及其理化性质 ………………………… 5

第一节　谷物的种类及其籽粒的形态结构 …………………………… 5

第二节　谷物的物理性质 ……………………………………………… 19

第三节　谷物的化学成分与加工特性 ………………………………… 34

思考题 ………………………………………………………………… 50

参考文献 ……………………………………………………………… 50

第二章　谷物加工前处理 ……………………………………………… 51

第一节　概述 ………………………………………………………… 51

第二节　风选 ………………………………………………………… 54

第三节　筛选 ………………………………………………………… 60

第四节　比重分选 …………………………………………………… 78

第五节　精选 ………………………………………………………… 89

第六节　磁选 ………………………………………………………… 100

第七节　表面处理 …………………………………………………… 103

第八节　调质处理 …………………………………………………… 111

第九节　搭配 ………………………………………………………… 124

第十节　设备操作与维护 …………………………………………… 128

思考题 ………………………………………………………………… 134

参考文献 ……………………………………………………………… 135

第三章　稻谷加工 …………………………………………………… 136

第一节　概述 ………………………………………………………… 136

第二节　砻谷及砻下物分离 ………………………………………… 137

第三节　碾米 ………………………………………………………… 170

第四节　成品及副产品整理 ………………………………………… 192

第五节　稻谷加工工艺流程设计 …………………………………… 203

第六节　特种大米加工 ……………………………………………… 219

思考题 ………………………………………………………………… 233

参考文献 ……………………………………………………………… 233

第四章　小麦加工 …………………………………………………… 234

第一节　概述 ………………………………………………………… 234

第二节　研磨 ………………………………………………………… 243

第三节　筛理 ………………………………………………………… 269

第四节　清粉 …… 288
第五节　打(刷)麸和松粉 …… 295
第六节　小麦制粉流程 …… 300
第七节　小麦粉后处理 …… 335
思考题 …… 341
参考文献 …… 341
第五章　玉米加工 …… 342
第一节　概述 …… 342
第二节　玉米干法加工 …… 347
第三节　玉米湿法加工 …… 371
思考题 …… 379
参考文献 …… 380
第六章　其他谷物的加工 …… 381
第一节　大麦加工 …… 381
第二节　燕麦加工 …… 388
第三节　荞麦加工 …… 400
第四节　粟加工 …… 408
第五节　高粱加工 …… 415
第六节　糜子的加工 …… 422
参考文献 …… 425

绪 论

一、谷物加工业在国民经济中的地位和作用

谷物加工业是农产品加工业的基础产业，也是食品工业的支柱产业。谷物加工业以稻谷、小麦、玉米等大宗谷物和杂粮、薯豆类及其加工副产品为基本原料，应用谷物加工学技术原理和现代营养学原理，生产各种米、面主食及主餐食品、方便食品、保健食品等，可以达到提高食品营养效价、改善膳食结构、提高人们健康水平的目的。

我国是谷物生产、消费的农业大国。2008 年中国谷物产量总计为 5.285 亿吨，连续第五年增加，增幅达到 5.4%。几种主要谷物的产量分别为：稻谷 1.931 亿吨、小麦 1.125 亿吨、玉米 1.654 亿吨。

"民以食为天，国以粮为本"，谷物是人类最宝贵的生命资源。古人云："安民之本，必资于食，安谷则昌，绝谷则危。"谷物是一个民族生存和发展的必要条件，无论未来的科学技术如何先进，都不可能取代谷物加工业，而只能促进其提高和发展。近年来，我国人民生活正在向富裕小康型过渡，国民对谷物产品的消费已向优质化、功能化、绿色化方向发展。生产、开发适应市场要求和人民消费变化的谷物制品，是谷物加工业在新世纪内肩负着的一项重要使命。

农业是国民经济的基础。现代农业划分为产前、产中、产后三个部分，三者有机结合、协调发展，相互制约和促进。随着时代的进步、科技的发展，产中部分的比例逐步缩小，产后部门的比例相应扩大。谷物加工业是推进农业向商品化、专业化、现代化转变，走农工贸一体化道路中的重要环节。谷物加工业在发展高效农业中起着举足轻重的作用。

谷物加工业不仅与农业而且与机械制造业、包装业、零售业、餐饮业、食品工业等行业之间的联系密切。谷物产品的加工、销售及增值开发利用，都离不开上述诸多行业的支撑。与此同时，谷物加工业的兴旺发达，也刺激了相关工业的发展与进步，推动了电子、生物、环保等高新技术的应用与发展。

综上可见，谷物加工业在国民经济中占据重要的地位。

二、谷物加工业的发展概况

根据文献记载，我国谷物加工已有 4000 多年的悠久历史。早在新石器时代，我国就出现了杵、石臼等谷物加工工具，用于舂米，以后又有碾子和石磨。我国晋代就开始使用水力驱动卧式水轮机带动石磨制粉，唐代是我国水力磨坊发展的昌盛时期，明代宋应星撰写的《天工开物》中，就详细记载了稻谷加工的工艺过程，说明当时的谷物加工技术已发展到相当的水平。

欧洲于 12 世纪开始用风力带动石磨制粉，18 世纪采用粗筛。钢辊磨于 18 世纪发源于匈牙利，1870 年才被大规模采用，并发展了长达 20～30 道工序的制粉流程。1860 年德国发明了立式砂臼碾米机，1888 年美国发明了横式辊筒碾米机。

20 世纪初我国从西方引进钢辊磨和多道制粉技术，并引进砂盘砻谷机、广式碾米机和铁辊筒碾米机。当时的谷物加工业规模小，技术落后，设备简陋，成品质量低劣。

20 世纪五六十年代，为了保证国民的口粮供应，国家有关部门制定了我国粮食原料及其加

工产品的标准。在确保产品质量和出品率前提下，在谷物加工业中开展了技术革新和技术改造运动，主要成就有前路出粉、小麦剥皮制粉、多机碾白缩短为一机碾白等。1957 年原粮食部工业局制定了《碾米工厂操作规程》和《制粉工厂操作规程》，于 1963 年正式颁布，并于 1981 年作了局部补充。规程中各种指标不仅指导着当时谷物加工厂的实际生产，也被当作科研工作为生产服务应该达到的目标。与此同时，国家也十分重视谷物加工专业技术人才的培养。1954 年起，成立了一批与谷物加工业紧密相关的高等院校及中等专业学校，有关科学研究院、研究所也相继成立。广大科技人员为谷物加工的进步与发展，为节约粮食资源、保障粮食供给，作出了积极的贡献。

近二十年来，我国谷物加工业飞速发展。在"科学技术是第一生产力"思想的指导下，从"六五"到"九五"的四个五年计划中，我国谷物加工业广大科技人员通过承担国家科技攻关及行业重大科技项目的研究开发，取得了诸多科研成果，极大地促进了我国谷物加工业的科技进步。尤其是近几年，随着经济体制的转变，进一步明确了粮食流通技术是粮食工业科技研究的重点。科技的改革及对经济的渗透和参与，加大了科技对传统谷物加工业的改造力度，使我国谷物加工业向规模化、集约化、现代化发展，向精加工、深加工、食品制造方向延伸，谷物加工业由此又登上一个新台阶。

在稻米加工方面，研究开发了营养化大米产品(如蒸谷米、营养强化大米、发芽糙米、留胚米等)的生产工艺，砻谷机、碾米机、抛光机、色选机、糙米调质机、营养液喷涂机、大米成型机、配米器、真空整形包装机、充气包装机等主要装备以及米粒外观品质、食味、整粒大米的成分检测技术和仪器都已经更新换代。部分企业，如无锡布勒、安陆永祥、武汉友谊、扬州牧羊、溧阳正昌等，生产的设备实现了批量出口。

在小麦加工方面，研制了面条、馒头、饼干等 30 种食品专用小麦粉，开发了方便面自动化生产线、馒头工业化生产线、水饺自动生产线、饼干生产线、挂面生产线等，更新改造了大批国产设备，改进了设备性能，提高了设备生产效率，开拓出了多项具有中国特色的小麦湿法和干法加工工艺，如"磨撞均衡出粉的制粉新技术"、"特殊物料分级新技术"、"连续式谷物淀粉分离新技术"等，已运用于多家企业，提高了产品得率，降低了能耗，优化了产品结构，获得了巨大的经济效益和社会效益。国家建设了一批国家级、省部级小麦面制食品加工技术工程中心、实验室和示范基地，制定了一批国家标准或行业标准，为研发传统面制品工业化生产线奠定了坚实的基础。

随着经济发展和玉米深加工研究的不断深入和技术突破，以玉米淀粉为主的淀粉及淀粉深加工产业快速发展。2005 年，全国生产柠檬酸及柠檬酸盐 63 万吨，其中以安徽丰原集团为首的九家主要企业年产量达 50 万吨以上，超过全国产量的 80%；莲花味精集团、菱花味精集团、齐鲁味精集团等 5 家企业产量超过 80 万吨，占全国产量的 70%以上；山梨醇产量已居世界第一，达到 109 万吨，其中长春大成集团达到 35 万吨，山东天力化工公司达到 20 万吨；以山东西王集团为首的四、五家企业占了全国淀粉糖产量的 80%以上；以吉林大成公司、山东金玉米开发有限公司等几家企业为龙头，赖氨酸产量已超过 20 万吨。

为改变我国特色杂粮生产与加工利用严重滞后的现状，科技部启动了"十一五"国家科技支撑计划"特色杂粮生产及加工利用技术研究与开发"重点项目，以此建立高效育种与产业发展技术平台，培育高产、优质、多抗、专用型特色杂粮作物新品种，促进特色杂粮优质、高产、高效、安全生产，延长杂粮产业链，带动杂粮产业化水平和农业综合效益的全面提高。

预计在不久的将来，我国的主要谷物的加工技术与设备将很快达到国际水平，特别是大米、面粉和玉米制品的品种和质量会得到迅速增加和提高。我国谷物加工业的技术水平即将进入世界先进国家行列。

三、我国谷物加工业的发展方向

长期以来，我国谷物加工业受计划经济体制的影响，积累了诸多矛盾，存在许多的弊端，集中表现在以下几个方面：①多年的重复建设使生产能力严重过剩，产品供过于求。②国有加工企业机制很不适应市场经济，包袱重、成本高、效率低，技术进步力度不大，产品结构单一。③乡镇、民营谷物加工企业虽然机制灵活，又具有原料优势，但设备大都陈旧、落后，技术水平较低，中高档产品出率偏低，粮食资源浪费现象较为严重。

随着 WTO 后过渡期的结束，发达国家借助控制核心技术的优势，以标准和知识产权构成的技术壁垒日益成为各国间贸易保护的重要手段。同时随着我国人口、资源、环境压力的不断加大，谷物供需矛盾将日益凸显。因此，我们必须抓住技术进步和经济全球化给我国谷物产业和技术发展带来的后发优势和跨越式发展的历史机遇，依靠科技进步，努力提高粮食综合生产能力和粮食资源利用率。

1. 完善与建立谷物质量标准及检测手段

早在 20 世纪 50 年代，国家就颁布了主要谷物及其产品的质量标准，在过去一段时间内，它在谷物加工业中发挥了很大的作用。随着时代的进步、经济体制的转轨，旧标准及检测手段已不适应现代谷物加工业发展的需求，必须对优质谷物及其加工产品、深加工产品、专用产品、功能性产品等标准及检测方法进行修订和制定，使新标准与国际标准接轨，在加工生产中实施 HACCP(Hazard Analysis Critical Control Point)规范及 ISO 9000、14000 族系规范，使各类质量标准、检测标准和技术规程贯穿于谷物生产、加工和流通全过程，以指导合理利用谷物资源、保证产品质量。与此同时，还需加快研制谷物快速检测设备及在线检测设备，特别是适用于流通领域的价格低廉、易于推广使用的检测仪器和辅助设备。

2. 提高创新意识，采用现代高新技术发展谷物深加工，开发优质名牌产品

为了加快传统谷物加工业的重组和改造，在加强应用基础研究(主要指谷物品种资源分布与加工品质的研究)的同时，必须应用生物工程、微胶囊、超微粉碎、计算机等现代高新技术，开发高附加值产品，研究与推广谷物资源的增值技术，如米饭、营养米粉、米线、中式冷冻面团、烘焙食品等工业化生产技术，功能性低聚糖和膳食纤维等食品基础原料的开发技术，米糠、碎米、麦麸、麦胚等谷物加工副产品综合利用等方面技术的研究与应用。

3. 研制、开发新型高效的机电一体化谷物加工设备

谷物加工业的工艺要求必须通过相应的设备才能实现。1978 年以来，我国粮机制造业有了很大发展，2005 年末，粮机年生产能力达 12.6 万吨，如平均每台设备质量按 1 吨计，则每年生产谷物加工设备多于 12 万台。但是，粮机产品品种及质量与发达国家尚有一定差距，主要表现在零部件加工的精度与材质，电气元件的灵敏性、稳定性与可靠性，整机装备的精确性，设备运行的可靠性、稳定性及耐用性等方面。今后，必须千方百计地提高我国粮机制造质量，使其更好地为谷物加工业服务。

4. 利用信息资源，提高谷物加工业管理的现代化、科学化水平

21 世纪是经济快速增长的时期，是信息时代。随着时代的发展，企业管理的重要性也越来越被人们所重视，企业经济效益的优劣很大程度上取决于管理。要通过决策法规、技术标准、商品代码、流通设施、检验仪器、加工设备及科研项目、科研成果等谷物加工业信息资源数据库的建立，提高现有谷物加工业信息资源利用率，促进已有科技成果及其相关信息资源的转化，为实现宏观管理提供快速、高效、可靠的政策支持，提高谷物加工业的现代化管理水平。

四、学习本课程的目的与方法

本课程适用于食品科学与工程专业、粮食工程专业的本科生，系必修课程。本课程主要内容有：谷物籽粒的形态结构及其理化性质、谷物加工前处理、稻谷加工、小麦加工、玉米加工、其他谷物加工。通过学习本课程，学生应该掌握谷物加工的基本原理和技能，熟悉关键设备的结构、工作原理及影响工艺效果的主要因素，使其具有对现有加工企业的生产工艺及设备进行分析研究和技术改造的能力，了解谷物加工副产品综合利用的主要途径及谷物深加工新技术。希望通过学习，培养学生分析问题、解决问题的能力，使他们具有一定的创新精神，成为谷物加工的高级工程技术和管理人才。

谷物加工工艺学是一门应用型技术科学课程，学习本课程必须理论联系实际，注重实验环节和实习环节，在实践过程中深刻理解各单元操作的原理及应用，形成深入剖析、反复思考、灵活应用、举一反三的学习方法，为今后工作与深造打下坚实的理论基础。

第一章　谷物籽粒的形态结构及其理化性质

本章的学习目的

了解各种加工谷物的原料形态和结构特点，掌握评价单体和群体谷物性质的基本概念，了解谷物原料的化学成分及加工特性。

本章的学习重点

谷物的籽粒形态结构与工艺性质及其产品品质的关系。

第一节　谷物的种类及其籽粒的形态结构

一、谷物分类与质量标准

（一）稻谷的分类与质量标准

1. 稻谷品质基本概念

（1）出糙率。净稻谷脱壳后的糙米（其中不完善粒折半计算）占试样质量的百分率。

（2）整精米。糙米碾磨成精度为国家标准一等大米时，米粒产生破碎，其中长度仍达到完整精米粒平均长度4/5以上（含4/5）的米粒。

（3）整精米率。整精米占净稻谷试样质量的百分率。

（4）不完善粒。包括下列尚有食用价值的颗粒。①未熟粒：籽粒未成熟不饱满，米粒外观全部为粉质的颗粒。②虫蚀粒：被虫蛀蚀并伤及胚乳的颗粒。③病斑粒：糙米胚或胚乳有病斑的颗粒。④生芽粒：芽或幼根已突出稻壳，或检验糙米芽或幼根已突破种皮的颗粒。⑤霉变粒：稻谷生霉，去壳后糙米胚或胚乳变色或变质的颗粒。

（5）谷外糙米。稻谷由于机械损伤等原因形成的糙米粒。

（6）杂质。除本种粮粒以外的其他物质，包括下列几种：①筛下物：通过直径2.0mm圆孔筛的物质。②无机杂质：泥土、砂石、砖瓦块及其他无机物质。③有机杂质：无食用价值的稻谷粒、异种粮粒及其他有机物质。

（7）黄粒米。胚乳呈黄色，与正常米粒色泽明显不同的颗粒。

（8）色泽、气味。一批稻谷固有的色泽和气味。

2. 稻谷的分类

我国稻谷种植区域广，品种超过6万种。稻谷的分类方法很多，按稻谷的生长方式分为水稻和旱稻；按生长的季节和生长期长短不同分早稻谷（90～120天）、中稻谷（120～150天）、晚稻谷（150～170天）；按粒形粒质分有粳稻谷、籼稻谷、糯稻、晚稻谷。

旱稻谷因其品质差、产量低、播种面积少，所以未被列入国家标准。一般情况下，除非特别指明是旱稻谷，否则均认为是水稻谷。根据国标GB 1350—2009《稻谷》的规定，将稻谷分为以下5类。

（1）早籼稻谷。生长期较短、收获期较早的籼稻谷，一般米粒腹白较大，角质粒较少。

（2）晚籼稻谷。生长期较长、收获期较晚的籼稻谷，一般米粒腹白较小或无腹白，角质粒较多。

(3) 粳稻谷。粳型非糯性稻的果实，糙米一般呈长椭圆形，米质黏性较大胀性较小。

(4) 籼糯稻谷。籼型糯性稻的果实，糙米一般呈长椭圆形或细长形，米粒呈乳白色，不透明或半透明状，黏性大。

(5) 粳糯稻谷。粳型糯性稻的果实，糙米一般呈椭圆形，米粒呈乳白色，不透明或半透明状，黏性大。

3. 稻谷质量标准

根据国标 GB 1350—2009《稻谷》规定，籼稻谷质量等级分为 6 级，出糙率大于等于 79.0%、整精米率大于等于 50.0%、杂质含量小于等于 1.0%、水分含量小于等于 13.5%、黄粒米含量小于等于 2.0%、谷外糙米含量小于等于 2.0%、互混率小于等于 5.0%、色泽气味正常的籼稻谷为 1 级，其后出糙率每降低 2.0%、整精米率每降低 3.0%，等级降 1 级(表 1-1)。

表 1-1　早籼稻谷、晚籼稻谷、籼糯稻谷质量指标

等级	出糙率/%	整精米率/%	杂质含量/%	水分含量/%	黄粒米含量/%	谷外糙米含量/%	互混率/%	色泽、气味
1	≥79.0	≥50.0	≤1.0	≤13.5	≤1.0	≤2.0	≤5.0	正常
2	≥77.0	≥47.0						
3	≥75.0	≥44.0						
4	≥73.0	≥41.0						
5	≥71.0	≥38.0						
等外	<71.0	—						

注：—为不要求。

粳稻谷、粳糯稻谷按出糙率和整精米率也分为 5 个等级。整精米率大于等于 60.0%、杂质含量小于等于 1.0%、水分含量小于等于 14.5%、色泽气味正常的粳稻谷，出糙率大于等于 81.0%为 1 级，其后出糙率每降低 2.0%，等级降 1 级(表 1-2)。

表 1-2　粳稻谷、粳糯稻谷质量指标

等级	出糙率/%	整精米率/%	杂质含量/%	水分含量/%	黄粒米含量/%	谷外糙米含量/%	互混率/%	色泽、气味
1	≥81.0	≥61.0	≤1.0	≤13.5	≤1.0	≤2.0	≤5.0	正常
2	≥79.0	≥58.0						
3	≥77.0	≥55.0						
4	≥75.0	≥52.0						
5	≥73.0	≥49.0						
等外	<73.0	—						

注：—为不要求。

(二) 小麦的分类与质量标准

小麦是世界粮食作物中主要粮食作物之一。世界上 30%～40%的人口以小麦为主要粮食。我国小麦种植范围分布很广，生长地域差别很大，不同条件下生长的各种不同品种的小麦，其外表和特性都有着很大的差异。

1. 小麦品质基本概念

(1) 不完善粒。受到损伤但尚有使用价值的小麦颗粒。包括虫蚀粒、病斑粒、破损粒、生芽粒和生霉粒。①虫蚀粒:被虫蛀食,伤及胚或胚乳的颗粒。②病斑粒:粒面带有病斑,伤及胚或胚乳的颗粒。其中,包括黑胚粒,即籽粒胚部呈深褐色或黑色,伤及胚或胚乳的颗粒;赤霉病粒,籽粒皱缩,呆白,有的粒面呈紫色或有明显的粉红色霉状物,间有黑色子囊壳。③破损粒:压扁、破损,伤及胚或胚乳的颗粒。④生芽粒:芽或幼根突破种皮但不超过本颗粒长度的颗粒,芽或幼根虽未突破种皮但已有芽萌动的颗粒。⑤霉变粒:粒面生霉或胚乳变色变质的颗粒。

(2) 小麦硬度。小麦籽粒抵抗外力作用下发生变形和破碎的能力。

(3) 小麦硬度指数。在规定条件下粉碎小麦样品,留存在筛网上的样品占试样的质量分数,用 HI 表示。硬度指数越大,表明小麦硬度越高,反之表明小麦硬度越低。

(4) 色泽、气味。一批小麦固有的综合颜色、光泽和气味。

(5) 杂质。除小麦粒以外的其他物质,包括筛下物、无机杂质和有机杂质。

(6) 筛下物。通过直径 1.5mm 圆孔筛的物质。

(7) 无机杂质。砂石、煤渣、砖瓦块、泥土等矿物质及其他无机类物质。

(8) 有机杂质。无使用价值的小麦,异种粮粒及其他有机类物质。常见无使用价值的小麦有霉变小麦、生芽粒中芽超过本籽粒长度的小麦、线虫病小麦、腥黑穗病小麦等颗粒。

2. 小麦的分类

按国家标准 GB1351—2008《小麦》规定,我国小麦分为 5 类。

(1) 硬质白小麦。种皮为白色或黄白色的麦粒不低于 90%,硬度指数不低于 60 的小麦。

(2) 软质白小麦。种皮为白色或黄白色的麦粒不低于 90%,硬度指数不高于 45 的小麦。

(3) 硬质红小麦。种皮为深红色或红褐色的麦粒不低于 90%,硬度指数不低于 60 的小麦。

(4) 软质红小麦。种皮为深红色或红褐色的麦粒不低于 90%,硬度指数不高于 45 的小麦。

(5) 混合小麦。不符合(1)~(4)规定的小麦。

3. 小麦的质量标准

国家标准 GB1351—2008《小麦》规定,各类小麦按体积质量分为 6 个等级。杂质总量小于等于 1.0%、矿物质小于等于 0.5%、水分小于等于 12.5%、色泽气味正常的小麦,不完善粒小于等于 6.0%时,容重大于等于 790g·L^{-1},为 1 级,容重大于等于 770g·L^{-1},为 2 级,之后,不完善粒每降低 2.0%,并且容重每降低 20g·L^{-1},则等级降低 1 级。当容重小于 710g·L^{-1}时,小麦为等外品。小麦质量指标见表 1-3。

表 1-3　小麦质量指标

等级	容重/(g·L^{-1})	不完善粒/%	杂质/%		水分/%	色泽、气味
			总量	其中:矿物质		
1	≥790	≤6.0	≤1.0	≤0.5	≤12.5	正常
2	≥770					
3	≥750	≤8.0				
4	≥730					
5	≥710	≤10.0				
等外	<710	—				

注:—为不要求。

(三) 玉米的分类与质量标准

玉米素有长寿食品的美称,含有丰富的蛋白质、脂肪、维生素、微量元素、纤维素及多糖等,具有开发高营养、高生物学功能食品的巨大潜力。

1. 玉米品质基本概念

(1) 容重。粮食籽粒在单位容积内的质量,以 $g \cdot L^{-1}$表示。

(2) 不完善粒。受到损伤但尚有使用价值的颗粒。包括虫蚀粒:被虫蛀蚀,伤及胚或胚乳的颗粒;病斑粒:粒面带有病斑,伤及胚或胚乳的颗粒;破损粒:籽粒破损达本颗粒体积1/5(含)以上的颗粒;生芽粒:芽或幼根突破表皮的颗粒;生霉粒:粒面生霉的颗粒;热损伤粒:受热后外表或胚显著变色和损伤的颗粒。

(3) 杂质。通过规定筛层和无使用价值的物质。包括筛下物,即通过直径3.0mm圆孔筛的物质;无机杂质,即泥土、砂石、砖瓦块及其他无机杂质;有机杂质,即无使用价值的玉米粒、异种粮粒及其他有机杂质。

(4) 色泽、气味。一批玉米固有的综合色泽和气味。

2. 玉米的分类

根据国家标准GB1353—2009《玉米》中的规定,玉米按照种皮颜色分为3类。

(1) 黄玉米。种皮为黄色,或略带红色的籽粒不低于95%的玉米。

(2) 白玉米。种皮为白色,或略带淡黄色或略带粉红色的籽粒不低于95%的玉米。

(3) 混合玉米。不符合黄玉米或白玉米要求的玉米。

除按照国标分类外,还可以根据粒形、硬度及用途分类。可以分成普通玉米和特种玉米。普通玉米又包括籽粒呈马齿形,胚乳的两侧为角质,中央和顶端均为粉质的马齿型玉米;籽粒呈圆形或短方形,胚乳周围全是角质的硬粒型玉米;马齿型和硬粒型各占一半的中间型玉米;硬粒型占75%左右的硬偏马型玉米;马齿型占75%左右的马偏硬型玉米。特种玉米是指具有特殊用途的各种玉米的总称,常用的有高赖氨酸玉米,即籽粒中赖氨酸含量较普通玉米有较大提高的一种玉米;高直链玉米,即淀粉中的直链淀粉含量特别高的一类玉米;高油玉米,即籽粒具有较高脂肪含量的一类玉米;甜玉米,是指在乳熟期或蜡熟期,籽粒中含有较多可溶性糖的一类玉米;爆裂玉米,是指那些玉米籽粒在常压条件下容易被膨爆成玉米花的玉米类型;糯玉米,又称蜡质玉米,即籽粒淀粉构成中几乎100%是支链淀粉。

3. 玉米的质量标准

根据国家标准GB1353—2009《玉米》中的规定,玉米按照容重分为6个等级。杂质小于等于1.0%,水分含量小于等于14.0%,不完善粒总量小于等于6.0%(其中生霉粒小于等于2.0%),色泽气味正常的玉米,当容重大于等于720$g \cdot L^{-1}$时,为一等;容重每下降一定值,等级降一等(表1-4)。

表1-4 玉米质量指标

等级	容重/($g \cdot L^{-1}$)	不完善粒含量/%		杂质含量/%	水分含量/%	色泽、气味
		总量	其中:生霉粒			
1	≥720	≤4.0	≤2.0	≤1.0	≤14.0	正常
2	≥685	≤6.0				
3	≥650	≤8.0				
4	≥620	≤10.0				
5	≥590	≤15.0				
等外	<590	—				

注:—为不要求。

（四）大麦的分类与质量标准

大麦的原始祖先是野生二棱大麦。野生二棱大麦在进化到栽培种的过程中，又产生了两种中间类型的野生大麦——野生六棱大麦和野生四棱大麦。

1. 大麦品质基本概念

(1) 千粒重。1000颗麦粒的绝对质量。

(2) 3天发芽率。3天后发芽粒占总麦粒的百分数，主要表示大麦发芽的整齐程度。

(3) 5天发芽率。5天后发芽率占总麦粒的百分数，主要表示可发芽的大麦百分数。

(4) 水敏感性。一种大麦吸收较多水分后，抑制发芽的现象。

(5) 赤霉病粒。籽粒皱缩、呆白，有明显的粉红色霉状物，间有黑色子囊壳的颗粒，有的粒面呈紫色，与正常紫皮米大麦不同的颗粒。

(6) 杂质。通过规定筛层和无食用价值的物质，包括筛下物即通过1.5mm圆孔筛的物质；矿物质即砂石、煤渣、砖瓦块及其他矿物质；其他杂质即无食用价值的米大麦粒，异种粮粒及其他物质。

2. 大麦的分类

大麦根据小穗的排列和结实性的不同，分为六棱大麦、四棱大麦、二棱大麦和多棱大麦四个类型。

(1) 六棱大麦。大麦的原始形态。有六行麦粒围绕一根穗轴而生，其中只有中间对称的两行籽粒发育正常，其左右四行籽粒发育迟缓，粒形不正。麦穗断面呈六棱形，故称六棱大麦。它的穗形紧密，麦粒小而整齐，含蛋白质较多。六棱皮大麦发芽整齐，淀粉隙活力大，特别适用于制造麦芽；六棱裸大麦多作粮食用。

(2) 四棱大麦。实际也是六棱大麦，只是它的籽粒不像一般六棱大麦那样对称，有两对籽粒互为交错，麦穗断面呈四角形，看起来像是在穗轴上形成四行籽粒。四棱大麦又叫瓶形大麦。它的穗形较稀疏。麦粒比六棱大麦稍大，但不整齐，含蛋白质也较多。四棱皮大麦发芽不整齐，多用作饲料；四棱裸大麦可作食用粮。

(3) 二棱大麦。是六棱大麦的变种，麦穗扁形，沿穗轴只有对称的两行籽粒，故称二棱大麦。二棱大麦多为皮大麦，籽粒大而整齐，皮薄，淀粉含量高，蛋白质含量少，发芽整齐，是啤酒工业的良好原料。

(4) 多棱大麦。四棱和六棱大麦统称为多棱大麦。

3. 大麦的质量标准

我国对大麦的质量是按照其不同用途来分别制定的。根据用途大麦可分为裸大麦（原称米大麦）、饲料用大麦、啤酒大麦和绿色食品大麦。大麦的质量标准均以大麦的用途来制定。

(1) 裸大麦质量标准。裸大麦质量标准根据GB/T11760—2008规定分为六个等级，如表1-5所示。卫生指标符合GB2715—2005规定。

(2) 饲料用大麦质量标准。饲料用大麦分为饲料用裸大麦和饲料用皮大麦。饲料用裸大麦按照GB 13078—2001中有关饲料卫生标准和农业部标准NY/T 210—92规定，将饲料用裸大麦分为三个等级，质量标准见表1-6。二级饲料用裸大麦为中等质量标准，低于三级者为等外品。饲料用皮大麦按照GB/T10367—89规定分为三个等级，质量标准见表1-6。

表 1-5　裸大麦质量指标

等级	容重/(g·L^{-1})	不完善粒/%	杂质/% 总量	杂质/% 其中:矿物质	水分/%	色泽、气味
1	≥790					
2	≥770	≤6.0				
3	≥750		≤1.0	≤0.5	≤13.0	正常
4	≥730	≤8.0				
5	≥710	≤10.0				
等外	<710	—				

注:—为不要求。

表 1-6　饲料用大麦质量指标　(单位:%)

类别		一级	二级	三级
饲料用裸大麦	粗蛋白	≥13.0	≥11.0	≥9.0
	粗纤维	<2.0	<2.5	<3.0
	粗灰分	<2.0	<2.5	<3.5
饲料用皮大麦	粗蛋白	≥11.0	≥10.0	≥9.0
	粗纤维	<5.0	<5.5	<6.0
	粗灰分	<3.0	<3.0	<3.0

(3) 啤酒大麦质量标准。啤酒大麦根据其籽粒生长形态分为两类。多棱大麦(主要指六棱大麦和四棱大麦)和二棱大麦。其质量标准根据 GB/T7416—2008 规定,分为三个等级,如表 1-7。

表 1-7　啤酒大麦质量指标

项目 \ 类别		二棱 优级	二棱 一级	二棱 二级	多棱 优级	多棱 一级	多棱 二级
夹杂物/%	≤	1.0	1.5	2.0	1.0	1.5	2.0
破损率/%	≤	0.5	1.0	1.5	0.5	1.0	1.5
水分/%	≤	12.0		13.0	12.0		13.0
千粒重(以绝干计)/g	≥	38.0	35.0	32.0	37.0	33.0	28.0
3 天发芽率/%	≥	95	92	85	95	92	85
5 天发芽率/%	≥	97	95	90	97	95	90
蛋白质(以绝干计)/%	≥	10.0～12.5		9.0～13.5	10.0～12.5		9.0～13.5
饱满粒(腹径≥2.5mm)/%	≥	85.0	80.0	70.0	75.0	70.0	65.0
瘦小粒(腹径<2.2mm)/%	≤	4.0	5.0	6.0	4.0	6.0	8.0

续表

项目＼类别	二棱			多棱		
	优级	一级	二级	优级	一级	二级
外观	淡黄色具有光泽，无病斑粒	淡黄色或黄色，稍有光泽，无病斑粒	黄色，无病斑粒	淡黄色具有光泽，无病斑粒	淡黄色或黄色，稍有光泽，无病斑粒	黄色，无病斑粒
气味	有原大麦固有的香气，无霉味和其他异味	无霉味和其他异味	无霉味和其他异味	有原大麦固有的香气，无霉味和其他异味	无霉味和其他异味	无霉味和其他异味
卫生要求	按 GB2715 执行					

注：病斑粒指检疫对象所规定的病斑粒。

(4) 绿色食品食用大麦质量标准。除以上三种用途大麦外，农业部 NY/T891—2004 规定食用绿色食品大麦的质量标准。食用绿色食品大麦的理化指标见表 1-8。

表 1-8　绿色食品食用大麦理化指标

项目	指标/%
夹杂物	≤1.5
水分	≤14.5
蛋白质	≥9.0

（五）莜麦的分类与质量标准

莜麦又名燕麦，是禾本科燕麦属一年生草本植物。我国栽培的普通莜麦有裸粒莜麦和带壳莜麦两类。裸粒莜麦多作粮食用，带壳莜麦多用作家畜饲料。

根据国家标准 GB/T13359—2008《莜麦》的规定，莜麦按照容重分为 3 个等级。不完善粒小于等于 5.0%，杂质总量小于等于 2.0%，其中矿物质含量小于等于 0.5%，水分含量小于等于 13.5%，色泽气味正常时，莜麦容重大于等于 700g · L^{-1} 时，等级为 1 级，其后容重每降低 30g · L^{-1}，等级降一级。莜麦的质量标准见表 1-9。

表 1-9　莜麦的质量标准

等级	容重/(g · L^{-1})	不完善粒/%	杂质/%		水分/%	色泽、气味
			总量	其中：矿物质		
1	≥700	≤6.0	≤2.0	≤0.5	≤13.5	正常
2	≥670					
3	≥630					
等外级	<630	—				

注：—为不要求。

（六）荞麦的分类与质量标准

荞麦又名三角麦，是蓼科一年生草本植物。荞麦不属于禾本科，但因其使用价值与禾本科粮食相似，因此通常将它列入谷类。

1. 荞麦的分类

荞麦分为甜荞和苦荞两类。

(1) 甜荞麦。瘦果较大,三棱形,棱角锐,皮黑褐色或灰褐色,表面与边缘平滑。甜荞麦又分为大粒甜荞麦和小粒甜荞麦两类。

——大粒甜荞麦,也称大棱荞麦,留存在 4.5mm 圆孔筛上部分不小于 70%的甜荞麦。

——小粒甜荞麦,也称小棱荞麦。留存在 4.5mm 圆孔筛上部分小于 70%以下的甜荞麦。

(2) 苦荞麦。也称鞑靼荞麦,瘦果较小,顶端矩圆,棱角钝,多有腹沟、皮黑色或灰色、粒面粗糙、无光泽。

2. 荞麦的质量标准

根据 GB/T10458—2008《荞麦》中的规定荞麦按照容重分为 4 个等级。不完善粒小于等于 3.0%,杂质总量小于等于 1.5%,其中矿物质含量小于等于 0.2%,水分含量小于等于 14.5%,色泽、气味正常时,大粒甜荞麦容重大于等于 640g · L^{-1}时,等级为 1 级,其后容重每降低 30g · L^{-1},等级降一级;小粒甜荞麦容重大于等于 680g · L^{-1}时,等级为 1 级,其后容重每降低 30g · L^{-1},等级降一级;苦荞麦容重大于等于 690g · L^{-1}时,等级为 1 级,其后容重再降低 30g · L^{-1},等级降一级。荞麦的质量标准见表 1-10。

表 1-10　荞麦的质量标准

等级	容重/(g · L^{-1})			不完善粒/%	互混/%	杂质/%		水分/%	色泽、气味
	甜荞麦		苦荞麦			总量	矿物质		
	大粒甜荞麦	小粒甜荞麦							
1	≥640	≥680	≥690	≤3.0	≤2.0	≤1.5	≤0.2	≤14.5	正常
2	≥610	≥650	≥660						
3	≥580	≥620	≥630						
等外	<580	<620	<630	—					

注:—为不要求。

(七) 粟米的分类与质量标准

粟又称谷子,是禾本科一年生草本植物。粟米起源于我国,是我国历史上最重要的粮食作物之一,具有数千年的栽培历史。

1. 粟米的分类

根据粟的皮色和粒质分为两类。

1) 粳粟

种皮多为黄色(深浅不一)及白色、有光泽,粳性米质的籽粒不低于 95%的粟。

2) 糯粟(俗称黏谷子)

种皮多为红色(深浅不一),微有光泽,糯性米质的籽粒不低于 95%的粟。

粳粟多作主食,糯粟可制作各种糕点,也可做粥饭。

2. 粟米的质量标准

粟米根据容重分为 4 个等级。不完善粒小于等于 1.5%,杂质总量小于等于 2.0%,其中矿物质含量小于等于 0.5%,水分含量小于等于 13.5%,色泽、气味正常时,容重大于等于 670g · L^{-1}时,等级为 1 级,其后容重每降低 20g · L^{-1},等级降一级。粟米的质量标准见表 1-11。

表 1-11 粟的质量标准

等级	容重/(g·L^{-1})	不完善粒/%	杂质/%		水分/%	色泽、气味
			总量	其中:矿物质		
1	≥670	≤1.5	≤2.0	≤0.5	≤13.5	正常
2	≥650					
3	≥630					
等外	<630	—				

注:—为不要求。

(八)高粱的分类与质量标准

根据国家标准 GB/T8231—2007《高粱》规定,按照高粱的外种皮色泽,将高粱分为三类:红高粱,种皮色泽为红色的颗粒;白高粱,种皮色泽为白色的颗粒;其他高粱,上述两类以外的高粱。高粱的质量标准如表 1-12 所示,不完善粒小于等于 3.0%,杂质小于等于 1.0%,水分含量小于等于 14.0%,单宁含量小于等于 0.5%,带壳粒小于等于 5.0%,色泽、气味正常时,高粱容重大于等于 740g·L^{-1}时,等级为 1 级,其后容重每降低 20g·L^{-1},等级降一级。

表 1-12 高粱的质量标准

等级	容重/(g·L^{-1})	不完善粒/%	单宁/%	水分/%	杂质/%	带壳粒/%	色泽、气味
1	≥740	≤3.0	≤0.5	≤14.0	≤1.0	≤5.0	正常
2	≥720						
3	≥700						

二、谷物籽粒的形态与结构

(一)谷物籽粒的形态

不同品种的谷粒,其形状差别很大,大小也不一样、根据各种谷物的几何形状。一般可分为长粒形、短粒形、球体形与特种粒形几种类型。谷粒的形状和大小与谷物的清理和加工关系密切。在清理谷物时,就是利用谷粒和杂草种子形状和大小的不同,采用一定的筛理机械清除杂草种子。使用时,应根据谷粒形状选择适当的筛孔形状,根据谷粒的大小选择合适的筛孔尺寸。

1. 长粒形

属于长粒形的谷粒,一般都是两端稍尖、中部略扁的长椭圆体,其长、宽、厚有着明显的区别。大多数禾谷类粮食的籽粒均属于长粒形,其形状随品种不同存在着差别,如麦类具有明显的纵向腹沟,稻谷却无腹沟。长粒形谷粒的横断面也有差别,小麦、黑麦和莜麦的横断面呈心脏形,大麦的横断面近似长方形,稻谷的横断面略呈椭圆形。

2. 短粒形

短粒形粮粒是稍呈扁形的椭圆体。粳型、糯型稻谷属于这一类。

3. 球形

球形谷粒的长、宽、厚无明显区别,如高粱、硬质型玉米、粟、黍、糜子属于这一类。

4. 特种粒形

这类谷粒的形状与以上三种类型均不相同。比较特殊，如马齿形的玉米粒、三棱形的荞麦粒等。

谷物籽粒大小的尺度称为粒度，用毫米表示。不同种类的粮食，根据籽粒形状的不同，其粒度的表示方法分别是：球形谷粒的粒度用直径表示；圆筒形谷粒的粒度用粒长和粒径表示；圆饼形谷粒的粒度用粒径和粒厚表示；其他形状粮食的粒度用长、宽、厚三种尺度表示。

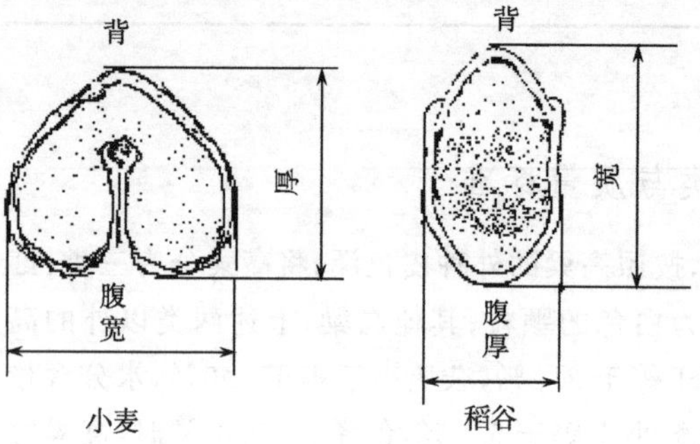

图 1-1　小麦与稻谷籽粒的量度

谷粒长、宽、厚的量度原则是：籽粒基部到顶端的距离为粒长；两侧之间的距离为粒宽；腹背之间的距离为粒厚。通常粒长大于粒宽，粒宽大于粒厚。由于稻谷腹背之间的距离通常大于两侧之间的距离，因此，在测定稻谷和糙米的粒度时，把腹背之间的距离作为粒宽，两侧之间的距离作为粒厚，这一点与其他粮食（如小麦）的粒度概念是不同的（图 1-1）。某些玉米品种的籽粒，有时长度会比宽度小些，其他粮粒有时也存在这种情况，但一般不改变其粒度的量度原则。

（二）稻米籽粒的形态与结构

稻谷籽粒由颖（外壳）和颖果（糙米）两部分组成，制米加工中稻壳经砻谷机脱去而成为颖果，又称为糙米（图 1-2）。

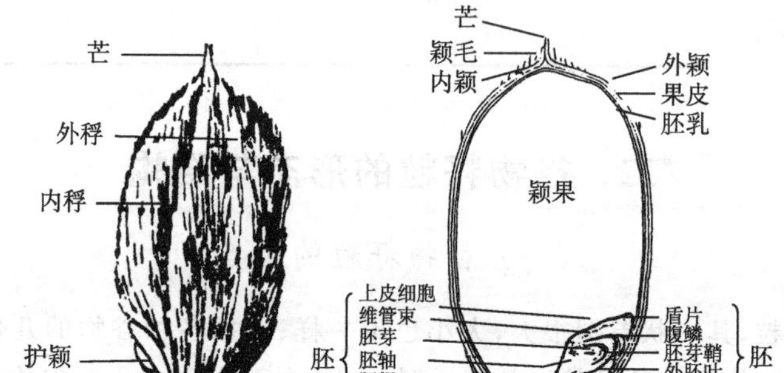

图 1-2　稻谷籽粒的形态结构

稻壳由两片退化的叶子——内颖（内稃）和外颖（外稃）组成，内外颖的两缘相互钩合包裹着糙米，构成完全密封的谷壳。谷壳约占稻谷总质量的 20%，它含有约 30%的纤维素、约 20%的木质素、约 20%的灰分（主要为二氧化硅，占灰分总量的 94%～96%）和约 20%戊聚糖；蛋白质、脂肪和维生素的含量很少，蛋白质含量约为 3%。

糙米由受精后的子房发育而成。按照植物学的概念，整粒糙米是一个完整的果实，由于其果皮和种皮在米粒成熟时愈合在一起，故称为颖果。颖果没有腹沟，长 5～8mm，粒质量约 25mg，由颖果皮、胚和胚乳三部分组成。颖果皮由果皮、种皮和珠心层组成，包裹着成熟颖果胚乳。胚乳在种皮内，由糊粉层和内胚乳组成。胚位于糙米的下腹部，包含胚芽、胚根、胚轴和盾片四个组成部分。在糙米中，果皮和种皮约占2%，珠心层和糊粉层占5%～6%，胚芽占2.5%～3.5%，内胚乳占88%～93%。在糙米碾白时，果皮、种皮和糊粉层一起被剥除，故这三层常合称为米糠层。米糠和米胚含有丰富的蛋白质、脂肪、膳食纤维、B族维生素和矿物质，营养价值很高。稻谷籽粒各组成部分的质量比例如表1-13所示。

表1-13 稻谷籽粒各组成部分质量比例 （单位：%）

种类	稻壳	果皮＋种皮	珠心层＋糊粉层	胚	胚乳
稻谷	20	1.5	4.5	2	72
糙米	—	2.1	4.7	2.5	90.7

（三）小麦籽粒的形态与结构

小麦籽粒的外形如图1-3所示，因为小麦的穗轴韧而不脆，脱粒时颖果很容易与颖分离，所以收获所得的小麦籽粒是不带颖的裸粒。

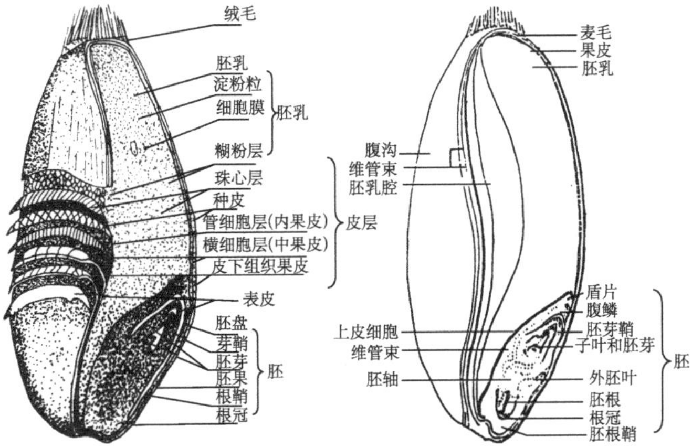

图1-3 小麦籽粒的形态结构

小麦籽粒的顶端生长着绒毛(称麦毛)，下端为麦胚，胚的长度为籽粒长度的1/4～1/3。在有胚的一面称为麦粒的背面，与之相对的一面称为腹面。麦粒的背部隆起呈半圆形，腹面凹陷，有一沟槽称为腹沟，其深度因小麦品种及生长条件的不同而异。腹沟的两侧部分称为颊，两颊不对称。

小麦籽粒在解剖学上分为三个部分，即麦皮(又叫胶皮层，俗称麸皮)、胚乳和胚(又叫胚芽)。

1. 麦皮

麦皮可分为果皮和种子果皮。在制粉工艺学上又将果皮分为表皮、外果皮和内果皮；将种子果皮分为种皮、珠心层和糊粉层。表皮为果皮的最外层，由几排与麦粒长轴平行分布的长方形细胞组成，细胞壁很厚，有孔纹，外表面角质化，染有稻秆似的黄色。麦粒顶端的表皮细胞为等径多角形，其中有一些突出为麦毛；外果皮由几层薄壁细胞组成，紧贴表皮的一层形状与表皮相似，另外1或2层细胞多少被压成不规则形；内果皮由一层横向排列整齐的长形厚壁细胞和一层纵向分散排列的管状薄壁细胞组成。麦粒发育初期细胞内含有叶绿素。成熟的麦粒果皮细胞厚度为40～50μm。

种皮由两层斜长形细胞组成，极薄。外层细胞无色透明，称为透明层；内层由色素细胞组成，为色素层。如果内层无色，则麦粒呈白色或淡黄色，为白麦；如果含有红色或褐色素，则麦粒呈红色或褐色，为红麦。种皮厚度为10～15μm。

珠心层由一层不甚明显的细胞组成，其细胞的内外壁挤贴在一起形成一薄膜，极薄，与种皮和糊粉层紧密结合不易分开，在50℃以下不易透水。

糊粉层由一层较大的方形厚壁细胞组成，胞腔内充满深黄色的糊粉粒。细胞壁极韧，易吸收水分，放入水中瞬间即涨大。糊粉层厚度为40～70μm。

糊粉层以内为淀粉细胞，近乎横向排列，内含淀粉粒。细胞体较大，壁薄，横切面呈多面体，因含有淀粉而呈白色或略黄的玻璃色彩。胚乳细胞中充满着大小和形状各异的淀粉颗粒，小粒近似球形、粒径2～9μm，中等颗粒为9～18μm，大粒为扁豆形、粒径18～50μm。从糊粉层到胚乳中心，小粒淀粉的相对数量逐渐减少，而大粒淀粉的数量增加，大粒淀粉约占籽粒淀粉总量的90%。

2. 胚乳

胚乳基本上有两种不同的结构。如果胚乳细胞内的淀粉颗粒之间被蛋白质所充实，则胚乳结构精密，颜色较深，断面呈透明状，称为角质胚乳，即硬质麦粒；如淀粉颗粒及其与细胞壁之间具有空隙，甚至细胞与细胞之间也有空隙，则形成结构疏松、断面呈白色而不透明，称为粉质胚乳，即软质麦粒。

胚乳细胞内充满了淀粉和蛋白质，是制取面粉的主要成分，其质量占整个麦粒质量的78%～85%，其中，淀粉占整个麦粒质量的68%～72%，蛋白质占整个麦粒蛋白质含量的85%以上。在胚乳中心部位的面筋质含量少，但质量好；胚乳边缘（接近糊粉层）部位的面筋质含量高，但质量差。

3. 胚

胚由胚芽、胚轴、胚根及盾片组成。胚芽外由胚芽鞘和外胚叶保护，胚根外由胚根鞘保护，延伸于胚芽之上的盾片被认为是子叶，其下部有腹鳞，谷物为单子叶植物，因此只有一片子叶。胚轴侧面与盾片相连接，其上端连接胚芽，下端连接胚根。胚含有较多的营养成分，在适宜的条件下能萌芽生长出新的植株，一旦胚受到损伤，子实就不能发芽。

（四）玉米籽粒的形态与结构

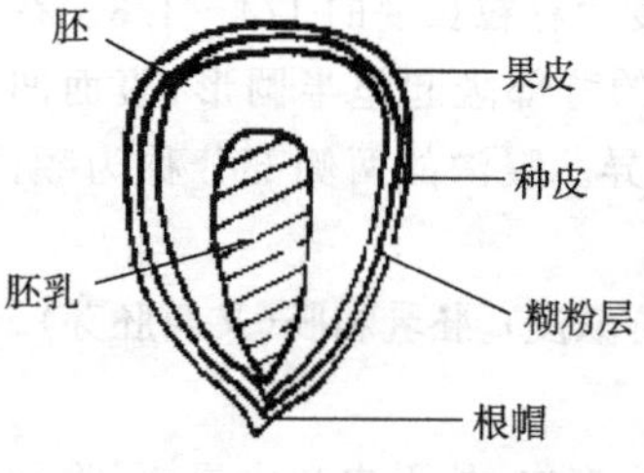

图1-4 玉米籽粒的形态结构

玉米属禾本科蜀黍属，为一年生高大草本植物。玉米籽粒的结构和营养成分见图1-4和表1-14。果皮是玉米籽粒的外皮，光滑而密实。种皮是一层极薄的栓化膜，种皮所含的色素决定了籽粒的颜色。糊粉层在种皮和胚乳的中间，它的营养成分较高，蛋白质含量为22.21%，脂肪含量为6.93%。玉米中果皮占籽粒重的4.4%～6.2%，糊粉层占籽粒重的3%左右。

表1-14 玉米籽粒各组成部分的质量百分比

名称	皮层	胚乳	胚	根帽
质量百分比/%	7～9	80～85	8.0～12.0	1.0～1.5

1. 果皮

玉米的果皮包括外果皮、中果皮、横细胞和管状细胞四层组织，外果皮由长形而扁平的细胞组成，纵向排列，细胞壁厚；中果皮有十几层纵向排列的细胞，外围细胞与外果皮相似，细胞壁较厚，内层细胞较宽而扁平，细胞壁较薄；横细胞为海绵状薄壁组织，横向排列，细胞间隙较大；管状细胞即内果皮，为纵向排列的细胞层。

2. 种皮

内果皮的残余物，没有明显的细胞结构，极薄，在横切面上为一条狭窄的黄色带。

3. 外胚乳

没有明显的细胞结构，极薄，在横切面上为一条狭窄的无色带，不易辨认。

4. 胚乳

胚乳是玉米籽粒的最大组成部分，占 80.0%～83.5%(干基)。胚乳主要由蛋白质基质包埋的淀粉粒和细小蛋白颗粒组成。玉米的胚乳分角质胚乳和粉质胚乳两类。

胚乳的最外层是糊粉层。糊粉层由单层细胞组成，细胞近方形，壁较厚，细胞内充满糊粉粒，含有大量蛋白质。某些玉米品种的糊粉层细胞中含花青素，这种色素在酸性条件下为红色，在中性条件下为紫色。淀粉细胞比糊粉层细胞大，胚乳中部的细胞更大，淀粉细胞中充满淀粉粒。

5. 胚

也叫脐子。玉米有很大的胚，位于玉米的基部，柔韧，富有弹性。约占全粒体积的 1/3，占全粒质量的 10%～12%。在谷类粮食中，玉米的胚最大。玉米不像小麦有深的腹沟，故在粮食加工中可列为制米类粮食。胚的营养成分丰富，含脂肪高达 36%～45%，占全粒脂肪总量的 70%以上。粗纤维含量也较高，人体不易消化吸收。如果胚混入成品中，则玉米粉色泽与口味下降，并且容易发霉变质，不易储存。因此，玉米加工中应尽可能将玉米胚全部提出。玉米胚的显微结构与小麦胚很相似，有多胚芽和多胚根的现象，细胞较大，特别是胚根中的细胞较大。一般谷类粮食的胚中不含淀粉，但玉米胚中除上皮细胞(吸收层)外，所有细胞中都含有淀粉，胚芽、胚芽鞘及胚根鞘中也含有淀粉，这是玉米胚的特点。

胚芽位于玉米的基部，富有柔韧性，不易破碎胚芽占玉米籽粒干重的 10.5%～13.1%。加工时可以完整地分离出来。玉米胚芽中脂肪含量高达 35%～40%。

6. 根帽

根帽又称基胚、根冠，位于玉米的底部，根帽占玉米籽粒干重的 0.8%～1.1%，由具有海绵状结构的纤维素组成，易于吸收水分。没有使用价值。由于它的韧性较强，脱皮过程中基本能去除。

(五) 大麦籽粒的形态与结构

大麦分有稃和无稃两种类型、有稃大麦在成熟时果皮分泌一种黏性物质，将内、外稃紧密地粘在颖果上，脱粒也不能使它们分离。有稃大麦的籽粒是一种假果，俗称壳大麦或皮大麦。无稃大麦成熟收获时，颖果与内、外稃分离，是无壳的裸粒，故称裸大麦，又称元麦(江苏)或青稞(青海、西藏)。

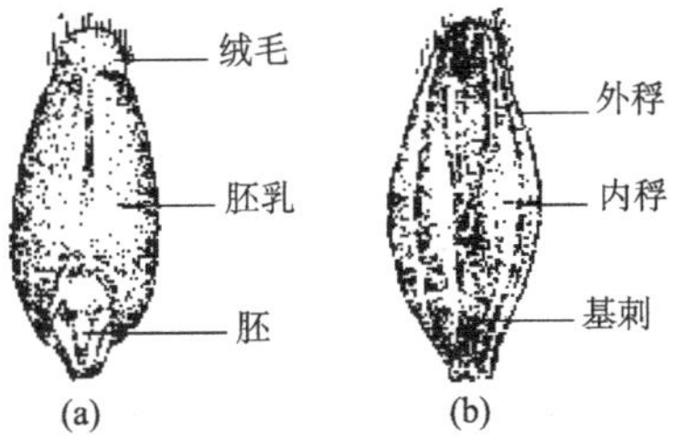

图 1-5　大麦籽粒的形态结构

(a)裸大麦；(b)有稃大麦

无稃大麦(裸大麦)及有稃大麦(皮大麦)的外形如图 1-5 所示。裸大麦形态与小麦相似，但比小麦粒扁平，两头稍尖，中间较宽，呈纺锤形，腹沟浅而宽。皮大麦外面包有等长的内、外稃各一片，外稃比内稃宽大、从背面包向腹面两侧，上有 7 条纵脉，顶端有芒或无芒；内稃包住腹面，其基部有一退化的小穗轴，称为基刺。大麦壳有白、黄、紫等几种颜色，麦粒有白、紫、蓝、蓝灰、紫红、棕、黑等多种颜色。大麦的颜色主要取决于稃壳、皮层、糊粉层或胚乳细胞所含色素的不同，白色麦粒不含色素。有稃大麦的稃壳占籽粒质量的 10%～25%，六棱大麦的壳重大于二棱大麦。

裸大麦的麦粒及皮大麦去掉稃壳的麦粒为颖果。由果皮、种皮、胚乳及胚等部分组成。果皮有外果皮、中果皮、横列细胞层及管状细胞层四层组织。外果皮是纵向排列的长方形细胞，顶端可形成短而厚壁的芒状毛；中果皮有 2 或 3 层与外果皮相似的细胞；横细胞有 2 层横向排列的长方形细胞；管状细胞少，且不明显。大麦颖果的胚乳中，糊粉层有 2～4 层细胞，细胞呈方形。比小麦糊粉层的细胞小，多为黄色，某些品种为紫色；淀粉细胞中充满了淀粉粒，大麦的淀粉粒比小麦的淀粉粒小，大粒 40μm 左右，小粒仅 2～7μm。大麦的胚乳也有角质和粉质两种结构，角质大麦含淀粉少，含蛋白质多，宜于食用或作饲料；粉质大麦含淀粉多，宜于酿造啤酒。

（六）莜麦籽粒的形态与结构

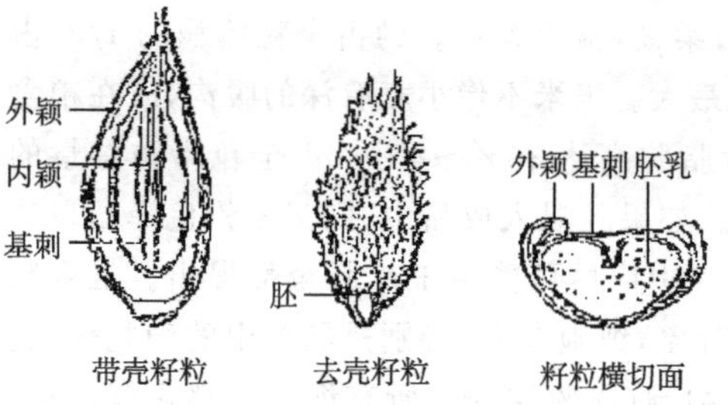

图 1-6　莜麦籽粒的形态结构

带壳莜麦籽粒是假果，去稃后为颖果，裸粒莜麦籽粒是颖果。莜麦籽粒呈纺锤形，比大麦籽粒狭长。内、外稃黄色或紫褐色；外稃比内稃长而宽大，从背面包向腹面两侧，表面无明显突出的纵脉，有芒或无芒，芒细长，不着生于稃尖，而着生于稃脊；内稃较短小，包住腹面，基部有基刺。莜麦颖果背面隆起，基部有胚，腹面有腹沟。颖果表面有细密的绒毛，顶端的绒毛较长（图 1-6）。

（七）荞麦籽粒的形态与结构

荞麦果实结构见图 1-7(b)。荞麦果实的果皮较厚，分为外果皮、中果皮、横细胞和内果皮。种皮分为内、外两层，种皮中具有色素，呈黄绿色、红褐色、淡褐色等。种子包于果皮之内，由种皮、胚乳和胚组成。胚实质是尚未成长的幼小植株，胚位于种子的中央，嵌于胚乳中，横断面呈 S 形[图 1-7(a_1)，图 1-7(a_2)]，占种子质量的 20%～30%。胚乳是制粉的基本部分，荞麦胚乳组织结构疏松，呈白色、灰色或黄绿色，且无光泽。胚乳有明显的糊粉层，为品质良好的软质淀粉、无筋质，制作面食较困难。甜荞和苦荞胚乳有特殊的荞麦清香味，苦荞胚乳略带苦味。

图 1-7 中(a_1)为普通荞麦，又称为甜荞、荞麦，花朵较大，粉红色或白色，有香味。籽粒较大，呈三棱形，表面平滑光亮，呈黑色或灰黑色，也有银灰、浅灰色，品质较好，我国种植的荞麦主要是甜荞，主要品种为北海道。

图 1-7 中(a_2)为苦荞，又叫鞑靼荞麦，耐寒性强，花朵较小，红色或黄绿色，无香味，籽粒较小，表面很粗糙，棱呈波纹，中央有较深的凹线，外壳厚而坚硬，品质较差，略有苦味，一般苦荞双分为鞑靼荞麦和蜜蜂一号苦荞。

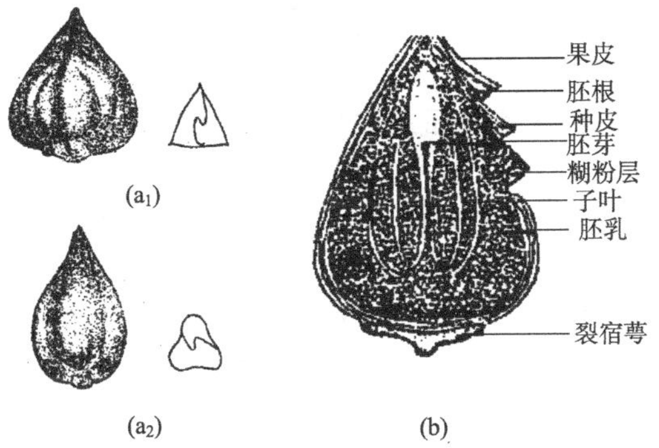

图 1-7　荞麦籽粒的形态结构

(a_1)甜荞果实外形　甜荞横切面简图；(a_2)苦荞果实外形　苦荞横切面简图；(b)荞麦纵切面图(此切面与胚的子叶面垂直)

(八) 粟米籽粒的形态与结构

粟米又称谷子，具有内、外稃，因此是假果。外稃较大，从背面包向腹面，中央有三条脉；内稃较小，位于腹面，无脉纹。在放大镜下观察，可看见内、外稃表面有密布的小突起。粟米内、外稃的颜色有黄、乳白、红、灰褐等多种。

粟米脱去外壳后的小米，背面凸起，腹面扁平，顶端有花柱的遗迹。基部中央有花柄遗迹。胚位于背面的基部，长形、其长度超过籽粒的一半。腔面基部有圆形深色斑，称为脐(图 1-8)。粟米的胚乳也有角质和粉质两种结构。

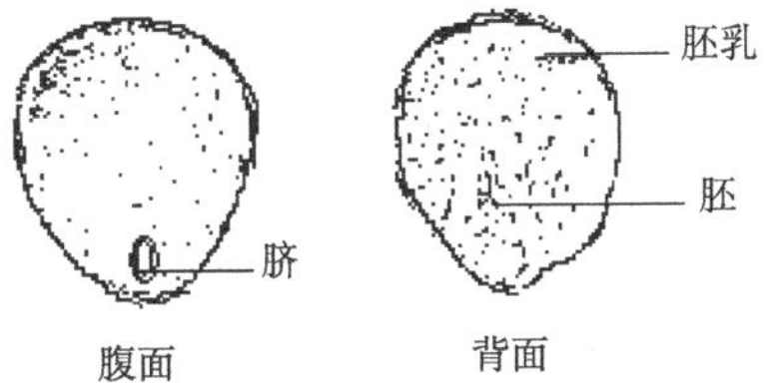

图 1-8　粟米籽粒的形态结构

(九) 高粱籽粒的形态与结构

高粱籽粒的基部有两片护颖，故高粱籽粒是一种假果。护颖厚而隆起，表面光滑，尖端附近有时有绒毛，常有红、黄、黑、白等多种颜色。高粱的米粒大部分露出护颖外面(图 1-9)。

脱去护颖的高粱米一般为圆形、椭圆形或卵圆形，顶端有较明显的花柱遗迹，基部钝圆，有花柄遗迹。胚位于种子腹部的下端，长形，长达米粒长度的一半。高粱米有红、黄、白、褐等多种颜色。

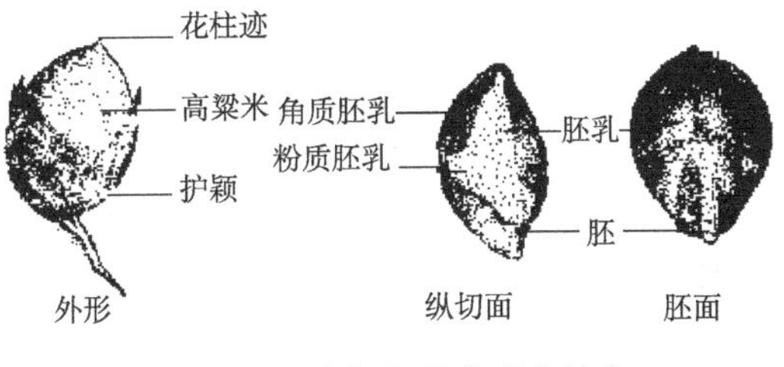

图 1 9　高粱籽粒的形态结构

第二节　谷物的物理性质

一、谷物籽粒单体的性质

谷物单体性质与粮食品质密切相关。谷物单体性质包括谷物的大小、颜色、千粒重、相对密度、容重、色泽和气味等。

（一）谷物籽粒的大小

谷物籽粒的大小和均一性与粮食品质密切相关。粒度大，谷物的加工出品率高，粒度均一，加工机械的效率较高。实际上，一批谷物的粒度不可能完全一致。在谷物加工中，为了提高原粮粒度的均一性，有利于加工，时常使用一定的筛理设备，将原粮按粒度大小进行分级，即所谓“分级加工”。

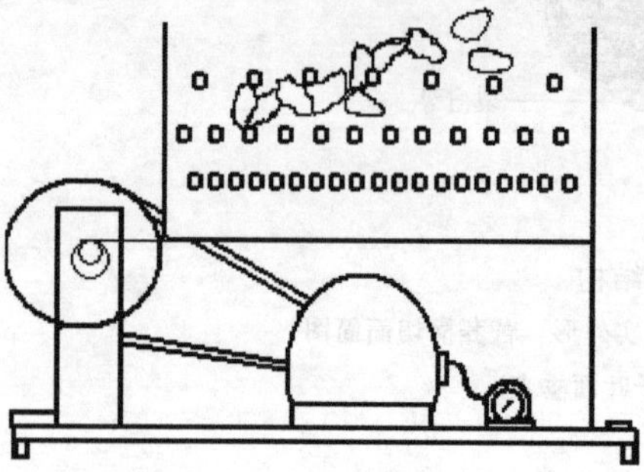

图 1-10　小麦分粒器示意图

判断一批谷物的粒度大小和均一性，通常用分粒器进行筛析。图 1-10 是一个小麦分粒器示意图，它具有三层筛理作用，各层筛子具有不同的孔径。当小麦样品经三层筛理之后，便按不同粒度分开，然后收集各层筛上的麦粒称重，即可得到各种粒度的麦粒分配率，第一层筛上的麦粒为大粒，第二层筛上的为中粒，第三层筛上的为小粒。小麦的小粒百分率低，大粒与中粒的分配率均衡，则其制粉效率好，出粉率高。

（二）谷物籽粒的颜色与气味

每种谷物都具有一定的自然颜色和气味。颜色、气味是评定粮食质量最直观的因素，也是判断粮食的新鲜度及储藏稳定性的重要依据。

1. 谷物籽粒的颜色

用肉眼观察各种谷物籽粒，其表面总是呈现一定的颜色，这是因为粮粒皮层内含有各种色素。粮粒的颜色通常是评定粮食商品质量的重要因素。

随着粮食品种的不同，正常谷粒均有其特有的颜色。如成熟的稻谷多为土黄色，高粱呈红色，荞麦为棕黑色，绿豆为绿色等。同种粮食因品种类型的不同，其颜色也有差异，如小麦有红皮与白皮两种，玉米有黄、浅黄、白几种颜色。正常粮粒不仅有一定的颜色，而且其色泽也有一定的特点。一般新鲜的粮食色泽较好，陈粮的色泽较差。

通常呈某种颜色的粮食品种，由于气候条件、病虫害侵袭、储藏与加工中的不良因素等原因，时常会引起其固有颜色的改变。

谷物成熟时遇上低温天气，造成晚熟，使粮粒皮层中残留一部分叶绿素，因而粮粒外观呈绿色。如稻米中有时会混有一些青米，就是未充分成熟的缘故。青米分透明与不透明两种，透明的青米称为活青，不透明的青米称为死青。在谷物检验中，活青可视为完善粒，死青则作为不完善粒。一般未成熟的绿色谷粒品质较差，其粒度、千粒重、相对密度及营养品质不如正常粒好，皮层也较厚，加工出品率较低，商品价值也较低。

谷物在田间生长或在收获整晒的过程中，如感染病虫害，也易改变其固有颜色。如稻米中的茶米、黄变米、小麦赤霉病粒等。

一般安全保管的粮食，颜色不会发生根本性的改变，只是随着保管时间的延长，其色泽逐步变得陈旧。但当储粮发热霉变时，其颜色也随之改变。粮食霉变时，先是本身颜色的光泽度下降，逐步在粮粒上出现白色、黄色、绿色、红色等霉点。霉变严重的粮粒，则完全失去本身固有的颜色，变成黄绿色、黑绿色、灰黑色等。

评定某种粮食商品的质量，粮粒颜色是最直观的先决条件。粮粒固有颜色均一，光泽度好，说明粮食质量均一，新鲜度好，商品价值高；反之，则商品价值低。同种粮食不同颜色的品种，其质量也有区别。如黄玉米含有较多的胡萝卜素，其营养价值比白玉米高；黄心甘薯的营养价值高于白心甘薯。也是因为黄心甘薯中含有较多的胡萝卜素。

粮食固有颜色的改变或混入异色粮粒，将影响粮食商品的外观，对粮食加工及食品制造都会带来不良的影响。因此在粮食质量检验工作中，对变色及异色粮粒的含量均规定一定的限度，如各类稻谷和大米中的黄粒米限度为2%。对于因品种混杂造成的异种粮粒，在粮食质量检验中作为杂质处理。

2. 谷物籽粒的气味

各种粮食一般均具有一定的香味，若气味不正常，说明粮食变质或吸附了其他有异味的气体。粮食在运输过程中，若包装及运输工具不干净，会使粮食污染各种异味。粮食发热霉变后，常带有霉味；用发热霉变的粮食制造食品，常带有酸味和苦味。一般新粮的色、香、味较好，而陈粮的色、香、味较差。因此，通过对粮食色、香、味的感官鉴定，可判别粮食的新鲜度。

有些粮食品种具有特殊的香味，如稻谷中有一种香稻具有浓郁的香气；在香稻开花的季节，田野里花香袭人。用香稻米煮饭煲粥，香味更浓。就连存放香稻的房间，也满室生香。

（三）谷物籽粒的千粒重、相对密度和容重

谷物的千粒重、相对密度和容重是表示粮食质量的重要指标，可判断粮食籽粒的成熟度及饱满度以预测粮食加工的出品率，评价粮食的商品价值。

1. 谷物籽粒的千粒重

千粒重对粮食加工工艺有一定参考价值。不带壳的谷物籽粒，如小麦、糙米等，它们的千粒重能在一定程度上反映籽粒中胚乳的质量比。因此，根据小麦的千粒重，结合水分和灰分的含量，可估算小麦的理论出粉率。

每1000颗粮粒的质量称为谷物的千粒重，用克数来表示。大粒谷物（如玉米）也可用百粒重来表示。不同种类的谷物，由于籽粒的大小及粒质的差别，千粒重不同；同种谷物由于品种类型、土壤气候及栽培条件的不同，其籽粒的粒度大小及粒质也存在着差别，千粒重往往也极为悬殊。

2. 谷物籽粒的相对密度

谷物质量与其体积之比叫作谷粒的密度，通常用 $g \cdot cm^{-3}$ 或 $kg \cdot dm^{-3}$ 表示。谷物的相对密度随品种的不同而异。同种谷物的籽粒，因其化学成分与组织结构的区别，其相对密度也有相当的变动范围。

谷物中主要化学成分的相对密度分别是：淀粉1.48～1.61，纤维素1.25～1.4，蛋白质1.3，脂肪0.926。因此，一般含淀粉多的谷物相对密度较大，含脂肪多的谷物相对密度较小；不带外壳的谷物相对密度较大，带外壳的谷物相对密度较小。就同一谷粒来看，胚乳因含淀粉为主，故其相对密度最大；胚中富含蛋白质和脂肪，故其相对密度较小；皮壳中含纤维素多，其组织结构疏松，空隙多，因而相对密度最小。

谷物的相对密度可在一定程度上反映出谷物籽粒的品质。同种谷物相对密度大，说明籽粒饱满，成熟度好，淀粉含量高，角质率高，质量好。

相对密度在谷物清理中及农业生产上的应用也非常广泛，如比重去杂、比重去石、比重选种等。

3. 谷物籽粒的容重

谷物容重是指单位容积内谷物的质量，一般用 $g \cdot L^{-1}$ 来表示。容重是评定谷物品质的主

要指标，世界各国均已普遍采用。不同种类的粮食，容重不同；同种谷物因品种和质量的不同，容重也有较大的差异。

容重是国内外谷物分等及评价谷物工艺品质的主要指标。目前，各国小麦等级标准一般都是以容重为基础的。在小麦制粉中，容重还是推算理论出粉率的重要依据。此外，根据谷物容重，还可推算出一定体积粮堆的粮食质量，这对估算仓容及对谷物的运输工作都有实践意义。

（四）杂质与纯粮率

1. 杂质

谷物中的杂质是指混入谷物中的杂草种子、植株残片、灰尘、泥土、砂石、金属物、因虫霉为害失去食用价值的谷粒、异种谷粒等。在谷物质量检验中，杂质通常包括筛下物、无机杂质、有机杂质等。

谷物中的杂质是影响谷物商品价值的有害物质，杂质含量高，使谷物品质显著下降，对粮食加工品的色、香、味都有不良影响。粮食加工时，杂质多，势必增加清理工序，增加生产成本，金属物还能使机械工作面受损；杂质对安全储藏也不利，它不仅占据仓容，而且有利于虫、霉生长繁殖；杂质对谷物的种用价值影响更大，一般杂质能降低种子的净度，异种粮粒则影响种子的纯度；杂质还易传播病虫害，以致严重影响农业生产；有些杂质是有毒物质，能影响人体健康。因此，为了提高粮食质量，应尽可能除去谷物中的杂质。

2. 纯粮率

谷物中的完善粒和不完善粒属于纯粮，完善粒质量加不完善粒质量的 1/2 占试样质量的百分率，称为纯粮率。它是在杂质、完善粒和不完善粒三个项目检验之后计算出来的。纯粮率高，说明杂质和不完善粒少，完善粒多，使用价值高。

完善粒包括成熟、完整、色泽和气味正常的籽粒，不完善粒包括尚有食用价值的未熟粒、发芽粒和损伤粒。其中损伤粒在原粮中包括伤及胚部、胚乳或子叶的虫蚀粒、病斑粒、霉变粒、破碎粒、陈伤粒等；在米类中包括虫蚀粒、病斑粒和生霉粒等。由于不完善粒食用价值较低，易受虫、霉侵害，又影响商品外观，所以将不完善粒折半计算纯粮率。

（五）不同种类谷物籽粒的单体性质

1. 稻谷籽粒单体性质

稻谷籽粒的物理性质包括千粒重、相对密度、容重、谷壳率、爆腰率、出糙率、散落性和自动分级等性质。

(1) 千粒重、相对密度和容重。稻米千粒重一般都以风干状态稻谷籽粒进行计量。稻谷的千粒重为 15～43g，一般为 22～30g，千粒重大于 28g 者为大粒，24～28g 的为中粒，20～24g 的为小粒，小于 20g 的为极小粒。我国稻谷的密度为 $1.17 \sim 1.22 g \cdot cm^{-3}$。稻谷的容重一般为 $450 \sim 600 g \cdot L^{-1}$。

(2) 谷壳率。谷壳率是指稻壳占净稻谷质量的百分率。一般粳稻谷壳率小于籼稻，同类型稻谷中则是早稻谷的谷壳率小于晚稻谷。

(3) 爆腰率。米粒上的横向裂纹称为爆腰，爆腰率是指爆腰米粒占试样的百分率。爆腰的糙米籽粒强度降低，加工易出碎米，使出米率降低。爆腰率高的稻谷不宜用于加工高精度大米。

(4) 出糙率。一定数量稻谷全部脱壳后获得全部糙米质量(其中不完善粒折半计算)占稻谷质量的百分率。出糙率是评价商品稻谷质量等级的重要指标。

谷壳率高的稻谷一般加工脱壳困难,出糙率低;谷壳率低的稻谷加工脱壳容易,出糙率高。

2. 小麦籽粒单体性质

1) 色泽、气味与表面状态

正常的小麦籽粒随品种不同而具有其特有的颜色与光泽。硬麦的色泽有琥珀黄色、深琥珀色和浅琥珀色;软麦除了红、白两个基本色泽外,红软麦的色泽还有深红色、红色、浅红色、黄红色和黄色等。但在不良条件的影响下就会失去光泽,甚至改变颜色。

引起麦粒异常的原因主要有:小麦晚熟,使籽粒呈绿色;受小麦赤霉病菌的侵染,麦粒颜色变浅,有时略带青色,严重时胚部和麦皮上有粉红色斑点或黑色微粒,储藏时间过久,色泽变得陈旧;受潮会失去光泽、稍带白色;发生霉变,麦粒上出现白色、黄色、绿色和红色斑点,严重的则完全改变其固有颜色,成为黄绿、黑绿色等。

正常的麦粒具有小麦特有的香味,如果气味不正常,说明小麦变质或吸附了其他有异味的气体。引起小麦气味不正常的主要原因有:发热霉变,使小麦带有霉味;小麦发芽,带有类似黄瓜的气味;感染黑穗病,散发类似青鱼的气味;包装和运输工具不干净,使小麦污染后带有煤油、卫生球或煤焦油等气味。

正常小麦的表面光泽,储藏时间过长、发热霉变或受潮的小麦,表面会失去光泽而出现各种色泽的斑点,使表面的光滑度变差。麦粒的表面状态,对于小麦的容重具有决定作用。粗糙的、表面有皱纹和褶痕的麦粒,容重就比表面光滑的麦粒小。

小麦受赤霉病菌侵染后,病麦粒的颜色也发生变化,一般病麦比正常麦粒颜色浅淡,有时略带青色,表皮皱缩干瘪,腹沟内常有毛状物,较严重的胚部和表皮上有粉红色斑点或粉红色霉状物,有的胚部或表皮上还有黑色小微粒。赤霉病麦粒营养低劣,含有毒素,故小麦中混有病麦时,应先加以消除,再加工食用。

对于色泽、气味不正常的小麦,生产中要采取相应措施,在不影响成品质量的前提下,可按一定比例搭配加工,否则就不能加工食用面粉。

2) 粒形、粒度与均匀度

小麦籽粒多为圆形和椭圆形。表 1-15 为我国小麦的粒度范围。

表 1-15　小麦的粒度范围　(单位:mm)

名称	长度	宽度	厚度
范围	4.5～8.0	2.2～4.0	2.1～3.7
平均	6.2	3.2	2.9

小麦粒度与小麦加工工艺参数和工艺效果都有密切的关系。大粒麦比小粒麦的表面积比例相对减少,小麦皮层的含量亦相应减少。所以,在相同加工工艺条件下,大粒麦的出粉率就比较高,同时小麦粒度也是选择和配备筛选设备筛孔的重要依据。

麦粒均匀度(又称整齐度)是指麦粒粒形和大小的均一程度。籽粒的均匀度可用两种方法表示。

(1) 用某一筛号筛面的筛上物质量占所筛谷物总量的百分数表示,同时指出麦粒存留筛面的筛孔大小。

(2) 两个相邻分级筛面上留存的谷粒最大质量，如留存在两相邻的筛面上的数量在80%以上者均匀度好；70%～80%为中等；小于70%的均匀度最低。

麦粒的均匀度高，对小麦的清理除杂、研磨都较为有利，也有利于提高出粉率。籽粒均匀度较差的小麦，应在加工工艺中采取分级加工等措施。

麦粒群体中粒度不均匀的原因，主要与麦粒在穗、小穗和麦秆上的生长位置有关，在同一穗上，中部的麦粒就大于上、下两端的麦粒。

3) 相对密度、容重与千粒重

我国小麦的密度为1.33～1.45g · cm^{-3}，是谷物中密度较大的一种。稻谷密度为1.22～1.27g · cm^{-3}，玉米密度为1.2g · cm^{-3}左右，大麦的密度为1.10～1.23g · cm^{-3}，莜麦的密度为1.13g · cm^{-3}左右，荞麦的密度为1.06g · cm^{-3}左右。小麦籽粒中各种化学成分的相对密度是有差别的，其中矿物质的相对密度最大，其次是淀粉，而脂肪的相对密度最小。谷物籽粒的胚乳中绝大部分是淀粉，故相对密度大；而胚中富含蛋白质和脂肪，故相对密度小(表1-16)。

表1-16 小麦籽粒中各种化学成分的密度 (单位：g · cm^{-3})

名称	淀粉	蛋白质	纤维素	水	脂肪	矿物质
密度	1.48～1.61	1.24～1.31	1.25～1.40	1.00	0.92～0.93	2.50

容重的大小取决于小麦的相对密度和麦堆的空隙度。一般籽粒长宽比越大，籽粒越细长，则孔隙度越大，容重就越小。小麦籽粒表面较光滑，相对密度较大，粮堆的孔隙较小，所以小麦的容重较谷物要大，一般为680～820g · L^{-1}。软麦的容重偏低。容重大的小麦一般出粉率较高。

我国小麦的千粒重一般为17～47g。随着小麦品种和成熟条件的不同，千粒重的差别比较大。千粒重是度量小麦粒度和籽粒饱满程度的直接指标。在相同水分条件下，千粒重越大，表明小麦籽粒粒度大、饱满、充实、含淀粉多。由于小麦的含水量很不稳定，千粒重经常受到外界条件影响而改变，为了排除水分对小麦千粒重的影响，可根据小麦的含水量换算成以干物质为基础的千粒重，称为“干物千粒重”或“绝对千粒重”。通常所讲的千粒重，是指自然状态下风干谷粒的千粒重。

小麦的品种和生长条件的不同，对千粒重有很大的影响。千粒重的大小取决于谷物的粒度、饱满度、成熟度和胚乳的结构。一般粒大、饱满、成熟而结构紧密的谷物，千粒重较大。

4) 透明度

小麦籽粒的胚乳分角质和粉质两种。角质呈半透明状，这种角质胚乳占整个胚乳的百分率，就是小麦籽粒的透明度。透明度统称可以反映籽粒内部结构的致密程度。

小麦中，如果胚乳细胞内的淀粉颗粒之间被蛋白质所充实，则胚乳结构紧密，颜色较深，断面呈透明状，即透明度较高，通常把这种胚乳称为角质胚乳即硬质麦粒。如淀粉颗粒及其与细胞壁之间具有空隙，甚至细胞与细胞之间也有空隙，则形成结构疏松、断面呈白色而不透明的胚乳，称为粉质胚乳即软质麦粒。小麦的透明度与蛋白质含量存在显著的相关性，在制粉工艺上，无论在制粉前的处理工作中，或在制粉过程中，透明麦粒的处理方法与粉质麦粒处理方法有很大差异，相关设备技术参数的选择应作相应的调整。

3. 玉米籽粒单体性质

(1) 粒形大小。玉米籽粒形状和大小因品种不同也有所不同。一般玉米籽粒长8～

12mm，宽 7～10mm，厚 3～7mm。

（2）千粒重、容重、相对密度。玉米的千粒重为 150～600g，平均 350g。玉米的容重一般为 705～770g·L^{-1}。一般来说，容重高的玉米成熟好、皮层薄、角质率高、破碎效率低；容重低的玉米相反。在相同玉米体积和流速下，容重高的产量高，反之，容重低的产量低。水分大的玉米，细胞组织内部含水多，籽粒膨胀，所以它的容重要低于水分小的玉米。玉米的相对密度为 1.15～1.35；玉米胚的相对密度为 0.7～0.99；砂石的相对密度为 2.5 左右；淀粉的相对密度为 1.48～1.61，蛋白质的相对密度为 1.24～1.31，纤维素的相对密度为 1.25～1.40。一般情况下，凡发育正常、成熟充分、粒大而饱满的玉米籽粒，其相对密度较发育不良、成熟度差、粒小而不饱满的籽粒为大。

（3）悬浮速度。悬浮速度是指玉米自由下落时在相反方向流动的空气作用下，既不被空气带走，又不向下降落，使其处于悬浮状态时的风速，为该玉米籽粒的悬浮速度。悬浮速度的高低与玉米颗粒的形状、大小、相对密度、质量有直接关系。颗粒大、质量重的，悬浮速度就高；反之就低。玉米的悬浮速度为 11～14m·s^{-1}；玉米胚的悬浮速度 7～8m·s^{-1}；玉米皮的悬浮速度2～4m·s^{-1}。

（4）破碎强度。胚的破碎强度是胚乳的 1～2 倍，玉米在加工过程中，胚乳易碎，胚不易破碎，因而在制　、制粉过程中，容易将胚分离出来。

4. 大麦籽粒单体性质

大麦籽粒的平均尺寸长×宽×厚约为 11.0mm×4.0mm×3.0mm，大麦粒形的平均长宽比为 3.14，属长粒型，容重介于小麦和莜麦之间，千粒重接近小麦。大麦的密度为 0.96～1.11g·cm^{-3}，容重为 600～700g·L^{-1}，二棱大麦千粒重 36～42g，六棱大麦千粒重 30～40g。大麦的悬浮速度为 8.4～10.8m·s^{-1}。

5. 莜麦籽粒单体性质

莜麦籽粒的长×宽×厚平均尺寸约为 12.0mm×3.0mm×2.5mm，容重 400～500g·L^{-1}，莜麦比稻谷容重小 11%～16%。千粒重为 20～40g，悬浮速度 8～9m·s^{-1}，均和稻谷相当。

6. 荞麦籽粒单体性质

我国荞麦果实长度为 4.21～7.23mm，甜荞长度大于 5mm，宽度为 3.0～7.1mm。我国甜荞千粒重为 15～38.8g，平均千粒重为(26.5±7.4)g，其中以千粒重为 25.1～30g 的中粒品种为主，占 41.4%。苦荞千粒重为 12～24g，平均千粒重为(18.8±4.7)g，其中以千粒重为15.1～20g 的中粒品种为主，占 57.7%。甜荞果实容重一般为 550～600g·L^{-1}，苦荞果实容重一般为 712～720g·L^{-1}。欧盟各国荞麦容重为 550～700g·L^{-1}。荞麦容重与千粒重呈负相关，甜荞和苦荞千粒重范围相差大，所以容重差别亦大。甜荞果实的悬浮速度一般为 7.5～8.7m·s^{-1}，苦荞的悬浮速度为 7～10m·s^{-1}。

7. 粟籽粒单体性质

粟籽粒直径 1～3mm，千粒重 2～4g，粟籽粒的密度 1.00～1.22g·cm^{-3}，容重约 620g·L^{-1}。

8. 高粱籽粒单体性质

高粱的粒度为长 3.7～5.8mm，宽 2.5～4.0mm，厚 1.8～2.8mm，其千粒重为 23～27g，密度 1.14～1.28g·cm^{-3}，容重 750g·L^{-1}左右。

二、谷物籽粒群体的性质

粮堆是粮食籽粒的群体。粮食收获之后，从生产领域进入流通领域，在粮食工作的“购、销、调、存、加”等各个环节中,总是成堆加以处理。

粮堆由许多分散的粮粒组成,一般称它为散粒体,其物理状态介于固体和液体之间。粮堆的特性与一般固体和液体不同,它不能像固体那样经常保持一定的形状,而只能在一定限度内保持其形态,超过一定限度,粮粒就会因重力作用向四周流动。粮堆有流动性,但它不像一般液体经常保持水平,而能形成斜坡。粮堆的主要特性有散落性、自动分级、孔隙度、吸附性等。

研究粮堆的组成及其生态变化规律和特性,对粮食在储藏、加工、食品制造等各个环节具有重要意义。可以帮助我们设法防止、控制或延缓粮食在储藏中不良变化的发生,以保证质量,减少损失;可以帮助我们在粮食加工与食品制造中采取合理的工艺,以充分合理地利用粮食。

(一) 粮堆的组成

粮堆是一个复杂的生态体系,包括生物和非生物两大部分。粮粒、杂草种子、昆虫、螨类、微生物等都是有生命活性的生物,而无机杂质、空气、水蒸气等都是没有生命活性的非生物。在粮堆中,生物与生物之间,非生物与非生物之间,非生物与生物之间,都存在着互相制约、互相影响的关系。

1. 粮堆的生物成分

1) 谷粒

谷粒是粮堆生物成分的主体,一般谷粒要占粮堆总体积的60%左右。谷粒分本种谷粒和异种谷粒两类。本种谷粒指该种谷物的完善籽粒,是粮堆中具有使用价值的部分;异种谷粒是指因种子不纯或在收获、运输、储存等环节中混入的其他谷物籽粒。在一般情况下,粮堆主要由本种谷粒组成,异种谷粒所占的比例极小。但在某些特殊情况下,异种谷粒会占有较大的比例。如有些地区实行两种或数种谷物混种,混合收获,混合加工,混合食用。这种混杂的谷物,多只限于产地自用,一般不作为商品粮调入其他地区。

不同种类的粮食,其大小、形状、保管稳定性、加工特点各不一样,这些都将在不同程度上影响粮堆的性质。粮食的含水量、饱满度、成熟度、破碎情况等也有区别,这些因素对粮食的安全保管、合理加工及食用品质都有很大影响。一般说来,充分成熟、饱满完整、大小一致、含水量低的粮食比较好保管,但含水量过低却对加工不利。如小麦制粉时,通常要进行水分调节,将小麦含水量恢复到14.0%~14.5%。

2) 杂草种子

粮堆内还时常混有一些杂草种子,它们是在收获时从田间带来的。多数杂草种子具有颗粒小、吸湿性强、原始水分含量高、生命活动旺盛等特点,它们能将水分转移给谷物,增加粮堆内的湿热,堵塞粮堆孔隙,为虫、霉的生长繁殖提供有利条件。因此,混入粮堆内的杂草种子,是影响谷物安全储藏的一个不可忽视的因素。

杂草种子对谷物的食用品质也有很大影响,使食品的色泽、口感下降。有些杂草种子含有毒素,影响人体健康。如毒麦、曼陀罗、麦仙翁、王不留行、厚果槐、狐尾槐、毛果洋茉莉等的种子,就都是有毒的,现将这些杂草的毒性简要介绍如下:

(1) 毒麦。禾本科一年生草本植物,其种子常混入麦类中。毒麦中含有一种毒麦碱,是由一种真菌寄生而形成的,人畜食用后,能引起头晕、昏迷、恶心、呕吐、痉挛等中毒症状。含毒麦4%的小麦制粉食用,能使人中毒。

(2) 曼陀罗。茄科一年生草本植物,全身及种子中含有数种有毒生物碱,但可入药,有麻醉、镇痛的功效。

(3) 麦仙翁。我国东北多见的石竹科一年生草本植物,种子含有皂苷,具有显著的溶血作用。麦仙翁主要危害旱田作物。麦仙翁籽粒混入小麦中制粉,在烤制面包时,80%～90%的毒素可被破坏。

(4) 王不留行。又称麦蓝菜,为石竹科一年生草本植物,是麦田中常见的杂草,含有皂苷,有毒。

(5) 槐籽。野生豆科植物厚果槐和狐尾槐的果实,略带绿色,形状不规则,稍似扁豆。粮食中槐籽含量达2%～6%时,可引起急性中毒,主要症状为头昏、头痛、无力和呕吐,有时出现痉挛。

(6) 毛果洋茉莉。为一年生野生植物,种子中含有洋茉莉碱和毛果洋茉莉碱。粮食中混有毛果洋茉莉籽时,其制品有苦味。主要中毒症状是上腹部疼痛,然后出现恶心、呕吐,一周后往往出现肝肿大,2～3周后可出现腹水。

3) 微生物

谷物在田间生长的时候,各种微生物能寄附在谷物籽粒上;谷物在收获、运输、保管和加工过程中,微生物也能沾附到谷物上来。1g普通谷物上,微生物数量可能有几十万到上百万个。微生物在谷物上大量繁殖时,会使粮食发热霉变,降低营养价值,甚至不能食用,造成重大损失。

有些微生物在粮食上生长繁殖时,能产生毒素,污染粮食,危害人体健康。如黄曲霉、寄生曲霉、杂色曲霉、构巢曲霉、青霉和镰刀菌等,都能产生毒素。现将它们的毒性简要介绍如下:

(1) 黄曲霉与寄生曲霉。这两种霉菌能产生具有很强毒性和致癌性的黄曲霉毒素,花生、花生油、玉米、大米、棉籽等最易污染黄曲霉毒素。

(2) 杂色曲霉与构巢曲霉。在适宜的条件下,这两种霉菌能产生杂色曲霉毒素。杂色曲霉毒素也是一种剧毒物质。

(3) 青霉。谷物上寄生的青霉有黄绿青霉、岛青霉、橘青霉、皱褶青霉和缓生青霉等,其中有些菌株是产毒的。岛青霉对粮食的污染比较严重。

(4) 镰刀菌。镰刀菌是小麦赤霉病的主要病原菌,能产生镰刀菌毒素。

4) 害虫

危害谷物的害虫有数百种,它们的躯体虽然很小但繁殖速度惊人、生命力很强。害虫不停地蛀蚀谷物,吸取营养,繁殖后代,排泄粪便,往往造成谷物极大的损失。害虫的活动还能导致谷物发热霉变,干燥谷物由害虫引起的发热,最高温度可以达到42℃。害虫在谷物中生长繁殖,产生的分泌物和排泄的粪便中,带有大量的细菌和多种多样的毒素,使谷物受到污染。有些谷物制品如面粉、面条生虫后,虽经杀虫处理,但虫尸很难除去。害虫的活动还能促使微生物的繁殖,加速谷物劣变。

2. 粮堆的非生物成分

(1) 无机杂质。无机杂质指谷物在收获、整晒、运输、储存及加工过程中混入谷物中的土块、碎石、灰尘和各种金属物等。它们的存在不仅降低了谷物的保管稳定性,而且使谷物的质量下降,多数无机杂质因带菌、带毒或刺激胃肠,影响人体健康。

无机杂质虽然不含营养成分,但能为害虫的生长繁殖提供场所,如许多微小害虫和螨类特别容易在粮堆内的灰尘中生存。灰尘也是微生物的传播者,谷物在清理和运输的过程中,黏附在器具上的灰尘能将微生物传播给其他谷物。

混入粮堆内的金属物是对人体胃肠有害的物质，如果粉类谷物中含有长度超过 0.3mm 的针刺状金属物，则有刺破人体食管、胃壁和肠壁的危险。小麦制粉时，从原料清理到成品打包各工艺过程，均安装有磁铁设备，用以清除谷物中的磁性金属物。

(2) 粮堆气体成分。一般粮堆中具有 40%左右的空隙，空隙中充满了空气。粮堆空隙中空气成分的组成比例与正常空气不同。正常空气中气体成分的组成比例（体积比）为：氧 21%，二氧化碳 0.03%～0.04%，氮 78%，其他气体不足 1%。粮堆中由于各种生物成分的活动，又受通气条件的限制，气体成分变化的总趋势是氧气含量下降，二氧化碳和水蒸气的含量上升。

当粮堆中的氧气消耗到一定程度或二氧化碳积累到一定程度时，各种生物成分的生命活动就会受到一定的抑制，这对粮食安全保管是有利的。因此，在储粮实践中可采取密闭的方法进行自然缺氧储藏。

（二）散 落 性

在堆积谷物时，谷物能由高处下落并向四面流散而形成一个圆锥体。谷物的这种在一定程度上自然流散的性质称为散落性。

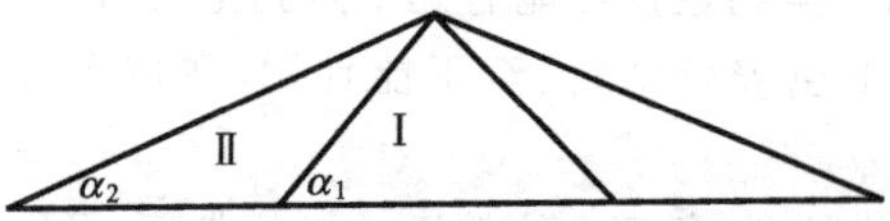

图 1-11 不同谷物的静止角

谷物散落性的大小。通常用静止角来表示。所谓静止角，即谷物自然流散形成的圆锥体的斜面线与水平面所形成的角度，也有称为自然坡度角的。粮堆的静止角大，表示散落性小；静止角小，表示散落性大。如图 1-11 所示，角 α_1 ＞角 α_2，则Ⅰ种粮食的散落性＜Ⅱ种粮食的散落性。

1. 影响谷物散落性的因素

(1) 粮粒形状与表面状态。谷物的散落性与其籽粒的大小、形状及表面状态有关。一般圆形籽粒、表面光滑的籽粒，如油菜籽和豌豆等的静止角较小，流散时的摩擦力小，故散落性较大；而小麦、稻谷等表面粗糙籽粒的静止角较大，流散时的摩擦力大，故散落性较小（表 1-17）。

表 1-17 几种谷物的静止角

谷物	稻谷	小麦	大麦	玉米	荞麦	粟米
静止角/(°)	34～35	23～38	28～45	30～40	31～32	30～34

(2) 水分。谷物含水量的增加，一般都能使静止角增大，而使散落性下降（表 1-18）。水分低比水分高的谷物散落性大，这是因为水分低的谷物，谷粒间的吸着力小，而水分高的谷物，谷粒间的吸着力大。谷物水分对散落性的影响，受谷粒形状与表面状态的制约。圆形谷粒与表面光滑的谷粒，含水量对散落性的影响较小；而其他形状及表面粗糙的谷粒，含水量对散落性的影响较大。

表 1-18 几种谷物的水分含量与静止角关系

	稻谷		小麦		玉米	
水分/%	13.7	18.5	12.5	17.6	14.2	20.1
静止角/(°)	36.4	44.3	31.0	37.1	32.0	35.7

(3) 杂质。谷物中杂质的含量对散落性的影响也较大，通常随着杂质含量的增加，散落性下降；特别是轻浮杂质，如作物与杂草的茎、叶残片，更会大大降低谷物的散落性。

2. 谷物散落性的作用

谷物的散落性总是保持在一定的范围内。谷物如果出汗返潮，生虫长霉，其散落性就会下降。谷物霉变结块时，甚至完全丧失散落性。因此，通过测定谷物散落性的变化，可以判断储粮的安全情况。由于散落性的存在，装在仓库中的谷物对仓壁产生一种推力，这种推力称为侧压力。谷物的散落性越大，对仓壁的侧压力也越大；粮堆越高，所产生的侧压力也越大。因此，在粮仓设计中，必须考虑这个侧压力的存在，根据谷物的散落性及粮堆高度来确定仓壁的厚度。在清理、输送谷物时，经常使用各种自流设备，此时必须考虑谷物的自流角。所谓自流角是指谷粒在倾斜的平面上开始下滑时，倾斜平面与水平线之间的夹角，自流角也是粮食散落性的一种表现。它与谷物性质及斜面物体性质有关。自流角的大小，在很大程度上受斜面物体性质的影响。同一斜面材料，表面光滑则自流角小，反之则大。生产实践中，溜筛、进出料斗及各种自流管道的倾斜角度，一般应比自流角大 5°～10°；用输送机进粮，输送机的倾斜角要小于谷物的自流角，谷物才不会倒流。

（三）自 动 分 级

在清理、输送、装卸谷物的过程中，不同质量的谷粒和杂质会因相对密度不同而分别聚集在不同的部位，这样就造成了同一堆谷物，不同部位谷物质量的不同，这种现象叫作自动分级。

产生自动分级的原因

自动分级是在散落性的基础上形成的，谷粒和杂质相对密度的不同是产生自动分级的基本原因。在一定生产条件下，各种谷物的质量不会绝对均一整齐，同时，谷物中总会混入一定数量的杂质。谷物籽粒和各种杂质的物理特性(如大小、形状、相对密度、表面光滑程度等)均不同，摩接力、浮力和承风能力也不一样，因而当谷物受振动或由空中抛下时，不同性质的成分，其下沉、滚滑、抛出的远近也不一样，这样就使不同质量的谷物和杂质聚集在不同的部位，造成自动分级。

除了粮堆各成分本身的性质以外，自动分级还与客观条件有关。客观条件主要是倒散方式、落点高低、风力大小等。例如，用机械由顶部打入筒仓的谷物，若从中心固定一点降落，则颗粒小、不饱满、绝对质量小、相对密度小的谷粒和杂质就趋向四周，重的、饱满的多在中央。用运输机打进房式仓或在仓外散继时，其变化又随落点的高低与风力的大小而定。一般当落点高、谷物下落的距离大时，所受空气的浮力和风的吹力就大，叶片、灰土、瘪粒、皮壳等轻浮成分多落向粮堆基部或下风方向，而砂石、泥块等沉重杂质多落在锥体的顶部。落点低时，粮食下落的距离小，上述轻浮杂质由于自身的滑动能力小，就较多地停留在粮堆锥体的顶部，而滑动力大的杂质及饱满籽粒则易流向锥体的基部。

（四）孔隙度与密度

粮堆孔隙体积占粮堆总体积的百分比称为孔隙度；粮堆中谷物籽粒和杂质的体积占粮堆总体积的百分比称为密度。孔隙度和密度之和为 100%。孔隙度和密度都是反应粮堆孔隙状况的物理概念。粮堆孔隙度的大小受谷粒形状、杂质含量及储存环境等因素的影响。一般粒大完整、表面粗糙的谷物，孔隙度大；粒小破碎多、表面光滑的谷物，孔隙度小。谷物中细小杂质含量多，由于杂质充塞一部分孔隙，使孔隙度减小；大型轻浮杂质多时，使孔隙度增大。谷物吸湿返潮，谷粮粒膨胀，互相挤压，使孔隙度变小。粉类谷物堆包过高，下层长期受重压，孔隙度也会变小。

（五）吸　附　性

谷物吸附各种气体和气味的性能称为吸附性。谷物之所以具有吸附性，主要是由于谷粒是一个多孔毛细管物质，各种气体从粮堆的孔隙渗入后，吸附在谷粒的表面或通过谷粒的毛细管吸收到谷粒的内部。如果把谷物和其他有特殊气味的东西混存在一起，谷物就会沾染各种气味。谷物也能吸附空气中的水蒸气，从而使谷物的含水量增加。这一性质称为谷物的吸湿。

在一定的条件下，如当气温低于粮温或气体浓度很低时，谷物又可把吸附的气体散发出去。谷物散发其所吸附的气体的性质称为解吸。在一定的条件下，谷物也可把吸附的水蒸气散发出去。谷物散发水蒸气的性质称为解湿。因此，当谷物吸附异味气体或吸湿返潮后，可以通过晾晒、通风解吸以除去异味，或解湿以降低水分。

1. 影响吸附作用的因素

谷物吸附能力的大小，受谷物种类、环境温度、气体浓度与性质等因素的影响。

(1) 谷物种类。谷物种类不同，其谷粒状态、化学成分均有差别，吸附能力也不一样（表 1-19），通常含蛋白质多的谷物，吸附能力强，含蛋白质较少的谷物，吸附能力也较弱。此外，吸附能力还与谷物籽粒的组织结构有关，表面粗糙、组织疏松、破碎粒、虫蚀粒多的谷物，一般吸附能力较强。

表 1-19　几种谷物的对 CO_2 的吸附量（单位：$mL \cdot kg^{-1} \cdot 3h^{-1}$），20℃

谷物	稻谷	糙米	白米	米粉	小麦	面粉	玉米
吸附量	86	90	70	60	75	60	170

同一谷粒，不同部位的吸附能力也有差别。通常胚芽的吸附能力最强，皮层和糊粉层次之，其他部位的吸附能力较小。以糙米为例，胚芽吸附的 CO_2 占糙米总吸附量的 10%，但胚芽质量仅占糙米总质量的 2%～3%。

(2) 环境温度。吸附是放热过程，解吸是吸热过程。因此，在气体浓度不变的情况下，温度下降有利于吸附作用的进行；温度上升有利于解吸作用的进行。

(3) 气体浓度。在温度不变的情况下，吸附作用随气体浓度的增加而增强。但当谷物所吸附的气体增加到一定限度时，吸附量的增加逐渐减小，甚至不再增加。

(4) 气体性质。在温度和气体浓度不变的情况下，沸点较高，容易凝结的气体较易被吸附，如水蒸气就是易被谷物吸附的气体。

2. 吸湿性与空气湿度

谷物的吸湿性是其吸附性的一种具体表现。谷物在储存及加工过程中，每时每刻都在进行水汽的吸附与解吸（吸湿与解湿）。谷物的吸湿与解湿对安全储藏、合理加工与利用都有极其重要的影响。

3. 吸附性对粮食品质的影响

谷物及其制品在加工、储藏、运输及销售的过程中，不可避免地会与某些气体接触而发生吸附作用。很多物质具有异味或有毒，如汽油、煤油、农药等，它们的气体被谷物吸附后，轻则使谷物及其制品产生异味，降低品质，重则污染毒素，影响人体健康。因此，谷物及其加工品必须固定专门的仓库、装具及运输车辆，不能和其他有异味或有毒的物质混存混运。

谷物吸湿能改变谷物水分含量，干燥的谷物在潮湿的环境中，由于吸湿会使水分增加，降低储藏稳定性，严重的还会引起发热霉变。因此，控制谷物吸湿，是安全储藏的基本原则之一。一定含水量的谷物制品吸湿后，不仅降低储藏稳定性，而且还使制品的色、香、味、形受到不同程度的影响，降低食用品质。因此，谷物及其制品要妥善保管，预防吸湿运潮。

（六）平衡水分

由于谷物具有吸湿性，所以干燥的谷物在温度大的空气中能吸收水汽，使其含水量增高。相反由于谷物还具有解湿的能力。当湿粮在干燥的空气中时，也会散湿变干。某一时刻当进入谷物和逸出谷物的水汽分子相等时，即谷物对水汽的吸附和解吸处于动态平衡，水分含量不再变动。这时谷物的含水量就叫作当时温度、当时湿度下的平衡水分，处于平衡水分条件下的大气相对湿度，称为平衡相对湿度。

在一定温度时，空气相对湿度愈大，谷物平衡水分愈高。湿度一定时，温度愈高，平衡水分愈低。谷物的平衡水分与谷物的化学成分也有关系，含油量高的谷物，平衡水分低。谷物的平衡水分与谷物储藏及加工的关系十分密切。在谷物加工的各个环节中，采取必要的防护措施，防止谷物过度吸湿霉变，或过分解湿干燥以影响工艺品质，是非常必要的。某一时刻，当谷物的实际水分小于当时该谷物的平衡水分时，谷物有吸湿能力，正常的谷物就要注意防潮。相反，谷物的实际水分大于当时该谷物的平衡水分时，谷物就有解湿能力，如果是正常的待加工谷物要防止水分散失。若是高水分谷物，可以通风散湿，以降低水分含量。

在谷物保管中，可根据平衡水分来判断谷物水分变化的趋势，以便采取合适的技术措施，如通风、摊晾、密闭或干燥降水等，确保储粮安全。

（七）粮堆结露

潮湿的热空气遇到冷的物体，常常在冷的物体上形成水珠，这种现象叫结露。谷物及其加工品在储存的过程中，由于环境及其自身的因素，粮堆内部及粮堆内外之间，往往出现湿热不均，湿热空气在扩散中遇冷也可出现结露现象。粮堆结露后，结露部位的谷物水分会显著增加，常引起发热霉变。

1. 粮堆结露的原因

引起结露的原因主要是产生温差：当热空气遇冷时，空气饱和水汽量减少，相对湿度增大，当相对湿度增至100%时，若继续变冷，空气饱和水汽量就会小于当时空气中的实际水汽量，过多的水汽就不能以水蒸气状态存在于空气中，而结成水珠，即结露。

使空气湿度刚达到100%，开始出现结露时的湿度叫作露点。空气湿度愈大，露点和当时空气的温度愈接近，愈容易引起结露。

粮堆结露发生的部位，一般都是冷热相遇的地方。特别是在季节转换时期，气温骤升、骤降之时，或粮堆内各部分温度变化较大时，最易产生结露。梅雨季节，空气湿度很大。若仓库密闭性能不好，潮湿的空气进入粮仓，也易使粮堆结露。

2. 粮堆结露的类型

由于气候、环境、谷物自身及某些技术措施的因素，引起粮堆的结露有上层结露、内部结露、热粮结露、密闭结露、通风结露等几种类型。

(1) 上层结露。上层结露多发生在秋冬交换期间，此时气温下降快，但粮温下降慢，粮堆内部的热气上升，在粮面遇冷而结露。上层结露部位一般在粮面下 5～30cm 处。

冬季低温入仓的谷物在进入高温季节后，也易产生上层结露。因此，低温储藏常需在被面铺盖麻袋、草席等防潮隔热物，以防进入高温季节后产生结露。

(2) 内部结露。粮堆内部不同的部位往往也会出现较大的温差，造成低温部位湿度增大而结露。引起粮堆内部温差的主要原因有生物成分进行活动，放出热量，使局部粮温升高；向阳面和背阳面等外温的影响；高温粮装入低温粮仓中，或低温粮装入高温粮仓中。

(3) 热粮结露。经烘干处理或日晒干燥的谷物。以及新出机的加工粮，一般温度较高，如果未经充分冷却便入仓，热粮遇到冷的地坪、墙壁，也易因温差过大而产生结露。

(4) 密闭结露。用塑料薄膜密闭储藏谷物时，粮堆内产生的湿热不易散失，使薄膜内温度高于薄膜外温度，达到露点时，则在薄膜内产生结露。若气温高，粮温低，使薄膜外温度高于薄膜内温度，达到露点时，则在薄膜外产生结露。

(5) 通风结露。在对粮堆进行通风时，若将冷空气骤然鼓入粮堆，冷空气不能及时扩散平衡，往往在粮堆内的不同部位造成过大温差，引起结露。特别是在谷物含水量较高的情况下，更易产生通风结露。

预防结露的方法主要是改善仓房的隔热防潮性能，翻动粮面。散发湿热、减小温差。在气温骤变季节，需用防潮材料覆盖根面。在对粮堆通风、烘干谷物及加工过程中，均要采用合理的工艺，防止产生过大的温差，引起结露。

（八）不同谷物籽粒群体的性质

1. 稻谷籽粒群体的性质

稻谷的孔隙度 50%～65%，密度为 35%～50%。不同稻谷的静止角不同，其中籼谷为 36°～39°，粳谷 40°～41°。20℃时稻谷对 CO_2 的吸附能力为每小时 86mL·kg^{-1}。

2. 小麦籽粒群体的性质

小麦有效表面面积的总和大致超过小麦本身外部表面面积的 20 倍。在 20℃下每小时吸附 CO_2 的能力为 75mL·kg^{-1}。小麦是热的不良导体，麦堆的导热性能与麦堆的形式、大小、密闭情况、孔隙度、含水量等因素有关，其中尤以含水量影响较大。因为水的导热系数比小麦大得多，所以高水分小麦的导热性能比低水分小麦强得多。由于麦堆具有不良导热性，其温度变化是很缓慢的。这在储藏和加工中可以起两种不同的作用。当粮温较低时，它不易受外界高温的影响，可以保持较低的粮温，这是有利的一面；但另一方面，在储藏和加工中，如因麦堆发热使粮温升高时，其温度又不易下降，而保持较长时间的高温，这是不利的一面。

各种小麦由于形状、结构的差异，麦粒间的摩擦力大小也不一样，因而所形成的圆锥体也各不相同。小麦静止角一般为 23°～38°。小麦散落性的大小与静止角的大小成反比。小麦的孔隙度为 35%～45%。密度为 55%～65%，热容量为 1.55。

3. 玉米籽粒群体的性质

玉米孔隙度为 35%～55%，密度 45%～65%。玉米的比热容为 1.87kJ·kg^{-1}·℃$^{-1}$。玉米的散落性的大小与玉米的水分、形状大小、表面状态和杂质的特性及含量有关，通常静止角为 31°～32°。一般玉米的自流角对于木材为 24°～28°，对于钢板为 20°～24°。20℃时玉米对 CO_2 的吸附能力为每小时 170mL·kg^{-1}。

4. 其他谷物籽粒群体的性质

其他谷物如莜麦的静止角为 32°～36°。大麦的静止角 36°～40°，大麦的密度为 45%～

55%，孔隙度45%～55%。荞麦的密度为40%～50%，孔隙度为50%～60%。

三、谷物粉体的性质

谷物粉体是由谷物颗粒粉碎后分散成的微小颗粒，以某种空间排列组合形式构成一定的集合体而组成。未研磨的谷物颗粒的平均粒径为1～10mm。而研磨后的谷物粉体的粒径为1μm～1mm。近年来，超微粉的生产和应用越来越广泛，因此，粉体的粒度已不再局限于微米级的范围。

谷物粉体粒子的粒径远远小于单颗谷粒，谷物粉体的几何特性（平均粒度、粒度分布、颗粒形状、比表面积）、力学特性（静止角、内摩擦角、外摩擦角）、工艺特性（流动性、喷流性、吸附性、凝聚性）以及粉体的电、磁、光、声、热学性质等都不同于谷物颗粒群体。

（一）粉径分布、密度

粉体密度可用堆积密度表示，即一定体积容器内可装该颗粒的质量。堆密度又可分为松散堆积密度和振实堆积密度。松散堆积密度包括颗粒内外孔及颗粒间空隙的松散颗粒堆积体的平均密度，用处于自然堆积状态的未经振实的颗粒物料的总质量除以堆积物料的总体积求得。振实堆积密度包括颗粒内外孔及颗粒间空隙的经振实的颗粒堆积体的平均密度。

将粉体装填于测量容器时不施加任何外力所测得密度为最松松密度。施加外力而使粉体紧充填状态下所测得密度叫最紧松密度。振实密度随振荡次数而发生变化，振荡体积不变时测得的振实密度即为最紧松密度。

常用家用面粉的粒径主要为2～18.5μm，其密度约为0.52g · cm^{-3}；普通粉碎的米粉颗粒分布集中在25.7～116μm，静止角36.5°，滑角48°；大麦粉容重约为577g · L^{-1}；莜麦粉容重约为561g · L^{-1}。

（二）表面能、黏结性、流动性与空隙率

粉碎机所做的功的一部分转化成能量，而储存在被粉碎以后的物质颗粒表面，这部分能量在物理化学中被叫作“表面能”。对于一定的物质来说，被粉碎的程度越大，即颗粒越小，则表面积越大，表面能也就越大。谷物粉碎后，粉体粒子的粒径小至微米级，吸附有效面积大大增加，吸附能力大大增强，表面能大，易凝聚，粉体的黏结性因而大大增加。

粉体粒子间吸附性增大导致粉体间内摩擦力增加，静电增大，并且使得粉体的散落性下降，静止角增大，粉体流动性大大降低。粉体粒径越小，静止角则越大。静止角常用来衡量和评价粉体的流动性，往往将该角度视为粉体的“黏度”。

由于谷物粉体具有黏结性，并且颗粒表面的粗糙度大，因此谷物粉体层呈现出较高的空隙率，形成松填充。设备的振动频率与振幅对粉体层的空隙率有较大影响。

为了避免谷物粉体由于其自身吸附能力增强，静电增大而影响粉体的筛理分级，小麦制粉厂的高方筛选用蚕丝筛面。蚕丝筛面具有良好的吸湿性和导电能力，可以减少粉体在筛分时水汽在筛格上结露，避免粉体由于静电过高而黏附在筛面上。

（三）结　拱　性

粉体流动性下降影响仓斗内粉体的流动状态和流动形式，进而影响料仓存料和排料。粉体利用自身重力克服仓内粉体内力而自动流出。当仓斗设计合理而仓内粉料不能自由卸出

时，主要是由于粉体内力远远大于粉体重力。粉体内力由内摩擦力、黏结力和静电力等构成。内力增大往往导致仓内粉体结拱。

（四）爆　炸　性

可燃性物质细粉在空气中扩散浮游形成尘云，起火后迅速燃烧的现象称为粉尘爆炸。谷物粉末是天然有机物粉末，属于可燃性物质。发生粉尘爆炸的粉体粒度是 0.5～15μm。

粉尘爆炸必须具备三个条件：尘云、空气、着火源。可爆粉尘云是指粒度小于 500μm 的粉尘含量占有一定比例，且其浓度在爆炸范围内，粉尘与空气或氧气混合呈悬浮状的尘云。

谷物粉体与谷物颗粒相比，具有分散性和悬浮性的特点。由于分散性，同样质量的谷物粉体与谷物颗粒群体相比，表面积要大许多倍。表面积增加使得静电更容易产生；表面积增加还使得原料的稳定性降低。虽然谷物颗粒群体性质很稳定，而谷物粉体却能发生剧烈的爆炸。

谷物粉体在研磨、搅拌、筛分或高速运动时，粉体粒子与粒子之间，粒子与管道壁，容器壁或设备工作面之间的碰撞、摩擦，会在粉体和设备上发生静电起电现象，使粉体和设备分别带上不同的电荷。静电不仅会使粉粒吸附于设备、管道上，妨碍正常的生产过程；当静电放电能量超过了其点火能量就会导致粉体爆炸。

极微小的谷物粉粒粒子在运输、流动、清理过程中易与粉体粉粒，形成具有一定浓度的悬浮粉粒。当大量可燃性悬浮粉粒飘浮在有限密闭空间内，如提升机、粉碎机、谷物仓等，并且粉粒粒径小于 10μm，空间浓度达到 $100g \cdot m^{-3}$，一旦有足够能量的点火源存在，就会发生爆炸。粉体颗粒粒径越小、悬浮性能越大，其爆炸下限和着火温度也越低，而爆炸粒和压力上升速度就越高。

谷物加工厂防止粉尘爆炸的主要措施是：控制粉尘浓度（使粉尘浓度低于爆炸下限或高于爆炸上限）和排除着火源。必须要求：①谷物加工厂车间内的空气含尘浓度不超过 $10g \cdot m^{-3}$（当 SiO_2 含量在 10%以下时）；车间内的空气含尘浓度不超过 $150g \cdot m^{-3}$。②粉仓仓顶设置粉仓爆炸泄爆口、爆炸降压板，预防、减小粉尘爆炸对人身、设备的伤害。

第三节　谷物的化学成分与加工特性

一、稻谷籽粒各部分的化学成分及其加工特性

稻谷由颖（稻壳）和颖果（糙米）两部分组成，颖果（糙米）由皮层、胚和胚乳三部分组成。利用机械碾磨的方法去除糙米的皮层、胚乳的糊粉层和胚后即是稻米，又称大米，它是由胚乳组成的，其主要成分是淀粉，淀粉是提供热量的主要来源。被剥除的皮层和胚乳的糊粉层，称为米糠层。米糠和米胚含有丰富的蛋白质、脂肪、膳食纤维、B族维生素和矿物质，营养价值很高。稻谷加工过程中，随着皮层的不断剥离，碾米的精度提高，从营养角度看，大米的精度越高，淀粉的含量相对越高，纤维素含量减少，但某些营养成分如脂肪、矿物质及维生素的损失越多。从食用角度来看，精度高的米口感细腻。

稻谷籽粒中含有的化学成分有水、蛋白质、脂肪、淀粉、纤维素、矿物质等，此外还有一定量的维生素。稻谷籽粒各组成部分的主要化学成分含量见表 1-20。

表 1-20　稻谷籽粒各组成部分的主要化学成分　　(单位:%)

种类	水分	蛋白质	脂肪	碳水化合物	纤维素	灰分
稻谷	11.7	8.1	1.8	64.5	8.9	5.0
糙米	12.2	9.1	2.0	74.5	1.1	1.1
胚乳	12.4	7.6	0.3	78.8	0.4	0.5
胚	12.4	21.6	20.7	29.1	7.5	8.7
皮层	13.5	14.8	18.2	35.1	9.0	9.4
稻壳	8.5	3.6	0.9	29.4	39.0	18.6

虽然大米胚乳中的蛋白质含量较少,但它是谷物蛋白质中生理价值最高的一种,其氨基酸组成比较平衡,赖氨酸含量约占总蛋白的 3.5%。大米蛋白质以米谷蛋白为主要组成,约占总蛋白的 80%。其他 3 种为清蛋白、球蛋白和醇溶谷蛋白,其中以醇溶谷蛋白含量最低,仅占总蛋白的 3%～5%。淀粉是大米最主要的成分,占整粒大米的 77%～80%;糯米淀粉几乎都由支链淀粉组成,不含直链淀粉;粳米中直链淀粉要多一些(约占淀粉总量的 20%),而籼米胚乳中的直链淀粉则更多。含直链淀粉多,则米质松散,食用品质低,因此人们一般不喜欢吃籼米,但它特别适合用来加工米粉。而粳米和糯米所含的直链淀粉少或没有,米质较黏稠,食用品质好,除供直接食用外,还可用来加工年糕。大米中维生素和矿物质含量比稻谷原粒中的含量低,导致了营养价值的下降,蒸谷米和强化米正是为了弥补这方面的不足而出现的。

(一) 普通稻米的营养价值

稻米的营养价值较高,除富含淀粉外,还含有蛋白质、脂肪、维生素、矿物质和食物纤维等。

1. 淀粉

淀粉是稻谷的主要成分,我国稻谷淀粉平均含量为 62.7%,淀粉大部分存在于胚乳中,是人体热量的主要来源,水稻提供世界食物能量的 20%。稻米中的淀粉由支链和直链淀粉构成,稻米中直链淀粉及支链淀粉的含量因品种、气候等不同而异,糯米含有较高的支链淀粉。

2. 蛋白质

稻米中蛋白质的含量为 8%～10%,较大麦(7%～17%)、小麦(10%～15%)、玉米(7%～13%)略低,大米蛋白质的必需氨基酸组成与世界卫生组织(WHO)认定的蛋白质氨基酸最佳配比模式基本相符,仅赖氨酸、苏氨酸含量不足,其分别为第一限制性氨基酸和第二限制性氨基酸。但赖氨酸和苏氨酸的含量都比其他谷物高。稻米的生物价(BV)、蛋白质效用比例(PER 值)也比大麦、小麦、玉米、大豆均高。

3. 脂肪

稻谷的脂肪含量约为 2%,大部分存在于胚和糊粉层中,一般加工精度越高的大米,其脂肪含量越低,稻米中的脂肪易氧化酸败。糙米的主要脂肪酸是油酸、亚油酸和棕榈酸。磷脂占全部类脂物的 3%～12%,其中卵磷脂与胚乳的直链淀粉相结合,是非糯性胚乳的自然成分,而糯性胚乳不含磷脂。

4. 维生素

稻谷的维生素主要存在分布于糊粉层和胚中,稻米的维生素含量较少,并且多数属于水溶性的 B 族维生素,如硫胺素、核黄素、烟酸、吡哆醇、泛叶酸等,而几乎不含水溶性抗坏血酸和脂溶性维生素 A、维生素 D。

5. 矿物质

大米中的灰分约占稻谷灰分的28%左右，稻谷的矿物质元素主要存在于稻壳、胚和皮层中，胚乳中含量很少。

6. 纤维素

稻谷的粗纤维主要分布在稻壳和糙米的皮层中，稻米中含粗纤维少。

（二）糙米的营养价值

糙米的皮层和胚芽中富含脂肪、维生素、膳食纤维等营养成分。因此，糙米的营养价值要高于稻米。糙米中约含有19%的脂肪，稻米中的油脂属于植物性油脂，不含胆固醇，且比大部分的植物油具有更高的稳定性，又富含维生素E，以及含有可以防止人体老化与调和自律神经的米糠醇。膳食纤维有助于促进排便，排除体内毒素，同时，还有降低胆固醇、减肥等诸多益处。

（三）特种稻米的营养价值

特种稻米营养丰富，且有质地柔软，细腻、气味芳香可口的特点。常见的特种稻米有紫米、黑米、红米、绿米等。

1. 黑米

黑米营养成分丰富，黑米与普通稻米相比，不仅蛋白质的含量高，人体必需氨基酸齐全，还含有大量的天然黑米色素、多种微量元素和维生素，特别是富含铁、硒、锌、维生素 B_1、维生素 B_2 等。每百克黑米含蛋白质10.73g，比普通稻米高37.0%；含必需氨基酸3280mg，比普通稻米高25.4%，其中，每百克黑米中赖氨酸的含量为355mg，比普通稻米高28.2%；甲硫氨酸含量为193mg，比普通稻米高36.9%；每百克黑米含铁为52.46mg、钙为310.7mg、锌为42.02mg、锰为4.975mg、铜为34.43mg，比普通稻米分别高138.4%、107.9%、34.8%、41.2%、38.7%。紫米和黑米中还含有较多的维生素 B_1 和维生素 B_2。黑米中还含有水溶性黄酮类化合物以及生物碱、植物甾醇等药用成分。黑米皮中的总黄酮物质主要是由黑色素组成。黑米中的膳食纤维含量十分丰富。膳食纤维能够降低血液中胆固醇的含量，有助预防冠状动脉硬化引起的心脏病。黑米中脂溶性维生素特别是维生素E的含量非常丰富。黑米中硒的含量较高，硒是人体必需的营养素，是一种强抗氧化剂，硒是谷胱甘肽过氧化物酶的组成成分，能防止不饱和脂肪酸的氧化，抑制对机体有损害作用的过氧化物和自由基的产生，保护细胞免受损害。云南的紫米和江苏的‘胭脂赤’米中含有丰富的铁质，有明显的补血作用。

紫米、黑米的营养物质在糠层中含量高，当碾去紫米和黑米的糠时，其营养物质显著减少。因此，有色米食用的是它们的糙米而不是精米。

2. 香米

香米含丰富的蛋白质、多种氨基酸、生物碱、维生素 B_1 和维生素 B_2 以及多种人体必需的营养成分，具有滋补和药用效果。

（四）稻谷适于碾米的原理

稻谷的内、外稃虽然比较坚硬，以边缘卷成钩状的形式紧紧包住糙米，但内、外稃的内壁与糙米呈脱离状，容易剥去稻壳而不损伤糙米、稻谷加工过程中的砻谷，就是剥离内、外稃和护颖的过程。砻谷时得到的砻糠（大糠）就是稻谷内、外稃及护颖的总和，占稻谷总质量的20%左右。

碾米主要是碾去糙米的皮层。糙米皮层各层组织的细胞，除管状细胞为纵向排列以外，其他各层都是横向排列，因此糙米的皮层比较疏松，容易碾去。同时糙米外面还包有内、外稃，这就使得糙米在成熟时，果皮不与外界接触，因此比较柔嫩。此外，糙米表面虽有五条纵向沟纹，但一般不很深，碾米时皮层容易碾去，而胚乳的损失不大。

由于稻谷的外壳易剥离，糙米的皮层易碾去，因此稻谷适于碾米，碾米时所得到的糠称为米糠。米糠是被碾下的糙米的果皮、种皮、外胚乳、糊粉层和胚等部分，一般占糙米质量的6.8%。

（五）糙米皮层对碾米的影响

糙米的皮层及纵沟对碾米有较大的影响。在同一条件下加工同一精度的大米，米粒表面的沟纹愈深，皮层愈难碾去，胚乳的损失也愈大，因而降低出米率。如果要保证一定的出米率，留皮就会增加，又会降低大米精度。沟纹愈浅，皮层愈易碾去，胚乳损失也愈小，出米率则较高。一般生长良好、肥料充足、充分成熟的稻谷，籽粒充实饱满，沟纹较浅，对碾米有利。

通常将糙米的果皮、种皮、外胚乳和糊粉层这四部分称为米糠层（又称全糠层），而果皮和种皮称为外糠层。外胚乳和糊粉层称为内糠层。在稻谷的成熟过程中，全糠层随着米粒的成熟而变薄，主要是外糠层由厚变薄；而内糠层却随着米粒成熟而加厚。内糠层由薄变厚主要是由于糊粉层的厚度增加。米粒充分成熟时，内糠层的厚度一般为外糠层厚度的3～3.5倍。

糙米糠层的厚薄还与稻谷品种有关，一般糯型稻谷的糠层比非糯型稻谷的糠层厚；有色米粒比白色米粒的糠层厚；有色米粒中颜色愈深的糠层愈厚。

糙米的糠层簿，则出糠率低，出米率高；糠层厚，则出糠率高，出米率低。

（六）留皮与留胚

从理论上讲，碾米是碾去糙米的皮层和胚，但实际上不可能将皮层和胚全部碾去而只剩下纯净的胚乳。在白米上还或多或少地残留一部分皮层和胚。米粒表面的留皮程度及留胚的多少能较好地反映大米加工的精度。

因此，在鉴定大米质量时，主要根据米粒表面留皮或留胚的程度来评价其加工的精度。

二、小麦籽粒各部分的化学成分及其制粉特性

（一）小麦的营养成分

小麦的营养成分主要包括蛋白质、碳水化合物、脂类、矿物质、盐类、维生素及水。它们不仅决定小麦营养价值，而且对面制品的加工工艺及品质也有很大影响。表1-21列出了几种小麦的营养成分。

表1-21　整粒小麦的营养成分　（单位：%）

小麦名称	水分	蛋白质	碳水化合物	脂肪	灰分	纤维素
冬小麦饱满籽粒	15.0	10.0	70.0	1.7	1.7	1.6
冬小麦中等籽粒	15.0	11.0	68.5	1.9	1.7	1.9
冬小麦不饱满籽粒	15.0	13.5	64.0	2.2	2.6	2.7
春小麦	15.0	13.2	66.1	2.0	1.9	1.8

1. 蛋白质

面粉内蛋白质含量与小麦籽粒中的含量成正比，因产地、土壤、气候条件及品种不同，小麦所含蛋白质的量和质也有很大差别。小麦籽粒中所含蛋白质主要有麦谷蛋白、麦醇溶蛋白（麦胶蛋白）、麦酸溶蛋白、麦清蛋白和麦球蛋白五种。在小麦中，麦谷蛋白和麦醇溶蛋白占小麦蛋白质含量的80%以上，其余蛋白质占15%左右。麦谷蛋白及麦醇溶蛋白与其他动植物蛋白不同，它们最大特点是会互相黏聚在一起成为面筋。我国硬质小麦的蛋白质含量一般为13.0%～17.0%，软质小麦为8.0%～12.0%。

2. 碳水化合物

包括淀粉、糖类及纤维素，其中淀粉和糖类为水溶性碳水化合物，可产生热量。淀粉存在于小麦的胚乳中，占小麦整粒质量的60%～65%，在面粉中含量可达69%～70%。制粉过程中淀粉颗粒应尽可能保持完整，淀粉破损率越高，吸水率就越大，面团易于软化。小麦淀粉由20%～25%的直链淀粉和75%～80%的支链淀粉组成，易于糊化，糊化温度为60～67℃。因此，小麦在研磨过程中，温度高易造成小麦淀粉糊化结块、变味，影响加工和面粉质量。

麦胚内含糖量较多，由于糖具有吸湿性，小麦吸水后胚部很快吸收大量水分，若小麦加工中将胚磨入面粉，则易造成微生物繁殖，不利于面粉的保存。

纤维素不溶于水，不能为人体消化吸收，对人体无直接营养价值。但其中膳食纤维，能促进胃肠蠕动，促进排泄，预防结肠癌和减少冠心病发生。麦粒中含纤维素2%左右，主要分布在皮层。小麦加工中，出粉率越高，面粉内纤维素含量越多，面粉中纤维素的含量取决于加工精度。

3. 灰分和矿物质盐类

将小麦籽粒或面粉完全燃烧后的残留物（或白色灰烬），即为矿物质盐类或称为灰分。小麦中灰分的含量一般为1.5%～2.0%，其中麸皮糊粉层中的灰分含量最高，胚乳中的灰分含量为0.3%～0.35%，因此，加工中面粉的灰分越低，说明精度越高，面粉中含麸量就越少。

4. 脂肪

小麦脂肪含量为1.9%～2.5%，胚乳中含量最少，通常在0.6%左右，胚和糊粉层中含有大量的脂肪，特别是胚，高达14%以上，并含有活力很强的脂肪酶，最易形成酸败，使面粉变味，故在制粉过程中，应尽量避免麦胚混入面粉中。

5. 维生素

小麦胚芽中含有丰富的维生素E，糊粉层中除含有维生素E外，还有少量的维生素C，并含有一定量的B族维生素和泛酸，胚乳中维生素含量较低。因此，面粉的加工精度越高，胚芽和糊粉层的混入量就越小，其维生素含量就越低。

（二）小麦的加工特点

小麦一般用于制粉而不宜于碾米，这是由麦粒本身的组织结构所决定的。一方面小麦皮层较厚（与糙米相比），果皮各层细胞中，除横细胞层是横向排列外，其他各层都是纵向排列，种皮两层细胞互相交错排列、整个皮层结构紧密而坚韧，剥皮较难；另一方面小麦有一条深度约为麦粒厚度一半的腹沟，腹沟内皮层面积占麦粒皮层总面积的1/4～1/3，腹沟内的皮层很难除去。要想保持小麦胚乳不碎，而把皮层全部碾下来是非常困难的，因此小麦不像稻谷那样可以碾成米粒，只能制粉食用。

小麦胚乳中所含的蛋白质能形成面筋，这是小麦蛋白质的一大特点，故小麦面粉具有独特的筋力，可制作面包、馒头、饼干等多种食品。如果小麦不磨成面粉，就不能发挥面筋的特殊效用。因此，小麦大多用于制粉。

（三）面粉的加工特点

小麦经磨制加工后，即成为面粉，也称小麦粉。面粉中所含营养物质主要是淀粉，其次还有蛋白质、脂肪、维生素、矿物质等。

1. 面粉的主要成分及其对制面的影响

1）碳水化合物

小麦淀粉主要集中在胚乳部分，糖分布在胚和糊粉层中。这两种碳水化合物占麦粒的70%以上（干物质），其中以淀粉为主，糖约占碳水化合物的10%。随着小麦粒的成熟，糖大多数转化为淀粉。糖所占比例虽小，但是在面团发酵时，却是酵母呼吸和发酵的基本物质，由酵母将糖分解为二氧化碳和醇。

小麦淀粉由直链淀粉和支链淀粉组成。直链淀粉为19%～26%，支链淀粉为74%～81%。直链淀粉易溶于温水，几乎不显示黏性；支链淀粉容易形成黏糊。小麦淀粉的粒径为2～10μm或25～35μm。颗粒密度为1.63%，呈圆形。

一般淀粉在常温下不溶于水，但当淀粉与水共存并加热后，水渗入淀粉颗粒内部，使淀粉粒膨胀，体积可增大到原有的数十倍甚至数百倍，使晶体和非晶体状的淀粉分子间氢键断裂，淀粉颗粒溶胀破裂而形成胶状物，物料黏度增大，这就是淀粉的糊化现象，处于糊化状的淀粉叫α-淀粉，未糊化的淀粉称为β-淀粉。面类食品的由生到熟的过程实际上就是由β-淀粉转化为α-淀粉的淀粉糊化过程，熟的α-淀粉比β-淀粉容易消化。淀粉的糊化程度的高低直接影响着面条口感和其他感官指标。

α-淀粉在常温下缓慢冷却失水，淀粉分子会逐渐向低能态的结晶化转移，形成排列有序的平形胶束，恢复糊化前的β-淀粉结构，这种现象叫淀粉凝沉，也称为回生或老化。回生后淀粉不再被水溶解，也不易被酶水解，即使再加热，也难以达到原来的糊化状态。

淀粉老化作用的控制对食品工业有着重要的意义。如果把α-化了的淀粉迅速干燥，使含水率减少到15%以下，就难以使分子再排列成β-型。油炸方便面、速煮米和挂面等就是利用这一原理进行加工的。在食品生产中淀粉的这一特性非常重要，对方便面、面包、方便米饭和挂面等就必须采取措施防止和延缓淀粉的回生。淀粉的老化与淀粉的种类，相对分子质量大小，直链、支链淀粉比例及链长分布等相关性较大。另外还与溶液的pH、浓度、温度以及糖类、脂类、盐类等因素有关。

2）蛋白质与面筋

蛋白质与面筋只是存在的形式不同，实质上是一样的，蛋白质存在于面粉中，面筋是蛋白质在大量吸水后自动连接形成的，蛋白质含量高，湿面筋的含量就高。一般情况下，湿面筋的质量是蛋白质质量的3倍。面粉中的蛋白质有麦胶蛋白、麦谷蛋白、清蛋白、球蛋白四种。麦胶蛋白和麦谷蛋白含有丰富的谷氨酸和脯氨酸，而清蛋白和球蛋白富含赖氨酸和精氨酸，这是低等级粉（含清蛋白和球蛋白较多）比高等级粉（含麦胶蛋白和麦谷蛋白较多）营养价值高的主要原因。小麦蛋白中几种蛋白质的类别和特性见表1-22。

表 1-22　面粉中蛋白质类别及特性

蛋白质类别		比例/%	特性	等电点(PI)	提取方法
面筋蛋白	麦胶蛋白	40～50	分子较小,延伸性良好,弹性较差	6.4～7.1	70%乙醇
	麦谷蛋白	40～50	分子较大,弹性良好,延伸性较差	6～8	稀酸或稀碱
非面筋蛋白	清蛋白	2.5	水溶性	4.5～4.6	稀盐溶液
	球蛋白	5.0		5.5左右	稀盐溶液

面团在水中揉洗时,淀粉和麸皮微粒呈悬浮状态分离出来,其他部分溶解于水,剩下的块状、具有弹性和延伸性胶皮样的物质称为面筋,因其中含有65%～70%的水又称为湿面筋。面筋的形成包括水化作用和胀润作用两个过程。蛋白质遇水时,水分子首先与蛋白质外围的亲水基相互作用形成水化物,此阶段吸水量较少,水分子附着在面团表面,体积增加不大,属放热反应。水分子逐渐扩散至蛋白质分子内部时,蛋白质胶粒内低分子可溶物溶解后,使浓度增加,形成一定的渗透压,加速与加大蛋白质的吸水量,使面团体积增大、黏度提高。面粉加水搅拌时,麦谷蛋白首先吸水胀润,同时麦胶蛋白及水溶性清蛋白和球蛋白等成分也逐渐吸水胀润,随着不断搅拌,蛋白质微粒逐渐膨胀,相互黏结,在面团中形成整块网状结构。麦胶蛋白形成的面筋具有良好的延伸性,但筋力不足,很软且弱;麦谷蛋白形成的面筋具有良好的弹性,筋力强,面筋结构牢固,但延伸性差。清蛋白和球蛋白呈水溶性,可用水冲洗分离。如果麦谷蛋白含量高,则会造成面团弹性、韧性太强,面带轧延困难并使面条发生收缩,导致产品体积变小;如麦胶蛋白含量较高,面筋网络结构不牢固,导致产品变形、波纹塌陷等现象。麦胶蛋白吸水后有流动性即伸展性,麦谷蛋白吸水膨胀,变得有橡胶体似的弹性。麦胶蛋白和麦谷蛋白在面筋中的比例约为1∶1。

影响面筋形成及出率的因素主要有以下几个。

(1) 面粉蛋白质含量。通常蛋白质含量高的面粉面筋含量也高,但精度等级相差较大的面粉,面筋含量不一定与蛋白质含量成正比,因为取自小麦不同部位的面粉蛋白质种类不相同。如小麦的糊粉层和胚中蛋白质含量虽然很高,但却不能形成面筋。

(2) 面粉的存放时间。由于新小麦制成的面粉中巯基的存在,促使蛋白酶活化,使用面筋的数量减少。如果将新小麦在加工前存放一个月以上,或者将面粉存放一定时间,可增加面筋出率和改善面筋质量。但存放时间超过两年的小麦或一年的面粉,由于蛋白质消耗或水解或变性等因素,会造成面筋质量下降。

(3) 面团的加水量。是指加水的质量占面粉质量的百分比,其中面粉含水率13%～14%。加水量少面团吸水不均、颗粒松散、黏性太小不能很好地形成面筋网络结构,在轧片时成型的面片发硬、表面粗糙,切条厚薄不均,在干燥过程中会酥断。面筋的形成主要经过蛋白质的水化作用和胀润作用,因此面团的加水量适当可以促进面筋网络的形成,但为了使加工的产品有一个较好的形状,不同的产品有不同的加水量,手擀面含水率可以达到50%,通常工业化生产方便面、挂面加水量的多少要受到和面搅拌阻力、轧片和切条的限制,为面粉质量的30%左右。面条以面筋能够充分吸水膨胀为准,为了生产出高质量的面条,在可能的情况下采用各种措施尽量多加水。一般情况下面筋含量增加1%,含水率相应增加1.0%～1.5%。

(4) 静置时间。加水调和好的面团静置一段时间(15min以上),主要是使蛋白质充分吸水膨胀,达到消除张力的目的,让面团处于逐渐松弛状态而有延伸性,使黏度下降,面团的表面光滑，有利于面筋网络的形成。静置时间过短面团黏度大，轧片不易延伸；静置时间过长，面团的表面发硬，而丧失胶体的物质特性，内部松软不易成型。在和面打粉过程中使水充分地渗透到小面团里后，搅拌杆再快速的转动就会破坏面筋网络的形成。所以采用慢速和面或停放静置一段时间再轧片会有更好的制面效果。

(5) 水温。冷水和面加水量多，面筋力足，形成的面团质地比较硬，有韧性，拉力大。温水和面吸水量达 150%以上，形成的面团，面筋出率高，筋力稍差，面团较黏柔。热水和面吸水率下降，蛋白质开始凝固热变性，使面筋受到破坏，因而面团的延伸性、弹性减退，面团发软。

(6) 水中盐的浓度。水中含有一定量的盐，不仅有利于面筋的形成，还可增强面筋的韧性。虽然盐比面粉便宜，盐的浓度太多反会破坏面团的筋力。

(7) 水的硬度。指水中溶解碳酸盐含量的多少，1L 水中含有 10mg 氧化钙为 1 度。水的硬度高，会降低面筋的亲水性，延长水的渗透时间，减慢面筋网络的形成速度，也降低了面筋的弹性和延伸性。一般和面水硬度在 8～12 度(8～12 度的水标准规定为中硬水)，软化水可采用离子交换器，或者利用热交换器排出的蒸汽冷凝水。

(8) 面团和水的结合形式。面粉本身含水率一般为 13%～14%，工业化生产面条的含水率一般为 30%左右。如果面团中的含水率为 45%，其中结合水占 27%，游离水占 18%。结合水包含蛋白质(占面团质量的 7.5%)吸附水 15%，淀粉(占面团质量的 46%)吸附水 12%。这说明尽管蛋白质占面团质量的 7.5%，却能吸收于自身质量 2 倍的结合水，使面团的体积膨胀；淀粉虽然占面团质量的 46%左右，但是结合水只是占面团质量的 25%，淀粉吸水后体积增长不大，增加面团的可塑性。

(9) 盐、碱的影响。见本章第三节。

(10) 蛋白酶的影响。用发芽或虫害侵蚀的小麦制成的面粉，蛋白酶活性强，会破坏面筋从而影响面条的质量。

面筋的工艺性能是指面筋的延伸性、弹性、韧性、比延伸性。

(1) 延伸性是指面筋被拉长而不断裂的能力。面筋的延伸性反应面筋包容淀粉的能力，延伸性长面条不容易断条，耐泡性能好。

(2) 弹性是指面筋被拉长或压缩后恢复原状的能力。弹性良好的面筋拉长时有很大的抵抗力，按压后能迅速复原。面筋弹性好的面粉，在做成的面条熟化后，面条抖动起来筋道，口感有咬劲。但是面筋的弹性过大，它的收缩率也大，制面加工性能差，不易工业化制面。

(3) 韧性是指面筋被拉伸时所表现的抵抗力。通常弹性好的面筋其韧性也好。

(4) 比延伸性以面筋每分钟自动延伸的厘米数表示。通常强力粉仅有数厘米，而弱力粉可达 100cm。优良的面筋弹性好、延伸性长或适中；中等面筋弹性好，比延伸性小；而劣质面筋比延伸性大。

3) 脂肪

面粉中的脂肪含量较少，通常为 1.5%～2.0%。由于小麦中脂肪主要分布在胚芽及糊粉层中，因此面粉精度高，脂肪含量较低，加工精度低脂肪含量便较高。虽然面粉中脂肪含量很小，但因为主要由不饱和程度较高的脂肪酸组成，其碘价为 105～140，极易氧化成低分子醛或酮，即所谓的酸败。因此脂肪酸值也是衡量面粉质量的重要指标。面粉中所含的微量脂肪对于改善面粉筋力有着重要的作用，面粉在储藏过程中脂肪受脂肪酶的作用产生的不饱和脂肪酸可使面筋弹性增大，延伸性和比延伸性变小，结果可使弱筋粉变为中等面粉，使中等级面粉变为强力面粉，因此新鲜面粉的适当存放有利于面筋力的改善和提高。

4）粗纤维素

面粉中的粗纤维素主要来源于种皮、果皮及胚芽，是不溶性碳水化合物，不易被人体消化吸收，其含量的高低直接关系到面粉灰分含量的高低。纤维素吸水率很高，一般是本身质量的8～10倍，比小麦蛋白质的吸水率高近5倍，和面时纤维素总是抢先吸水，对制面工艺不利。由于纤维素无可塑性和延伸性，含量高会降低面团强度，使湿面条容易断裂。但食物中有一定的纤维素，对人体健康有益，能刺激肠胃蠕动，帮助消化。同时加工纤维素低和精度高的面粉，蛋白质、维生素和矿物质损失也较大。

5）矿物质

小麦中大部分矿物质都存在于糊粉层中，在制粉过程中，糊粉层常伴随麸皮混入面粉中，灰分高的面粉一般麸皮含量也较高。因此，面粉中灰分含量的多少，是评价面粉品质的重要指标。面粉中的矿物质主要有钙、钠、钾、镁、铁等，大多以硅酸盐和磷酸盐的形式存在。其中以铁盐对产品的保存最为不利。

6）维生素

小麦中维生素大部分存在于胚芽和麸皮中，维生素 B_1、维生素 B_2、维生素 B_3、维生素 E 含量较高，不含维生素 D，一般维生素 C 及维生素 A 的含量也不高。维生素 B_1、维生素 B_2 对碱的稳定性极差，制面时在面粉中加入食碱，虽然可使面条爽滑可口，但维生素 B_1、维生素 B_2 基本上被全部破坏。由于面粉中维生素不完全，因此还要多食含有其他维生素的食品，如果长期食用单一的面制品，将对人体健康不利。

7）酶

面粉中含有多种酶，其中对面粉的储存和面条制作有较大影响的有：①淀粉酶，又分为 α-淀粉酶和 β-淀粉酶。前者能水解淀粉分子中的 α-1，4-葡萄糖苷键生成糊精、麦芽糖和葡萄糖，改变淀粉的黏性。后者能将淀粉水解成大量的麦芽糖和少量的高分子糊精，还能将糊精转化成麦芽糖。β-淀粉酶最适宜的温度为60～64℃，在80～84℃时钝化。②蛋白酶，又称蛋白分解酶，它能将蛋白质分解成蛋白胨、多肽、氨基酸等比较简单的物质。蛋白酶活性高会损坏面筋。③脂肪酶，面粉在储藏时脂肪受脂肪酶的作用使其氧化，产生的不饱和脂肪酸可增强面筋弹性、延伸性，所以面粉储存时间长一点可以提高面粉的品质。

2. 面粉的熟化和储存

通常面粉中固有的蛋白酶不可能对面筋蛋白质进行分解，由于新小麦制的面粉或新磨制的面粉中，半胱氨酸和胱氨酸含有未被氧化的巯基（—SH），这种巯基是蛋白酶的激活剂，使面粉中的蛋白酶被活化，分解面粉中的蛋白质，使面筋的数量减少，弹力降低。如果将新面粉储存一个月左右，再来生产面制品，其工艺性能则会大大改善，这种现象被称为面粉的“熟化、陈化、伏仓或后熟”，它实质上是面粉的一个氧化过程，如果在面粉中加入适量的氧化剂，如 KIO_3、$KBrO_3$ 等，也会达到类似的效果。因为还原性很强的巯基被空气中的氧或氧化剂氧化成二硫键，以增加面筋出率和改善面筋质量。通常在面粉中添加 $KBrO_3$ 或 KIO_3 的量为0.001%～0.003%。

除了氧气和氧化剂外，温度对面粉的熟化也有影响，高温会加速“熟化”，一般以25℃左右为宜，温度在0℃以下时，“熟化”反应大大降低。

另外，面粉在储藏过程中，脂肪受脂肪酶的作用产生不饱和脂肪酸可使面筋弹性增大，延伸性及流散性变小，面筋力增强。如果在面粉中加入0.1%～0.5%的油酸，面筋的韧性将会提高。但是存入时间超过两年的小麦或一年的面粉,由于蛋白质消耗或水解或变性等因素,会造成面筋质下降。如果面粉储存期较长,面粉的质量较大程度上取决于面粉的含水量,面粉的含水量随着外界的空气相对湿度的变化而增减。小麦和面粉的平衡水分见表 1-23。

表 1-23　小麦和面粉的平衡水分(20℃)　(单位:%)

相对湿度	50	60	70	75	80	90
小麦平衡水分	12.2	13.4	14.8	15.3	16.7	20.4
面粉平衡水分	12.0	13.4	14.6	—	16.0	—

常温下真菌孢子萌发所需要的最低相对湿度为 75%,在此条件下面粉含水量如果超过规定标准,霉菌生长很快,容易霉变发热,使水溶性含氮物增加,蛋白质含量降低,面筋质量变差,酸度增加。面粉在温度为 18～24℃,相对湿度为 55%～65%的条件下储存较为适宜。

三、玉米籽粒各部分的化学成分及其加工特性

(一) 玉米的化学成分

玉米化学成分的分布,是玉米制粉工艺的主要依据,而各种化学成分的含量,又随品种和生长条件而不同。玉米加工的目的,就在于把营养丰富、易为人体消化吸收的部分制成玉米糁或玉米粉,把玉米皮分离开来。玉米籽粒的一般化学成分及其各部分的化学成分见表 1-24。

表 1-24　玉米籽粒及其各部分的化学成分(干物质)　(单位:%)

籽粒部分 \ 成分含量	淀粉	糖	蛋白质	脂肪	灰分
整粒	72.0	1.6	9.6	4.9	1.6
种皮	7.3	0.3	3.7	1.0	0.8
胚乳	86.4	0.6	9.4	0.8	0.5
胚	8.2	10.8	18.8	34.5	10.1
根帽	5.3	1.6	9.1	3.8	1.7

1. 水分

玉米质量的国家标准规定:一般地区的玉米水分为 14%。东北、内蒙古、新疆地区的玉米水分为 18%。加工过程中,如果玉米水分高、则皮的韧性大,脱皮较易,胚与胚乳容易分离。但水分过高,玉米研磨时易压成片,造成剥刮和筛理困难,使产量下降,动力消耗增大,出粉率降低,操作管理困难。水分过低,皮硬而脆,难以脱皮,不易碎,提胚率低,粉质差,一般适宜水分为 15%～17%。

2. 碳水化合物

碳水化合物包括淀粉、糖和粗纤维。淀粉和糖主要分布在胚乳中,供给人体热量,胚乳是玉米　、玉米粉的主要成分。粗纤维是玉米皮的基本组成成分,是加工中的副产品。粗纤维的含量一般为 2.0%～2.5%。

3. 蛋白质

玉米蛋白质的含量一般为 6.5%～13.2%,仅次于小麦和小米。但玉米所含的蛋白质,缺

少小麦中所含的麦胶蛋白、麦谷蛋白，因此玉米粉没有面筋，其烘焙性能比小麦粉差。玉米蛋白可作为食品和饲料的优质添加剂，在玉米深加工中能分离出8%～10%的蛋白粉。

4. 脂肪

玉米所含脂肪一般为3.6%～6.5%，超过其他谷物。脂肪主要分布在胚中，胚的脂肪含量高达34%～47%，而且脂肪的平均消化率极高。但脂肪中含有44.8%～45.1%的不饱和脂肪酸，极易氧化变质。这是玉米籽粒和不提胚的玉米粉不耐储藏的主要原因。因此玉米加工中提胚，既可增加油脂资源，又能保证玉米产品质量，并有利于产品的安全储藏。

5. 灰分

灰分是玉米燃烧后剩下的灰烬。灰分主要分布在皮层和胚中，胚乳中含灰分很低，故在玉米加工中，产品灰分的多少说明含皮和胚的程度。采用脱皮、提胚进行加工，有利于提高玉米、玉米粉的质量。我国玉米的灰分一般为1%～2%。

（二）玉米的加工特性

1. 玉米的加工

玉米是既可磨粉，又可制米的粮食。玉米全粒磨成的粉称为全玉米粉，即将玉米粒清理干净后，连皮带胚送入磨中研磨，直到把玉米全部磨成粉为止，出粉率为96%～98%。全玉米粉食味粗糙，消化吸收率较低。

玉米的胚大且较坚硬，抗粉碎能力比胚乳强，用压轧设备处理玉米籽粒时，胚乳被轧碎，而胚保持完整。再用筛理设备即可筛出玉米胚。因此，玉米可以提胚磨粉，一般可提出4%～8%的胚，提出的玉米胚可用于榨油。经提胚后磨出的玉米粉，食味较好，消化吸收率也提高。

玉米制米（玉米糁）一般采用联产品加工法，即在玉米的加工过程中，同时制出玉米糁和玉米粉。通常先将玉米脱皮、破糁脱胚，提糁后再磨粉。因此可同时得玉米糁、玉米粉、玉米胚等产品，故称联产品加工法。

角质率高的玉米，胚乳结构紧密，强度较大。剥皮时不易碎，宜于制糁；粉质率高的玉米胚乳结构放松散，强度较小，剥皮、制糁时易碎，故宜于磨粉。

玉米籽粒的大小对制糁有一定影响。同批玉米中，若颗粒大小参差不齐，粒大的剥皮效率高，而粒小的剥皮效率低，同时小粒大多是未成熟粒，容易破碎。为了提高剥皮效率，应对颗粒大小不同的玉米进行筛理，分成颗粒大小基本相同的几个等级，然后分别剥皮加工。

玉米水分时常偏高，水分高于18%的玉米，加工时易压成饼。因此，水分高的玉米加工前应晾晒或烘干。以降低含水量。但玉米水分不宜过低，若水分低于13%以下。则剥皮困难，磨粉时粗粒多，影响玉米粉的品质。玉米的正常加工水分为14%～16%。

2. 玉米粉的储藏

玉米加工时往往要经过润水，使水分增大。新出机的玉米粉温度较高，一般为30～35℃。水分大，温度高，给微生物的生长繁殖创造了条件。且玉米粉富含脂肪，含量远比小麦粉高，玉米脂肪容易氧化变质，因此玉米粉是很不好保管的成品粮，极易发热霉变，酸败变苦，不宜长期储存。

玉米粉发热霉变速度很快，一般经吸湿返潮后1～2天即开始发热，有轻微霉味，再经3～5天，霉味加重，粉温升高，结块成团，粉色灰淡，粉团内呈微红色，和面时吸水性差，缺乏黏性，严重的具有哈喇味，甚至味苦难咽，不堪食用。

玉米粉的加工应坚持以销定产的原则，避免积压过多，使储存时间延长，影响品质。在采取必要防护措施的前提下，玉米粉可以短期储藏。

玉米粉在储藏中，水分不能超过14%，因此要求入磨前，首先将原粮玉米水分降低，最好采用干磨法磨粉，以免增高玉米粉的水分。

玉米粉不宜采用大批散存的方法，一般用袋装，堆成便于通风的堆垛，一般5～7天需倒垛一次。如果有结块现象，就及时揉松。玉米粉堆垛不宜过高，并应根据玉米粉水分及季节的变化灵活掌握。水分在12%以下的玉米粉，可利用低温季节，将袋装玉米粉搬到仓外冷冻，待袋内温度降至与气温接近时，再入仓堆实密闭保管，能适当延长储存时间。

四、其他谷物的化学成分与加工特性

（一）大　麦

皮大麦因稃壳不易剥离，不宜制米或制粉食用，多用于酿造啤酒或用作饲料。我国农村有些地方也用皮大麦磨粉食用，一般是先粗碎，筛去稃壳，再磨粉。

裸大麦一般制粉食用，也可制米食用。青稞是我国西藏等地人民群众的主食，通常加工成糌粑食用，糌粑加工的关键是要掌握好烘炒温度和时间。温度过高或烘炒时间过长，易将青稞炒焦，使糌粑食味变苦，还会使维生素大量破坏，降低糌粑的营养价值；温度过低或烘炒时间过短，青稞未炒熟，则香味不浓，消化率降低。

（二）莜　麦

我国栽培的莜麦多为裸粒莜麦（燕麦），多制粉食用。莜麦面的营养价值很高，是一种高热能食物，其蛋白质和脂肪的含量比一般谷类粮食都高。莜麦蛋白质中，含有人体所需的全部必需氨基酸，特别是赖氨酸的含量较高，是生理价较高的完全蛋白质。莜麦脂肪中，含有大量亚油酸，消化吸收率高（表1-25）。

表1-25　莜麦各部分化学成分　（单位：%）

成分	莜麦果实	颖壳	莜麦籽粒
水分	13.40	6.77	13.40
蛋白质	9.46	2.45	12.34
脂肪	5.33	1.27	2.23
碳水化合物	60.23	52.20	63.47
粗纤维	8.96	33.45	1.33
灰分	2.62	3.86	1.83

莜麦从加工到食用要经过“三熟”：一是加工制粉前要用炒锅炒熟，二是和面时要用开水泼熟，三是要充分蒸熟。

莜麦磨粉与大麦、小麦等不同，需先炒成七、八成熟再入磨，这是因为生莜麦质软，脂肪和蛋白质含量高，不宜直接入磨，否则会挤压成饼，影响出粉率和产品质量。炒莜麦要掌握好火力和温度。火力太猛，易使莜麦受热不均，会将一部分莜麦表层炒焦。而籽粒中心还未炒好；温度过高，能使莜麦中的营养成分（特别是维生素）大量破坏。炒莜麦时，应根据炒锅的大小，一次不宜炒得过多，火源可用麦秸等软柴，最好不要用煤火，以免温度过高，同时要勤炒勤翻，避免受热不均。待炒至微黄，散发出香味时，即迅速出锅，摊晾冷却后再入磨制粉。

用莜麦制作食品时，一般要用开水和面，一次和成面团，俗称“泼熟”。再将和好的面推成窝窝（圆筒状，直径 2cm 左右，高 4～5cm），或搓成细条（俗称鱼鱼），入蒸笼汽蒸，充分蒸熟后方可食用。常见的莜麦食品有燕麦片，可作为主要的即食早餐食品；燕麦粉，用燕麦片或预煮燕麦生产；用于制作高营养的面制食品，如面条、面片；制作高营养的烘焙食品，如饼干、糕点；作为婴儿食品原料。

（三）荞 麦

荞麦营养成分全面，富含蛋白质、淀粉、脂肪、粗纤维、维生素、矿物质等，与其他的大宗作物相比，具有许多独特的优势。

1. 荞麦的基本化学组分

表 1-26 为荞麦营养成分表。荞麦籽粒的蛋白质、脂肪高于大米和小麦，蛋白质也高于玉米；维生素 B_2 高于其他粮食 4～24 倍，且含有其他禾谷类粮食所没有的叶绿素、芦丁等。与甜荞相比，苦荞中芦丁含量高 13.5 倍，维生素 B_2 高 3.16 倍。

表 1-26 荞麦的营养成分 （单位：%）

	粗蛋白	粗脂肪	淀粉	粗纤维
甜荞	6.5	1.37	65.9	1.01
苦荞	10.5	2.15	73.1	1.62

荞麦蛋白质平均含量为 10%～12%，其中，清蛋白含量最高，占蛋白质的 36%～42%，醇溶蛋白仅占 2%左右，荞麦粉面筋含量低，所以荞麦蛋白质组分的特性造成了其面食品加工特性较差。甜荞的清蛋白和球蛋白结合组分中有 17 种可区别的蛋白质光谱带，甜荞和苦荞蛋白质组分之间有明显差异，在荞麦清蛋白和球蛋白的结合组分中亦有差异；有些荞麦蛋白质组分与荞麦产品的流变学性质是密切相关的。荞麦产品的组织参数与总蛋白质含量有高度相关性。硬度、咀嚼性、弹性模数与总蛋白质含量呈显著负相关，黏度与总蛋白质含量呈显著正相关。荞麦含 19 种氨基酸。苦荞的氨基酸含量更高，其中 8 种必需氨基酸含量都高于小麦、大米和玉米，赖氨酸是玉米的 3 倍，色氨酸是玉米 35 倍；甜荞的赖氨酸含量是玉米的 1 倍，色氨酸约为 20 倍。荞麦蛋白质的肠胃吸收率较低，这与荞麦中的抗营养因子如胰蛋白酶抑制物及荞麦蛋白质对蛋白酶的低敏感性有关。另外，荞麦中蛋白质各种不同组分对蛋白质分解过程的敏感程度也存在差异，谷蛋白是荞麦蛋白质中的主要组分，更容易被各种蛋白酶分解，其他蛋白组分被分解的程度次之，加热也不能对荞麦蛋白在分解过程中的灵敏度产生决定性的影响。

荞麦脂肪在常温下呈固态，苦荞脂肪呈黄绿色。荞麦脂肪含量为 2.1%～2.8%，其中含 9 种脂肪酸，油酸和亚油酸含量最多，占总脂肪酸的 87%，亚麻酸占 4.29%，棕榈酸占 6%，在苦荞中还发现有硬脂酸、肉豆蔻酸等，分别占总脂肪酸的 2.51%和 0.35%。荞麦中脂肪含量因产地而异，四川荞麦含油酸、亚油酸 70.8%～76.3%，而北方荞麦的油酸、亚油酸含量高达 80%以上。

荞麦淀粉近似大米淀粉，颗粒较大，含量在 70%以上，但甜荞和苦荞淀粉的体外消化率均较低，为 46.2%～62.4%。苦荞膳食纤维含量约 1.62%，比玉米粉高 8%，比甜荞高 60.39%，分别是小麦和大米的 1.7 倍和 3.5 倍。荞麦淀粉影响荞麦食品的品质，荞麦粉的淀粉含量及其支链淀粉含量与荞麦面团的弹性呈正相关。对荞麦种子进行蒸煮和冷冻干燥处理，发现 80%的总淀粉为可快速利用的能量，6%的淀粉降解较慢，余下的 14%的淀粉可能成为结肠厌气菌的能源。和小麦面包相比，荞麦可作为糖尿病患者的良好补充饮食，因为可以获得有利的葡萄糖的缓慢释放和相对较高比例的耐消化淀粉。

荞麦子实的总膳食纤维中20%～30%是可溶性膳食纤维，尤其含有胶质状的葡聚糖，这些膳食纤维对防止糖尿病和高血脂具有积极作用。

苦荞维生素含量丰富，维生素 B_1、维生素 B_2 含量较高，特别是苦荞富含芦丁，含量高达1.08%～6.6%，甜荞含0.1%～0.3%。荞麦中含有丰富的矿物元素，如钾、钙、镁、铜、铁、锌、硒、镉等。品种不同，或同品种种植地点不同，矿物质和微量元素含量亦不同，如有些四川甜荞含钙量高达0.63%，苦荞含钙量高达0.724%，是大米的80倍，这种钙是天然的，对人体无害，可在婴幼儿食品中添加荞麦粉，增加含钙量。

黄酮类化合物是荞麦多酚最主要的成分，是荞麦中最重要的生物活性物质。荞麦中含有芦丁、栎皮素、槲皮素、儿茶素、金丝桃苷、香草酸、丁香酸、山 酚、桑色素和对香豆酸等。苦荞的黄酮含量远高于甜荞，主要成分是芦丁、槲皮素、山 酚和桑色素等黄酮醇，其中芦丁占70%～85%。荞麦黄酮类化合物具有以下生理功能：①具有SOD的功能，有清除自由基的作用。黄酮类化合物B环上的3,4-邻二羟基是其具有清除自由基生活物质的关键结构，其他位上的羟基起一定作用。其清除自由基能力的顺序为：杨梅黄酮、槲皮素、鼠李素、桑色素、儿茶素、山柰素、黄酮。②苦荞中的芦丁、槲皮素具有维持血管抵抗力、降低毛细血管脆性和通透性的作用，对脑出血、贫血病有预防作用。③芦丁可以抑制血管紧张素转换酶的活性，对高血压的控制与治疗有积极作用。④降血糖、降血脂效果显著。⑤改善人体免疫机能和微循环，抗疲劳。⑥杀菌、抑菌作用。具有抑制金黄色葡萄球菌、大肠杆菌和枯草芽孢杆菌的作用，对烧伤、创伤、溃疡等有恢复作用。⑦抗痛、抑制肿瘤作用。类黄酮的抗痛作用主要是指它能够减少甚至消除一些化学致癌物的毒性，如山柰素和芦丁可有效抑制黄曲霉毒素 B_2 的致癌性；槲皮素可抑制肿瘤细胞增长，使癌细胞分化，调节体内酶系统从而抑制生物异源物的化学毒性或致癌性的功能。⑧预防、治疗老年痴呆症。荞麦中含有的以黄酮类化合物为代表的多酚物质对脑血管障碍、老年痴呆症有较好的预防、治疗作用。

荞麦种子经碱提、浓缩、中和、杀菌、干燥制得的荞麦蛋白萃取物，主要成分为蛋白质(65%)、脂质(20%)、其他糖质(6%)和各种氨基酸，其中富含精氨酸。它具有以下生理功能：①荞麦蛋白萃取物有明显的降胆固醇作用，比大豆蛋白效果更好。其中起主要作用的是蛋白质，部分脂肪起辅助作用，荞麦蛋白降胆固醇机理与其抑制肠道吸收与促进排泄有关。②荞麦蛋白复合物能不同程度地提高小鼠血液、脏器中超氧化物歧化酶(SOD)、过氧化氢酶和谷胱甘肽过氧化物酶活性，降低脂质过氧化产物丙二醛的含量，说明荞麦蛋白复合物对生物体有一定的营养和抗衰老作用。③荞麦蛋白质能减少胆结石，抑制大肠癌、改善便秘、抑制体内脂肪蓄积等作用。

荞麦中的多肽具有一定的降血压功效。将荞麦蛋白质用蛋白酶水解得到一种结构与响尾蛇毒素十分相似的三肽，这种物质对血管紧张素转移酶具有很强的抑制作用，从而使血压下降。

荞麦蛋白的消化、吸收利用率较低，这与荞麦种子中存在着抗营养素如蛋白酶抑制剂以及荞麦蛋白质对蛋白酶的低敏感性有关。甜荞种子中存在胰蛋白酶抑制剂，它能显著抑制 α-胰蛋白酶和胰凝乳蛋白酶的活性。其组成特征是酸性和碱性氨基酸残基含量较高而甲硫氨酸、酪氨酸、苯丙氨酸残基含量较低，都不含色氨酸。苦荞蛋白酶抑制剂在酸性环境下稳定、在pH2下保温1h，仍保留75%的抑制活性，且在酸性条件下热稳定性大大高于甜荞抑制剂。去除蛋白酶抑制剂的方法是通过加热、挤压、发芽、提取分离等手段。

荞麦抗性淀粉含量依直链淀粉/支链淀粉而定，与支链淀粉相比，食用直链淀粉降低了葡萄糖和胰岛素的反应。酶法测得荞麦直链淀粉含量为21.3%～26.4%，荞麦的淀粉消化率低，具有一定的抗糖尿病及降血糖、降血脂的作用。

荞麦碱存在于荞麦壳、茎、叶与花中，属于萘二蒽类，与金丝桃蒽酮类相似的光敏感作用物质。药理效果源自蛋白激酶的阻碍活性，具有酶阻碍、抗病毒等生理功能，通常用作止血与镇痛药；能提高脑内5-羟色胺浓度，对治疗抑郁症有一定的疗效。

此外，苦荞中含有大量的2,4-二羟基顺式肉桂酸，对抑制皮肤黑色素形成、防止老年斑的产生有重要作用。

2. 荞麦粉的加工特性

荞麦大多数加工成荞麦粉，利用滚轮磨粉机或石臼磨粉机将脱壳荞麦米研碎，然后经摇动的筛网而分成多种不同的等级。分成两部分处理，一部分将中等粒型(4.0～4.5mm)的荞麦籽粒利用脱壳机脱壳成荞米，制成适合熬粥的产品，或经烘焙研碎成荞麦熟粉。另一部分则将大粒(4.5mm以上)及小粒(4.0mm以下)荞麦籽粒利用大型滚轮磨粉机将脱壳荞麦米直接磨成荞麦面粉(全粉)，作为制作荞麦精粉及荞麦面条的原料。

荞麦粉虽然富含多种营养成分及芦丁，但用纯荞麦粉制造食品时，由于缺乏小麦等谷类粉含有的相当水平的含硫氨基酸、面筋等加工必需成分，而且具有一定的苦涩味，因此无论从制造工艺、营养平衡及适口性要求来看，均宜于将荞麦粉与小麦粉等其他谷物粉搭配使用。甜荞和苦荞的苦涩味也有很大差异，二者在添加时也应该有所不同。

荞麦面的种类也很多，大致可分为生面类和干面类。生荞麦面条又分为生鲜荞麦面、预煮荞麦面和蒸荞麦面三种。制面时荞麦粉使用愈多，面条的颜色也愈深，香味愈浓，且营养价值愈高，荞麦面条宜煮汤或炒或凉拌。整体而言，荞麦的食感较其他面条类硬韧，风味特别。一般荞麦面中荞麦粉的使用量约在30%以上，小麦面粉70%以下。荞麦米、荞麦粉的营养见表1-27。

表1-27　荞麦米、荞麦粉与各种荞麦面的营养成分表(可食部分100g)

食品名	热量/kJ	水分/g	粗蛋白/g	粗脂肪/g	糖类/g	纤维/g	灰分/g	无机盐/mg					维生素/mg	
								钙	磷	铁	钠	钾	B_1	B_2
整粒荞麦粉*	1225	14.5	10.8	2.8	61.0	9.0	1.9	42	330	3.1	2	470	0.32	0.12
统粉	1510	13.5	12.1	3.1	68.5	1.0	1.8	17	400	2.8	2	410	0.46	0.11
内层粉	1502	14.0	6.1	1.6	77.2	0.3	0.8	10	130	1.7	1	190	0.16	0.07
中层粉	1510	13.5	10.3	2.7	71.6	0.3	1.6	16	330	2.4	2	370	0.35	0.10
表层粉	1515	13.0	15.1	3.6	65.2	0.7	2.4	23	520	3.1	2	550	0.50	0.14
脱壳荞麦米	1523	12.8	9.7	2.5	73.1	0.5	1.4	12	260	1.6	1	390	0.42	0.10
荞麦生面**	1146	33.0	9.8	1.9	54.2	0.3	0.8	18	170	1.4	1	160	0.19	0.09
水煮后	552	68.0	4.8	1.0	25.8	0.2	0.2	9	80	0.8	2	34	0.05	0.02
荞麦干面	1506	12.0	13.6	2.6	70.2	0.4	1.2	25	250	1.9	2	240	0.27	0.09
水煮后	485	72.0	4.5	0.9	22.3	0.1	0.2	8	70	0.7	2	31	0.05	0.02

* 出粉率65%～75%；** 面粉：荞麦粉=65：35。

将荞麦种子内胚乳中心部分提出，研磨过筛而成的粉为内层粉，其色白，主要为淀粉，蛋白质含量少，灰分也很低。由于蛋白质含量少，弹性及延展性差，制面形不好，香味也稍差。内层粉主要用来制作御膳荞麦面、精致荞麦面以及白色冷食荞麦面等。

取内层粉的部分外围、胚乳及子叶部分研磨过筛所制成为中层粉，其颜色稍呈黄绿色，其香味、营养、蛋白质量、黏性、制面性等均较内层粉好，灰分稍多，稍有苦味，主要用来制作一般干荞麦面及湿荞麦面。

由种子的外层部分研磨过筛而成为表层粉，主要为糊粉层及胚乳一部分，另外荞麦外壳未完全脱离种皮者也混杂其中，故粉中有灰黑色麸星。表层粉的蛋白质、灰分、纤维质含量均多，多保持荞麦原有的香味及色泽，苦味稍强，营养成分高，表层粉一般与中层粉混合使用，可用于制造暗色的干面及色深的生荞麦面及熟荞麦面等。

荞麦粒去壳后，整个带种皮的荞麦进入研磨机研磨筛分出来的粉为统粉。此种粉为内层、中层及外层的综合粉质，蛋白质、灰分含量高，香味浓、色深。统粉在市售荞麦粉种类中占最多，主要用来制作各类荞麦面条。

由于荞麦所含的蛋白质为水溶性，不含面筋蛋白，故制面时缺乏弹性与延展性，若纯粹以荞麦粉来制作面条，则其制面的物性不理想，故制粉厂商也生产添加有其他配料的强化粉，来增加荞麦面之制面性，这种粉称为荞麦调配粉。荞麦调配粉可分为两种：一是添加鸡蛋粉、山芋、海藻、山牛蒡、莲藕、活性面筋和 α-淀粉化荞麦粉的荞麦粉。二是添加适量面粉的荞麦粉。

（四）粟　米

粟米一般碾米食用，其加工特点与稻谷相似，容易剥去外壳而不损伤米粒。粟米去掉外壳的米粒叫糙小米，糙小米过碾，除去皮层和胚，就是可以食用的小米。

糙小米的皮层对碾制小米有较大的影响，皮层厚降低出米率，并造成较大的营养损失。为了保证小米的加工精度，又尽可能地提高出米率和保留营养成分，应将加工粟米的水分控制为13.5%～15%。水分高于15%时，外壳韧性强，不易脱掉，影响加工质量。因此，对高水分的粟米，加工前应进行晾晒或烘干处理，但不宜暴晒或高温烘干，否则使籽粒变脆，加工时易碾碎。粟米水分低于13.5%时，也易产生碎米，降低出米率。

刚碾出的小米，一般温度较高，应及时筛理，既可除去细糠和碎米，又可降温，提高其储藏稳定性。

小米的营养很丰富，所含蛋白质、脂肪及钙、磷、铁等矿质家都比大米多，硫胺素和核黄素的含量也较丰富，并含有少量胡萝卜素。小米在人体内的消化吸收率较高，其蛋白质的消化吸收率为83.4%，脂肪为90.8%，糖类为99.4%。小米蛋白质中，苏氨酸、甲硫氨酸和色氨酸的含量比一般谷类粮食都高，但赖氨酸的含量较少，如果小米与豆类搭配混食，可大大提高其营养价值。小米有清胃热、止消渴、利小便等功效，可用于医药上，粟谷芽还是良好的消导药，可用于治疗消化不良。

（五）高　粱

高粱一般碾米食用。由于其皮层较厚，皮层中含有大量的粗纤维和多种色素且含有有害成分丹宁，因此高粱米的加工精度一般要求较高。

高粱加工时的含水量，春、夏两季为14%～15%，秋、冬两季为16%～17%。水分过高，加工时容易糊碾，特别是春、夏两季更易糊碾，增加动力消耗和碎米含量，营养成分损失较多；水分过低，皮层与胚乳结合紧密，不易碾掉，也易产生碎米，降低产品质量。

高粱与一般谷类粮食相比，杂质含量较多，故加工之前应认真清杂，除去茎叶、泥土、砂石、异种粮粒等，以免影响加工效果。

思 考 题

1. 国标中稻米、小麦、玉米等谷物分为几类？
2. 描述稻米、小麦、玉米等谷物等级的主要指标是什么？
3. 常见的小品种谷物有哪些？
4. 稻米、小麦、玉米等谷物籽粒形态有何特点？
5. 评价谷物单粒的物理性质有哪些指标？简述各指标的定义。
6. 评价谷物群体的物理性质有哪些指标？简述各指标的定义。
7. 稻米、小麦、玉米粉体有哪些特性？
8. 稻谷的结构力学性质如何影响大米的加工强度？
9. 简述小麦蛋白质和面筋的特点与加工品质的关系。
10. 简述小麦粉的熟化和储存要求。
11. 玉米粉的储存要求有哪些？
12. 小品种谷物的加工特点是什么？适合制作哪些产品？

参 考 文 献

蒋爱民，赵丽芹．2007．食品原料学．南京：东南大学出版社
李梦琴．2006．农产品贮藏加工系列——玉米深加工技术．郑州：中原农民出版社
李庆龙．1985．粮食科学基础．武汉：湖北科学技术出版社
李新华．2002．粮油加工学．北京：中国农业大学出版社
徐幸莲，彭增起，邓尚贵．2006．食品原料学．北京：中国计量出版社
中华人民共和国国家标准．GB 10367—89　饲料用皮大麦
中华人民共和国国家标准．GB 10458—2008　荞麦
中华人民共和国国家标准．GB 13359—2008　莜麦
中华人民共和国国家标准．GB 1350—2009　稻谷
中华人民共和国国家标准．GB 1351—2008　小麦
中华人民共和国国家标准．GB 1353—2009　玉米
中华人民共和国国家标准．GB 8231—2007　高粱
中华人民共和国国家标准．GB 8232—2008　粟
中华人民共和国国家标准．GB/T 11760—2008　裸大麦
中华人民共和国国家标准．GB/T 17891—1999　优质稻谷
中华人民共和国国家标准．GB/T 17892—1999　优质小麦　强筋小麦
中华人民共和国国家标准．GB/T 17893—1999　优质小麦　弱筋小麦
中华人民共和国国家标准．GB/T 7416—2008　啤酒大麦
中华人民共和国农业行业标准．NY/T 210—92　饲料用裸大麦
中华人民共和国农业行业标准．NY/T 891—2004　绿色食品　大麦

第二章　谷物加工前处理

本章的学习目的

了解原料杂质的分类与特点，除杂的目的及杂质对产品的影响，除杂的基本原理与方法；了解小麦筛选、风选、重力分选、磁选、精选及表面清理设备主要结构和基本工作原理及其主要影响因素，熟悉设备主要工作参数的选用及工作效果的评定；掌握常用设备的基本操作方法、故障分析及设备的维修、调试要点。

本章的学习重点

常用清理设备的工作结构特点、设备的选用及主要工艺参数的选配；常用设备的基本操作方法、故障分析及设备的维修、调试要点。

第一节　概　　述

一、谷物加工前处理的目的

（一）清除杂质，保证设备正常运行，确保成品质量

送往谷物加工厂的谷物，由于选种、栽培、收割、脱粒、堆晒、干燥、运输和储藏等原因，难免会混入各种各样的杂质。按化学成分不同，杂质分为无机杂质与有机杂质两类。无机杂质指混入谷物中的泥土、砂石、煤渣、砖瓦、玻璃碎块、金属物及其他矿物质等。有机杂质指混杂在谷物中的根、茎、叶、颖壳、绳头、野生植物种子、异种粮粒、鼠雀粪、虫蛹、虫尸及无食用价值的生芽、病斑变质粮粒等。习惯上，无机杂质和有机杂质常称为尘芥杂质。异种粮粒及无食用价值的粮粒常被称为粮谷杂质，有毒的病害变质谷粒常称为有害杂质。按颗粒大小杂质可分为：大杂质（一般指留存在直径5.0cm筛孔以上的杂质）、并肩杂质（通过直径5.0mm筛孔、留存在直径2.0mm筛孔以上的杂质）、小杂质（通过直径2.0mm筛孔的筛下物）。按相对密度不同，杂质又可分为：重杂质（一般指相对密度大于粮粒的杂质）、轻杂质（一般指相对密度小于粮粒的杂质）。

谷物中的杂质，不仅会增加加工原料的质量和谷堆的体积，增加运输和保管费用，并且影响谷物的安全储藏，甚至还会给谷物加工带来很大的危害。

谷物中如含有石块、金属等坚硬的杂质，在加工过程中，容易损坏加工设备，影响设备工艺效果，增加维修费用，甚至造成设备事故和工伤事故。有些坚硬杂质与设备金属表面剧烈摩擦后，会产生火花，引起火灾和粉尘爆炸。

谷物中如含有体积大、质量轻的杂质（秸秆、杂草、碎布、麻绳等），一旦进入设备中，会阻塞进料机构，使进料不匀，减少进料量，降低设备工艺效果，影响加工能力，有时会堵塞筛孔，使谷物混入大杂，增加大杂中含谷量。

谷物中如含有泥沙、尘土等细小杂质，进入车间后，在下料、提升、输送过程中，会造成粉尘飞扬，污染环境卫生，影响工人身体健康。

所有这些杂质，如不清除，混入产品不但降低产品纯度，还会影响成品和副产品的质量。

特别是小麦制粉和玉米粉加工中，如不彻底去除这些杂质，将严重影响成品品质。

谷物前处理后的含杂允许标准，视谷物种类和产品种类而定。对于碾米厂中的稻谷，要求经过清理后，净谷含杂总量不应超过0.6%。其中含砂石量不应超过1粒·kg^{-1}，含稗不应超过130粒·kg^{-1}。小麦制粉厂经过清理后的净麦，要求尘芥杂质不超过0.3%，其中砂石不得超过0.02%，其他异种粮谷不超过0.5%。玉米清理后含尘芥杂质不得超过0.3%，其中砂石不超过0.02%。

（二）调质处理，改进谷物理化特性，使之具有良好的工艺品质

谷物原料（稻谷、小麦、玉米等）品种繁多，在品质方面差别很大。即使是同样的品种，不同年份生产或不同地域种植的，品质也不相同。不同产地的谷物原料，在水分、含杂等方面，不可能都完全相同。至于陈稻与新稻、陈麦与新麦之间存在的差别更是十分明显。为了使谷物加工能够获得最高的效益，必须充分考虑到这些差别，用科学的方法对这些原料进行前处理，如水分调节、蒸汽调节等，使之能够满足谷物加工的工艺要求。

小麦水分调节是获得最好制粉效果的重要手段之一。通过水分调节，使水分在小麦胚乳内部分布均匀，胚乳松软，易于研磨，皮层变得坚韧，不易破碎，麸皮与胚乳容易分离，出粉率高。同时保证小麦粉有科学合理的水分含量。

稻谷清除杂质以后经水热处理，不仅改善了籽粒的结构力学性质、使部分营养成分渗透到胚乳内部，而且杀死了微生物和害虫，利于成品米（蒸谷米）储藏。

糙米通过水分调节，具有较为稳定的水分，碾米工艺过程和操作便可顺利进行，从而确保大米的质量、出米率和生产效率。保证大米水分符合国家标准，不会因糙米的水分过低而造成成品米的水分过低，使国家和企业避免经济损失。

用水或水蒸气湿润玉米籽粒，可以增加皮层与胚的水分，造成二者与胚乳的水分差异，使皮层韧性增加，皮层与胚乳的结合力减小，易与胚乳分离，胚乳容易被粉碎。玉米胚吸水后，体积膨胀，质地变韧，在机械力的作用下，易于脱下并保持完整。润汽能够提高温度，加快水分向皮层和胚乳渗透的速度。

（三）原料搭配与混合，最合理地利用谷物资源

谷物加工是以机械作用进行的，在加工过程中，一般只改变谷物的物理结构而不能改变其化学成分。所以，谷物的工艺品质对成品的质量和出品率有着直接影响。例如，面粉厂接受的小麦来自不同的产区，在品种和质量上有很大的差别，如色泽、粒质、水分、皮层的厚薄、含杂量等。特别是小麦的蛋白质含量和色泽影响最大。在小麦加工时，不论品种、品质的好坏，实行有什么原料就加工什么，必然不能保证面粉的质量，并给生产操作带来很大困难。按生产情况确定小麦搭配方案是制粉生产中技术管理最重要的一项任务。

把各种不同品质的小麦进行搭配、混合，不仅能在保证质量的前提下得到最高的总出粉率和上等粉率，而且可根据市场制作各种面食品的需要，生产各类面粉（强、中、低筋力粉），并使产品质量及用途保持稳定。

二、谷物加工前处理的基本方法

谷物中的杂质虽然种类很多，但在物理特性方面总存在某种差别，而且极有可能同时存在几个方面的差别，因此必须坚持选择谷物与杂质最显著的差别作为主要依据，并适当考虑

其他较小的差别作为次要依据,采用不同的设备和相应的技术措施分离杂质,既有效又经济的原则。

根据谷物与杂质最显著的差别,谷物加工前处理的基本方法有:风选法(空气动力学特性的不同)、筛选法(宽度与厚度的不同)、精选法(形状与长度的不同)、比重分选法(比重的不同)、磁选法(磁性的不同)、撞击法(强度的不同)、色选法(颜色的不同)等。目前,前六种方法在生产实践中已得到广泛应用,最后一种方法(色选)主要用于碾米厂对大米成品中的黄粒米等异色粒的分选。

三、谷物加工前处理工艺效果的评定

评定工艺效果的目的在于了解设备的工作情况,以便正确指导生产。前处理工艺效果的评定指标主要有杂质去除率和谷物提取率。这两项指标可以利用设备进、出口物料流量和质量平衡的原理进行计算。图 2-1 为设备进、出口物料流量和质量平衡图。

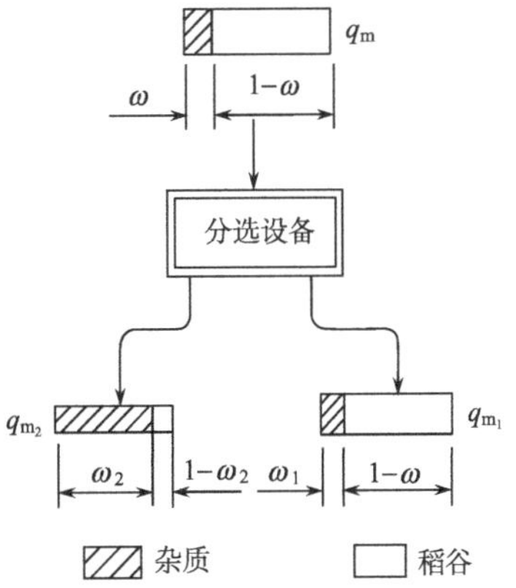

图 2-1　物料平衡图

q_m. 设备进口流量($kg \cdot h^{-1}$);q_{m_1}. 出机主流物料流量($kg \cdot h^{-1}$);q_{m_2}. 杂质出口流量($kg \cdot h^{-1}$);ω. 进机谷物含杂率(%);ω_1. 出机谷物含杂率(%);ω_2. 下脚含杂率(%)

根据流量平衡原理有:$q_m = q_{m_1} + q_{m_2}$。

根据质量平衡原理有:$q_m\omega = q_{m_1}\omega_1 + q_{m_2}\omega_2$。

经整理得:$q_{m_1}/q_m = (\omega_2 - \omega)/(\omega_2 - \omega_1)$;$q_{m_2}/q_m = (\omega - \omega_1)/(\omega_2 - \omega_1)$。

(一) 杂质去除率

杂质去除率是指单位时间内分出的杂质与进机物料中所含杂质的质量百分比,以 η_c 表示。

$$\eta_c = q_{m_2}\omega_2/(q_m\omega) \times 100\% \text{ 或}$$

$$\eta_c = \omega_2(\omega - \omega_1)/[\omega(\omega_2 - \omega_1)] \times 100\%$$

在谷物加工前处理工艺中,主要对谷物表面进行清理的工序称为谷物表面处理。小麦的表面处理就是一个典型的例子。评定表面处理设备效率时,可用灰分降低百分比来衡量,即经过表面处理后去除的灰分量占处理前灰分量的百分比。

(二) 谷物提取率

谷物提取是指单位时间内提出谷物的质量与进机物料中所含谷物质量的百分比,以 η_T,表示。

$$\eta_T = q_{m_1}(1 - \omega_1)/[q_m(1 - \omega)] \times 100\%$$

$$\eta_T = [(\omega_2 - \omega)(1 - \omega_1)]/[(\omega_2 - \omega_1)(1 - \omega)] \times 100\%$$

计算杂质去除率和谷物提取率时,不必测定设备的进、出口物料流量,只需测得各路物料中的含杂率,即可直接计算。

第二节 风 选

一、风选的基本原理

根据谷物和杂质空气动力学性质的差别，利用气流进行分离的方法称为风选。在气流中，物料与气流做相对运动时受到的作用力P的大小为

$$P = K\rho F(V_a - V)^2$$

式中，K 为阻力系数，与物料形状、表面性质和雷诺数有关；ρ 为空气密度（$kg \cdot m^{-3}$）；F 为物料的受风面积，即物料在气流方向的投影面积（m^2）；V_a 为气流的绝对速度（$m \cdot s^{-1}$）；V 为物料的绝对速度（$m \cdot s^{-1}$）。

在风选装置中，按气流的运动方向可分为垂直气流风选、水平气流风选和倾斜气流风选三种形式。

（一）垂直气流风选

如图 2-2 所示，在重力场中，当物质质量为 m 的谷粒处于垂直上升的稳定气流中，将受其自身重力 G、空气的作用力 P 和物料排出同体积空气产生的浮力 P' 作用而运动。其运动方程式为

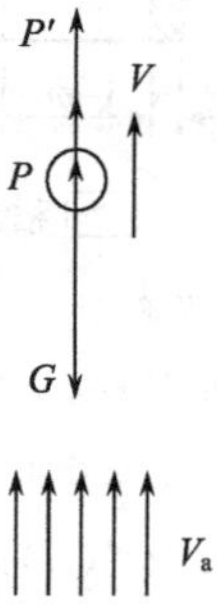

图 2-2 物料在垂直气流中受力分析

$$m \cdot dV/dt = G - P - P'$$

由于空气的相对密度很小，物料的体积也很小，所以 P' 可略去不计，因此上式写为

$$m \cdot dV/dt = G - P$$

当 $P>G$ 时，$dV/dt>0$，物料向上运动。

当 $P<G$ 时，$dV/dt<0$，物料向下运动。

如果 $P=G$ 时，$dV/dt=0$，物料在气流中既不上升也不下降，而呈悬浮状态，那么这时气流速度 V_a 就叫作该物料的悬浮速度。此时：

$$P = K_\rho F V_a^2 = G, V_a^2 = G/(K_\rho F)$$

如果物料颗粒为球形，则

$$G = mg = \pi d^3/(6\rho g), F = \pi d^2/4$$

式中，d 为物料颗粒的直径（m）；ρ 为物料的密度（$kg \cdot m^{-3}$）；g 为重力加速度（$9.8m \cdot s^{-2}$）。

将上列数值和空气密度 $\rho_a = 1.226kg \cdot m^{-3}$（15℃，标准大气压时）代入，整理后得

$$V_a \approx 2.3(\rho d/K)^{1/2}$$

谷物和杂质的颗粒多不是球形的，它们在垂直上升气流中运动时，由于相对于气流的位置不同，其受风面积经常在变化，因而受气流的作用力也不同。

设颗粒长、宽、厚分别为 a(m)、b(m)、c(m)，其体积为 (abc)(m^3)，若作为正方体看待，则其边长 $l=(abc)^{1/3}$，其平均受风面积 $F'=(abc)^{2/3}$。为了方便，常把这种颗粒看作为球形，用当量直径来计算。即 $d'=(6abc/\pi)^{1/3}=1.24(abc/\pi)^{1/3}$

实际计算时，上式尚需乘以系数0.9，通常取 $d'=(1.13-1.15)(abc/\pi)^{1/3}$。

物料的悬浮速度一般通过实验求得。计算中，还需确定阻力系数 K 值。K 值的影响因素

很多，根据实验资料，小麦为0.184～0.264，大麦为0.191～0.272，燕麦为0.169～0.30，豌豆为0.190～0.229，玉米为0.162～0.236，黍为0.045～0.073。部分谷物和杂质的悬浮速度见表2-1。

表2-1　部分谷物和杂质的悬浮速度　　（单位：$m \cdot s^{-1}$）

名称	悬浮速度	名称	悬浮速度	名称	悬浮速度
小麦	9～11	稻谷（粳）	7.7～9.5	大米	11～14
面粉	2～3	稻谷（籼）	6.3～7.7	玉米	10～14
麸皮	2～3	糙米（粳）	11.3～12.6	粟	8.5
Ⅰ皮磨物料	6～7	糙米（籼）	9.6～11.0	小米	13.2
心磨物料	4～5	大糠	3～4	小碎米	10～13
大麦	9～11	米糠	2～3		
荞麦	7.5～8.7	稗子	4～7		

（二）水平气流风选

物料在稳定的水平气流中，同样受重力G、气流作用力P和空气浮力P'的作用（P'值可略去不计）而朝着P和G的合力R的方向运动，轨迹为一抛物线，如图2-3所示。合力R与重力G的夹角α越大，物料被气流带走的距离越远，反之就越近。

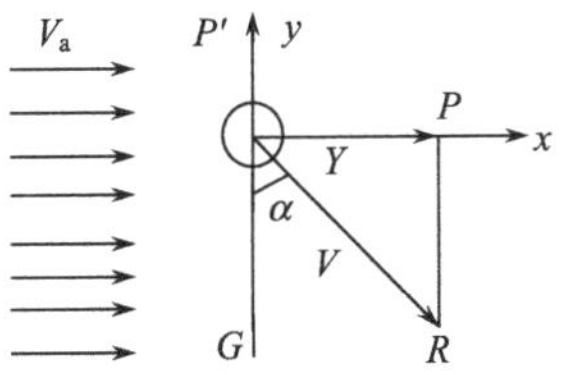

图2-3　物料在水平气流中受力分析

如果用水平气流作用力P与重力G的比值表示，则得α角的正切，即

$$\mathrm{tg}\alpha = P/G = K\rho F(V_a - Vx)^2$$

$\mathrm{tg}\alpha$一般称为物料的飞行系数，它是表征物料在水平气流中的空气动力学特性的。由于谷物和杂质的飞行系数不同，在同一水平气流作用下，它们便沿着各自不同的轨迹运动而分离。利用水平气流不仅能分离谷物中的轻杂质和重杂质，而且还能把谷物按颗粒密度不同近似地分成轻质谷粒和重质谷粒。

（三）倾斜气流风选

倾斜气流与水平气流的分离原理基本相同，只是同样的物料在与水平成β角（通常$\beta=30°$）的倾斜气流中，其飞行系数$\mathrm{tg}\alpha'$比在水平气流中大（图2-4）。气流作用力与重力的比值为：$\mathrm{tg}\alpha'=P_x/(G-P_y)=P\cos\beta/(G-P\sin\beta)$

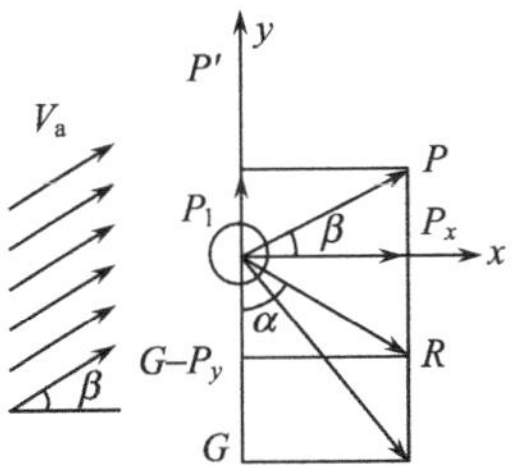

图2-4　物料在倾斜气流中受力分析

二、风选的应用

进入粮食加工厂的谷物，由于多种原因，混有一定数量的杂质。有些杂质在悬浮速度或飞行系数方面与谷粒有着明显的差异，因此可以采用风选的方法将这些杂质去除。例如，采用垂直气流风选，可以除去谷物中的泥灰、瘪谷、芒、带芒稗子等轻型杂质；采用水平或倾斜气流风选，不仅能够分离轻杂，还可以分离谷物中的并肩石等重型杂质。有时利用谷物籽粒之间、谷物籽粒与轻重杂质之间在悬浮速度和飞行系数方面

的差异，采用风选将轻重不同的谷物籽粒和杂质进行分级，从而进一步进行分离或加工。有些中间产物，如碾米厂稻壳与稻谷、糙米的分离，糠、粞、碎米的分离，也常常采用风选的办法。

在风选的同时，气流还可以将谷物加工过程中产生的热量带走一部分，从而对在制品或成品起到冷却降温的作用。既保证了成品的质量，也利于在制品的进一步加工。

三、典型风选设备

用于谷物清理的风选设备，按含尘空气的处理方式分为外吸式（外部风网对风选设备吸风，吸出的含尘空气由外部风网中的除尘器净化）和循环式（含尘空气在机内净化后循环使用）；按气体压力分为吹式（机内处于正压）和吸式（机内处于负压）；按气流运动方向分为垂直气流风选、水平气流风选和倾斜气流风选三种形式。

风选设备可以单独应用于谷物清理流程中，也可以与其他清理设备组合使用。例如，筛选与风选结合、小麦清理中打麦与风选结合、气力输送过程中的卸料与风选结合等。这种组合清理方式，可以减少设备体积，节约车间占地面积，并使设备在工作中处于负压状态，有利于改善劳动卫生条件。

（一）垂直吸风分离器

垂直吸风分离器主要由装有振动电机的喂料装置、上下两块可调节隔板、照明装置和机架等部分组成，如图 2-5 所示。

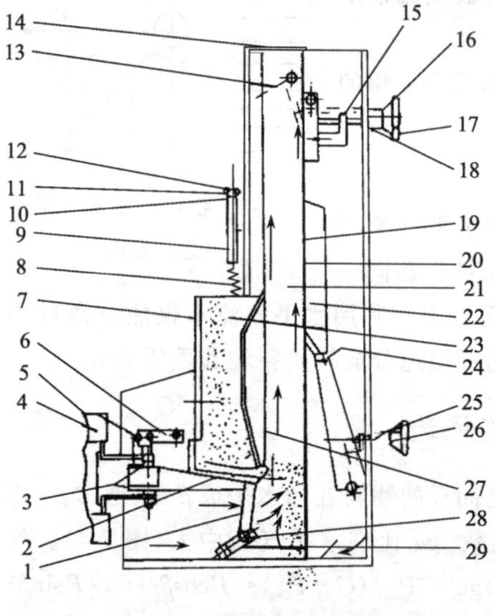

图 2-5　垂直吸风分离器

1. 限位杆；2. 橡胶衬板；3. 丝杆；4. 振动电机；5. 橡胶块；6. 支承装置；7. 检查窗；8. 弹簧；9. 螺杆；10. 胶垫；11. 螺母；12. 蝶形螺母；13. 蝶阀；14. 吸风口；15. 小轴；16. 手轮；17. 手轮；18. 小轴；19. 观察窗；20. 胶垫；21. 风道；22. 隔板；23. 进料箱；24. 手轮；25. 小轴；26. 手轮；27. 喂料槽；28. 滚轮；29. 限位器

振动喂料装置由振动电机和自由摆动的淌板组成。淌板吊挂在两件橡胶支承块和弹簧上，振动电机带动淌板在水平方向上振摆，使喂料斗内的物料均匀分布在淌板上，呈薄薄的料流，水平地沿淌板抛入风道。

手轮 16 通过螺杆传动，控制蝶阀的开启度，从而控制风道内风量的大小。手轮 24 可以调节上风板的位置，改变上风道的宽度。手轮 26 可以调节下风板前后移动，改变风道内的风速大小，通过调整使物料达到最佳分离效果。照明部分装置一支 20W 日光灯，这样便于风道内的调整和观察分离物料的情况。

工作时，物料由喂料斗进入淌板，淌板在振动电机的作用下不停地做水平振动，使物料均匀地分布在整个淌板上，呈薄薄料层喂入风道。气流穿透物料流，借助于风的作用：利用不同物料悬浮速度的差异，使物料中的尘土、皮壳及轻杂质、病谷物随气流从吸风道吸走，从而达到清理谷物的目的。通过调节风道的间隙大小、改变气流的速度，从而对不同物料进行分离，达到最佳分离效果。垂直吸风分离器主要规格和技术参数见表 2-2。

表 2-2　垂直吸风分离器主要规格和技术参数

型号	风道厚度/cm	风道厚度/cm	功率/kW	分离瘪麦		分离小麦中的皮壳	
				产量/(t·h^{-1})	风量/(m^3·cm^{-1})	产量/(t·h^{-1})	风量/(m^3·cm^{-1})
TFDZ·50	50	75～125	0.2	1.7	22	3.3	21
TFDZ·50G	50	175～225	0.2	3.1	40	5.9	37
TFDZ·75	75	75～125	0.2	1.7～2.6	33	3.3～4.9	31
TFDZ·75G	75	175～225	0.2	3.1～4.7	60	5.9～8.9	55
TFDZ·100	100	75～125	0.2	2.6～3.4	44	4.9～6.6	41
TFDZ·100G	100	175～225	0.2	4.7～6.2	80	8.9～11.8	74
TFDZ·150	150	75～125	0.2	3.9～5.1	66	7.3～9.9	61
TFDZ.150G	150	175～225	0.2	7.0～9.3	120	13.0～17.7	111

表 2-2 列出的风量是用于小麦清理的，如处理的物料是稻谷、玉米等其他谷物，风量可根据风道截面积和风道中风速的乘积确定。而风道中风速应根据谷粒和分离的轻杂的悬浮速度确定，即风道风速应小于谷粒悬浮速度，大于轻杂的悬浮速度。

（二）循环风吸风分离器

循环风分离器主要由喂料系统、风循环通道、离心风机和集尘排料系统等组成，如图 2-6 所示。

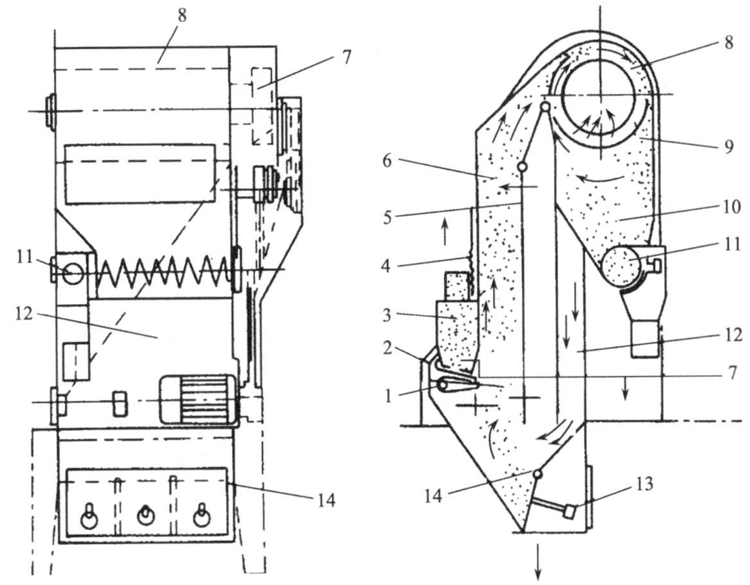

图 2-6　循环风吸风分离器

1. 中隔板；2. 垂直风道；3. 圆筒分离器；4. 离心风机；5. 通道；6. 螺旋输进器；7. 料斗；8. 闭风隔板；9. 重力活门；10. 集尘器；11. 喂料斗；12. 振动导板；13. 弹簧；14. 偏心机构

工作时，经过清理的物料落入喂料斗，当物料堆积到一定高度，由于重力的作用，悬挂在供料活门上的弹簧受拉力，从而把卸料槽打开。又因偏心机构的驱动，使物料从卸料槽的缝道流出，均匀抛向垂直风道的全部宽度上，流动的物料被松散开。干净的、比重大的物料垂直降落，经重力活门排出机外，比重小的杂质被气流带到圆筒分离器的狭窄通道上，由于惯性的作用，比重小的轻杂沿圆筒分离器的外壁落入空间突然增大的集尘器。通过闭风器排出机外。空气经圆筒分离器的内部被离心风机吸入，从通道回到垂直风道进行再循环。TFXH 型循环风分离机主要规格与技术参数见表 2-3。

表 2-3 TFXH 型循环风分离机主要规格与技术参数

技术参数	型号		
	TFXM·60	TFXH·100	TFXH·150
产量/($t\cdot h^{-1}$)	10～12	15～18	22～26
风量/($m^3\cdot h^{-1}$)	5000	7500	11 000
风压/Pa	400	400	400
风机转速/($r\cdot min^{-1}$)	2840	2840	2840
喂料器转速/($r\cdot min^{-1}$)	488	488	488
螺旋输送器转速/($r\cdot min^{-1}$)	343	343	343
功率/kW	2.6	3.6	4.0
外形尺寸(长×宽×高)/mm	1178×1074×2240	1568×1074×2240	2456×1074×2240

（三）与设备组合的风选器

1. 振动筛吸风装置

振动筛吸风装置由前后两吸风道和前后两沉降室组成，如图 2-7 所示。此外，也有自带风机的。

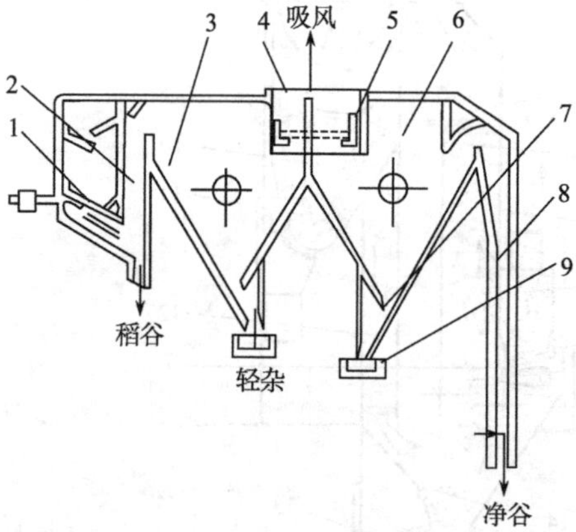

图 2-7 振动筛吸风装置

1. 进料机构；2. 前吸风道；3. 前沉降室；4. 出风口；5. 风门；6. 后沉降室；7. 活门；8. 后吸风道；9. 收集槽

物料由进料机构进入振动筛时，首先经前吸风道，与风道中的气流相接触进行风选，吸出物料中的轻杂。物料经吸风装置下面的筛面筛选排出机外时，再进入后吸风道进行第二次风选，吸出轻杂。净料则从后吸风道出料口排出。前、后吸风道吸出的轻杂随气流一同分别进入前、后沉降室。由于沉降室的横截面较吸风道大 5～6 倍，所以气流速度骤然下降，轻杂在沉降室内沉降，并由活门排出，落入收集槽，气流则由出风口引入吸风系统。风量大小可以通过风门进行调节。

这种吸风装置不仅能用于振动筛分选轻杂和尘土，而且在高速振动筛以及其他清理设备中，也可组合使用，它是一种比较典型的垂直气流风选设备。垂直风道内的风速一般取 4～7$m\cdot s^{-1}$。前吸风道由于受位置所限，长度只有 0.5m 左右，因此风速应取低些；后吸风道较长，在 1m 以上，所以风速可以取高些。沉降室内的风速，一般控制在 1.0～1.2$m\cdot s^{-1}$。

2. 卧式预吸风分离器

TYFW 型卧式预吸风分离器主要用于对风选系统带有轻杂的空气进行预处理，减少进入脉冲布袋滤尘器气流的含杂、含尘浓度，提高脉冲布袋滤尘器的效率并延长其使用寿命。

卧式预吸风分离器机构见图 2-8，它由外锥筒、内锥体、沉降筒、出风口、下出口 5 部分组成。各部件焊接而成，牢固可靠。内外筒均为锥形，因此，其内外锥之间是锥形空间，以便物料得以更好地分离。

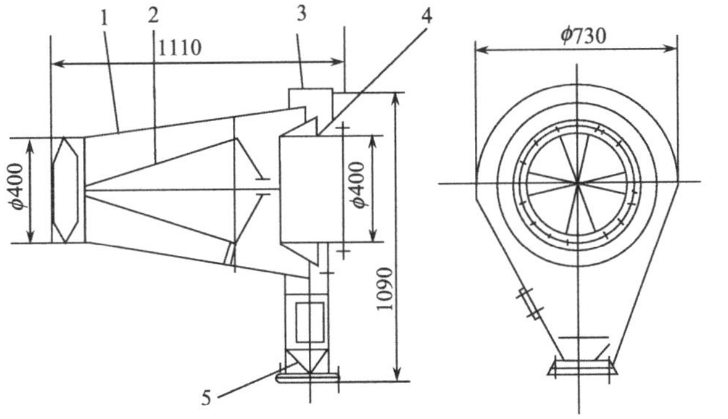

图 2-8　卧式预吸风分离器(单位：mm)

1. 外锥筒；2. 内锥体；3. 沉降筒；4. 出风口；5. 下出口

当含杂空气由进风口进入内外锥体时，由于叶片的作用，它们与轴线成一定的角度运动，由于离心力与杂质颗粒质量成正比，则重颗粒被甩到外锥体内壁，依靠惯性而落入下出口，达到分离效果，但小尘粒仍随气流到出风口。TYFW 型卧式预吸风分离器主要技术参数见表 2-4。

表 2-4　TYFW 型卧式预吸风分离器主要技术参数

技术参数	型　号					
	TYFW·25	TYFW·30	TYFW·35	TYFW·40	TYFW·45	TYFW·50
杂质分离效率/%	≥75%					
阻力/Pa	≤500					
风量/($m^3 \cdot min^{-1}$)	26	40	52	80	100	135
进口直径/mm	250	300	350	400	450	500
质量/kg	50	60	80	150	180	200
外形尺寸(长×宽×高)/mm	810×500×700	900×575×827	1010×650×960	1110×730×1090	1205×810×1210	1300×890×1325

四、影响风选设备工艺效果的因素

1. 原料

原料所含的轻杂与粮粒之间悬浮速度差异的大小是影响风选工艺效果的重要因素。差异愈大，则愈易风选；差异愈小，风选效果愈差。

2. 结构尺寸

吸风道的结构尺寸对物料沿风道的分布与气流作用于物料的时间有密切关系，并直接影响风选分离效率。风道的宽度与设备生产能力和单位流量密切相关，应根据生产能力和单位流量来确定，以确保风选工艺效果。一般单位流量为40kg·cm^{-1}·h^{-1}比较合理。

3. 风速和风量

一般情况下，风选的分离效率同风道内的平均风速成正比，但风速过大、吸出物中含完整粮粒增多，风量增加，动力消耗也增加。所以，风速应根据物料与待分离杂质的悬浮速度及风选工艺要求来确定。一般以不吸出完整粮粒为原则。常用风速为4～7m·s^{-1}。风量与风选风速及吸口截面尺寸有关。当风速和吸口截面尺寸确定以后，风量即可确定。

4. 流量

流量大小对风选效率有很大影响。在其他条件一定的情况下，流量增大，物料料层则变厚，轻杂被气流吸出的机会就减少，而使风选效率降低；反之，风选效率提高，但设备产量降低。

第三节 筛 选

一、筛选的基本原理

筛选是利用被筛理物料之间粒度（宽度、厚度、长度）的差别，借助筛孔分离杂质或将物料进行分级的方法。物料经筛选后，凡是留在筛面上的未穿过筛孔的物料称为筛上物，穿过筛孔的物料称为筛下物，如图2-9所示。通过一层筛面，可以得到两种物料。

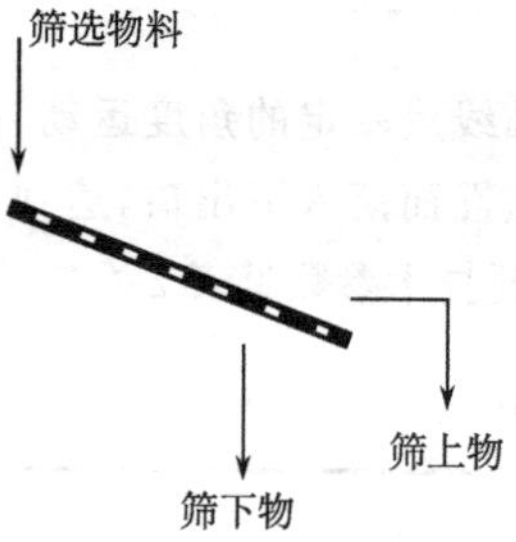

图2-9 筛选示意图

（一）筛选的基本条件

在筛选过程中，如要达到除杂或分级的目的，必须具备以下三个基本条件。

（1）应筛下物必须与筛面接触。

（2）选择合理的筛孔形状和大小。

（3）保证筛选物料与筛面之间具有适宜的相对运动速度。

（二）筛选工作面

1. 筛面的种类

筛面是筛选设备的主要工作部件。谷物清理工艺对筛面的要求是：具有足够的强度、刚度和耐磨性，筛孔面积百分率（筛孔总面积占整个筛面面积的百分率）最大，筛孔不易堵塞，物料在筛面上运动时与筛孔接触机会较多。前一种要求关系到筛面工作的可靠性和使用寿命，后三种要求影响筛选的工艺效果。

常用的筛面有以下三种。

（1）栅筛。栅筛是由具有一定截面形状的金属棒或圆钢，按一定间隙平行排列而成的，筛孔呈长条形。栅条的宽度或直径一般为5mm左右，栅条的间距在15mm以上。栅筛具有筛理能力强、处理量大、制造简单、耐用等特点。主要适用于下粮部位，以去除原粮中较粗大的杂质，避免设备堵塞。

（2）冲孔筛面。冲孔筛面有平板冲孔筛面和波纹形冲孔筛面两种。

平板冲孔筛面多用厚度为0.5～2.5mm的薄钢板制造，通常在平整的薄钢板上冲压成圆形、长方形、三角形(等边三角形)或方形筛孔。筛孔规格按实际尺寸用毫米(mm)表示。平板冲孔筛面比较耐磨,筛孔形状尺寸准确,筛分精度高,但筛孔面积百分率较低,筛孔易堵塞。波纹形冲孔筛面(沉孔筛面)如图 2-10 所示,它有圆形与长方形两种。整个筛面呈波浪形,圆形筛孔冲压成上大下小的圆锥形,宛如漏斗,对需要直立穿过筛孔的物料可起辅助作用,使其容易穿过筛孔,而且筛孔间距缩小,各筛孔之间没有使物料滑过去的“通道”,从而可避免物料失去穿过筛孔的机会。长方形筛孔冲压成上宽下窄的斜槽形,可对物料沿长轴运动起导向作用,使其容易穿过筛孔。波纹形冲孔筛面的刚性好,筛孔尺寸可比平板冲孔筛面小些,因而筛分精度更高,筛孔不易堵塞,单位流量较大。

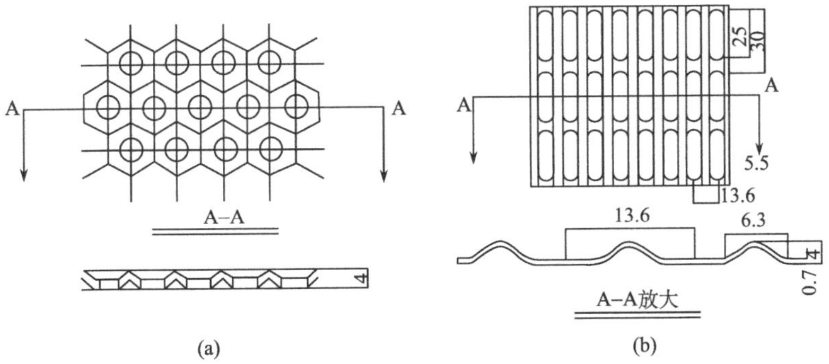

图 2-10　波纹形冲孔筛面(单位:mm)

(a)圆形筛孔;(b)长方形筛孔

平板冲孔筛面多用于振动筛、平面回转筛上,波纹形冲孔筛面则多用于高速振动筛和圆筒回转筛上。

(3) 编织筛面。编织筛面一般是由镀锌钢丝或其他金属线编织而成。筛孔有长方形、方形或菱形三种(图 2-11)。方形筛孔规格按两钢丝之间的最小距离用毫米(mm)表示或用网目方法表示(习惯上用每 25.4mm 长度上的筛孔数表示)。

编织筛面制作容易,造价低廉,筛孔面积百分率较高,圆形钢丝比较光滑,物料容易穿过筛孔,能减少筛孔堵塞现象,同时由于钢丝相互交织,筛面凹凸不平,对物料的摩擦系数较大,容易使物料产生自动分级,有利于筛理。但编织筛面的钢丝容易移动,引起筛孔变形,影响筛分的准确性。

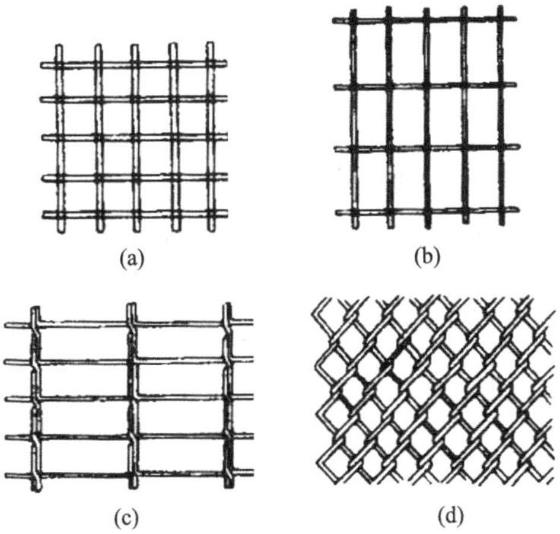

图 2-11　编织筛面

(a)平纹方孔;(b)平纹长孔;(c)纺织长孔;(d)编织菱形筛孔

编织筛面多用于高速振动筛、溜筛或回转筛上。编织菱形筛孔只用于网带式初清筛上。

2. 筛孔形状与大小

筛孔形状与大小的选择,取决于筛分物料的粒度及其截面形状,取决于物料的穿筛方式。谷物清理工艺中,最常用的筛孔的形状有圆形、长形、方形、三角形等。

(1) 圆形孔。圆形孔是按物料的宽度(b)不同进行筛选的,孔的直径(D)是限制物料穿孔的重要尺寸。只有当物料的宽度小于筛孔直径且在筛选过程中能在筛面上直立,或物料是小于筛孔的球形时,才能穿过筛孔[图 2-12(a)]。图 2-12 中 L 为物料长度,G 为物料重心,h 为重心与筛面垂直距离。

(2) 长形孔。长形孔是按物料的厚度(C)不同进行筛选的,筛孔宽度(B)是限制物料穿孔的重要尺寸。只有当物料的厚度小于筛孔的宽度,且能侧立时,才能穿过筛孔[图 2-12(b)]。

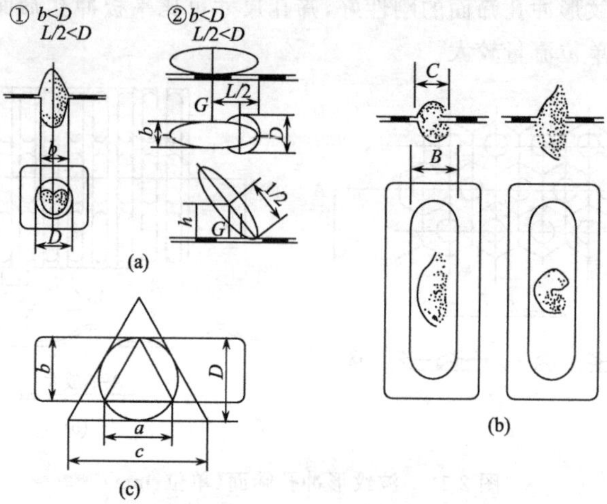

图 2-12 物料穿孔示意图

(a)圆形孔;(b)长形孔;(c)三角形孔

(3) 方形孔。方形孔既可以按物料的宽度进行分级,也可以按物料的长度进行分级,这主要取决于物料在筛面上的运动状态和穿孔方式。如果物料在筛面上能直立过筛,方形孔则主要是按其宽度不同进行筛选的。如果物料不能在筛面上直立,而是平卧过筛,则方形孔主要是按物料厚度的不同进行筛选的。但是,由于方形孔的对角线比其边长要长 40%,而物料既可能沿孔的边长方向穿孔,也可能沿孔的对角线方向穿孔,因此,筛分不精确。

(4) 三角形孔。三角形孔适用于清理谷物中形状或截面近似于三角形的杂质,如稗子、砂石等。当物料形状或截面呈三角形且每条边边长(a)小于三角形筛孔边长(c)时,才能穿过筛孔[图 2-12(c)]。

选择筛孔的形状与大小,除依靠实际生产经验,参照常用的筛孔选定外,合理的办法是按照谷物和杂质的粒度曲线来确定。如用成套的标准检验筛对谷物(如小麦)试样(包括其中的杂质)进行筛选分析,以各层筛面筛孔尺寸为横坐标,以该层筛面上留存质量占试样总质量的百分率为纵坐标,这种按筛孔尺寸绘出的粒度分布曲线如图 2-13 所示。从图中可以看出,采用直径为 2.5mm 的筛孔能筛出大部分小杂质,用直径为 4.2mm 的筛孔能筛出大部分大杂质。

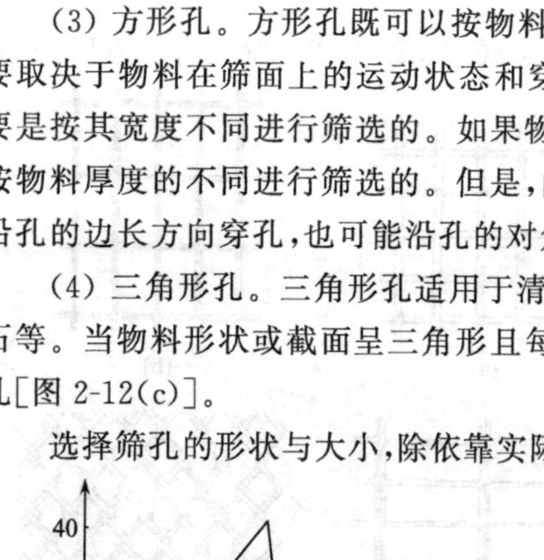

图 2-13 小麦的筛理曲线

实际生产中,因为产量大,影响筛选的因素较多,按上述曲线确定筛孔尺寸时,应比曲线图中尺寸放大

0.1(长孔)～0.2(圆孔)mm。

应用粒度曲线或筛理曲线除了能帮助正确选择筛孔的形状与大小外，还能近似地计算出筛上物与筛下物所占的比例。因此，也可应用上述曲线对谷物按粒度大小确定分级比例。从上述曲线图中还可看出，谷物与杂质的粒度有一部分发生重叠现象，这一部分杂质利用筛选办法是很难完全分离的，应考虑采用其他措施加以分离。

筛孔大小的表示方法因筛面种类而异。冲孔筛面的筛孔直接用筛孔实际尺寸表示，如 ϕ6mm 表示直径为 6mm 的圆形孔，1.5mm×20mm 表示宽为 1.5mm、长为 20mm 的长形孔，Δ3mm，表示边长为 3mm 的三角形孔。编织筛网的筛孔则常用每 25.4mm 长的筛网上的筛孔数目表示。如 5×5 表示筛网的径向、纬向都是每 25.4mm 长的筛网上有 5 个孔，而且是方形孔；而 5×7 表示径向每 25.4m 长的筛网上有 5 个孔，纬向每 25.4mm 长的筛网上有 7 个孔，而且是长方形孔。

3. 筛孔的排列

筛孔的排列是指筛孔在筛面上的分布规律。就圆形(或方形)冲孔筛面而言，筛孔的排列有正列排列和错列排列两种，如图 2-14 所示。

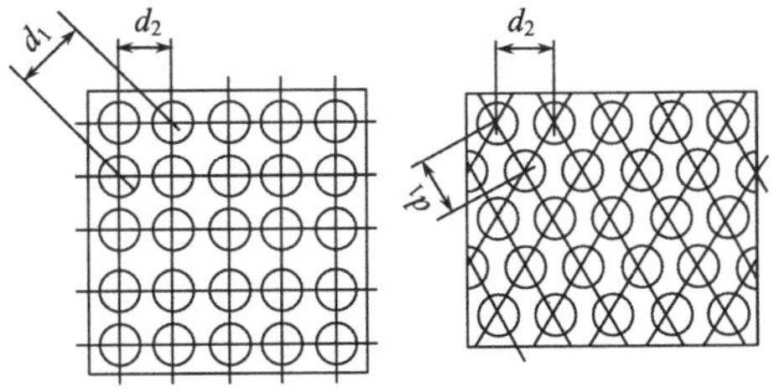

(a)　(b)

图 2-14　筛孔排列

(a)正列排列；(b)错列排列

d_1、d_2 皆表示筛孔中心距

正列排列是纵、横两个方向都相互对齐的筛孔排列形式。各孔之间的孔距不尽相同($d_1>d_2$)，因此筛面各处强度不一。另外，正列排列中两列筛孔之间无筛孔，物料易走空道，减少了被筛物料的穿孔机会，其筛选效率较低。

错列排列是只有一个方向(横向)相互对齐的筛孔排列形式。各孔之间的孔距相等($d_1=d_2$)，因此筛面各处强度一致，且被筛物料无空道可走，穿孔机会多，利于筛选效率的提高。生产中大都采用错列排列。

长方形筛孔的排列有直行、直行纵向交错、直行横向交错、顺序旋转等几种，如图 2-15 所示。

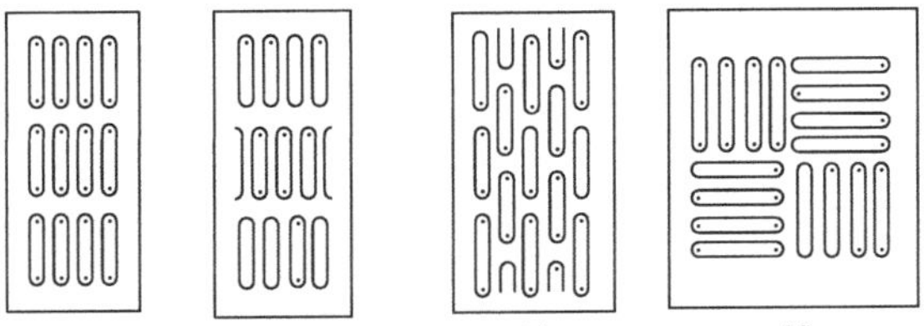

(a)　(b)　(c)　(d)

图 2-15　长方形筛孔的排列

(a)直行排列；(b)直行纵向交错；(c)直行横向交错；(d)顺序旋转排列

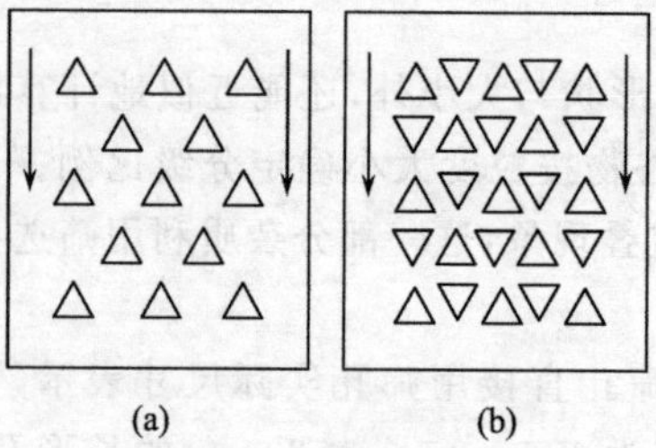

图 2-16　三角形筛孔的排列

(a)同向交错排列；(b)异向交错排列

长方形筛孔纵向间距一般为 4～5mm。横向间距$L=1.25+0.45b$(mm)(b为筛孔宽度)。

三角形筛孔的排列有同向交错和异向交错两种(图 2-16)。

4. 筛面的组合

生产中，一层筛面往往达不到工艺要求，需要多层筛面组合使用，才能有效地进行筛选。所以，筛面组合的合理与否，对筛选过程同样具有重要的作用。

筛面组合的方法可分筛上物法、筛下物法和混合法三种。

筛上物法：筛上物连续筛理，分出不同粒度的筛下物，如图 2-17所示。筛孔尺寸从小到大、筛选产品粒度从细到粗(Ⅰ＜Ⅱ＜Ⅲ＜Ⅳ、$d_1<d_2<d_3$)。筛上物法的特点是先提细粒，后提粗粒。这种筛面组合方法，大粒物料的筛分路线长，一般用于下脚整理等。

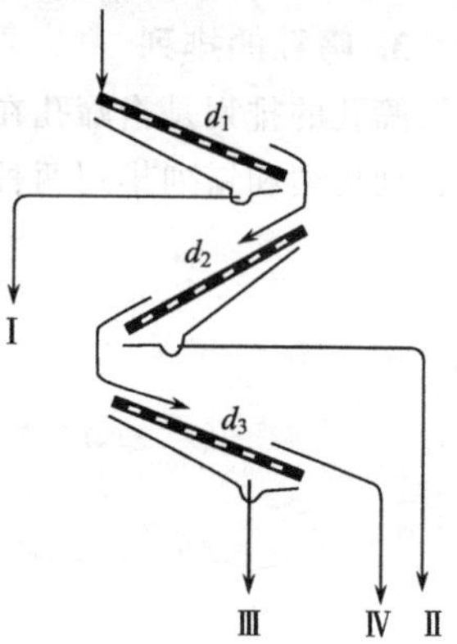

图 2-17　筛上物法

筛下物法：筛下物连续筛理，分出不同粒度的筛上物，如图 2-18所示。筛孔尺寸由大到小；筛分产品的粒度从粗到细($d_1>d_2>d_3$、Ⅰ＞Ⅱ＞Ⅲ＞Ⅳ)。其特点是先提粗粒，后提细粒。采用这种筛面组合方法时，小粒物料经过的筛分路线长，常用于稻谷初清(可以保证稻谷充分筛理，筛出其中的大、小杂质)及谷糙分离(利于保证净糙质量)等工序。

混合法：将筛上物法和筛下物法混合配置的筛面组合方法，如图 2-19 所示。筛孔尺寸交叉配置(如$d_3>d_1>d_2$)；筛分产品如按图中编号，则粒度大小为Ⅰ＞Ⅱ＞Ⅲ＞Ⅳ。混合法综合了前两种方法的特点，因此流程灵活，容易满足各种筛选设备的需要。常用于除稗、谷糙分离、成品整理等工序。

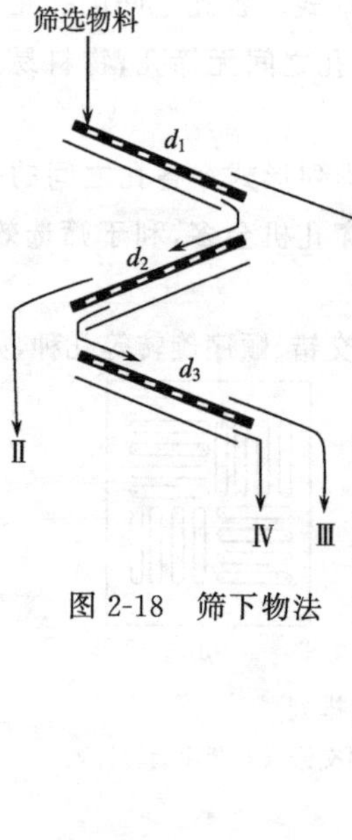

图 2-18　筛下物法

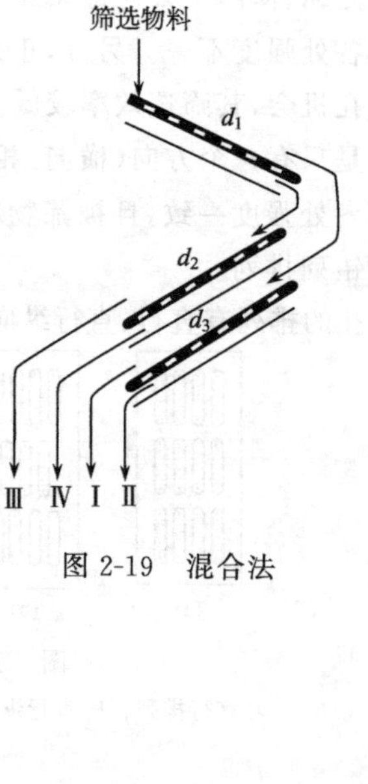

图 2-19　混合法

（三）筛选工作面的运动形式

筛面的运动形式主要有：静止、往复振动、高速振动、平面回转运动、旋转等。

1. 静止

筛面倾斜静止放置，物料依靠自身重力在筛面上做直线运动[图 2-20(a)]。改变筛面与物料之间的摩擦系数或改变筛面倾斜角，可以促使物料在筛面上产生自动分级，也可以避免自动分级的产生。物料在静止筛面上运动时，相对于筛面运动的路线较短，因此静止筛面的筛理效率较低。

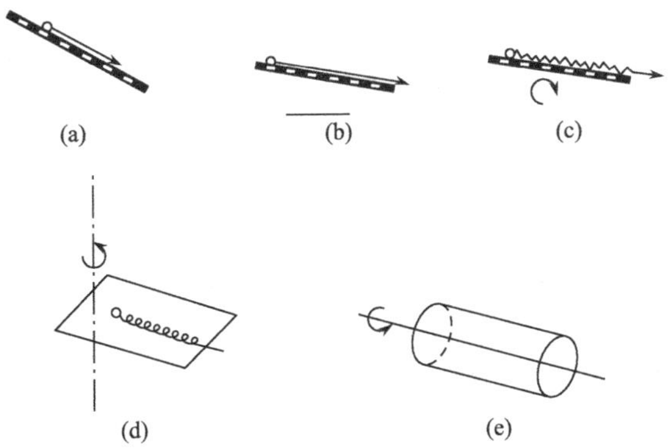

图 2-20　筛面的运动形式

2. 往复振动

筛面做往复直线运动，物料沿筛面做正反两个方向的相对滑动[图 2-20(b)]。筛面的往复运动能促进物料产生自动分级，且物料相对于筛面运动的路线较长，故筛选效率较高。

3. 高速振动

筛面在垂直平面内做轨迹为圆或椭圆的平动(有的也可做直线振动)。物料在筛面上做小幅度的跳动[图 2-20(c)]。高速振动筛面的振动频率较高，振动力强，物料在筛面上跳动，因而不易产生自动分级，且不易堵塞筛孔。

4. 平面回转运动

筛面在水平面内做圆轨迹平动，物料在筛面上做圆周运动或螺旋线运动[图 2-20(d)]。平面回转筛面能促进物料的自动分级，物料在筛面上的相对运动路线较长，且物料所受的水平惯性力在 360°范围内周期变化方向，因而不易堵塞筛孔，筛选效率也比较高。

5. 旋转运动

筛面呈筒状，绕一水平或倾斜轴旋转。物料在筛筒内相对于筛面滑动[图 2-20(e)]。旋转筛面的工作面积仅为整个筛面的 1/8～1/4，因此筛面利用率低。

二、筛选的应用

筛选是利用物料间粒度的不同进行除杂或分级的，因此，凡是在粒度上有差异的物料，均可采用筛选的方法进行分离。谷物加工过程中，筛选除用于清除原粮中的杂质以外，也常将许多在制品(已脱壳籽粒与未脱壳籽粒混合物、糠粞混合物、出机米等)进行分级。筛选用途十分广泛。

三、筛选设备主要工作参数的确定

（一）往复运动设备主要工作参数的确定

做往复运动的筛选工作面，物料在筛面上做正反两个方向的相对滑动，谷物加工清理中较常用的是振动筛。下面以振动筛为例，对往复运动筛选设备主要工作参数的确定加以分析。

1. 转速

为了使振动筛具有良好的分离效果，要求物料沿筛面做上下滑动，以增加物料与筛面的接触机会。同时，还要防止物料跳离筛面，以免跨越筛孔，减少穿孔机会。

振动筛转速的高低，决定了物料在筛面上流动速度的快慢。转速高，物料流动速度快，有利于设备生产能力的提高。但过快时，物料易滑过筛孔，穿孔机会减少，使筛选效率降低。转速低，物料流动速度慢，设备生产能力下降；如果流速过慢，还易使物料在筛面上堆积，同样影响筛选效率。一般振动筛的转速为 400～650r · min^{-1}。

2. 筛面倾斜角与振幅

转速、振幅和筛面倾斜角是决定物料在筛面上的运动状态和流动速度的主要因素。

在转速一定的情况下，筛面倾斜角愈大或振幅愈大，物料在筛面上的流动速度也就愈快。反之，筛面倾斜角或振幅愈小，物料在筛面上的流动速度也就愈慢。物料的流速过快或过慢，都会使振动筛的筛选效率降低。因此，应根据实际生产情况，选择适宜的筛面倾斜角和振幅。

振动筛筛面倾斜角通常为 5°～12°。确定筛面倾斜角的原则是：筛选物料的绝大部分作为筛下物或者筛面较短时，取较小的筛面倾斜角。筛选物料的绝大部分作为筛上物或筛面较长时，取较大的筛面倾斜角。目前，生产中使用的振动筛，第一层除大杂筛面的长度较短，采用较小的倾斜角（5°～6°）；第二、三层筛面的长度较长，采用较大的倾斜角（第二层为 10°左右，第三层为 12°左右）。

振动筛振幅的确定，应与筛面主轴转速的高低相适应，二者成反比关系。采用较高的转速时，应取较小的振幅。采用较低的转速时，振幅就应适当地增加。这样才能保证物料在筛面上具有适宜的相对运动速度，从而达到良好的筛选效果。目前，生产中使用的振动筛振幅大多数为 5～6.5mm。

3. 筛孔

筛孔的形状和大小影响振动筛的筛选效率。一般，清除粗大型杂质的筛面，筛孔选用直径为 12mm 的圆形孔或 7mm×35mm（宽×长）的长形孔。清除细小杂质的筛面，筛孔选用直径 2.5mm 的圆形孔或边长为 3mm 的三角形孔。

此外，在选择筛孔大小时，还应考虑设备的生产能力和物料中的杂质含量。当流量较大、杂质含量较多时，为了保证达到规定的工艺效果，应选择稍大一点的筛孔。

（二）高速振动设备主要工作参数的确定

1. 筛体运动分析

高速振动筛采用自衡振动器作振动机构，筛体支承在压缩弹簧上。筛体的运动取决于一系列动力学因素，如偏重块质量、筛体质量和弹簧的刚度等。通过对筛体系统受力分析，建立偏重块旋转惯性力、筛体运动惯性力、支承弹簧弹性恢复力的计算公式，根据达朗伯原理，最终可得筛体的运动方程为标准圆方程。说明筛体是在垂直平面内做圆周运动。

2. 转速

高速振动筛的工作状态分为低共振状态、共振状态和超共振状态三种。

(1) 低共振状态。筛体运动转速低于共振转速的工作状态称为低共振状态。在这种工作状态下，筛体在启动和停车时均不通过共振区，因而避免了筛体的剧烈振动。但要求支承弹簧的刚度大，因此弹簧的消振性能不好，传递给机架和地基的振动力大，容易引起建筑物的严重振动。一般不采用此种工作状态。

(2) 共振状态。筛体的转速等于共振转速的工作状态称为共振状态。从理论上讲，处于这种工作状态的筛体，其振幅趋于无穷大，但实际上由于受到外界阻力的影响，筛体振幅将保持在某一有限的数值上。在这种工作状态下，筛体振动能量消耗较省，但工作中受外界阻力影响较大，易造成振幅变化，因此往往不能满足工艺要求。

(3) 超共振状态。筛体转速大于共振转速几倍甚至几十倍的工作状态称为超共振状态。采用这种工作状态的优点是：弹簧的刚度较小，隔振性能好，因此传给机架及地基的振动力小，不会引起建筑物的严重振动。但筛体在启动和停机时均通过共振区，因此需考虑避免共振的问题。

筛体转速影响物料在筛面上的振动频率，由此而影响物料的运动速度。当筛体转速增加时，物料运动速度也随着增加。适宜的物料运动速度有利于发挥设备的生产能力和提高分离效率。实际生产中，高速振动筛的转速一般取 $1450r \cdot min^{-1}$左右。

3. 振幅

振幅是影响物料在筛面上运动速度的主要因素之一。振幅愈大，物料在筛面上的弹跳距离愈远。物料流速快，有利于提高设备的处理量，但是物料的穿孔机会减少，因而筛理效率降低。

研究表明，在其他条件不变的情况下，高速振动筛的除稗效率随着振幅的增加而增加。当筛体振幅为两筛孔中心距的 1/2 时，稗子与筛面接触机会最多，穿孔概率最大，除稗效率最高，超过此值，除稗效率又下降。

此外，在选择确定振幅时，还应考虑筛体的转速高低，二者是相互影响相互制约的。一般高转速取小振幅，低转速取大振幅。

4. 筛面倾斜角

筛面倾斜角不仅是影响物料在筛面上运动速度的主要因素之一，而且还影响物料的穿孔速度。如筛面倾斜角过大，则物料在筛面上的流速过快，使物料的穿孔机会减少，且筛孔的水平投影面积减小，物料穿孔困难，因而使筛理效率降低。倾斜角过小，则物料流速缓慢，料层增厚，减少物料与筛面的接触机会，同样使筛理效率降低，而且设备的生产能力降低。高速振动筛的筛面倾斜角 α 可在 $0° \sim 30°$选择。一般情况下，筛上物为主流物料时，取较大的倾斜角；筛下物为主流物料时，取较小的倾斜角。筛面正向回转(回转方向指向出口端)时取较小倾斜角，反向回转(回转方向指向进口端)时取较大倾斜角。根据生产实践经验，筛面倾斜角以 $10°$为宜。

5. 筛孔

稻谷加工过程中常用高速振动筛除稗，为了充分发挥其筛选作用、提高除稗效率，筛面采用编织筛网，孔形采用方形孔。

筛孔的大小，应根据稻谷、稗子的粒度和撇谷、提稗的工艺要求确定。筛孔愈大，除稗效率愈高，但稻谷提取率愈低。所以，为了保证稻谷纯净，用于撇谷的筛面应选用较大的筛孔，选(6.5×6.5～8×8)孔·25.4mm^{-1}(23 号钢丝)为宜。提稗筛面采用较小的筛孔，一般选(9×9)孔·25.4mm^{-1}或(10×10)孔·25.4mm^{-1}(24 号钢丝)。稗子千粒重较大时，取大筛孔。当处理籼稻时，因其宽度较窄，可用较小筛孔。

（三）平面回转运动设备主要工作参数的确定

1. 物料在筛面上的运动

物料在平面回转筛面上的运动是一复合运动，筛面本身的运动为牵连运动，物料对筛面的运动为相对运动，物料对地面的运动为绝对运动。通过力学分析与理论推导，可知物料在水平筛面上的运动轨迹为圆。物料在倾斜筛面上运动时，由于受到物料重力在倾斜方向上分力的作用，获得一加速度，因此，运动轨迹不再是正圆，而是一条封闭的螺旋线。

平面回转筛面上的物料主要由两部分性质(比重、粒度、摩擦系数等)不同的组分组成，而且具有一定的厚度、不同组分物料之间摩擦系数小于物料与筛面之间摩擦系数，所以平面回转筛面上的物料是呈分层运动的、上层物料运动速度大于下层物料运动速度。

2. 转速与回转半径

筛体的转速和回转半径是影响物料在筛面上的相对运动速度和运动轨迹的两个主要因素。

转速快，物料在筛面上的相对运动速度快，自动分级作用强，但物料穿孔比较困难，转速过快，还会影响筛下物的量。转速慢，物料在筛面上的相对运动速度慢，自动分级作用较差，但物料穿孔容易，易使不该过筛的物料穿过筛孔，影响筛下物的纯度。

回转半径的大小主要影响物料在筛面上运动轨迹的大小。在转速一定的情况下，回转半径大，物料相对筛面的运动轨迹大，筛理路线较长，有利于物料的自动分级和提高分离效率。但回转半径过大，会使物料穿孔困难，反而使分离效率下降。回转半径小，则会得到相反的结果。筛体的转速和回转半径是两个相互关联的因素。由上述理论分析可知，转速与回转半径的平方根成反比。为了保证物料在筛面上具有适宜的相对运动速度，小的回转半径应采用较高的转速，大的回转半径应选用较低的转速。

例如，根据理论计算和生产实践经验，用于谷糙分离的平面回转筛，其转速和回转半径的对应值有以下几种：

转速/(r·min^{-1})	156	140	128	118	110
回转半径/mm	40	50	60	70	80

此外，转速还和物料与筛面摩擦系数的平方根成正比，因此，转速还应视物料与筛面摩擦系数的大小进行调整。

3. 筛面倾斜角

筛面倾斜角也是影响物料在筛面上流动速度的因素之一。增大筛面倾斜角，物料的流动速度加快，在筛面上停留时间短，物料穿孔机会减少，筛下物数量减少。减小筛面倾斜角，则会得到相反的结果。

筛面的适宜倾斜角，应根据工序的要求、筛选物料的工艺性质以及筛孔的配备等情况全面考虑。如用于除杂时，筛面倾斜角一般在 8°左右；用于谷糙分离时，在保证净糙质量的前提下，应尽量采用较小的倾斜角，以提高设备产量，减少回砻谷的含糙率。一般筛面倾斜角为 0.5°～3.5°；用于白米分级时，筛面倾斜角取 1.2°左右。

4. 筛孔

平面回转筛的用途不同,选择的筛孔也不同。稻谷加工过程中,用于谷糙分离的平转筛,筛孔的作用主要是控制糙米的穿孔速度,因此采用净孔面积较大的编织筛网,孔形多为方形孔。筛孔的大小应根据稻谷与糙米的粒度以及在筛面上自动分级的速度来确定。如筛孔过大,则落料速度过快,稻谷容易与糙米一起筛下,影响糙米质量。如筛孔过小,则落料速度过慢,致使应过筛的糙米仍留在筛面上,造成回流物料过多,同样影响分离效果。一般第一层筛面配 5×5 孔 · $25.4mm^{-1}$,第二层筛面配 5.5×5.5 孔 · $25.4mm^{-1}$,第三、四层筛面配(6×6 或 5.5×6)孔 · $25.4mm^{-1}$。白米分级平转筛,也是依靠物料在筛面上的自动分级并配备一定的筛孔进行分级的,因此一般也采用编织筛网。分出整米时,筛孔一般取 8×8 孔 · $25.4mm^{-1}$;分出大碎米时,筛孔为(9×9～10×10)孔 · $25.4mm^{-1}$;分出小碎米时,筛孔为12×12 孔 · $25.4mm^{-1}$。

(四) 旋转运动设备主要工作参数的确定

1. 转速

转速是影响筒筛筛理效率的主要因素。转速高,物料受到的离心力大,在筛筒内的提升高度高,因此物料与筛面的接触机会增多,有利于筛理效率的提高。但是,转速过高时,物料受到的离心力过大,会使物料贴在筛面上随筛面一起旋转,以致丧失筛理功能。转速过慢,则提升高度低,物料在筛面上做相对滑动的区域小,因而使筛理效率下降,同时产量也降低。

筒筛的转速一般以将物料提升至提升角比摩擦角大 5°左右为宜。

2. 筛孔

筒筛主要用于初清,此外也可用于碾米厂中的除稗或下脚整理工序。用于初清时,筛孔一般取(1.5×1.5～2×2)孔 · $25.4mm^{-1}$(编织筛网)或 ϕ5mm(冲孔筛面)。

四、典型筛选设备

筛选是谷物加工厂使用最广泛的一种清理方法,典型设备有圆筒初清筛、振动筛和平面回转筛等。筛选设备常与风选设备相结合,在清除大、中、小杂质的同时,也清除了轻杂。

(一) 圆筒初清筛

初清筛是用于谷物接收入库或粮食加工厂毛谷仓前的初步清理设备,专门分离谷物中的秸秆、绳头、砖石、泥块等大型杂质,以提高原料入库质量,为下道工序创造有利条件,防止堵塞管道,损坏机器等事故。

对初清筛的要求是:产量大、结构简、操作方便、动力消耗小、有一定的清理效果、灰尘不外扬。

初清筛的工作原理,主要是按颗粒大小不同,利用一定规格的筛网与谷物发生相对运动,一般大杂质不能通过筛网,而谷物则在重力作用下穿过筛网,以获得初步清理。

初清筛的清理效率指标是:大杂质去除率应在 90%以上,下脚中不应含有正常完整谷粒。

初清筛的种类很多,圆筒初清筛就是一种常见的初清设备。

圆筒初清筛的结构如图 2-21 所示,由筛筒、传动机构、进料装置和机架等部分组成。筛筒是主要工作构件。

筛筒由冲孔薄钢板制成,规格有 ϕ500mm×650mm、ϕ630mm×750mm、ϕ800mm×950mm、

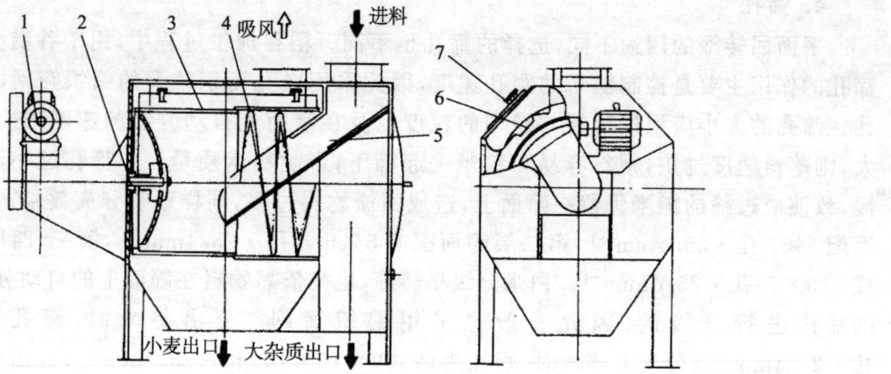

图 2-21　圆筒初清筛结构

1. 电动机;2. 传动轴;3. 筛筒;4. 螺旋;5. 进料管;6. 清理刷;7. 检修门

ϕ1000mm×1090mm 四种型号。筛筒分清理段和检查段两部分,清理段起主要筛理作用,检查段起继续筛理作用以降低大杂质中含谷。筛孔为正方形,沿筛筒圆周方向交错排列。清理段筛孔较大,规格有 20mm×20mm、16mm×16mm、13mm×13mm 三种。检查段筛孔较小,规格为 15mm×15mm、13mm×13mm、11mm×11mm 三种。根据所处理的物料和工艺要求,清理段/检查段筛孔可组合成 20mm/15mm、20mm/13mm、16mm/11mm、13mm/11mm 等几种方式,以达到所要求的产量和分离效率指标。谷物等进入筛筒后,穿过筛孔落至出口。大杂质不能穿过筛孔,留于筛筒内,经检查段送至大杂质出口。为便于大杂质顺利排出,在检查段设有导向螺旋。螺旋为单头,导程为 100mm,共 3.5 圈。螺旋高度按大杂质出口方向,从 55mm 逐渐降低至 45mm。

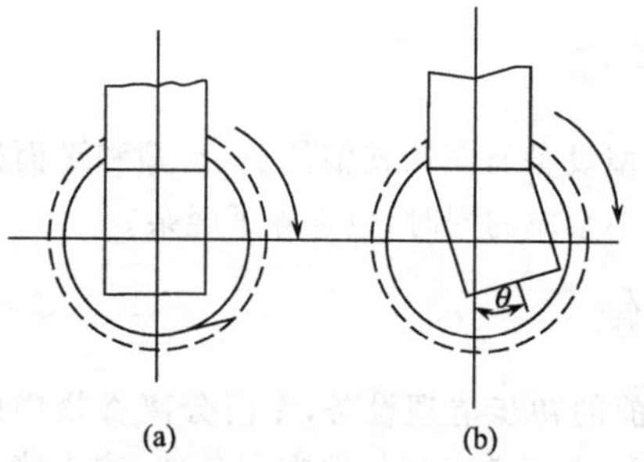

图 2-22　进料管安装位置

筛筒呈水平悬臂状安装于传动端的主轴上。主轴由带涡轮减速(或摆线针轮减速器)的电动机驱动。进料管从大杂质出口端伸入筛筒内,安装位置有两种,如图 2-22 所示。(a)为进料管一般安装位置,(b)为进料管有一偏转角口,使落料位置向筛筒旋转的下行方向偏移,有利于提高产量和分离效率。在筛筒旋转的上行方向装有清理刷,以清理筛面。

吸风的任务主要是保持机内处于负压状态,灰尘不外逸,以避免环境污染。设计单位面积吸风量一般为 5～6$m^3 \cdot m^{-2} \cdot min^{-1}$。圆筒初清筛的主要技术参数见表 2-5。

表 2-5　圆筒初清筛的主要技术规格

技术规格	SCY · 63
筒直径×长度/mm	630×(750～800)
筛孔形状和规格/mm	方形,20/15,20/13,16/11,13/11
产量/($t \cdot h^{-1}$)	20～35
筛筒转速/($r \cdot min^{-1}$)	18～25
吸风量/($m^3 \cdot min^{-1}$)	8～10
功率/kW	0.6～0.75

（二）高效振动筛

振动筛是应用于谷物清理最广泛的一种筛选与风选相结合的清理设备，其主要作用是清除混入谷粒中的大、小、轻杂质。TQLZ 型振动筛为 20 世纪 90 年代初发展起来的新设备，主要用于清除原粮中的大、中、小杂质。使用该设备时，还可配用垂直吸风道对物料进行风选，以清除其中的轻杂、灰尘。其最大优点是除小杂的细孔筛面不堵率达到 80%以上。

TQLZ 型振动筛由筛体、进料装置、出料斗、驱动机构和机架等部分组成，如图 2-23 所示。

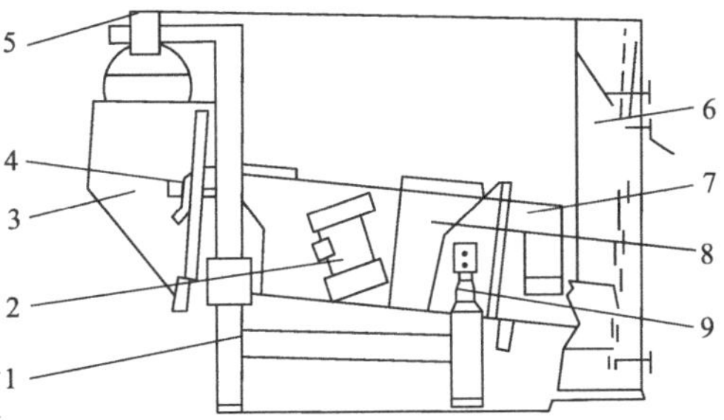

图 2-23　TQLZ 型振动筛结构

1. 机架；2. 振动电机；3. 进料箱；4. 挡板；5. 进料口；6. 垂直吸风道；7. 卸料箱；8. 筛体；9. 中空橡胶垫

筛体由钢板用螺栓连接而成，通过中空橡胶支承在机架上，筛体内装有两层抽屉式筛格，筛面用橡皮球清理，振动电机安装在筛体的两侧，筛体倾角能在 0°～12°、振动角能在 0°～45°调节。进料装置主要由进料管、软布管和进料箱组成。进料管固定在机架上。通过软布套管与进料箱连接。进料管内设有偏心锥形圆筒，其作用是引导物料落入进料箱的中心部位。进料箱安装在筛体上，与筛体一起运动。为了便于抽插筛格，进料箱可以翻转或拆卸。出料斗用螺栓连接在筛体上，随筛体一起运动，能将分离出来的各种物料分别排出机外。驱动机构由两台振动电机、筛体和中空橡胶垫组成。用振动电机驱动使筛体做往复直线运动。机架是由钢板压制而成，还用不同高度的横臂支承筛体，调节筛面倾角很方便。

TQLZ 型振动筛工作过程（图 2-24）如下。物料由进料口通过软布套管落入进料箱，经可调匀料闸门和分料板，沿筛宽方向均匀分布，调节匀料板，可控制料层厚度。物料进入第一层筛面后，筛上物从筛体侧面的大杂质出口排出，筛下物落到第二层筛面继续筛理。第二层筛面的筛孔比第一层小，筛下的是小杂质，直接落到底板上。从小杂出口排出。第二层筛上物为净谷，从卸料口进入吸风道进行风选去除轻杂，效果更佳。TQLZ 型自衡振动筛技术参数见表 2-6。

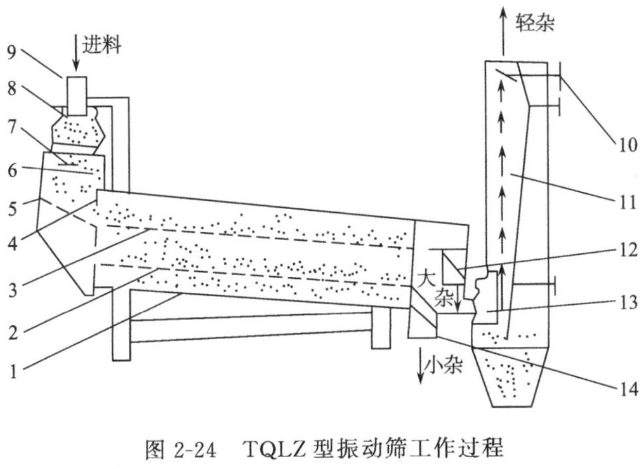

图 2-24　TQLZ 型振动筛工作过程

1. 底板；2. 二道筛；3. 道筛匀；4. 调节匀料板；5. 进料箱；6. 分料板；7. 匀料门；8. 软布套管；9. 进料口；10. 调风门；11. 风选器；12. 大杂出口；13. 卸料口；14. 小杂出口

表 2-6　TQLZ 型自衡振动筛技术参数

技术参数	型号					
	TQLZ-60×100	TQLZ-100×100	TQLZ-100×150	TQLZ-100×200	TQLZ-150×100	TQLZ-150×200
产量/$(t \cdot h^{-1})$	5	8	12	16	12	24
配备功率/kW	2×0.25	2×0.35	2×0.55	2×0.55	2×0.55	2×0.75
转速/$(r \cdot min^{-1})$	920～950					
振幅/mm	2.5～5.5					
振动角/(°)	0～45					
风箱压力/Pa	500					
吸风量/$(m^3 \cdot h^{-1})$	1800	3000	4000	4500	4800	7200
筛面尺寸(宽×长)/cm	60×100	100×100	100×150	100×200	150×100	150×200

(三) 平面回转筛

平面回转筛是除杂效果较好的一种筛选设备，主要用于后路筛选工序，进一步清除原粮中的中、小、轻杂。

1. SM 型平面回转筛

SM 型平面回转筛的结构如图 2-25 所示，主要由筛体、吸风装置、传动机构、减振机构和机架等部分组成。

图 2-25　SM 型平面回转筛结构

1. 调风门；2. 吸风道；3. 出料口；4. 中杂出口；5. 小杂出口；6. 吊杆；7. 传动机构；8. 减振装置；9. 电机；10. 下层筛面；11. 上层筛面；12. 进料管；13. 机架

SM 型平面回转筛体用四组吊杆(藤条或钢丝绳)悬挂在机架上。筛体内装有两层筛面，上层筛面配用 4.2mm×24mm、4mm×23mm 或 4.5mm×25mm 长方形筛孔，用以清除中杂。下层筛面配用直径为 2～2.2mm 的圆形筛孔或边长为 3.5mm 的三角形筛孔，用来清除小杂质。两层筛面的下部都装有橡皮球筛清理机构。抽屉式筛格分为前后两段，以便于筛面的更换。SM 型平面回转筛在进料端和出料端设有前、后两吸风道，前吸风道经设备上部水平风管(内有调风门)与后吸风道汇合，再与外吸风管连接，保持机内处于负压状态，阻止粉尘外扬。筛体采用惯性振动机构驱动，筛体底部装有带偏重块的三角皮带轮，偏重块旋转产生的离心惯性力使筛体和电机一同做平面回转运动。这种传动具有结构简单、紧凑、运转平稳等特点，但在启动和停机的瞬间振幅较大。因此在机架前后各装有一个限振装置，限制筛体振幅过大，以确保设备的安全。SM 型平面回转筛工作时，物料由进料管经缓冲淌板进入上层筛面进行筛选，并经过一次风选，筛上物为大杂质从出口排出。筛下物落到下层筛面继续筛理，小杂质穿过下层筛面由出口排出，筛上物流向出料口，再次风选后排出机外。

2. TQLM 型平面回转筛

TQLM 型平面回转筛主要特点，是将产生回转运动的平衡轮置于筛体的前部，电动机带动平衡轮和筛体一起回转。由于回转中心偏置，使筛体在前部为椭圆运动、中部为圆运动、尾部过渡为往复直线运动，利于杂质分离和迅速卸料，单位筛宽流量高。该设备特别适用于小麦、大麦和燕麦等长粒谷物的清理。

TQLM 型平面回转筛由进料箱、机架、筛体、传动机构、垂直吸风道等部分组成，如图 2-26所示。

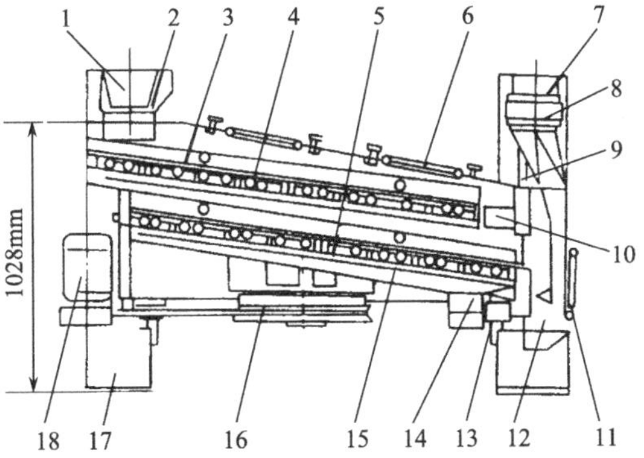

图 2-26　TQLM 型平面回转筛结构

1. 进料口；2. 布筒；3. 压紧机构；4. 分级筛；5. 精选筛；6. 观察门；7. 吸风管；8. 布筒；9. 吊杆；10. 大杂溜槽；11. 观察门；12. 吸风道；13. 限振器；14. 小杂溜槽；15. 筛体；16. 振动器；17. 机架；18. 电机

机架由钢板冲压或折边而成的薄壁型钢焊接而成，刚度好、质量小、外形美观。机架分成前后两片，中间由侧板连接，可以整体吊装，也可以拆开后安装。

筛体有单筛体、双筛体两种，为全封闭式结构。筛体由 4 组吊杆或 4 根钢丝绳悬挂在机架上。双筛体的两箱可完全分开，制造安装方便。筛体内装两层抽屉式筛格，筛格分前后两段，可从进料端推入或拉出，采用偏心压紧机构压紧，可避免筛格与筛体之间嵌入谷粒或杂质。筛格装拆方便、省力，紧固可靠。筛面采用中等硬度的橡皮球清理，堵孔率低。

电机固定在筛体前端下部，通过皮带驱动固定在筛体底部的带轮，轮内的扇形偏重块可增减或调节相位，以调整筛体的回转直径。启动后，由偏重块的惯性离心力驱使筛体前端产生平面回转运动，后端产生往复直线运动。垂直吸风道装在筛子的出料端。清理后的物料，通过匀料板直接进入垂直吸风道内，将挡板调节至适当的位置，采用狭风道，改善风选效果，能有效地将轻杂和泥灰分离出来。

分级筛面筛孔的配备，可根据工艺要求选用。上层筛面若以去除异种谷粒（玉米、大豆等）为主，则可配（4.0～4.2）mm×24mm 或（4.2～4.5）mm×25mm 长孔筛板；如以去除秸秆等大杂为主，则可选用圆孔筛板，进料端配 ϕ7.5～8mm，出料端配 ϕ6mm，效果为最佳。下层筛面，一般配用 ϕ2.2mm 圆孔筛或边长为 3.5mm 的三角形的筛孔，筛孔交错排列。

TQLM 型平面回转筛可达到的工艺效果：大杂、小杂的除杂效率不低于 80%，轻杂的除杂效率不低于 60%。在分离出的杂质中，完整谷粒的数量不超过 1%。TQLM 型平面回转筛的技术参数见表 2-7。

表 2-7　TQLM 型平面回转筛的技术参数

技术参数	型号		
	TQLM·80	TQLM·100	TQLM·125
处理量/（$t \cdot h^{-1}$）	4.8	6.0	7.5
筛面宽度/mm	800	1000	1250
筛面长度/mm		1500	
筛面斜度/（°）		8	

续表

技术参数	型号		
	TQLM·80	TQLM·100	TQLM·125
筛体振幅/mm		7	
筛体回转速度/(r·min^{-1})		400	
吸风量/(m^3·h^{-1})	2275	2840	3550
额定功率/kW	0.6	0.8	1.1
外形尺寸(长×宽×高)/mm	2000×1113×1400	2000×1313×1400	2000×1563×1400

（四）平面回转振动筛

平面回转振动筛主要用于中、小、轻杂的清除，同时还可吸除原粮中的磁性杂质。TQLMz型平面回转振动筛的结构如图 2-27 所示，主要由机架、筛体、传动装置和垂直吸风分离器等部分组成。

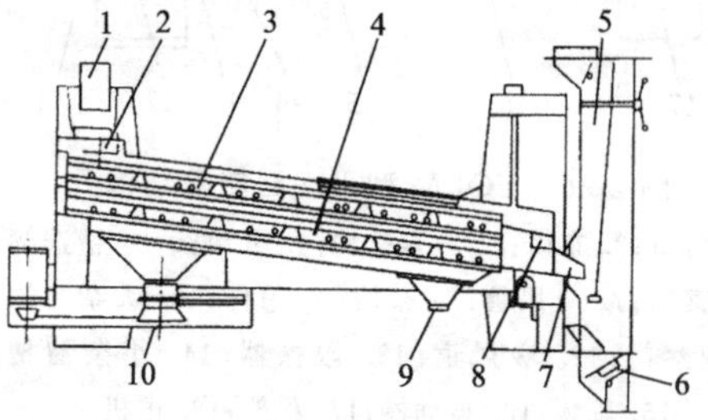

图 2-27 TQLMz 型平面回转振动筛结构

1. 进料口；2. 可调分料板；3. 第一层筛格；4. 第二层筛格；5. 垂直吸风道；6. 磁选装置；7. 原粮出口；8. 中杂出口；9. 小杂出口；10. 传动装置

TQLMz 型平面回转振动筛的最大特点是集平面回转运动与往复振动于一体，筛体前部做平面回转运动，而尾部沿筛体纵向做往复振动。前部的平面回转运动，可延长物料的筛理路程，促进物料的自动分级，从而提高了筛理效率。尾部的直线往复运动则可加快物料排卸速度，因而增大了设备的产量。传动装置由电动机、塔形三角带轮、三角带及两偏重块等组成。皮带轮的安装位置在筛体的前部，筛体后部有一限振装置，强迫尾部做近似直线往复振动。改变三角带在塔轮上的位置，可改变筛体的转速。同时，两偏重块的相对位置可调整，以取得适宜的振幅。物料出口处配有磁选装置和垂直吸风道，用于去除磁性金属杂质和轻杂。

TQLMz 型平面回转振动筛工作过程：物料经进料口落到可调分料板上，借助于筛体前部的平面回转运动，能迅速而均匀地散布在整个筛面宽度上，并产生良好的自动分级；第一层筛面的筛上物为大杂，由大杂出口排出；第二层筛面的筛上物(谷粒)，在筛体尾部往复运动作用下，迅速排进垂直吸风道内进行风选，然后流过磁选装置，去除磁性金属杂质最后排出机外；第二层筛面的筛下物是小杂，由小杂出口排出。TQLMz 型平面回转振动筛的技术参数见表 2-8。

表 2-8 TQLMz 型平面回转振动筛的技术参数

技术参数	型号		
	TQLMz·80	TQLMz·100	TQLMz·125
处理量/(t·h^{-1})	6	8	10
筛面宽度/mm	800	1000	1250
筛面长度/mm		1500	
筛面斜度/(°)		6	
筛体回转速度/(r·min^{-1})		400	

续表

技术参数	型号		
	TQLMz·80	TQLMz·100	TQLMz·125
吸风量/($m^3 \cdot h^{-1}$)	3100	3500	3800
额定功率/kW	0.55	0.75	0.75
外形尺寸(长×宽×高)/mm	2100×1100×1200	2100×1300×1200	2100×1550×1200

(五)高速振动筛

高速振动筛主要用于除稗,也可用于清除小杂。它的主要特点是:筛体振动频率高,一般为1400~1500次·min^{-1},振幅较小,只有1.5mm左右。振动形式是垂直面内的圆或椭圆运动,物料在筛面上做小幅跳跃运动,既增加了物料接触筛面的机会、有利于小粒物料穿筛,又能防止筛孔堵塞,具有较高的筛选效率。

SG型高速振动筛的结构如图2-28所示,主要由进料机构、筛体、振动装置、支承机构和机架等部分组成。

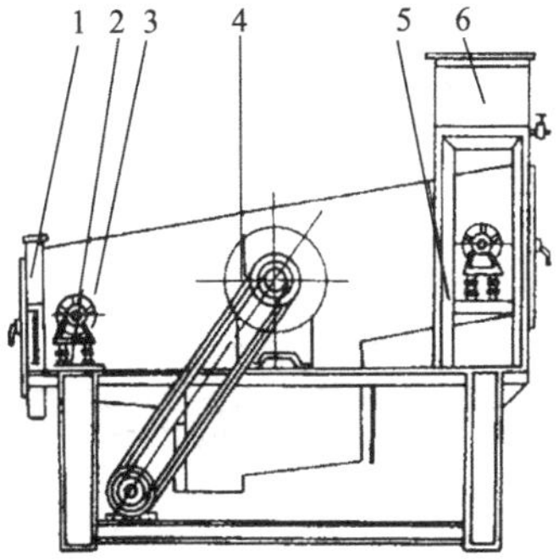

图2-28 SG型高速振动筛结构示意图

1. 出料箱;2. 支承机构;3. 筛体;4. 振动装置;5. 机架;6. 进料机构

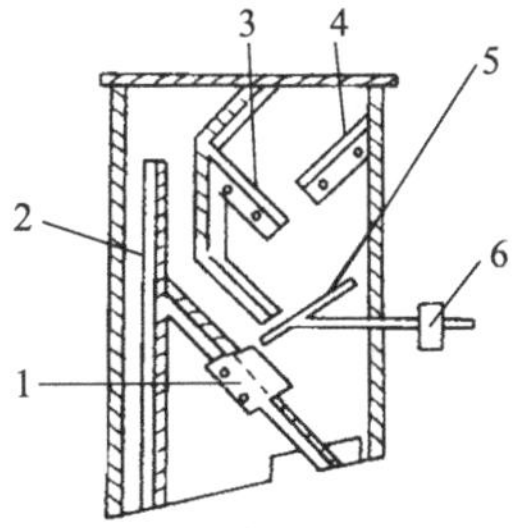

图2-29 进料机构

1. 分料装置;2. 吸风道;3. 下匀料板;4. 上匀料板;5. 压力门;6. 压砣

进料机构如图2-29所示,在进料箱内设有匀料板、压力门和吸风道。采用双进口进料时,还装有可调分料装置。移动调节手柄可以改变上、下层筛面的进料量。

筛体采用3mm厚的钢板作壳体,内有6层钢丝编织筛网,分主筛和副筛两种。主筛有四层筛面,每两层为一组,每层分两段,并采用抽屉式筛格成阶梯形对接。副筛为两层短筛面,也是抽屉筛格形式。为了防止有害振动对机器本身和建筑物的损坏,并保证筛体在垂直平面内做圆周运动,SG型高速振动筛采用四组阻振弹簧作支承装置,每组有两只纵横刚度相同的螺旋压簧,用螺栓将弹簧管夹

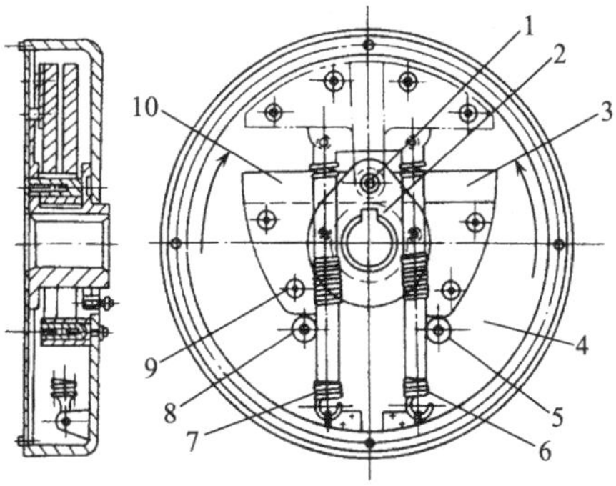

图2-30 可移重心式自衡振动器

1. 销子;2. 偏心轴套;3,10. 偏重块;4. 圆盘;5,8. 支座销;6,7. 拉簧;9. 转轴

连接于筛体和机架之间，以减小设备的振动。振动装置采用可移重心式自衡振动器(图 2-30)，主要由圆盘、偏心轴套、偏重块和拉簧等部件组成。

可移重心式自衡振动器，是使筛体产生振动的机构，又是使筛体运动惯性力得以平衡的机构，同时还可以避免筛体在启动和停机过程中产生共振。

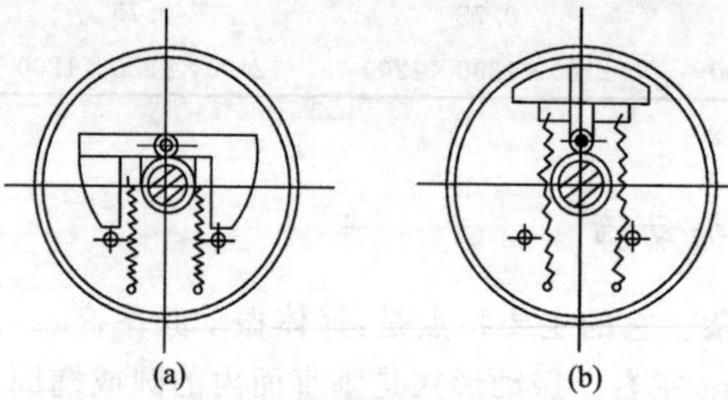

图 2-31 振动器的平衡位置与工作位置

(a)平衡位置；(b)工作位置

筛体开始启动时，由于转速较低，两偏重块所产生的离心惯性力不能克服弹簧的拉力，所以仍处于原来的平衡位置，如图 2-31(a)所示。此时，两偏重块的合成重心与转轴中心重合，筛体不产生振动，处于静止状态，安全通过共振区。当转速超过共振转速，接近正常工作转速时，两偏重块产生的离心惯性力克服了弹簧的拉力，使偏重块向外展出到工作位置，如图 2-31(b)所示。此时，两偏重块离心惯性力的合力作用于筛体，使筛体受到激振力作用，产生强迫振动。同时，偏重块所产生的离心惯性力与筛体的运动惯性力自动平衡。停机时，转速降至共振转速之前；两偏重块产生的离心惯性力已小于弹簧拉力，偏重块被弹簧拉回到原来的平衡位置。此时，两偏重块的合成重心又与转轴中心重合，外加在筛体上的激振力随之消失，振动逐渐停止，使筛体又安全通过共振区，避免了开机、停机时共振的危害。

高速振动筛大多采用方形筛孔，主要利用谷、稗宽度的不同进行分选。由于小粒稻谷的宽度往往与大粒稗子的宽度相同，用方形筛孔经过一次筛选，很难使谷稗完全分开，往往净谷中常含有大粒稗子，而净稗中常含小粒稻谷。因此，需多层筛面组合进行多次筛选，主筛用于分离净谷(撇谷)，副筛用于除稗(提稗)。SG 型高速振动筛的筛理流程如图 2-32 所示。含稗稻谷从双进口分别进入第一层和第三层筛面筛选，第一层的筛下物落入第二层筛面，第三层的筛下物落入第四层筛面，继续筛理。以上四层主筛的筛上物为净谷，从出料口排出。第二层和第四层的筛下物合并流入副筛的第一层，继续筛理，第一层副筛的筛上物进入第二层副筛筛理，其筛下物是稗子。第二层副筛的筛上物为净谷，筛下物是谷稗混合物，需继续筛理。

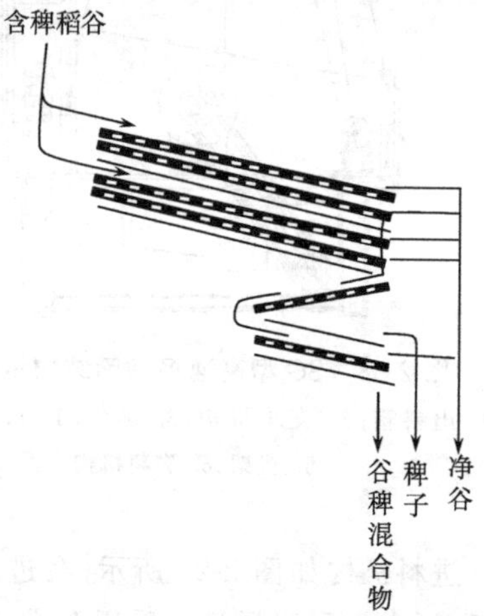

图 2-32 SG 型高速振动筛筛理流程

根据稻谷加工厂操作规程的规定，高速振动筛的工艺指标如下：稻谷中含稗在 1000 粒 · kg^{-1}左右、稗子千粒重小于 6g、撇谷量不小于 95%的情况下，除稗效率应不低于 80%，稗子中含饱满稻谷不应超过 8%。SG 型高速振动筛的主要技术参数见表 2-9。

表 2-9 SG 型高速振动筛的主要技术参数

技术参数	型号		
	SG · 63×2×2	SG · 80×2×2	SG · 125×2×2
产量/(t · h^{-1})	1.7～1.9	2.9～3.1	4.8～5
宽度/mm	630	800	1250

续表

技术参数	型号		
	SG·63×2×2	SG·80×2×2	SG·125×2×2
振幅/mm	1.5	1.5	1.5
转速/(r·min^{-1})	1500±20	1500±20	1500±20
风量/(m^3·h^{-1})	1000	1200	1500
功率/kW	2.2	2.2	2.2
外形尺寸(长×宽×高)/mm	2280×930×2100	2280×1100×2100	2280×1504×2100

五、影响筛选设备工艺效果的因素

1. 原料

谷物的粒度、均匀度、含杂种类和数量以及谷物与杂质间粒度差异的大小，都直接影响到筛选设备的工艺效果。如果谷物品种混杂，均匀度低，含杂质多，而且其粒度与谷物相近，筛孔配备困难，清理效率就会大大降低。

2. 筛孔形状和大小

筛孔形状和大小，宜根据待筛理物料的粒度、设备的产量和清理工艺要求等来确定。清理大杂时，筛孔配备过大，除杂效率降低；过小，虽除杂效率较高，但下脚含谷也会增多。清理小杂质时，筛孔配备太小，除杂效率降低；放大筛孔虽可提高除杂的效率，但下脚中含谷也会增多。清理稗子时，筛孔越大除稗效率越高，但筛上物提取率低。用于撇谷，可选较大的筛孔；用于提稗时，可选较小的筛孔。

3. 筛面尺寸

筛面宽度和长度与设备的生产能力和筛理效率有密切的关系。一般情况下，在其他条件相同时，生产能力主要取决于筛面宽度，筛选效率取决于筛面长度。当单位筛宽流量一定时，筛面越宽，产量越大。但筛面过宽，难于确保均匀喂料，而使筛理效率降低，同时还会增大设备的体积，不便于操作维修。因此，筛选设备筛面宽度一般为500～1600mm。筛面长度决定物料的筛理路程，筛面愈长，物料筛理路程也愈长，筛理效率相对较高。但筛面长度达到一定限度后，继续加长筛面，筛理效率提高很少，因此，筛面长度应根据物料筛选的难易程度和清理工艺的要求来确定。当采用较大筛孔筛理大杂时，筛面可短一些。用较小的筛孔筛理小杂时，筛面可长一些。

4. 筛面倾角、转速和振幅

筛面倾角、转速和振幅是决定物料运动状态和速度的主要因素，三者密不可分，相互制约。在其他条件确定的情况下，物料的流动速度与筛面倾角、转速和振幅成正比关系。筛面倾角越大，或转速越高，或振幅越大，物料流动速度就越快。物料流动的速度增大，虽有利于提高设备的生产能力，但物料在筛面上停留时间短，筛理不充分，筛理效率下降。物料流速过慢，容易造成筛面上物料堆积，物料层过厚，从而减少物料接触筛面的机会，筛理效率降低，同时不利于设备生产能力的提高。因此，应选择适宜的筛面倾角、转速和振幅，使物料具有适宜的流动速度，以确保良好的筛理效果。

5. 流量

流量影响筛上物料的厚度，在筛体转速、振幅和筛面倾角等一定的情况下，增加流量，会使料层加厚，影响物料的自动分级，使物料接触筛面的机会减少，导致筛理效率降低。流量过小，料层过薄，物料容易产生跳动，不利于物料的自动分级，不仅影响筛理效果，而且降低设备的产量。清理大杂时，单位筛宽流量为 $40kg \cdot cm^{-1} \cdot h^{-1}$，清理稗子时，单位筛宽流量为 $17\sim 21kg \cdot cm^{-1} \cdot h^{-1}$。

6. 筛面清理

在筛选过程中，良好的筛面清理，是确保较高筛选效率的重要条件之一。因此，在生产操作中，应经常检查筛面清理机构的效果，并进行定期人工清理，确保筛孔畅通。对于高速除稗筛而言，定期检查筛面张紧程度是防止筛孔堵塞的有效措施。

第四节 比重分选

一、比重分选的基本原理

（一）比重分选的基本原理

比重分选是根据物料之间比重、容重、摩擦系数以及悬浮速度等物理性质的不同，利用它们在运动过程中产生的自动分级，借助适当的工作面进行分选的。

依照所使用介质的不同，比重分选可分为干法和湿法两类。干法比重分选是以空气为分选介质，利用物料之间比重、容重、表面摩擦系数以及悬浮速度的不同进行分选。湿法比重分选是以水为分选介质，利用物料之间比重、沉降速度等不同进行分选。

（二）比重分选的工作面

比重分选工作面按其表面特性可分为以下三种类型。

1. 鱼鳞孔板

鱼鳞孔板是用厚为 0.8～1.5mm 的薄钢板冲压而成的，有单面或双面凸起鱼鳞孔的板。鱼鳞孔的形状如图 2-33 所示。

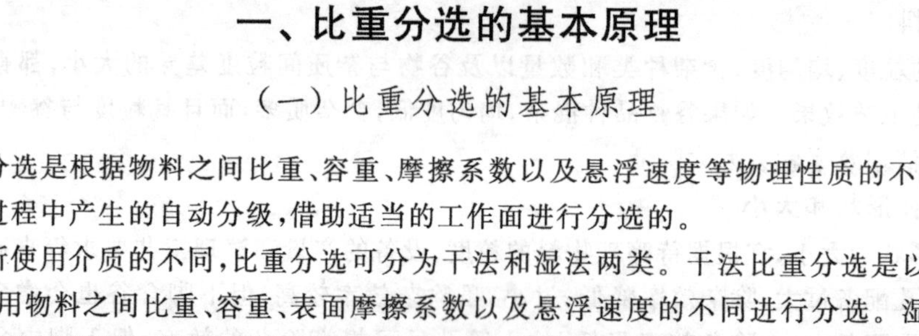

图 2-33 鱼鳞孔形状（单位：mm）
(a)单面凸起鱼鳞孔；(b)双面凸起鱼鳞孔

鱼鳞孔的作用是增加工作面粗糙度，促进物料的自动分级；推动与工作面接触的物料沿工作面向上爬行；引导气流按一定方向穿过工作面。

2. 编织筛板

用直径为 1mm 的圆形钢丝或边长为 1mm 的方形钢丝编织而成的工作面即为编织筛板工

作面。通常径向钢丝为直线，纬向钢丝为曲线，形成凹凸不平的表面，增大了其表面的摩擦系数和进风面积，促进了物料在工作面上的自动分级，有利于提高比重分选效率。

3. 粗糙面板

粗糙面板是由在一定厚度的薄钢板上冲压成各种形状的袋孔或凸台而形成的，如图 2-34 所示。袋孔和凸台的主要作用是：增加工作面的粗糙度，给予工作面接触的物料一定的上行推力。

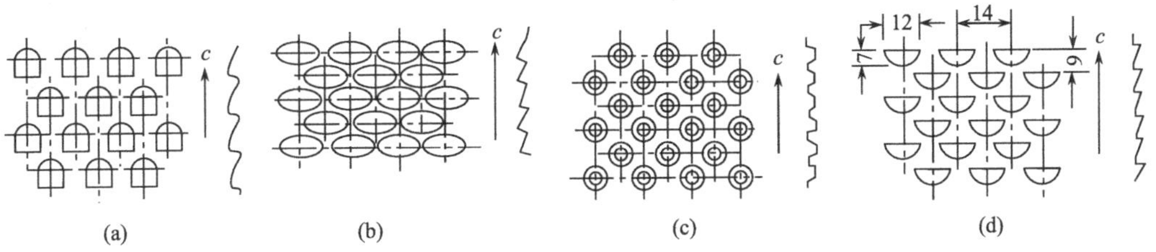

图 2-34　袋孔或凸台形状（图中数字单位：mm）
(a)，(b)袋孔；(c)，(d)凸台

在上述三种工作面中，鱼鳞孔板与编织筛板都具有气流导向作用，故称之为通风工作面。粗糙面板则不具有气流导向作用，则称之为非通风工作面。

无论是鱼鳞孔板，还是编织筛板和粗糙面板，其运动形式都为往复振动。物料在工作面往复振动的作用下产生自动分级，比重大、表面光滑、粒度小的物料沉于底部，并与筛面相接触，而比重小、表面粗糙、粒度大的物料则浮于上层，若辅之以气流的作用，则呈现为悬浮或半悬浮状态。随物料的连续流入，上层的谷物在往复振动、自身重力及进料的推挤力等作用下，沿倾斜工作面流向下出料口，而沉于底层的物料则沿倾斜工作面，随筛面推力的作用向上出料口爬行，从而实现物料的分离。

二、比重分选的应用

比重分选是利用物料之间比重、摩擦系数及悬浮速度等性质的不同进行分离的，所以对于粒度相近而比重、摩擦系数及悬浮速度等方面差别较大的物料有较好的分离效果。目前，在谷物加工厂，比重分选主要用于去除并肩石（与谷物粒度相近的石子）、谷糙分离、谷物比重分级和玉米提胚等工序。

当谷物中的石子与谷物在粒度上差别较小时，使用筛选法很难将石子去除。而谷物与并肩石在比重和空气动力学特性等方面存在着较为明显的差异，因此，可以采用比重分选法将并肩石去除。

当稻谷品种混杂严重、均匀度差时，稻谷脱壳后的糙米中很大一部分，其粒度比稻谷还大，用筛选法很难达到谷糙分离所要求的工艺指标。而稻谷与糙米的比重、容重和摩擦系数等差异较大，使用比重分选法则可达到较好的分离效果。有关比重分选在谷糙分离工序的应用将在第三章作详细的论述。

谷物分级主要是根据其比重及容重不同进行分级的，其中以小麦的分级和谷物种子精选较为典型和重要。利用筛板的往复振动和气流的综合作用进行小麦分级或种子精选。提胚、去皮是玉米干法加工中提高胚、皮和玉米胚乳纯度的关键技术。由于玉米胚乳、胚、皮三者在比重、悬浮速度等方面都存在差异，因此可利用这些物理特性的差异实现有效的分离。

三、比重分选设备主要工作参数的确定

目前，比重去石机是谷物加工厂广泛使用的比重分离设备，具有显著的代表性。因此，以下将以比重去石机为例，对其工作参数进行分析。

我国的比重去石机所采用的工作面多是鱼鳞孔板工作面，运动形式为往复振动，并配有自下而上的气流穿过鱼鳞孔。物料在气流和工作面的综合作用下产生自动分级，砂石沉在底层，谷物则浮在上层，呈悬浮或半悬浮状态。随着进口物料的连续流入，处于上层的谷物沿倾斜工作面流向出料口。沉在底层的石子，则沿倾斜工作面上滑，从而实现谷、石分离。欲使沉于底层的石子沿工作面上行，工作面的转速、振幅及倾斜角的选择是至关重要的。

1. 转速

石子在工作面上向上滑行时的受力情况如图 2-35 所示。

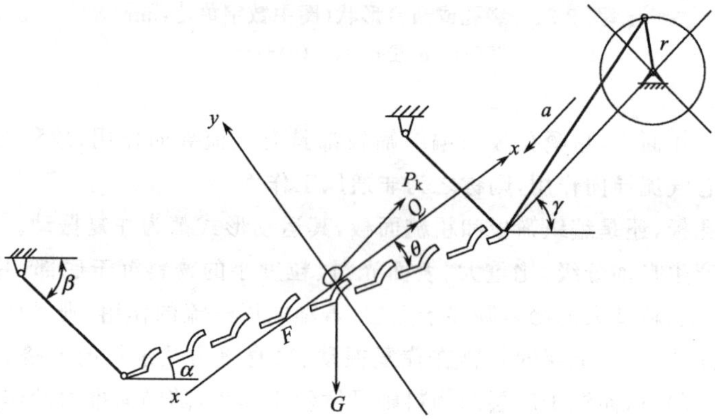

图 2-35 石子在工作面上向上滑行时的受力分析

α. 工作面与水平面的夹角；*β*. 吊杆与水平面的夹角；*γ*. 工作面振动方向角（$\gamma+\beta=90°$）；*θ*. 鱼鳞孔斜面与工作面的夹角（也是自鱼鳞孔吹出的气流与工作面的夹角）；P_k. 石子的惯性力；*G*. 石子自身重力；*Q*. 气流对石子的作用力；*F*. 石子与工作面之间的摩擦力

如图 2-35 所示，取鱼鳞孔斜面为横轴 X，当沿 X 的上滑力大于下滑力时，石子才能爬过鱼鳞孔斜面向上滑行。

即 $P_k\cos(\gamma-\alpha-\theta)+Q\geqslant F+G\sin(\alpha+\theta)$

而 $\gamma=90°-\beta$

$P_k=m\gamma\omega^2$

$Q=KA\rho(u-v)^2$

$F=f[G\cos(\alpha+\theta)-P_k\sin(\gamma-\alpha-\theta)]$

将 γ、P_k、Q、F 代入上式，经整理得

$$\omega^2\geqslant\{G[f\cos(\alpha+\beta)+\sin(\alpha+\beta)]-KA\rho(u-v)^2\}/\{mr[f\cos(\alpha+\beta+\theta)+\sin(\alpha+\beta+\theta)]\}$$

将 $\omega=\pi n/30$ 代入上式可得

$$n_s^2\geqslant(30/\pi)^2\{G[f\cos(\alpha+\beta)+\sin(\alpha+\beta)]-KA\rho(u-v)^2\}/\{mr[f\cos(\alpha+\beta+\theta)$$

$$+\sin(\alpha+\beta+\theta)]\}$$

式中，n_s 为石子向上滑行时偏心轴的转速($r\cdot min^{-1}$)；K 为气流对石子的阻力系数；A 为石子受风面积(m^2)；$u-v$ 为气流相对于石子的运动速度($m\cdot s^{-1}$)；ρ 为空气密度($kg\cdot m^{-3}$)；r 为去石机振幅(m)；f 为摩擦系数；m 为石子的质量(kg)。

同理可得，石子向下滑行时与跳离工作面时的偏心轴转速 n_x、n_t：

$$n_x^2 \geqslant (30/\pi)^2\{G[f\cos(\alpha+\beta)-\sin(\alpha+\beta)]+KA\rho(u-v)^2\}/\{mr[\sin(\alpha+\beta+\theta)-f\cos(\alpha+\beta+\theta)]\}$$

$$n_t^2 \geqslant (30/\pi)^2\{G\cos(\alpha+\beta)/[r\cos(\alpha+\beta+\theta)]\}$$

对于重力谷糙分离来讲，无气流的作用，且不是鱼鳞孔板工作面，因此 n_s、n_x、n_t 的计算公式可写为

$$n_s^2 \geqslant (30/\pi)^2\{G[f\cos\alpha+\sin\alpha]\}/\{r[f\cos(\alpha+\beta)+\sin(\alpha+\beta)]\}$$

$$n_x^2 \geqslant (30/\pi)^2\{G[f\cos\alpha-\sin\alpha]\}/\{r[\sin(\alpha+\beta)-f\cos(\alpha+\beta)]\}$$

$$n_t^2 \geqslant (30/\pi)^2\{G\cos\alpha/[r\cos(\alpha+\beta)]\}$$

以上分析是建立在单颗粒物料运动的基础上的，对于物料群体还应考虑物料之间的作用力。

转速是影响物料在工作面上运动速度的重要因素。转速高，物料的运动速度就快，自动分级作用强，有利于分离效率的提高，同时设备的处理量也较高。但转速过高时，工作面振动剧烈，物料易跳离工作面，从而破坏了物料的自动分级，使分离效率大大下降。反之，转速过低时，物料在工作面上的运动速度缓慢，料层厚度增加，不利于物料的自动分级。不仅影响分离效率，而且影响设备的处理量。

对于鱼鳞孔板工作面及粗糙面板工作面，取 $n_s<n_x<n_t$，对于编织筛网工作面，工作转速 n_g 为：$n_g^2\geqslant(54.4/\pi)^2[G\cos\alpha/r\cos(\alpha+\beta)]$

2. 振幅

振幅的大小也是影响物料在工作面上运动速度的主要因素，因此，振幅选择合理与否，直接影响到设备分离效率的好坏。实际选择时应与设备的转速一同考虑，因为二者是相互关联的。振幅与转速成反比关系，即高转速取小振幅，低转速取大振幅。

3. 工作面倾斜角

工作面倾斜角与物料在工作面上的运动速度有关。对于去石工作面，倾斜角太大时，石子进入精选室的速度减慢，甚至难以从出石口排出。同时，在工作面上向下滑动的流速增加，石子有可能被夹带而从出粮口排出，使分离效率下降。倾斜角过小时，石子向上的阻力虽小，但粮粒在工作面上向下运动的速度减慢，影响设备产量，而且粮粒有可能与工作面接触的石子一起上行从排石口排出，使石子中含粮增加。一般情况下，去石工作面的倾斜角为10°左右。

4. 风速

一般，通过去石筛面的平均风速为 $1.2\sim1.3m\cdot s^{-1}$。平均风速过小会降低气流对上层物料的作用力，使物料下滑速度减小，料层厚度增加，不利于物料的自动分级，石子不能充分分离出来，同时精选区反向气流速度减小，石中含粮率则会增加。平均风速过大，去石筛面上的物料易被吹穿，气流分布不均，同时也不利于物料的自动分级，使精选区的反向气流速度增大，石子不易排出。

四、典型比重分选设备

（一）比重去石机

比重去石机是谷物加工厂最常用的设备，主要用于清除谷物中所含的并肩石等杂质。比重去石机按供风方式的不同可分为吹式比重去石机、吸式比重去石机和循环气流去石机三种。

1. 吹式比重去石机

QSC 型吹式比重去石机的结构如图 2-36 所示，主要由进料装置、去石装置、传动机构、风机等部分组成。

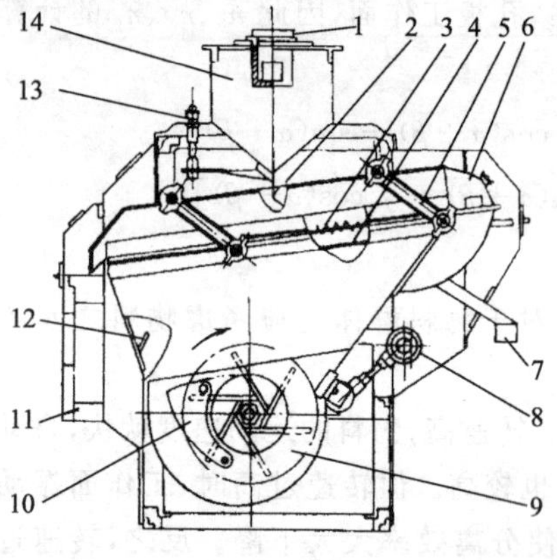

图 2-36　QSC 型吹式比重去石机结构图

1. 进料口；2. 缓冲匀料板；3. 去石筛面；4. 匀风板；5. 吊杆；6. 精选室；7. 出石口；8. 偏心传动机构；9. 风机；10. 风量调节装置；11. 出料口；12. 导风板；13. 流量调节装置；14. 进料斗

进料装置由进料斗、流量调节机构和缓冲匀料板等组成。进料斗起稳定流量的作用，流量调节机构用来控制进机物料流量。缓冲匀料板主要起缓冲、匀料和导向作用，减小物料对去石板面的冲击，避免破坏物料的自动分级和阻碍石子上行。

去石装置是去石机的核心部分，由去石筛面、匀风板、精选室等组成。去石装置与风机连成一体，由四根钢性吊杆支撑在机箱上，并由偏心连杆机构传动做往复振动。去石筛面是用薄钢板冲制而成的双面凸起或单面凸起鱼鳞孔板，板面形状为单收缩口(图 2-37)，收缩角不大于 72°。根据去石筛面上各部位作用的不同，又可分为分离区、聚石区和精选区三个区段。分离区和聚石区鱼鳞孔的凸起孔指向石子上行方向，引导气流斜向上吹，促进石子上行，同时还起到阻挡石子下滑的作用。精选区一般采用直径 1.5mm 圆形冲孔筛板或反向凸起鱼鳞孔板，以利于反吹气流将混入石子中的谷粒吹回聚石区。匀风板装在去石筛面的下方，上面冲有直径 4mm 的圆孔，孔距为 8mm，交错排列。为了弥补出料端和筛面两边风量较低的不足，可将匀风板上相应部位的孔径放大到 5.4mm。此外，也可采用减小孔距的方法，达到匀风的目的。精选室是用来控制石子中含谷的重要机构，设置在去石装置的出石端，结构见图 2-38 所示。改变弧形调节板的位置，可以增减反吹风流量，改变反吹气流速度，以达到控制石子中含谷的目的。

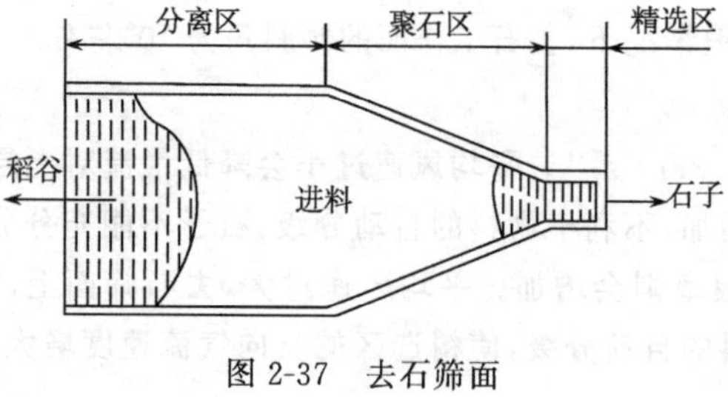

图 2-37　去石筛面

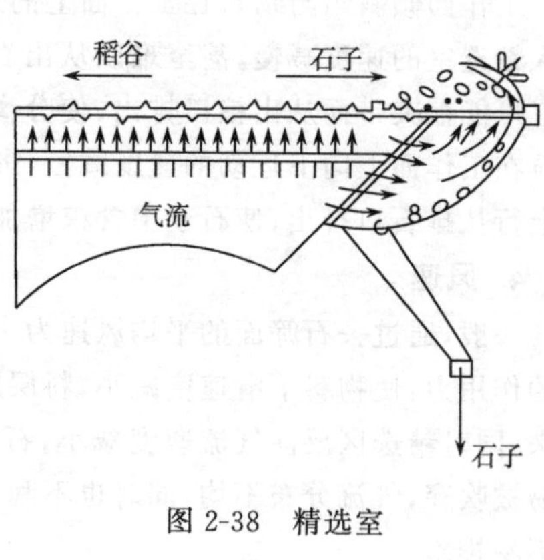

图 2-38　精选室

为了满足低风压、大风量的需要，风机采用敞口式六片直叶风机。叶轮轴承安装在机架上。工作时，风机叶轮不随外壳一起振动。气流经匀风板由鱼鳞孔穿过物料层后，排放到机箱内循环使用，风量可通过风量调节装置控制。

传动装置采用偏心连杆机构（图 2-39），偏心轴通过连杆右螺纹和锁紧螺母与去石装置连接。偏心轴是同轴加工，没有使用偏心轴套，简化了机械加工程序，保证了安装精度。由于去石装置重量较小，运动惯性力也较小，不需设平衡装置。

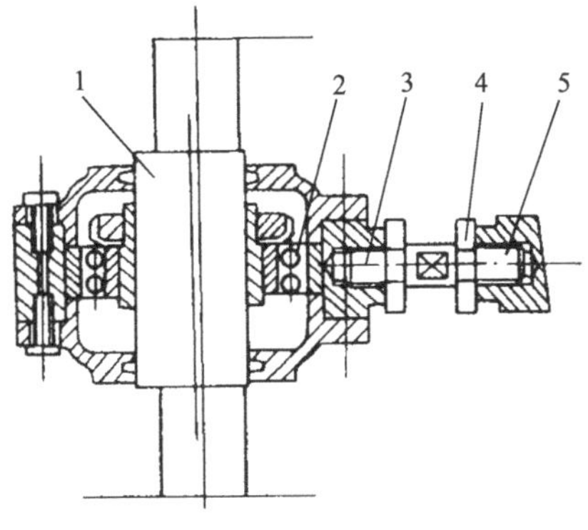

图 2-39　偏心连杆机构

1. 偏心轴；2. 轴承；3. 连杆右螺纹端；4. 锁紧螺母；5. 连杆左螺纹端

工作时，物料由进料装置连续不断地落到去石筛面的中部，在气流和去石筛面往复运动作用下，筛上物料产生自动分级，比重大的石子等沉于下层，比重较小的谷粒浮于上层，整体呈流化态。上层的谷粒在去石筛面往复运动和自身重力及进料的推挤作用下，沿倾斜去石筛面向出口下滑排出。而沉于底层的石子等在去石筛面的作用力和穿过鱼鳞孔倾斜气流的作用下，沿去石筛面上行，经聚石区、精选室进一步精选后，石子由出石口排出。

吹式比重去石机的工艺指标：净谷中含并肩石不应超过 1 粒 · kg^{-1}，石子中含谷粒不应超过 50 粒 · kg^{-1}。

2. 吸式比重去石机

1）QSX 型吸式比重去石机

QSX 型吸式比重去石机的结构如图 2-40 所示，主要由进料装置、去石装置、偏心传动机构、吸风系统及机架等部分组成。

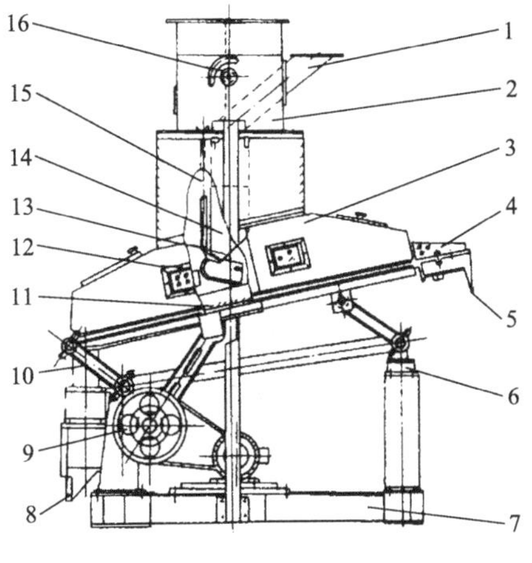

图 2-40　QSX 型吸式比重去石机结构示意图

1. 进料管；2. 吸风装置；3. 吸风罩；4. 精选室；5. 出石口；6. 垫板；7. 机架；8. 出料口；9. 偏心传动机构；10. 撑杆；11. 去石筛面；12. 缓冲槽；13. 压力门；14. 料斗；15. 拉簧；16. 调风门

进料装置包括进料口、料斗、弹簧压力门和缓冲槽，料斗位于吸风道中部。流量由弹簧压力门控制，压力大小可借助拉簧在机外调节。

吸式比重去石机本身不带风机，依靠外界风源供风，吸风管内设风量调节阀，可根据物料流量的变化调节风量，以确保去石筛面上有一定的料层厚度，并呈流化态，以达到最佳去石效果。吸风管及进料装置由支架支撑，并与去石装置软连接，当该装置振动时，吸风管和进料装置不振动。

去石装置由三个撑杆支撑，出粮端两个撑杆、排石端中部一个撑杆。去石筛面的倾斜角，可以通过增减垫板的厚度进行调节。去石筛面为单面凸起鱼鳞孔板。对于筛面宽度较大的吸式比重去石机（QSX · 85 或 QSX · 100 型），采用双缩口去石筛面（图 2-41），收缩角小，有利于石子向出石口运动。

精选室用单面向下凸起的鱼鳞孔板，借助于反向气流将石子中的谷粒吹回去石筛面，减少石中含谷量。精选室上部装有玻璃罩，便于观察和操作，下部设有调风板，用以调节反吹气流速度的大小。

传动装置采用偏心连杆机构，对于去石筛面较宽的吸式比重去石机，可采用两套偏心连杆机构传动，去石筛面较窄时，采用一套偏心连杆机构传动即可。

QSX 型吸式比重去石机的工作过程与 QSC 型吹式比重去石机的工作过程基本相同。

2) TQSX 型吸式比重去石机

TQSX 型吸式比重去石机的结构如图 2-42 所示，主要由进料装置、去石装置、支承机构和振动电机等部分组成。

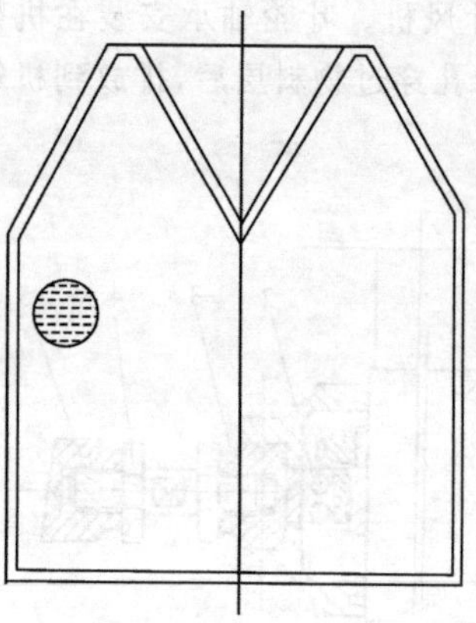

图 2-41　双缩口去石筛面

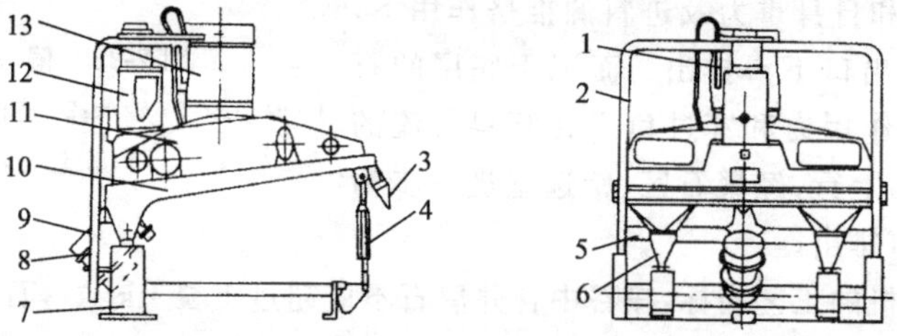

图 2-42　TQSX 型吸式比重去石机总体结构

1. U 形压力计；2. 后支架；3. 出石口；4. 筛面倾角调节机构；5. 横轴；6. 出料口；7. 机座；8. 振动电机；9. 弹簧；10. 去石装置；11. 吸风罩；12. 喂料筒；13. 吸风管

去石筛面采用钢丝编织筛网，筛面摩擦系数较大，有利于物料的自动分级。去石筛面下部设有匀风格和匀风板，使得气流垂直向上均匀地穿过整个去石筛面。

去石筛面下端设有预分区，是无孔薄钢板。物料由进料装置首先进入预分区，在筛正振动的作用下初步分级。由于没有气流的作用，所有物料上行进入分离区，在气流和筛饰振动的作用下，物料充分分级。物料经分离区分离石子后迅速流向出料口，含石较多的小部分物料则经预分区进入聚石区，石子流向出石口。与中部进料的去石机相比，物料不受物料的冲击，且重质物料的筛理路线较长，有利于提高分离效率的提高。

采用振动电机驱动，结构简单，并可根据物料的品种和含杂种类及含杂量来调节激振力的大小，以获得适宜的振幅。小型去石机一般采用 1 台振动电机驱动，大型去石机多采用 2 台振动电机驱动。

去石筛面采用两组弹簧支撑，每组两根，呈人字形排列。出石端采用左右螺纹、长度可调的单撑杆，便于筛面倾斜角调节。TQSX 型吸式去石机的技术参数见表 2-10。

表 2-10　TQSX 型吸式去石机的技术参数

技术参数	型号		
	TQSX67	TQSX132	TQSX190
产量/$(t \cdot h^{-1})$	4.5	8～9	12～14
筛体宽度/mm	670	1320	1900

续表

技术参数	型号		
	TQSX67	TQSX132	TQSX190
筛面宽度/mm	500	1000	1500
工作转速/$(r \cdot min^{-3})$		930	
吸风量/$(m^3 \cdot h^{-1})$	2400	4800	7200
吸风阻力/Pa		1200	
配用动力/kW		0.3×2	

3. 循环气流去石机

循环气流去石机结构如图 2-43 所示，主要由进料装置、去石装置、传动装置、气流循环系统和机架等部分组成。

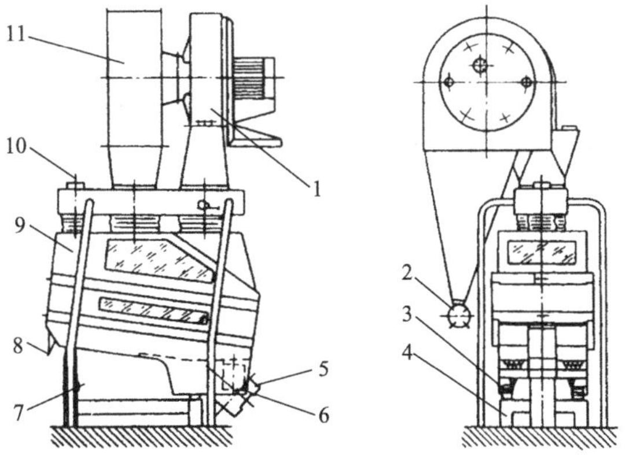

图 2-43 循环气流去石机结构示意图

1. 风机；2. 闭风器；3. 橡胶弹簧；4. 机架；5. 振动电机；6. 出料口；7. 倾角调节装置；8. 出石口；9. 去石装置；10. 进料装置；11. 空气分离器

该机最大特点是不需要外配除尘风网，自带气流循环分离系统，减少占地面积和动力消耗。

循环气流去石机的主要工作部件是一个密封的去石装置，内设上、下两层编织筛网工作面，上层为分级筛面，用于物料分级，下层为去石筛面，用于去除混入物料中的砂石。

进料装置在去石装置前上方，用以控制物料的流量，并形成均匀喂料。出石端有一调风板，可调节反吹气流的大小。筛面的倾角可通过位于机架前端的倾角调节装置进行调节，调节范围为 5°～9°。采用振动电机作为振动源，可用 1 台振动电机驱动，也可采用 2 台振动电机驱动。气流循环系统包括风机、风量调节装置及空气分离器等，空气分离器与风机吸风口相连接，气流从去石装置上部吸入，先经空气分离器分离出轻杂后，再入风机，然后又由风机吹回去石装置内，空气得以循环利用。

设备工作时，物料经进料口，由喂料装置均匀地进入第一层筛面，在往复运动和上行气流的综合作用下，物料产生自动分级。较轻的物料浮于上层，呈半悬浮状态，沿筛面方向流动至出口排出。较重的含石物料沉到下层与筛面接触，穿过第一层筛面再流到第二层筛面上，物料在第二层筛面上再次形成自动分级，上层物料不断下滑从出口排出。与筛面相接触的砂石等在筛面的作用下，进入石子检查区，石子由出石口排出，混在石子中的粮粒在反吹气流作用下，被吹回分离区。

经空气分离器分离的轻杂，经闭风器排出机外，净化后的空气由风机送回去石筛面进行循环利用。

（二）重力分级去石机

重力分级去石机的结构如图 2-44 所示，主要由进料装置、去石装置、弹性支承机构、吸风装置和振动电机等部分组成。进料口和吸风管连成一体由支架支承，与去石装置上吸风罩相连接。去石装置前端下部安装两台型号规格相同、相向运转的振动电机，驱动去石装置做往复直线运动。该装置由呈人字形排列的两组螺旋弹簧和一个高度可调的撑杆共同支撑，撑杆两端使用橡胶轴承连接。

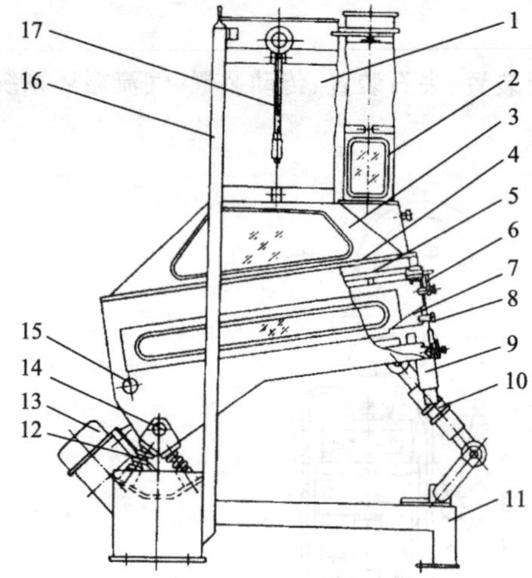

图 2-44　重力分级去石机结构示意图

1. 吸风管；2. 进料箱；3. 吸风罩；4. 去石筛体；5. 分级筛面；6. 压紧机构；7. 反吹风调节板；8. 去石筛面；9. 出石口；10. 筛面调节机构；11. 机架；12. 支撑弹簧；13. 振动电机；14. 主轴；15. 振幅、抛角指示牌；16. 支架；17. 调节风门

吸风管内装有蝶形风门，用于调节风量，常采用单独风网供风。去石装置外壳四角各装有一圆形的振动参数指示牌，用以测量四个角的振幅大小及振动方向角，为设备操作管理提供方便。

去石装置内装两层筛面，上层筛面分三段：第一段是较密的钢丝编织筛网，其作用是促进物料的自动分级，不起筛理作用。第二段是冲孔筛面，采用长方形孔，按物料的厚度分级。第三段也是冲孔筛板，使用圆形筛孔，按物料的宽度分级。下层为钢丝编织筛网，为去石工作面。

重力分级去石机将物料分为以下四种：重质物料、轻质物料、砂石和轻杂。工作时，物料由进料装置首先进入上层第一段筛面，在筛面往复振动及由下而上气流的综合作用下，促使物料自动分级，轻质物料因浮于料层上部成筛上物，由出口排出，轻杂则被气流吸走。

重质物料及砂石等沉入料流下层，在流过第二、三段筛面时，穿过筛面进入下层筛面，进行去石分选，石子上行由出石口排出，质量好、容重大的物料由出口流出机外。TQSF 系列重力分级机的技术参数见表 2-11。

表 2-11　TQSF 系列重力分级机的技术参数

技术参数	型号		
	TQSF63	TQSF80	TQSF126
产量/(t·h⁻¹)	4～5	8～9	16
筛宽/mm	630	800	1260
电机工作转速/(r·min⁻¹)		930	

续表

技术参数	型号		
	TQSF63	TQSF80	TQSF126
吸风量/($m^3 \cdot h^{-1}$)	5000	6000	12 000
吸风阻力/Pa	590～790	—	—
配用动力/kW	0.2×2	0.37×2	0.6×2

（三）提　胚　机

提胚机是用于分离物料颗粒大小相近、而比重有差异的专用设备。玉米经破糁脱胚后，筛理分出玉米粉，并按粒度大小进行分级。分出的胚、糁混合物，经风选去皮后，进入提胚机处理。按比重、悬浮速度的不同，将胚和糁分开。

提胚机的结构见图 2-45。该机主要由进料机构、振动筛体、调节机构、振动机构、出料机构、吸风系统等组成。

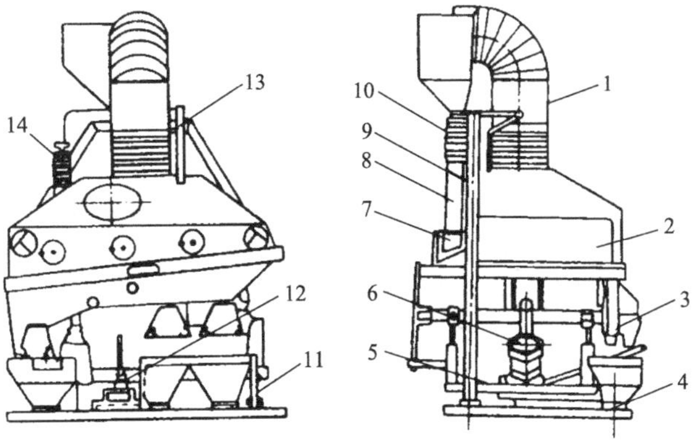

图 2-45　提胚机结构示意图

1. 吸风管；2. 振动筛体；3. 下料分料槽；4. 分料盘；5. 纵横向调节梁；6. 振动电机；7. 进料分料槽；8. 进料机构；9. 支架；10. 橡胶皮纹管；11. 纵向调节机构；12. 横向调节机构；13. 人造革套；14. 风压表

振动筛体安装在纵横调节梁的 6 个弹簧上。横向、纵向调节机构与机架及和纵横调节梁相连，用于调节振动筛体的纵、横向高度。振动电机使筛体产生振动，振动电机两端各装有两块偏心块，其中一块可以任意调节角度。振动筛体用玻璃钢外罩密封，其风门上端通过风管与风机吸口相连。

玻璃钢罩内装有照明灯，以便观察筛面的工作状况。振动筛体的振幅为 4.5～5.0mm，并可根据需要调整。

该机的进料机构如图 2-46 所示。进料斗内的活门是常闭的，当进料斗内物料的质量超过活门拉紧弹簧的拉力，活门被打开，物料流入玻璃钢罩内的分料槽内，经三个分配活门，均匀流向筛面。筛面上的物料可分为四种（图 2-47），其中流向 C 区的为轻质混合物料，回筛面重新分离，其他三种物料，由各自的出口排出。

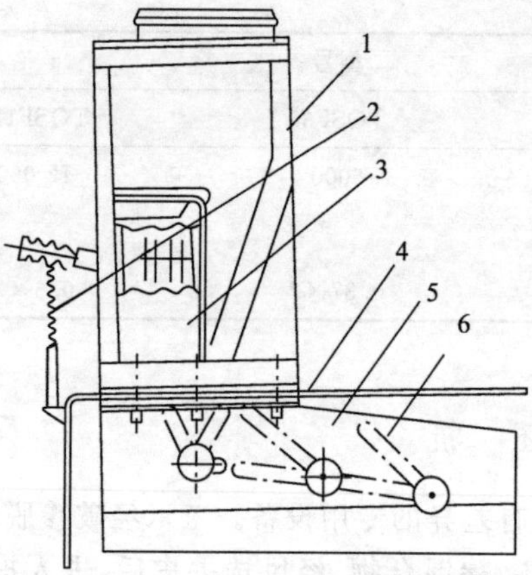

图 2-46　进料机构的结构

1. 进料斗；2. 弹簧；3. 活门；4. 玻璃钢罩；5. 分料槽；6. 分配活门

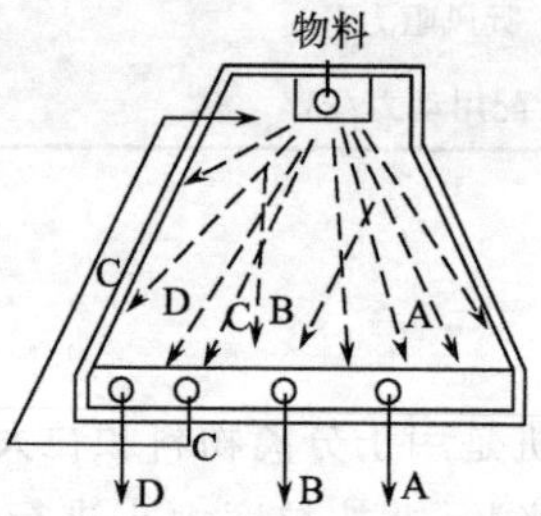

图 2-47　筛面物料的分布

A. 重质物料；B. 混合物料；C. 回机物料；D. 轻质物料

出料机构(图 2-48)四个物料分配活门，将出料机构分成 A、B、C、D 四个区域。A、B、D 三区下面都设有出料橡皮套，分出的物料由此流出机外。C 区物料可通过回料闸门，经风管回本机重新处理。改变活门的位置可调节分出物料的比例及其质量。

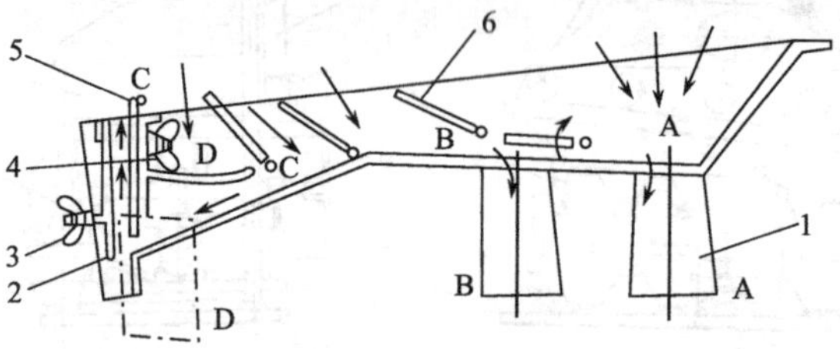

图 2-48　出料机构

1. 出料橡皮套；2. 回料风门；3，4. 蝶形螺母；5. 回料闸门；6. 活门

五、影响比重分选设备工艺效果的因素

1. 原料

原料水分、粒度、均匀性、含杂的种类和数量等是影响比重分选设备工艺效果的主要因素，如果进机物料中含大杂，会影响进料机构的正常喂料，使料层厚度不一。如果物料中含小杂，筛孔则容易堵塞，破坏物料的自动分级，使分离效率下降。

2. 筛面倾角

筛面倾角与物料的流动速度有关。其他运动参数一定时，增大倾角，比重小的物料易下滑，而比重大的物料上行的阻力增大。减小倾角，物料在筛面上向下流动的速度也减小，影响设备产量，而且不利于确保重质物料的纯度。

3. 振幅与振动频率

振幅与振动频率都是影响物料在工作面上运动速度的重要因素。振幅大、频率高，材料运动速度就快，自动分级作用强，有利于分离效率及设备产量的提高。但振幅过大、频率过高，工作面振动剧烈，物料易产生跳动，破坏物料的自动分级，因而降低分离效率。反之，物料在筛面上运动缓慢，料层加厚，也不利于物料的自动分级，不仅影响分离效率，而且影响设备的产量。

4. 流量

物料在筛面上应具有一定的料层厚度。料层太薄，不易产生良好的自动分级，且易被气流吹穿，使气流在筛面上分布不匀，降低分离效率。料层太厚，气流阻力增加，物料分级不充分，比重大的物料与筛面接触机会减少，同样降低分离效率。

5. 气流速度

一般情况下，气流穿过筛面的平均风速为 $1.2\sim1.3\text{m}\cdot\text{s}^{-1}$。气流速度过小，会降低气流对物料的作用力，物料在筛面上不易形成悬浮或半悬浮状态，物料自动分级差，降低分离效率。气流速度过大，去石工作面上的料层易被吹穿，气流分布不匀，破坏物料的自动分级，同样使分离效率降低。

第五节　精　　选

一、长度分离

（一）长度分离的基本原理

长度分离是根据谷物籽粒的长度不同，利用具有一定深度袋孔的器械将其分离。较短的籽粒可以被嵌入袋孔并被带走，较长籽粒则不能，从而将长粒与短粒分开。用于长度分离的、具有一定深度袋孔的器械有碟片与滚筒两种，相对应的设备为碟片精选机和滚筒精选机。

1. 碟片进行长度分离的原理

碟片是碟片精选机的主要工作构件，成组安装在同一水平轴上，如图 2-49 所示，碟片两面有许多凹窝，叫作袋孔，借助碟片的旋转运动，可使谷堆中短粒嵌入袋孔，带到一定高度位置后落入收集槽中，而长粒则因为长度大于袋孔深度，重心在袋孔外面而先于短粒落下，仍回到长粒群体中去，从而将短粒从长粒中分离出来。

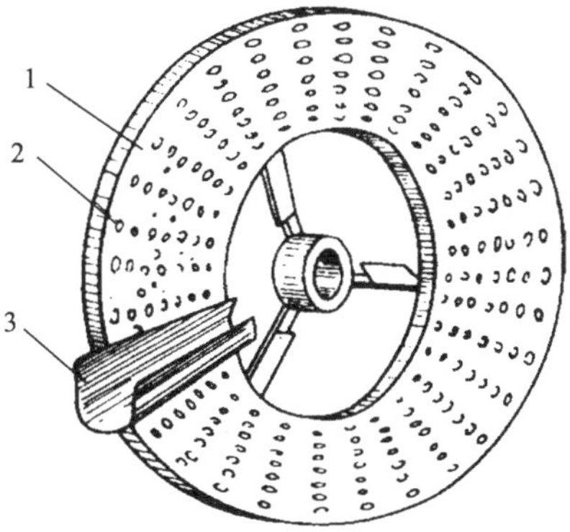

图 2-49　碟片及其工作原理

1. 碟片；2. 袋孔；3. 收集槽

2. 滚筒进行长度分离的原理

滚筒也是利用袋孔按长度不同分级的。其主要工作构件为一内表面具有袋孔的卧式圆筒，滚筒内设有短粒收集槽，如图 2-50 所示。谷物进入滚筒后，随着滚筒的旋转，不断与内表面相接触，使短粒进入袋孔内，当滚筒转到某一角度后，短粒便靠自身重力脱离袋孔落入收集槽。而长粒靠滚筒内表面摩擦力的带动，上升的位置较低，仅在滚筒底部运动，从而使长短粒得以分离。

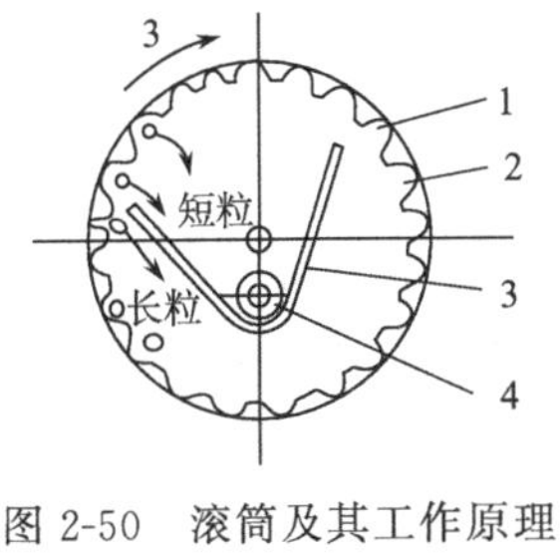

图 2-50　滚筒及其工作原理

1. 滚筒；2. 袋孔；3. 收集槽；4. 输送螺旋

（二）长度分离设备主要工作参数的确定

1. 转速

1）碟片的极限转速

取碟片上某一袋孔内的短粒 D 为研究对象，如图 2-51 所示。设 α 为 DO 连线与过碟片中心垂直面的夹角，袋孔内外两个侧面垂直于盘面，β 为袋孔卸料边与盘面的夹角，ω 为碟片的角速度，f 为短粒与袋孔表面的摩擦系数。根据动静法原理，短粒受重力 G、惯性力 Q，袋孔侧面的约束反力 N_1 和摩擦力 F_2 等作用。其中 G 沿碟片平面可分解为 G_τ 和 G_n，而 G_τ 又可分解为 T 和 T'（见图 2-51 中 A-A 剖面）。N_1 的大小和方向取决于 G_n 和 Q，当 $Q>G_n$ 时，N_1 的方向指向碟片中心，F_1 发生于短粒和袋孔外侧面之间；当 $Q<G_n$ 时，N_1 方向背向碟片中心，F_1 则发生于短粒与袋孔内侧面之间。

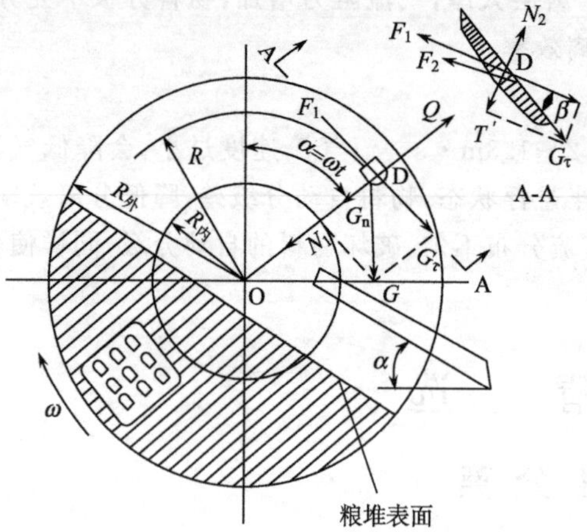

图 2-51　短粒在袋孔内的受力分析

由图中可知，分力 T 是促使短粒脱离袋孔的力，而摩擦力 F_1 和 F_2 则是阻止短粒脱离袋孔的力。因此，短粒欲脱离袋孔必须满足：

$$T \geqslant F_1 + F_2$$

将 $G=mg$、$Q=m\omega^2 R$、$F=Nf=N\mathrm{tg}\varphi$ 代入上式得

$$mg\sin\alpha\cos\beta \geqslant (fm\omega^2 R - mg\cos\alpha + mg\sin\alpha\sin\beta)$$

化简、整理得

$$\omega^2 \leqslant g[\cos\alpha + \sin\alpha\cos(\beta+\varphi)/\sin\varphi]/R$$

由于碟片径向位置上每个袋孔的 R 值不等，故袋孔内短粒所受惯性力及其脱离袋孔的难易程度也不等，为使碟片各部分的工作条件不致相差太大，一般取碟片内、外缘半径的比值为 $R_{外}/R_{内}\approx 1.65$。实际生产中，碟片的转速应按 $R_{外}$ 计算，即为碟片的极限转速：

$$n^2 \leqslant (30/\pi)^2\{g[\cos\alpha + \sin\alpha\cos(\beta+\varphi)/\sin\varphi]/R_{外}\}$$

2）滚筒的极限转速

（1）长粒沿滚筒内表面的运动

设滚筒半径为 R，角速度为 ω，长粒沿滚筒内壁平滑表面的摩擦系数为 f（摩擦角 φ），取将要滑动的长粒 C 为研究对象（图 2-52）。α_1 为半径 CO 与滚筒中心垂直面的夹角。这时长粒受到重力 G、约束反力 N、摩擦力 F 及假想的惯性力 Q 的作用。选坐标系 XCY，由力的平衡条件可得

$$\sum F_x = 0 \quad N - Q - G\cos\alpha_1 = 0$$

$$\sum F_y = 0 \quad F - G\sin\alpha_1 = 0$$

且 $F=fN$

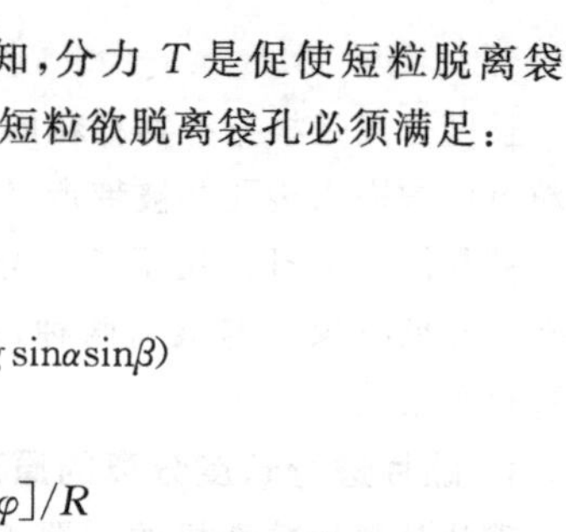

图 2-52　长粒沿滚筒内表面的运动

将 $G=mg$、$Q=m\omega^2R$ 代入上式，并解联立方程可得

$$mg\sin\alpha_1 = f(m\omega^2R + mg\cos\alpha_1)$$

再将 $f=\mathrm{tg}\varphi=\sin\varphi/\cos\varphi$ 代入上式，化简整理得

$$\sin(\alpha_1-\varphi) = \sin\omega 2R/g$$

$$\alpha_1-\varphi = \arcsin\sin\varphi\omega 2R/g$$

$$\alpha_1 = \varphi + \arcsin\sin\varphi\omega 2R/g$$

由此式可知，当重力的切向分力等于摩擦力时，物料沿滚筒内表面开始滑动。α_1 即为长粒沿滚筒内表面开始滑动的角度，它与 φ、ω、R 有关。

由 α_1 可求出滚筒相应的角速度和转速：

$$\omega = [g\sin(\alpha_1-\varphi)/(R\sin\varphi)]^{1/2}$$

$$n = 30/\pi[g\sin(\alpha_1-\varphi)/(R\sin\varphi)]^{1/2} \approx 30[\sin(\alpha_1-\varphi)/(R\sin\varphi)]^{1/2}$$

显然，当 $\sin(\alpha_1-\varphi)=1$ 时，ω 和 n 为最大，此时 α_1 将趋近于 α_2，$\alpha_2=\pi/2+\varphi$。α_2 是 $\omega=[g/(R\sin\varphi)]^{1/2}$ 时，长粒在滚筒内表面开始滑动的角度。

(2) 短粒脱离袋孔的条件

取某袋孔内的短粒 D 为研究对象(图 2-53)。β 为半径 DO 与滚筒中心垂直面的夹角，δ 为 DO 与袋孔卸料边的夹角，R 为滚筒内表面半径，ω 为角速度，f 为摩擦系数。该短粒将要脱离袋孔时，受到重力 G、袋孔卸料边约束反力 N、惯性力 Q、摩擦力 F 的作用。选坐标 XDY，则其平衡式为

$$\sum F_x = 0 \quad -F-Q\cos\delta-G\cos[\pi-(\beta-\delta)] = 0$$

$$\sum F_y = 0 \quad N+Q\sin\delta-G\sin[\pi-(\beta-\delta)] = 0$$

将 $G=mg$、$Q=m\omega^2R$、$F=Nf$ 代入上式联立方程组可解得

$$mg\cos(\beta-\delta)+m\omega^2R\cos\delta+f[mg\sin(\beta-\delta)-m\omega^2R\sin\delta] = 0$$

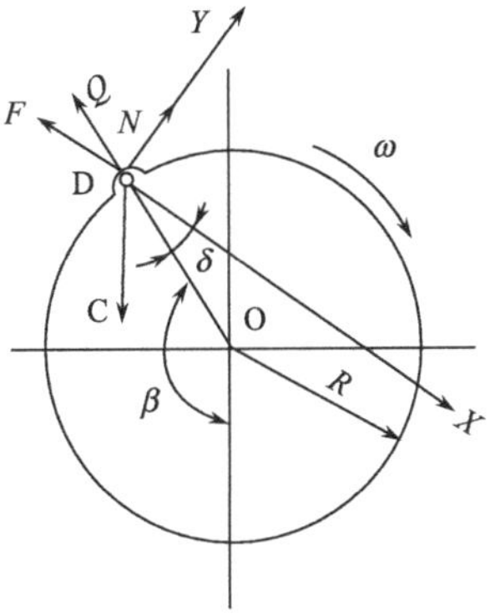

图 2-53　短粒脱离袋孔的条件

由上式可知，短粒滑出袋孔的条件是，重力与惯性离心力沿袋孔卸料边方向上的分力必须与袋孔卸料边作用于短粒的摩擦力相平衡。

再将 $f=\mathrm{tg}\varphi=\sin\varphi/\cos\varphi$ 代入上式，化简整理得

$$\cos(\varphi+\delta-\beta) = -\omega^2R\cos(\varphi+\delta)/g$$

先将上式左端改用正弦表示，然后求反三角函数得

$$\beta = \pi/2+\varphi+\mathrm{arc\ sin}\,[\omega^2R\cos(\varphi+\delta)/g]$$

如果袋孔轴线与滚筒半径重合，即 $\delta=0$ 时，则 $\beta=\pi/2+\varphi+\mathrm{arc\ sin}(\omega^2R\cos\varphi/g)$

β 角是短粒开始脱离袋孔的角度。它是决定收集槽在滚筒内最高位置的重要依据。

为了提高滚筒精选机的分选效率，应根据长粒脱离滚筒内表面的最大角度 α_2 和短粒开始脱离袋孔的角度 β，正确安装和调节短粒收集槽的位置。如果它们的角度不互相交错，就有可能将长短粒彻底分开，否则就会有部分物料发生互混的现象。

(3) 滚筒的转速

实际生产中，为简化计算，常以袋孔处于顶部位置的短粒来确定滚筒的极限转速，后再乘

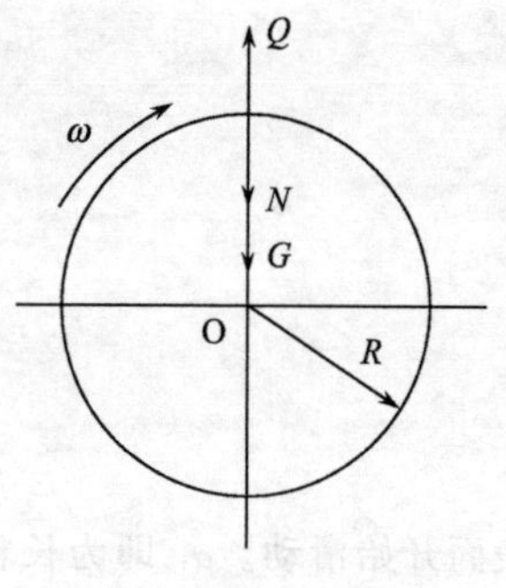

图 2-54 短粒在滚筒顶部的受力分析

以系数作为工作转速，如图 2-54 所示。

这时的平衡条件是

$$G + N - Q = 0$$

显然，短粒处于下落的临界状态，必须是 N=0。即 G－Q=0

则： $mg - m\omega^2 R = 0, \omega = (g/R)^{1/2}$

这时滚筒的极限转速为：

$$n_{\max} = 30/\pi(g/R)^{1/2} \approx 30R^{1/2}$$

式中 R 以米计。

要使短粒在到达顶部前即能脱离袋孔，滚筒的工作转速必须小于极限转速，实践中常取下列数值：

$$n = (0.7 \sim 0.9)n_{\max} = 21/R^{1/2} \sim 27/R^{1/2}$$

实践中圆周速度 V 及其相应的工作转速 n 如下：碟片精选机（直径 630cm）：V＝1.8～2.0m·s^{-1}，精选荞子时 n＝55～57r·min^{-1}、精选大麦（或燕麦）时 n＝57～60r·min^{-1}。滚筒精选机（直径 60mm）：V＝1.2～1.5m·s^{-1}，n＝45r·min^{-1}左右。

2. 袋孔

1）碟片袋孔

袋孔的形状、大小应根据小麦和杂质的性状及其粒度曲线来确定。如图 2-55 所示，选用 4.5mm 的袋孔就能把小麦和荞子分开。如果选用袋孔不当，对产量和工艺效果都有不利的影响。

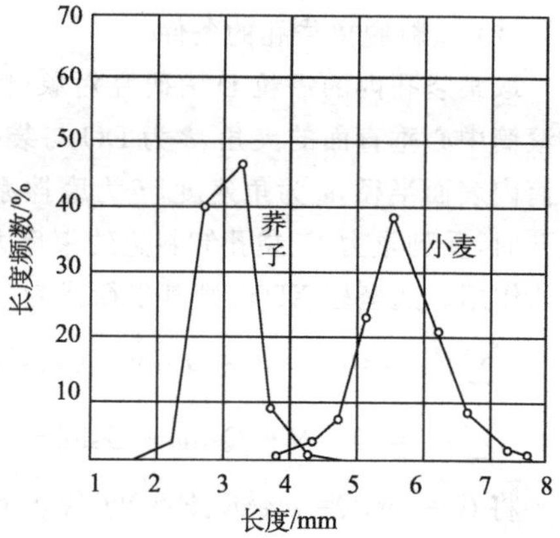

图 2-55 小麦和荞子的长度粒度曲线

碟片精选机的袋孔有三种主要形式（图 2-56）：Ⅰ型（或称 R 型）袋口呈半圆形，提料边是直线，卸料边是圆弧，用于分离碎麦或荞子。Ⅱ型（或称 V 型）袋口也呈半圆形，提料边是圆弧，卸料边是直线，主要用于分离荞子。Ⅲ型袋口呈矩形，用于分选大麦和燕麦。三种形式袋孔的大小见表 2-12。

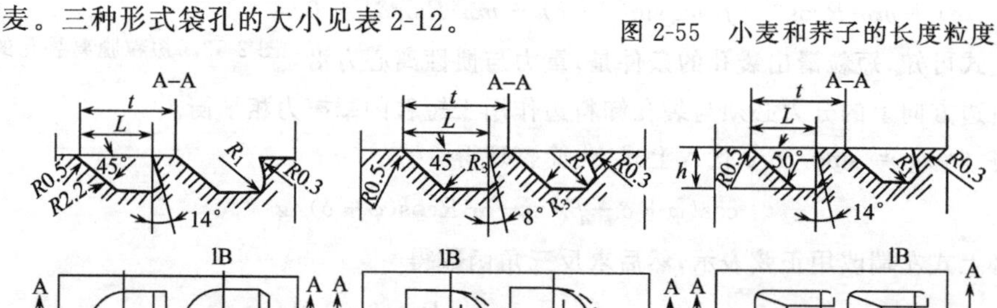

图 2-56 碟片袋孔的形式和尺寸（单位：mm）

表 2-12　三种形式袋孔的大小尺寸

尺寸/mm	Ⅰ型(R型)			Ⅱ(V型)			Ⅲ型(矩型)	
L,b	4.0	5.0	4.5	5.5	5.75	7.0	8.0	9.0
t	5.2	6.2	5.7	6.9	7.15	8.5	9.5	10.5
h	2.0	2.7	2.3	2.8	3.15	3.5	4.0	4.5
e	1.2	1.2	1.2	1.4	1.4	1.5	1.5	1.5

袋孔大小的确定：分离荞子一般长为 4～5.5mm，分离大麦或燕麦长为 8～9mm。组装碟片时，袋孔大小的排列也有一定的顺序。在进料端碟片的袋孔应较小。在出料端碟片的袋孔则较大。荞子精选机的袋孔，检查部分应比工作部分小。图 2-57 是袋孔大小排列的示例之一。

2）滚筒袋孔

滚筒精选机的袋孔多呈半球形，一般使用的袋孔直径如下：分离荞子 4.25～5.00mm，分离大麦或燕麦 8.0～10.0mm，荞子检查 3～4mm，大麦和燕麦检查 9～11mm。

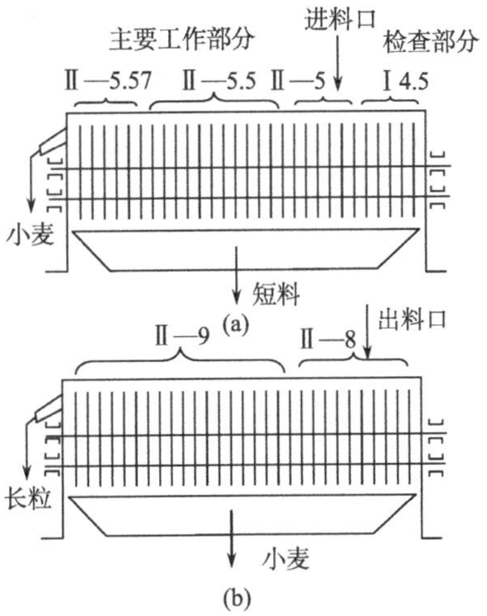

图 2-57　碟片精选机袋孔的排列（单位：mm）

(a)精选荞子；(b)精选大麦

（三）长度分离的应用

小麦加工过程中，需要把小麦中的大麦、燕麦或荞子等分离出来，这些异品种粮粒将影响面粉的品质和色泽，因而小麦清理除杂过程中精选是一道非常重要的工序，常用的精选机有碟片精选机、滚筒精选机。

稻谷加工过程中，如需要将品种混杂的原料按长、短粒分开加工，虽然也需要用精选机进行精选，但由于稻谷表面粗糙，易造成袋孔的磨损，故稻谷长、短粒分级不宜用精选进行。如果是进行糙米的长短粒分级，使用袋孔式精选机是可行的，但目前国内米厂使不多。长度分离更多用于白米分级，去除碎米。

（四）典型长度分离设备

1. 碟片精选机

碟片精选机按其作用又可分为荞子碟片精选机、大麦碟片精选机和荞子大麦碟片精选机三种。

荞子碟片精选机的结构如图 2-58 所示，它主要由进料装置、碟片组、输送螺旋和传机构等部分组成。碟片由硬质铸铁精密制造而成，在同一主轴上装成两组，由带孔的隔板分开。一组为主要工作部分，袋孔尺寸略大，碟片数较多，另一组为检查部分，袋孔尺寸略小，碟片数较少，用来检查已分离出的荞子中混有的小麦。碟片的轮辐上装有叶片，其作用是将机内小麦推向出口，叶片的数量和斜度可根据精选程度和产量要求调节。检查部分由于流量较小而要求推进速度慢，故碟片上的叶片为单叶。靠近主要工作部分和最尾端的一个叶片，因输送物料方向不同而反向安装。主轴通过减速机构由电动机驱动，带动碟片旋转，并通过另一端的大链轮、链条和小链轮再带动输送螺旋转动。在机器底部装有活门，用于人工清理机内底部积尘。工作时，物料从进料口流入，流量可用闸板控制，在机内堆积到一定深度（可由小麦出口调节装置控制），依靠叶片推向小麦出口。被袋孔分离出的荞子先落到收集槽上，经小活门（此时起淌板作用）落入荞子出口。如果某一碟片上分离出来的荞子中含有小麦，可视含麦情况同样可送到荞子出口或输送螺旋里；小麦则经隔板上的孔重新进入主要工作部分。

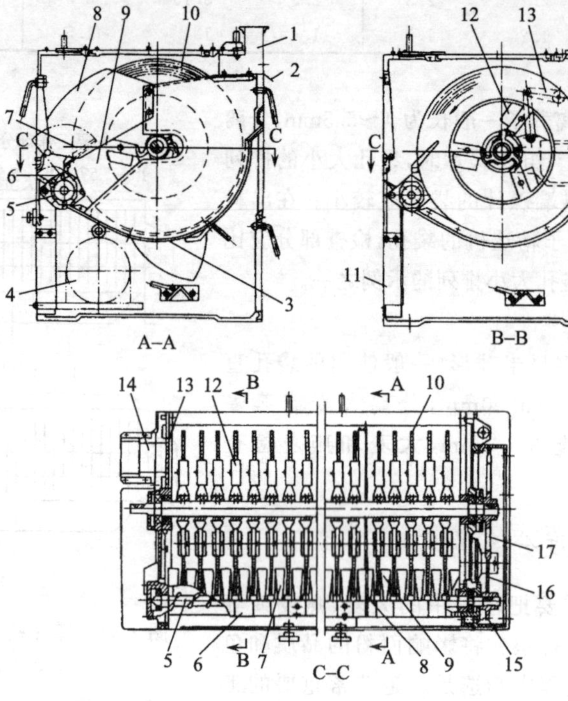

图 2-58　荞子碟片精选机的结构

1. 进料口；2. 闸板；3. 活门；4. 电动机；5. 输送螺旋；6. 小活门；7. 收集槽；8. 隔板；9. 孔；10. 碟片；11. 荞子出口；12. 叶片；13. 出口调节装置；14. 小麦出口；15,17. 小、大链轮；16. 链条

图 2-59　袋孔形式的区别

大麦碟片精选机是用来分离小麦中的大麦和燕麦的，一般由一组碟片组成，不设检查部分。其结构与荞子碟片精选机大致相同，只是碟片上的袋孔有区别，如图 2-59 所示。大麦精选机的袋孔比小麦长但比大麦短，因此袋孔选出的短粒是小麦［图 2-59(a)］。而荞子精选机的袋孔则比荞子长、比小麦短，袋孔选出的短粒是荞子［图 2-59(b)］。

荞子大麦碟片精选机可兼选小麦中的荞子和大麦，其结构与上述的主要区别是：在同一主轴上装有两组碟片，一组分离大麦（或燕麦），另一组分离荞子，无检查部分。

2. 滚筒精选机

滚筒精选机按其旋转的速度有快速和慢速之分，按其作用有荞子滚筒、大麦滚筒和分级滚筒之分。它们的结构大同小异。图 2-60 为快速滚筒精选机的结构形式之一。它由滚筒、短粒收集槽（或叫 V 形槽）及其调节装置、输送螺旋、搅动器和传动机构等部分组成。滚筒由冲压成袋孔的薄钢板(一般为 2.0～2.5mm)制造,并经硬化处理,它通过端盖接头固定于主轴上。因此滚筒和输送螺旋一起绕主轴旋转。收集槽一端通过轴承支持于主轴上,另一端利用轴套连接蜗杆涡轮调节装置,转动蜗杆上的手轮能改变收集槽与滚筒内壁的相对位置,以适应物料性质的变化,保证精选效果。收集槽位置由指示盘显示。搅动器由带形螺旋叶片组成,其小轴安装于收集槽外侧的轴承上,通过端盖接头上的齿轮带动旋转,以使物料沿滚筒底部均匀分散,增加短粒落入袋孔的机会,避免因进料端物料堆积过厚而增大长粒提升角度,同时也起输送物料的作用。也有的搅动器固定不动,只是叶片较宽,按一定方向倾斜地安装于收集槽外侧,依靠滚筒旋转时,将沿内壁下滑的物料落在倾斜叶片上,使其均匀分散和向前推进。为防止应该分离出来但尚未分离出来的短粒可能混同长粒一起流入出口,在滚筒卸料端有可调挡板和固定挡板,其间隙按生产能力和精选要求调整,一般为 19mm(调节时,应停车拿开卸料端护罩)。

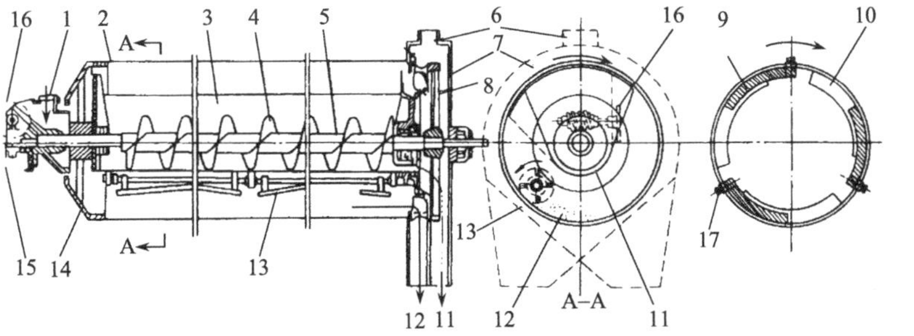

图 2-60　滚筒精选机的结构

1. 进料口;2. 滚筒;3. 收集槽;4. 输送螺旋;5. 主轴;6. 吸风口;7. 卸料端护罩;8. 端盖接头;9. 可调挡板;10. 固定挡板;11. 短粒出口;12. 长粒出口;13. 搅动器;14. 端盖接头;15. 指示盘;16. 手轮;17. 螺钉

工作时,由电动机通过减速装置带动主轴旋转,小麦由进口进入滚筒,落入收集槽的短粒由输送螺旋送至出口,长粒靠搅动器叶片或滚筒本身斜度送至出口。收集槽的角度可由调节手轮调节,以便选择合适的保持长度,得到理想的分选效果。若保持段过长,收集槽的接料边较高,短粒落不到槽中,将造成除杂效果下降;而保持段过短又将使长粒落入收集槽中。不调节时,收集槽的角度将被调节装置锁定。

调节筒口的挡板,可控制筒内物料的厚度。当工作流量较小或原料含杂量较高、除杂效率下降时,可酌情增加挡板的遮挡面积,以降低筒内物料的流速。为提高产量,可根据需要将 2 或 3 个滚筒并联安装在一起。

3. 碟片滚筒组合机

碟片滚筒组合机是在总结碟片精选机和滚筒精选机各自特点的基础上,设计制造的组合精选设备。它综合了两者的优点,能够缩短工艺流程,充分发挥设备效能,提高了设备产量和分选精度,相对来说,还可减小车间占地面积,是目前大中型面粉厂应用较普遍的精选设备。

图 2-61 为碟片滚筒组合机外形及工作原理图。它主要由上部同轴安装的两组碟片、下部并列的两个滚筒及相应的调节、输送、传动机构等部分组成。由处理量较大的碟片对物料进行分级,由滚筒从分级副流中精选出杂质。

物料进入设备后,先由 A 组碟片分级把小麦分成两部分,一部分是中、短粒小麦和荞子。另

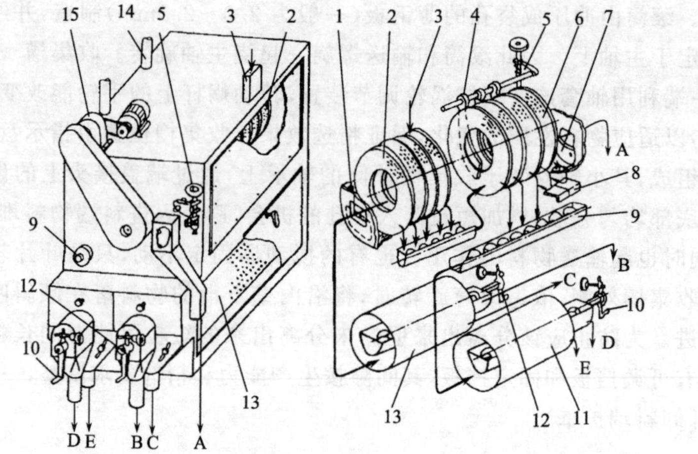

图 2-61　碟片滚筒组合机的外形及工作原理图

1. 长粒物料出口及调节闸门；2. 大袋孔碟片组；3. 进料口；4. 可调控制隔板；5. 控制隔板调节机构；6. 小袋孔碟片组；7. 小麦出口及调节闸门；8. 可移动挡板；9. 短粒输送螺旋；10. 荞子滚筒收集槽角度调节机构；11. 荞子滚筒；12. 大麦滚筒收集槽角度调节机构；13. 大麦滚筒；14. 吸风口；15. 传动机构

A. 中粒小麦；B. 长粒小麦；C. 大麦；D. 荞子；E. 短粒小麦

一部分是大麦、燕麦和长粒小麦。前者进入B组碟片处理，后者进入滚筒C。B组碟片选出的短粒小麦和荞子等再进入滚筒D处理，留下的是中粒小麦，即该机的主流，从出口A流出。滚筒C选出的长粒小麦由出口B流出，留下的是燕麦和大麦，从出口C排出。滚筒D选出的是荞子及小粒并肩石等杂质，留下的是短粒小麦，分别从出口D、E排出。这样，便将进机小麦分成了五部分。

4. 滚筒组合精选机

滚筒组合精选机是数个(2～4)滚筒精选机串联组成，对第一道精选出的长粒物料和短粒物料分别进行再精选，以达到提高精选效果的目的。

目前国内常用的滚筒组合精选机有两类，其一是以精选荞子为主的滚筒组合精选机，该类机对短粒物料精选次数多于对长粒物料的精选次数，其工作原理见图2-62；另一类是以精选大麦为主的滚筒组合精选机，该类机对长粒物料精选次数多于对短粒物料的精选次数，其工作原理见图2-63。

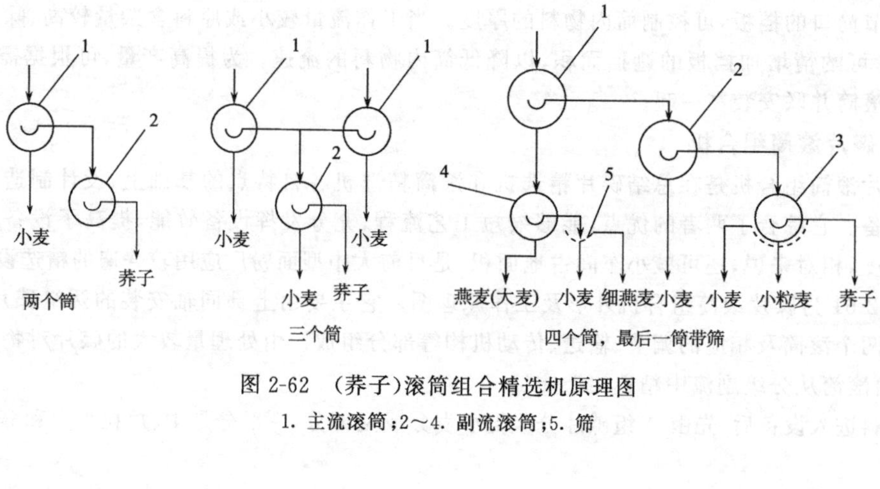

图 2-62　(荞子)滚筒组合精选机原理图

1. 主流滚筒；2～4. 副流滚筒；5. 筛

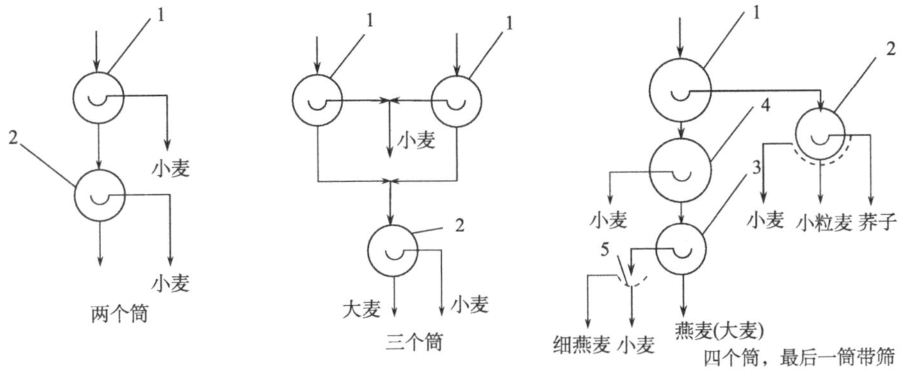

图 2-63　(大麦)滚筒组合精选机原理图

1. 主流滚筒;2～4. 副流滚筒;5. 筛

(五) 影响袋孔精选机工艺效果的因素

1. 设备

袋孔的形式、大小和完好程度,对精选效果有很大影响。如选用袋孔不当,则产量和工艺效果都会降低。单位工作面积上袋孔的多少,对工艺也有影响。袋孔多,短粒进入袋孔的机会多,有利于提高分选效果。袋孔磨损后,装进去的物料容易滑落,影响分选效果,甚至完全不起作用,所以在生产中应该及时检查并予以更换。

2. 原料

原料的整齐度、含杂质的多少及其性质对精选效果影响最大。如果进机小麦的籽粒不均匀,或长短粒杂质的分布曲线重叠区过大,就不易分离清楚。如含泥砂等细小杂质甚多,落入袋孔内就会减少短粒杂质进入袋孔的机会,降低精选效果。同时,砂石也容易磨损袋孔,减少碟片或滚筒的使用寿命。

3. 流量

袋孔精选机的产量和精选要求主要依靠流量来控制。流量过大,不仅短粒进入袋孔的机会减少,分离不清,而且由于料层表面增高,长粒容易混入短粒之中。流量过小,对碟片精选机来说,因料层表面过低,短粒分离受影响,工作表面得不到充分利用,产量下降。

二、形 状 分 离

(一) 形状分离的基本原理

小麦与杂质(荞子、豌豆)形状不同,在斜面上运动时运动形式、所受摩擦阻力也不同(小麦为滑动摩擦,荞子和豌豆为滚动摩擦),因而运动速度和轨迹各异,据此将之分离的方法称为形状分离(图 2-64)。用于将小麦与杂质分离的工作斜面称为抛道,常用设备为螺旋精选机,也称抛车。

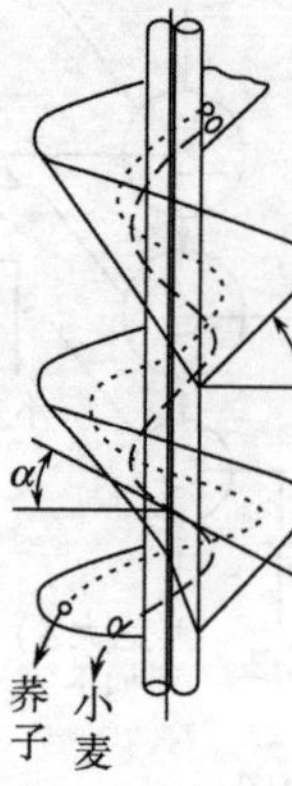

图 2-64　形状分离的工作原理

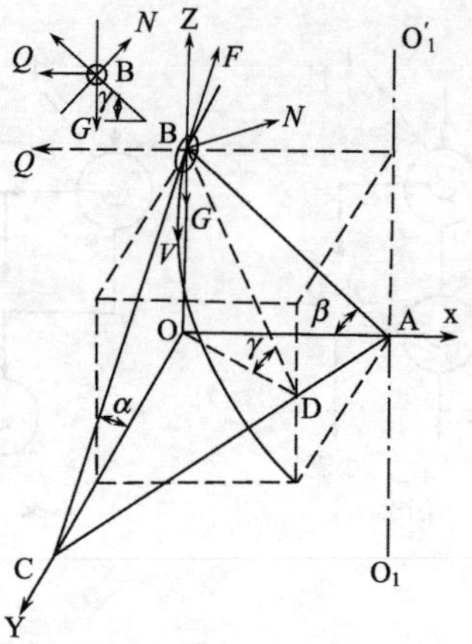

图 2-65　小麦在抛道上的受力分析

（二）形状分离设备主要工作参数的确定

小麦在内抛道上做稳态运动是抛车分离球状杂质的必要条件。现取处于螺旋面上任一点 B 的麦粒为研究对象。设该螺旋线的螺旋升角为 α，连线 AB 与水平线的夹角 β（抛道倾斜角）。取坐标系 OXYZ（图 2-65），OZ 轴为过 B 点的铅直线，OX 轴为过 A 的水平线，OY 轴垂直于 XOZ 平面。

1. 小麦沿斜螺旋面的最大下滑角

过 B 点作螺旋线的切线与 OY 轴交于 C 点，连接 CA，则 ABC 平面为斜螺旋面在 B 点的切平面。∠OCB 为螺旋升角 α。过 O 点作 AC 的垂直线 OD，连接 BD，那么∠BDO＝γ，则 γ 为切平面 ABC 与水平面 AOC 的最大夹角。物料沿斜螺旋面运动时，重力的分力就是由这个角决定的。因△ODC～△AOC，则 OD/OC＝AO/AC，即 OD＝OC·AO/AC 该式右边分别以 BO 和其对应角的余切的积表示之，代入 $\mathrm{tg}\gamma = BO/OD$，整理化简后得斜螺旋面的最大下滑角的关系为

$$\mathrm{tg}^2\gamma = \mathrm{tg}^2\alpha + \mathrm{tg}^2\beta$$

2. 麦粒受力的分析

当麦粒做稳态运动到达 B 点时，受以下诸力的作用，麦粒本身的重力：$G = mg$。

麦粒运动时的惯性力：$Q = mV^2/\rho$，在 OXZ 平面内，方向沿水平线向左。

螺旋面的法向反力 N：垂直于切平面 ABC 并且在 BOD 平面内，且垂直于 BD。N 值取决于重力的分量 $G\cos\gamma$ 和惯性力的分量 $Q\mathrm{tg}\beta\cos\gamma$。即

$$N = G\cos\gamma + Q\mathrm{tg}\beta\cos\gamma = \cos\gamma(G + Q\mathrm{tg}\beta)$$

麦粒所受的摩擦力 F：其方向与麦粒速度方向相反，并与 BC 共线。

$$F = fN = f\cos\gamma(G + Q\mathrm{tg}\beta)$$

3. 麦粒做稳态运动的条件

麦粒在内抛道上做稳态运动的条件是沿 α 斜面的主动力与阻力相等。即

$$G\sin\alpha = F$$

用 fN 代换 F 则

$$G\sin\alpha = fN = f\cos\gamma(G + Q\mathrm{tg}\beta)$$

由螺旋面的几何关系，将 γ 用 α，β 表示，则

$$G\sin\alpha = f(G + Q\mathrm{tg}\beta)/(1 + \mathrm{tg}^2\alpha + \mathrm{tg}^2\beta)^{1/2}$$

将 f 以 $\mathrm{tg}\varphi$ 代入，整理后得出

$$Q = G[\sin\alpha(1 + \mathrm{tg}^2\alpha + \mathrm{tg}^2\beta)^{1/2} - \mathrm{tg}\varphi)]/(\mathrm{tg}\varphi \cdot \mathrm{tg}\beta)$$

麦粒不抛出内抛道的条件是沿口斜面上(连线 AB 方向)的力达到以平衡。即

$$G\sin\beta = Q \cdot \cos\beta + F\sin\alpha \cdot \sin\beta$$

式中，$F\sin\alpha \cdot \sin\beta$，可先将 F 向铅直方向投影，再向 AB 方向投影即得。

将 $F = G\sin\alpha$ 值代入上式则得：$Q = G\mathrm{tg}\beta \cdot \cos^2\alpha$。

由上面可以导出麦粒做稳态运动的条件：

$$\mathrm{tg}\varphi = \mathrm{tg}\alpha[(1 + \mathrm{tg}^2\alpha)/(1 + \mathrm{tg}^2\alpha + \mathrm{tg}^2\beta)]^{1/2}$$

上式说明，当 φ 为定值时，要使小麦做稳态运动，α 和 β 要有一定的对应关系。利用上式可作出一系列 β、φ、α 关系曲线，如图 2-66 所示。

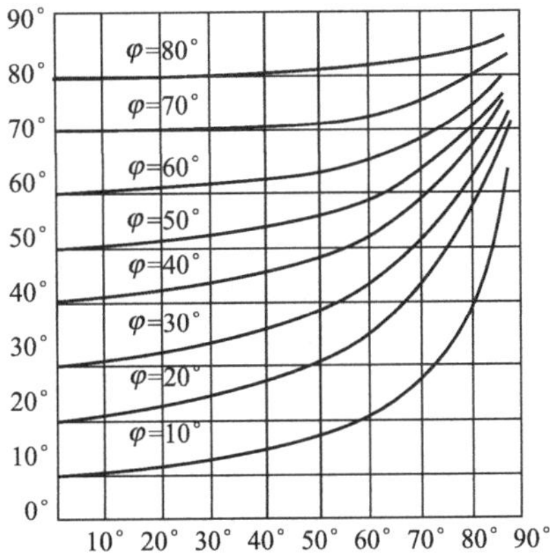

图 2-66　抛道的 β、φ、α 关系曲线

对于螺距 H 已确定的螺旋面来说，某一螺旋线的螺旋升角 α，沿整个螺旋线的长度是不变的。但对过连线 AB 直线方向上各点的螺旋线来说，其 α 值则随螺旋半径 R 与轴心距离的增大而减小（$\mathrm{tg}\alpha = H/2\pi R$）。因此，内抛道不宜过宽，以避免麦粒在内抛道里外边缘上的运动状态变化过大，影响分选效果。

小麦做稳态运动的速度，根据 $Q = mV^2/\rho$，由 $Q = G\mathrm{tg}\beta \cdot \cos^2\alpha$ 可求出

$$V^2 = \rho \cdot g\mathrm{tg}\beta \cdot \cos^2\alpha$$

因小麦运动的曲率半径 ρ 与螺旋升角 α 和螺旋半径 R 有以下关系：$\rho = R/\cos^2\alpha$，将 R 代入上式，得

$$V = (R \cdot \mathrm{g} \cdot \mathrm{tg}\beta)^{1/2}。$$

式中，R 为小麦做稳态运动的螺旋半径(m)；g 为重力加速度($9.8\mathrm{m} \cdot \mathrm{s}^{-2}$)；$\beta$ 为抛道倾斜角(°)。

在满足小麦做稳定运动的条件下，荞子等球状颗粒势必做匀加速曲线运动，其轨迹是 R 逐步增大的螺旋线，已具有足够的速度脱离内抛道。

（三）形状分离的应用

小麦加工过程中，形状分离广泛用于分离小麦中的荞子、豌豆等球形颗粒。相应设备主要有螺旋精选机，也称抛车，其主要工作构件为几层静止的斜螺旋面。

（四）典型形状分离设备(螺旋精选机)

典型形状分离设备是螺旋精选机(抛车)，其结构见图 2-67，由进料斗、放料闸门以及 4 或 5 层围绕在同一垂直轴上的斜螺旋面所组成。斜螺旋面也称抛道。靠近轴线较窄的并列的几层斜面称为内抛道。较宽的一层斜面称为外抛道。外抛道的外缘装有挡板，以防止球形颗粒抛出机外。内外抛道的下部都设有出口管道。在外抛道出口管道上方装有隔板。

工作时，小麦由进料斗通过放料闸门均匀地分配到几层内抛道上，沿固定的螺旋线做稳态

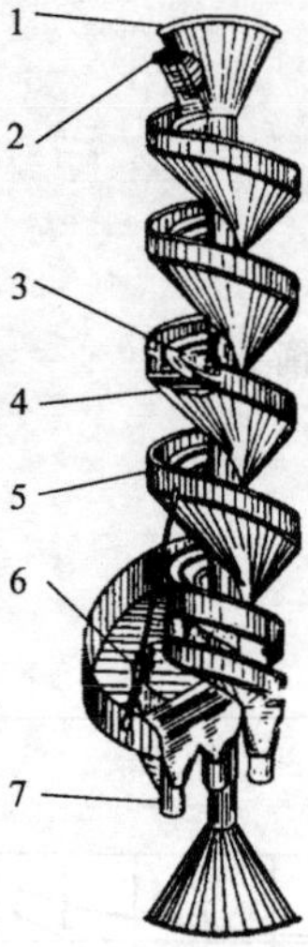

图 2-67　螺旋精选机(抛车)的结构

1. 进料斗;2. 放料闸门;3. 内抛道;4. 外抛道;5. 挡板;6. 隔板;7. 出口管道

运动,即小麦在沿螺旋面下滑过程中,其速度不变,与垂直轴线的距离也不变,因此不离开内抛道。其中的荞子、豌豆等球类颗粒则以滚动形式沿螺旋面向下运动,速度越来越快,与垂直轴线的距离也越来越大,最后从内抛道抛至外抛道上,从而使荞子等球形颗粒和小麦分开,并分别从各自的出口管道流出机外。外抛道的里侧为小麦和荞子的混合物,应视情况调节隔板的位置,以达到最佳的分离效果。

(五)影响螺旋精选机工艺效果的因素

1. 设备

由于螺旋精选机目前多系手工制作,焊接过程中对抛道倾斜角、螺旋升角的掌握不十分准确,或者接头处不光滑,致使物料运动轨迹发生变化,影响分选效果,所以现场制作时应予注意。

2. 原料

如果小麦中含有流动性差的麦灰和纤维性杂质,或小麦水分过大,摩擦系数变大,则会影响小麦运动的速度。含有细碎砂石,则加速螺旋面的磨损。有些小麦籽粒近似椭圆形,和球形的荞子差别较小,容易抛出内抛道,使下脚中含麦增多。这些都不利于提高精选效果。因此,在小麦入机之前,应做彻底的清理并使水分含量适当。

3. 流量

合理掌握流量,使内抛道上每层物料的分配均匀一致,流层不能过厚,否则荞子分离不出来。此外,应正确调节外抛道上的隔板,使已分开的荞子和小麦不再互混。

第六节　磁　　选

一、磁选的基本原理

根据磁性的不同,利用磁力分离混入谷物中的磁性金属杂质的方法,称为磁选。磁选设备的主要工作元件是磁体,每个磁体都各有两个磁极,在磁极周围空间存在着磁场,任何导磁性物质(Fe、Co、Ni 元素及其合金,一些 Mn 的化合物、稀土元素及其合金等)在磁场内都受到磁场的作用。当谷物通过磁场时,由于谷物为非导磁性物质,在磁场内能自由通过,而其中的磁性金属杂质则被磁化,跟磁场的异性磁极相互吸引而与谷物分开。

磁体有永久磁体和暂时磁体之分。暂时磁体常称为电磁铁,根据需要进行设计,能产生很强的磁力,可用于分离弱磁性杂质。但是它需要激磁电源,装置结构较复杂,且容易发热,维护不便。所以粮食加工厂的磁选设备多采用永久磁体,以组成开放式磁系,产生磁场。对磁场的要求,不仅要有足够的磁场场强,而且还要有一定的不均匀性,即具有一定的磁场梯度,这样才能产生足够的磁场力。

磁性杂质与谷物分开的条件是作用于磁性杂质上的磁力必须大于与其方向相反的各种机械力。即

$$F_m \geqslant \sum F_j$$

式中,F_m 为作用于磁性杂质上的磁力(N);$\sum F_j$ 为与磁力方向相反的各种机械力(N),包括

重力、惯性力、摩擦力和介质阻力等。

在非均匀磁场中作用于磁性杂质上的磁力可用下式表示：

$$F_{\mathrm{m}} = KVH\mathrm{d}H/\mathrm{d}x$$

式中，K 为磁性杂质的磁化系数；V 为磁性杂质的体积（cm^3）；H 为磁场强度（Oe）；$\mathrm{d}H/\mathrm{d}x$ 为磁场梯度（$\mathrm{Oe \cdot cm^{-1}}$）。

如果磁感应强度沿磁极表面均匀分布，间隙较小时，作用于被磁化了的磁性杂质上的吸力可按下式近似计算：

$$F_{\mathrm{m}} = 4B^2 \cdot S \times 10^5 (\mathrm{N})$$

式中，B 为磁感应强度（T）；S 为磁极表面总面积（cm^2）。

二、磁选的应用

谷物从收获到加工要经过许多环节，往往会混入铁钉、螺丝、垫圈等各种金属物。这些金属物如不预先清除，随谷物进入高速运转的机器，将会严重损坏机器部件，甚至因碰撞摩擦而发生火花，造成粉尘爆炸事故。同时，在加工过程中，由于机器零部件的磨损或氧化，也产生一些金属碎屑或粉末。这些杂质混入成品，会危害人体健康；混入副产品，作为饲料，也会妨碍牲畜的饲养。因此，磁选就用于清除谷物和成品中的磁性金属杂质，以保证安全生产和产品产量。

谷物通过磁选，磁性金属杂质去除率须大于95%。成品通过磁选，应达到规定指标。对面粉，国家规定每千克含磁性金属杂质不得超过3mg（磁性金属杂质颗粒一般不大于200μm）。

三、典型磁选设备

1. 磁筒

TCXT型永磁筒由外筒体和磁体两部分组成（图2-68），筒体由上下法兰盘连接在输送管道中，构成管道的一部分。磁体由一定数量的高效磁块装配在一起和不锈钢锥形罩筒组成磁体，磁体固定在外筒体的观察门上。工作时磁体位于筒体的中央。

工作时，物料由进料口落入，经磁体的锥顶向圆筒内散开，物料从筒体与磁体的环形间隙中通过，由于环形间隙中充满磁场，使混杂在物料中的磁性金属物磁化，在下落过程中均匀减速，被吸附在罩筒表面。清理磁体时，只需拉开观察门，使磁体转到筒体处，人工清理其表面的铁磁杂质。TCXT型永磁筒特点是：不需要动力，清理方便。

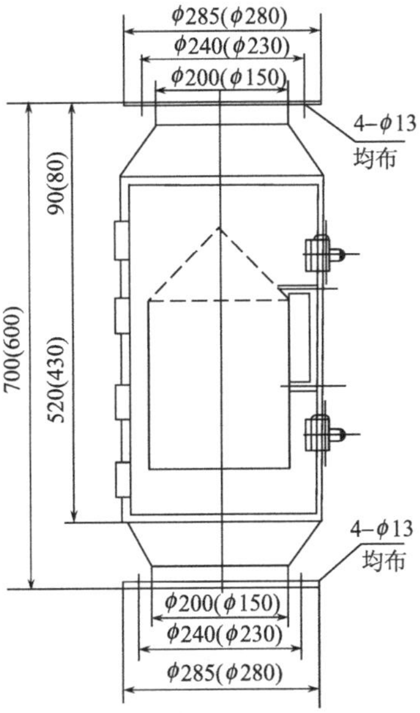

图2-68　TCXT永磁筒结构
（单位：mm）
括号内尺寸为TCXT15永磁筒

2. 磁力分选器

TCXP型平板式磁力分选器主要由进料装置、永久磁钢、淌板和罩壳等部分组成，其结构如图2-69所示。进料装置为重锤压力门式。永久磁钢采用极高磁场强度的材料制成，它与非磁性体不锈钢固定在一起，形成淌板，并与罩壳的上底板紧密相连，组成一个平滑倾斜表面。磁钢淌板架在罩壳内壁悬臂伸出的小轴上，可以方便地取出，以便清理磁性杂质。

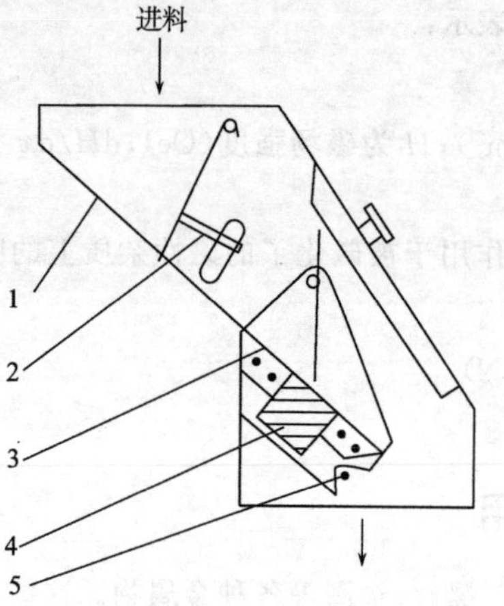

图 2-69　TCXP 型平板式磁力分选器结构

1. 罩壳；2. 进料装置；3. 淌板；4. 永久磁钢；5. 小轴

工作时，谷粒或粉状物料由进料装置均匀地流过磁钢淌板时，将混在其中的铁磁性杂质吸附于磁钢表面，而谷物或粉状物料通过磁场流出机外达到清理的目的。

3. 永磁滚筒

永磁滚筒的结构如图 2-70(a)所示，主要由进料装置、滚筒、磁芯和传动机构等部分组成。磁芯由锶钙铁氧体永久磁块和铁隔板，按一定顺序排列成 170°的圆弧形[图 2-70(b)]，安装于固定的轴上，铁隔板起集中磁通量作用，将永磁块分为八组排列，形成多极头开放磁路，磁芯圆弧表面与滚筒内表面间隙小于 2mm，以减小气隙磁阻。滚筒由非磁性材料制成，外表面敷有无毒耐磨涂料聚氨酯作保护层，以延长其使用寿命。滚筒通过涡轮蜗杆变速机构由电动机带动做旋转运动。永磁滚筒的磁芯不动，因滚筒重量轻，转动惯性小，可节省动力。

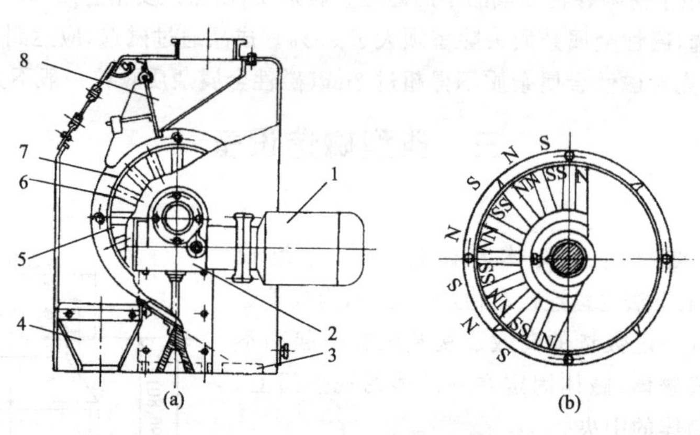

图 2-70　永磁滚筒的结构

1. 电动机；2. 传动机构；3. 收集盒；4. 谷物出口；5. 铁隔板；6. 磁芯；7. 滚筒；8. 进料斗

工作时，谷物由进料斗均匀地进入机内，随着滚筒一起运动至出口流出机外。其中的磁性杂质则被吸附于滚筒表面上，当滚筒转过磁场时，磁性杂质失去磁力的吸引，自动落入收集盒，从而与谷物分离。永磁滚筒能自动排除磁性杂质，操作方便，除杂效率高（达 98%以上），动力消耗省，特别适合分离小麦及其他粒状物料中的磁性杂质。

四、影响磁选设备工艺效果的因素

1. 磁体的性能与材料

目前常用的永磁材料有永磁合金和永磁铁氧体。永磁合金磁性受温度影响较小，结构坚实，但不宜做多极磁系，而且价格较贵。永磁铁氧体受振动影响较小，适用于大平面多极磁系，且价格便宜，但性脆易碎，不宜直接与磁性杂质相接触。常用永磁合金（镍钴磁钢、铝镍钴磁钢等）、永磁铁氧体和锶钙铁氧体等作永磁材料。

2. 物料与磁极面的距离

在开放性磁场中，磁场强度和磁场梯度越大，磁性杂质所受的磁力越大。磁场强度最大的部位在磁极面附近，因此磁性杂质与磁极面的距离越近就越容易被吸住。为使磁性杂质距磁面不宜过远，物料在磁面上的流层不宜过厚，当使用永磁滚筒时，料层厚度不宜超过 16mm。

3. 物料流过磁面的速度

物料运动速度越快，所需磁力就越大，因此，在磁体吸力一定的条件下，如果物料流过磁面的速度过快，则磁性杂质分离效率降低。因为物料在斜面上的流速与倾斜角度有关，生产中常用控制溜管倾角来控制物料的流速。

4. 磁极面的清理

在磁钢的磁面上，若磁性杂质积集过多，又得不到及时清理，则易被料流冲走，重新混入物料中，影响分选效果。因此，应定时清理磁面，每班至少清理两次。清理出来的磁性杂质应妥善处理，避免再度混入物料流中。

第七节　表面处理

谷物表面处理主要用于小麦的表面清理、玉米的脱胚以及大米的表面处理。用于小麦表面清理时，其目的就是清除小麦表面黏附的灰尘及并肩泥块、煤渣、病虫害小麦等，用于光麦清理时还可以打掉部分麦皮和麦胚，对于提高面粉色泽、降低面粉灰分和含砂量起着很大作用。表面处理用于大米成品整理时，目的是去除米粒表面残余皮层、清除大米表面黏附的部分糠粉、赋予米粒表面一定光泽。

表面处理有干法处理和湿法处理两种方法，干法处理主要包括打击与撞击、擦刷和碾削等方法，湿法清理一般采用清洗。

一、打击与撞击

（一）打击与撞击的基本原理

打击是根据谷物和杂质的强度不同，在具有一定技术特性的工作筛筒内，利用高速旋转的打板对谷物进行打击，使谷物与打板、谷物与筛筒、谷物与谷物之间反复碰撞和摩擦，从而达到使谷物表面杂质与谷物分离的目的。

撞击是利用高速旋转的转子对谷物的撞击、谷物与撞击圈之间的撞击以及谷物与谷物之间反复碰撞和摩擦，从而使谷物表面杂质与谷物分离或使谷物破碎。

（二）打击与撞击的应用

打击与撞击主要用于小麦的表面清理和玉米脱胚。在小麦清理中一般采用两道打麦，如采用湿法清理，也可采用一道打麦。若采用两道打麦，一般在水分调节前轻打，水分调节后重打。这是因为小麦着水前干而硬，质地较脆，重打容易产生过多碎麦、打掉麦胚，影响后续清理设备效果和水分调节。小麦着水后皮层韧性增加，采用重打，有利于表面清理。在每道打麦（撞击）之后应配合筛选和风选，以提高表面清理效率。用于谷物表面清理的设备主要有：打麦机、擦麦机、撞击机、撞击吸风打麦机等。用于玉米脱胚设备主要是玉米脱胚机。

打击与撞击也可用于制粉部分，起辅助研磨、辅助筛理、松粉和杀虫作用，主要设备有打麸机、打板圆筛、松粉机、杀虫机等。

（三）打击与撞击设备主要工作参数的确定

用打击和撞击法进行小麦清理时，既要达到表面清理的工艺效果，又不使麦粒破碎。打击力 P 的大小与打板线速 V 和作用时间 t 有关。由于打击作用时间很短，因此主要以打板线速控制打击力。

设麦粒质量为 m，打板打击前后的速度为 V_1 和 V_2，重力、摩擦力忽略不计，根据动量定理有

$$m(V_2 - V_1) = \int_1^2 P\mathrm{d}t$$

假设开始速度 $V_1=0$，$V_2=V$，且 P 的大小和方向不变，则

$$mV = Pt$$

据有关资料，小麦粒的破碎力为 12×9.8N、平均质量为 3×10^{-5}kg、受打击的平均作用时间约为 10^{-5}s，可以求得打板的极限线速 $V_{\max}=40\mathrm{m\cdot s^{-1}}$。实际生产中，打板的线速度一般为 $10\sim25\mathrm{m\cdot s^{-1}}$。

打击设备用于清理和玉米脱胚时，主轴转速一般为 $800\sim1200\mathrm{r\cdot min^{-1}}$。用于打麸机时，主轴转速为 $1000\sim1300\ \mathrm{r\cdot min^{-1}}$，打板圆筛的主轴转速为 $600\mathrm{r\cdot min^{-1}}$左右。撞击设备用于清理时主轴转速一般为 $1450\ \mathrm{r\cdot min^{-1}}$，用于松粉时为 $2900\mathrm{r\cdot min^{-1}}$或 $1450\mathrm{r\cdot min^{-1}}$，用于杀虫时一般为 $3000\mathrm{r\cdot min^{-1}}$，撞击磨的转速为 $3700\sim4500\mathrm{r\cdot min^{-1}}$。

（四）典型打击与撞击设备

1. 卧式打麦机

卧式打麦机主要由打板、筛筒、传动机构和机架等部分组成，其结构如图 2-71 所示。

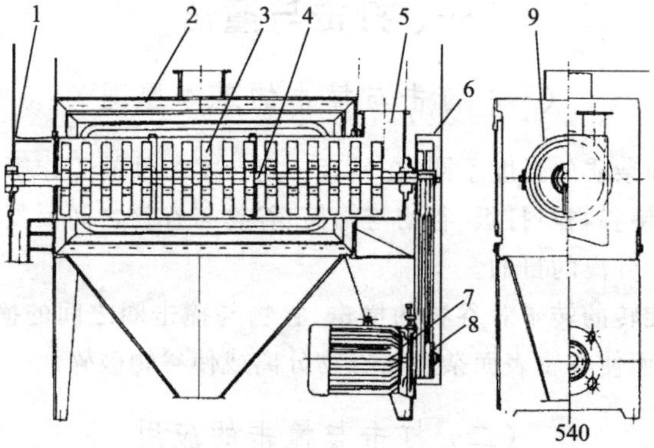

图 2-71　卧式打麦机结构示意图(单位:mm)

1. 出料口;2. 机架;3. 打板;4. 主轴;5. 进料口;6. 皮带轮;7. 电动机;8. 电动机带轮;9. 筛筒

打板安装在主轴上，打板一共 32 块，错开排列（角度 10°12′）构成螺旋状，打板的一端与轴的垂直面扭转一定的角度（15°），一方面打击小麦，另一方面推动物料向出口移动。筛筒由 2 或 3 片剖分式钢丝编织筛网组成，内表面凹凸不平，利于增加对小麦的摩擦，加强打麦效

果。传动机构由电动机和皮带轮组成，通过调整皮带轮大小可以调整打板线速度，从而控制打麦效果。

工作时，小麦从进料口切线方向进入机内，由于转子的高速转动、打板叶片和筛筒之间有间隙、打板叶片的间断排列，小麦受叶片的作用而不断从进料口向出料口推进。在打麦过程中，麦粒受到高速旋转叶片的打击，同时麦粒时而随打板叶片一起运动，时而滞后于打板叶片的运动，造成麦粒与打板叶片、麦粒与筛筒、麦粒与麦粒之间的摩擦擦离作用，使麦粒表面得到清理。小麦在打板的推动下从出料口排出，打掉的杂质在筛筒外部吸风和重力的作用下穿过筛筒从出杂口排出。

卧式打麦机工艺指标为：并肩泥块去除率不低于70%，小麦灰分降低0.02%～0.03%。碎麦增加率不超过0.5%，下脚中含正常完整麦粒不超过1%。

2. 玉米脱胚机

MHXG型玉米脱胚机结构和外形类似卧式打麦机，见第五章第二节。

3. 撞击机

撞击机分为撞击和吸风两部分，其结构如图2-72所示，主要由安装在主轴上的甩盘、甩盘边缘的销柱、撞击圈、传动机构和吸风装置等组成。

电动机的转轴与主轴直联，甩盘安装在主轴上，甩盘由两层钢板制成，上层为环形，中部空间使物料流入下层盘上，两圆盘通过边缘上的销柱连接，销柱外面为耐磨套管（由白刚玉即95#瓷制成），中间为紧固的螺钉，销柱数量随甩盘直径大小而定，呈内外两圈交叉均匀排列。甩盘外围是固定的撞击圈（采用耐磨材料制成）。撞击圈下部连接锥形筒，它与扩散器的间隙可用调节手轮调节。该机下部中间设有吸风口，与除尘风网相连接，以便吸走打下的轻杂。

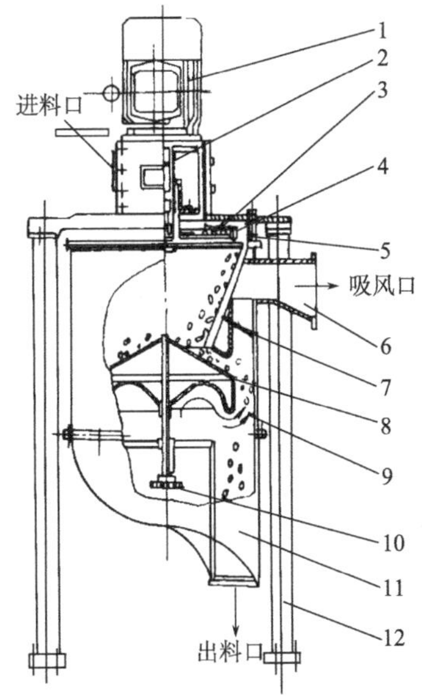

图2-72 撞击机结构示意图

1. 电动机；2. 主轴；3. 甩盘；4. 销柱；5. 撞击圈；6. 吸风口；7. 锥形筒；8. 扩散器；9. 吸风道；10. 调节手轮；11. 下料斗；12. 机架

工作时，物料由进料口落入匀速转动的甩盘上，在甩盘离心力的作用下，向甩盘边缘运动。随着麦粒位置的变化，惯性离心力逐渐增加，其运动速度也逐渐加快，当运动至甩盘边缘时，与销柱高速碰撞，碰撞后有的麦粒被弹到其他销柱上继续碰撞，有的麦粒被甩到撞击圈上。麦粒与销柱、麦粒与麦粒、麦粒与撞击圈之间，经过多次碰撞、相互摩擦等作用，强度小于麦粒的并肩杂质被击碎，麦粒表面的泥灰、麦毛、麦壳等轻杂质被擦离下来。撞击后的麦粒，通过锥形筒和扩散器之间的缝隙均匀散开下落，经过风选流出机外。

（五）影响打击与撞击设备工艺效果的因素

1. 麦粒的工艺品质

硬质小麦的硬度高，脆性较大，生产中产生的碎麦较多。软质小麦则与之相反。

小麦水分含量高，麦粒强度大，打麦过程中产生的碎麦少；水分含量低，麦粒脆性大，打麦过程中易产生碎麦。

2. 设备的参数配置

设备的转速高，打击作用强，打麦后灰分降低率高，但同时碎麦率也高；设备转速低，与上述情况相反。打板扭转角大，物料被推进的速度快，在机内滞留时间短，受打击作用弱，灰分降低率低，碎麦率低；扭转角小，与上述情况相反。

二、表面清洗

（一）表面清洗的原理

利用水的溶解和冲洗作用可净化谷物表面，常用的清洗设备一般还有去石功能，它是根据谷物和砂石的比重、大小、形状及在水中的沉降速度不同，分离出石子和有害粮粒的一种技术。下面主要介绍其工作原理。

不同颗粒在水中，不仅受重力的作用，而且还受水的浮力和阻力的作用。比重比水大的颗粒在水中下落时，在最初的瞬间，颗粒受重力的作用加速沉降。由于阻力随着速度的增加而迅速增加，重力、浮力和运动阻力经短暂的时间就达到平衡。于是颗粒做等速运动，此时的运动速度称为该颗粒在水中的终点沉降速度。根据沉降速度的不同，将物料分成几种等级的过程，称为水力分级。水力分级和风力分级有类似的地方，颗粒在水中的沉降速度其意义相当于颗粒在气流中的悬浮速度，区别在于介质的比重和黏度不同。

影响颗粒沉降速度的因素很多且复杂：颗粒的粒度、比重和表面形状；介质的比重、黏度；小麦腹沟中附着的小气泡，使本身质量减轻，沉降速度减小。此外，颗粒在介质中的分布密度也影响其运度阻力。由于水的比重和黏度比空气大很多，因此颗粒在水中的运动状态较在空气中有显著不同，小麦和杂质在水中表现出来的性质差异比在气流中大。体积相同而比重不同的颗粒，其重量比值在水中和在空气中相差若干倍。因此，单从去石角度看，用水选比风选更为有效。

因此，混杂在小麦中的并肩石及虫害麦粒，经筛、打设备虽很难除去，但采用清洗（洗麦机）则很容易达到分离的目的。

（二）表面清洗的应用

清洗也称湿法清理，主要用于小麦的清理，常用清洗设备主要有立式洗麦机和去石洗麦机。去石洗麦机具有清洗谷物表面杂质、去石和着水等多种功能，是典型的一机多用型设备，且具有很好的清理效果。其缺点是用水量大、污水需净化处理。

为保证清洗和石子分离效果，入机小麦应先通过筛选、小麦的清洗用在毛麦清理的后段，着水润麦之前。

（三）典型表面清洗设备

典型表面清洗设备是去石洗麦机，主要由进料装置、洗槽、甩干机、传动机构和供水系统组成，如图 2-73 所示。

进料装置包括进料管和进料箱。进料管下部做成球形，装于进料箱上，进料箱起缓冲减速和分流作用，并可在洗槽上移动以调节洗程长度。

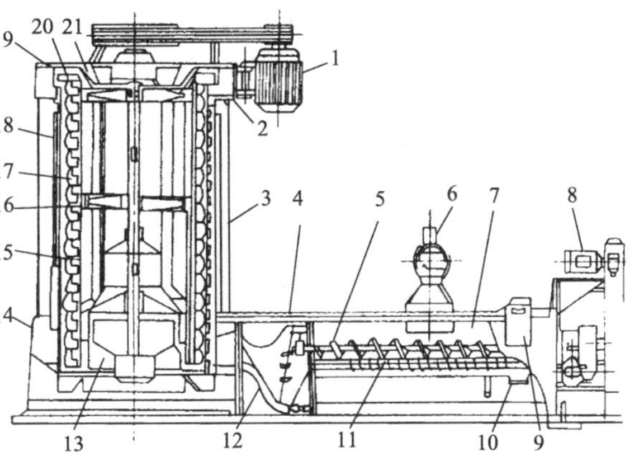

图 2-73　去石洗麦机结构示意图

1. 电动机；2. 顶盖；3. 挡水外壳；4. 浮运箱；5. 小麦输送螺旋；6. 进料装置；7. 洗槽；8. 电动机；9. 盛砂盒；10. 集砂斗；11. 石子输送螺旋；12. 小麦喷嘴；13. 进风孔；14. 机座；15. 甩片；16. 支架；17. 风片；18. 筛面圆筒；19. 排气孔；20. 刮板；21. 进风孔

洗槽箱体用钢板焊接而成。内装两对输送螺旋(小型洗麦机只装一对)，上面为小麦输送螺旋，叶片直径较大，采用桨叶式。当小麦落入翻转波动的水中、尚来不及下沉，便被小麦输送螺旋送往浮运箱，被水送入甩干机。下面为石子输送螺旋，直径较小，采用满面式叶片，用于将沉降的石子送往集砂斗。小麦输送螺旋与石子输送螺旋的转动方向相反，不在一条直线上布置，如图 2-74 所示，这样有利于分离石子和洗涤小麦。

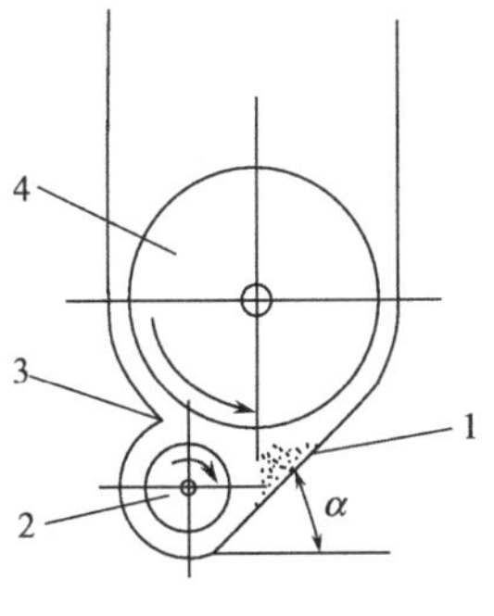

图 2-74　洗槽内输送螺旋的位置

1. 分离区；2. 石子输送螺旋；3. 尖角；4. 小麦输送螺旋

甩干机由机座、筛面圆筒、甩板叶轮、顶盖、立柱和金属外壳组成。筛面圆筒固定不动，下部为横向排列的长形筛孔，上部为竖向排列的鱼鳞筛孔。甩板叶轮由固定于主轴上的支架、垂直安装于支架上的角铁及角铁内外的风叶和甩片组成。甩片从底部到上部呈螺旋形，以便将麦粒从底部成螺旋形向上推送到顶盖附近，由刮板把麦粒从上盖的出料口按切线方向排出。装于角铁内的风叶将空气从顶盖上部和底座下部中间的进风孔吸入，从鱼鳞孔排出，以吹干麦粒和吹穿筛孔。

在甩干机顶盖上安装一主电动机，带动甩干机。在洗槽的出石端安装一小电动机，通过减速箱带动小麦输送螺旋和石子输送螺旋。

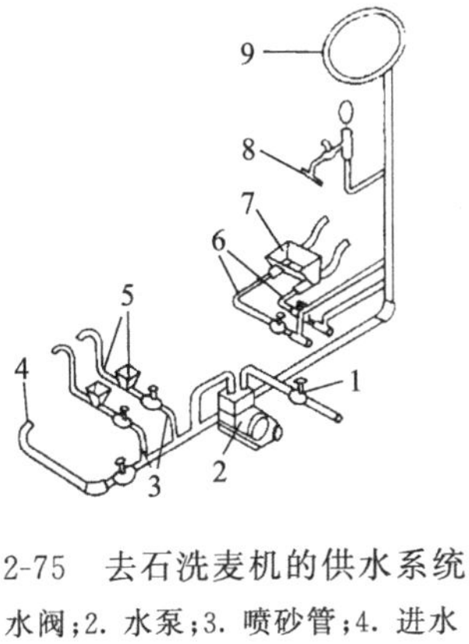

图 2-75　去石洗麦机的供水系统

1. 水阀；2. 水泵；3. 喷砂管；4. 进水管；5. 集砂斗；6. 喷麦管；7. 集麦斗；8. 消除泡沫水管；9. 喷淋管

供水系统由水阀、水泵、喷砂管、集砂斗、喷淋管等部件组成(图 2-75)，主要用于喷运小麦、喷砂、喷淋管供水和消除泡沫供水。作用是保持洗槽内水的清洁，除去漂浮在水面上的轻杂质，排出污水，补充净水，冲洗甩干机的筛板圆筒。

工作时，从洗槽进入甩干机底部的小麦，由于甩板的旋转，一方面在离心力的作用下将麦粒抛向筛面圆筒内壁，将附着在麦粒表面的水和细小杂质从鱼鳞孔甩出，另一方面将麦粒从底部成螺旋形向上推送到顶盖附近，由刮板把麦粒从上盖的出料口按切线方向排出。装于角铁内的风叶，将空气从顶盖上部和底座下部中间的进风孔吸入，从鱼鳞筛孔排出，起吹干麦粒和吹穿筛孔作用。空气最后从顶盖上部的排气孔排出（有的则从挡水板上部百叶窗式的排气孔排出）。分离出来的水可放出机外或送回水箱，经过沉淀后继续使用。

三、碾削清理

（一）碾削清理的基本原理

碾削清理就是通过碾削作用对小麦表面进行清理，其基本原理是利用小麦表面的灰尘等杂质与小麦的结合强度较低、小麦的皮层有一定韧性，借助旋转的粗糙工作构件和圆筒，使小麦在圆筒内保持一定的密度和压力，通过工作构件对小麦进行碾削和摩擦，使小麦表面的灰尘等杂质和部分皮层被碾去，借助吸风系统吸走碾下的杂质，达到碾削清理的目的。

（二）碾削清理的应用

碾削清理是近年来随着小麦制粉新工艺而出现的一种清理方法。它主要是通过碾削、摩擦作用，使小麦表面和腹沟的灰尘、细菌和麦毛被清除，同时也可碾去部分麦皮。碾削清理对于提高成品质量、降低成品中细菌和农药含量及对于劣质小麦（如霉麦、芽麦等）的利用方面都有很大优势。

通过碾削去除小麦最外部的部分麦皮，其作用有两点：其一是可以缩短润麦时间。因为小麦皮层中的珠心层透水性很差，碾去这部分麦皮可以缩短润麦时间，降低润麦仓仓容。其二是可以缩短粉路，降低成品面粉的灰分。因为部分麦皮已被碾去，可以减少研磨道数，同时麦皮磨碎混进面粉的可能也被降低，有利于保证成品质量，降低成品灰分。

碾削清理需要皮层保持一定韧性。实践证明，小麦的皮层吸水后韧性会增强。因此，在碾削清理前必须采用喷雾着水的方法给小麦加一定的水分，使小麦部分膨胀，表皮韧性增强，脆性降低，有利于碾削过程中表皮与麦粒分离开。实际生产过程中，喷雾着水量一般控制在进机流量的0.5%～1.0%。

碾削清理工艺如下：

毛麦→筛选、去石、精选→加水→碾麦→水分调节→净麦入磨

通过碾麦机的碾削作用，可碾去小麦皮层的5%～8%，由于碾去了部分麦皮，水分调节的时间可缩短至2～4h。但碾削后麦粒的部分胚乳已外露，着水后在润麦仓中易板结，因此采用该工艺时，小麦在润麦仓中不能久留，最好采用动态润麦的方法。

（三）典型碾削清理设备

1. 碾麦机

碾麦机由喷雾着水机及碾麦脱皮机组装而成。喷雾着水机由喷雾着水、输送螺旋润麦、传动等部分组成，其结构如图2-76所示。碾麦脱皮机由进料斗、头道碾削室、二道碾削室、刷麦室、机体、传动部分组成，其总体结构如图2-77所示。

喷雾着水部分包括进料口、上锥体、下锥体、超低量喷头（喷雾量300mL · min^{-1}）、GHG转

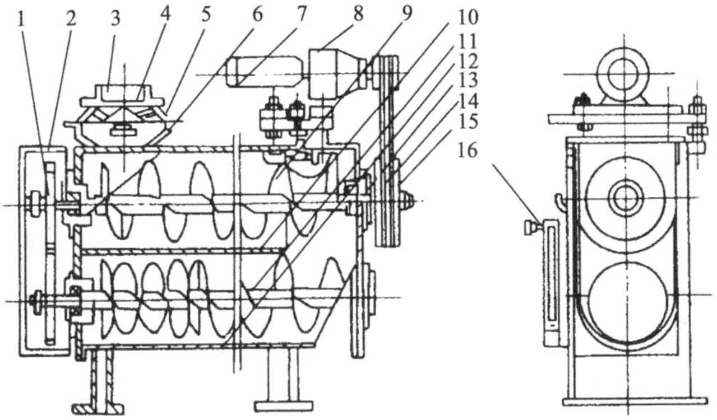

图 2-76　喷雾着水机结构示意图

1. 齿轮；2. 防护罩；3. 进料口；4. 喷头；5. 上锥体；6. 下锥体；7. 电动机；8. 减速器；9. 上输送螺旋；10. 上输送螺旋筒；11. 下输送螺旋；12. 下输送螺旋筒；13. 轴承；14. 三角胶带；15. 皮带轮；16. 流量计

子流量计(使麦粒着水量控制在 0.6%左右)。

输送螺旋润麦部分包括上、下输送螺旋，端板等部分。由于输送螺旋旋转，使喷水后的麦粒在输送螺旋筒内翻转前，达到润麦的目的。

碾削室包括头道碾削室和二道碾削室，由碾麦辊、瓦状筛板(瓦筛)、横梁、压条、进出料端轴承座、压力门等组成。碾麦辊由螺旋推进器和砂辊两部分组成，砂辊采用碳化硅磨料烧结而成，使用前应校静平衡。麦流切向进入室内，可减少反冲力和撞击，减少破碎。筛网由瓦状筛板组成圆形筛筒，瓦筛上均布 1.2mm×12mm 长孔，以便排出碾下的麦皮。瓦筛靠压条定位，装拆调换方便。压力门和压砣主要用于调节机内压力，控制小麦皮层的碾脱力。在砂辊和瓦筛之间形成碾削工作区，使得砂辊可将麦皮碾削下来，碾下的麦皮通过筛孔排出。小麦经第一、第二道砂辊碾削，可将大部分麦皮连同皮上黏附的杂质一起碾下来。

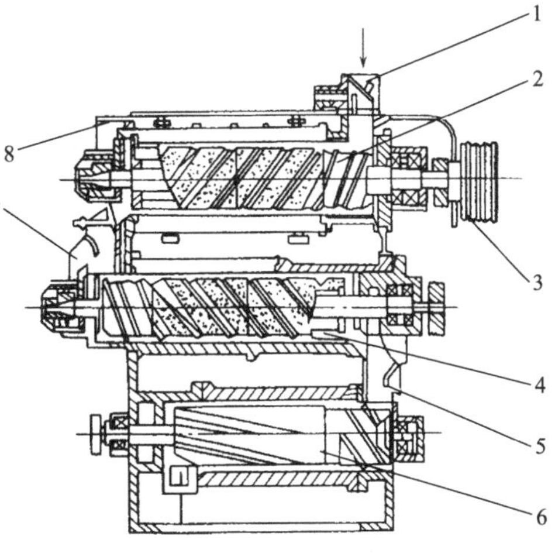

图 2-77　NZ18 型组合碾麦机结构示意图

1. 进料口；2. 头道碾削室；3. 三角皮带轮；4. 二道碾削室；5. 分路器压力门；6. 刷麦室；7. 分路器压力门；8. 机架

刷麦室与碾脱室一样也采用切向进料，使进料畅通及避免与螺旋头撞击而引起增碎。刷麦辊由螺旋头和铸铁碾辊组成，其结构与碾脱室相同。目的是将麦粒上已碾下的麦皮及杂质除净。

机体采用整机铸造和钢板焊接两种结构，坚固稳定实用。喷雾着水机、碾削和刷麦分别单独传动，这样有利于电机的调整和传动带的紧张。

2. 加湿光麦机

加湿光麦机是近年来国外研制成功的一种表面清理设备，主要由进料机构、光麦室、出料口及传动机构组成，其结构如图 2-78 所示。

进料机构设在设备的下方，由进料箱、淌板和喷雾装置组成。进料箱可以控制流量，帮助

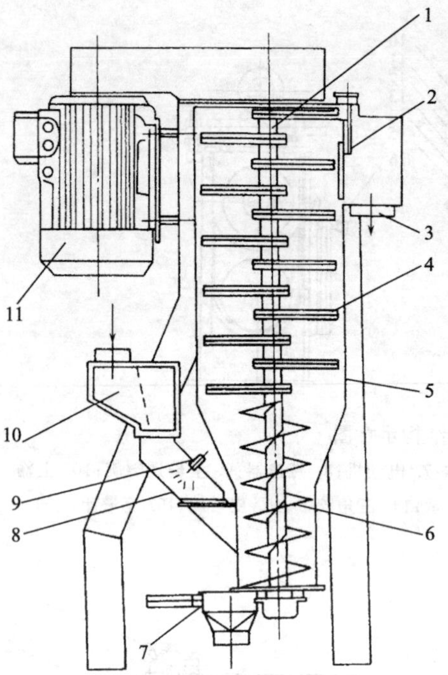

图 2-78　HYDEC 型加湿光麦机结构示意图

1. 主轴；2. 挡板；3. 出料口；4. 立式转子；5. 工作圆筒；6. 喂料螺旋；7. 插板；8. 淌板；9. 喷雾装置；10. 进料箱；11. 电动机

物料均匀进入。喷雾装置对物料实行喷雾着水，增加麦皮韧性，便于碾麦。

光麦室由立式转子、喂料螺旋和工作圆筒组成。喂料螺旋将底部物料送入工作室。立式转子在工作室内对物料进行搅拌、打击和揉搓，使麦粒之间产生摩擦运动，从而使表皮与麦粒脱开。碾麦室底部装有插板，用于清理机内的残留异物。

出料口内设有挡板，可以通过挡板控制机内压力和出机流量，改变光麦效果。

传动机构由电动机、皮带轮和立式主轴组成。电动机通过皮带轮、立式主轴转动，电动机固定在机架上方。

工作时，小麦从进料箱均匀进入，在淌板中流动时由喷雾装置进行着水。着水后的小麦在机身下部螺旋喂料器的作用下进入工作室。进入工作室内的小麦达到一定密度后，在打板的作用下被搅拌和撞击，麦粒之间相互摩擦和揉搓，最后在机内压力的作用下被挤向出料口，从出料口排出。光麦加湿机一般和风选器相连，使打下的麦皮在风选器内被吸走。

小麦经加湿光麦机处理后润麦时间可以减少30％；小麦总细菌减少 60％，面粉总细菌下降 80％；小麦灰分降低约 0.03％。

（四）影响碾削清理设备工艺效果的因素

小麦水分过低，会使麦粒和皮层脆性增大，碾麦时容易将小麦碾碎，碾麦效果差，故碾麦前必须进行喷雾着水。一般使麦皮水分控制在 13％左右，水分过高，易发生黏结和堵塞。

砂辊砂粒过粗，会使小麦表面刮痕较深，碾麦效果不均匀；砂粒过细，碾削作用不强，小麦皮层碾去较少，碾麦效果差。

出料口压力过大，会使机内压力过大，小麦在碾麦室内容易被挤碎，碾麦效果差；出料口压力过小，小麦在工作室内揉搓、摩擦作用小，碾麦效果也降低。

四、擦　　刷

1. 擦刷的基本原理

擦刷设备主要是利用刷毛的擦刷作用清理谷物表面，即通过刷毛与麦粒的接触及相对运动对麦粒表面进行净化处理。刷掉的灰尘和皮屑借助吸风加以分离。

2. 擦刷的应用

擦刷主要用于小麦和豆类的表面清理，也用于擦除白米表面的糠粉。

刷麦是在打击与撞击、清洗、碾削等表面处理基础上，对小麦表面进行进一步清理，其目的是将附着在麦粒表皮和腹沟内的残余杂质刷掉，同时刷掉部分表皮和麦胚等。刷麦所用设备称刷麦机，一般用在光麦清理后段入磨之前，效果最佳。小麦经水分调节后，表皮易脱落，如进入粉间研磨会影响面粉质量。在生产优质面粉时，刷麦机显得尤为重要。

擦刷用于大米表面处理时称为擦米。经碾米机碾制成的白米，表面黏附有部分糠粉，通过擦米擦除白米表面的糠粉，提高成品的外观色泽。不仅可以提高成品的质量和商品价值，还有利于大米的储藏，提高大米的食用品质。

擦刷设备也可用于小宗谷物、豆类的表面清理，使谷物及豆类表面清洁光亮。

3. 典型擦刷设备

SM型刷麦机是小麦制粉过程中，原料清理的主要设备。它用于清除附着在麦粒表皮上及腹沟内的泥灰，麦毛等杂质。该机还可用于碾米厂刷米工序，是精制米的必需设备。

SM型刷麦机主要由进口、出口、机壳、弧形定刷、动刷、定刷调节螺杆及检查门组成。

如图2-79所示。小麦或大米由进口进入后，由转动刷把物料带入定刷动刷之间的间隙，高速(6～8m/s)刷理后由出口排出。调节杆可调节定刷和动刷间距以满足刷麦(米)的工艺要求。SM型刷麦机另一种机型，是将定刷改为筛板，此时刷下的灰尘自动排出。定刷为毛刷时，刷下的灰尘和小麦一同由出口排出，需进一步风选。

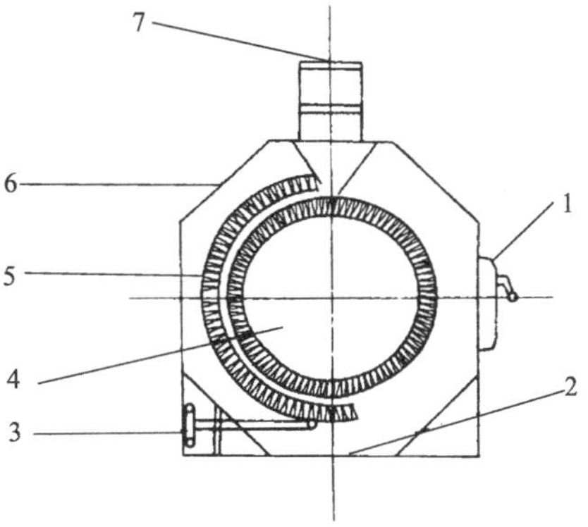

图2-79　SM型刷麦机结构示意图

1. 检查门；2. 出口；3. 调节螺杆；4. 动刷；5. 定刷；6. 机壳；7. 进口

第八节　调质处理

谷物加工的基本工序都是物理过程，不同的谷物加工工艺对谷物的品质和水分要求也不同。谷物(小麦、稻谷、玉米等)在品种、水分及品质等方面差别很大，这些差别对谷物的加工工艺和产品质量影响也很大。为了使谷物更加适合加工、满足产品质量的要求，必须用科学的方法对这些原料进行预处理，如水分调节、蒸汽调节等。通过水热处理改善谷物加工品质和食用品质的方法称为谷物的调质。本节只讨论谷物加工前处理时的调质问题。

一、调质的基本原理

1. 谷物的吸水性能

谷物的吸水性能是进行谷物调质的基础，由于谷物各组成部分的结构和化学成分不同，其吸水性能也不同。胚部和皮层纤维含量高，结构疏松，吸水速度快且水分含量高；胚乳主要由蛋白质和淀粉粒组成，结构紧密，吸水量小，吸水速度较慢。因此，水分在谷物各组成部分的分布是不均匀的。胚部水分最高，皮层次之，胚乳的水分最低。

蛋白质吸水能力强(吸水量大)，吸水速度慢；淀粉粒吸水能力弱(吸水量小)，吸水速度快，故蛋白质含量高的谷物具有较高的吸水量和较长的调质时间。调质处理时，应根据谷物的内在品质和水分高低合理选择调质方法和调质时间。

2. 水热导作用

谷物是一种毛细管的多孔体，在这种毛细管多孔体中，水分的扩散转移总是由水分高的部位向水分低的部位移动。在热力的作用下，水分转移的速度会明显加快，这种水分扩散转移受热力影响的现象，称为水热传导作用。谷物调质就是利用水扩散和热传导作用达到水分转移目的的，水分的渗透速度与温度有着直接的关系，加温调质比室温调质更迅速更有效。

3. 谷物组织结构的变化

调质过程中，皮层首先吸水膨胀，然后糊粉层和胚乳相继吸水膨胀。由于三者吸水先后、吸水量及膨胀系数不同，在三者之间会产生微量位移，从而使三者之间的结合力受到削弱，使胚乳和皮层易于分离。

由于胚乳中蛋白质与淀粉粒吸水能力、吸水速度不同，膨胀程度也不同，引起蛋白质和淀粉颗粒之间产生位移，使胚乳结构变得疏松，脆性降低，便于破碎。

谷物的加工方式对调质时结构的变化要求不一，小麦制粉时要求皮层和胚乳既易于分离，又使胚乳便于破碎；稻谷加工和小麦剥皮则只要求皮层和胚乳易于分离。因此，应根据谷物加工要求选择调质设备和调质时间，使谷物满足不同的加工要求。

二、调质的应用

（一）小麦水分调节

1. 小麦水分调节的作用

小麦的水分调节，就是通常所说的对小麦进行着水和润麦处理，即利用水、热作用和一定的润麦时间，使小麦的水分重新调整，改善其物理、生化和加工性能，以便获得更好的工艺效果。

小麦加水后，发生如下物理和生化变化。

(1) 皮层吸水后，韧性增加，脆性降低，增加了其抗机械破坏的能力。在研磨过程中利于保持麸片完整，有利于提高面粉质量。

(2) 胚乳强度降低。胚乳主要由蛋白质和淀粉组成。着水过程中，蛋白质吸水能力强，吸水速度慢；淀粉粒吸水能力弱，吸水速度快。由于二者吸水能力和吸水速度不同，吸水后膨胀的先后和程度不同，在蛋白质和淀粉颗粒之间产生位移，使胚乳结构疏松，强度降低，易研磨成粉，有利于降低电耗。

(3) 麦皮和胚乳易于分离。麦皮、糊粉层和胚乳三者吸水先后不同，吸水量不同，吸水后膨胀系数也不同，使麦皮和胚乳间产生微量位移，利于把胚乳从麦皮上剥刮下来。

(4) 使入磨小麦水分适合制粉性能要求，麦堆内部各粒小麦水分均匀分布，且水分在麦粒各部分中有一定的分配。

(5) 湿面筋的出率随小麦水分的增加而增加，但湿面筋的品质弱化。

从以上变化结果可以看出，小麦经水分调节后，制粉工艺性能改善，能相应提高出粉率和成品质量，并降低电耗。

2. 小麦水分调节的效果

小麦经水分调节后，应达到以下工艺效果。

(1) 使入磨小麦有适宜的水分，以适应制粉工艺的要求，保证制粉过程的相对稳定，便于操作管理。这对提高生产效率、出粉率和产品质量都十分重要，要求水分不均匀性在0.2%以内。

(2) 保证面粉水分符合国家标准或市场要求。

(3) 使入磨小麦有适宜的制粉性能。小麦经水分调节后，皮层韧性增加，胚乳内部结构松散，皮层及糊粉层和胚乳之间的结合力下降，有利于制粉性能的改善。但小麦水分过高，会使制粉过程中在制品流动性下降，造成筛理困难和管道堵塞，影响正常生产。故从改善制粉性能考虑，也应有适宜的入磨小麦水分。

3. 小麦水分调节的方法

小麦水分调节分为室温水分调节和加温水分调节。室温水分调节是在室温条件下，加室温水或温水（<40℃）；加温水分调节分为温水调质（46℃）、热水调质（47～52℃）。加温水分调节可以缩短润麦时间，对高水分小麦也可进行水分调节，一定程度上还可以改善面粉的食用品质，但所需设备多、费用高。广泛使用的小麦水分调节方法是室温水分调节。

小麦水分调节（着水和润麦）可以一次完成，也可二次、三次完成，一般在经过毛麦清理以后进行。也可采用预着水、喷雾着水的方法。

预着水：为使收购的小麦达到通常小麦的水分含量或在某种工序前需进行的着水（如碾削清理前）。

喷雾着水：在入磨前进行喷雾着水，以补充小麦皮层水分，增加皮层韧性，提高面粉的色泽。喷雾着水的着水量为0.2%～0.5%，润麦时间30min左右。

生产中普遍应用的是一次着水，随着对入磨小麦要求越来越高，二次着水越来越受到重视，特别是在润麦效果较差的寒冷天气。三次着水，一般在加工高硬度小麦（如杜伦小麦）时应用。

4. 影响小麦水分调节的因素

1）加水量

（1）影响加水量的因素。

原粮的水分和类型。小麦的原始水分有差异，国产小麦水分在12.5%左右，进口小麦的原始水分相对较低。新麦水分较高，陈麦水分较低。小麦的类型指是硬麦还是软麦。制粉工艺上对硬麦和软麦的入磨水分有不同的要求。硬麦吸水量大，需要加入较多的水才能使胚乳充分软化；软麦只需加入较少的水就能使胚乳充分软化，如果加水过多，则会出现剥刮和筛理困难等问题。

小麦粉的水分要求。小麦粉的水分要求有两方面的意义：一是符合小麦粉标准中的水分要求，不能超过，但也不能过低，它直接关系到企业的经济效益；二是要求考虑到小麦粉的安全储存，特别是高温、潮湿的季节和地方。

加工过程中的水分损耗。小麦胚乳有一定的抗机械破坏力，将胚乳研磨成粉要耗用相应的能量，并损耗相应的水分。小麦制粉过程中影响水分损耗的因素很多，如喷雾着水、制粉工艺（粉路的复杂程度、有无面粉后处理）、研磨的松紧程度、小麦的类型（硬麦还是软麦）、磨辊的新旧、剥刮率和取粉率的大小、气力输送、风量和混合比、小麦粉的粗细度要求等；小麦的入磨水分越高，蒸发量越大；另外气候条件（温度和湿度）对水分损耗也有一定的影响。

小麦粉的加工精度要求。水分较低的小麦制粉时，麦皮易破碎而混入面粉中，粉色差灰分高。而水分较高的小麦制粉时，麦皮破碎少，粉色好而灰分低；同时，加工高等级面粉时一般采用的粉路较长，加工过程中耗水量也大，所以加工质量较高的等级粉与专用粉时，宜采用较高的入磨小麦水分；加工质量较低的小麦粉时，可采用较低的入磨小麦水分。

（2）加水量的计算。

入磨小麦水分和小麦的原始水分一旦确定，可采用下式计算加水量。

$$G_1 = G_2\{[(100 - W_1)/(100 - W_2)] - 1\}$$

式中，G_1 为加水量（$kg \cdot h^{-1}$）；G_2 为小麦流量（$kg \cdot h^{-1}$）；W_1 为着水前小麦的水分（%）；W_2 为着水后小麦的水分（%）。

2）润麦时间

着水后的小麦，麦粒与麦粒之间的水分是不均匀的。例如，小麦着水后平均水分为14%，其中绝大多数麦粒的水分为13.5%～14.5%，但低的仅有12%，高的可达34%。不仅如此，即使在同一粒小麦中，由于各部分的组成成分不同，水分分布也很不均匀。因此着水后的小麦，必须在一定的时间条件下，进行水分的重新分配，一方面要使各麦粒之间水分均匀分布，另一方面，还要求水分渗透到皮层和胚乳中，在麦粒内部进行分布，使麦粒发生物理和化学变化，使之达到制粉工艺的要求。使水分重新分配的过程就是润麦。

润麦时间主要取决于水分渗入麦粒的速度。影响水分渗入麦粒速度的因素主要有以下几点。

(1) 原粮情况。

小麦原始水分高，加水量少，水分渗透时间短。当原始水分为9.6%时，水分平衡要15～18h才能完成；当水分为12%时，完成水分平衡时间则为6～12h。

即使在同一水分情况下，水分渗透速度也不同，这主要是小麦胚乳蛋白质含量的不同而造成的。电子扫描技术发现，粉质胚乳结构杂乱无章，显示出混有空气的开放式结构，而玻璃质胚乳结构紧凑，淀粉粒包围着蛋白质分子，使水分不易进入胚乳内部。由此可见，水分向高蛋白质含量的硬质小麦胚乳内部渗透速度慢，向低蛋白质含量的粉质小麦胚乳内部渗透速度快。

(2) 水分渗透的路线。

对于结构完好的小麦籽粒而言，水分渗透的主要路线是：水分→胚→内子叶、糊粉层→胚乳。次要路线是：水分→麦粒皮层→内果皮→管状细胞层→种皮→珠心层→糊粉层→胚乳。但在小麦加工工艺上，水分渗透的主要路线是：水分→表皮→内果皮→管状细胞层→种皮→珠心层→糊粉层→胚乳。

可见，水分在小麦中的迁移方式和速度，与小麦经受的清理过程(麦皮有无破损)有关。小麦用打麦机清理时，外果皮受到破坏，因此，水分比较容易渗透到外果皮下面去，尤其是麦粒麦毛一端的背部。另外，紧随打麦处理之后，吸取的水分会沿麦粒背部迅速进入邻近麦皮的胚乳之中。打擦过的小麦胚乳这一部分要花5h达到平衡，而未打擦过的小麦要花15h。

润麦前先将小麦压裂或对小麦进行碾削清理，可使水分迅速渗透到小麦籽粒中，可以降低小麦粉灰分含量、改善面筋性质，特别是使水分较低的小麦大大缩短润麦时间，可减少润麦仓仓容。

3）麦粒的温度

水分在麦粒中的渗透速度，与温度的高低有着密切的联系。不同温度的水，对不同品种、不同质地的小麦，渗透速度也不同，表2-13为不同温度的水浸泡不同品种、不同质地小麦时水的渗透速度。

表2-13 不同温度水浸泡小麦时水的渗透速度 （单位：h）

渗透程度	华北1885				碧玛4号			
	角质粒		粉质粒		角质粒		粉质粒	
	40℃	26.5℃	40℃	26.5℃	40℃	26.5℃	40℃	26.5℃
开始渗入胚乳	0.5	1.0	0.25	0.5	0.5	1.0	0.25	1.0
渗透1/2粒	2.5	4.5	1.5	3.5	1.0	2.0	1.0	2.0
渗透到顶	3.0	5.5	2.5	5.5	2.0	4.0	1.5	3.0
基本均匀	4.0	7.5	3.5	7.5	3.0	5.5	2.0	5.5

由此表可以看出，不论什么品种和质地的小麦，用温水浸泡，水的渗透速度要比室温快得多，所需时间几乎可以缩短一半。但在加温水分调节时，也应注意防止水温过高导致蛋白质变性和淀粉糊化，从而影响正常生产以及小麦粉的烘焙品质。一般来讲，当小麦水分高于17%时，小麦温度不应超过46℃；当小麦水分在17%以下时，小麦温度不应超过54℃。

4）空气介质

空气介质（主要指车间的温度和湿度）对水分调节有一定的影响。小麦和空气介质不断地进行水分交换，因此水分调节往往受到车间温度和湿度的影响。温度高时，水分渗透快；温度低时，水分渗透慢。湿度大时，小麦的水分蒸发少；湿度小时，小麦表皮水分有部分要蒸发到空气中去。因此，在高温、多雨季节要少加水和减少润麦时间，而在气候干燥、气温较低的情况下，则应多加水并增加润麦时间。

5. 最佳入磨水分和实际润麦时间

（1）最佳入磨水分。经过适当润麦后，研磨时耗用功率最少，成品灰分最低，出粉率和产量最高，此时的小麦工艺性能最佳。最佳入磨水分有两个含义：一是麦堆内部各粒小麦水分分布均匀；二是水分在麦粒各部分中有一定的分配比例，皮层水分＞胚乳水分＞原料小麦水分，一般希望皮层水分和胚乳水分之比为（1.5～2.0）∶1。

硬麦的最佳入磨水分：15.5%～17.5%。软麦的最佳入磨水分：14.0%～15.0%。

（2）实际润麦时间。生产中对润麦时间要求比较严格，润麦时间太短，胚乳不能完全松软，胚乳结构不均匀，研磨时轧距不容易调节，会出现研磨不透、筛理困难的现象。润麦时间太长，会导致小麦表皮水分蒸发，使小麦表皮变干，容易破碎，影响制粉性能。

对小麦渗透速度和小麦着水后体积膨胀情况研究得出：小麦水分渗透到顶部约需8h，小麦着水后经8～12h体积膨胀已基本停止。说明小麦着水经12h即可，但这是最低要求。实际生产中，大量小麦进行着水，考虑到各种影响因素，润麦时间要长一些，一般为18～24h。硬麦或冬季为24～30h；软麦或夏季为16～24h。

（二）糙米调质

1. 糙米调质的作用

糙米是稻谷加工过程中的中间产品，稻谷经清理、脱壳和谷糙分离就得到纯净的糙米。糙米营养丰富，维生素、矿物质的含量比白米高得多。但糙米口感很差，植酸、粗纤维含量高，消化率低，所以很少直接食用未经处理的糙米。

把糙米的皮层碾掉，就得到白米。去皮程度是衡量大米加工精度的主要依据。由于糙米皮层与胚乳结合很紧密，要把糙米所有的皮层都碾掉比较困难，特别是一些水分含量很低、储藏时间比较长的糙米，达到比较高的加工精度会产生很多的碎米，严重影响加工企业的经济效益和稻谷资源的合理利用，所以，糙米调质日益受到重视。

通过加水或蒸汽调质后，糙米会发生以下物理和生化变化。

（1）由于糙米皮层与胚乳中各种成分的不均匀分布，其吸水速度和能力、吸水后的膨胀先后也就不同，在界面上产生一定程度的位移，使皮层与胚乳的结合力下降，皮层易碾。

（2）皮层吸水后，变得湿润和松软，在较低的碾白压力下即能被碾除，使碾白过程中的电耗降低，整米率提高，碎米率降低。

（3）皮层湿润后，糙米表面的摩擦系数增加，在同样的压力下擦离作用增加，更易碾白。

（4）通过水分调节，尤其是水蒸气处理，糙米所含蛋白质分解酶活性、脂肪分解酶活性增强,游离氨基酸含量、还原糖含量会发生一定程度的变化,对改善大米食用品质有一定作用。

(5) 通过水分调节,糙米有较为稳定的水分,使碾米工艺过程和操作得以稳定进行,从而确保大米的质量、出米率和生产效率。

(6) 保证大米的水分含量合乎国家标准,不会因糙米的水分过低而造成大米的水分过低,从而使国家和企业免受经济损失。

(7) 用水、蒸汽或调质剂处理,对于陈稻谷及水分过低的稻谷,效果更为明显。

2. 糙米调质的方法

糙米调质的关键是准确掌握着水量及润糙时间。着水量的确定必须以糙米入碾的最佳水分为依据。所谓最佳入碾水分是指在此水分下,糙米碾白时的糙出白率最高、出碎率最低、电耗最省、产品质量最好。最佳水分与碾白工艺、产品的质量要求、操作习惯和气候条件等有关。碾白的最佳水分一般为15%左右,着水量的大小以最佳水分与糙米原始水分的差值为依据。如果脱壳后的糙米的水分已接近最佳水分,只需加0.5%左右的水,目的是使皮层湿润,并补充在碾白过程中的水分损失。

为保证着水的均匀,调质用水必须雾化成为微小的漂浮雾状水滴。因此,着水设备可采用喷雾着水机。若采用热水调质,可用热水器加热调质水。润糙可在净糙仓中进行,净糙仓有调质及储存两个功能。为防止润糙不均匀,仓的出口应设计成多出口。

润糙时间与调质条件、糙米的吸水速度等因素有关,必须有足够的时间保证糙米吸水并使水分按梯度分布,使糙米之间的水分均匀分布。如果使用冷水调质,需1h左右的润糙时间;使用热水,则可缩短润糙时间。

(三) 玉 米 调 质

玉米的水汽调节是玉米加工过程中的重要工序。玉米加工时,用水或水蒸气湿润玉米籽粒,增加玉米皮和胚的水分,造成与胚乳的水分差异,使皮层韧性增加,与胚乳的结合力减少,容易与胚乳分离,胚乳容易被粉碎;而玉米胚吸水后,体积膨胀,质地变韧,在机械力的作用下,易于脱下,并保持完整。润汽能够提高温度,加快水分向皮层和胚乳渗透的速度。

玉米调质的方法与设备见第五章。

三、典型调质设备

(一) 着 水 设 备

小麦着水设备有最原始最简单的水龙头;可根据小麦流量变化自动加大或减少加水量的水杯着水机;带加水量控制装置的着水混合机和强力着水机;兼有小麦表面清理和去石作用的洗麦机等。因为洗麦要耗用大量的水,且洗麦水必须经过处理后才能排放,否则会污染环境,所以大中型小麦粉加工企业已不再采用洗麦的方法。但洗麦对于改善小麦粉的粉色和降低小麦粉灰分是有益的。

1. 着水混合机

着水混合机是一种连续式的高效着水设备,能把一定量的水正确地加入小麦中,并通过螺旋输送混合器的充分搅拌,使水分均匀地分布在每一粒小麦上。着水混合机通常与微波水分自动控制仪或湿度测量水分控制系统配套使用,能自动而精确地控制着水量。着水混合机结构轻巧简单，动力消耗低，与蒸汽配合使用，着水量可达 7%，对低水分小麦可一次着水达到工艺要求，不必进行二次着水。在不用蒸汽的情况下，一次着水量可达 4%。

着水混合机的结构如图 2-80 所示，主要由进料管、着水喷管、工作筒体、扇形桨叶、机架、出料、传动装置和着水系统等部分组成。

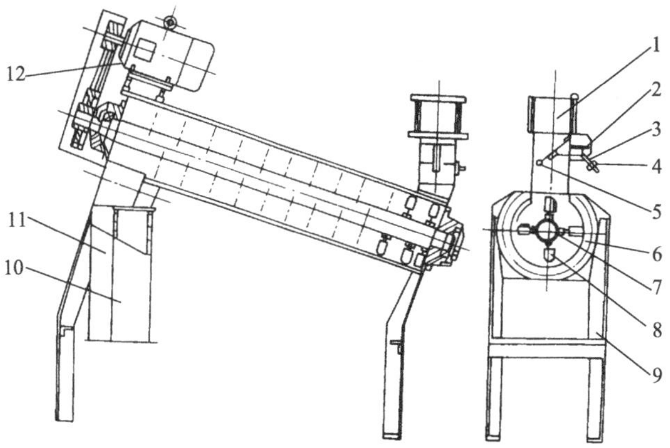

图 2-80　着水混合机结构示意图

1. 进料管；2. 感应开关；3. 均流调节板；4. 重锤；5. 着水喷管；6. 工作筒体；7. 主轴；8. 扇形桨叶；9. 机架；10. 水分测量管；11. 出料管；12. 电动机

工作时，小麦从进料管进入料筒，小麦压下均流调节板，此时感应开关动作，使着水系统的电磁阀打开，水流经过管道进入着水喷管。小麦经均流调节板均匀地进入着水腔，着水喷管对麦流进行喷水。着水后的麦流按切线方向进入向上倾斜 20°的工作筒体，22 个扇形桨叶按螺旋形排列在低速旋转的主轴上。当桨叶翻动物料时，一部分物料被推向前进，但由于圆筒向上倾斜，有一部分物料因重力作用而落下得到再次混合的机会，使麦粒之间接触充分，作用缓和，从而使水分均匀地分布于每粒小麦上，达到良好的着水效果。改变桨叶的安装角度，可调节物料向前推进的速度和圆筒内料层的深度。低速运转对设备安全运行、减少维修和降低动力消耗有利。着水后的小麦主流部分经出料管进入润麦螺旋输送器送到润麦仓进行润麦，分流部分小麦进水分测量管，经水分测量仪测量后也进润麦仓。

着水混合机的着水系统如图 2-81 所示。着水系统的工作过程是，水经进水口浮球阀进入恒位水箱，经管道通过截止阀、电磁阀、自动调节阀、流量调节阀、转子流量计，从出水管进入着水混合机的着水喷管，对小麦进行着水。

2. 强力着水机

强力着水机是干法清理的常用设备。它应用先进的电子技术，实现对小麦加水的自动控制，具有着水量大且均匀、着水效果稳定的特点。对小麦品质有明显改善，有助于小麦粉品质的提高。强力着水机的结构如图 2-82 所示，它由筒体、打板叶轮、进水管和水分检测管等部分组成。

强力着水机的筒体是一内径为 440cm、长为 2423mm 的钢板圆筒。在钢板圆筒的两端由螺栓和墙板连接，进料口在双头螺旋推进器上方，出料口在出料端的下部。打板叶轮由主轴、螺旋推进器、打板和打板架等组成。在主轴上用螺栓固定着 4 个打板架，打板以 60°的倾角分

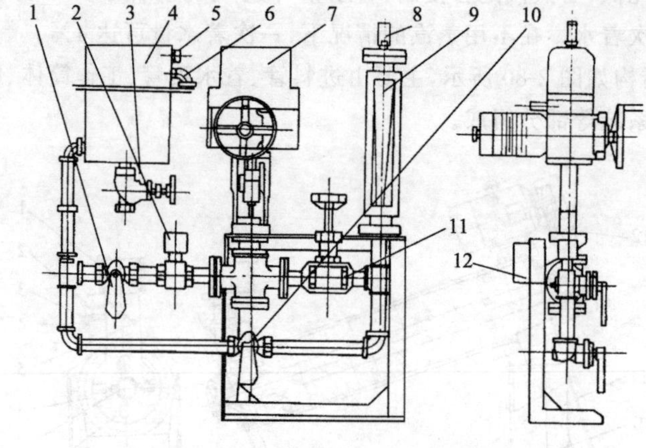

图 2-81 着水混合机的着水系统示意图

1. 截止阀；2. 电磁阀；3. 进水阀；4. 水箱；5. 浮球阀；6. 回水管；7. 调节阀；8. 出水管；9. 转子流量计；10. 调节阀；11. 流量调节阀；12. 均流调节板

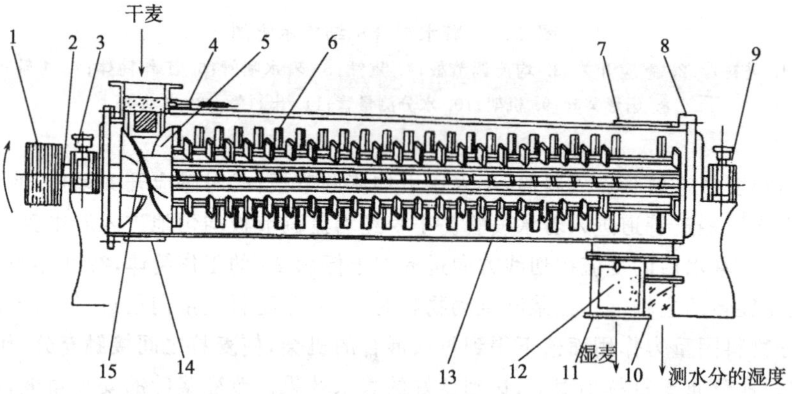

图 2-82 强力着水机结构示意图

1. 传动轮；2. 主轴；3. 进料端轴承盖；4. 进水管；5. 螺旋推进器；6. 打板；7. 活络门；8. 出口端盖；9. 出口端轴承座；10. 水分检测管；11. 出料口；12,15. 观察窗；13. 筒体；14. 卸料门

别焊接在连接打板架的 8 块金属板上，组成四头螺旋线的八角形打板叶轮。进水管在进料口内，是一根表面钻有许多小孔的钢管，和水源连接。水通过进水管成滴状加入小麦中。水分检测管在出料口处，即把出料口分为两部分，使主流物料从出口流出，另一小部分通过检测管，作为副流，由装在管上的微波测湿仪检测加水后的小麦水分，测后的小麦和主流一起进入润麦仓。

强力着水机的主要工作机构是一个密闭的筒体和置于筒体内的高速旋转的打板叶轮。由于打板数目众多，并以 16～19m·s^{-1}线速旋转，小麦和水切向进入圆筒之后，被打板连续地打击，并将小麦沿工作圆筒抛洒，形成一个环状的"物料流"。在这样的环境中，每粒小麦都能受到多次强烈的撞击和摩擦，使表皮软化和部分撕碎。这为水分快速均匀地渗透到麦粒的各个部位创造了条件。而加入的水在打板高速旋转所产生的离心力的作用下，均匀撒开，与小麦充分混合接触，渗入麦粒中，以达到高速着水的目的。

强力着水机的加水自控系统是一个单回路、闭合恒值调节系统，包括加水装置、湿麦水分检测装置、调节装置、电机过载保护及报警装置。它根据小麦流量的变化、原始水分的高低，自动调节着水量，以保证着水后小麦水分稳定在工艺要求的范围之内。在调节过程中，一般把着水后的小麦水分认为是"被调值"，给水阀是"调节机关"，水为"被调介质"，而工艺规定的着水后的小麦水分称为"给定值"。强力着水机自动调节原理见图 2-83。

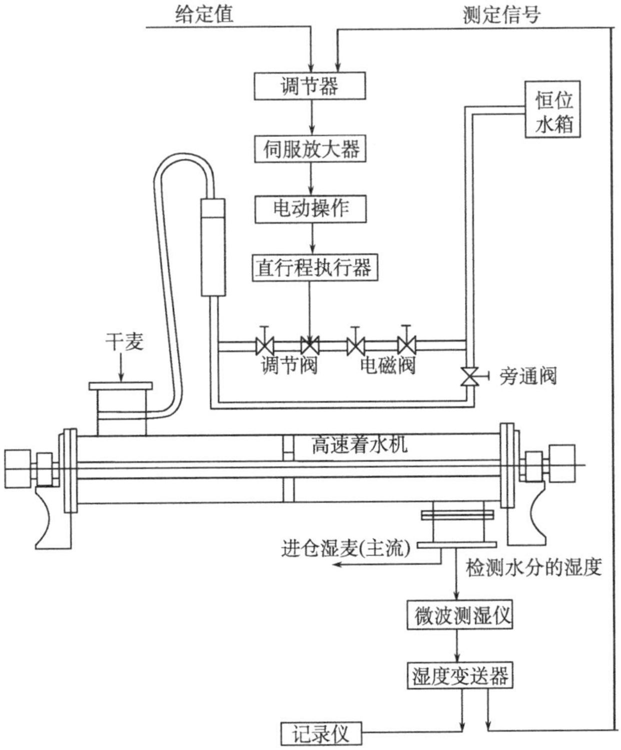

图 2-83　强力着水机水分自动调节系统原理图

强力着水机自动加水的工作过程：着水后的小麦进入测量料筒，由微波检测仪测出水分。检测过程中，湿麦必须充满整个料筒形成料柱，通过料筒内壁装有的微波测水仪的接收和发射器，使微波源发射的微波能量为料筒的湿麦所吸收。湿麦水分越大，微波衰减越大，检波器输出的测量信号就越小。反之，湿麦水分低，微波衰减小，测量信号就强。微波测水仪输出的测量信号，经湿度变送器放大后，输入调节器。通过调节器把测量信号与"给定值"进行比较，将比较后的偏差值按预定的运算规律进行运算。然后将运算结果输出调节信号给伺服放大器，经伺服放大器把信号再次放大变为触发脉冲，通过伺服电机控制进水阀门的启闭程度，达到对小麦自动调节加水的目的。

强力着水机主要技术参数见表 2-14。

表 2-14 强力着水机主要技术参数

技术参数	SJQ·45
打板叶轮直径和长度/mm	450×2423
推进器直径和长度/mm	450×225
打板线速/($m \cdot s^{-1}$)	16～19.3
转速/($r \cdot min^{-1}$)	720～870
产量/($t \cdot h^{-1}$)	18
水分误差/%	±0.2
着水量/%	4.5
功率/kW	7.5
外形尺寸主机(长×宽×高)/mm	3300×600×1000
自控柜(长×宽×高)/mm	560×520×1600
机重/kg	980

3. SJM 型喷雾着水机

SJM 型喷雾着水机由雾化喷头、搅拌输送机和水气控制装置等组成，如图 2-84 所示。小麦进入料筒后，推动挡板向下转动，启动水气电磁阀的微动开关，使雾化喷头开始喷水，使麦粒得到水雾均匀喷洒。浆叶式输送机一方面对小麦进行搅拌，提高着水均匀度，另一方面将小麦送入磨前麦仓。

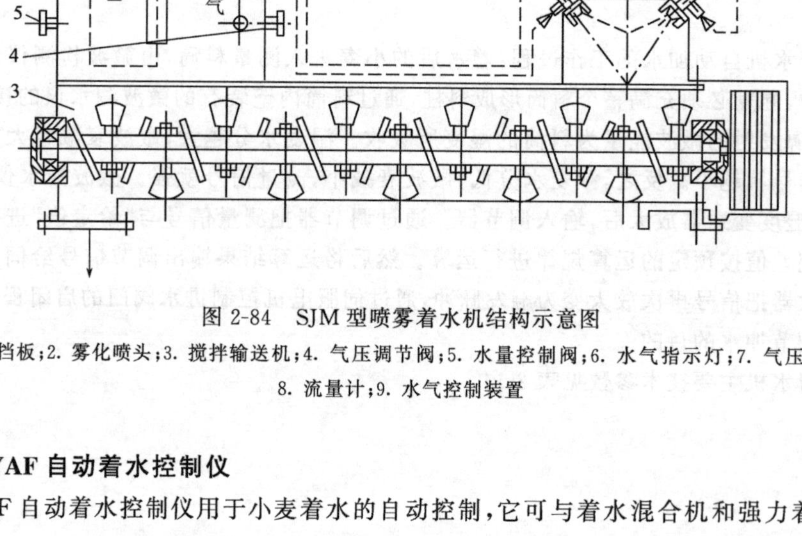

图 2-84 SJM 型喷雾着水机结构示意图

1. 挡板；2. 雾化喷头；3. 搅拌输送机；4. 气压调节阀；5. 水量控制阀；6. 水气指示灯；7. 气压表；8. 流量计；9. 水气控制装置

4. MYAF 自动着水控制仪

MYAF 自动着水控制仪用于小麦着水的自动控制，它可与着水混合机和强力着水机配套使用,具有精度高、使用方便的优点,完全能满足小麦制粉的着水工艺要求。

MYAF自动着水控制仪由麦流通道、测量/控制柜两部分组成。麦流通道连续测定小麦原始水分和流量,根据这些数据和所需要的小麦水分,准确地向着水机供水。麦流通道包括测湿箱、料位平衡箱和麦流量控制箱组成。

测量/控制柜包括温度测量盒、水量控制盒、气路系统、自动和手动着水系统。MYAF自动着水控制仪的工作原理如图2-85所示。电容式湿度传感器测出毛麦的水分含量,重力传感器测出毛麦的容重,温度检测探头测量出毛麦的温度,冲击式重力传感器测出小麦流量。这些信号一并送入微处理器,算出需要的加水量,并与水流量计测得的实际水量进行比较,用比较后的差值信号控制气动薄膜调节阀的动作,从而获得所需的加水量。MYAF自动着水控制仪的技术参数如表2-15所示。

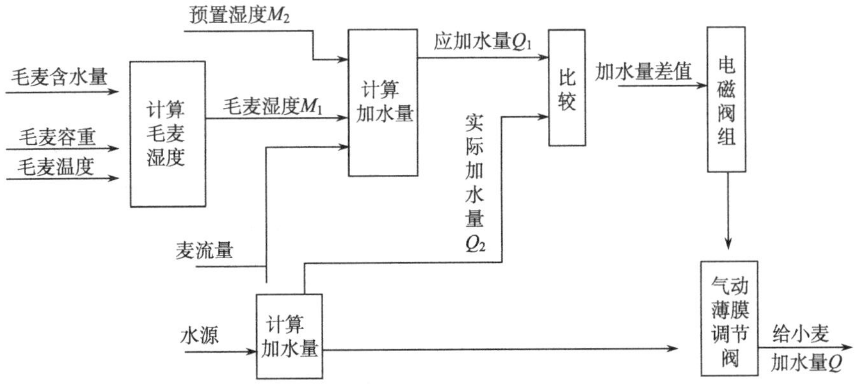

图2-85　自动着水控制仪的工作原理图

表2-15　自动着水控制仪的技术参数

技术参数	MYAF
着水量/(L·h^{-1})	20～1600
麦流量/(t·h^{-1})	3～30
水量微调范围/(L·h^{-1})	±20
预置湿度范围/%	5～20
着水精度(标准误差)/%	0.2
电压/V	220±10(50Hz)
功率/W	100
气源压力/MPa	0.2～0.6
给水压力/MPa	0.2～0.6
工作环境温度/℃	0～45
工作环境湿度/%	≤85
麦流通道(长×宽×高)/mm	550×550×1370
控制柜(长×宽×高)/mm	1022×450×1522
机重(麦流通道/kg+控制柜/kg)	80+100

(二) 润　麦　仓

小麦着水后,需要一定的时间让水分向小麦内部渗透以使小麦各部分的水分重新调整,这个过程在麦仓中进行,这种麦仓称作润麦仓。润麦仓一般采用钢筋混凝土、砖混结构、钢板或木板制成。

润麦仓一般采用钢筋水泥结构。仓的截面大都是方形的,一般润麦仓的截面为 2.5m×2.5m 或 3.0m×3.0m。仓的内壁要求光滑,仓的四角应做成 15～20cm 的斜棱,以减少麦粒膨胀结块的机会。由于湿麦的流动性差,仓底要做成漏斗形,斗壁与水平夹角一般为 55°～65°。润麦仓的出口有单出口和多出口两种。出料口大小为 250mm×250mm。为便于进仓检查和清仓工作,仓顶应设进人孔,仓内壁设爬梯。进人孔一般为 600mm×600mm。爬梯通常采用预埋的铁爬梯,材料可用 Φ16～20 圆钢。为了及时了解和显示润麦仓中物料的多少,以利组织生产和实现生产过程的自动化,必须在仓的上部、中部和下部设置料位器。

由于小麦籽粒的饱满程度和质量的差异,小麦入仓时会出现自动分级。较重的麦粒落在仓的中心部位,较轻的麦粒落在仓的四周。卸料时,料仓中心部分的籽粒比靠近筒壁的物料更容易流动,靠近四周的物料则因受到较大的摩擦力以及离仓中心较远流动更困难,使得仓中心的小麦先行流出,在中心部位流出后,上部近壁的小麦逐渐向中心补充,而底部仓壁四角的小麦最后流出,产生后入仓先出仓现象,造成润麦时间不匀。如果小麦进仓时已有自动分级现象,饱满的小麦落在仓的中心,大部分轻质麦和轻杂追积落在靠近仓壁处,结果是早期流出的小麦比后期流出的小麦容重高、杂质少,通常仓内最后 1/4 的小麦,其品质差异相当显著。仓越大,自动分级造成的影响越严重,影响生产和产品质量的稳定。

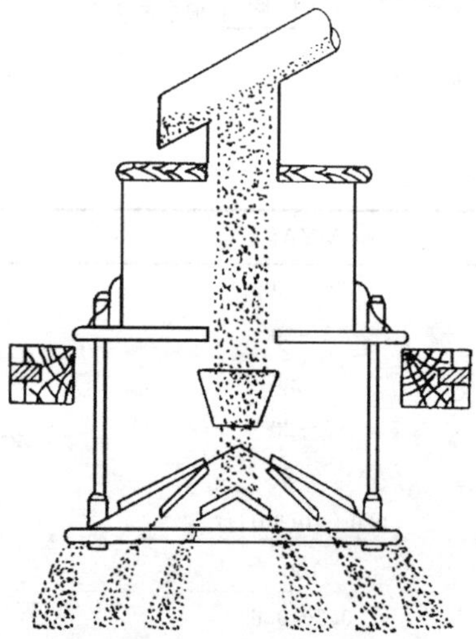

图 2-86　仓顶分散器

为克服小麦入仓时产生自动分级现象,可在麦仓入口处装置分散器(图 2-86)。

在仓顶入口处下方,吊装圆锥形分散器,当麦粒进仓时,撞在圆锥上向四周流出,防止小麦的自动分级现象。

为克服小麦出仓时中心部位首先流出现象,一般采用多出口麦仓。多出口麦仓在一定程度上可以克服单出口润麦仓的后进先出缺陷,使仓四周的小麦和中心的小麦具有相同的流动特性,做到先进先出,防止产生自动分级,保证润麦时间和小麦品质的一致性。多出口润麦仓有 4 出口、9 出口、16 出口等几种形式,其结构如图 2-87 所示。每一个出口的溜管直径取 150mm 左右。所有溜管成一定斜度均布在圆锥形汇集斗的圆周上。汇集斗的上部中心设置检查孔。

每一根溜管上应设玻璃观察管,以观察溜管内物料的流动情况。汇集斗(布勒公司产品)的结构如图 2-88 所示。

润麦仓容量的大小,影响润麦时间的长短。应根据所需的润麦时间和生产线的产量来确定润麦仓容量的大小。每个润麦仓的仓容不宜过大、仓的数量不能太少,一个生产线至少要有 3 只润麦仓,以便于各种小麦分开存放和周转。正常生产时,有一个仓在进麦,有一个仓在出麦,两个仓只起一个仓的作用。润麦仓的数量可按下式计算。

$$Z = Q \cdot t/(V \cdot r) + A/2$$

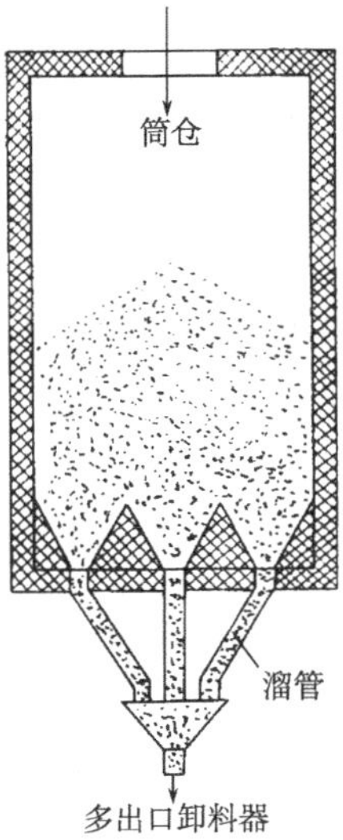

图 2-87　多出口润麦仓结构示意图

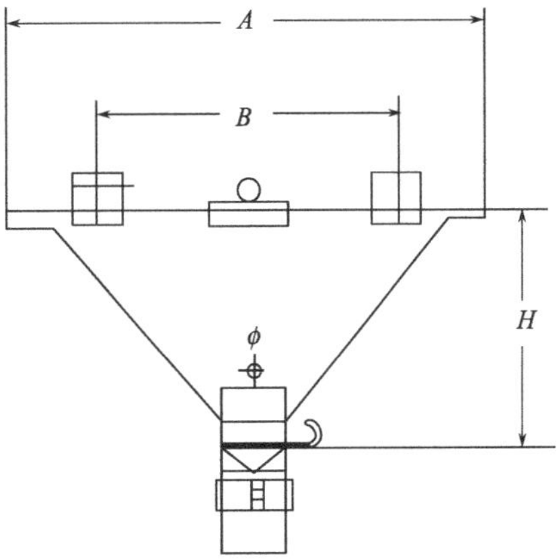

图 2-88　多出口润麦仓汇集斗结构示意图

A. 圆锥形料斗直径；*B*. 相对溜管间距；*H*. 料斗高度

式中，Z 为润麦仓数量（个）；Q 为产量（$kg \cdot h^{-1}$）；t 为润麦时间（h）；V 为每个仓的有效体积（m^3，约为实际体积的 80%）；r 为小麦的容重（$g \cdot L^{-1}$）；A 为同时进、出仓的仓数（取最大数）。

为了及时了解和显示润麦仓中物料的多少，以利组织生产和实现生产过程的自动化，一般在仓的上部、中部和下部设置料位器。料位器基本上分为接触式检测和非接接触式检测两大类。接触式检测即检测时料位器探头与被测物料相接触，如 γ 射线料位器、微波料位器、激光料位器、超声波料位器等，能随时测出料仓中料位的高度。

润麦仓使用的料位器大多是机电式料位器，主要用作空仓和满仓的定点检测。TLWJ 系列料位器是最为普通的机械式料位器，由微型电机、壳体、接线柱、传动齿轮、转座轴、翼板、发讯微动开关、转座罩壳、微电机电源切换微动开关等构成，可用于颗粒状或粉状物料料位的检测。TLWJ 系列料位器的结构如图 2-89 所示。

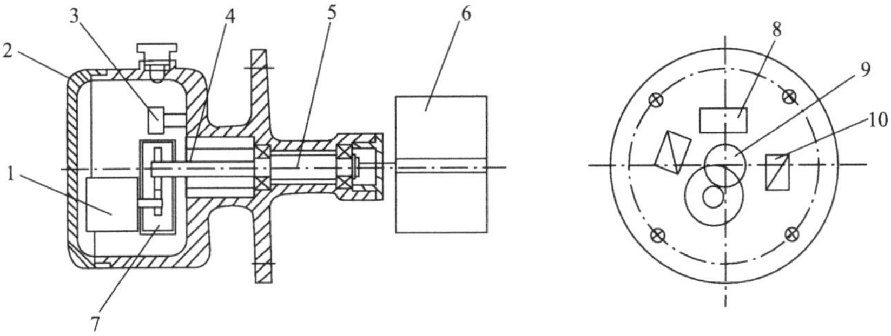

图 2-89　TLWJ 系列料位器结构示意图

1. 微型电机；2. 壳体；3. 接线柱；4. 转座轴；5. 主轴；6. 翼板；7. 传动齿轮；8. 发讯微动开关 1×K；9. 转座罩壳；10. 微电机电源切换微动开关 2×K

当电源接通，微型电机开始旋转，经传动齿轮减速后，带动主轴和翼板转动。此时，转座通过弹簧拉力压住发讯微动开关，而微电机电源切换微动开关处于自由状态。当被测物料上升至翼板，翼板旋转受阻，使过负载检测部分围绕主轴做微量转动，而使转座罩壳离开发讯微动开关，使其发讯或报警。接着另一侧推动微电机电源切换微动开关，切断电机电源，使电机停止旋转，并维护此状态，即满仓状态。当料位下降时，翼板失去阻挡，过负载检测部分依靠返回弹簧作用恢复到原来位置，微动开关也回到原来状态，电机供电回路接通，翼板恢复自由转动。由于发讯微动开关也回到原来状态，所以能够指示出料位减少。

第九节　搭　配

将多种不同类型的小麦按一定配比混合加工的方法称为小麦搭配。将不同小麦分别先加工成面粉，再按相应比例搭配混合的方法称为面粉搭配。搭配是小麦制粉生产中的一个重要环节，与生产的稳定、加工成本的高低、产品的质量及质量的稳定以及经济效益的好坏等密切相关。小麦制粉厂均可进行小麦搭配，而只有具备散装配粉仓的粉厂方可进行灵活的面粉搭配。无论是采用何种搭配方法，在小麦加工之前都必须预先制订出搭配方案。

一、搭配目的与搭配方案制订

（一）搭配的目的

(1) 合理利用原料，保证产品质量。根据面粉质量要求，将不同类型、不同等级的多批小麦混合加工，使其性能优势互补，生产出合格产品，并可充分利用原料资源。

(2) 使入磨小麦加工性能一致，保证生产过程相对稳定。不同类型和等级的小麦在制粉生产过程中，其加工特性及研磨在制品的分配比例都存在较大差异，若按一定比例混合后，可保证研磨小麦在一段时期内相对稳定。生产过程中针对混合后小麦特性进行相应地操作调整后，即可稳定生产。原料的稳定对自动化程度高的粉厂尤为重要。

(3) 保证产品质量的前提下，尽量降低原料及生产成本。

(4) 保证产品质量的长期稳定，即保证不同批次生产的同一品种同一等级的面粉质量相同。专用小麦粉尤其要保证质量的稳定。

（二）搭配的要求

(1) 按生产面粉的质量要求，选购相应品质的小麦。

(2) 具有足够的仓容，分类存放购入小麦，不可互混。

(3) 对购入小麦进行相应的品质检验，并将其各项质量指标、数量、价格及储存仓位等数据备案。

(4) 具有完善的实验设备和条件。

(5) 工艺流程中设置有相应的搭配设施。

（三）搭配方案的制订

1. 通用小麦粉搭配方案制订

制订通用小麦粉的搭配方案时，应首先满足小麦粉的面筋质含量要求，其次再参照库存小麦的类别、色泽、灰分、数量、价格等因素。因小麦粉的面筋质含量虽与制粉工艺中小麦粉的提取部位、出粉率、水分等因素有关，但主要与小麦本身的面筋质含量的高低有关，相同条件下与小麦面筋质含量呈正相关。小麦粉的其他指标主要由生产过程的控制来保证。

2. 专用小麦粉搭配方案制订

制订专用小麦粉的搭配方案时，除考虑上述通用小麦粉搭配的诸多因素外，需重点满足不同专用小麦粉的品质指标。为此，采购和小麦入库时均需进行详尽的品质检验：小麦质量检验、实验磨制粉、小麦粉的面团性能检测及评价指标等，为搭配方案的制订提供依据。

制订搭配方案时，需依照所生产专用小麦粉的质量标准，按上述线性方程初步计算出各种小麦的搭配比例。在实验磨粉机上按搭配比例将各类小麦混合研磨成粉，再将小麦粉进行相应的品质指标检测。或将各类小麦分别研磨成粉后，再将小麦粉按比例混合进行相应的品质检测。

要注意，不同小麦单独研磨所得的面粉品质指标按搭配比例计算的数值，与搭配后再研磨的小麦粉品质指标测试值存在一定的差距。因此，制订专用小麦粉的搭配方案时，一般先将搭配的各类小麦分别用试验磨研磨成粉，再将小麦粉按不同比例混合均匀进行相应的品质检测。同时还要进行相应面制品的食用品质检测，各项指标合格后方确定最终搭配方案。

二、搭配的应用

（一）毛麦搭配

制粉主车间设置有数个毛麦仓的面粉厂，可在毛麦仓下搭配混合。即先将准备进行搭配的小麦分别送到不同的毛麦仓中，按设定的搭配比例分别调整好出仓的小麦流量，然后同时开启几种搭配小麦的麦仓出口，出仓后的多种小麦流入螺旋输送机混合并输送至提升机。

制粉主车间毛麦仓数较少的情况下，若立筒库与主车间距离较近，可在立筒库下进行毛麦搭配，搭配方法同上。立筒库仓容大，调整搭配比例后可较长时间保持不变，但要注意配麦量与主车间生产量的衔接。车间内无毛麦仓也无立筒库的小型面粉厂，多在下粮井处进行简单的配麦。

毛麦搭配简单易行，可操作性强，不足之处在于水分不同、硬度不同的小麦需要不同的着水量和润麦时间；含杂种类和含杂量不同的小麦清理工序应有所侧重。而小麦混合后着水量和润麦时间相同，难以使不同小麦的制粉特性均达到最佳状态，清理杂质的难度相应增大。

（二）润麦仓下搭配

为避免上述毛麦搭配的弊端，一些面粉厂将搭配用的小麦分别清理、着水和润麦之后，在润麦仓下进行搭配。毛麦清理阶段采用一条或两条平行的清理流程。

润麦仓下搭配的优点显而易见，使不同类型的小麦都达到适宜的制粉性能。不足之处亦明显：①需设置较多数量的润麦仓。②当只有一条清理流程时，原料变换频繁。③操作管理难度增加。

一些工艺完善的面粉厂，在毛麦仓和润麦仓下均可进行小麦搭配，并设置有配粉仓。生产过程中，可根据原料状况、成品的质量要求等灵活应用。为保证出仓小麦质量均衡，一般采用多出口麦仓。面粉具体搭配将在小麦加工中阐述。

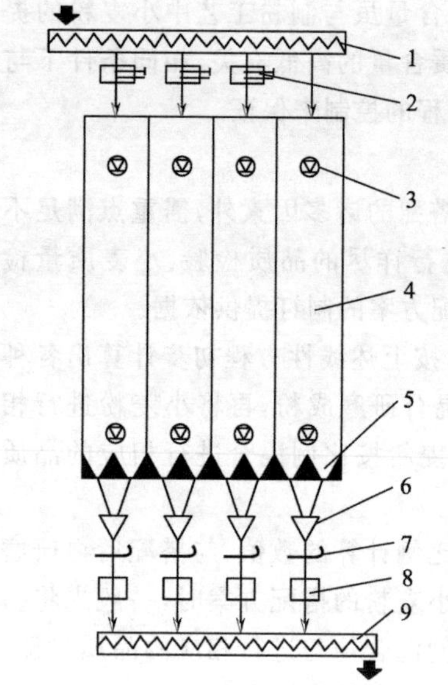

图 2-90 小麦搭配流程

1. 仓上螺旋输送机；2. 控制阀门；3. 料位器；4. 麦仓；5. 出料口；6. 收集斗；7. 出仓控制阀门；8. 配麦器；9. 仓下螺旋输送机

三、典型搭配设备

小麦搭配时，需将分别存入不同麦仓中的若干种小麦按预定搭配比例同时放出，控制各麦仓出口小麦流量的设备为配麦器。配麦器一般放置在麦仓出口下方、螺旋输送机之上，按不同比例出仓的多种小麦经螺旋输送机混合均匀，如图 2-90 所示。配麦器有容积式和重力式两种形式。

（一）容积式配麦器

1. 容积式配麦器的结构

容积式配麦器主要由可调整容积大小的转子和机壳组成，有几种结构形式。图 2-91 为 TPLR 型容积式配麦器的结构示意图，该机的主要构件为一具有袋状定量腔的转子和设在进口处的若干个不同宽度的插板。插板下方对应的定量腔容积比例分别为 2%、8%、38%、32%、16% 和 4%。按搭配比例调节不同插板的启闭，可控制通过的小麦流量。当定量转子出现故障时，打开总开启插板 1，使小麦从旁路通道排出，以保证连续生产。

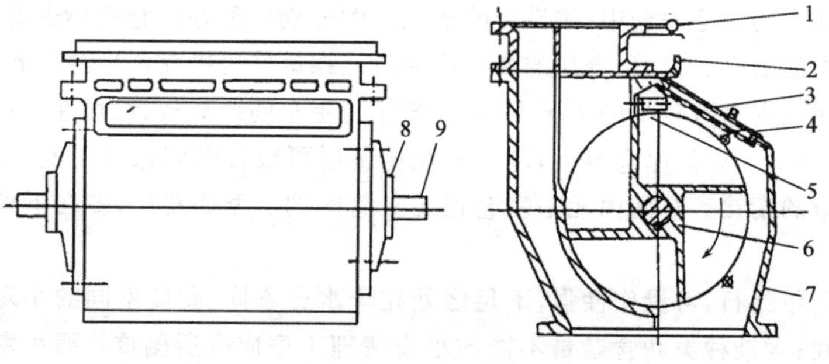

图 2-91 TPLR 型容积配麦器

1. 总开启插板；2. 配比插板；3. 观察窗；4. 安全网罩；5. 刮板；6. 定量转子；7. 箱体；8. 轴承座端盖；9. 驱动轴

2. 容积式配麦器的流量

小麦从进料口落入转子和机壳之间的工作空间内，随着转子转动至下方出料口排出，其流量的计算公式如下：

$$G = n \cdot i \cdot \phi \cdot \gamma$$

式中，G 为容积配麦器流量（$kg \cdot h^{-1}$）；n 为转子转速（$r \cdot min^{-1}$）；i 为配麦器工作容积（$L \cdot r^{-1}$）；ϕ 为充满系数（小麦一般取 0.8）；γ 为小麦容重（$g \cdot L^{-1}$）。

由上式可知，容积配麦器的流量与配麦器的转子转速、工作容积、充满系数和小麦容重有关，并随上述参数的增大而增加。

当设定的转子转速较低时,容积配麦器的流量与转速呈线性关系;当转速增大至一定值后,继续增大转速,因小麦来不及充满容积空间导致充满系数下降,反而使流量减小。因此容积配麦器设置有最大工作转速。使用前一般根据产量大小在最大转速范围内设置一个固定转速值。

当转子转速为定值、小麦容重和充满系数也一定时,配麦器的流量随工作容积的变化而改变。

实际生产中,搭配的各批小麦其形状、饱满程度、含杂种类、含杂量以及水分不尽相同,因而容重和充满系数存在差异,影响到通过容积配麦器的小麦流量,进而对搭配比例的精确程度造成一定影响。故确定各麦仓配麦器的容积调节比例时,应考虑上述因素。

容积配麦器结构简单,设备高度较低占据空间高度小,易在流程中安置。搭配比例调节方便灵活,价格相对也较低。

(二) 重力式配麦器

重力式配麦器又称流量控制器,主要由微电脑智能测控系统、气动控制系统和机械执行机构组成。微电脑智能测控系统包括流量感应板、重力传感器和智能控制仪表,其中智能控制仪表与主机分开安装,可同时控制几个重力式配麦器,设定和控制不同麦仓的出料流量。气动控制系统包括气泵、电磁阀及节流阀等,用来控制进料闸门的开启程度。TKZL 型重力配麦器的结构见图 2-92。

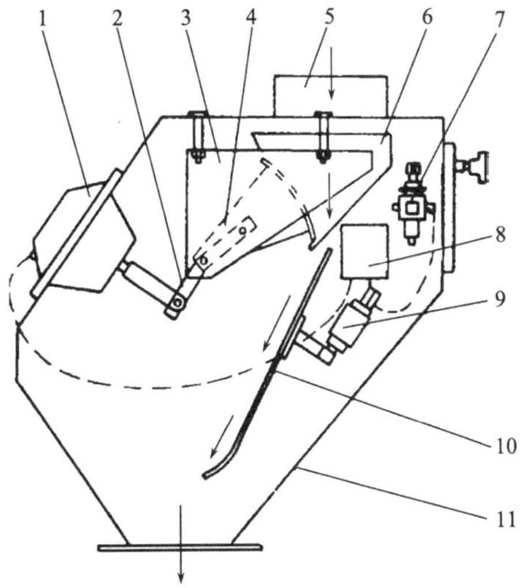

图 2-92 TKZL 型重力配麦器

1. 气泵;2. 连接板;3. 支撑架;4. 闸门;5. 进料口;6. 料斗;7. 减压阀;8. 气动控制箱;9. 传感器;10. 流量感应板;11. 箱体

重力配麦器工作时,料斗中小麦经流量控制闸门落到流量感应板上,感应板把获得的冲力信号送给板下的传感器,传感器将冲力信号转换成电信号传递给智能控制仪表。小麦的冲击力与流量呈线性关系,小麦流量小于设定流量时,气动控制箱内的进气电磁阀处于导通状态,通过气泵使进料闸门开大,流量增大。反之,控制出气的电磁阀导通,流量减小。当小麦流量达到设定值时,进料闸门处于平衡状态,停留在一个与设定值相应的开度上,达到动态平衡位置,仪表显示即时的动态流量。TKZL 型重力配麦器的主要技术参数见表 2-16。

表 2-16 重力配麦器的主要技术参数

技术参数	TKZL
流量控制/($t \cdot h^{-1}$)	1～10,10～20
精度(设定值)/%	±1
功率/kW	0.04
工作气压/MPa	0.3～0.6

重力式配麦器的优点是不受小麦品质、含杂和水分的影响，保持恒定的重量百分比，自动化程度高。但因机电一体化、电子元件较多、结构复杂，需精心地操作和维护。

在实际应用中，流程中不设自动控制的面粉厂，多采用容积式配麦器；采用毛麦仓下搭配且进行生产自动控制的面粉厂，可使用重力式配麦器；若清理流程中既可在毛麦仓下搭配也可在润麦仓下搭配，可在毛麦仓下配置重力式配麦器，在润麦仓下配置容积式配麦器。

第十节　设备操作与维护

一、风选设备的操作与维护

(1) 开车前应检查风选器的风道是否通畅，风网的密闭是否良好。

(2) 开车时先启动风机，待运行平稳后再进料；开车后须透过玻璃板观察检查进入分离区的物料左右是否厚薄一致，给料是否连续稳定。按照单位吸风道流量掌握控制进料量，防止物料层厚薄不均和断流现象，以免影响分选效果。

(3) 正确掌握吸风道风速，尽量使气流方向与物料流方向垂直相交。应随时观察沉降室排除杂质的含粮情况，及时调节风门。调节风道尺寸，使分离区内的轻质物料可上升，而完整的小麦粒可落下去。在下脚中无完整麦粒的前提下，尽量开大风门，以保证较高的除杂效率。

(4) 定时检查吸风道和沉降室有无堵塞情况，及时清除杂质。

(5) 停车时应先断料，最后关闭风机。

(6) 对需手动调节的部件，应经常加润滑油；使之转动灵活。

(7) 振动电机应定期维修，并更换润滑油；连续运行一年或发现噪声过大时，应更换轴承；若给料器或振动电机出现异常振动，应检查橡胶轴承、吊杆的装置是否完好。

二、筛选设备的操作与维护

(一) 圆筒初清筛操作与维护

(1) 开车前检查传动装置、安装防护装置、进出料闸门等部位的情况是否正常。

(2) 开车后先检查筛筒运转方向是否与标记方向一致，空车运行 1～2min，待运转正常后再开始进料。流量应控制适当，过大时会发生杂质带粮的现象。

(3) 经常检查筛筒运转和除杂情况，发生异常即予以排除。

(4) 当清理对初清要求较低而又要求产量较大的物料时，可选用较大的筛孔；反之，则选用较小的筛孔。

(5) 清理刷磨损到不能贴靠筛筒时，应及时更换。

(二) 振动筛的操作与维护

1. 开车前的检查

(1) 检查全部锁紧部位是否牢固。

(2) 检查筛面上的筛格是否压紧，检查筛面筛孔有无杂物堵塞。

(3) 检查橡胶垫与筛体及机架的连接。

(4) 检查振动电机与筛体的连接。

(5) 检查密封件的密封情况。

(6) 检查两台振动电机电源电压和连锁控制装置。

(7) 拆下电机端盖,检查扇形块的相对相位角是否保持一致,待调整一致后,拧紧扇形块的紧固螺钉。

(8) 两振动电机安装的角度保持一致,转向应相反。

(9) 检查振动电机的振幅是否太大或太小,一般保持在2.5～5.5mm,最大不超过6mm,否则将会损坏机器,振幅的大小可通过改变激振力来调整。激振力大小又可通过改变振动电机与筛体夹角以及改变电机偏重块的质量来实现。

2. 生产中的操作维护

(1) 机器启动后,筛体与机器不得有碰撞或不正常的声音。

(2) 调整喂料机构的可调分料淌板和匀布淌板,使物料沿筛宽方向分布均匀,不得有走单边现象。

(3) 在工作过程中,筛孔可能会出现堵塞现象,可用木条或竹片刮除,严禁用铁锤或其他金属物敲打筛面、筛体。

(4)当观察到吸风分离效果不好时,通过调节手轮改变吸风道的宽窄,使其达到最佳分离效果。

3. 停机后的维修与保养

(1) 该机虽无润滑点,但一年需要大修一次,更换淌板,对两层筛面进行修整等,振动电机要拆下检查,并给电机轴承换油,若损坏,应更换轴承。

(2) 密封件破损或老化要进行更换,并应经常检查。

(3) 检查筛体支承装置,如发现中空橡胶垫有明显变形、破损或过度扁平时,应同时更换两块中空橡胶垫。

(4) 筛面清理橡皮球,应定期检查,如破损过甚,应及时更换。

(5) 垂直吸风道不需要任何维修,只有当整件活动部位不灵活时稍加润滑油即可。

TQLZ型自衡振动筛常见故障、产生原因及排除方法见表2-17。

表2-17　TQLZ型自衡振动筛常见故障、产生原因及排除方法

故障	产生原因	排除方法
物料走单边	1. 进料口内物料未落到进料箱中部 2. 沿下料斗宽度方向下料不匀 3. 筛体横向不平	1. 调整进料锥管,使物料落在进料箱中部可调分料淌板 2. 调节进料箱内可调分料淌板和匀布淌板,控制物料的分流状况 3. 检查机架安装是否水平,4只橡胶弹簧是否一样高
筛体运动有扭摆现象	1. 四个支撑点受力不均 2. 中空橡胶垫破损 3. 电机扇形块相位角不相同 4. 两侧电机安装角度不一致 5. 一侧电机没有运转	1. 检查机架是否水平及中空橡胶垫是否一样高 2. 更换橡胶垫 3. 调整扇形块使其相对位置角保持一致,并拧紧螺栓 4. 调整电机安装角度 5. 检查电机线路

续表

故障	产生原因	排除方法
除杂效率低、产量小	1. 振幅大小不宜 2. 振动角大小不当 3. 筛面倾角偏大或偏小 4. 筛孔堵塞 5. 进料箱匀布淌板或出料阻风板位置太低	1. 调节振幅 2. 调节振动角 3. 调整筛面倾角 4. 清理筛面 5. 把匀料板或阻风板调高
下层筛下物有饱满粮粒	1. 筛网破损 2. 进料箱与筛格间有间隙 3. 筛孔的形状、大小不合适 4. 压条与筛格间有间隙,筛格太薄或太厚	1. 调换筛面 2. 更换密封或加厚封条 3. 更换合适的筛面 4. 调节压筛机构,增减筛格压条厚度

(三) 平面回转筛的操作与维护

1. 开车前的准备工作

设备安装完毕,经仔细检查调整,确认无异常情况后可接通电源空车运转。在开车瞬间和空车运转中,应注意有无异常声响(减振器的碰撞除外),电机的负荷是否正常。如有意外情况,应立即停机检查故障产生原因。保证传动部件运转平稳,无碰撞、摩擦声,吊杆长短一致,筛体水平,筛面张紧,并上好底盖板、装拆孔盖板和前门,设备即可投入正常使用。

2. 生产中的操作与维护

(1) 正确调整进料压门重砣的位置,掌握合适的进料流量使之达到规定的范围,并应经常保持稳定,保证物料沿筛面宽度的均匀分布。

(2) 若发现筛孔有堵塞时,可用刷帚轻轻去除。若在停机时,可卸下筛格,筛面朝下,在地面上轻轻拍打,使堵塞物掉落。切勿使用棍棒、铁器敲击拍打筛面,以防筛面产生凹凸不平,甚至破裂,影响筛理效果。若是筛孔选择不当,则应调换合适筛孔的筛面。

(3) 正确调整流量,流量过大,筛体过重,转动幅度就会减小,筛理效果降低,严重时还会造成堵塞。

(4) 调节吸风量和风速,避免过大过小,通过有机玻璃可观察到吸风效果。

(5) 生产中发现产量过小,可调整转速和振幅,必须停机调节。转速可通过改变带轮的直径来实现,振幅靠调节两偏重块的夹角来实现。

3. 停机后的检查工作

(1) 经常注意吊杆是否有损伤或松动,如有损伤或松动应及时更换或紧固。更换吊杆时,可先将筛体支垫好,打开机架两侧的装拆孔盖板,并卸掉出料口。安装时次序与上述相反。

(2) 定期检查传动三角胶带松紧是否适宜。如过松或过紧,可调整电机底座后 4 只方头调节螺管。

(3) 定期检查筛面是否有破损或翘曲不平,必要时更换或调整筛面。

(4) 定期检查传动轴承等零件有无磨损,是否需更换,为保证传动轴承的润滑,可用黄油枪从注油器加入黄油,并应定期换新润滑油。

(5) 定期检查传动支座、电机底座的安装螺栓是否松动。

(6) 定期检查减振装置转动是否灵活,安装有无松动。

(7) 橡皮球的清理功能与材料、直径有关,在一定的筛框和转速下其清理功能将随着直径的磨损而减弱。因此,要经常检查其磨损程度,若发现失效应及时更换。

(8) 应经常检查吸风道是否保持畅通。

TQLM 型平面回转振动筛的常见故障、产生原因及排除方法见表 2-18。

表 2-18　TQLM 型平面回转振动筛的常见故障、产生原因及排除方法

故　障	产生原因	排除方法
筛面上的物料走单边	1. 进料时沿筛面宽度方向下料不均 2. 筛面横向不水平	1. 调整进料压力门压砣位置或溜管进料方向 2. 检查调整左右吊杆的长度,使用筛面横向截面保持水平
小杂中含粮较多	1. 小杂筛面磨损有漏洞 2. 小杂筛面搭接处缝隙过大 3. 筛面筛孔选择不合适	1. 更换筛面 2. 堵塞缝隙 3. 调换合适的筛面

三、去石机的操作与维护

1. 安装

去石机原则上应安装在头道或二道清理筛之后,需经过去除大、小杂质和磁性金属夹杂物,以减少去石筛面的磨损和堵塞,保证设备去石功能的发挥。

设备必须安装在牢固平整的地基或楼板上,就位后拆下主轴两端的固定支撑板,使筛体处于自由状态,然后用垫块调至筛体横向水平后,方可固定地脚螺栓。

为了保证工艺效果稳定,该机最好采用单独吸风系统。必须采用组合风网时,只允许两台去石机组合,并在风道上安置碟阀以便调节。

2. 操作

开机前进行全面检查,如一切正常,必须先关好吸风管上碟阀,然后开去石机、开风机,再慢慢打开碟阀,同时开始进料,并调节进料量及风量,使物料在去石筛板上呈波浪形“沸腾”状态,同时调节出石端反吹风门,控制反吹风的大小,使石子、谷物形成明显的分界线,并有较长积石区(一般积石区长度为 5～10cm),出石情况正常,石中含粮符合要求,即为正常工作状态。

停机时应先停止进料,后停去石机,最后停风机,以防筛面上物料积存过多,引起下次开机时物料在筛面上堵塞,影响进入正常工作状态。

3. 调整

(1) 筛面倾角的调整。筛面倾角为 7°左右,在设备出厂时均已调整好,当处理不同物料时,筛面倾角要适当调整,即转动筛面倾角调节机构上的把手,使筛面倾角改变。

(2) 振幅的调整。调节振幅时,只需调节振动电机两端的平衡块的夹角。两块平衡块的夹角小时,振幅变大;夹角大时,振幅变小。两侧的电机平衡块要调节一致,调好后将螺母锁紧。

(3) 抛角的调整。抛角是筛体振动方向与筛面的夹角。当需要调整振动电机与主轴的相对位置时即改变抛角。抛角大,物料在筛面上运动向上跳动就大,抛角小则反之,一般抛角为

35°,设备出厂时已调整好,不用再调。

4. 维护

(1) 及时清除箱内积存的轻杂质,以免因堵塞而损坏机器。

(2) 检查工作筛面。工作筛面要保持平整,不得有凹凸现象。筛面的凹凸边磨损后,可将筛板翻面作用或更换。拆卸筛面时,严禁重物叠压筛面。

(3) 筛面被堵塞时,可用钢丝刷清理。

(4) 振动电机使用 4 个月后,须更换润滑油,并清除机内的积尘、污垢等,进行一次小修;一年左右更换轴承,进行一次大修。

(5) 安装编织筛网时,要注意编织方向,去石筛面纵向呈直线形,横向呈曲线形。

(6) 支承弹簧若损坏,应及时更换。

去石机的常见故障及排除方法见表 2-19。

表 2-19 去石机常见的故障、产生原因及排除方法

故障	原因	排除方法
工作面上物料走单边	1. 进料不均匀 2. 筛体安装不平 3. 进料口一边物料被堵 4. 筛面不平 5. 两台振动电机振动角不一致	1. 调节压力门或进料溜管方位,使之进料均匀 2. 重新水平安装 3. 清理堵塞 4. 平整筛面 5. 调整电机安装角
粮中含石多	1. 物料流量过大 2. 总风量过大或过小 3. 筛面倾角过大 4. 筛体转速不当 5. 工作面上物料走单边	1. 正确控制物料流量 2. 调节风门 3. 调节筛面倾角 4. 调节转速 5. 见"工作面上物料走单边"
石中含粮过多	1. 流量过大或流量不匀 2. 风量过小 3. 筛面倾角过小 4. 筛体运动不正常	1. 减少流量或调节均匀 2. 开大风门 3. 调节筛面倾角 4. 调整正常

四、磁选设备的操作与维护

(1) 及时清理磁极面上集积的磁性杂质,以免堆积太多,重新被谷流冲走,要求每班至少清理两次。

(2) 磁钢在安装、使用、搬运过程中,严禁撞击、敲打、摩擦和受高温,以免磁性退化。长期停止使用时,磁极面上应盖保护铁板,将两个磁极闭锁,保存磁钢的磁性。

(3) 磁钢不能直接安装在铁架或铁皮溜管上以免磁性消失,磁体若退磁则会影响使用效果,退磁后的磁体应及时更换或送到专业工厂进行充磁。

(4) 生产中流量应均匀,严禁时大时小,以免影响磁选效果。

(5) 在排列磁铁时,注意将磁铁同极排在一起(S-S、N-N)。为了防止磁铁的同极相斥,在两极之间应该用纸隔离。

五、精选机操作与维护

（一）碟片精选机

1. 安装

(1) 安装碟片精选机应安装在无振动、牢固的基础上，并进行水平调正。安装位置应留有拉出主轴更换碟片的操作空间，任意一端应留有2050mm以上。

(2) 碟片精选机应放在筛选、去石和磁选之后，打麦工序之前。物料在进机前必须进行彻底的预清理，去除尘土、麦壳、砂石、泥块等杂质，防止堵塞袋孔，影响正常使用。

2. 操作与维护

(1) 使用前，应首先检查各部位是否正常。将操作手柄，控制喂料流量的调节板、活门等放在适当位置。

(2) 开机后，调整进风量到要求的吸风量；观察机器运转是否正常。如有异常声音，立即停车检查。

(3) 正常后打开进料门，对荞子碟片精选机应关闭检查部分的调节板，使物料不进入检查部分。

(4) 调节出口调节装置的闸门，保持机内料位的适当高度。一般应在进料口闸板下100～120mm左右。

(5) 打开前观察门，观察每种碟片的精选效果，确定是否需要检查处理，如需检查，则打开小活门，将含有正常麦粒的抛出物由绞龙输送到检查部分再精选。

(6) 停机前，应先将料门关闭，然后继续运转5min后方可停机。

(7) 一般碟片磨损至袋孔深度的2/5左右就应换新碟片，更换时应使袋口方向向着旋转方向；叶片装在轮辐上应朝向旋转方向，相邻两碟片上的叶子应顺向错位安装(约45°)，使全部碟片的叶片在轴上形成螺旋形，以利物料的输送。更换后，先空车运转，检查主轴运转是否平稳，有无明显振动现象，必要时继续进行调整。

（二）滚筒精选机

1. 安装

(1) 滚筒精选机应放在筛选、去石和磁选之后，打麦工序之前。物料在进机前必须进行彻底清理，去除尘土、麦壳、砂石、泥块等杂质，防止堵塞袋孔，影响滚筒的正常使用。

(2) 该设备用四个地脚螺栓与地坪相接。机架在两个方向上都必须校正好再拧紧地脚螺栓，各滚筒应转动自如。若用手盘动时滚筒显得沉重，则应对有关滚筒两端底座位置加以调整，直至转动轻松灵活为止，否则易损坏轴承及相关零部件。

2. 操作与维护

(1) 开车前应检查机内有无异物，滚筒袋孔方向是否正确。

(2) 空运转正常后方可进料。在运转中流量应均匀，并且不得超过额定产量。进料溜管上应装有闸门以控制流量，并最好同时安装旁通溜管，以备需要时启用。

(3) 启动精选设备后，先开空车，运行正常后，再给料至正常工作流量。设备进入正常运转后，应检查下脚情况，当发现下脚过少或下脚含粮过多时应及时给予适当的调整。

(4) 停车时应先停止进料，待机内物料排出后方可停车。可根据出料口处分离效果，并参看刻度盘的位置来调节绞龙槽的倾斜度。若短粒杂质中含粮过多，应将槽升高；当清除长杂时，若下脚含粮较多，槽应下降。绞龙槽调整后，出料口的物料要5～10min以后才会稳定地达到新的状态，看出调整效果。

六、打麦机的操作与维护

（1）开车前应检查设备的进出口、筛面情况及机内积料情况；检查打击机构是否转动灵活，转向是否正确。

（2）启动打麦机后，确认打击机构运转正常，开始给料至正常工作流量，随即应检查进、出机物料表面状态的差别、碎麦情况及下脚情况，如有异常应及时进行调整；工作过程中应经常查看电机的工作电流，若电流过大则可能机内堵料或工作流量过大；须观察传动皮带的张紧情况，若皮带晃动幅度大或闻到胶臭气味时，应及时检查、调节皮带轮的张紧机构，必要时应更换皮带。

（3）停车前应先切断进料，待打麦设备排空后停车，最后关闭风网。

（4）打麦设备的重点维护对象是打击机构和工作筛面，一旦发现破损应及时更换。更换打板时须注意整个旋转系统的动静平衡问题，一般不得单块更换，并注意打板角度与安装位置的关系。在安装筛面时应注意检查筛面的圆整情况，防止出现工作间隙不均匀的现象。应经常清理筛面，使筛孔通畅，以利排杂。

思 考 题

1. 何谓小杂和并肩杂？应采用何种方法来清除这些杂质？
2. 原料小麦中混杂有大石块、麻绳、并肩石、小并肩泥块、铁杂、荞子、大麦、麦粒表面的泥沙、麦皮及灰尘，在麦路中通常各用什么设备来清除？
3. 风选的基本原理是什么？影响风选设备工艺效果的因素有哪些？
4. 筛选设备筛面运动的形式有哪些？比较直线往复运动与平面回转运动的运动特点及筛理效果。
5. 比较平面回转筛、振动筛、平面回转振动筛的筛理特点及如何选用。
6. 振动筛是如何使小麦在其除小杂筛面上的总行程长于筛面的长度的？
7. 如通过自衡振动筛的流量突然增大很多，这时筛体的振幅是变大还是变小？请说明。
8. 如发现TQLZ型振动筛在运行中横向两侧的振幅不一致，请说明其可能的原因及处理方法。
9. 某自衡振动筛工作时的振幅为5mm，若将其偏重块的质量增加1倍，请判断与证明：该设备的振幅将大于10mm、小于10mm或等于10mm。
10. 若发现某清理设备的工作流量过大，能否通过关小其进料门的方法来减小流量？请说明理由及处理方法。
11. 在面粉厂的麦路中，平面回转筛能否用于初清？请判断并解释。
12. 筛选的基本条件是什么？影响筛选设备工艺效果的因素有哪些？
13. TCQY型圆筒初清筛的使用特点及主要结构是什么？
14. 如何选用筛面的种类、筛孔的形状与大小？
15. 去石机的操作与调整应注意哪些方面？影响去石工艺效果的因素有哪些？
16. 若生产过程中发现石中含粮过高，请分析其原因和解决方法。
17. 在生产高等级面粉时，为什么要清除原料中的荞子？荞子与小麦在粒度、相对密度、粒形及悬浮速度等方面有何差异？
18. 当发现运行中的精选机上某块碟片分选出的物料不符合要求时，应如何操作设备？若发现滚筒选出的短粒中混有长粒，应如何操作？

19. 荞子抛车是根据小麦与荞子的什么差别来分离荞子的？
20. 在麦路中设置磁选的主要目的是什么？磁选能否除去毛麦中所有的金属杂质？请说明理由及处理方法。
21. FDMW 型打麦机工作在轻打或者重打状态时，设备的工作参数有何区别？如何选用？
22. 卧式打麦机的实际工作流量大于其设计产量，这对设备的工作效果有什么影响？说明理由。
23. 影响打麦工艺效果的因素有哪些？
24. 碾麦机的主要工作原理与作用是什么？此类设备对粉路的运行将产生什么影响？
25. 表面处理设备有哪些种类？如何选用？

参考文献

顾鹏程，胡永源 . 2008. 谷物加工技术 . 北京：化学工业出版社

顾尧臣 . 1998. 粮食加工设备工作原理、设计和应用 . 武汉：湖北科学技术出版社

郭祯祥 . 2003. 小麦加工技术 . 北京：化学工业出版社

李新华，董海洲 . 2002. 粮油加工学 . 北京：中国农业大学出版社

姚惠源 . 1999. 谷物加工工艺学 . 北京：中国财政经济出版社

周惠明，陈正行 . 2001. 小麦制粉与综合利用 . 北京：中国轻工业出版社

朱永义 . 2002. 谷物加工工艺与设备 . 北京：科学出版社

第三章 稻谷加工

本章的学习目的

了解稻谷加工的特点、基本要求、工艺过程和主要设备，熟悉稻谷加工的基本原理，掌握主要设备的结构、工作原理、性能参数、工艺过程及影响工艺效果的主要因素，通过学习，达到具有工艺流程设计、进行技术参数测定、正确选择设备、分析和解决常见生产实际问题及从事技术管理能力的要求。

本章的学习重点

稻谷加工设备的结构、工作原理，影响其工艺效果的主要因素。工艺流程设计的步骤与方法，工艺流程分析。特种大米的加工方法。

第一节 概　　述

常规的稻谷加工主要包括清理、砻谷及砻下物分离、碾米、成品及副产品整理等工序。

一、稻谷清理的目的和要求

稻谷清理的目的就是将稻谷中的各类杂质尽可能的清除干净，做到“净谷上砻”。保证机械加工设备的安全运行；发挥或提高设备的工艺效果；保证工艺流程的稳定性和连续性；确保成、副产品质量和车间环境卫生。

根据目前的稻谷加工设备性能和技术水平，稻谷在经过清理工艺过程后的净谷指标要求为：含杂总量不得超过 0.60％；其中，砂石含量不得超过 1 粒 · kg^{-1}；含稗不得超过 130 粒 · kg^{-1}。被清除的大、小、轻、磁性杂质中不得含有饱满稻谷粒，砂石中含粮不得超过 50 粒 · kg^{-1}，稗中含粮不得超过 8％。

二、砻谷及砻下物分离的目的和要求

稻谷脱除颖壳的工序称为砻谷，其机械称为砻谷机。脱壳的砻下物称为糙米，由于砻谷机本身机械性能及稻谷籽粒强度的限制，稻谷经砻谷机一次脱壳不能全部成为糙米，因此，砻下物含有未脱壳的稻谷、糙米、谷壳等。砻下物分离就是将稻谷、糙米、稻壳等进行分离，分离的糙米送往碾米工序碾白，未脱壳的稻谷返回到砻谷机再次脱壳，而稻壳则作为副产品加以利用。

砻谷及砻下物分离是稻谷加工过程中的一个极为重要的环节，其工艺效果的好坏，不仅影响其后续工序的工艺效果，而且还影响成品大米质量、出率、产量和成本。因此，稻谷脱壳时，在确保一定脱壳率的前提下，应尽量保持糙米籽粒的完整，提高大米出率和谷糙分离的工艺效果。具体要求是：被分离出的每百千克稻壳中含饱满粮粒不得超过 30 粒；去除稻壳后的谷糙混合物中含稻壳量不得超过 0.8％；经谷糙分离后的净糙米中含稻谷量不得超过 40 粒 · kg^{-1}；回砻谷含糙量不得超过 10％。

三、糙米碾白的目的和要求

稻谷经过砻谷及砻下物分离后，净糙米进入到碾米工序。糙米碾白通常是采用机械的方法部分或全部剥除糙米籽粒表面皮层的过程。糙米皮层含有大量的纤维素，作为日常主食直接食用不利于人体正常的消化吸收，另外，糙米的吸水性和膨胀性都较差，用糙米煮饭不仅蒸煮时间长、出饭率低，而且颜色深、韧性差、口感不好。因此，糙米须通过碾白工序将糙米的皮层去除，才能提高其食用品质。同时，根据糙米籽粒的结构特点，要将背沟处的皮层全部去除，势必会造成淀粉、蛋白质等营养物质的损失和碎米的增加，出米率下降。因此，现行的国家标准规定，不同等级的大米宜保留适量的皮层，这不仅有利于减少营养成分的损失，而且可以提高大米的出率。

在糙米碾白过程中，应在确保成品大米精度的前提下，尽可能提高出品率、纯度、产量；降低碎米、能耗、成本；尽量确保脱皮均匀，粒面光洁，色泽美观。

四、成品、副产品及下脚整理的目的和要求

成品整理是常规稻谷加工过程中一个不可忽视的重要环节，特别是在目前市场经济条件下，成品整理工艺越来越完善，技术管理越来越严格，通过整理，以确保成品大米的纯度和外观性能，使企业获得良好的经济效益和社会效益。

副产品的整理是通过一定的设备和手段回收其中的粮食，以确保稻谷加工厂的产品出率和副产品的纯度，便于副产品的有效利用，提高其综合利用价值。

下脚整理的目的是彻底地回收所分离出去的杂质中的饱满粮食，以保证产品的出率和企业的经济效益；整理下脚中的次粮，也应使之得到充分利用。

成品、副产品及下脚整理的要求是：成品的纯度和外观性能应符合国家标准要求或目标市场的特殊要求；经过整理后副产品和下脚中的含粮数量达到规定指标。

五、成品米的分类和质量

以稻谷或糙米为原料经常规加工所得成品大米称为普通大米，其质量应符合国家现行标准。以稻谷、糙米或普通大米为原料，经特殊加工所得的成品大米称为特种米，主要包括蒸谷米、留胚米、免淘洗米、营养强化米等。

国家现行标准规定：根据稻谷分类方法（参考 GB1350—99《稻谷》），大米分为籼米、粳米和糯米三类。分别由籼稻谷、粳稻谷和糯稻谷加工而成，米粒性状取决于稻谷性状。各类大米按其加工精度分为特等米、标准一等米、标准二等米、标准三等米共四个等级。大米的加工精度是指大米籽粒背沟和粒面留皮的程度。大米的分类与质量标准参见 GB1354—86《大米》国家标准。

目前，特种米的分类和质量指标我国还没有统一标准，可参照目标市场、企业标准、售众要求和实际情况而定。

第二节 砻谷及砻下物分离

一、砻谷

（一）稻谷的工艺特性

稻谷的工艺特性主要包括物理性质（籽粒结构、表面状态、出糙率、谷壳率、整精米率、容

重、密度、爆腰率、强度等)、化学成分(水分、蛋白质、脂肪、淀粉、纤维、矿物质、维生素等)和群体性质(散落性、孔隙度、自动分级等),充分了解稻谷的工艺特性,则有助于提高砻谷机的脱壳率,减少脱壳时的糙碎和糙米表面的损伤,提高产量,降低消耗。影响砻谷工艺效果的稻谷特性主要包括:

(1)稻谷的类型决定稻壳的性状,一般粳稻的稻壳比籼稻的稻壳薄而松,外表绒毛粳稻比籼稻的密而长,所以,粳稻比籼稻更容易脱壳。

(2)稻壳由内、外颖和护颖组成,内、外颖呈钩合状包裹在糙米的四周,钩合力的大小与稻谷的类型、品种、成熟程度有关,对脱壳影响较大;护颖起衬托保护内、外颖作用,对脱壳影响不大;稻壳外表面粗糙,内表面光滑,有利于脱壳。

(3)稻壳与糙米间几乎没有结合力,并且存在一定的间隙,稻谷两侧间隙最小,腹背间隙居中,顶端间隙最大。

(二)砻谷的基本方法与原理

根据稻谷脱壳时的受力状况和脱壳方式,稻谷脱壳方法通常可分为挤压搓撕脱壳、端压搓撕脱壳和撞击脱壳三种(图 3-1)。

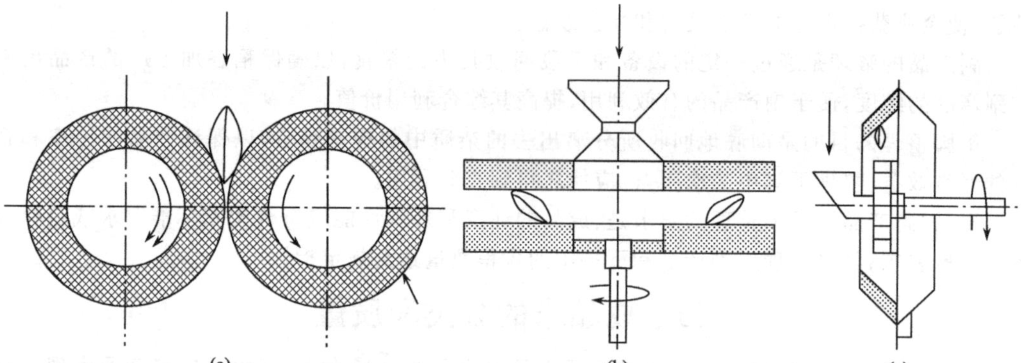

图 3-1 稻谷脱壳原理示意图

(a) 挤压搓撕脱壳;(b) 端压搓撕脱壳 (c) 撞击脱壳

1. 挤压搓撕脱壳

挤压搓撕脱壳是指稻谷两侧受两个不同运动速度的工作面的挤压、搓撕作用而脱去颖壳的方法。如图 3-1(a)所示,稻谷两侧分别与两个不等速运动的辊筒紧密接触,并受到挤压。假设两个辊筒的转速不同,则快辊对稻谷产生一向下的摩擦力,使谷粒向下运动,而慢辊对稻谷产生一向上的摩擦力,阻止谷粒随快辊一起向下运动。这样,在谷粒两侧就产生了一对方向相反的摩擦力。在挤压力和摩擦力的作用下,谷壳产生拉伸、剪切、扭转等变形,这些变形的综合效应统称为搓撕作用。当这种搓撕作用力大于谷壳内外颖的结合力时,谷壳就会被撕裂而脱离糙米,从而达到脱壳的目的。典型的挤压搓撕脱壳设备是胶辊砻谷机。

2. 端压搓撕脱壳

端压搓撕脱壳是指谷粒两顶端受两个不同运动速度工作面的挤压、搓撕作用而脱去颖壳的方法。如图 3-1(b)所示,谷粒横卧在上、下两个粗糙工作面之间,且只有一个侧面与下工作面接触(两工作面间隙大于谷粒厚度),假设下工作面做高速运动,而上工作面静止,此时谷粒受到两个力的作用,一是运动工作面对谷粒产生的摩擦力,另一个是谷粒运动所产生的离心惯性力,并形成一对力偶,从而使谷粒斜立。当斜立后的谷粒顶端与静止工作面接触时,谷粒的两端部同时受到动、静两工作面对其施加的压力,同时产生一对方向相反的摩擦力。在压力和摩擦力的共同作用下,谷壳产生剪切、扭转等变形,当这种综合作用力大于谷壳内外颖的结合力时,谷壳就会被搓裂而脱离糙米,从而达到脱壳的目的。典型的端压搓撕脱壳设备是砂盘砻谷机。

3. 撞击(离心)脱壳

撞击脱壳是指高速运动的谷粒与固定工作面撞击而脱壳的方法。如图 3-1(c)所示,其基本原理是借助机械离心力的作用,使稻谷粒加速,并以一定的入射角冲向静止的粗糙工作面,在撞击的一瞬间,谷粒的一端受到较大的撞击力和摩擦力,当这一作用力超过稻谷颖壳的结合强度时,颖壳就被破坏而脱去。典型的撞击脱壳设备是离心砻谷机。

由于砂盘砻谷机和离心砻谷机脱壳率低、产量低、糙碎率高,故目前均很少使用。本书由于篇幅所限,只介绍胶辊砻谷机。

(三) 胶辊砻谷机

胶辊砻谷机简称胶砻,它的主要工作构件是一对并列的、富有弹性的胶辊,两胶辊相反方向不等速旋转,稻谷进入两辊间并受到胶辊的挤压、摩擦、搓撕等作用,使稻壳破坏与糙米分离。由于胶辊是弹性体,不易损伤米粒,所以胶砻具有脱壳率高、出碎率低、产量大等工艺特点,是目前砻谷设备中较好的一种,在国内外得到广泛的应用。

1. 胶辊砻谷机的结构

1) MLGT36 型胶辊砻谷机

MLGT36 型胶辊砻谷机的总体结构如图 3-2 所示,由进料机构、胶辊、辊压调解机构、传动机构、谷壳分离装置等组成。

(1) 进料机构。进料机构的作用在于控制流量,并能够匀料、整流、导向和加速。进料机构一般由进料斗、流量控制、喂料机构等组成,如图 3-3 所示。

① 进料斗与流量控制机构。进料斗是用来储存一定数量的稻谷,使进入胶辊工作区的料流均匀、稳定,防止流量波动,避免瞬间断料,砻谷机空载运转会使胶辊磨损增加,严重时会使胶辊过热胶合。流量控制机构能控制进料和断料,也可根据需要调整进机流量的多少,常用的流量调节机构为齿轮齿条传动闸门。这种闸门是通过齿条闸板 1 与手动扇形齿轮 2 的相互配合来控制和调节流量的。

② 喂料机构。喂料机构包括淌板与淌板角度调

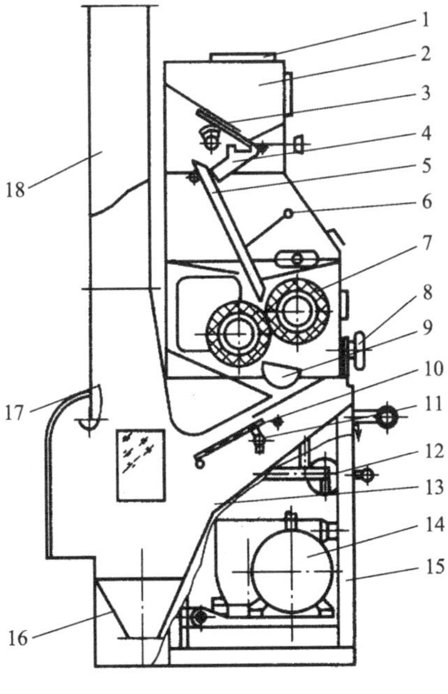

图 3-2　MLGT36 型胶辊砻谷机总体结构

1. 稻谷进口;2. 进料斗;3. 流量控制机构;4. 短淌板;5. 长淌板;6. 淌板角度调节机构;7. 橡胶辊筒;8. 活动辊轴承支点调节手轮;9. 缓冲槽;10. 谷壳分离淌板;11. 淌板角度调节机构;12. 自动松紧辊机构;13. 谷壳分离装置;14. 电动机和齿轮变速箱传动机构;15. 机架;16. 谷糙混合物出口;17. 后风门调节板;18. 谷壳吸风管

节机构，如图 3-3 中的 8、9 所示，淌板分上下两块，上淌板较短，下淌板较长，两块淌板以折叠的方式安置在进料斗与胶辊之间。短淌板用于匀料，倾角较小，一般不超过 35°；长淌板主要对谷粒起整流、加速、导向、减小物料流扩散等作用，倾角较大，一般为 65°～70°，而且可调，以便使谷粒准确喂入两胶辊间的工作区，长淌板角度调节机构如图 3-4 所示。

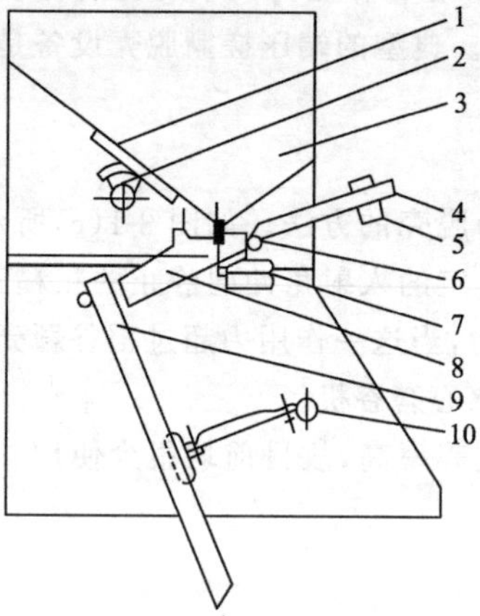

图 3-3　MLGT36 型胶辊砻谷机进料机构

1. 齿条闸板；2. 扇形齿轮；3. 进料斗；4. 压砣撑；5. 平衡压砣；6. 短淌板轴；7. 微动开关；8. 短淌板；9. 长淌板；10. 双向螺杆

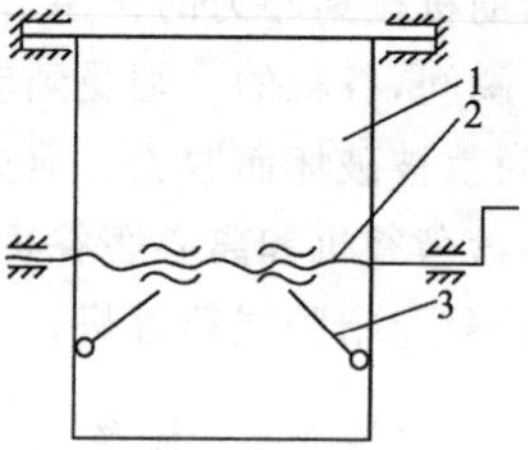

图 3-4　长淌板角度调节机构

1. 长淌板；2. 双向螺杆；3. 螺母连杆

喂料及调节机构工作状况的好坏将直接影响砻谷机工艺效果的好坏。物料进入轧区的速度要大，以减少谷粒与胶辊之间的线速差，缩短谷粒的加速时间，可以减少动力消耗和降低胶耗，还可提高进机流量。谷粒的料层厚度以单层谷粒的厚度为最佳，没有谷粒重叠，谷粒做纵向（稻谷的长度方向）流动并横向紧密排列进入轧区，有利于提高砻谷机的脱壳率和产量。

（2）脱壳装置。脱壳装置主要包括辊筒、辊间压力调节及松紧辊装置两大部分。

① 辊筒。辊筒是在铸铁圆筒上覆盖一层弹性材料而制成的。常用的弹性材料有橡胶和聚氨酯，其胶辊根据橡胶颜色的不同分为黑色胶辊、白色胶辊和棕色胶辊等。聚氨酯是一种高分子合成材料，白色半透明，既具有橡胶的高弹性，又具有尼龙的高强度，摩擦系数比胶辊大 1.7 倍，耐磨性比胶辊高 50 倍，老化速度慢，热稳定性好，具有胶辊无可比拟的物理机械性能。

MLGT36 型胶辊砻谷机的两只辊筒，一只安装在与机架固定的轴承上，称为固定辊，另一只安装在能相对于机架移动的轴承上，称为活动辊。两辊的中心连线与水平线的夹角一般小于 20°，呈倾斜排列，活动辊在上，固定辊在下。通常，在其他条件相同的情况下，倾斜排列的工艺效果普遍比水平排列的要好，如具有较高的脱壳率和产量，较低的胶耗等。造成其工艺效果差别的原因主要由于其喂料方式的差异，倾斜排列的辊筒都是与淌板倾斜喂料方式相适应的，这种喂料方式具有物料扩散性小、进入轧区的速度高等特点。

辊筒与轴的装配如图 3-5 所示。用锥形压盖 5、固定轴套 3 将辊筒 4 固定在轴 6 上，便于辊筒的拆装与更换，并在两端面周向均布各钻制 8 个通气孔，不但起到通风散热作用，而且还减轻了辊筒重量，对长度超过 360mm 的辊筒，是一种比较好的装配形式。

② 辊间压力调节及松紧辊装置。胶辊砻谷机工作时的辊间压力的大小与轧距有密切的关系，在其他条件相同的情况下，轧距越小，辊间压力就越大。当辊筒直径由于磨耗而变小时，轧

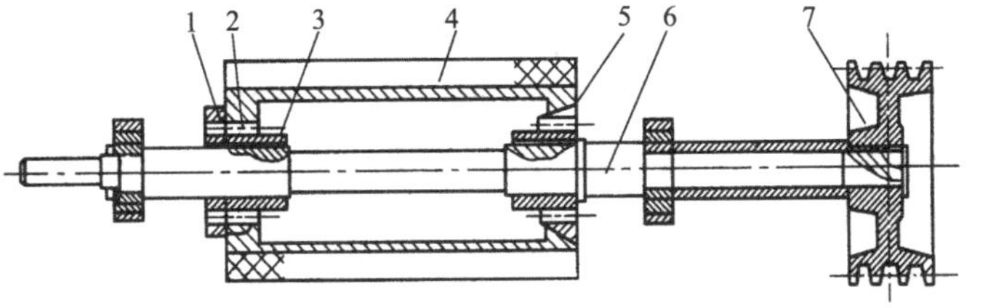

图 3-5　双支承辊筒装配图

1. 锁紧螺母；2. 锥形圈；3. 固定轴套；4. 辊筒；5. 锥形压盖；6. 轴；7. 皮带轮

距变大，辊间压力则变小。为了保持一定的脱壳率，就必须减小轧距来提高辊间压力。辊间压力的调节方式有两种，一种是手动紧辊，通过人力借助于机械减小轧距来提高辊压。随着科技的进步，这种方式基本上已被淘汰，取而代之的是压砣式辊压调节机构，其原理如图 3-6 所示。

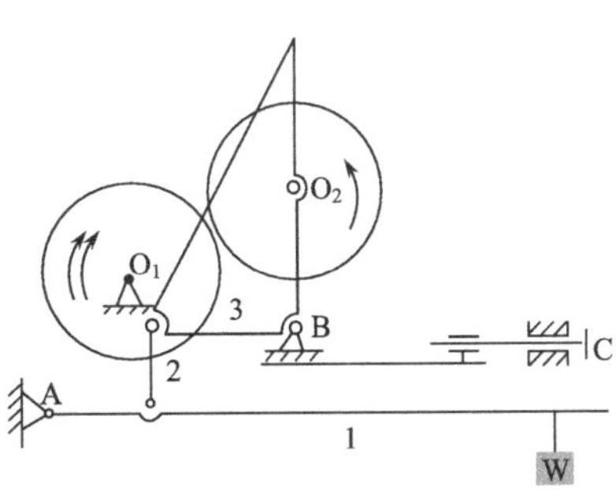

图 3-6　压砣式辊压调节机构示意图

1. 松紧辊压砣横杠；2. 垂直连杆；3. 活动辊支撑体

工作时压砣 W 使横杆 1 绕 A 点做顺时针转动，连杆 2 与连杆 1 铰接，连杆 2 被向下拉，横杆 3 使活动辊 O_2 一起绕 B 点做逆时针转动，从而压向固定辊 O_1，并始终保持一定的压力。要改变辊间压力，可以通过改变压砣重量来实现。松辊时，只要人工拉起横杆 1 即可。这种辊压调节机构简单，操作方便，辊间压力稳定，脱壳率也相对稳定。但是当突然断料时，要求操作人员应迅速将横杆 1 抬起使快慢辊分开，否则会使两辊发生摩擦，增加胶耗甚至损坏机件。由于人工操作难以适应环境的突然变化，因而影响胶辊的使用寿命。为此，胶辊砻谷机采用了自动松紧辊装置，依据稻谷特性和预先设定的辊间压力，它能随时跟踪辊筒直径的变化自动调整轧距的大小，始终保持预先设定的辊间压力不变。当砻谷机进料时，辊筒能自动合拢，使稻谷得到及时的脱壳，以避免未脱壳稻谷进入后道工序。相反，在断料时辊筒也应能自动脱离分开，以防止辊筒相互摩擦造成不必要的损耗和瞬时高温。由此可以看出，胶辊式砻谷机的辊间压力调节及松紧辊系统十分重要。常见的自动松紧辊装置有机械自动松紧辊和气压自动松紧辊两种，MLGT36 型胶辊砻谷机采用机械自动松紧辊装置。机械自动松紧辊机构如图 3-7所示，主要由压砣和杠杆系组成。压砣的质量通过杠杆系统传递给活动辊并压向固定辊，形成并保持设定的辊间压力。辊间压力的大小主要通过调整压砣的质量来实现，手轮 18、滑块 19 用来调节活动辊支点的位置。

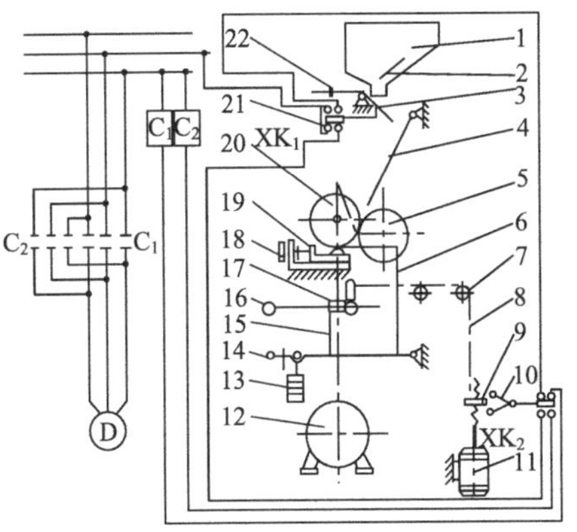

图 3-7　机械自动松紧辊装置示意图

1. 进料斗；2. 齿条闸门；3. 短淌板；4. 长淌板；5. 固定辊；6，15. 连杆；7. 滑轮；8. 链条；9. 螺母；10. 行程开关；11. 微型电机；12. 电机，13. 压砣；14. 指示杆；16. 手动松紧辊操作杆；17. 摇臂；18. 手轮；19. 滑块；20. 活动辊；21. 微动开关；22. 平衡压砣机械自动松紧辊系统的工作过程如下：当人工开启进料闸门进料时，物料使短淌板产生一向下的运动，并与 XK_1 形成下接触，电路接通，微型电机开始顺向转动，驱动螺杆上的螺母上升而使链条放松，在压砣重力的作用下，活动辊绕支点向固定辊运动，辊筒合拢并产生辊间压力，实现两辊筒自动紧辊过程。当螺母运行触到行程开关 XK_2 的上滚轮时，微型电机停止转动，保持紧辊状态；因故断料时，短淌板在平衡砣作用下反转复位，并且与 XK_1 形成上接触，另一电路接通，微型电机逆向转动，螺母下降，通过链条使杠杆上拉，活动辊离开固定辊，实现两辊自动松辊过程。当螺母运行碰到行程开关 XK_2 的下滚轮时，电路断开，微型电机停转，保持松辊状态。当机械自动松紧辊系统工作失效时，可人工手动操作该系统。

(3) 传动装置。MLGT36 型胶砻通过变速器和三角带进行多级变速传动，如图 3-8 所示。以保证快慢辊定速相向旋转。同时还可根据辊筒磨损的情况和砻谷的实际需要进行变速，以保证合适的线速差、线速和、相对位移(搓撕长度)。

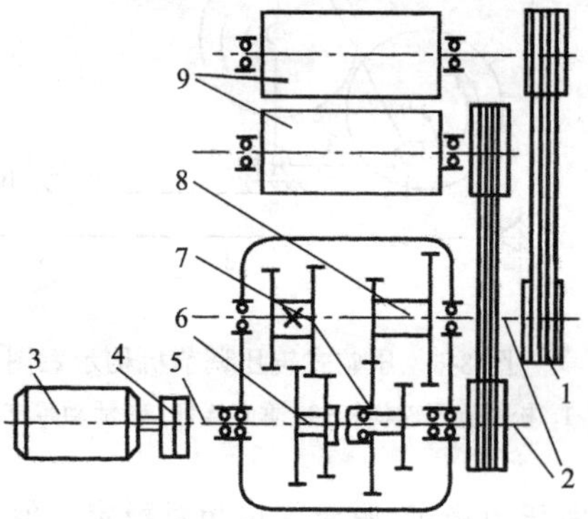

图 3-8　三角带与齿轮变速箱相结合的传动装置

1. 传动带轮；2. 输出轴；3. 电动机，4. 连轴器；5. 输入轴；6，8. 滑动双连齿轮；7. 固定双连齿轮；9. 辊筒

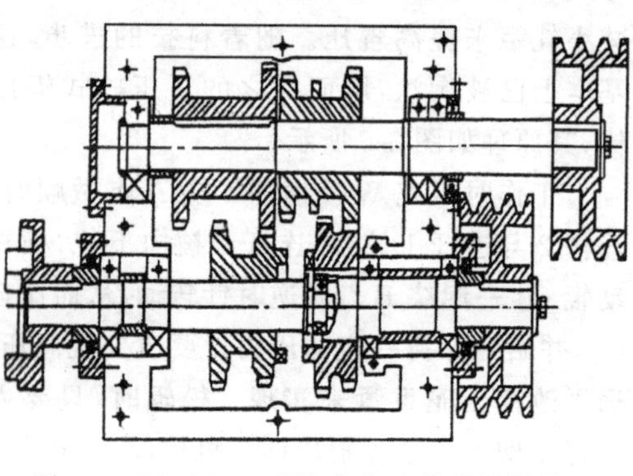

图 3-9　MLGT36 型胶砻变速箱总体结构图

MLGT36 型胶砻齿轮变速箱的总体结构如图 3-9 所示，箱体内装一根主动轴和两根输出轴。其中短输出轴与主动轴通过轴承 E206 同心连接。主动轴上有一组滑动双联齿轮，长输出轴有两组双联齿轮，一组固定，一组滑动，短输出轴上固定一组双联齿轮。利用箱体上的变速机构，使齿轮在花键上分别啮合或离开，从而改变了两输出轴的转速，使砻谷机两胶辊快慢交替并调节转速。

表 3-1 是 MLGT36 型胶砻辊筒直径磨损变化后的变挡操作数据情况。

表 3-1　MLGT36 型胶砻齿轮变速箱档次变化情况表

辊筒直径/mm		225	220	215	210	204	198	192	186	180	174
变换排档		1	2	1	2	1	2	3	2	3	4
手柄位置		1/4	3/5	1/4	3/5	1/4	3/5	2/4	3/5	2/4	1/5
辊筒转数	活动辊	1108	1509	1108	1509	1108	1509	1293	1509	1293	1678
/(r · min^{-1})	固定辊	1362	1228	1362	1228	1362	1228	1588	1228	1588	1362
辊筒线速	活动辊	13.05	17.37	12.47	16.58	11.83	15.63	12.99	14.69	12.18	15.28
/(m · s^{-1})	固定辊	16.04	14.14	15.32	13.50	14.54	12.72	15.96	11.95	14.96	12.40
线速差/(m · s^{-1})		2.99	3.23	2.85	3.08	2.71	2.91	2.97	2.74	2.78	2.88

为了减少传动对辊间压力的影响，胶砻的活动辊支点可以移动，随着胶辊的不断磨耗，可以根据需要进行调节。调节时，要求使活动辊中心、活动辊轴承支点中心与传动轴中心三点在一条直线上，这样可以减少传动带拉力的水平分力对辊间压力产生影响。

由于三角皮带传动在使用过程中会不断磨耗、伸长，影响传速的稳定性，所以必须及时张紧，张紧方式一般有三种。

张紧轮张紧。张紧轮张紧有两种形式：一是张紧轮在三角带外，由外向里张紧，此时包角增大，但三角带反向弯曲，会缩短三角带使用寿命。二是张紧轮从三角带里向外张紧，这样带轮包角减小，三角带容易打滑。采用张紧轮张紧时，操作方便，但张紧范围小。

延长传动中心距张紧。这种张紧方式是将电动机的底板做成可以上下升降的形式，当底板下降时，三角带张紧。但由于有两组三角带，每组伸长不相等，可将底板做成既可升降，又可绕销轴转动的形式。用这种方法张紧，三角带使用寿命长，不影响包角，调节范围大，但操作麻烦。

复式张紧。综上两种张紧方式的优点，即为复式张紧，目前，新定型胶辊砻谷机，都采用这种张紧方式。在三角带伸长不多时，用张紧轮张紧，当三角带伸长到一定长度时，用延长传动中心距张紧。这种张紧方式操作方便，三角带使用寿命长，但结构较复杂。

(4) 谷壳分离装置。谷壳分离装置的结构如图 3-10 所示，主要由进料缓冲槽、可调节鱼鳞淌板、调风门和吸风管等部分组成。砻下物通过缓冲槽落到淌板上进行自动分级。淌板为鱼鳞板，且可以根据要求改变其倾斜度。由于淌板表面粗糙，又有自下而上气流的作用，所以物料能形成良好的自动分级，使稻壳浮于上层，为稻壳分离创造了有利的条件。当物料进入谷壳分离区时，由于吸风口为喇叭形且具有较适宜的分离长度和风速，可达到完全分离的效果。此外还可双面进风，部分气流穿过物料，另一部分由背面进入，继续加速稻壳进一步分离，并阻止稻壳回流。

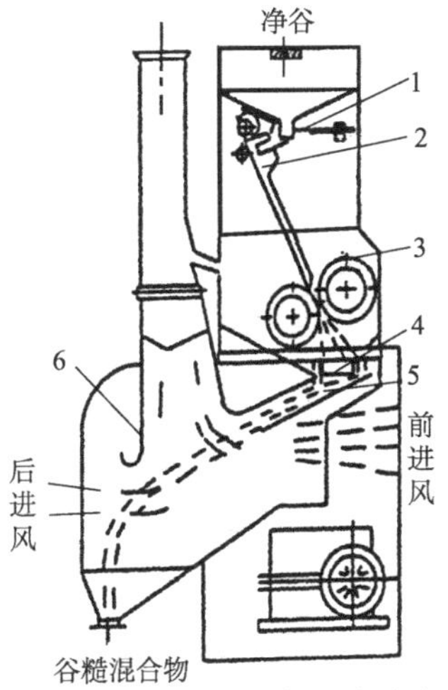

图 3-10　MLGT36 型胶砻谷壳分离装置

1. 短淌板；2. 长淌板；3. 胶辊；4. 缓冲槽；5. 鱼鳞淌板；6. 调风板

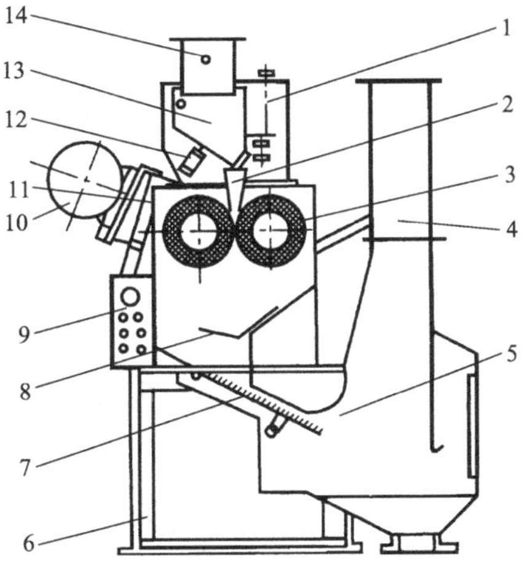

图 3-11　MLGQ25 型胶砻总体结构

1. 流量调节机构；2. 进料导向板；3. 辊筒；4. 吸风道；5. 稻壳分离装置；6. 底座；7. 砻下物淌板；8. 缓冲斗；9. 气动控制箱；10. 电机；11. 可摇动框架；12. 进料气缸；13. 活动料斗；14. 料位器

2）MLGQ25 型胶辊砻谷机

MLGQ25 型气压砻谷机的结构如图 3-11 所示，主要由进料机构、辊筒、传动机构、气压松紧辊机构、谷壳分离装置等部分组成。

MLGQ25 型气压紧辊砻谷机具有产量高、能耗低、噪声小、辊压调节准确、便于自动控制、辊筒结构简单、拆装方便等特点。

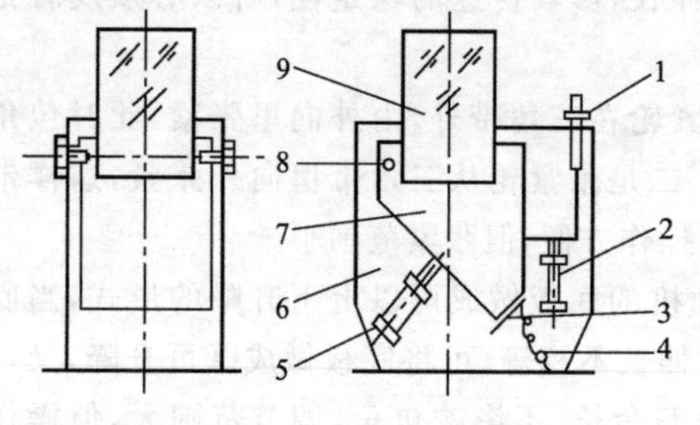

图 3-12　气动进料斗及流量控制机构

1. 流量调节旋钮；2. 限位螺栓；3. 挡板；4. 安全栓；5. 气缸；6. 进料箱体；7. 旋转料斗；8. 铰链轴；9. 观察窗

进料机构由进料斗、流量控制机构、进料气缸、进料导向装置等组成。进料导向装置可随辊筒的磨耗自行调整位置，从而使谷流始终对准辊筒工作区，如图 3-12 所示。

辊筒为悬臂式支承结构，如图 3-13 所示。这种结构拆装方便、迅速；更换辊筒时，只需松开紧定螺栓 9，便可将辊筒 1 连同法兰 8 一起抽出；另外，因辊筒两端不封闭，有利于辊筒散热。传动机构与气压松紧辊机构组成一体，如图 3-14 所示。电动机安装在可摇动框架 7 上，通过聚氨酯双面平胶带 5 及导向轮 6 带动两辊筒旋转。电机 1 安装在底座 2 上，底座绕支点可由螺杆 3 调节，从而确保传动平胶带的张紧。松紧辊气缸 4 的活塞杆一端通过铰链轴与固定辊连接，其底端和可摇动框架铰接，可摇动框架安装于活动辊的轴承座和框架支承轴 8 上。当松紧辊气缸的活塞杆产生伸缩运动时，就形成由以下两部分组成的一对作用力，即可摇动框架、电动机、导向轮和气缸的总重力与松紧辊气缸活塞杆的推力，其中总重力是固定的，而气缸推力是可调的。气缸活塞杆在正常工作时一直处于受拉状态，具有较好的稳定性。两辊间压力是通过可摇动框架、电动机自重和调节气缸压力共同来控制。

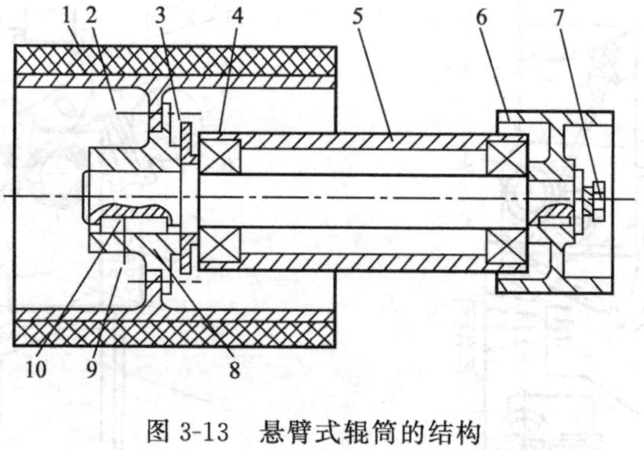

图 3-13　悬臂式辊筒的结构

1. 辊筒；2. 螺栓；3. 挡板；4. 轴承；5. 轴承座；6. 皮带轮；7. 螺栓；8. 法兰；9. 紧定螺栓；10. 平键

气动松紧辊工作过程：当料斗内有料时，料位器输出信号，通过继电器和电磁阀使进料气缸动作，进料门开启进料；同时松紧辊气缸也动作，使两辊筒合拢。断料时，松紧辊气缸复位。辊间压力大小通过松紧辊气缸的表压大小来调节。表压控制在 0.2～0.3MPa。

MLGQ25 型气压紧辊砻谷机谷壳分离装置大体上与 MLGT36 型压砣紧辊砻谷机基

本相同，稻谷由进料斗准确进入两辊筒之间，脱壳后的砻下物由谷壳分离装置将谷壳与谷糙混合物分开，谷壳经风道吸走，谷糙混合物由出料口排出。

3) MLGT25 型胶辊砻谷机

如图 3-15 所示，净谷由进料斗，通过流量调节，经短淌板、长淌板均匀、准确地流入两辊（快辊、慢辊）间进行脱壳。脱壳后的混合物经匀料斗、中淌板至鱼鳞下淌板，在鱼鳞淌板上混合物充分自动分级，稻壳浮在料层的上层，流进风选区，在前、后进风口的风力作用下，上层的稻壳被分离经风道吸走。

4) MLGT(Q)25×2 型胶辊砻谷机

该机采用双机座，背靠背装配，共用吸壳风道，

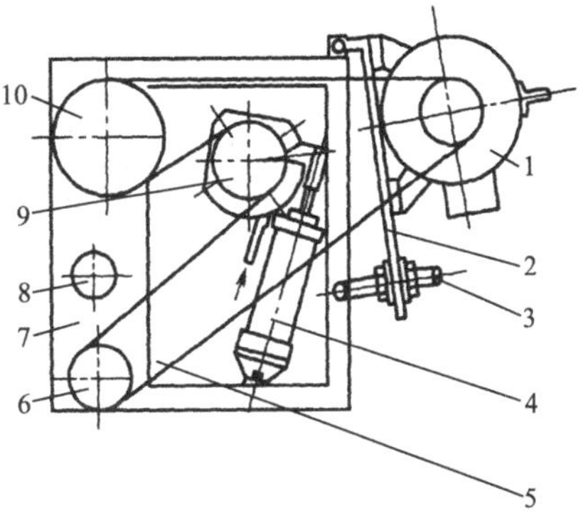

图 3-14 传动及松紧辊机构

1. 电机；2. 电机安装底座；3. 螺杆；4. 松紧辊气缸；5. 双面平皮带；6. 导向轮；7. 可摇动框架；8. 框架支承轴；9. 快辊带轮；10. 慢辊带轮

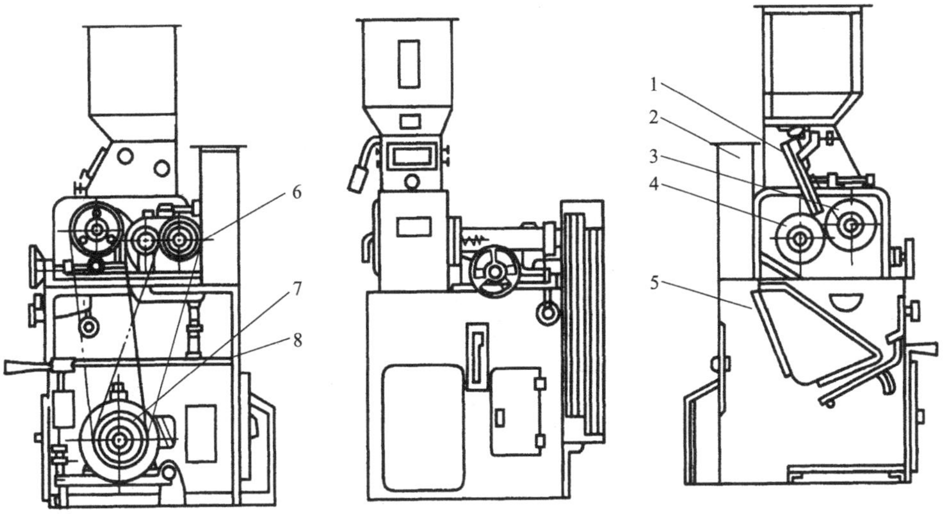

图 3-15 MLGT25 型胶辊砻谷机

1. 喂料装置；2. 风道；3. 慢辊；4. 快辊；5. 谷壳分离装置；6. 齿轮变速箱；7. 电动机；8. 压砣紧辊机构

两对胶辊同时工作，产量大，占地面积小，MLGT(Q)25×2 进料闸门由气缸驱动，并受料位器控制，当进料斗物料到达规定料位时，自动开闸并延时紧辊，辊间压力可以根据来料不同通过气动系统控制调节。在工艺上，该机可将净谷与回砻谷分开加工，针对不同物料，设置不同的工作参数，以降低糙碎，提高脱壳率。

该机传动系统采用双面同步带（或六角带）传动，取代常规齿轮箱，传动平稳且噪声小，无漏油污染且操作维修方便。常用胶辊砻谷机的主要技术参数见表 3-2。

表 3-2　常用砻谷机主要技术参数

型号	胶辊规格（直径×长）/mm	产量（稻谷）/(t·h^{-1})	快辊转速/(r·min^{-1})	慢辊转速/(r·min^{-1})	功率/kW	风量/(m^3·h^{-1})	外形尺寸（长×宽×高）/mm
MLGT51	225×510	6～8			11	4500～5000	1360×1400×2200
MLGT36	225×360	3.0～3.6			7.5	3600～4200	1255×1125×2315
MLGT25	255×254	2.5～3.0	1230	1024	5.5	3000～3600	1100×1075×2095
MLGT(Q)25×2	255×254	5.0～6.0	1270	1020	5.5×2	5800～6500	2060×850×1840
MLGQ25	255×254	2.5～3.0	1270	1020	5.5	2500～3200	1240×800×2370

2. 胶辊砻谷机主要工作参数的确定

1）稻谷的起轧条件

当谷粒由喂料装置进入胶辊间时，谷粒受到重力 G；胶辊对稻谷的压力 P_1、P_2；胶辊对稻谷的摩擦力 F_1、F_2 的作用，如图 3-16 所示。为了便于分析，设两辊直径相等，即 $R_1=R_2$。谷粒长轴垂直于两辊中心连线 O_1O_2，重心在 O_1、O_2 的垂直平分线上。稻谷与胶辊的接触点 A_1、A_2 为起轧点，辊筒圆心与起轧点的连线 O_1A_1、O_2A_2 与 O_1O_2 构成的夹角 α_1、α_2 为起轧角。

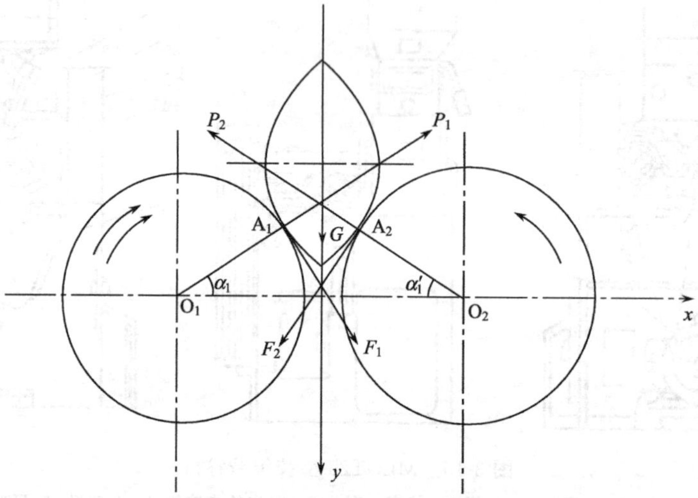

图 3-16　稻谷起轧时的受力示意图

如果要使稻谷夹入工作区，就应满足下式条件：

$$P_1\sin\alpha_1+P_2\sin\alpha_2-F_1\cos\alpha_1-F_2\cos\alpha_2-G\leqslant 0$$

由于两辊处于对称状态，所以 $\alpha_1=\alpha_2=\alpha_q$（$\alpha_q$ 为起轧角），$P_1=P_2=P$，$F_1=F_2=Pf$；式中，f 为摩擦系数，等于摩擦角 φ（稻谷与胶辊间）的正切，即 $f=\tan\varphi$。

则：

$$2P\sin\alpha_q-2Pf\cos\alpha_q-G\leqslant 0$$

当 G 忽略不计时，则可得下式：

$$\alpha_q\leqslant\varphi$$

由此可以得出结论，欲使稻谷进入胶辊并不被胶辊抛出，起轧角不得超过稻谷与胶辊的摩擦角。同时，稻谷入辊的方向必须对准两辊轧距中点并位于两辊中心连接的垂直线上。只有这样，才能迅速被轧住。

2）起轧角和终轧角的计算

起轧角 α_q 和终轧角 α_z 可用下列方法计算：假设谷粒由近似于半径为 r 的两弧包围而成，并设 $2a$ 为长度，$2c$ 为厚度，如图 3-17 所示，可看出：

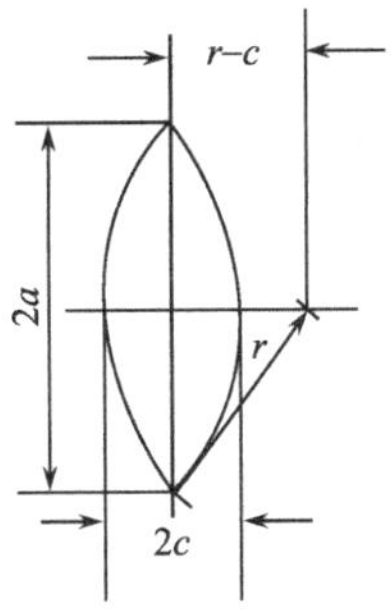

图 3-17　谷粒圆弧半径

$$r^2 = a^2 + (r - c)^2$$

$$r^2 = a^2 + r^2 - 2rc + c^2$$

$$r^2 = \frac{a^2 + c^2}{2c}$$

设 $2a_1$ 和 $2a_2$ 分别为稻谷和糙米的长度；$2c_1$ 和 $2c_2$ 分别为稻谷和糙米的厚度；r_1 和 r_2 分别为稻谷和糙米的圆弧半径；$2e$ 为两辊的轧距；R 表示胶辊半径；并设起轧时为稻谷，终轧时为糙米；如图 3-18 所示。

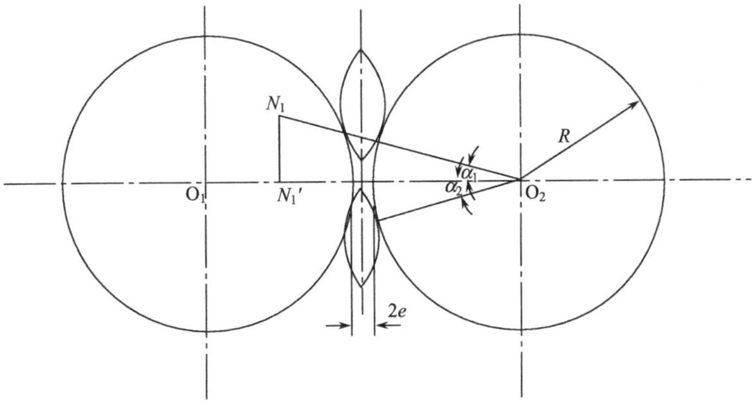

图 3-18　起轧角与终轧角

可知：

$$O_2N_1 = R + r_1$$

$$O_2N'_1 = R + e + r_1 - c_1 = R + r_1 - (c_1 - e)$$

$$\cos\alpha_q = \frac{O_2N'_1}{O_2N_1} = \frac{R + r_1 - (c_1 - e)}{R + r_1}$$

所以：

$$\alpha_q = \cos^{-1}\left[1 - \frac{(c_1 - e)}{R + r_1}\right]$$

同理可求出终轧角 α_z

$$\alpha_z = \cos^{-1}\left[1 - \frac{(c_2 - e)}{R + r_2}\right]$$

3）稻谷脱壳过程分析

如上所述，若两辊筒的圆周速度相等，则 $P_1 = P_2$，$F_1 = F_2$。现将 P_1、F_1 组成的合力 R_1 和

P_2、F_2 组成的合力 R_2 各沿 X 轴和 Y 轴方向分解，则可得到两组分力：R_{1X}、R_{1Y} 和 R_{2X}、R_{2Y}，如图 3-19 (a)所示。其中 R_{1Y} 和 R_{2Y} 的数值相等，方向也相同，这只能使谷粒跟着辊筒运动，而无助于脱壳；R_{1X} 和 R_{2X} 数值相等，方向相反，并作用于同一直线上，则可使谷粒受到挤压而被破坏，但不能使稻壳脱开。因此，当两胶辊等速相向运转时，稻谷无法脱壳。

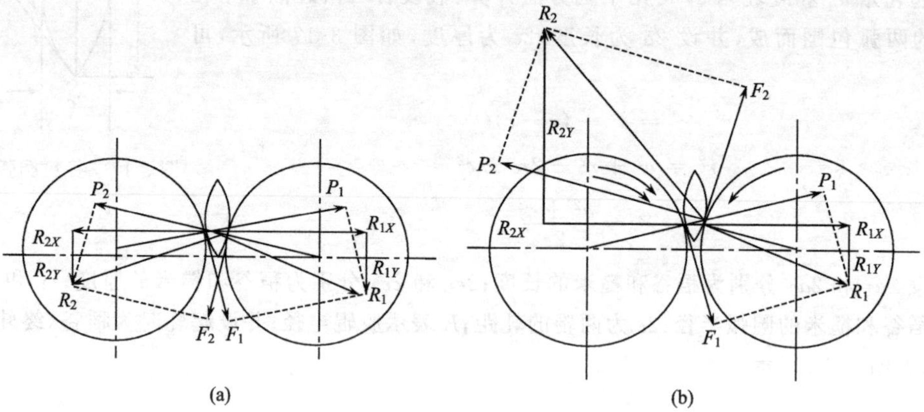

图 3-19 脱壳过程分析

(a)$V_1=V_2$；(b) $V_1>V_2$

当辊筒相向旋转的圆周速度不等时，则辊筒对谷粒的作用力 R_1 和 R_2 也不相同，如图 3-19 (b)所示。如果将 R_1 和 R_2 沿 X 轴和 Y 轴分解，则同样可得两组分力：R_{1X}、R_{1Y} 和 R_{2X}、R_{2Y}。因为辊筒的轧距要小于谷粒的厚度，谷粒在辊筒的工作区内不可能沿 X 轴方向产生位移。这说明 R_{1X} 和 R_{2X} 的数值相等，方向相反，并作用在同一条直线上，所以它是一对挤压力；而 Y 轴方向的分力 R_{1Y} 和 R_{2Y} 是一组大小不等，方向相反而不作用在同一直线上的变力。R_{1Y} 和 R_{2Y} 是一对使稻谷产生搓撕脱壳的作用力，受力过程如下：

当谷粒通过工作区的上段时，即 $\alpha_q>\alpha_1>0$ 时，其值为

$$R_{1Y} = R_{1X}\tan(\varphi-\alpha_1)$$

$$R_{2Y} = R_{2X}\tan(\varphi+\alpha_1)$$

所以：

$$R_{1Y} < R_{2Y}$$

当谷粒通过轧点时，即 $\alpha_1=0$ 时，其值为

$$R_{1Y} = R_{1X}\tan\varphi$$

$$R_{2Y} = R_{2X}\tan\varphi$$

所以：

$$R_{1Y} = R_{2Y}$$

当谷粒通过工作区的下段时，即 $0<\alpha_1<\alpha_z$ 时，其值为

$$R_{1Y} = R_{1X}\tan(\varphi+\alpha_1)$$

$$R_{2Y} = R_{2X}\tan(\varphi-\alpha_1)$$

所以：

$$R_{1Y} > R_{2Y}$$

通过上述受力分析，稻谷脱壳的过程如下：假设谷粒呈单层而无重叠进入辊间，则在入轧的一瞬间，谷粒处于加速阶段，谷粒速度小于两辊线速度，快慢辊与谷粒都有相对滑动；当谷粒被轧住后，由于快慢辊的两个摩擦力一个向下，一个向上，将对谷粒产生一旋转力矩。若稻谷横进，则可能转动；若稻谷直进，则偏转一定角度。谷粒愈细长，偏转角度也愈小。

当谷粒通过工作区的上段时，在快慢辊的摩擦力作用之下，稻谷速度很快加速至慢辊线速度而小于快辊线速度。此时快辊对谷粒的摩擦力使谷粒继续加速，而慢辊对谷粒的摩擦力显然阻止其加速。又因为 $R_{1Y} < R_{2Y}$，在一般情况下，动摩擦角小于静摩擦角，动摩擦系数小于静摩擦系数。所以，在一定的辊压下，谷粒相对快辊滑动时的动摩擦力小于谷粒相对慢辊的静摩擦力。因此谷粒在脱壳前被慢辊托住，并随慢辊一起运动，而相对快辊滑动。随着谷粒的继续前进，轧距愈来愈小，辊筒对谷粒的挤压和摩擦力不断增加。当稻壳薄弱部分的结合力小于挤压搓撕力时，稻壳将被压裂和撕破，接触快辊一边的稻壳首先开始脱壳，如图 3-20 (a)所示。

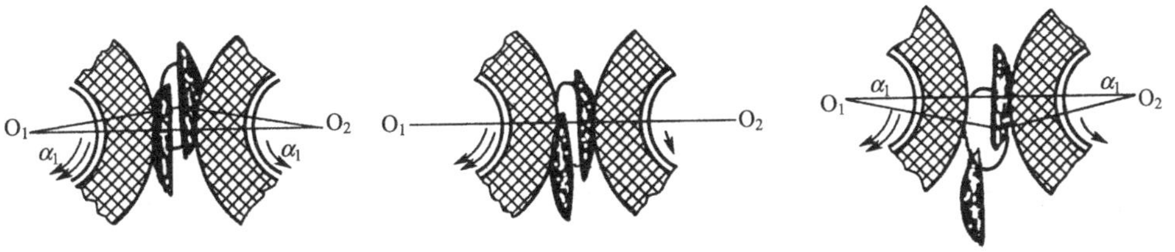

(a)　　(b)　　(c)

图 3-20　脱壳过程

当谷粒通过轧距中心点(两辊中心连线)时，由于 $R_{1Y} = R_{2Y}$，谷粒的速度介于快慢辊的线速度之间，谷粒对快慢辊都要发生相对滑动，使谷粒两侧的稻壳同时撕裂，并与两辊一起前进，达到脱壳的最大效能，如图 3-20 (b)所示。

当谷粒通过工作区的下段时，$R_{1Y} > R_{2Y}$，使糙米加速，并很快与快辊接近。因此，糙米相对快辊静止而与慢辊相对滑动，使接触慢辊一侧的稻壳离开糙米，完成整个脱壳过程，如图 3-20(c)所示。

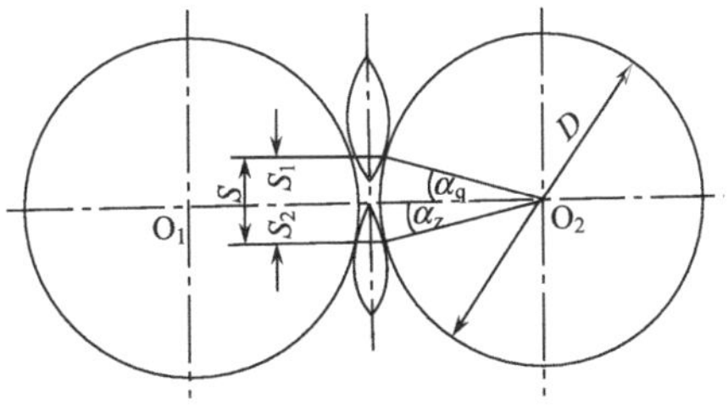

图 3-21　工作区长度

4) 辊筒工作区长度

稻谷粒从起轧点到终轧点的距离被称为辊筒工作区长度，如图 3-21 所示。该长度 S 由上轧区 S_1 和下轧区 S_2 组成。

$$S = S_1 + S_2 = R(\sin\alpha_q + \sin\alpha_z)$$

式中，R 为胶辊半径(m)；α_q 为起轧角；α_z 为终轧角。

上式表明，辊筒直径越大，工作区长度越长，稻谷经受胶辊脱壳作用的距离也越长，脱壳率会提高，但单位产量能量消耗和胶耗增加，同时也会使糙米表面拉毛、染黑。

5) 谷粒受轧时间

谷粒通过工作区的时间称为谷粒受轧时间。为了便于分析，假设在上轧区谷粒相对慢辊静止，在下轧区相对快辊静止。并设 t_1 为上轧区受轧时间，t_2 为下轧区受轧时间，则 t_1 和 t_2 可以近似看作：

$$t_1 = \frac{\theta_1}{\omega_2}$$

$$t_2 = \frac{\theta_2}{\omega_1}$$

$$T = t_1 + t_2 = \frac{\theta_1}{\omega_2} + \frac{\theta_2}{\omega_1}$$

式中，T 为谷粒的受轧时间(s)；θ_1 为起轧角弧度数，$\theta_1 = 0.0175\alpha_q$；$\theta_2$ 为终轧角弧度数，$\theta_2 = 0.0175\alpha_z$；$\omega_1$、$\omega_2$ 为快、慢辊角速度($r \cdot s^{-1}$)；$\omega_1 = 0.105n_1$；$\omega_2 = 0.105n_2$。

显然，在 α_q、α_z 不变的情况下，受轧时间越短，在同一时间内通过的稻谷越多。在相同流量下，可使辊间稻谷数量减少，有利于提高脱壳率，提高产量。从式中可以看出，缩短受轧时间的关键在于提高 ω_1 和 ω_2，即提高快慢辊转速。

6）谷粒对胶辊的相对位移

由于胶辊砻谷机两胶辊线速度(圆周速度)不同，稻谷在被轧入后相对慢辊静止，而快辊相对稻谷向下滑移，这对脱壳是必要的。没有相对滑移，胶辊就不能产生搓撕力来破坏和撕剥稻壳，除了必要的挤压外，还必须有一定的相对位移。

假使稻谷在上段工作区相对慢辊静止，相对快辊滑移，两辊直径相等为 $2R$，稻谷通过上段工作区的时间为 t_1，快辊角速度为 ω_1，慢辊角速度为 ω_2，则稻谷与快辊相对位移 L_1 为

$$L_1 = (\omega_1 - \omega_2)t_1 R$$

$$t_1 = \frac{\theta_1}{\omega_2}$$

所以：

$$L_1 = \frac{(\omega_1 - \omega_2)\theta_1 R}{\omega_2}$$

设：

$$K = \frac{\omega_1 - \omega_2}{\omega_2}$$

则：

$$L_1 = K\theta_1 R$$

同理，如果在下段工作区谷粒相对快辊静止，相对慢辊滑动，又因稻谷与糙米的粒度差异不大，即 $\theta_1 \approx \theta_2$ 所以，相对位移 $L_2 \approx L_1 = K\theta_1 R$；谷粒在整个工作区内相对快慢辊筒的位移 $L \approx 2L_1$。谷粒对胶辊的相对位移有时也称搓撕长度，相对位移大小与脱壳率关系密切，当相对位移小于稻谷长度一半时，脱壳率较低；当相对位移大于稻谷长度时，脱壳率达到极限，不宜再提高，相对位移过大，虽然可以提高脱壳率，但它不仅增加胶耗，而且增加糙碎率和使糙米表面拉毛“染黑”。相对位移值的大小，应按不同原料试验确定。合适的相对位移一般取稻谷长度3/5～4/5为宜。

7）线速、线速差、线速和、速差率

(1) 线速。线速是指辊筒的圆周速度，可用下式计算：

$$v_1 = \frac{\pi n_1 D_1}{60} = \omega_1 R_1 = 0.105 n_1 R_1$$

$$v_2=\frac{\pi n_2D_2}{60}=\omega_2R_2=0.105n_2R_2$$

式中，v_1 、v_2 为快、慢辊线速(m · s^{-1})；n_1 、n_2 为快、慢辊转速(r · min^{-1})；R_1 、R_2 为快、慢辊半径(m) ；D_1、D_2 为 快、慢辊直径(m) 。

我国胶辊砻谷机快辊线速一般都在 18m · s^{-1}以下，而慢辊线速一般为 13～15m · s^{-1}。

(2) 线速差。线速差即指快、慢辊的线速之差，用 v_{ch} 表示：

$$v_{ch}=v_1-v_2$$

设快、慢辊半径相等为 R，则

$$v_{ch}=R(\omega_1-\omega_2)=\frac{L_1}{t_1}$$

从上式可知，线速差的大小与相对位移 L_1 成正比，与稻谷通过上段工作区的时间成反比，可看出快辊与稻谷相对位移的速度。

我国胶辊长度在 300mm 以上的砻谷机，当慢辊线速为 13～15m · s^{-1}时，线速差为 2.6～3.2m · s^{-1}。一般采用的线速差为：

大粒粳稻谷：　　　　　1.8～2.3 m · s^{-1}；

一般粳稻谷及易脱壳籼稻谷：2.3～2.5m · s^{-1}；

一般籼稻谷：　　　　　2.6～2.8m · s^{-1}；

细长籼稻谷：　　　　　2.9～3.2m · s^{-1}。

(3) 线速和。线速和是指快辊线速和慢辊线速之和，用 v_h 表示，即

$$v_h=v_1+v_2$$

由于在上段工作区稻谷相对慢辊静止，慢辊线速的改变不仅与砻谷机产量有关，而且与工艺及经济指标有关。在一定的生产条件下，为了保持良好的工艺及经济指标，应有合理的慢辊线速并保持稳定。由于快、慢辊线速，线速差，线速和这四个因素中，确定任何两个因素，其余两个也就确定。所以，线速差和慢辊线速一旦确定，相应的快辊线速、线速和也就确定。线速差是脱壳的必要条件，所以，习惯上应用线速差以及与之对应的线速和这两个参数。

随着胶辊直径逐渐变小，θ_1R 变小，若慢辊线速保持不变，则快辊线速应有所增加。也就是说，生产中随着胶辊直径逐渐磨耗，当保持慢辊线速不变时，线速和应有所增加，至少不应当减少，否则在同样流量下脱壳率就降低，快慢辊线速和宜为 30m · s^{-1}左右。

(4) 速差率。以线速差与慢辊线速之比的百分率表示。设 K 为线速差率，则

$$K=\frac{v_1-v_2}{v_2}\times100\%$$

若快、慢辊直径相同，则：$K=\frac{v_1-v_2}{v_2}\times100\%=\frac{n_1-n_2}{n_2}\times100\%=(i-1)\times100\%$。

式中，i 为速比，$i=\frac{n_1}{n_2}=\frac{v_1}{v_2}=\frac{n_1D_1}{n_2D_2}$。

从上式中可以看出，线速差率与线速比是相互联系的，线速差率一般为 15%～25%，线速比一般为 1.15～1.25。

3. 影响砻谷机工工艺效果的因素

1）稻谷的工艺品质

（1）品种。粳稻粒短而圆，壳薄且表面粗糙，籽粒结构强度好，砻谷时脱壳率高，糙碎率低，胶耗少；籼稻细而长，壳厚且结构强度差，砻谷时脱壳率低，糙碎率高，胶耗多。

（2）水分。水分的高低主要影响糙米的结构强度、稻壳结合的紧密程度和表面粗糙度。稻谷水分过高时，易造成糙米内部结构松散且强度下降，同时稻壳结合紧密且表面粗糙度增加，因此砻谷时糙碎增加，脱壳率下降，胶耗上升，工艺效果下降；稻谷水分过低时，糙米的脆性增加，砻谷时糙碎会增加，出米率下降。

（3）含杂量。稻谷中含杂量过高，易造成进料机构堵塞，影响砻谷机正常工作，严重时会产生机械故障；同时坚硬的杂质易使胶辊表面产生严重刮痕，脱壳率严重下降，胶耗迅速上升，工艺效果下降。

2）技术参数的配备

（1）线速。在一定流量下，线速主要影响两辊间物料的数量、物料在两辊间的停留时间、砻谷机的振动及噪声和胶耗。一定流量下，适当提高线速，可降低两辊间物料的数量，增加物料接触胶辊的机会，有助于提高脱壳率；过高的线速，则使物料在两辊间停留的时间短，脱壳率降低，胶耗增加，同时振动噪声大；过低的线速，一定流量下两辊间物料增加，接触辊筒的机会降低且物料排列杂乱，因此脱壳率下降，糙碎率上升，胶耗增加，工艺效果降低。

（2）线速差。线速差是确保砻谷机脱壳率的必要参数之一。在一定的辊压下，合适的线速差，既可保证较高的脱壳率又可降低胶耗；过高的线速差，虽可能提高脱壳率，但也易造成糙米表面的损伤起毛和染黑，糙米爆腰率和糙碎增加，胶耗上升；过低的线速差，脱壳率和产量较低，工艺效果下降。

3）砻谷机的操作

（1）流量。流量主要影响砻谷机的脱壳率、糙米的损伤、胶耗的高低和糙米的产量。过高的流量，两辊间稻谷的数量增加且排列无序、稻谷接触胶辊的机会低，所以，砻谷时脱壳率下降，糙碎增加，胶耗上升，产量可能降低。过低的流量，辊间稻谷数量少，接触胶辊的机会多，虽然可提高脱壳率，但产量可能降低，胶耗增加。

（2）辊压。在线速差一定时，合适的辊间压力，则具有较高的脱壳率，糙米表面损伤少，糙碎爆腰低，胶耗少；过高的辊压，糙米表面损伤严重，糙碎爆腰上升，胶耗增加；过低的辊压，稻谷在辊间所受挤压力低，从而使搓撕力下降，脱壳率降低，工艺效果差。

（3）辊筒硬度和安装。合适的胶辊硬度，具有良好的脱壳率，胶耗也低；过高的胶辊硬度，易造成糙米破碎和爆腰；过低的胶辊硬度，脱壳时使糙米表面染黑，胶耗增加；胶辊硬度一般为邵氏 80°～90°，一般快辊比慢辊高 5 邵氏度，加工粳稻或冬天应选硬度高的胶辊，加工籼稻或冬天应选硬度低的胶辊。

胶辊安装时要求两辊中心线平行、两辊端面要对齐，否则易产生大小头和飞边现象，造成胶辊利用率下降，胶耗增加，同时脱壳率和产量也降低。

（4）吸壳风量。合适的吸壳风量，既可保证较高的吸壳效率，同时减少跑粮现象发生。过高的吸壳风量，虽然可提高吸稻壳效率，但也易造成粮粒被吸走，动耗大；过低的吸壳风量，则造成吸稻壳效率下降，谷糙混合物含壳增加，影响谷糙分离效果。因此，应根据不同的砻谷机配备其相应的吸壳风量。

4. 砻谷机的工艺指标及工艺效果的评定

1）工艺指标

脱壳率：籼稻 75%～85%；粳稻 80%～90%；

稻壳含粮：每百千克不得超过 30 粒；

谷糙混合物含壳：不得超过 0.8%。

2）工艺效果的评定

(1) 脱壳率。脱壳率是指稻谷经砻谷机一次脱壳后，已经脱壳稻谷质量占进机稻谷质量的百分比，计算公式为

$$\eta_t = \frac{q_1 g_1 - q_2 g_2}{q_1 g_1} \times 100\%$$

式中，η_t 为脱壳率(%)；q_1 为进机物料流量($kg \cdot h^{-1}$)；q_2 为吸壳后出机物料流量($kg \cdot h^{-1}$)；g_1 为进机物料稻谷含量(%)；g_2 为吸壳后出机物料稻谷含量(%)。

因测定砻谷机进出口流量的难度较大，准确性较差，所以，采用上式计算砻谷机脱壳率的准确性较差，一般采用下式计算：

$$\eta_t = \frac{g_1 c_2 - g_2 c_1}{g_1 g_2 k + g_1 c_2} \times 100\%$$

式中，k 为稻谷出糙率(%)；c_1 为进机物料糙米含量(%)；c_2 为吸壳后出机物料糙米含量(%)。

上式可以看出，只要检测砻谷机进出口物料的含谷、含糙百分率就能计算脱壳率，无需测定进出口物料流量。当砻谷机进口物料不含糙米时，即 $c_1 = 0$ 时，砻谷机脱壳率可按下式计算：

$$\eta_t = \frac{c_2}{g_2 k + c_2} \times 100\%$$

(2) 脱壳率波动度。脱壳率波动度是反映砻谷机脱壳率稳定性的重要指标，其测定方法是：当每两次调整之间砻谷机工作正常后(加减压砣，升降油压，改变齿轮速比)，每小时取样一次，连续取样六次，求得平均脱壳率，最大、最小脱壳率，然后按下式计算：

$$\eta_{TB} = \frac{\eta_{Tmax} - \eta_{Tmin}}{\eta_{TP}} \times 100\%$$

式中，η_{TB} 为脱壳率波动度(%)；η_{Tmax} 为最高脱壳率(%)；η_{Tmin} 为最低脱壳率(%)；η_{TP} 为平均脱壳率(%)。

(3) 糙碎率。不足整粒糙米长度 2/3 的为糙碎。糙碎率是指砻下谷糙混合物中所含糙碎的质量，占已脱壳粮粒(包括整粒糙米和碎米)质量的百分率。糙碎率可按下式计算：

$$S_c = \frac{C_s}{C_z + C_s} \times 100\%$$

式中，S_c 为糙碎率(%)；C_s 为糙碎质量(g)；C_z 为整糙米质量(g)。

(4) 电耗。电耗是指砻谷机生产 1t 糙米所耗用的电量，按下式计算：

$$E = \frac{N}{Q}$$

式中，E 为吨糙米电耗($kW \cdot h \cdot t^{-1}$)；N 为总耗电量($kW \cdot h$)；Q 为所加工的糙米质量(t)。

(5) 产量。产量是指砻谷机单位时间内加工糙米的数量，按下式计算：

$$Q = q_1 \eta_t (1 - c_1)$$

式中，Q为产量(kg·h^{-1})；q_1为砻谷机进机流量(kg·h^{-1})；η_t为脱壳率(%)；c_1为进机物料中糙米含量(%)。

(6) 胶耗。胶耗是指每加工 100kg 净稻谷所消耗的辊筒橡胶克数或一对胶辊所加工的稻谷量。可按下式计算：

$$J_h = \frac{W_1 - W_2}{G} \times 100$$

式中，J_h为胶耗(g 橡胶·100kg 稻谷$^{-1}$)；W_1为开车前胶辊质量(g)；W_2为停车后胶辊质量(g)；G为实际加工的稻谷质量(kg)。

胶耗也可用每消耗 1g 橡胶所能加工的净谷量，即"kg·g^{-1}"表示。计算公式如下：

$$J_h = \frac{G}{W_1 - W_2}$$

胶耗的计算用称重法比较麻烦，目前很多加工厂常用测量胶辊周长和直径的方法进行计算。根据使用前、后胶辊周长或直径的变化，计算出橡胶磨耗量。例如，胶辊长度为 360mm，其每只胶辊橡胶体积为 6330cm^3，每对胶辊总体积为 12 660cm^3，质量为 15 193g(橡胶密度为 1.2g·cm^{-3})。

【例】 某厂 MLGT36 型胶辊砻谷机，使用前快、慢辊周长均为 706mm，使用后快辊周长为 697mm，慢辊周长为 700mm，共加工稻谷 36t，试求胶耗和胶辊利用率。

解：快辊消耗橡胶体积：$V_k = \frac{\pi}{4} \times 36\left[\left(\frac{70.6}{\pi}\right)^2 - \left(\frac{69.7}{\pi}\right)^2\right] = 362(\text{cm}^3)$

快辊消耗橡胶质量：362×1.2=434.3(g)

慢辊消耗橡胶体积：$V_m = \frac{\pi}{4} \times 36\left[\left(\frac{70.6}{\pi}\right)^2 - \left(\frac{70}{\pi}\right)^2\right] = 242(\text{cm}^3)$

慢辊消耗橡胶质量：242×1.2=290.2(g)

两辊共消耗橡胶质量：434.3+290.2=724.5(g)

折合胶辊对数：724.5/15 193=0.047 69(对)

胶耗：(724.5/36 000)×100=2.0(g·100kg^{-1})

胶辊利用率：36/0.047 69=755(t·对$^{-1}$)

加工不同品种的稻谷，其胶耗量是不一样的。一般籼稻胶耗应在 30kg 稻谷·g 橡胶$^{-1}$左右，粳稻胶耗在 50kg 稻谷·g 橡胶$^{-1}$左右，如以每对胶辊砻谷量来表示，则每对长度为 360mm 胶辊加工早籼稻谷 500t 左右，加工粳稻谷 750t 左右。以上数据是指天然橡胶材料制造的砻谷胶辊磨耗量，胶辊的材质不同，胶耗量也不同，差异较大，除此之外，环境温度对胶耗也有较大影响，高温季节宜采用聚氨酯辊筒，低温季节宜采用橡胶辊筒。

(四) 稻壳的分离与收集

1. 谷壳分离

稻谷经过砻谷机脱壳后，砻下物含有糙米、稻谷和稻壳。由于谷壳的容积大、比重小、散落性差，若不将它及时分开，将影响后继各道工序工艺效果。若谷糙混合物中含有较多的谷壳，谷糙的流动性变差，给自动分级造成困难，降低谷糙分离效果。如果这些谷壳再回到砻谷机中，将使脱壳率降低，产量下降，动力及胶耗增大。因此，在砻谷后，将谷壳及时地、彻底地分离干净是非常必要的，这对谷壳的综合利用也是有利的。

谷壳的容重、相对密度和悬浮速度都比稻谷、糙米轻得多，见表 3-3。因此可利用风选法对砻下物进行谷壳分离，分选时，吸风和吹风均能达到目的。目前使用广泛的是吸风分离方法，在分离的同时，借助风力将谷壳输送到谷壳房。

表 3-3 谷壳、稻谷、糙米的容重、密度和悬浮速度

物料名称	容重/(g·L^{-1})	密度/(g·cm^{-3})	悬浮速度/(m·s^{-1})
谷壳	100～160	0.2	2～3
稻谷	560～580	1.10～1.22	8～10
糙米	780～800	1.36～1.48	9～12

目前，谷壳第一次分离均采用胶辊砻谷机底座谷壳分离装置，如图 3-10 所示。稻壳经过一次吸风分离很难同时保证双指标（100kg 谷壳含粮≤30 粒；谷糙混合物含壳≤0.8%）要求，一般情况下，采用二次吸风分离的方法解决上述问题：首先保证谷壳含粮不超标，对谷糙混合物的超标稻壳进行二次整理，常用的吸风分离器如图 3-22 所示。其次保证谷糙混合物含壳不超标，对谷壳含粮进行二次整理，常用的吸风分离器如图 3-23 所示。

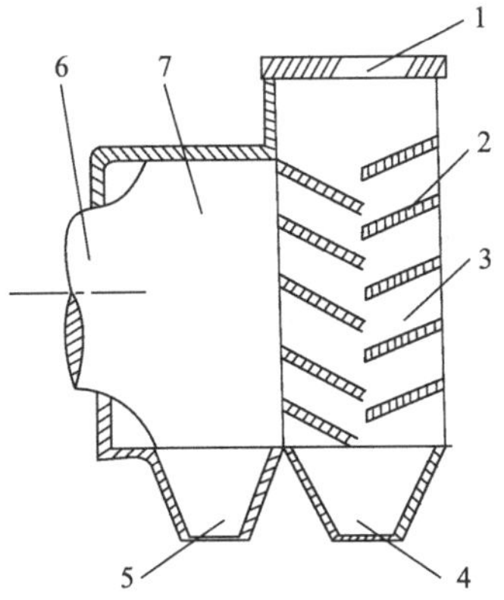

图 3-22 谷壳分离器

1. 进料口；2. 分流淌板；3. 气流区；4. 谷糙出口；5. 瘪谷糙碎出口；6. 吸风口；7. 沉降室

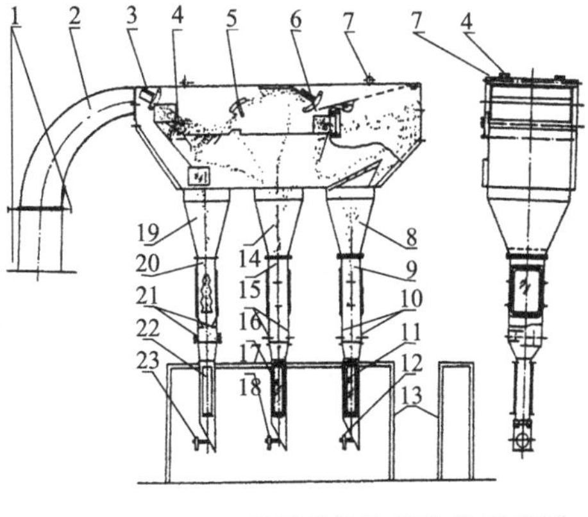

图 3-23 DKTL 型稻壳提粮器结构示意图

1. 齿板；2. 弯头；3. 进口导向板；4. 下调节板手柄；5. 中间调节板手柄；6. 后调节板手柄；7. 吊环螺丝；8,14,19. 粗选室；9,15,20. 精选室；10,16,21. 精选室风门；11,17,22. 储料室；12,18,23. 压砣；13. 操作台

当物流进入提粮器，刚好落在前分流板的上部区域，大多数提取物顺着下调节板到 1 号粗选室(19)粗选，经粗选后的物流中还有部分稻壳，再进入 1 号精选室(20)精选，吸除剩余稻壳，进入储料管，经压力门排出含稻壳小于 3%的粮粒、瘪谷、糙碎等。由于一次分离不能达到理想效果，以分别进入第二、第三分选室，经多次分离，从而使稻壳与完整粮粒、糙碎、瘪谷较为彻底地得到分离，达到从稻壳中提粮，充分利用糙碎、瘪谷和稻壳的目的。DKTL 型稻壳提粮器的工艺性能及型号规格见表 3-4。

表 3-4 DKTL 型稻谷壳提粮器工艺性能及型号规格

项 目	型号		
	DKLT30	DKLT45	DKLT60
产量/(稻壳 $kg \cdot h^{-1}$)	400～500	800～900	1 200～1 400
次粮分离效率	≥90	≥90	≥85
稻壳含饱满粮/(粒·$100kg^{-1}$)	<20	<20	<20
提取物含稻壳/%	≤7	≤7	≤7
进口风量/($m^3 \cdot h^{-1}$)	1950～2600	3600～4500	5400～6750
出口风量/($m^3 \cdot h^{-1}$)	2600～3200	4700～5600	6800～8150
压力损失/Pa	≤150	≤200	≤200
外形尺寸(长×宽×高)/mm	1540×512×1750	1540×512×1820	1540×662×1910
进口(宽×高)/mm	300×160	450 × 160	600 × 160
出口(宽×高)/mm	300 × 160	450 × 160	600 × 160
机重/kg	89	138	168
所配砻谷机稻谷加工量/(早籼 $t \cdot h^{-1}$)	2～2.5	4～4.8	5.5～6.5
所配砻谷机胶辊规格(直径×长度)	225×240	225×360	255×510

2. 谷壳收集与整理

1) 谷壳收集

谷壳收集工序也是稻谷加工中较为重要的工序之一，它不但要完成将谷壳全部回收的任务，而且要使排出的空气达到规定的含尘浓度，以免污染大气，影响环境卫生。谷壳收集的方法，主要是根据所用分离设备的不同来决定的，一般可分为重力沉降和离心沉降两种。

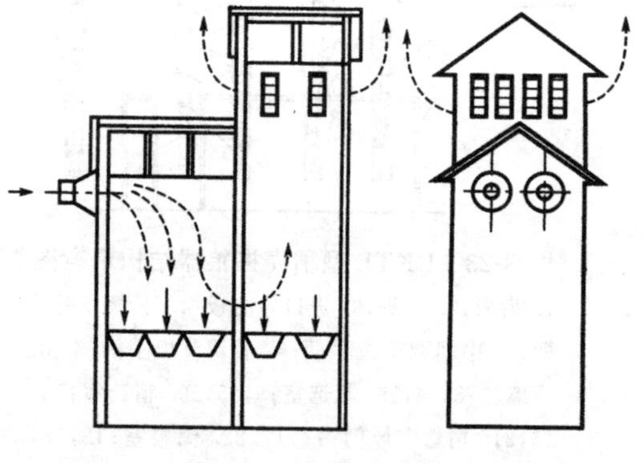

图 3-24 收集房结构

重力沉降是利用沉降室，使带有谷壳的气流进入沉降室后，由于体积突然扩大，风速大幅度降低，依靠谷壳本身重力而沉降。利用收集房作为沉降室收集谷壳是米厂常用的方法之一，其结构形式如图 3-24 所示。

当带有谷壳的气流进入沉降室后，由于体积突然扩大，风速降低谷壳及大颗粒灰尘便逐渐下降，气流则由顶端风帽或气窗排出。谷壳沉降室必须有足够的长度，过短将造成窝风及回流，影响分离沉降效果，为了便于输送、包装谷壳，可将谷壳沉降室下部做成漏斗形。为保证谷壳特别是糠灰能够在沉降室内很好地沉降，必须使它们有足够的降落时间，含尘气流通过沉降室的时间应小于或等于糠灰沉降的时间。糠灰沉降速度一般为 $0.02m \cdot s^{-1}$。

离心沉降是使带有谷壳的气流进入离心分离器(刹克龙)内，依靠离心力和重力的作用，使谷壳沉降，是碾米厂中广泛应用的方法。采用这种方法，设备结构简单，价格低，维修方便，收集的谷壳便于整理。由于谷壳粗糙，为减少摩擦，提高设备使用寿命，离心分离器一般采用玻璃、水泥或陶瓷制作。

2) 谷壳收集与整理流程

谷壳收集后一般不需整理。但如果砻谷机台时产量不稳定，风速和风量控制不当，谷壳分离不够理想，往往造成一方面粮粒被吸走，另一方面谷壳又没分离干净。这种情况下，谷壳需进行二次吸风整理，将其中粮粒、糙碎等整理出来，以便物尽其用。

图 3-25 为碾米厂中常用的几种谷壳收集与整理流程。图 3-25(a)所示是将砻谷机底座分离出来的谷壳经离心沉降被压送至收集房，谷壳在进入沉降室后，利用飞行系数的差异，在前部较小的沉降室将谷壳中的完整粮粒和青腰白片等较重物料分离出来，用作生产饲料，后部沉降的是较纯净的谷壳。这种流程只是对谷壳进行较粗的整理，比较适合生产规模较小的企业。

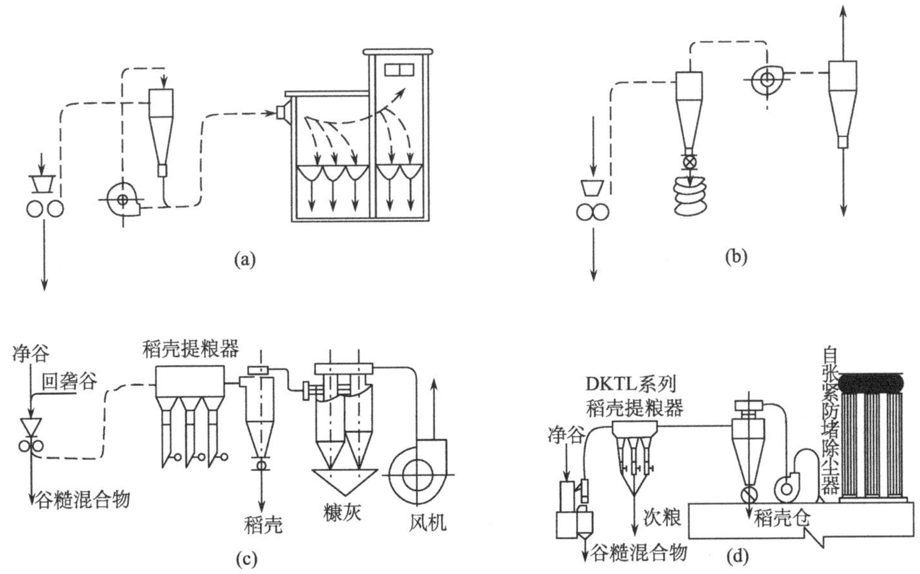

图 3-25　碾米厂中常用的谷壳分离与整理流程

图 3-25(b)所示将谷壳从砻谷机底座分离出来，没有进行整理直接利用离心沉降后进行装袋打包，含有灰尘的空气经二次净化后排入大气，比较适合生产规模很小的企业。

图 3-25(c 或 d)所示是将谷壳从砻谷机底座吸出，首先进入稻壳提粮器，将稻壳中的饱满粮粒、糙碎米、不完善粒、瘪谷和颖基分离出来，用作生产饲料，然后进入玻璃刹克龙沉降谷壳，剩余少量轻杂在多联刹克龙中或布袋除尘器中进一步沉降，是一种较好的稻壳收集与整理流程，适合生产规模较大、稻壳综合利用较好的企业。

谷壳收集整理的方法很多，各地可根据具体情况，因地制宜，灵活选择，达到既经济又合理的目的。

二、谷糙分离

稻谷经砻谷机脱壳之后，谷壳立即被气流分离出去，剩下的是已脱壳的糙米和少部分没有脱壳的稻谷，根据工艺要求，谷糙混合物必须进行分离，分出纯净糙米，为碾米工段提供原料；经过谷糙分离后所分出的稻谷，称为回砻谷。回砻谷需返回砻谷机继续脱壳，要求尽可能少含糙米。所以，谷糙分离是碾米工艺中必不可少的极为重要的工序之一，也是实际生产过程中出现问题较多的部位，所以充分了解各方面的因素是确保良好谷糙分离效果的必要条件，而谷糙混合物的工艺特性是其中之一。

（一）谷糙混合物的工艺特性

稻谷和糙米在粒度、容量、密度、摩擦系数、悬浮速度和弹性等方面的特性是不相同的。这些特性的差异正是谷糙混合物可分性的重要依据，见表 3-5。

表 3-5　稻谷与糙米的物理特性

名称	粒度/mm			容重	密度	摩擦角/(°)		弹性
	长	宽	厚	/(g·L^{-1})	/(g·cm^{-3})	铁皮	木板	/mm
粳谷	6.3～8.5	3～4	1.7～2.6	560	1.106	25～28	28～33	120
粳糙	5～6.2	2.8～3.2	1.6～2.2	770	1.394	22～27	25～30	110
籼谷	7～8.4	2.8～3.6	1.8～1.9	580	1.169	24～28	26～35	115
籼糙	5.6～6.2	2.2～2.4	1.6～1.8	750	1.378	23～27	25～31	110

从表中数据可以看出：稻谷的粒度大于糙米，但各向差异不同；稻谷的容重、密度小于糙米；糙米的表面粗糙度小于稻谷；稻谷的弹性大于糙米；稻谷的悬浮速度小于糙米。

（二）谷糙分离的基本原理

由于稻谷和糙米的粒度、密度、容重、摩擦系数等物理性质有一定的差异，这些差异为谷糙分离提供了重要依据。谷糙分离的基本原理就是：利用稻谷和糙米的粒度、摩擦系数、密度和容重、弹性等物理性质的差异，借助谷糙混合物在运动过程中产生良好的自动分级，使稻谷上浮，不易接触分离工作面；糙米下沉与分离工作面有较多的接触机会，采用适宜的机械运动形式和配置不同的分离工作面，将稻谷和糙米进行分离和分选。

目前，常用的谷糙分离方法主要有筛选法、密度分离法和弹性分离法三种。

1. 筛选法

筛选法是利用稻谷和糙米间粒度的差异及其自动分级特性，配备以合适的筛孔，借助筛面的运动进行谷糙分离的方法。常用的设备是谷糙分离平转筛。

谷糙分离平转筛的工作原理是：利用稻谷和糙米在粒度、密度、容重以及表面摩擦系数等物理特性的差异，使谷糙混合物在做平面回转运动的筛面上产生良好自动分级，粒度大、密度小、表面粗糙的稻谷浮于物料上层，而粒度小、密度大、表面较光滑的糙米沉于物料下层。糙米与配备合适筛孔的筛面接触并穿过筛孔，成为筛下物，稻谷由于被糙米层所阻隔而无法与筛面接触，不易穿过筛孔，成为筛上物，从而实现谷糙分离。

2. 密度分离法

密度分离法是利用稻谷和糙米在密度、表面摩擦系数等物理性质的不同及其自动分级特性，在做往复振动的粗糙工作面板上进行谷糙分离的方法。常用的分离设备是重力谷糙分离机。

重力谷糙分离机的工作原理是：利用稻谷与糙米在密度、表面摩擦系数等物理特性的差异，借助双向倾斜并做往复运动的粗糙工作面的作用，使谷糙混合物产生良好的自动分级，糙米“下沉”，稻谷“上浮”，下面的糙米在粗糙工作面凸台的阻挡作用下，向上斜移从工作面的斜上部排出；上面的稻谷无法接触粗糙工作面凸台，并在自身重力和进料推力的作用下向下方斜移，从工作面的斜下部出口排出，从而实现谷糙的分离，如图 3-26 所示。

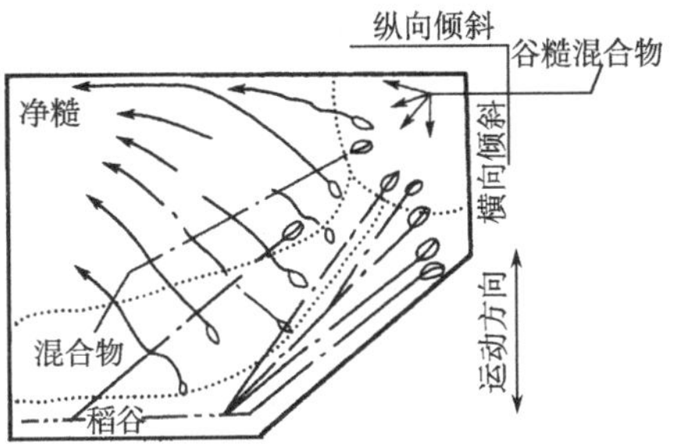

图 3-26　谷糙混合物在粗糙工作面上的运动状态

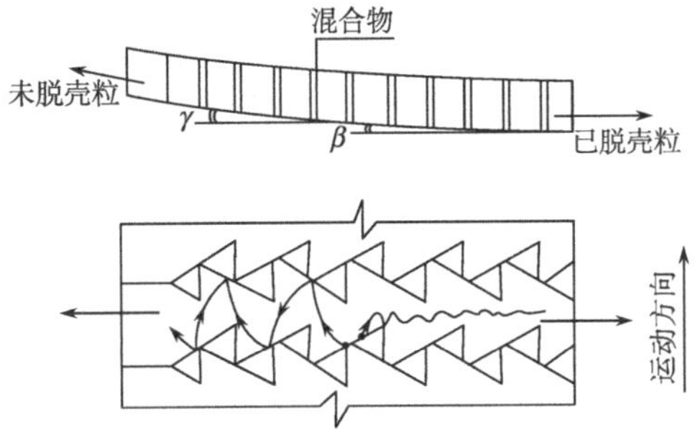

图 3-27　谷糙混合物在弹性工作室的运动状态

3. 弹性分离法

弹性分离法是利用稻谷和糙米弹性、表面摩擦系数等物理性质的不同及其自动分级特性，在做往复运动的分离槽内进行谷糙分离的方法。常用的设备是撞击谷糙分离机(亦称巴基机)。

撞击谷糙分离机的工作原理是：利用稻谷和糙米的弹性、密度、摩擦系数等物理特性的差异，借助具有适宜反弹面的分离槽进行谷糙分离。谷糙混合物从中部进入分离槽后，在工作面的往复运动作用下，产生良好的自动分级，稻谷上浮，糙米下沉。由于稻谷的弹性大又浮在上层，因此与分离槽的侧壁发生连续碰撞，产生较大的撞击力使稻谷向分离室上方移动。糙米弹性较小且沉在底部，不能与分离槽的侧壁发生连续碰撞，在自身重力和进料推力的作用下，顺着分离槽向下方滑动，从而实现稻谷、糙米的分离。如图 3-27 所示。

(三) 典型谷糙分离设备

1. 谷糙分离平转筛

谷糙分离平转筛具有结构紧凑、占地面积小、筛理流程简短、筛理效率高、操作管理简单等特点，是稻谷加工厂广泛使用的谷糙分离设备。按筛体外形的不同，谷糙分离平转筛分为长方形和圆形两类。

1) 长方形谷糙分离平转筛

MGCP 型谷糙分离平转筛的总体结构如图 3-28 所示，筛体外形为长方形，主要由进料装置、筛体、筛面倾斜角调节机构、偏心回转机构、传动及调速机构和机架等部分组成。

进料装置由盆形接料口和料箱组成。料箱内装有导料淌板，以确保喂料均匀及减少物料对筛面的直接冲击力。接料口与进料管之间常用帆布或软管连接，防止灰尘飞扬。

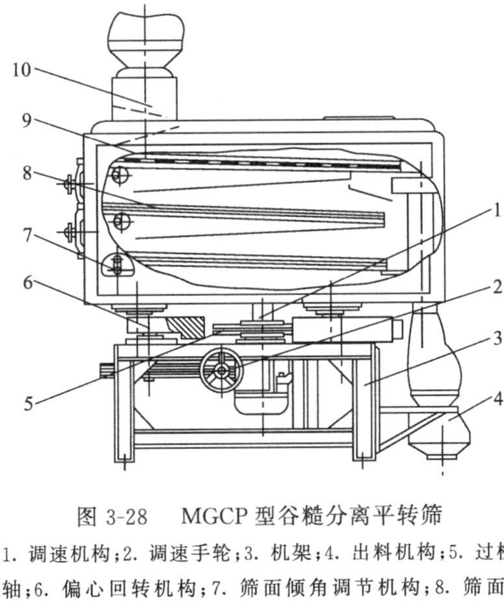

图 3-28　MGCP 型谷糙分离平转筛

1. 调速机构；2. 调速手轮；3. 机架；4. 出料机构；5. 过桥轴；6. 偏心回转机构；7. 筛面倾角调节机构；8. 筛面；9. 筛体；10. 进料装置

筛体内装有三层抽屉式筛格，每层筛面前 1/3 长度为分级段，用筛孔加密的形式来实现，确保糙米在穿孔之前得到良好的自动分级；每层筛面下均设有集料板，将筛下物导向下层筛面的进料端，以确保筛上物料的厚度，促进物料的自动分级。

各层筛面的进料端均分别装有筛面倾斜角度调节机构，通过偏心轮的改变来调节筛面的倾斜角，如图 3-29 所示。筛体偏心回转机构由偏心支座和偏心重块组成，共三组，如图 3-30 所示，支承在机架上，由传动机构带动其中一组偏心回转机构转动，使筛体做平面回转运动。

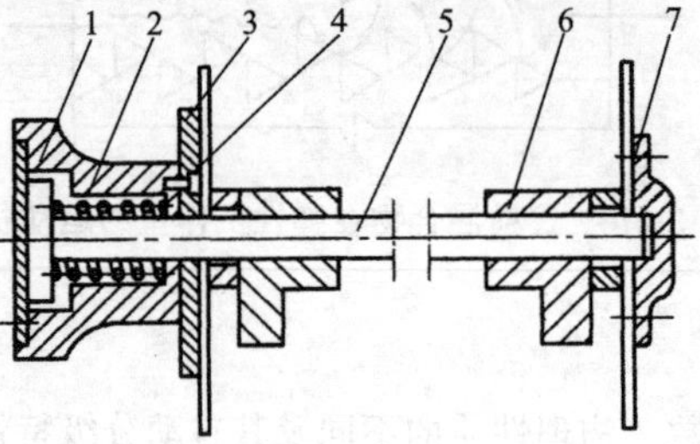

图 3-29　筛面倾角调节机构

1. 手轮；2. 弹簧；3. 刻度盘；4. 定位销；5. 轴；6. 凸轮；7. 轴承座

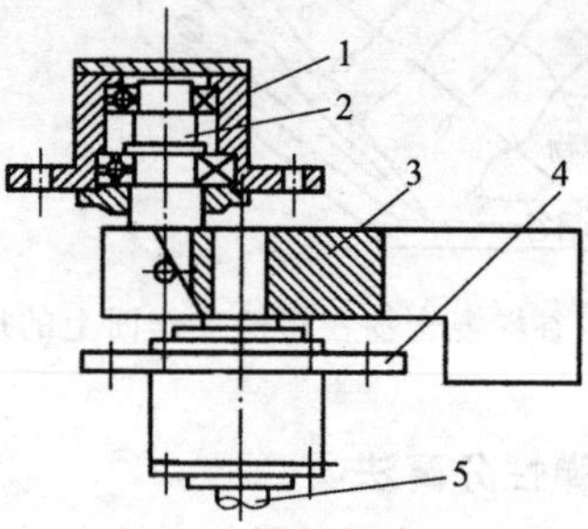

图 3-30　偏心回转机构

1. 筛体轴承座；2. 短轴；3. 偏重块；4. 机架轴承座；5. 驱动长轴

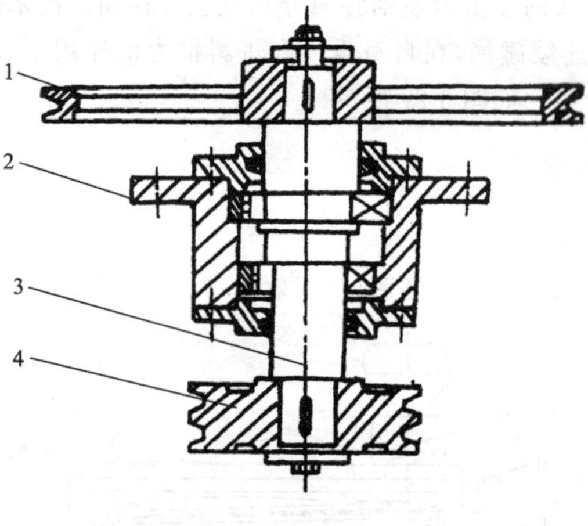

图 3-31　过桥轴传动机构

1. 大三角带轮；2. 过桥轴承座；3. 过桥轴；4. 小三角带轮

传动及调速机构包括减速装置和调速装置两部分。减速装置采用过桥轴传动机构，如图 3-31 所示。调速装置由调速机构和调速张紧机构两部分组成。调速机构如图 3-32 所示，它由固定带轮片、活动带轮片、弹簧、防尘罩等组成。调速张紧机构如图 3-33 所示，它由手轮、调速丝杆、支承座、调速螺母等组成。调速连杆与驱动电机底板相连，调速时，转动与调速丝杆连接的手轮，调节主、从动轮之间的中心距，在弹簧压力的作用下，活动带轮片上下移动，改变可分离带轮的工作半径，达到无级调速的目的。

2）圆形谷糙分离平转筛

MGCPΦ106×4 型谷糙分离平转筛主要由进料斗、筛体、偏心回转机构、无级调速机构、出料斗、机架所组成，如图 3-34 所示。筛体采用型钢和薄钢板组合整体结构。由于圆形筛面是四周环形进料，而出料口设在中间，因此筛体上装置一块倾角为 5°的圆锥形总导料板，使进口物料均匀地进入第一层筛面。筛体内共叠置四层碟形编织筛面，每层筛面下均设倾角 3°的截锥形导料板，使各层筛下物均匀地以环状形式进入下一层筛面，第四层筛面的接料板即为筛体的底板。为了防止各层筛面漏料，每层筛框边缘加密封垫片，保持与筛体紧密配合。筛体中间设有三个漏斗形出料管，分别将净糙、回砻谷和回筛物料排出机外。这种筛体结构具有重心低、体积小、质量轻的优点。筛体通过三组互成 120°角排列的偏心回转机构支承在机架上，其中一组与减速箱相连，以带动筛体做平面回转运动。

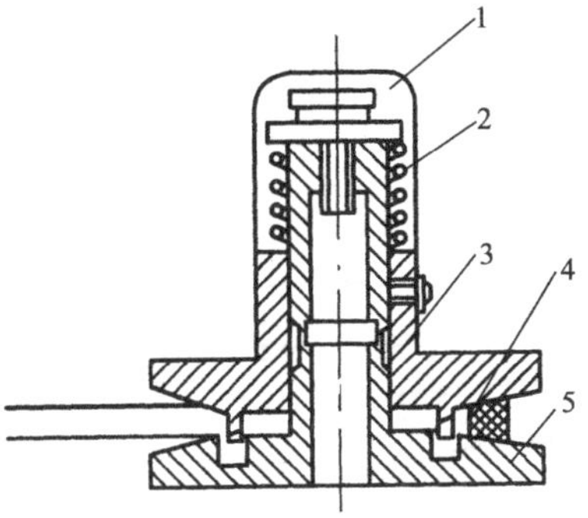

图 3-32 调速机构

1. 防尘罩；2. 弹簧；3. 活动带轮片；4. 三角带；5. 固定带轮片

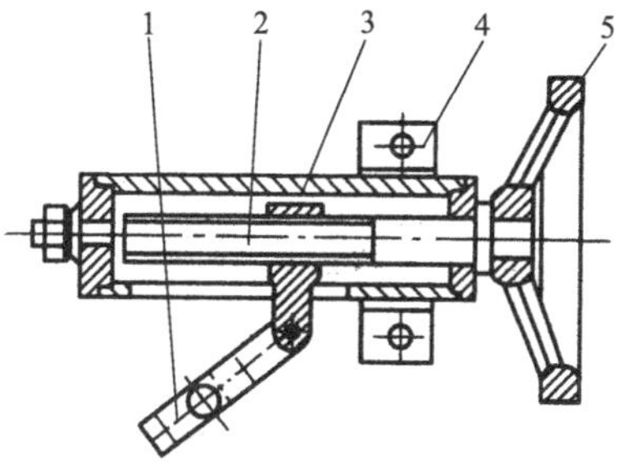

图 3-33 调速张紧机构

1. 调速连杆；2. 调速丝杆；3. 调速螺母，4. 支承座；5. 手轮

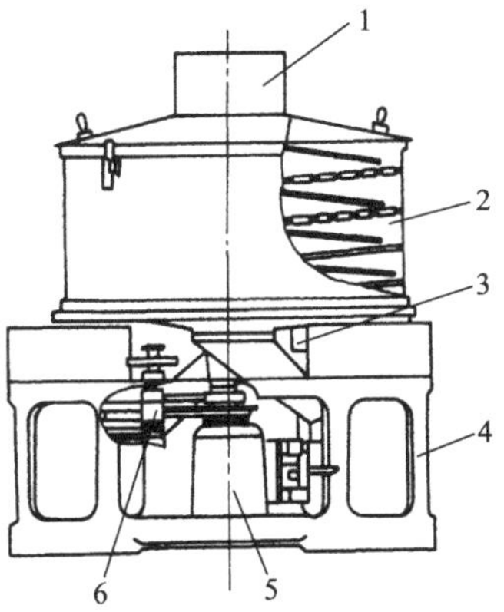

图 3-34 MGCPΦ106×4 型圆形谷糙分离平转筛

1. 进料斗；2. 筛面；3. 偏心回转机构；4. 机座；5. 电动机；6. 调速机构

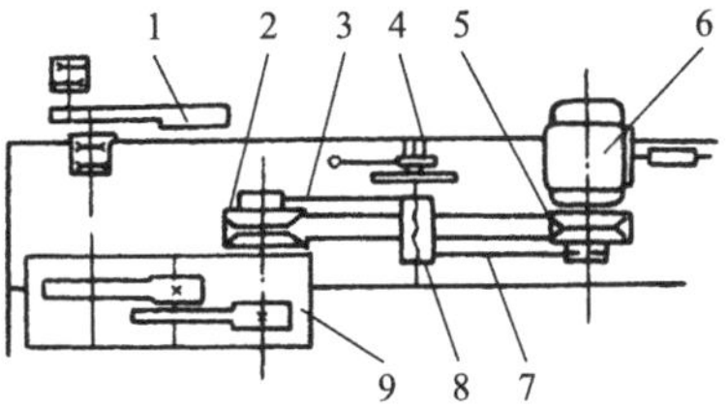

图 3-35 减速传动机构

1. 平衡装置；2,5. 可调皮带轮；3,7. 拨叉；4. 转动手轮；6. 电动机；8. 调节螺母；9. 变速箱

减速传动机构采用变速箱和剖分式深槽三角带轮无级调速的形式，如图 3-35 所示。图中 2 和 5 分别为两个深槽剖分三角皮带轮，分别装置在电动机和变速箱 9 的轴上。调节转速时，可调节手轮 4，使螺母 8 带动固定在螺母两端的拨叉 3 和 7 上下移动，随之带动三角皮带轮的活动片 2 和 5，以改变三角带轮直径。当螺母 8 向上移动时，皮带轮 2 直径减小，而皮带轮 5 直径增大，此时筛体的转速加快；反之，螺母 8 向下移动时，筛体的转速减慢，达到无级变速的要求。

MGCP 型选糙平转筛工作时，筛体做平面回转运动，倾斜筛面上的谷糙混合物在离心惯性力、自身重力和摩擦力等作用下，做螺旋线运动，经多层筛面的连续筛理，完成谷糙分离过程。其筛理流程如图 3-36 所示。

3) 谷糙分离平转筛的主要工艺指标与主要技术参数

根据稻谷加工操作规程，谷糙分离平转筛工艺指标如下。

(1) 回砻谷中含糙米量不应超过 10%。

(2) 净糙含谷粒数不应超过 40 粒 · kg^{-1}。

(3) 回筛物料流量为净糙流量 40%～50%。

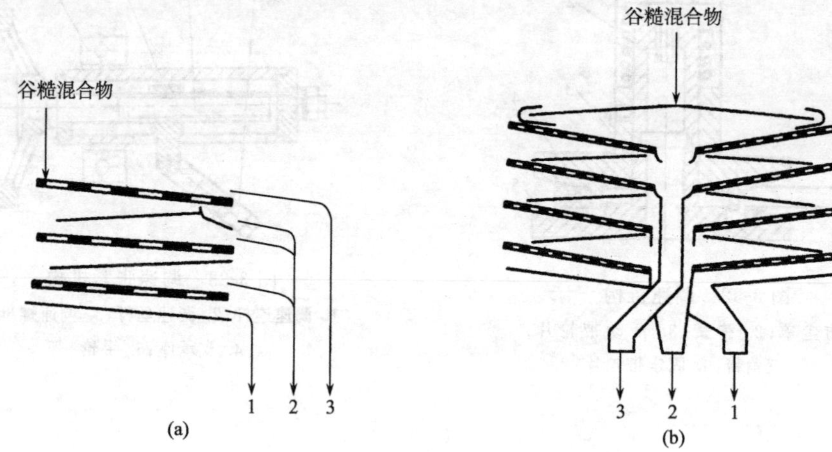

图 3-36 谷糙分离平转筛的筛理流程

(a)GCP-1 型;(b)GCP · Φ85×4 型与 GCP · Φ106×4 型

1. 糙米;2. 谷糙混合物;3. 回砻谷

谷糙分离平转筛的主要技术参数见表 3-6。

表 3-6 谷糙分离平转筛主要技术特性

项目		型号					
		MGCP63×3 (r40)	MGCP80×3 (r40)	MGCP100×3 (r40)	MGCP112×3 (r40)	MGCPΦ85×4 (r40)	MGCPΦ106×4 (r40)
产量/糙米($t \cdot h^{-1}$)		1.5	2.4	3.6	4.8	2.3	3.6
转速/($r \cdot min^{-1}$)		150±15	150±15	150±15	150±15	125～155	125～155
偏心/mm		40	40	40	40	40	40
筛面倾斜角/(°)		1～3	1.5～3	1.5～3	1.5～3	1.5～2	1.5～2
筛孔规格/(孔 · $50mm^{-1}$)	一层	10×10	10×10	10×10	10×10	9×9	9×9
	二层	11×11	11×11	11×11	11×11	9×10	9×10
	三层	12×12	12×12	12×12	12×12	10×11	10×11
	四层					12×12	12×12
动力/kW		0.55	1.1	1.1	1.1	1.1	1.1
外形尺寸/mm	长	1360	1595	1690	1690	1138	1320
	宽	740	1000	1110	1230	1177	1382
	高	1410	1440	1520	1530	1177	1190

4)影响谷糙分离平转筛工艺效果的主要因素

(1) 进口流量。进口流量大小是决定筛面上的物料层厚度的重要因素之一。进口流量越大,筛面流层越厚。料层过厚,位于料层底部的谷粒难以上"浮",上层糙米也难以下"沉"到筛底接触筛面穿孔,使分离效果降低。流量过小,则料层太薄,也达不到良好的自动分级效果。

实践表明,流层厚度以15mm左右为宜。长方形谷糙分离平转筛单位筛选面积为$1.2m^2 \cdot t$糙米$^{-1} \cdot h^{-1}$,圆形谷糙分离平转筛单位筛选面积为$0.9m^2 \cdot t$糙米$^{-1} \cdot h^{-1}$。

(2) 转速与回转半径。筛体的转速与回转半径是影响物料在筛面上相对运动速度的两个重要因素。转速快时,物料在筛面上运动速度快,自动分级作用强,但物料穿孔困难,使糙米提取量减少。转速慢时,物料在筛面上相对运动速度慢,自动分级作用较差,但物料穿孔机会较多,筛下物质量不易保证。

回转半径的大小影响到物料在筛面上运动轨迹的长短。在转速不变的情况下,回转半径大,物料在筛面上的筛理路线长,有利于物料自动分级和提高分离效率。但回转半径过大,会使物料穿孔困难,反而使分离效率下降。回转半径小,则会得到相反的结果。根据理论计算和生产实践,谷糙分离平转筛的转速与回转半径成反比,和物料与筛面摩擦系数成正比。因此,当物料与筛面摩擦系数较大时,其转速应适当增加,反之应降低。

(3) 自动分级段长度。良好的谷糙分离工艺效果,必须具备良好的自动分级条件。因此,在各层筛面的进口端都应设置自动分级段,其长度一般为筛面长度的1/3,对小型筛可适当减少。自动分级段应选用摩擦系数较大的粗糙面,如鱼鳞板、密眼孔、帆布等材料,以促进谷糙混合物自动分级作用。生产中,自动分级段的长度应根据原粮的品种、水分、脱壳率等情况进行调节。在其他技术参数不变的情况下,当加工高水分原粮、脱壳率较低、筛下物谷粒较多时,其自动分级段应加长,反之应缩短。

(4) 筛孔大小的选择。筛孔大小在很大程度上控制着糙米穿孔速度,因此,谷糙分离平转筛都采用净孔面积较大的编织筛网。筛孔的大小,应根据稻谷的粒度以及谷糙混合物在筛面上自动分级的情况来确定。如筛孔过大,物料穿孔快,稻谷也容易一起筛下,筛下物净糙质量不易保证。如筛孔过小,则落料速度慢,糙米不能及时穿孔,从而造成回筛量增多,同样也影响分离效果。一般第一层筛面配(10×10)孔$\cdot 50mm^{-1}$;第二层筛面配(10×11)孔$\cdot 50mm^{-1}$;第三层筛面配(11×12)孔$\cdot 50mm^{-1}$。

在实际生产中,不可能随原粮粒度变化配备太多规格的筛孔筛面,而是以调节转速和筛面斜度来控制物料穿孔速度和净糙质量。

(5) 筛面倾斜角度。筛面倾斜角度大小,影响着物料向出口前进的速度,同时也是调节产量和谷糙分离质量的一种措施,特别是长方形谷糙分离平转筛,筛面较长,全靠进口物料的推力是不够的,所以筛面还必须有一定的倾角,筛面愈长,倾角也应相应增大。

当筛面倾角增大时,物料在筛面上运动速度加快,停留时间短,穿孔机会减少,筛下物数量减少,糙米质量提高,但产量降低。筛面倾角减小,则会得到相反的结果。适宜的筛面倾角,应根据谷糙混合物的工艺性质、脱壳率的高低、筛孔配备的大小等情况全面考虑。在保证净糙质量的前提下,尽量采用较小倾角,以提高设备的产量,减少回砻含糙率。一般筛面倾斜角度为$0.5° \sim 3°$。

为了提高谷糙分离平转筛的谷糙分离效果,除注意以上影响外,还要求稻谷品种互混率$\leqslant 10\%$,稻谷脱壳率为80%以上,谷糙混合物中含谷壳率$\leqslant 0.8\%$。因为品种互混严重,使粒度差增大,净糙和回砻谷质量均难以保证。脱壳率低,糙米提取量小,筛面负荷增大,分离效果降低。含壳过多,影响谷糙混合物自动分级。

2. MGCZ 重力谷糙分离机

MGCZ型重力谷糙分离机是利用稻谷与糙米间的密度和表面摩擦系数的不同进行谷糙分离的。该机的最大特点是:对品种混杂严重、粒度差异较大的稻谷加工有较强的适应性;一次性谷糙分离效率高,工艺流程短;结构简单,操作方便,运转平稳,使用可靠。近年来MGCZ型重力谷糙分离机的使用越来越广泛。

1)单体重力谷糙分离机

单体重力谷糙分离机如图 3-37 和图 3-38 所示，主要由进料机构、分离箱体、偏心传动机构、承机构和机架等部分组成。进料机构由进料斗、流量调控装置、分料槽、输料管和均料淌板组成，如图 3-39 所示。进料斗座落在料斗座上，通过支撑板与分离箱体连接，料斗进口与进料管采用软布连接，防止物料流动时灰尘飞杨。流量调节控制闸门能控制进机总流量大小，确保进料均匀稳定。设置分料槽可分别微调进入各输料管流量，使各层分离板流量均匀分配。观察窗采用有机玻璃安装在输料管的侧壁，既可观察输料管中物料情况，又可供取出杂物之用。进料机构主要起调节流量、均匀分料的作用。

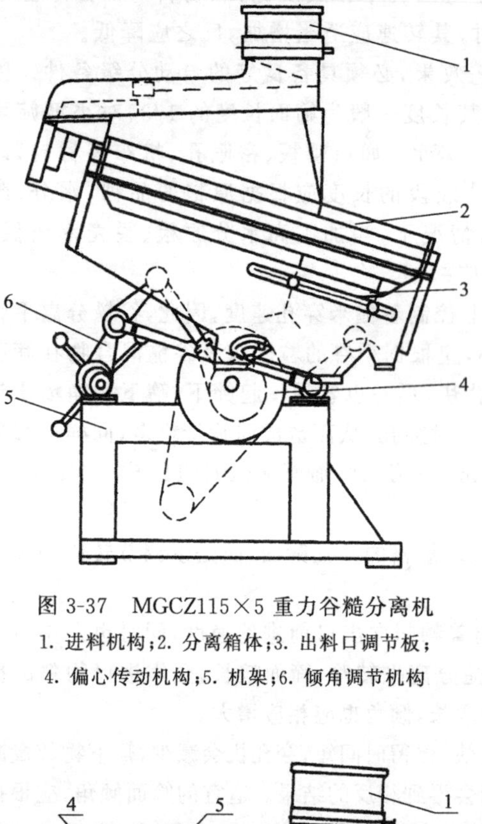

图 3-37　MGCZ115×5 重力谷糙分离机

1. 进料机构；2. 分离箱体；3. 出料口调节板；4. 偏心传动机构；5. 机架；6. 倾角调节机构

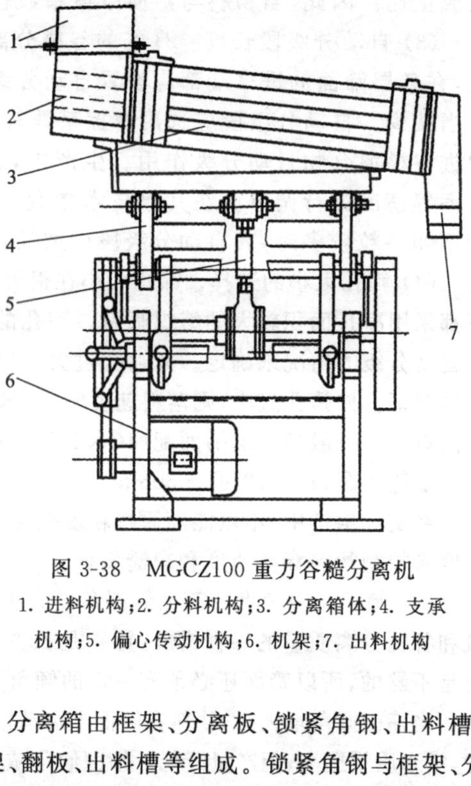

图 3-38　MGCZ100 重力谷糙分离机

1. 进料机构；2. 分料机构；3. 分离箱体；4. 支承机构；5. 偏心传动机构；6. 机架；7. 出料机构

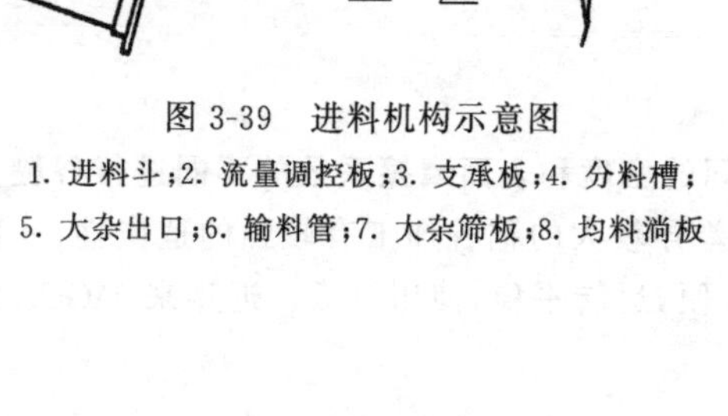

图 3-39　进料机构示意图

1. 进料斗；2. 流量调控板；3. 支承板；4. 分料槽；5. 大杂出口；6. 输料管；7. 大杂筛板；8. 均料淌板

分离箱由框架、分离板、锁紧角钢、出料槽、底架、翻板、出料槽等组成。锁紧角钢与框架、分离板连成一体，支承于底架之上，使整个箱体运动一致。分级板和翻板置于料槽之内，如图 3-40 所示。分离板是设备的主要工作构件，它是由耐磨薄钢板冲制而成，其板面做成马蹄形凸台，其凸台高度是 2.4mm，宽是 12mm，厚是 7mm，其排列形式如图 3-41 所示。凸台的作用是增加工作面的粗糙度，促进工作面上物料的自动分级，并阻止与工作面接触的物料下滑。出料装置设有出料调节板，用于调节出机稻谷、糙米及混合

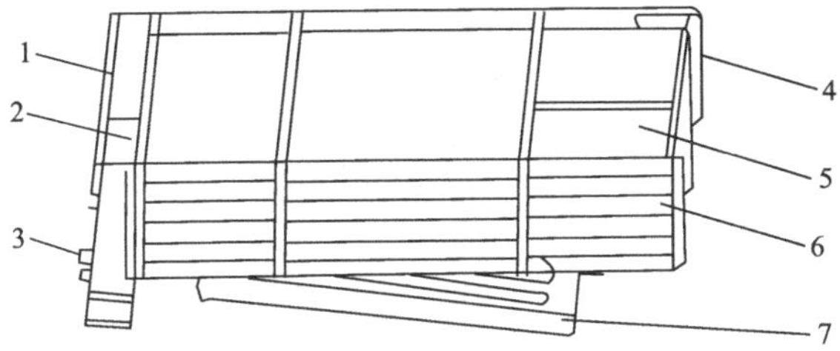

图 3-40 分离箱结构示意图

1. 出料槽;2. 出料口调节板;3. 翻板;4. 锁紧角钢;5. 分离板;6. 框架;7. 箱体支架

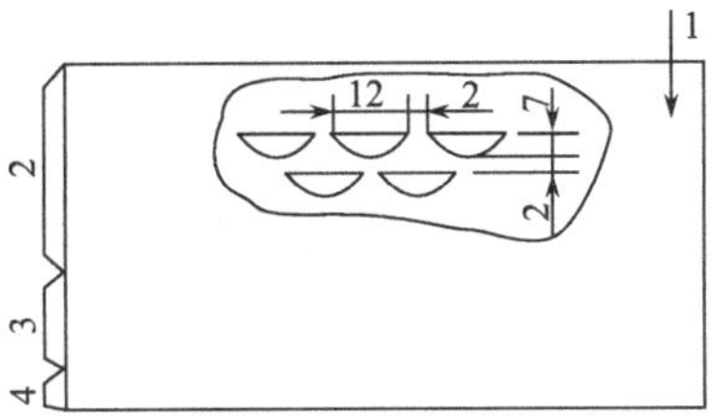

图 3-41 分离板

1. 进机物料;2. 糙米;3. 混合物;4. 回砻谷;7,12 代表凸台大小和定位的尺寸(mm)

物的相对比例,从而控制净糙和回砻谷的纯度和流量。

分离箱由两组支承杆共同支承在机架上,分离箱体为双向倾斜,且横向倾斜角(横向与箱体振动方向一致)大于纵向倾斜角。箱体的横向倾斜角可由支承机构如图 3-42 所示的偏心升降装置来调节,以适应工艺及原料需要。偏心传动机构由主轴、偏心套、平衡轮、轴承座和连杆等部分组成,如图 3-43 所示,使分离箱体做横向往复运动。

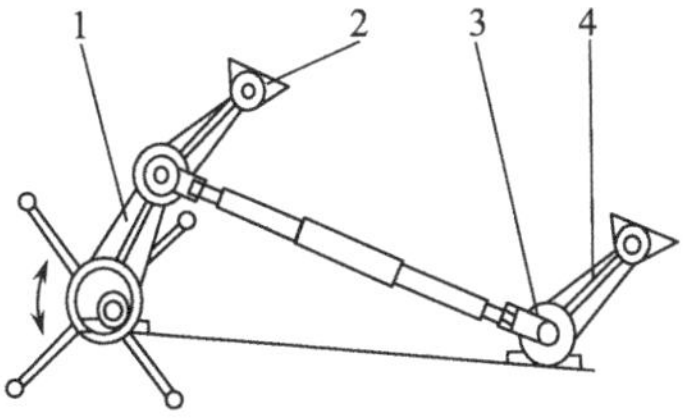

图 3-42 支承机构

1. 偏心升降装置;2. 牵伸块;3. 支承轴;4. 支承杆

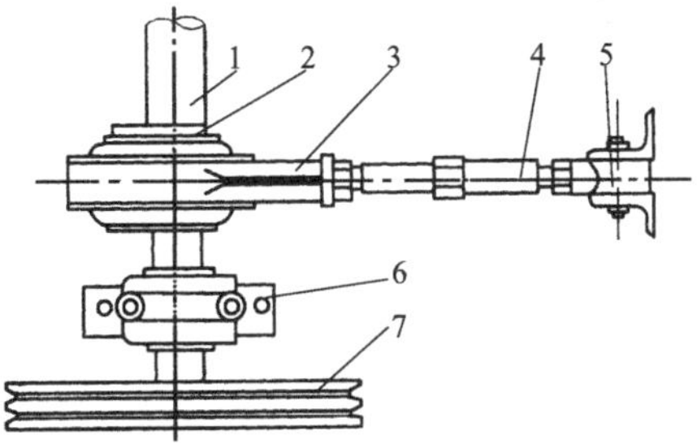

图 3-43 偏心传动机构

1. 主轴;2. 偏心套;3. 偏心轴承座;4. 连杆;5. 牵伸轴承座;6. 轴承座;7. 传动平衡轮

2) MGCZ40×20×2 型双体重力谷糙分离机

MGCZ40×20×2 型双体重力谷糙分离机的总体结构如图 3-44 所示,它由对称排列的两个分离箱体组成,每个分离箱体又由两个并联的分离箱组成。

两个分离箱体的结构、支撑形式是完全对称的,结构非常合理,所以该设备具有运转平稳、噪声低、密闭性好、产量大、流程组合灵活、操作简单、自动化程度高、适应性强等特点。

3) MGCZ 型重力谷糙分离机的主要工艺指标与主要技术参数

根据稻谷加工操作规程,MGCZ 型重力谷糙分离机工艺指标如下:

(1) 回砻谷中含糙米量不应超过 10%。

(2) 净糙含谷粒数不应超过 35 粒 · kg^{-1}。

(3) 回筛物料流量为净糙流量 40%。

常用 MGCZ 型重力谷糙分离机的技术参数见表 3-7。

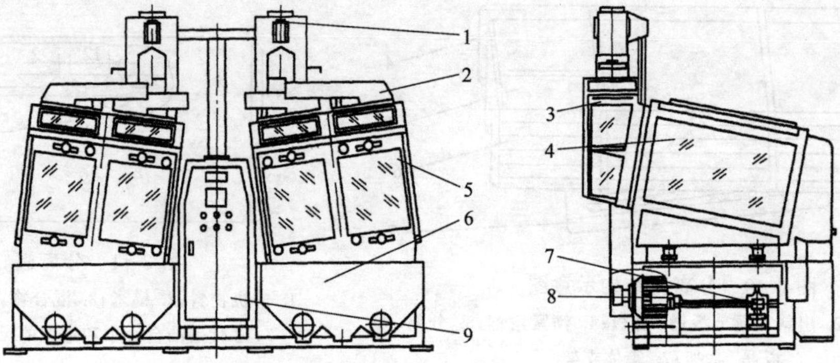

图 3-44 MGCZ 40×20×2 型重力谷糙分离机

1. 进料机构;2. 匀料机构;3. 分料机构;4. 分离箱体;5. 出料调节机构;6. 出料箱;7. 支承机构;8. 角度调节机构;9. 控制箱

表 3-7 重力谷糙分离机主要技术特性

项目		型号								
		MGCZ 115×5	MGCZ 100×7	MGCZ 100×7×2	MGCZ 65×5	MGCZ 80×5	MGCZ 100×12	MGCZ 100×10	MGCZ 100×8	MGCZ 40×20×2
净糙产量/(t·h⁻¹)		1.6～1.8	2.5～2.9	串联 2.9 并联 5.0	0.7	1.0～1.5	4.0～4.2	3.3～3.5	2.6～2.8	串联 5.5～6.5
分离板层数		5	7	7×2	5	5	12	10	8	20×2
分离板安装角/(°)	纵向	6～6.5	6～6.5	6～6.5	6～6.5	6～6.5	6.5	6.5	6.5	10±0.15
	横向	14～18	14～18	14～18	14～18	14～18	12～18	12～18	12～18	3～10
主轴转速/(r·min⁻¹)		258±10	258±10	258±10	370	370	228	228	228	300±5
功率/kW		1.5	1.5	1.5	0.75	1.1	1.5	1.5	1.5	4.0
外形尺寸(长×宽×高)/mm		1353 ×1410 ×1780	1900 ×1820 ×2374	1700 ×1950 ×2590	955 ×787 ×1100	1337 ×1122 ×1591	1600 ×1330 ×1430	1600 ×1330 ×1370	1600 ×1330 ×1310	2800 ×1749 × 2120

4) 影响重力谷糙分离机工艺效果的因素

(1) 谷糙混合物的工艺品质。

水分。在进机流量一定的情况下,水分过高,物料在工作面上的运动速度下降,料层厚度增加,糙米下沉困难,稻谷上浮不易,自动分级效果差,谷糙分离效果不佳。

糙米表面状态。糙米表面起毛、染黑,光滑程度下降。这样就降低了糙米与稻谷在表面粗糙度上的差异,工作面上物料自动分级效果下降,回砻谷含糙增多,再次回砻谷机脱壳,势必造成糙米表面损伤更加严重,以至于形成“恶性循环”现象,因此砻谷机与谷糙分离设备应协调操作,确保砻谷及谷糙分离都达到良好的工艺效果。

含稻壳量。含稻壳量的高低主要影响工作面上物料的运动速度和自动分级效果。过高的含稻壳量,导致工作面上物料运动速度下降,从而降低自动分级效果,影响谷糙分离,同时,可能影响成品的质量和砻谷机的胶耗。

谷糙比。谷糙比是指谷糙混合物中稻谷与糙米的数量之比。过高的谷糙比则表明混合物中稻谷数量较多,谷糙分离时稻谷接触工作面的机会增加,造成糙米含谷超标,分离效果下降;过低的谷糙比则表明混合物中糙米数量较多,谷糙分离时糙米接触工作面的机会降低,最终导致回砻谷中糙米增多,谷糙分离效果下降。

(2) 技术参数的配备。

转速是重力谷糙分离机一个非常重要的参数,它主要影响工作面上混合物的运动速度和自动分级的效果。在一定流量下,过高的转速,易使工作面上混合物的运动速度过快甚至跳离工作面,破坏自动分级,造成谷糙分离效果下降;过低的转速,则使工作面上混合物的料层厚度增加,运动速度降低,自动分级效果下降,造成谷糙分离效果不佳。

(3) 设备的操作。

流量。在其他条件一定时,流量主要影响工作面上混合物的料层厚度、运动速度和设备的产量。合适的流量,工作面上混合物的运动速度平稳,料层厚度变化不大,自动分级效果好,谷糙分离效果优良;过高的流量,料层厚度变厚,运动速度下降,自动分级效果降低,糙米难以下沉接触工作面,因此谷糙分离效果差;过低的流量,则造成稻谷接触工作面的机会增加,同样影响谷糙分离效果。

工作面横向角度的大小。在其他条件一定时,工作面的横向角度主要影响混合物的运动速度和糙米沿工作面上爬的难易。过大的横向角度,物料下滑速度加快,糙米上爬难度加大,因此回砻谷含糙过多,产量可能降低,谷糙分离效果下降;过小的横向角度,物料下滑速度变慢,糙米上爬难度变小,因此净糙米含谷过多,影响产品质量,谷糙分离效果也差。

出料调节挡板的位置。在重力谷糙分离机的出料口设置了两块调节挡板,一块为糙米挡板,一块为回砻谷挡板,挡板的作用就是改变各出口物料的质量和数量。合适的挡板位置,对确保糙米和回砻谷的质量和数量有利。因此,应根据工作面上物料的分离效果合适地选择两块挡板的位置。

工作面的清洁程度。重力谷糙分离机工作面上设立了各种形状的凸点,其作用就是增加工作面的粗糙度以促进物料的自动分级效果和阻挡糙米的下滑。实际生产中由于砻谷机胶辊上橡胶的脱落和其他因素的影响,工作面上往往粘有许多的杂质,如不及时进行清理,则易造成自动分级效果下降和谷糙分离效果降低。因此应经常清理工作面。

除了以上因素外,各层工作面上物料的流量是否一致、工作面的安装等因素也对谷糙分离效果有一定的影响。

3. 谷糙分离巴基机

MGCJ 型谷糙分离巴基机是根据稻谷与糙米弹性、密度和摩擦系数等物理特性方面的不同进行谷糙分离的,因此,它不受品种和籽粒大小的影响,同时,它只有净糙和回砻谷两个出口,减少提升次数,但其产量低,造价高,目前国内使用不是很多。

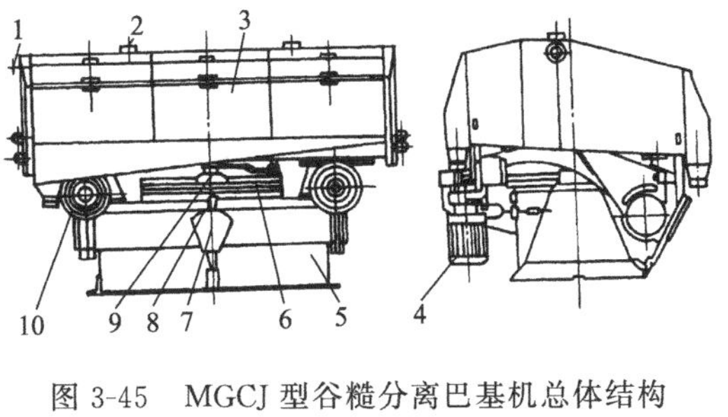

图 3-45　MGCJ 型谷糙分离巴基机总体结构

1. 进料门调节手轮;2. 进料口;3. 分选台;4. 电机;5. 机架;6. 飞轮;7. 斜度指示牌;8. 锁紧手柄;9. 分选台倾斜角调节手轮;10. 托轮

MGCJ 型谷糙分离巴基机的种类和型号很多,归纳起来可分为两类,一类是调节振动频率的;另一类是调节振幅的。后一种称为可变冲程谷糙分离巴基机。

该机主要由进料机构、分选台、传动机构、振动机构和机座等部分组成,其总体结构如图 3-45 所示。

MGCJ 型谷糙分离巴基机技术特性见表 3-8。

表 3-8　MGCJ24/40 型巴基机技术特性

名称	MGCJ24	MGCJ40
产 量/($t \cdot h^{-1}$)	1.5～1.7	2.4～2.7
分离槽数量	24	40
分离台运动频率/($r \cdot min^{-1}$)	93, 110, 124	93, 110, 124
运动冲程/mm	70～118	70～118
配备动力/kW	2.2	2.2
外形尺寸(长×宽×高)/(mm)	2032×1700×1445	2452×1700×1542
机重/kg	1600	1900

影响巴基机工艺效果的因素主要有以下几点:

脱壳率的高低。脱壳率高,混合物中稻谷含量少,浮在上面的稻谷层较薄,撞击后容易向上斜移,分离效果好。反之效果差。

自动分级。谷糙混合物水分低,表面摩擦系数相差较大,自动分级效果好,对谷糙分离有利。谷糙混合物水分高,表面摩擦系数相差较小,自动分级效果不好,谷糙分离效果差。

分离台的振幅、转速与倾料度。分离台振幅是影响分离效果的一个重要因素。在振幅一定的情况下,振幅频率的高低,决定了物料在分离槽内受惯性力的大小以及运动速度的快慢,因此,谷糙分离效果高低与工作面的倾斜角、振幅的大小有关,一般工作面的倾角为 5°～6°,振幅为 70～118mm,转速为 95～120 $r \cdot min^{-1}$。

流量。流量一般为每一分选曲槽每小时生产糙米 70kg 左右,流量过大过小都将影响产量和质量。流量太大,自动分级效果差,分离不清;流量过小,产量降低。适宜的流量是使曲槽通道中物料层厚度达到 40～50mm 为宜。

(四) 谷糙分离设备工艺效果的评定

无论对于哪一种谷糙分离设备,谷糙分离工艺效果的评定都应从其分离出来的净糙米、回砻稻谷的质量和数量两方面进行评定,只有这样才能保证其客观性和全面性。

1. 糙米纯度

糙米纯度通常是用糙米含谷率表示,糙米含谷率越低,其纯度就越高。糙米含谷率是指经一次谷糙分离后所分离出的净糙中稻谷的质量占净糙总质量的百分比。因为糙米中含谷的数量极少,一般不称稻谷的质量,而是以每千克糙米中含稻谷的粒数表示。计算方法如下。

$$C_g = \frac{g}{j_c}(\text{粒} \cdot \text{kg 净糙}^{-1})$$

式中,C_g为净糙米含谷率(粒·kg 净糙$^{-1}$);g 为净糙米试样中稻谷的数量(粒);j_c 为净糙试样总质量(kg)。

2. 选糙率

选糙率是指单位时间内选出的糙米质量与进机物料中糙米质量的百分比,计算方法如下。

$$\eta_c = \frac{C_1(C - C_2)}{C(C_1 - C_2)} \times 100\%$$

式中，η_c 为选糙率(%)；C 为进机物料含糙率(%)；C_1 为出机糙米含糙率(%)；C_2 为回砻谷含糙率(%)。

3. 回砻谷纯度

回砻谷纯度是指回砻谷中糙米质量的含量，计算方法如下。

$$H_g = \frac{H_c}{G_h} \times 100\%$$

式中，H_g 为回砻谷中糙米的含量(%)；H_c 为回砻谷试样中糙米质量(g)；G_h 为回砻谷试样质量(g)。

4. 稻谷提取率

稻谷提取率是指单位时间内提出稻谷的质量与进机物料中稻谷质量的百分比，计算方法如下。

$$\eta_g = \frac{(1 - C_2)(C_1 - C)}{(1 - C)(C_1 - C_2)} \times 100\%$$

式中，η_g 为稻谷提取率(%)。

（五）净糙米的整理与分级

1. 糙米整理

稻谷经砻谷、谷糙分离后将产生一定数量的碎胚、小碎，还有“漏网”的并肩石和没有分离干净的谷壳等，这些如不清除干净，会极大地影响后续碾米工序的工艺效果。糙米整理可以有效地将这些“杂质”去除，实现糙米精选，提高糙米纯度。

目前糙米整理的设备大都采用重力分级去石机，物料由进料口落到上层筛面上，分出糙碎和未熟粒，由糙碎口排出机外，而净糙通过导料嘴进入下层去石筛面，在自下而上的气流和往复运动筛体的联合作用下，形成自动分级。比重大的并肩石紧贴筛面，在惯性力的作用下，向出石口排出。而糙米在气流作用下处于悬浮状态。在自身重力作用下，将物料向前推挤，从糙米出口排出，从而达到分离目的。比重小的糠粉、稻壳被吸走。

2. 糙米分级

为了满足加工不同产品大米和国内外不同消费市场需求，糙米分级已经相当普遍，大多采用糙米厚度分级机来完成。厚度分级机是一种分选糙米中未熟粒、破碎粒及厚度不同籽粒的设备，目的是提高净糙的纯度和整齐度。

糙米厚度分级机主要由进料装置、分配器、六角形筛筒、传动装置、机架等组成。如图 3-46 所示。进料装置有进料口、弹簧阀、螺母、螺栓、丝杆等构件组成。分配器将物料分成六等份，分别进入六个筛筒。每个筛筒的轮廓为等分八边形，倾斜排列，以方便物料在筛筒中流动畅通。筛孔为长形沉孔，依据厚度分选要求选择不同的筛孔宽度，一般籼稻选 1.3～1.5mm，粳稻选 1.6～1.9mm。每个筛筒均装有清理刷，当筛筒旋转时，清理刷也会旋转，及时清理筛网，以防止堵塞。传动装置由电动机、链条、筛筒链轮、清理链轮、导向链轮等组成，使用时要防尘和及时润滑。机架由型钢焊接而成，支撑筛筒及各个装置，形成整个机体。

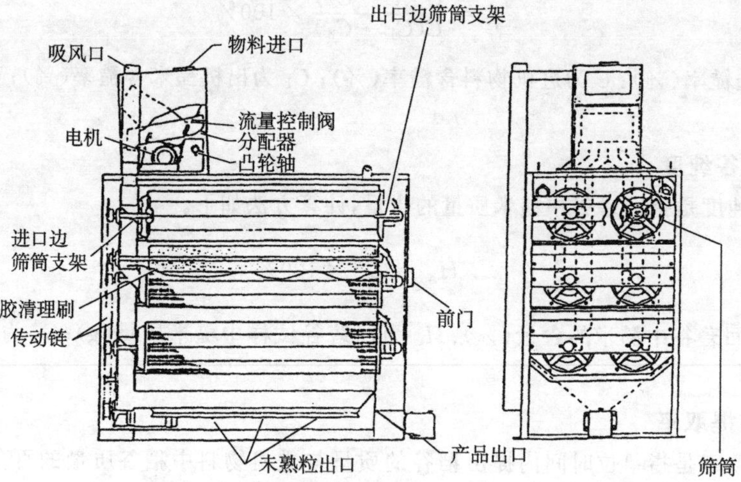

图 3-46 厚度分级机结构示意图

第三节 碾　　米

碾米是整个稻谷加工工艺中非常重要的一个工序，它对成品质量、出米率、动力消耗都有着很大的影响。因此充分了解糙米的工艺特性，则有助于提高碾米的工艺效果。糙米的皮层强度小于胚乳的结构强度；糙米皮层与胚乳间的结合力小于胚乳的结构强度；胚与胚乳间的结合力较小，所以碾米时胚易脱落；糙米皮层颜色越深，其皮层结构强度越大，与胚乳的结合越紧。

碾米是应用物理（机械）或化学的方法，将糙米表面的皮层部分或全部剥除的工序。糙米的皮层组织含有较多的粗纤维，直接食用糙米将妨碍人体的正常消化。同时，糙米的吸水性和膨胀性都比较差，食用品质不佳，如用糙米煮饭，不仅所需要的蒸煮时间长、出饭率低，而且颜色深、黏性差、口感不好。因此，必须通过碾米工序将糙米皮层去除，才能使其具有上佳的食用品质，而且能提高其商品价值。但是，糙米的皮层中也含有较多的营养成分，如粗脂肪、粗蛋白、矿物质、维生素等，在将糙米皮层全部去除的同时，这些营养成分也会随之大量损失。同时，根据糙米籽粒的结构特点，要将背沟处的皮层全部碾除，势必造成淀粉的损失、破碎的增加，使出米率下降。因此，碾米时按国家标准规定的大米等级保留适量的皮层，不仅对供给人体所需营养成分有利，而且可以提高大米的出率。

鉴于上述，对碾米基本要求为：在保证成品米符合规定质量标准的前提下，提高纯度，提高出米率，提高产量，降低成本和保证安全生产。

一、碾米的基本方法和原理

（一）碾米的基本方法

碾米的基本方法可分为物理方法和化学方法两种。目前世界各国普遍采用物理方法碾米（亦称机械碾米），只有极个别米厂采用化学方法碾米。

1. 机械碾米

机械碾米是运用机械设备产生的机械作用力对糙米进行去皮碾白的方法，所用的机械设备称为碾米机。碾米机的主要工作部件是碾辊。根据制造材料的不同,碾辊分为铁辊、砂辊(臼)和砂铁结合辊三种类型。而根据碾辊轴的安装形式,碾米机则分为立式碾米机和横式碾米机两种。立式碾米机多采用砂辊(臼)和铁辊,横式碾米机采用砂辊、铁辊和砂铁结合辊。在机械碾米的过程中,常辅以其他手段提高碾米的效果,如喷风碾米,喷雾着水碾米等。碾辊的类型和安装形式不同,碾白作用的性质也就不同。按碾白作用力的特性,碾白方式分为摩擦擦离碾白和碾削碾白两种。

(1) 摩擦擦离碾白。糙米在碾米机的碾辊与碾辊外围的米筛所形成的碾白室内进行碾白时,由于米粒与碾白室构件之间和米粒与米粒之间具有相对运动,相互间便有摩擦力产生,当这种摩擦力增大并扩展到糙米皮层与胚乳结合处时,便使皮层沿着胚乳表面产生相对滑动并将皮层拉断、撕裂、直至与胚乳分离,使糙米碾白。主要依靠强烈的摩擦擦离作用使糙米皮层擦除而碾白的方法,称为摩擦擦离碾白。

摩擦擦离碾白所需的摩擦力应大于糙米皮层自身的结构强度和皮层与胚乳间的结合力,而必须小于胚乳自身的结构强度,这样才能使糙米皮层沿胚乳表面擦离脱落,同时保持米粒的完整。以摩擦擦离作用为主进行碾白的碾米机主要有铁辊碾米机。此类碾米机的特点是:碾白压力大,机内平均压力为 $200 \sim 1000 g \cdot cm^{-2}$;碾辊线速度较低,一般为 $2.5 \sim 5.0 m \cdot s^{-1}$,离心加速度为 $370 m \cdot s^{-2}$左右。因此,摩擦擦离型碾米机又称压力型碾米机。

摩擦擦离碾白具有成品精度均匀、表面细腻光洁、色泽较好、碾下的米糠含淀粉少等特点。但由于米粒在碾白室内所承受的压力较大,局部压力往往超过米粒的强度,故在碾米过程中容易产生碎米,碾制强度较低的糙米时更是如此。所以,摩擦擦离碾白适合加工籽粒结构紧密、皮层柔软、耐压强度大的糙米。

(2) 碾削碾白。碾削碾白是借助高速旋转的且表面带有锋利砂刃的金刚砂碾辊,对糙米皮层不断地施加碾削力作用,使皮层削去,糙米得到碾白。

碾削碾米的工艺效果主要与金刚砂表面砂粒的粗细、砂刃的锐利程度以及碾辊表面线速有关。以碾削作用为主进行碾白的碾米机是立式砂辊碾米机和横式砂辊米机。这种碾米机的特点是:碾白压力小,一般为 $50 g \cdot cm^{-2}$左右;碾辊线速较高,为 $15 m \cdot s^{-1}$左右,离心加速度约为 $1700 m \cdot s^{-2}$。所以,碾削型碾米机又称为速度型碾米机。

碾削碾白碾制出的成品表面光洁度较差,米色暗淡无光,碾出的米糠片较小,米糠中含有较多的淀粉。但因在碾米时所需的碾白压力较小,故在碾米过程中产生碎米较少,因此碾削碾白适宜于碾制籽粒结构疏松、皮层较硬、耐压强度小的糙米。

应当指出,以上两种碾白方式仅是根据碾米过程中对去皮起主要作用的因素进行区分的。实际上糙米碾成白米的过程是十分复杂的,所受的机械物理作用是多种的和互相交错的。摩擦擦离作用与碾削作用并不单一地存在于碾米机内,任何一种碾米机内这两种作用都有,差别只在于以哪一种为主。

(3)混合碾白。混合碾白是指同时利用摩擦擦离作用和碾削作用对糙米实施碾白的方法。混合碾白的碾米机为砂辊和砂铁结合的碾米机。这种碾米机的特点是:碾白压力居中,机内平均压力比碾削型碾米机稍大;碾辊线速居中,一般为 $10 m \cdot s^{-1}$左右。长期实践证明,同时利用摩擦擦离作用和碾削作用的混合碾白,可以减少碎米,提高出米率,改善米色。同时,还有利于提高设备的生产能力,降低电耗。目前,我国使用的大部分碾米机基本上都属于混合碾白的类型。由于混合型碾米机科学地将摩擦擦离作用和碾削作用有机地结合起来,充分发挥各种碾白方式的优点,因此工艺效果较好。

2. 化学碾米法

化学碾米法包括纤维酶分解皮层法、碱去皮层法、溶剂浸提碾米法等，但真正付诸工业化生产的只有溶剂浸提碾米法，简称SEM(solvent extractive milling)碾米法。

溶剂浸提碾米法的清理和砻谷等工序与常规碾米法相同，不同之处在于去皮和副产品处理工序。常规碾米用摩擦擦离作用或碾削作用直接将糙米皮层碾除，而溶剂浸提碾米首先用米糠油将糙米皮层软化，然后在米糠油和(正)己烷混合液中进行湿法机械碾制。去除皮层后的白米还需利用过热己烷蒸气和惰性气体脱去己烷溶剂，然后分级、包装，最终得到成品白米。从碾米装置排出的米糠、米糠油和己烷浆经沉淀容器沉淀，完成米糠油抽出和固体米糠离析的工作。沉淀后的米糠浆被泵入到离心机脱去混合液，再用新鲜己烷浸渍抽提剩余米糠油，经再一次离心分离后，米糠被送入脱溶装置脱去溶剂，得到脱脂米糠。米糠油与己烷的混合液经蒸馏工序将米糠油与己烷分离得到米糠油。由该方法加工的产品实际上是成品白米、粗糠油和脱脂米糠三种。

溶剂浸提碾米与常规碾米相比较有许多优点。如产生碎米少，整米率增加4%～5%，加工不良品质的糙米时尤其显著；碾米过程中米温低，米的表面及内部不受损伤；成品米脂肪含量低，储藏稳定性较好，并便于白米进行上光，还能改善白米的发酵性能；成品米色较白，外观上具有相当的吸引力；直接生产出脱脂米糠，其脂肪含量仅为1.5%，且色白、稳定、清洁，可供食用。但溶剂浸提碾米也有它不利的方面。如投资费用和生产成本较高、对操作者技术水平要求较高等，因此目前很难得到推广。

(二) 机械碾米的基本要素

机械碾米具有悠久的历史，经过长期实践总结，在影响碾白效果的复杂的诸多要素中，碰撞运动、碾白压力、米粒翻滚和轴向输送是最基本的、不可或缺的要素，因此被称之为碾米四要素。

1. 碰撞运动

碰撞运动是米粒在碾白室内的基本运动之一。米粒在碾白室内的连续运动中，会产生米粒与碾辊的碰撞、米粒与米粒的碰撞和米粒与米筛的碰撞。

米粒与碾辊碰撞，使米粒获得能量，增加运动速度，产生摩擦擦离作用和碾削作用。哪一种作用占主导地位，视碾辊的材质、结构形状而定。作用的结果，使米粒变形，变形表现为米粒皮层被切开、断裂和剥离，同时米温升高，米粒所获得能量的一部分就消耗在这方面。米粒与米粒碰撞，主要产生摩擦擦离作用，使米粒变形，除去已被碾辊剥离松动的皮层，同时动能减少，运动速度减小，运动方向改变。米粒与米筛碰撞，主要也产生摩擦擦离作用，使米粒变形，继续剥除皮层，动能减少，速度减小，方向改变，从米筛弹回；已被碾辊剥离和摩擦擦离的皮层糠粉，会穿过筛孔，排出碾白室。

在以上三类碰撞中、米粒与碾辊的碰撞起决定作用。碰撞过程中，米粒的动能和速度是衰减的，这些衰减的动能和速度不断地从碾辊得到补偿，不断地将米粒碾白，直至达到规定的精度。在整个碾白过程中，由于每个米粒所受到的碰撞次数和碰撞程度不同，因此各米粒的速度与变形情况也不同，致使各米粒最后的精度和破损程度也不同。

2. 碾白压力

在碾白室内米粒群体连续碰撞运动所产生的压力，称为碾白压力。碰撞越剧烈，碾白压力越大；反之就小。不同的碾白形式，碾白压力的形成方式也不尽相同。

1) 摩擦擦离碾白压力

在进行摩擦擦离碾白时，碾白室内的米粒必须受到较大的压力，即碾白室内的米粒密度要大。碾白压力主要由米粒与米粒之间、米粒与碾白室构件之间的相互挤压而形成的。起碾白作用的压力，有碾白室的内压力和外压力，内压力的大小及其分布状况恰当与否，决定了碾米机的基本性能，外压力起调节与补偿内压力的作用。碾白室的内压力有轴向压力、周向压力和径向压力之分。

(1) 轴向压力。轴向压力是指米粒在碾白室内受到的轴向作用力。其变化规律是：当螺旋输送器推进米粒时，轴向压力逐渐增加；米粒脱离螺旋输送器进入碾辊区时，米粒的密度和阻力均增加，因而轴向压力随之骤增，形成高压区；米粒在前进过程中，因受到轴向阻力的作用，轴向压力逐渐减弱。为保持一定的轴向压力，除设计好螺旋输送器外，还要使碾辊的直径与长度有一定的比例，使螺旋输送器产生的轴向压力能克服碾辊长度方向所产生的轴向阻力。碾辊较长时，可在碾辊表面增开螺旋槽或斜槽(筋)，以补偿轴向压力的损失，从而保持米粒以较稳定的轨迹前进，达到良好的碾白效果。

(2) 周向压力。米粒在碾白室内运动过程中，受碾辊旋转时的圆周力作用而产生周向压力，周向压力的大小随米粒在碾白室内的周向密度的不同而变化。碾辊与碾白室外壁之间的间隙变化、碾白室设置的阻力板等，都对周向压力的改变起一定的作用。

(3) 径向压力。米粒在碾白室内受到的径向作用力称为径向压力，径向压力的大小随米粒在碾白室内的径向密度的不同而变化。径向压力的大小取决于离心惯性力、轴向压力和周向压力。径向压力的变化规律与轴向压力和周向压力的变化规律基本一致，在整个碾白室区域内，凡是轴向压力和周向压力比较大的区段，径向压力也比较大。

摩擦擦离碾白压力的变化，集中反映在米粒密度的变化上。因此，通过调节米粒的密度，可以控制与改变碾白压力的大小。

2) 碾削碾白压力

碾削碾白时，米粒在碾白室内的密度较小，呈松散状态，所以在碾削碾白过程中，碾白室内米粒与碾辊、米粒与米粒、米粒与米筛之间的多种碰撞作用比摩擦擦离碾白过程中的碰撞作用强，米粒主要是靠与碾辊的碰撞而吸收能量，并产生切割皮层和碾削皮层的作用。碾削碾白压力的大小，随着米粒密度和米粒平均速度的增大而增大。其中，速度对碾削碾白压力的影响较大，米粒密度虽然也影响碾削碾白压力的大小，但不如影响摩擦擦离碾白压力那样显著。因此，碾削碾白压力的大小主要取决于米粒的平均速度。

3. 米粒翻滚

米粒在碾白室内碰撞时，本身有翻转，也有滚动，此即为米粒的翻滚。除碰撞运动外，还有其他因素可使米粒翻滚。米粒在碾白室内的翻滚运动，是米粒进行均匀碾白的重要条件，米粒翻滚不够时，会使米粒局部碾得过多，俗称“过碾”，造成出米率降低，也会使米粒局部碾得不够，造成白米精度不符合规定要求。米粒翻滚过分时，米粒两端将被碾去，也会降低出米率。因此，需对米粒的翻滚程度加以控制。

4. 轴向输送

轴向输送是保证米粒碾白运动连续不断的必要条件。米粒在碾白室内的轴向输送速度，从总体来看能稳定在某一数值，但在碾白室的各个部位，轴向输送速度是不相同的，一般情况下，速度快的部位碾白程度小，速度慢的部位碾白程度大。影响轴向输送速度的因素有多种，它同样可以加以控制。

在研究设计碾米机的碾白室以及在碾米机操作过程中，要对以上四个因素加以综合考虑，才能得到最佳的碾白效果。

（三）米粒群体在碾白室内的运动状态

米粒在碾白室内进行碾米时，具有以下特性。

(1) 米粒不断地从碾白室进口向碾白室出口流动，正在碾白的米粒处于运动状态中。

(2) 流动的米粒充满整个碾白室，其形状由碾白室的形状而定，其体积与碾白室的体积相同。

(3) 流动的米粒之间的距离具有可压缩性。增加或减少压力（如增大或减小碾白室的出口面积、增加或减少出口压力门的压砣质量等），米粒和米粒的间距就缩小或增大。

(4) 流动的米粒具有黏滞性。在流动的米粒中，刚离开碾辊表面的米粒速度最大，贴近碾白室外壁的米粒速度最小。碾白室径向各层米粒的速度不同，各层米粒间有速差和摩擦力存在。

上述四个特性与物理学中流体的性质基本相同，所以碾白室中正在碾白的、流动的米粒群体，可视为一种流体，由运动中的米粒群体组成的流体，称之为米粒流体。

碾白室内的米粒流体，受到螺旋输送器的轴向推进和高速旋转的碾辊的周向带动作用，米粒流体在碾白室内绕碾辊轴线运动，其运动轨迹近似于一条螺旋线。米粒流体在碾白室内的运动速度主要从碾辊获得，所以碾辊的速度是决定米粒运动速度的重要因素，而碾辊的表面状态则是影响米粒流体运动速度大小和控制米粒流体运动方向的重要条件。

（四）喷风碾米

碾米过程中不断地向碾米机碾白室内喷入气流，让气流参与碾白即是喷风碾米。喷风碾米有助于改善碾白作用，降低米温，提高大米的外观色泽和光洁度，提高出米率等。喷风碾米的作用归纳起来主要是降温除湿、增加米粒翻滚和促进排糠。

1) 降温除湿

糙米碾白时，由于米粒受到强烈的摩擦擦离或碰撞碾削作用，米粒皮层切割分裂并逐渐剥离。而用于切割、分裂、剥离的能量有相当一部分转化为热量，这些热量一部分通过碾白室构件散发到空气中，另一部分热量则传给了米粒，使米粒温度升高、水分蒸发。米温适当升高不仅对去皮有利，而且可以改善米色。但米温过高，会使米粒强度下降，而产生较多的碎米。米温的高低与成品米精度、操作方法以及碾白路线长短有密切的关系。当碾白路线较短而加工较高精度的大米时，去皮作用强烈，必然会产生大量的热量，这些热量如得不到及时散发，就会使米温急剧上升。碾制大米的精度越高，米温上升越多。随着米温的急剧升高，米粒的水分大量蒸发，不仅影响出米率，还会影响碾米机的排糠性能，使碾米机的负荷加重，碾白不匀。当加工高水分糙米时，还容易发生米糠糊筛、碾白室堵塞等事故。为此，在碾米过程中向碾白室喷入适量的室温空气，及时将产生的热和水汽带出碾白室，不使米温过分上升，防止水汽产生集结，这样可以改善和提高碾米的工艺效果。

2) 增加米粒翻滚

气流从碾辊的喷风孔或喷风槽喷出时具有一定的压力和速度，当气流一进入碾白室时，体积突然扩大，压力随之降低，气流的运动方向也由单一方向改为三维方向，形成涡流区。涡流的强烈程度与喷风孔或喷风槽内外压力差成正比。米粒进入涡流区后，便产生强烈的翻滚、碰撞运动。此外，米粒一旦与气流混合，不仅随碾辊做周向运动，而且随气流做与米粒流动方向相垂直的径向运动，进一步促使米粒翻滚，从而使米粒得到均匀碾白。

3）促进排糠

喷向碾白室的气流具有一定的动能，当气流沿径向穿过米粒流层时，一部分动能供给米粒，辅助米粒碾白，另一部分动能将米糠带走，穿过米筛排出碾白室。所以喷风的结果可使米糠迅速排出机外。

适宜的喷风风量应当能使气流有足够的能量吹动米粒，并使其流态化，同时带走米糠。喷风槽处的风速应高于米粒的悬浮速度，以确保良好的喷风效果。

二、典型碾米设备

碾米设备的种类多种多样，如果按碾白作用方式，可分为擦离型碾米机、碾削型碾米机和混合型碾米机三类；按碾辊的材质不同，又可分为铁辊碾米机和砂辊碾米机两种；而按碾辊主轴的安装形式，还可分为立式碾米机和横式碾米机；各种碾米机又有喷风和不喷风之分。目前使用较多的为横式碾米机和立式碾米机。

（一）横式碾米机

1. 砂辊喷风碾米机

砂辊喷风碾米机属于碾削型碾米设备，是目前使用较为广泛的一种开糙碾米机。其最大特点就是开糙性能强，碾白均匀性好，排糠效果佳，产生碎米少。

砂辊喷风碾米机的结构主要由进料机构、碾白室、出料机构、喷风系统、集糠斗等部分组成，如图 3-47 所示。

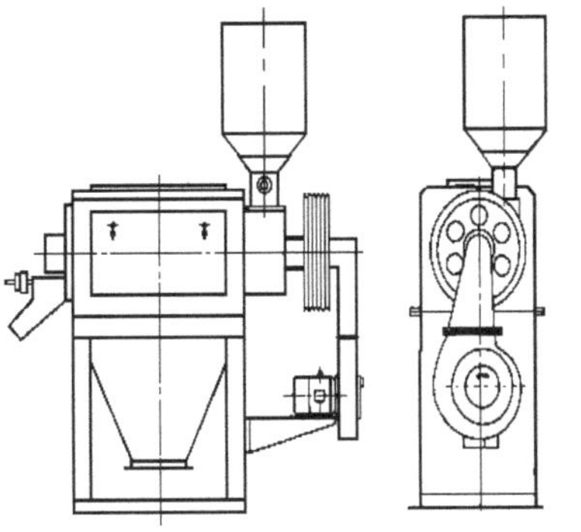

图 3-47　砂辊喷风碾米机示意图

进料机构由进料斗、进料斗座、流量调节螺母、全启闭插板等部件组成，固定在进料端轴承座上，主要作用是暂存物料、稳定流量、控制流量。

碾白室由螺旋输送器、砂辊主轴、砂辊、米筛、米刀等部件组成。螺旋输送采用三头螺旋；砂辊一般由 2 或 3 节对接而成，其表面开有三头螺旋槽且槽宽和槽深由进料端至出料端由深变浅、由宽变窄，目的就是输送和翻滚米粒，确保所需的碾米轴向压力；米筛由 4～6 片半圆弧围绕而成，与砂辊构成碾白间隙；米刀（压筛条）上下设置，通过厚度调节改变碾白室周向的碾米压力。

出料机构采用重力（压砣）压力门。通过压砣质量的调节改变整个碾白室的碾白压力。

喷风系统由喷风风机、送风空心主轴、喷风槽等部件组成，通过喷风达到喷风碾米、降温和排糠的目的。

工作时，糙米由进料斗经流量调节机构进入碾白室后，被螺旋推进器送到砂辊并沿砂辊表面螺旋前进，按一定线速旋转的金刚砂砂辊表面锐利的砂刃，碾削糙米皮层，并使米粒与米粒，米粒与米筛相互摩擦碰撞，使其开糙及碾白，同时，通过喷风作用，迫使糠粉脱离米粒，排出筛孔。

2. 铁辊喷风碾米机

铁辊无喷风碾米机属于摩擦擦离碾白型碾米设备，碾出的白米表面细腻光洁，色泽好，精度均匀。但由于碾白压力大，碾白过程中产生的碎米较多，出米率低。因此，现代碾米厂已很少采用，取而代之的是铁辊喷风碾米机。铁辊喷风碾米机由于有气流参与碾白，使碾白室内的米粒呈一种较松散的状态，碾白压力有所降低，同时，气流将碾米过程产生的湿热及时带出碾白室，米粒强度降低很少。因此，碾白过程中产生的碎米较少，是目前广泛使用的一种摩擦擦离型碾米机。

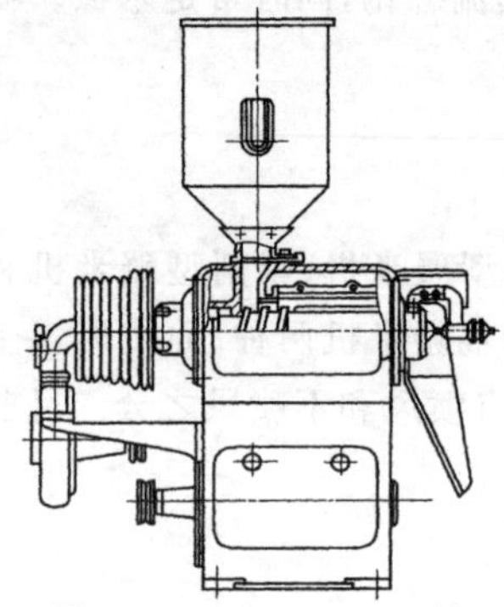

图 3-48　NP·13.6 型铁辊喷风碾米机

铁辊喷风碾米机有许多种规格型号，如图 3-48 所示的 NP·13.6型铁辊碾米机是其中的一种。该机主要由进料装置、碾白室、喷风装置、糠粞收集装置、传动装置及机架等部分组成。

进料装置由进料斗、流量调节机构和螺旋输送器等部分组成。流量调节机构采用的是角板式流量调节机构。螺旋输送器为双头螺旋，有较强的轴向输送能力。

碾白室由喷风铁辊和六角形米筛组成。喷风铁辊截面酷似桃形，表面有两根高 7～8mm 的凸筋，凸筋的后向面有两条喷风槽。六角形米筛由六块平板式筛板装置在六角形筛框架上，米筛的筛孔有 12mm×0.85mm 和 12mm×0.95mm 两种规格，供加工不同原粮时选用，筛孔顺米粒前进方向斜排，有利排糠。米筛的内表面冲有凸点，以增加碾白压力，增强碾白作用。压筛条厚度有 3mm、4mm、5mm 三种规格，根据碾白要求进行选择。

出米口与主轴同心，呈圆形，碾辊端头安装一拨米盖主要起将米粒拨向出口和固定碾辊的作用，压力门采用弹簧压力门，通过压簧螺母调节压力门压力，以控制碾白室的碾白压力。

喷风装置由喷风风机、进风套和空心轴组成。风机固定在机架上，由进风套直接将风机出口连接在空心轴头，缩短了喷风管道的长度，进风形式为轴头进风。从风机吹出的气流通过进风套由轴头进入空心轴内，再从位于铁辊处的轴面小孔喷出，经铁辊喷风槽喷入碾白室。

糠粞收集装置主要由设置在机座内的接糠斗、集糠管和喷糠风机等部分组成。碾白室排出的糠粞混合物经接糠斗和集糠管吸入喷糠风机，然后吹至集糠器中离心沉降。

工作时，糙米经进料机构由螺旋输送器送入碾白室，在碾白室内，由于受碾辊和气流的共同作用，米粒呈流体状态边推进边碾白，直至出米口排出碾白室。喷风铁辊上的凸筋和喷风槽喷出的气流加剧了米粒的翻滚运动，米粒受碾机会多，碾白均匀，出机白米光洁细腻。碾下的糠粞混合物由米筛筛孔排出后，落入集糠斗，然后吸入喷糠风机，并吹入集糠器中收集。

3. 混合型碾米机

混合型碾米机是我国使用较广的一种碾米机，它结合了摩擦擦离型碾米机和碾削型碾米机的优点，具有较好的工艺效果。典型设备为螺旋槽砂辊碾米机。

MNMS 型螺旋槽砂辊碾米机的结构如图 3-49 所示，

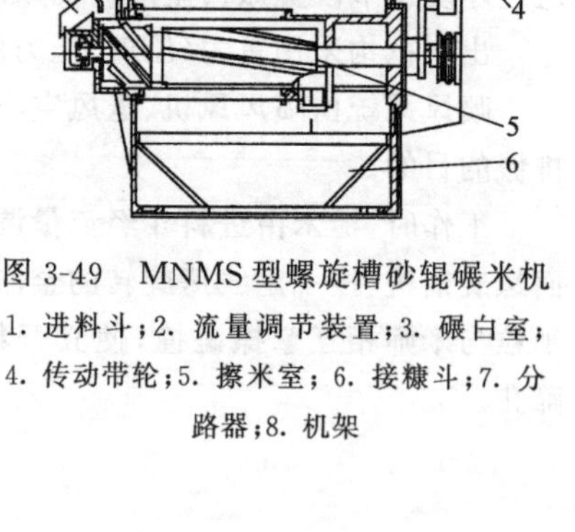

图 3-49　MNMS 型螺旋槽砂辊碾米机

1. 进料斗；2. 流量调节装置；3. 碾白室；4. 传动带轮；5. 擦米室；6. 接糠斗；7. 分路器；8. 机架

主要由进料装置、碾白室、擦米室、传动装置、机架等部分组成。

进料装置由进料斗、流量控制机构和螺旋输送器组成。流量控制机构采用全开启闸板和微量调节机构组合的机构形式，能灵活准确地控制进机物料量。螺旋输送器为三头螺旋，输送能力强。

碾白室由砂辊、拨料铁辊、米筛、米刀、压力门等部分组成。砂辊为 2 节（MNMS · 21.5 型为 3 节），由磨料黑碳化硅和陶瓷结合剂烧结而成。砂辊的进口段砂粒较粗硬，有利于开糙，出口段砂粒细而较软，有利于精碾。砂辊表面均开有 3 头等距变槽螺旋，螺旋槽从进口端至出口端逐渐由深变浅、由宽变窄，因而使碾白室截面积从进口至出口逐渐减小，符合碾米过程中米粒体积逐步减小的变化规律，使碾白室的碾白压力保持均衡，有利于米粒的均匀碾白和减少碎米的产生。拨料铁辊表面装有 4 根可拆卸的凸筋，便于磨损后更换。

碾辊四周有 4～6 片半圆形米筛，靠压筛条和筛托围着砂辊定位在横梁上，构成全面排糠的筛筒形式。米筛的筛孔有 12mm×0.85mm 和 12mm×1.0mm 两种规格，加工籼稻时用小筛孔，加工粳稻时用大筛孔。

在碾白室上、下横梁部位装有两把可以调节的米刀，如图 3-50 所示。米刀通过调节螺母进行调节，以达到改变碾白室周向截面积的目的。

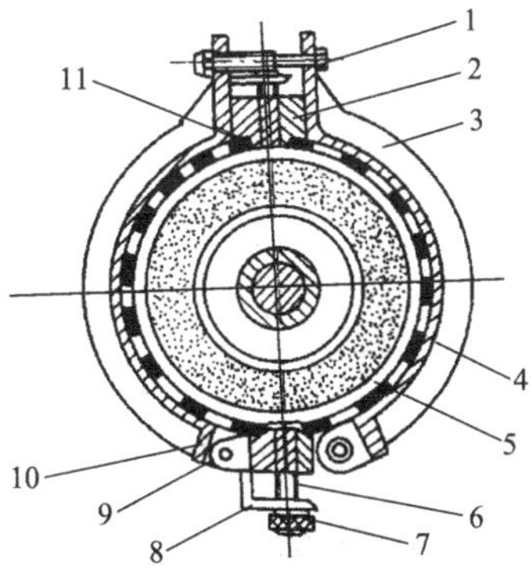

图 3-50　米刀调节机构

1. 螺栓；2. 筛架横梁；3. 米筛托架；4. 米筛；5. 砂辊；6. 螺杆；7. 米刀调节螺母；8. 支承角铁；9. 铰链接头；10. 米刀；11. 压筛条

出口压力调节装置采用压砣式压力门，通过改变压砣的重量和位置调整机内压力、控制白米精度。为了便于取样检验碾白效果，在出口处装有分路器。

擦米室主要由螺旋输送器、擦米铁辊、米筛等部分组成。螺旋输送器为双头螺旋。擦米铁辊表面有 4 条凸筋，凸筋与铁辊轴线的夹角为 8°，筋高为 8mm。擦米室的其他结构如米筛、米筛托架、支座等均与碾白室相同。

工作时，糙米由进料斗经流量调节机构进入米机，被螺旋输送器送入碾白室，在砂辊的带动下做螺旋线运动。米粒前进过程中，受高速旋转砂辊的碾削作用得到碾白。拨料铁辊将米粒送至出口排出碾白室。从碾白室排出的白米，皮层虽已基本去除，但米面较粗糙，且表面黏附有糠粉，因而再送入擦米室进行擦米。米粒在擦米铁辊的

表 3-9　卧式碾米机的主要技术参数

型号	产量/$(t \cdot h^{-1})$	转速/$(r \cdot min^{-1})$	碾辊规格（直径×长度）/mm	螺旋输送器（直径×长度）/mm	功率/kW	外形尺寸（长×宽×高）/mm
MNMS 14（喷风）	1.2～1.5	980	140×450	144×150	15～18.5	1477×540×1554
MNMS18（喷风）	2.0～2.5	1200	180×610	195×158	18.5～22	1321×540×1968
MNMS 30（喷风）	4.2～5.0	920	300×160×5	316×208	30～45	1632×620×2215
MNMP13.6（喷风）	2.0～2.5	750	136×210	136×176	15	1230×650×1700
MNMS15	1.3～1.4	1460/720	150×380/425	165×120/125	18.5～22	1166×500×1446
MNMS18	2.1～2.5	1200/720	180×560/440	195×150/126	22～30	1445×540×1664
MNMS21.5	3.3～3.5	1000/720	215×750/583	230×160/165	30～45	1679×540×1758

缓和摩擦作用下，擦去表面黏附的糠粉，磨光米粒的表面，成为光亮洁净的白米。筛孔排出的糠粞混合物由接糠斗排出机外。

卧式碾米机的主要技术参数见表 3-9。

（二）立式碾米机

1. MNML 型系列立式双辊碾米机

MNML 型系列立式双辊碾米机的结构如图 3-51 所示，主要由进料机构、碾白室、出料装置、传动装置、吸风系统及机架等部分组成。

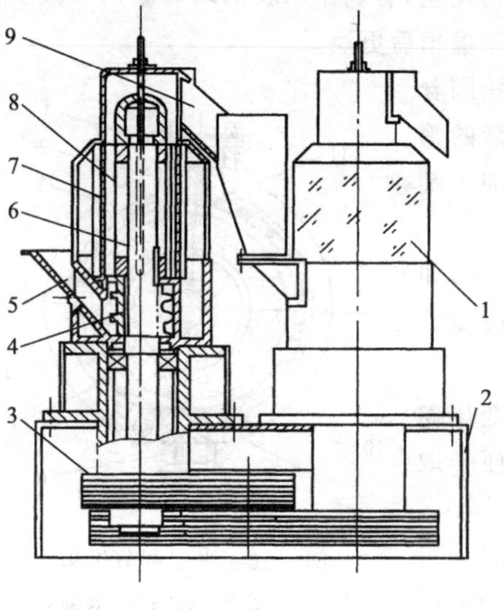

图 3-51　MNML 型系列立式双辊碾米机

1. 机壳；2. 机架；3. 皮带轮；4. 螺旋输送器；5. 进料口；6. 主轴；7. 米筛；8. 碾白室；9. 出料口

机架采用钢板焊接而成。机架上安装两套碾米装置，它们由一台电机通过强力窄 V 形带传动。每套碾米装置包括进料机构、碾白室、出料机构及机座等。进料口位于碾白室的底部，装有流量控制插板。出料口设在碾白室的顶部，装有压力门装置，以调节碾白室内的碾白压力。采用这种低位进料、高位出料的方式，非常便于精米加工，多机组合碾白时可省去中间输送设备（物料可由一套碾米装置上端排出后直接流入另一套碾米装置的下端进料口中），减少输送设备对米粒的损伤。

碾白室由螺旋输送器、碾辊、主轴及六角形米筛等组成。主轴直立采用悬臂支承，碾辊位于上方，传动带轮位于下方。碾辊除配置砂辊外，还可根据工艺需要配置铁辊和抛光辊。

碾白室外围是钢板和有机玻璃板组成的机壳。从安置于机架内的一台风机引出两根吸风管，分别与两套碾米装置的机壳相连组成吸风系统，强烈的吸风起吸糠和降低米温的作用。

工作时，物料依靠自重由进料口流入机器内，在螺旋输送器连续向上推力的作用下，被送入碾白室，受碾白作用而脱去糠层，米糠穿过米筛由高压风机吸出机外。米粒则通过上端出料压力门排出，然后进入第二套碾米装置中完成上述工作过程。如果需要组成多机串联碾白工艺，排出的物料仍可依靠自重流入另一台立式双辊碾米机中。该立式双辊碾米机具有碾白均匀、米温低、碎米少、出米率高等特点。

2. VTA7A-C 型立式砂辊碾米机与 VBF7B-C/MC 立式铁辊碾米机

1）VTA7A-C 型立式砂辊碾米机

VTA7A-C 型立式砂辊碾米机如图 3-52 所示，进料装置位于米机的顶部，装有流量调节闸门，通过料门阀杆来调节进料流量的大小。出料口设在碾白室的底部，装有压力门装置，以调节碾白室内的碾白压力。

碾白室由螺旋喂料辊、碾米砂辊、米筛、阻力板等组成。碾米砂辊共有七片叠装而成，米筛为三片围成一筛筒，靠阻力板（米刀）定位，并有米筛压板固定，有三条阻力板（米刀），通过调节机体外基板上的上下旋钮，改变碾白室局部阻力的大小，从而得到不同的碾白效果。砂辊主轴直立，采用悬臂支承，碾米辊位于上方，传动带轮在下方，砂辊很容易从机器顶部抽出。在碾米室的下部有回转式米糠排出装置，可与米糠吸风系统相连，并在出糠风管上设有风量调节闸门，强烈的吸风起吸糠和降低米温的作用。

工作过程。当糙米自料斗经进料口通过进料装置进入机器内，在喂料辊和物料自身重力的作用下，被送入碾白室，糙米粒在螺旋式下落过程中，受碾白作用而脱去米糠，米糠穿过米筛，落入下部回转式米糠排出装置被吸出机外，米粒则经过下端出料压力门排出。

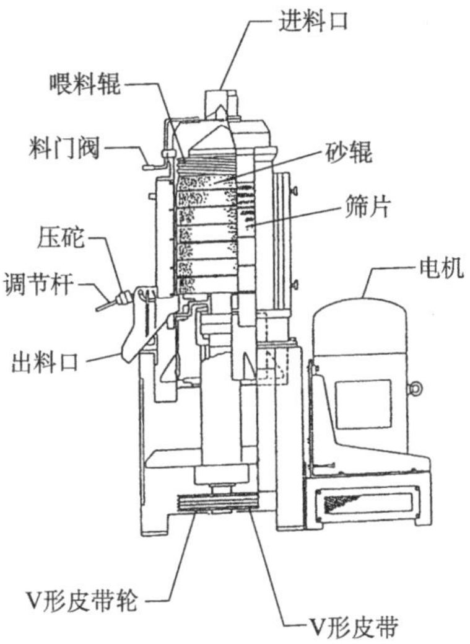

图 3-52　VTA7A-C 型立式砂辊碾米机

2）VBF7B-C/MC 立式铁辊碾米机

VBF7B-C/MC 立式铁辊碾米机如图 3-53 所示，进料机构位于碾白室的底部，装有流量控制插板和喂料螺旋。出料口设在碾白室的顶部，装有压力门装置，以调节碾白室的碾白压力。碾白室由喂料推进器、碾米铁辊、阻力板（米刀）、主轴、米筛等组成。铁辊为剖分式结构，拆装方便，每个铁辊上装有一条阻力板（米刀），如图 3-54 所示，两片筛面围成筛筒。铁辊主轴直立，采用悬臂支承，碾米辊位于上方，传动带轮在下方。在碾米室的下部同样具有回转式米糠排出装置。在碾米机的机顶部设有强进风风机。另设有备选的吸风系统，能将加工后残留在工作室的白米排出。另外该米机还具有加湿装置，利用碾白室的水雾来软化残留的米糠皮层，降低碾白室工作温度，能有效地生产出高质量的大米。

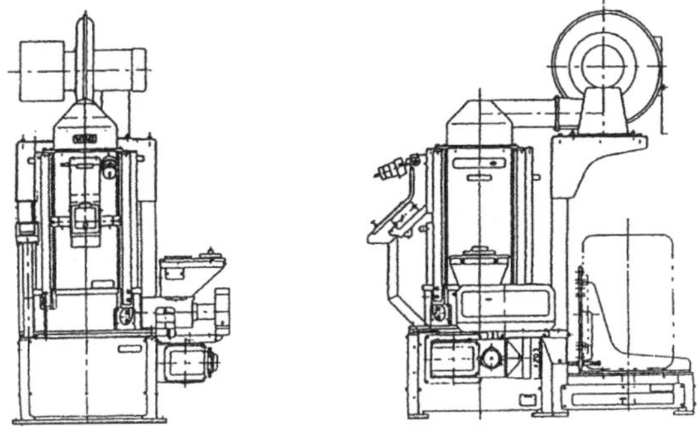
图 3-53　VBF7B-C/MC 立式铁辊碾米机

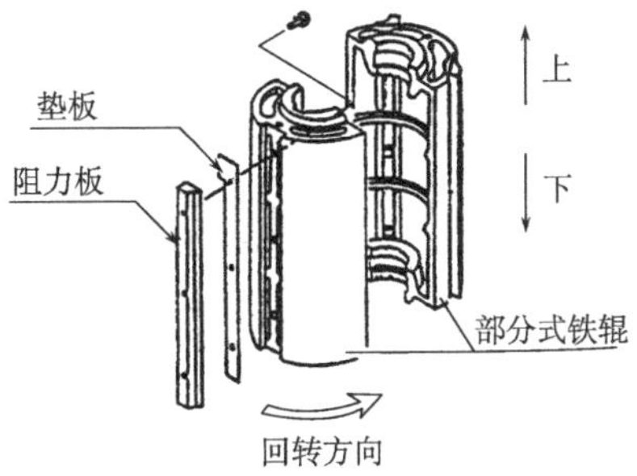

图 3-54　碾米铁辊的结构

工作过程。物料依靠自重由进料口通过喂料螺旋流入机器内，在螺旋推进器连续向上推力的作用下，被送到碾白室内，糙米流在自下而上螺旋上升过程中，受碾白作用而脱去米糠，通过强拉风技术，米粒浮动形成流态化碾米，碾磨轻缓均匀、增碎少、米温低、成品大米光洁、出米率较高。米糠穿过米筛由高压风机吸出机外，米粒则经过上端出料压力门排出。

立式碾米机的主要技术参数见表 3-10。

表 3-10 立式碾米机主要技术参数

型号	产量/(t·h^{-1})	碾辊直径/mm	碾辊转速/(r·min^{-1})	功率/kW	外形尺寸(长×宽×高)/mm
VTA7A-C	4.0～5.0		700	37	1447×957×1989
VBF7B-C/MC	4.0～5.0		562/499(不加湿)	37～45	1640×1394×2010
BSPB	3.5～8.0			37～55	1575×800×1700
MNML21.5/18	3.3～3.6	215/180	1168/823	37～45	1700×1300×1200
MNML18/18	2.3～3.0	180/180	1168/823	30～37	1700×1300×1200
MNML15/14	0.8～1.3	150/140	1460/823	18.5～22	1400×1000×1000

（三）碾米机的主要构件

无论是哪一种碾米机，都主要由进料装置、碾白室、出料装置、传动装置、喷风系统以及机架等部分组成。

1. 进料装置

进料机构由进料斗、流量调节机构和螺旋输送器三部分组成。

(1)进料斗。进料斗的主要作用就是缓冲、存料以确保连续正常的生产，目前有正方形和圆柱形两种，一般存料量为30～50kg。

(2)流量调节机构。碾米机的流量调节机构主要有两种形式，一是闸板式调节机构，利用闸板开启口的大小，调节进机流量的多少，如图3-55(a)所示。另一种由全启闭闸板和微量调节两部分组成的调节机构，如图3-55(b)所示。

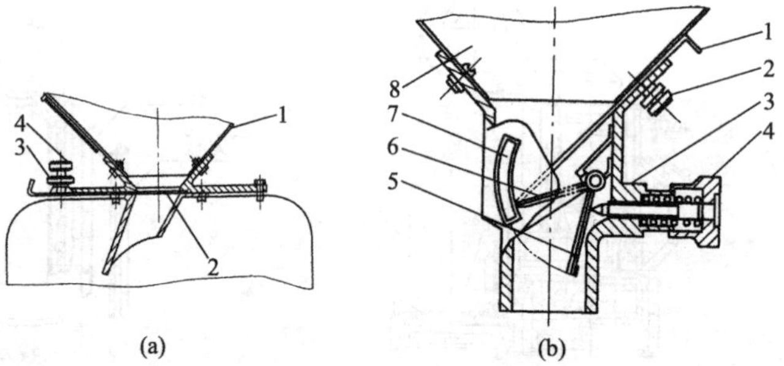

图 3-55 流量调节机构

(a) 闸板式；(b) 闸板与微调结构

(a)：1. 进料斗；2. 插板；3. 紧固螺母；4. 紧固螺栓；(b)：1. 手动插板，2. 紧固螺母；3. 微调螺杆；4. 微调螺母；5. 微调闸板；6. 指针；7. 指示盘；8. 进料斗

目前广泛采用的是后一种。这种流量调节机构的全启闭闸板供碾米机开机供料和停机断料使用，要求能速开速关。微量调节活门主要用于调节进入碾米机的物料流量，以控制碾白室内米粒密度、调节碾白压力，要求灵活准确、操作方便。微调活门的外部装有指针和标尺，用以显示流量的大小。调节时，旋进调节螺钉，将微调活门推进，使流量减小；旋出调节螺钉，则在扭簧的作用下，微调活门紧贴调节螺钉一并退出，从而使流量增大。正常工作时，由丝杆自锁

压簧顶紧旋转手轮，使流量保持稳定。这种流量调节机构稳定可靠，操作方便，为目前各种碾米机所广泛使用。

(3)螺旋输送器。碾米机进料机构中的螺旋输送器主要起将物料从进料口推入到碾白室内的作用。螺旋输送器的功能可以归纳为输送物料，提高碾米机进口段米粒密度，产生轴向压力。除了上进料的立式碾米机采用重力推进方式外，其余各种碾米机(卧式和下进料的立式)都采用螺旋输送器推进方式。

螺旋输送器的结构如图 3-56 所示，表面突起部分称为螺齿。螺旋输送器根据螺齿的条数不同，可分为单头、双头、三头、四头螺旋等，在实际生产中采用双头和三头居多。

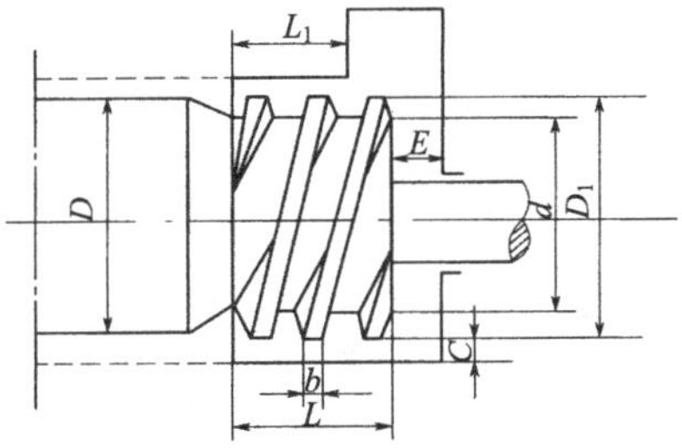

图 3-56 螺旋输送器结构

螺旋输送器螺齿与轴线的夹角称为螺旋输送器的导角，其值对米粒的轴向压力有一定的影响。为保证螺旋推进器正常的输送量和轴向压力，要求米粒只能前进，不能后退。为此，螺旋推进器与外壳间隙必须小于米粒厚度，一般小于 2.5mm。螺旋导程与螺旋外径之比在 0.8 左右，螺旋槽的深度为 10～20mm，螺旋槽宽小于 40mm。螺旋推进器被外壳整圆覆盖的长度必须保证在一个螺距以上，使米粒没有轴向后退通道。

螺旋输送器大都采用整体铸造，为提高耐磨性能，常需经过表面热处理或采用冷硬铸铁。加工时应注意提高螺旋面的光洁度，以减小物料与螺旋面的摩擦系数，保证输送速度和输送量。

2. 碾白室

碾白室是碾米机的关键工作构件，它主要由碾辊、米筛、米刀或压筛条三部分组成。米筛装在碾辊外围，与碾辊间的空隙即为碾白间隙。碾辊转动时，糙米在碾白室内受机械力作用而得到碾白，碾下的米糠通过米筛筛孔排出碾白室。

1) 碾辊

目前国内外使用较多、效果较好的碾辊有铁辊、圆柱形砂辊和砂臼等。

(1) 铁辊。铁辊用于摩擦擦离碾白，碾白压力大，降低压力后可用于擦米和抛光。铁辊表面分布有凸筋，凸筋分为直筋和斜筋两种，它主要起碾白、输送和搅动米粒翻滚的作用，可用于横式碾米机和立式碾米机。斜筋如果用于立式上进料碾米机的碾辊时，斜筋则还有阻滞物料下落速度的作用。筋的高度一般都小于 10mm，有的筋前后高度不等，老式铁辊的筋和筒体是一起铸成的，现代铁辊的筋则是用螺钉紧固在筒体表面的槽内，一般为直筋，此种筋磨损后可以更换。铁辊喷风时，喷风口(孔或槽)紧靠筋的后向面根部，如图 3-57 所示。

由于喷风时阻力较大，所以目前风源都采用专用风机。专用风机所产生的风量，应能使气流有足够的动能吹动米粒，并带走米糠穿过筛孔。喷风槽的风速应高于米粒的悬浮速度，风压则以能克服网路阻力以维持达到上述风速所必须的风量为好。

一般情况，每小时加工每吨大米所需的风量为 100～150$m^3 \cdot h^{-1}$，喷风槽的出口风速 12～14$m \cdot s^{-1}$，风压为 200～300Pa。

(2) 砂辊。砂辊主要用于碾削碾白或是以碾削碾白为主，摩擦擦离碾白为辅的混合碾白。砂辊表面有开槽的，也有带筋的，还有由几个砂环片串联组成的，如图 3-58 所示。

砂辊表面的槽有直槽、斜槽和螺旋槽三种。直槽主要起碾白和搅动米粒翻滚的作用，斜槽

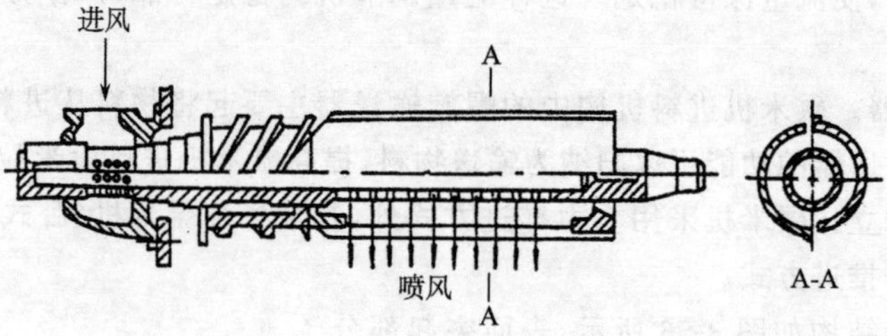

图 3-57　喷风铁辊结构

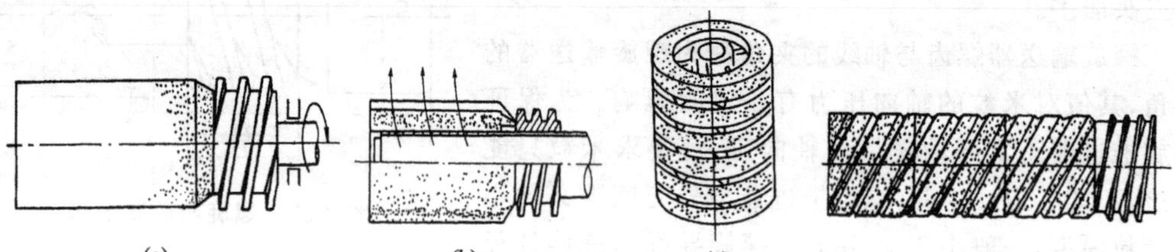

图 3-58　砂辊类型

和螺旋槽除了起碾白和搅动米粒翻滚的作用外，还有轴向推进米粒的作用，以连续螺旋槽的碾白效果为最好。槽的深度一般为 8～12mm。砂辊表面的筋多为直筋，一般用于喷风砂辊，筋位于喷风口的前边，既起碾白和搅动米粒翻滚的作用，又有利于气流的喷出。砂环片串联的砂辊，在相邻砂环片间有约 3mm 的间隙相当于喷风槽，使气流能自碾辊芯内喷入碾白室进行喷风碾米。

制作砂辊的金刚砂一般采用黑色碳化硅，砂粒呈多角形，不能使用片状砂粒。砂辊的制作方法有浇结、烘结、烧结三种，以烧结的砂辊强度最大，最耐磨，自锐性能好。

(3) 砂臼。砂臼用于碾削碾白。砂臼基本上都是竖放的中空截圆锥体，上大下小，有整体砂臼和串联砂臼两种。由于立式砂臼碾米机构件较复杂，特别是扇状弧形米筛，制造和维修都较麻烦，所以现代碾米机已不多用，代之以较大直径的立式圆柱形砂辊或砂环串拼砂辊。

无论是铁辊，还是砂辊、砂臼，都是中空的，由紧固装置固定在传动轴上，随传动轴一起旋转，对米粒进行碾白。

2) 米筛

米筛的作用主要有两个：一是与碾辊一起构成碾白间隙，二是将碾白过程中碾下的米糠及时排出碾白室。当米筛内表面冲有无数个半圆凸点时，它还有增强碾白压力的作用。

米筛用薄钢板冲制而成，有半圆弧形米筛、半六角形米筛、平板式米筛和扇状弧形米筛几种，米筛筛孔尺寸有 12mm×0.85mm、12mm×0.95mm、12mm×1.10mm 几种规格，一般加工籼稻时用小筛孔，加工粳稻时用大筛孔。米筛筛孔的排列方式有直排和斜排两种，斜排筛孔更有利于排糠。

半圆弧形米筛、半六角形米筛和扇状弧形米筛依靠米刀或压筛条、碾白室横梁、筛框架等构件，呈筒状固定在碾辊周围。平板式米筛依靠压筛条先固定在六角形筛框架上，再套在碾辊外围。

3）米刀

米刀(压筛条)用扁钢或橡胶块制成，一般固定在碾白室上下横梁或筛框架上。其作用除了用来固定米筛外，还起收缩碾白室周向截面积的作用，以增加局部碾白压力，促进米粒碾白，是碾白室内的一种局部增压装置。

米刀(压筛条)与碾辊之间的距离，可以通过米刀调节机构或是改变米刀(压筛条)厚度进行调节，一般不小于6mm。米刀(压筛条)的数量反映碾辊旋转一周时的增压次数。

3. 排料装置

排料装置位于碾白室末端，一般由出料口和出口压力调节机构组成。横式碾米机的出料方式有径向出料和轴向出料两种，如图3-59所示，轴向出料时，碾辊出料端必须有一段带斜筋的拨料辊，一般为铁辊，筋的斜度为5°～10°，筋数为4～8根。出口压力调节机构的作用主要是控制和调节出料口的压力，以改变碾白压力的大小。因此，要求出口压力调节机构必须反应灵敏、调节灵活，并能自动启闭，以便在一定的碾白压力范围内起到机内外压力自动平衡的作用。

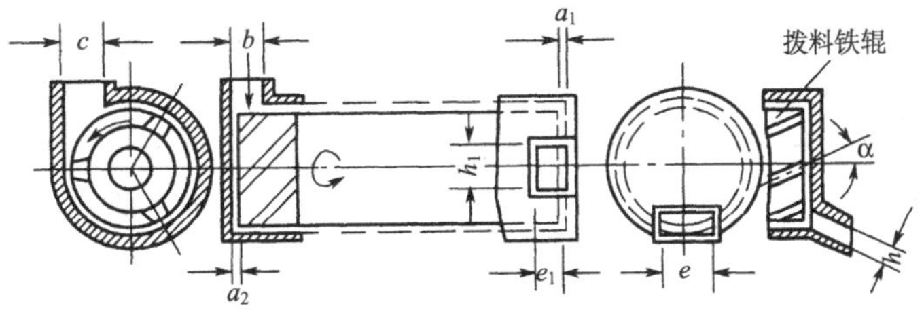

图3-59　碾白室进出口

出口压力调节机构也称压力门，有压砣式压力门和弹簧式压力门两种，如图3-60所示。

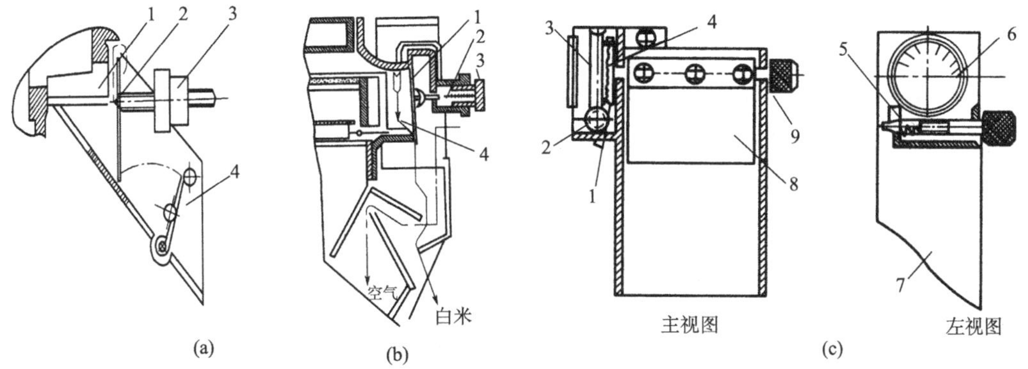

图3-60　出口压力调节机构

(a)：1. 出料口；2. 压力门；3. 压砣；4. 取样门；(b)：1. 压力门；2. 压簧；3. 压簧螺母；4. 出料口；(c)：1. 弹簧盘；2. 蜗杆；3. 蜗轮；4. 拉簧；5. 自锁压簧；6. 指示盘；7. 出料口；8. 压力门；9. 手轮

压砣压力门如图3-60(a)所示，它能随出口物料流量加大或减小，自动开大或关小，调节灵活方便，结构简单。但是，当原粮品种和加工精度变化较大时，压力门所需改变的压力也较大，因此在压力门上需加一串压砣。而加压砣的多少以及压砣的位置只能根据经验掌握，不能用数字显示，对碾白压力自动化控制不利。

弹簧压力门也叫压簧压力门如图 3-60(b)所示,它的出米口与主轴同心,呈圆形,故压力门为圆形板并紧贴出米口,由弹簧加压。通过压簧螺母调节弹簧的压力,以控制出料口的压力大小。此种压力门压力的大小也不能用数字显示。

拉簧压力门如图 3-60(c)所示,它的特点是用弹簧拉力调节出料口的压力大小。根据原粮品种及成品精度,通过蜗轮蜗杆机构调节拉簧的拉力大小,从而使出料口的压力控制在适宜数值,压力大小可以在指示盘上显示。

4. 传动装置

碾米机的传动装置基本上都是由窄 V 形带、带轮及电机等部分组成。电机功率由窄 V 形带通过带轮传递给碾辊传动轴,从而带动碾辊转动。由于碾米机类型不同,碾辊传动轴可横放和竖放,因此带轮有在传动轴一侧的,也有在传动轴上方或下方的。V 形带的规格、型号和根数应根据碾米机的功率大小来选择。

5. 喷风装置

喷风装置是喷风碾米机独有的装置,它主要由风机、进风套及喷风管道组成。风机多为中高压风机。进风套是连接风机和喷风管道的构件,喷风管道则由碾辊空心传动轴或碾辊与传动轴间的间隙充当。不同结构形式的喷风管道,其进风方式也不同。如图 3-61 所示。以空心传动轴作为喷风管道的进风方式的称为轴进风,有轴头进风和轴面进风两种;以碾辊与传动轴间空隙作为喷风管道的进风方式称为辊进风,有辊端进风和辊面进风两种。

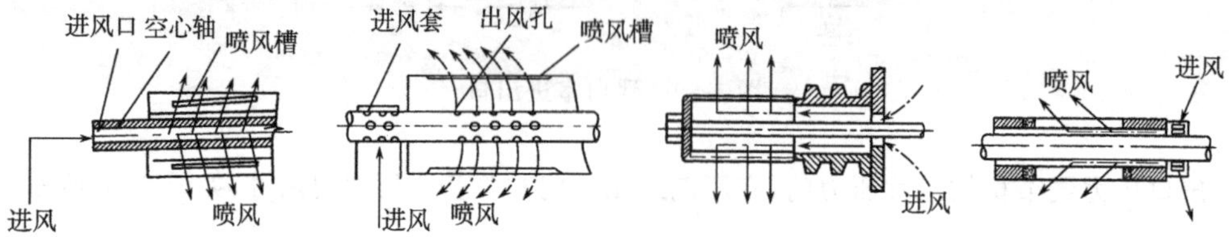

图 3-61　进风形式

轴进风形式中气流通过碾辊空心轴的中心孔道进入到碾白室。这种进风方式需在碾辊空心轴上钻孔,除费工费时外,由于喷风管道(空心轴)管径小,故沿程阻力损失较大,此外,气流先经空心轴上的小孔,而后由碾辊表面的喷风槽喷向碾白室,因而出口损失也较大,这些都不利于降低动力消耗。因此,目前轴向进风一般采用轴端面进风方式。

辊进风形式的进风面积较大,阻力损失较小,轴本身的强度易保证,对碾米机的总体布置也比较容易处理,是目前采用较多的进风方式。

无论是轴进风还是辊进风都可分为顺向进风(气流运动方向与米粒流动方向相同)和逆向进风(气流运动方向与米粒流动方向相反)。顺向进风与逆向进风对碾米工艺效果没有明显的影响,主要是根据碾米机的总体结构、进风距离长短等确定是顺向进风还是逆向进风。

碾辊表面的喷风槽一般位于碾辊表面筋或槽的后向面一侧。这种结构形式可在喷风槽处形成负压区。空气从这一区域喷出时的压力差较大,形成气流涡流的区域广且剧烈,加剧了米粒的翻滚运动,有利于提高碾米的工艺效果。

三、影响碾米机工艺效果的因素

影响碾米工艺效果的因素很多，如糙米的工艺品质，碾米机碾白室的结构、机械性能和工作参数以及操作管理等。这些因素有动态的，有静态的，它们互相联系、相互制约。只有根据糙米的工艺品质，合理选择碾米机类型、结构和参数，按照加工成品的精度要求，采用合理地碾米工艺，并有效地进行操作管理，才能达到良好的工艺效果。

（一）糙米的工艺品质

1）糙米的类型和品种

粳糙米籽粒结实，粒形椭圆，抗压强度和抗剪、抗折强度较好，在碾米过程中能承受较大的碾白压力。因此，碾米时产生的碎米少，出米率较高。籼糙米籽粒较疏松，粒形细长，抗压强度和抗剪、抗折强度较差，只能承受较小的碾白压力，在碾米过程中容易产生碎米。同时，粳糙米皮层较柔软，采用摩擦擦离型碾米机碾白时，得到的成品米色泽较好，碎米率也不高；而籼糙米皮层较干硬，故不适宜采用摩擦擦离型碾米机。糙米的皮层厚度也与碾米工艺效果有直接关系。糙米皮层厚，去皮困难，碾米时需较高的碾白压力，碾米机耗用功率大，碎米率也较高。粳糙米的皮层一般比籼糙米的皮层厚，因此，碾米时碾米机的负荷较重，电耗较大。

同一品种类型的稻谷，早稻糙米的腹白大于晚稻，早稻糙米的结构一般比较疏松，故早稻糙米碾米时产生的碎米比晚稻糙米多。

2）水分

水分高的糙米皮层比较松软，皮层与胚乳的结合强度较小，去皮较容易。但米粒结构较疏松，碾白时容易产生碎米且碾下的米糠容易和米粒黏在一起结成糠块，从而增加碾米机的负荷和动力消耗。水分低的糙米结构强度较大，碾米时产生的碎米较少，但糙米皮层与胚乳的结合强度也较大，碾米时需要较大的碾白作用力和较长的碾白时间，也会增加碾米机的负荷和动力消耗。水分过低的糙米（13％以下），其皮层过于干硬，去皮困难，碾米时需较大的碾白压力，且糙米籽粒结构变脆，因此碾米时也容易产生较多的碎米。糙米的适宜入机水分含量为14.5％～15.5％。

3）爆腰率

糙米爆腰率的高低，直接影响碾米过程中产生碎米的多少。一般来说，裂纹多而深、爆腰程度比较严重的糙米碾米时容易破碎，因此不宜碾制高精度的大米。在稻谷收获、脱粒、运输、烘干、储存等环节中，应尽量避免碾压、撞击、急冷、急热的情况发生，减少糙米爆腰。

4）含稻壳量和含谷量

含稻壳量和含谷量主要影响碾米时碾米压力的控制。碾米时为保证成品的纯度，过高的含稻壳量和含谷量，操作中必须增加碾米压力以去除稻壳，这样就使碎米增加，出米率降低。同时，粉碎后的稻壳和稻谷具有较强的黏附力，使出机白米的外观色泽差。

除此以外，稻谷生长情况和收割早晚以及储藏时间长短，对碾米工艺效果也有一定的影响。稻谷生长不良、收割过早或遇病虫害，都会增加糙米中的不完善粒，碾米时这些不完善粒容易被碾成碎粒和粉状物料。储藏时间较长的陈稻糙米，其皮层厚而硬，碾白比较困难，动力消耗较大，也容易产生碎米。

（二）碾白室的结构

1）碾辊的直径和长度

碾辊的直径和长度直接关系到米粒在碾白室内受碾次数及碾白作用面积的多少。用直径较大、长度较长的碾辊碾米时，产生的碎米较少，米温升高较低，有利于提高碾米机的工艺效果。为了保证碾米机的工艺性能，碾辊的长度和直径应成一定的比例。一般碾辊长度与直径的比值为：碾辊直径为 140mm 时，长径比为 2.5～2.7；碾辊直径为 150mm 时，长径比为 2.7～3.1；碾辊直径为 180mm 时，长径比为 3.1～3.6；碾辊直径为 215mm 时，长径比为 3.6～4.1。

2）碾辊的表面形状

碾辊表面凸筋和凹槽的几何形状及尺寸大小，对米粒在碾白室内的运动速度和碾白压力有较大的影响。碾辊表面的筋或槽在碾米过程中对米粒具有碾白和翻滚的作用，斜筋、斜槽和螺旋槽对米粒还具有轴向输送的作用。一般情况下，高筋或深槽的辊形，米粒的翻滚性能好，碾白作用较强。但筋过高或槽过深都会使碾白作用过分强烈而损伤米粒，影响碾米效果，所以，一般筋高控制在 4～8mm，槽深控制在 8～12mm。筋、槽的斜度角 α（筋、槽轴线与碾辊轴线的夹角）主要影响米粒的轴向运动速度及碾白室内米粒流体的密度。随着筋、槽的斜度角的增大，米粒的轴向运动速度加快，有利于提高碾米机的产量，但米粒流体密度降低，而且径向作用力也减弱，对米粒的碾白和翻滚作用相应减小。斜度角一般为 60°～70°，较小的斜度角，有利于米粒的充分碾白。碾辊表面螺旋槽的前向面（顺着碾辊旋转方向的一面）与碾辊半径之间的夹角 β 如图 3-62 所示对米粒的碾白、翻滚和轴向输送也都有一定的影响。随着 β 角的增大，碾白和翻滚作用加强，但轴向推进速度减小。根据不同的辊形，β 角一般为 0°～70°。

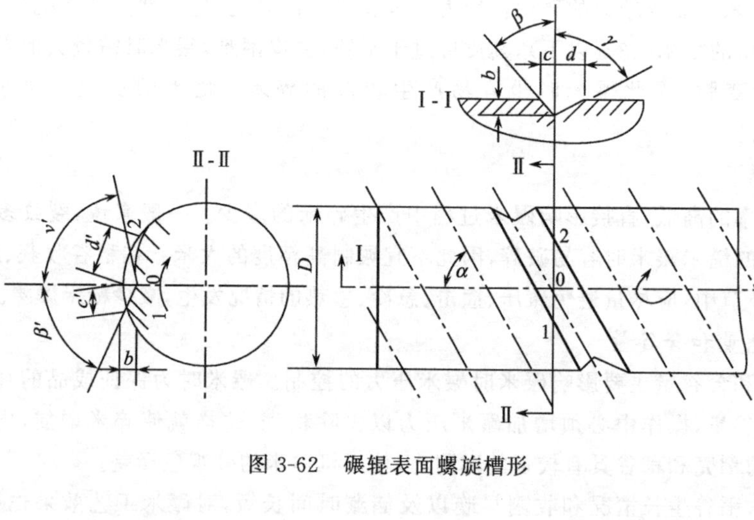

图 3-62　碾辊表面螺旋槽形

3）碾白室间隙

碾白室间隙是指碾辊表面与碾白室米筛之间的距离。碾白室间隙大小要适宜，不宜过大或过小。过大，会使米粒在碾白室内停滞不前、产量下降、电耗增加。过小，易使米粒折断，产生碎米。碾白室间隙应大于米粒的长度。

米粒在碾制过程中，随着皮层不断地被碾落并从米筛筛孔排出，米粒的体积也在不断减小，所以，从碾白室进口到出口的每一个截面上，米粒流体的流量是逐渐降低的。如果碾白室截面积保持不变，则米粒流体密度逐渐减小，从而碾白压力也随着逐渐降低。但碾白需要一定的碾白压力，而且在不同阶段需用不同的碾白压力。因此，碾白室的轴向截面积应是逐渐收缩的，以使碾白室内的米粒流体密度基本不变，保持碾白压力的均衡稳定。碾白室轴向截面积的收缩形式有阶段式和渐变式两种。铁辊碾米机的碾白室轴向截面积收缩形式为阶段式，利用米机盖内壁半径的收缩，改变碾白室的轴向截面积。横式螺旋槽砂辊型碾米机和立式砂臼碾米机的碾白室轴向截面积收缩形式属渐变式。横式螺旋槽型砂辊碾米机碾白室轴向截面积的收缩是利用碾辊表面的三头等距螺旋槽槽形尺寸从碾白室进口端至出口端逐渐由深变浅、由宽变窄，达到碾白室轴向截面积逐渐收缩的目的。

碾白室截面积收缩平缓时，碾白压力变化小，产生的碎米也就少。如果碾白室截面积急剧收缩，则易产生较多的碎米而影响碾白效果。

米粒自碾白压力小的截面进入碾白压力大的截面时，密度增大，去皮效果增强；米粒皮层易于脱离米粒。因此，碾白室圆周方向的截面积也应有一定的变化，以使米粒在碾白室内充分翻滚，增强碾白作用。碾白室圆周向截面积的变化形式也有局部变化和整体变化两种。局部变化大都是通过在碾白室内沿轴向方向设置米刀或压筛条，来实现改变碾白室圆周向截面积的，如图 3-63(a)、(b)所示。整体变化则是通过将碾辊中心偏过碾白室外壁中心一定的距离，使碾白室圆周方向具有不同的间隙来实现的，如图 3-63(c)所示。圆周向截面积局部变化的碾白压力增加速度急剧，如果米刀结构设计不当，容易产生较多的碎米。圆周向截面积整体变化的碾白压力增加速度缓和，产生的碎米较少。有的米筛内表面冲有半圆形凸点使圆周截面也发生变化，每个凸点与碾辊之间都成为增压区，从而提高碾白效果。

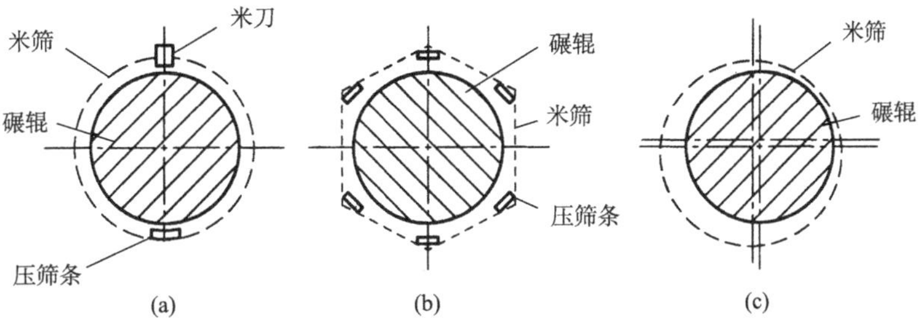

图 3-63　碾白室周向截面积的变化示意图

（三）碾米机的工作参数

碾米机的主要工作参数有碾白压力、碾辊转速、向心加速度等，它们是影响和控制碾米工艺效果的重要参数。

1）*碾白压力*

碾米工艺效果与米粒在碾白室内的受压大小密切相关。不同的碾白形式，具有不同的碾白压力，而且碾白压力的形成方式也不尽相同。摩擦擦离碾白压力主要由米粒与米粒以及米粒与碾白室构件之间的互相挤压而形成，并随米粒流体在碾白室内密度大小和挤压松紧程度的不同而变化。碾削碾白压力主要由米粒与米粒以及米粒与碾白室构件之间的相互碰撞而形成，并随米粒流体在碾白室内密度大小和米粒运动速度的不同而变化，尤以米粒的运动速度影响最为显著。碾白压力的大小决定了摩擦擦离作用的强弱和碾削作用的深浅，因此，碾白室内必须具有一定的碾白压力，才能达到米粒碾白的目的。而当碾白压力超过了米粒的抗压及抗剪、抗折强度时，米粒就会破碎，产生较多的碎米，反而使碾米工艺效果下降。无论碾白压力的形成方式如何，通常的碾白压力是指碾白室内的平均压力，而实际上米粒在碾白室内各部位的受压大小是不均匀的。一般情况下，凡是碾辊表面筋或槽中断、螺旋槽螺距加大、碾白室截面积缩小等，均会导致米流密度增大，从而使局部碾白压力上升，米粒往往在这些部位破碎。在碾米过程中，随着米粒皮层的逐步剥落和米温的升高，米粒的结构强度也随之下降，所以，在碾白室的中、后段即使碾白压力不上升，仍会有碎米产生。因此，应合理配置碾白室构件，选择适当的工作参数，尽量保持碾白压力均匀变化，并在操作中防止碾白压力突然变化，同时注意适当减轻碾白室后段以及出口处的碾白压力，以减少碾米过程中碎米的产生。

2）*碾辊转速*

碾辊转速的快慢，对米粒在碾白室内的运动速度和受压大小有密切的关系。在其他条件不变的情况下，加快转速，则米粒运动速度增加，通过碾白室的时间缩短，碾米机流量提高。对于摩擦擦离型碾米机而言，由于米粒运动速度增加，碾白室内的米粒流体密度减小，使碾白压力下降，摩擦擦离作用减弱，碾白效果变差。特别在加工高水分糙米时会导致大米精度不稳定，米色发花。对于碾削型碾米机，适当加快碾辊转速，可以充分发挥碾辊的碾削作用，并能增强米粒的翻滚和推进，提高碾米机的产量，碾白效果比较好。但如果碾辊转速过快，会使米粒的冲击力加剧，造成碎米增加，碾米效果反而下降。若转速过低，米粒在碾白室内受到的轴向推进作用减弱，米粒运动速度减小，使碾米机产量下降，电耗增加。同时，米粒还会因翻滚性能不好而造成碾白不匀，精度下降。

碾米机类型不同，碾辊的转速控制范围也不同。摩擦擦离型碾米机的转速一般在 $1000\mathrm{r \cdot min^{-1}}$ 以下，碾削型碾米机的转速一般控制在 $1000 \sim 1500\mathrm{r \cdot min^{-1}}$。

3）*向心加速度*

长期的理论研究和生产实践证明，碾米机碾辊具有一定的向心加速度，它是米粒均匀碾白的重要条件。同类型碾米机碾制同品种同精度大米，在辊径不同、线速相差较大时，只有当其向心加速度相接近，才能达到相同的碾白效果。即一定类型的碾米机碾制一定品种和精度的大米时，碾辊的向心加速度应是一个常量。我国各类碾米机的加速度经验数值见表 3-11。

表 3-11 加速度经验数值 （单位：$\mathrm{m \cdot s^{-2}}$）

项目	碾削型碾米机	混合形碾米机		
		铁筋锥形	螺旋砂辊或槽较浅砂辊	斜筋砂辊
糙出白	1720	1210～1430	1660～1850	495～1110
稻出白		1110～1370		495～880

4）*单位产量碾白运动面积*

单位产量碾白运动面积是指碾制单位产量白米所用的碾白运动面积（碾辊每秒钟对米粒产生碾白作用的面积），可用下式表示：

$$A=\frac{F}{Q}=\frac{vL}{Q}$$

式中，A 为单位产量碾白运动面积($m^2\cdot h\cdot s^{-1}\cdot t^{-1}$)；$F$ 为碾白运动面积($m^2\cdot s^{-1}$)；Q 为规定精度的白米产量($t\cdot h^{-1}$)；v 为碾辊线速($m\cdot s^{-1}$)；L 为碾辊长度(m)。

单位产量碾白运动面积把碾米机的产量同碾白运动面积联系起来，综合体现了碾辊的直径、长度和转速对碾米效果的影响。当米粒以一定的流量通过碾白室时，碾米机单位产量碾白运动面积大，则米粒受到的碾白作用次数就多，米粒容易碾白，需用碾白压力可小些，从而可以减少碎米的产生，米温较低，出米率较高。但单位产量碾白运动面积过大时，碾白室的体积也过分增大，不仅经济性差，而且还会产生过碾现象，反而使出米率下降。若单位产量碾白运动面积过小，则碾米时碎米较多，米温高，排糠不畅，动力消耗增加。碾米机的单位产量碾白运动面积大小应视流量、碾白道数和排糠比例确定，总单位产量碾白运动面积值为 4～6。

(四) 碾白道数和排糠比例

多机轻碾是指借助于多道米机的串联组合将糙米加工成符合一定精度大米的整个生产过程，多机轻碾是目前工厂使用最多的一种碾米组合方式，它具有碾米压力轻、碾白均匀性好、碎米少、米糠综合利用价值高等特点。采用多机轻碾工艺时，应注意以下两点。

1) 碾白道数

碾白道数应视加工大米的精度和碾米机的性能而定。碾白道数多时，各道碾米机的碾白作用比较缓和，加工精度均匀，米粒温升低，米粒容易保持完整，碎米少，出米率较高，加工高精度大米时效果更加明显，如果加工留胚米必须采用多级轻碾。实践表明三机出白比二机出白的出米率高，当产量较低时，二者差别更大；加工不同精度大米时，加工精度越高，三机出白与二机出白的出米率差别越大。因此，加工高精度大米时，宜采用三机出白，加工低精度大米时，可采用二机出白。

2) 排糠比例

采用多机碾白时，各道碾米机的排糠比例应合理分配，以保证各道碾米机碾白作用均衡，否则加工能耗和出碎率都增加。在采用二机和三机出白时，各道碾米机的出糠率可参照表 3-12 选择。

表 3-12 多机轻碾时各道碾米机出糠率 (单位：%)

道数		特粳米	标二粳米	特籼米	标二籼米
二机	第一道	55～60	50	50～55	50
	第二道	40～45	50	45～50	50
三机	第一道	50	40	50	40
	第二道	30	40	35	40
	第三道	20	20	15	20

表 3-12 表明，二机出白加工标二精度大米时，头机和二机的出糠量都为 50%。加工高精度大米时，头机大于二机，一般头机取 55%左右出糠量较为理想。三机出白的各道出糠率，不论加工精度高低，头机和二机的出糠量占总出糠量的 80%左右，这样可取得较好的碾米工艺

效果。

(五) 碾米机的操作

(1)流量。在碾白室间隙和碾辊转速不变的条件下,适当加大物料流量,可增加碾白室内的米粒流体密度,从而提高碾白效果。但流量过大,不仅碎米会增加,而且还会使碾白不均,甚至造成碾米机堵塞;相反,如果流量过小,则米粒流体密度减小,碾白压力随之减小,不仅降低碾白效果,而且米粒在碾白室内的冲击作用加剧,也会导致碎米增加。适宜的流量应根据碾白室的间隙、糙米的工艺性质、碾辊转速和动力配备大小等因素决定。

(2)米刀的厚度。米刀的厚度主要影响碾白室内局部的碾白压力。适当地增加米刀厚度,有助于提高碾白效果、促进米粒的翻滚,增加出机米的精度和碾白均匀度;过厚的米刀,局部碾米压力过大,则碎米多;米刀过薄,局部碾米压力过小,碎米少,但出机米精度低。米刀厚度的调节是控制出机米精度的最佳方式。

(3)米筛筛孔大小。合适的米筛筛孔大小即有助于米糠的排出又可防止跑粮现象的发生。过大的米筛筛孔,虽然有利于米糠的排出,增加出机米外观色泽,但易发生跑米现象;过小的筛孔,米糠排出不畅,出机白米含糠严重,色泽差。

(4)出料机构的控制。出料机构的控制是指压力门压砣质量或弹簧弹力的控制,其作用就是改变整个碾白室的碾米压力。质量过大或弹力过大,整个碾白室的碾米压力上升,米流密度增大,米粒翻滚性能下降,所以,碾米时碎米多,均匀性差;质量过小或弹力过小,则碾米压力降低,出机米精度难以保证。

(5)喷风风量。喷风风量大小对碾米机工艺效果有直接影响,过大的喷风量,有利于米糠的排出,出机白米含糠少,米温低,但米粒翻滚剧烈,恶性撞击强烈,碎米多和爆腰严重,耗能增加,甚至造成进料不畅和出口排风;过小的喷风量,则不利于米粒翻滚,降低排糠降温降湿作用。适宜的喷风量应能使气流有足够的力量使米粒在碾白室内形成液态化,这样喷风碾米的优点才能充分得到体现。

四、碾米机工艺效果的评定

碾米工艺效果的评定主要从以下几个方面进行。

(一) 精　　度

大米精度是评定碾米工艺效果最基本的指标,如果大米精度达不到规定标准,那么碾米的质量就不符合要求。评定大米的精度应以统一规定的精度标准或标准米样为准,用感观鉴定法观察碾米机碾出的米粒与标准米样在色泽、留皮、留胚、留角等方面是否相符。

(1)色泽。加工精度越高,米粒颜色越白。评定时,首先将加工出来的米粒与标准米样比较,观察颜色是否一致,由于刚出机的米粒色泽常常发暗,冷却后才能返白,因此在比较时,刚出机白米的颜色可能比标准米样稍差,对此需要注意。

(2)留皮。留皮是指大米表面残留的皮层。加工精度越高,留皮越少。评定时,应仔细观察米粒表面留皮是否符合标准要求。观察时,一般先看米粒腹面的留皮情况,然后再看背部和背沟的留皮情况。

(3)留胚。加工精度越高,米粒留胚越少。评定时,观察出机白米与标准米样的留胚情况是否一致。

(4)留角。角是指米粒胚芽旁边的米尖。加工精度越高，米角越钝。评定时，观察刚出机白米与标准米样留角是否一致。

大米精度主要取决于米粒表面留皮程度。为了较准确地评定大米的精度，可用品红碳酸溶液等将标准米样和成品米染色后加以比较，观察留皮的程度是否相符。

(二) 碾　减　率

糙米在碾白过程中，因皮层及胚的碾除，其体积、质量均有所减少，质量减少的百分率便称之为碾减率，因为碾减的大部分为糙米皮层，所以碾减率也称为脱糠率，计算方法如下：

$$H=\frac{m_1(1-x-\beta_1)-m_2(1-y-\beta_2)}{m_1(1-x-\beta_1)}\times 100\%$$

式中，H 为碾减率(%)；m_1 为米机进机流量($t \cdot h^{-1}$)；m_2 为米机出机流量($t \cdot h^{-1}$)；x 为进机糙米中的含杂率(%)(杂质包括稻谷、稗子、石子以及通过直径 2mm 圆孔筛的糠屑、米粞等)；y 为出机米中的含杂率(%)；β_1 为进机物料中超指标的碎米率(%)；β_2 为出机物料中超指标的碎米率(%)。

一般碾减率为 5%～12%，其中，皮层及胚为 4%～10%，胚乳碎片为 0.3%～1.5%，机械损耗为 0.5%～1.0%，水分损耗为 0.4%～0.6%。碾米精度越高，碾减率越大。

(三) 含碎率、增碎率与完整率

1) 含碎率

含碎率是指出机白米中含碎米的百分率，计算方法如下：

$$S=\frac{G_s}{G_b}\times 100\%$$

式中，S 为含碎率(%)；G_s 为出机白米试样中碎米的质量(g)；G_b 为出机白米试样质量(g)。

2) 增碎率

增碎率是指出机白米中的碎米率比进机糙米的碎米率所增加的比例，计算方法如下：

$$S_z=S_2-S_1$$

式中，S_z 为增碎率(%)；S_2 为出机糙米的碎米率(%)；S_1 为进机白米的碎米率(%)。

3) 完整率

完整率是指出机白米中完整无损的米粒占试样质量的百分率，计算方法如下：

$$W=\frac{G_w}{G_b}\times 100\%$$

式中，W 为完整率(%)；G_w 为出机白米试样中完整米粒的质量(g)。

(四) 糙出白率与糙出整米率

1) 糙出白率

糙出白率是指出机白米占进机(头道)糙米的质量百分率，计算方法如下：

$$C_B=\frac{m_2(1-y-\beta_2)}{m_1(1-x-\beta_1)}\times 100\%=\frac{m_2(1-y-\beta_2)}{(m_2+m_3)(1-x-\beta_1)}\times 100\%$$

$$=(1-H)\times 100\%$$

式中，C_B为糙出白率(%)；m_3 为糠粞混合物流量($kg \cdot h^{-1}$)。

加工精度越高，碾减率越大，糙出白率就越低。因此，要在精度一致的条件下评定糙出白率。

2) 糙出整米率

糙出整米率是指出机白米中，完整米粒占进机糙米的质量百分率。完整米粒越多，则碾米机的工艺性能越好，计算方法如下：

$$C_Z=\frac{m_2(1-y)}{m_1(1-x)}\cdot W\times 100\%=\frac{m_2(1-y)}{(m_2+m_3)(1-x)}\cdot W\times 100\%$$

式中，C_Z为糙出整米率(%)。

(五) 含　糠　率

含糠率是指在白米或成品米试样中，糠粉占试样质量的百分率，计算方法如下：

$$K=\frac{G_K}{G_B}\times 100\%$$

式中，K 为含糠率(%)；G_K 为白米或成品米试样中糠粉的质量(g)；G_B 为白米或成品米试样的质量(g)。

第四节　成品及副产品整理

一、成 品 整 理

经碾米机碾制成的出机白米，还不能直接包装成成品大米，因为其中混有米糠和碎米，而且温度较高，这些都会影响成品的质量，同时也不利于大米的储藏。因此，出机白米在包装前必须使含糠、含碎符合质量标准，使米温降到利于储存的范围。此外，随着人民生活水平的提高，高质量、高品位的大米日趋受到消费者的青睐。为此可利用合理的工艺和设备将大米进行表面处理，使其晶莹光洁，也可将大米中所含异色米粒(主要是黄粒米，即胚乳呈黄色，与正常米粒色泽明显不同的米粒)去除，以提高其商品价值，改善其食用品质。以上所述过程即为成品整理。成品整理主要包括擦米、凉米、白米分级、抛光、色选等工序。

(一) 擦　　米

擦米的主要作用是擦除黏附在出机米粒表面上的糠粉，使米粒表面光洁，提高成品的外观色泽，同时也利于大米的储藏和米糠的回收利用。擦米与碾米不同，因为白米籽粒强度较低，故擦米作用不应强烈，以防止产生过多碎米。出机白米经擦米后，产生的碎米不应超过1%，含糠量不应超过0.1%。随着碾米技术日益进步、加工设备不断更新，现今绝大多数碾米厂已不单独配置擦米设备，也很少设置擦米工序，往往是利用抛光机进行擦米。

(二) 凉　　米

凉米的目的是为了降低米温，以利于储藏。尤其是在加工高精度大米时，米温要比室温高出 15～20℃，如不经冷却，马上打包进仓，容易使成品发热霉变，所以成品打包前须经过凉米工段。凉米一般都在擦米之后进行，并把凉米与吸除糠粉有机地结合起来。凉米要求米温降低 3～7℃，爆腰率不超过 3%。降低米温的方法很多，如喷风碾米、米糠气力输送、成品输送过程的自然冷却等，工作原理都是利用室温空气作为工作介质，带走碾制米粒机械能转换的热能。目前，使用较多的凉米专用设备是流化床，它不但可以降低米温，而且还兼有去湿、吸除糠粉等作用。我国南方环境气温较高，一般设置凉米工序；北方环境气温较低，一般不需设置凉米工序。

（三）白米分级

将白米分成不同含碎等级的工序称为白米分级，国外许多国家都把大米含碎量作为区分大米等级的重要指标。白米分级的目的主要是根据成品的质量要求，分离出超标碎米，我国常见的白米分级设备主要有白米分级平转筛和滚筒精选机等。

1. MMJP 型白米分级平转筛

MMJP 型白米分级平转筛的结构与 MGCP 型谷糙分离平转筛的结构基本相同，如图 3-64 所示。

主要由进料斗、筛体、偏心回转机构、传动调速机构和机架等部分组成。筛体内装有三层冲孔筛面，各层筛面下均设有橡皮球清理机构，以防止碎米和米糠堵塞筛孔。调速采用无级调速装置，可以根据不同的分级要求调节设备的转速。该设备在进机物料含碎小于 35%时，可分出含碎小于 5%的全整米（第一层筛筛上物）、含碎小于 25%的一般整米（第二层筛筛上物）、含整米小于 20%的大碎米（第三层筛筛上物）和不含整米的小碎米（第三层筛筛下物）四种物料。筛路如图 3-65 所示。

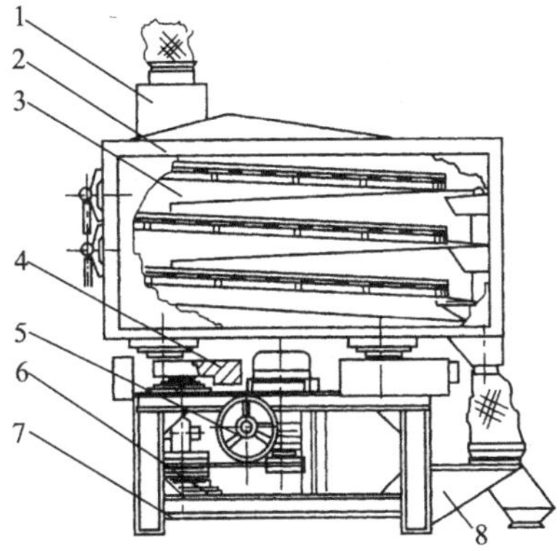

图 3-64　MMJP 型白米分级平转筛结构图

1. 进料斗；2. 筛船；3. 筛格；4. 偏心回转机构；5. 无机调速机构；6. 齿轮箱；7. 机架；8. 出料斗

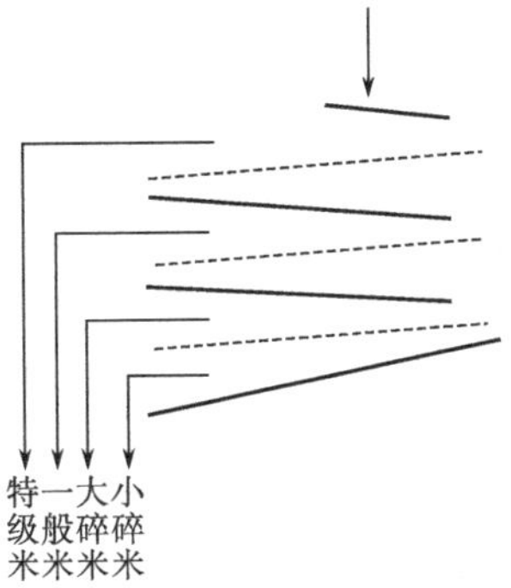

图 3-65　MMJP 型白米分级平转筛筛路图

MMJP 型白米分级平转筛的主要技术参数见表 3-13。

表 3-13　MMJP 型白米分级平转筛主要技术参数

技术参数		型号		
		MMJP63×3	MMJP80×3	MMJP100×3
产量/$(kg \cdot h^{-1})$		1250	2100	3300
配备功率/kW		0.55	1.1	1.1
筛体转速/$(r \cdot min^{-1})$		150±15	150±15	150±15
回转半径/mm		40	40	40
筛面倾角/(°)		1.2	1.2	1.2
筛孔规格(目数/孔径)/mm	第一层	14～16/3.5～3.7	14～16/3.5～3.7	14～16/3.5～3.7
	第二层	16～18/2.6～2.8	16～18/2.6～2.8	16～18/2.6～2.8
	第三层	23～25/2.0～2.2	23～25/2.0～2.2	23～25/2.0～2.2
机重/kg		420	520	620
外形尺寸(长×宽×高)/mm		1426×740×1276	1625×1000×1315	1725×1085×1386

2. MMJM 型白米分级平转筛

MMJM 型白米分级平转筛的结构与 TQLM 型平面回转清理筛的结构基本相同，如图 3-66 所示，筛体内装有两层抽屉式筛格，分为前、后两段。各段筛面筛孔配备如下：第一层筛的筛上物为特级米，前段筛面采用冲孔筛，一般为 $\phi3.2$～3.7mm；后段一般为 $\phi3.0$～3.5mm。筛下物通过底板落入第二层的前段筛面，采用冲孔筛的筛孔一般为 $\phi2.0$～2.2mm。同样由于自动分级，小碎米迅速下沉与筛孔接触成为筛下物；筛上物流入后段筛面，采用冲孔筛时的筛孔一般为 $\phi2.6$～2.8mm，筛上物为一般米，筛下物为大碎米。筛路如图 3-67 所示。

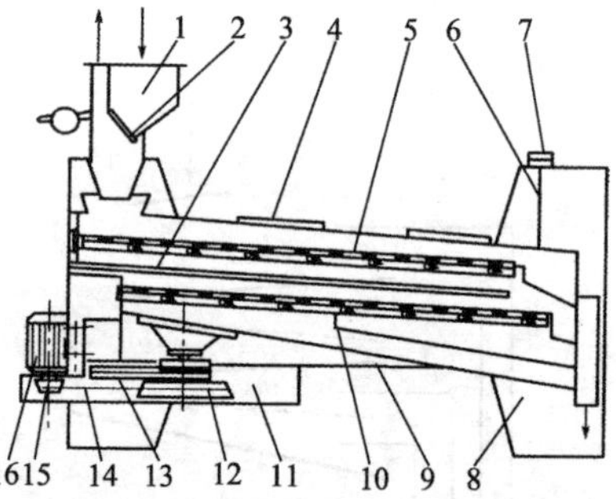

图 3-66　MMJM 型白米分级平转筛结构示意图

1. 吸风进料装置；2. 进料压力门；3. 底板；4. 观察窗；5. 上层筛格；6. 钢丝绳；7. 钢丝绳调节螺母；8. 机架；9. 筛船；10. 下层筛格；11. 防护罩；12. 大塔形带轮；13. 偏重块；14. 三角带；15. 小塔形带轮；16. 电动机

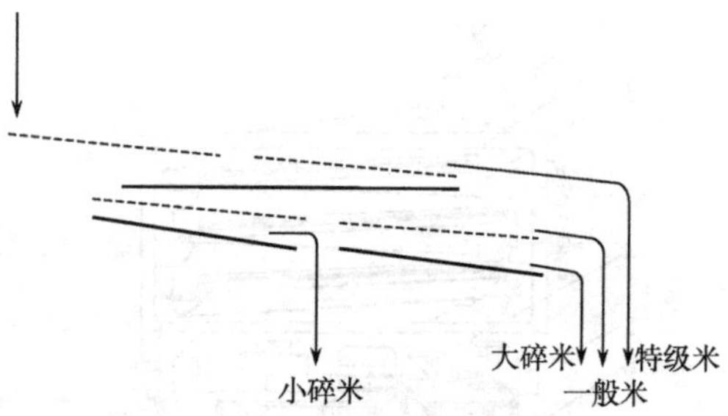

图 3-67　MMJM 型白米分级平转筛筛路

MMJM 型白米分级平转筛的主要技术参数见表 3-14。

表 3-14 MMJM 白米分级回转筛技术特性

项 目	型号		
	MMJM80	MMJM100	MMJM125
处理量/(kg · h^{-1})	3400	4200	5200
动力/kW		0.75	
筛面倾角/(°)		3	
转速/(r · min^{-1})		300、400、500	
吸风量/(m^3 · min^{-1})	10	12	15
机重/kg	600	700	800
外形尺寸(长×宽×高)/mm	2020×1200×1460	2020×1400×1460	2020×1650×1460

3. 辊筒精选机

现代碾米对白米分级要求越来越高，采用筛选的方法已经无法满足消费市场的要求，白米精选越来越普及，常采用辊筒精选机对筛选分级的白米进行精选。

MJXG 型辊筒精选机的结构如前面的相关章节所述，工作时，传动装置带动主轴旋转，主轴带动辊筒和螺旋输送器旋转。物料由进料斗进入辊筒，碎米进入袋孔内。当辊筒转到某一角度时，碎米便依靠自身重力脱离袋孔落入收集槽内，由螺旋输送器送至出口排出。整米在辊筒内表面摩擦力的带动下，上升位置较低，仅在辊筒底部运动，借辊筒本身的倾斜度流向另一出口排出机外。

MJXG 型辊筒精选机的主要技术参数见表 3-15。

表 3-15 MJXG 型辊筒精选机主要技术参数

技术参数		型号						
		MJXG50×2	MJXG50×3	MJXG60	MJXG60×2	MJXG71	MJXG60/71	MJXG71×2
产量/(t · h^{-1})		1.5	2.5	1.5	2.0	3.0	3.5	4.5
滚筒直径/长度/mm		500/1800	500/1800	600/2000	600/2000	710/2500		
分离效果	小碎含整/%				≤0.5			
	大碎含整/%				≤2			
	整中含碎/%				≤3～5			
吸风量/(m^3 · h^{-1})		500	720	300	720	360	600	780
吸风阻力/Pa					60			
配备动力/kW		0.75×3	0.75×3	1.1	1.1×2	1.1	1.1×2	1.1×2

双筒及三筒滚筒精选机的流线组合有并联和串联两种，具体采用哪种组合应依据产品含碎要求和产量而定，为了减少白米磨耗，一般情况下，整米精选的流线较短，大小碎米的精选流线较长。如图 3-68 所示。

图 3-68(a)为双进口并联，精选出整米和碎米两种物料；图 3-68(b)为单进口串联，上筒选出的碎米进入下筒，下筒精选出大碎米和小碎米两种物料，整米由上筒选出；图 3-68(c)为三进口并联，精选出整米和碎米两种物料；图 3-68(d)为双进口串联，上两筒选出的碎米合并进入下筒，下筒精选出大碎米和小碎米两种物料，整米由上两筒选出。

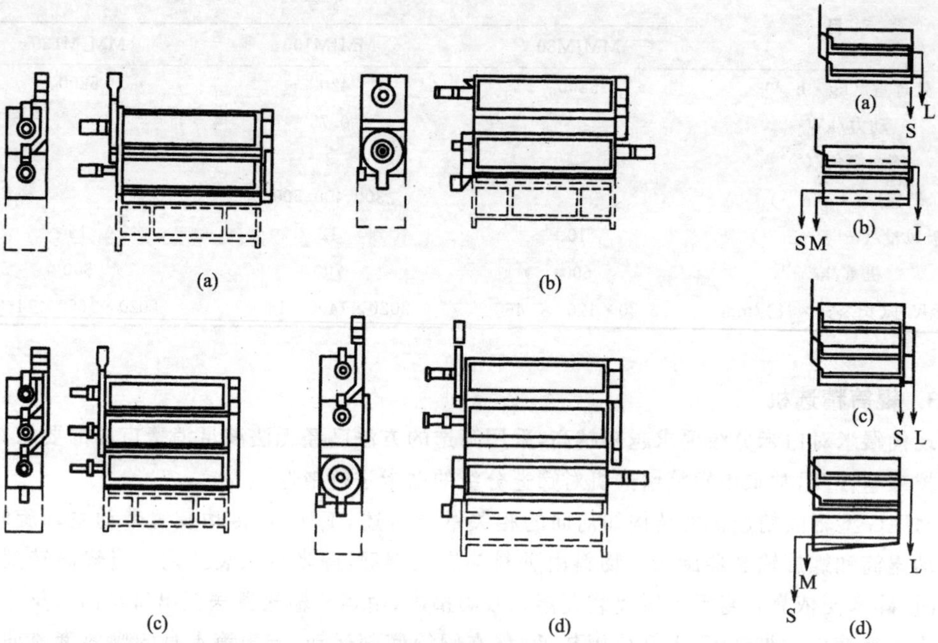

图 3-68　辊筒精选机组合形式

（四）白米抛光

所谓抛光实质上是湿法擦米，它是将符合一定精度的白米，经着水、润湿以后，送入白米抛光机内，在一定温度下，米粒表面的淀粉胶质化，使得米粒晶莹光洁、不黏附糠粉、不脱落米粉，从而改善成品储存性能，提高商品价值。

1）*着水方法*

白米抛光机的着水方法多种多样，主要有以下几种。

(1) 滴定管加水。水通过滴流管直接进入抛光室，通过调节每分钟水滴数量控制着水量。

(2) 压缩空气喷雾。通过空气压缩机产生的高压(0.2～0.4MPa)气流，将水雾化，米粒通过雾化区得以着水、湿润。着水量由流量计控制。

(3) 水泵喷雾。采用电动水泵，使水通过喷嘴形成雾状，米粒通过雾化区被着水、湿润。着水量通过喷头孔径大小、水压变化及流量计进行控制。

(4) 喷风加水。由流量计控制的水通过喷风风机产生的高压气流形成雾化，与空气一同进入抛光室，对米粒表面进行湿润。着水量与主机电流呈正比的相关变化。

(5) 超声波雾化。由超声波雾化器将水雾化，然后送至抛光机的进料斗内，借此将通过进料斗的米粒着水、湿润。

以上各种着水方法各有利弊，比较而言以超声波雾化方法较好。这是因为超声波雾化水滴比较细(雾滴直径 5μm)，表面着水均匀，控制简单，可随意调节着水量大小，且超声波雾化装置占地面积小，不产生噪声，操作、维修方便。

2) 着水量大小的控制

着水量的大小对抛光机的工艺效果有着很大的影响。过大的着水量，易使出机米的水分超过标准。同时抛光过程中，在一定流量时，米粒的运动速度降低，抛光压力增大，碎米上升；过小的着水量，则抛光效果差，米粒表面光洁度低。因此，抛光过程中，为确保良好的抛光效果，应控制合适的抛光着水量。一般着水量为1%以下，以0.5%左右为佳。

3) 典型的抛光机

(1) MPGF型白米抛光机。MPGF型白米抛光机总体结构如图3-69所示，它主要由雾化装置、进料装置、抛光室、喷风系统等组成。

雾化装置由空气压缩机、输液管、喷嘴、雾化控制箱等组成。利用空气压缩机产生的高压气流将水雾化(雾滴直径小于100μm)，喷入进料斗对白米进行喷雾着水。着水量由雾化控制箱内的流量计调节。

MPGF型白米抛光机工作过程如下：当白米通过进料装置进入雾化区时，进料装置发出信号给雾化控制箱，使雾化室进入工作状态，对米粒进行喷雾着水。着水后的白米在料斗内短时停留润湿后，很快进入抛光室。在抛光室内由于抛光辊的旋转摩擦和抛光带的搅拌擦刷作用，使米粒不断翻滚受到均匀摩擦，擦除米粒表面糠粉，同时米粒表面产生光泽，使米粒表面晶莹、光洁。喷风装置将糠粉和湿气排出抛光室，抛光后的米粒由出米口排出。

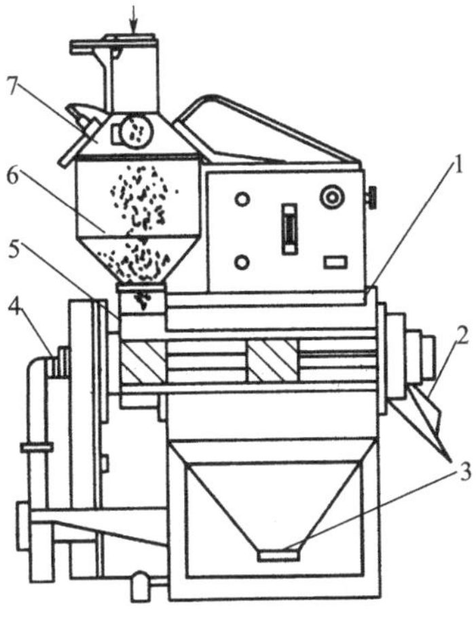

图3-69　MPGF型抛光机结构示意图
1. 机架；2. 出料口；3. 糠粉出口；4. 喷风系统；5. 抛光室；6. 进料装置；7. 雾化装置

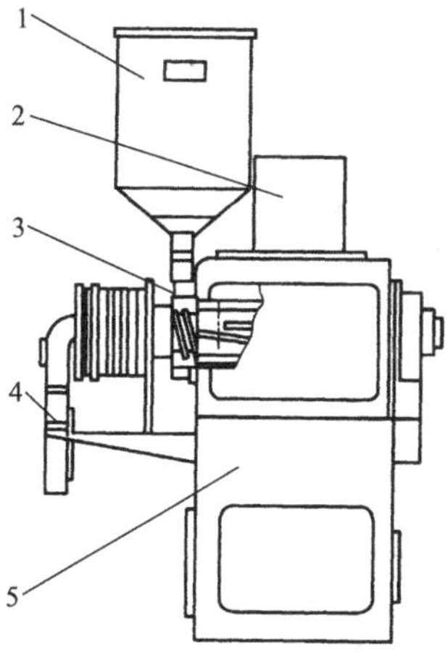

图3-70　MPGT型白米抛光机
1. 进料斗；2. 喷雾控制箱；3. 抛光室；4. 喷风风机；5. 机架

(2) MPGT型白米抛光机。MPGT型抛光机为铁辊喷风抛光机，其结构如图3-70所示，主要有进料机构、喷雾装置、抛光室、喷风风机和机架等部分组成。

喷雾装置包括空气压缩机、输液管及喷嘴等，利用空气压缩机将水经喷嘴雾化。喷嘴的安装位置可安装在进料斗上方，使白米先经喷雾着水再进入进料斗，在进料斗内短暂湿润后送入抛光室。也可将喷嘴安装在进料斗下方出口处，使白米喷雾后直接进入抛光室。

常用抛光机的主要技术参数见表3-16。

表 3-16 抛光机的主要技术参数

技术参数	型号			
	MPGF20	MPGT18	MPGM15A	MCMG18
产量/($t\cdot h^{-1}$)	3.5～5.0	2.0～2.5	2.1～3.0	2.5～3.5
转速/($r\cdot min^{-1}$)	720	630	770	660
功率/kW	7.5	7.5	37	45
外形(长×宽×高)/mm	1365×520×1786	1215×690×1840	1914×790×1780	2385×820×1770

(五) 白米色选

色选是利用光电原理,从大量散装产品中将颜色不正常的或感受病虫害的个体(球、块或颗粒)以及外来夹杂物检出并分离的单元操作,色选所使用的设备即为色选机,它是对白米逐粒比色、检测、分选,除去异色的有色粒、病虫害粒及异物的设备。在不合格产品与合格产品因粒度十分接近而无法用筛选设备分离或密度基本相同无法用密度分选设备分离时,色选机却能进行有效分离,其独特作用十分明显。

色选机是一种高精技术的光、机、电一体化设备,其光电测试鉴别、检测色差与电子气体喷射分选完全电脑调控。新一代的色选机的光学测试仪具有双重分选监视系统,并设计了二次自动选别功能,可根据生产需要选定一次或二次选别,因而色选精度高,可靠性好。

含有异色颗粒的大米经过色选后,其正常米粒(合格品)质量占总质量的百分率称为色选精度,一般要求高于99.5%;经过色选后,选出的异色颗粒质量与正常米粒质量之比,称为色选带出比,一般要求低于1∶2。这是衡量色选机性能优劣的重要指标。

1. 色选的基本原理

色选是利用物料之间不同的色泽差异进行分选的。色选原理如图3-71所示。当物料经振动喂料系统均匀的通过斜槽(或直板)通道进入选别区域(电子光学分析仪)时,物料两侧受到光电探测器的探照。光电探测器可测量物料反射光的强度,并与标准色板(又称视境、反光板)反射光的强度相比较,色选机将光强差值信号放大处理,当信号大于预定值时,驱动电子气流喷射阀,将物料吹出,此为不合格产品。反之,电子气流喷射阀不动作,说明检验的物料是合格产品,沿另一出口排出,从而达到色选的目的。

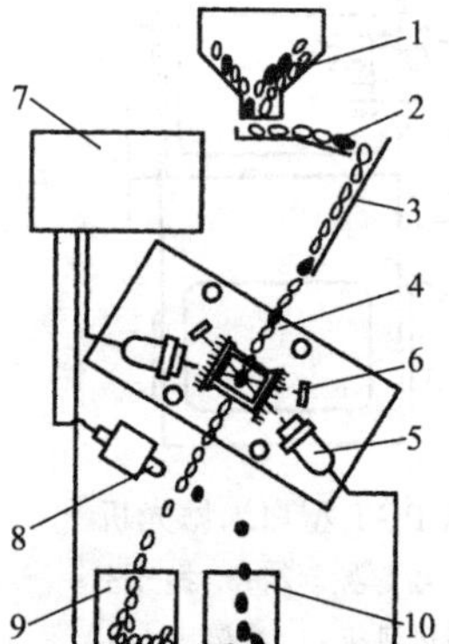

图 3-71 色选机工作原理图

1. 料斗;2. 电磁振动喂料器;3. 斜槽通道;4. 电子光学分析仪;5. 光电探测器;6 基准色板;7. 计算机;8 电子气流喷射器;9 大米排出口;10 有色粒排出口

2. MMS24A 型色选机

目前我国使用的大米色选机,有国产的MMS型、ASM型两种,还有进口色选机,例如,EM型、CS型、Sorte9400型等,工作原理和结构大同小异。现以MMS型国产色选机为例,介绍其结构及各部件功能。

1) 总体结构

MMS24A色选机由进料斗、振动喂料器、斜槽通道、光电选别箱、出料斗、斗式提升机和电控箱等部分组成,如图3-72所示。

进料斗的作用是暂存物料，确保喂料均匀、稳定。复式色选的进料斗分隔为左右两室，分别接收原料与一次分选后的不合格产品。

振动喂料器由多组相互独立的振动簸斗组成。每组簸斗分别为各组斜槽通道供料。每组喂料量的大小可由电控箱面板上的电位器分别调整。斜槽通道是按产量的不同而设计的，数量一般为 20～120 通道。斜槽通道的作用主要是将物料以一定的速度，一定的厚度均匀、有序地送入色选分离室，以达到最高的异色粒剔除率和产量。色选机的产量不仅与通道数量有关，而且与通道形状有关。目前，色选机通道形状主要由三种，即“V”形通道、“U”形通道和“⊔”形通道。“V”形通道产量最小，“⊔”形通道产量最大。“V”形通道的优点是色选精度高，当原粮含杂 1%左右时，经色选后含杂可降至 0.3%左右，精度可达 99.7%左右。色选带出比小，一般 1∶2 左右。原料含杂 1%时，单通道流量为 60kg · h^{-1}左右。这主要依含杂多少而定。“⊔”形通道产量大，色选精度高，但色选带出比大，一般 1∶7 以上。含杂 1%时，通道流量为 80～100kg · h^{-1}。“U”形通道介于两者之间，因此，应视出机米实际情况合理选择色选机斜槽通道形状。

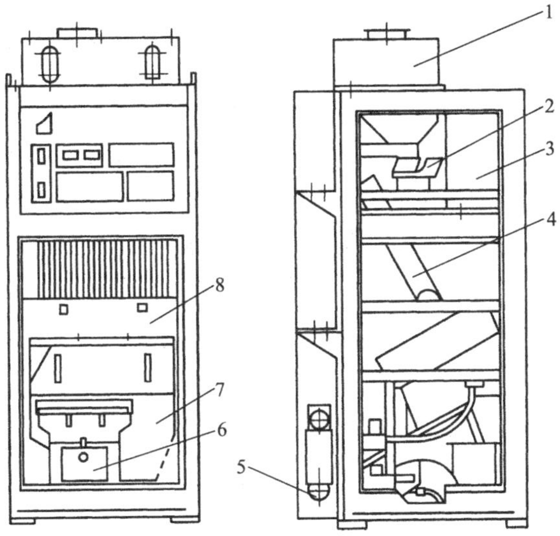

图 3-72　MMS24A 型色选机

1. 进料斗；2. 振动喂料器；3. 电控箱；4. 斜槽通道；5. 斗式提升机；6. 流量计；7. 出料斗；8. 光电选别箱

新型色选机的一次色选已经采用平板淌板，以瀑布的形态通过色选分离室，在保证色选精度的情况下，大大提高色选机的产量；二次色选大都采用“U”形通道。

色选分离室是色选机的核心部分，它工作的好坏直接关系到色选效果的好坏。主要包括：照明灯管（光源）组合箱、光电探测器、前置放大器、可调基准色板、喷气嘴清扫装置及接收斗和剔除斗等。工作过程：斜槽通道中的物料以一定的速度首先通过光照系统进行色差检测，并通过电子系统判断，然后在一定时间内自动控制喷气嘴的工作。光电检测判断到喷嘴工作的时间等于物料从光照选别区进入喷嘴喷离区的时间。绝不允许出现异步动作，使判断与喷气出现误差，这是本机调试的关键环节。被喷出的异色料进入剔除斗被分离，对不含异色的白米，因没有受到喷离，直接按原运动方向进入接收斗。为了保证良好的分离效果，该系统必须始终保持清洁，使通过物料的光照度始终保持一致。

2）工作过程

MMS24A 型色选机工作过程如图 3-73 所示。进料斗内的物料，由振动喂料器输送到对应的通道，沿通道均匀下落。物料流经分选区时，正常米粒中夹杂的异色米粒，被前灯箱中的光学系统和光学传感器拾取。由于此信号电压幅值很低，不足以触发驱动电路动作，所以要先经过数千倍的多级放大。被放大后的信号进入比较器电路与设定的标准电平相比较（此电平可根据不同的需要由电控箱面板上的灵敏度调节旋钮设定）。超过设定标准的异色米粒信号，送到下一级脉宽调整电路调整到一个定值。这个脉冲宽度不能过窄也不能过宽。过窄，喷射阀来不及完全打开，气流强度不够，异色米粒吹不出去。过宽，每剔除一个异色米粒所带出的正常米粒的数量会大大增加，而且喷射阀因长时间承受较大电流而容易损坏。如果异色米粒信号幅值低于设定的标准电平值，到比较器这一级就中止，不再往下传递。由于光学系统与喷射阀的安装位置不在一个水平面上，相互间有一定的距离，所以捕捉到异色米粒后，不能让喷射阀立刻动作，否则会早吹，故需要延长一段时间。经脉宽调整电路输送出的脉冲信号必须要在延时调整电路中进行延时处理，产生一个与输入脉冲有一定时间差的延时脉冲，最后送到驱动电路，由驱动电路控制喷射阀开启，将异色米粒吹走。正常米粒继续下落，途中对流量计内部的接料板产生一定的冲击力。安装在接料板上的压力传感器将感知到的压力变化转变为电信号，送到电控箱中的流量线路板，经放大、标定后，由面板上的流量计以数字显示方式指示出瞬时流量值和累计流量值。

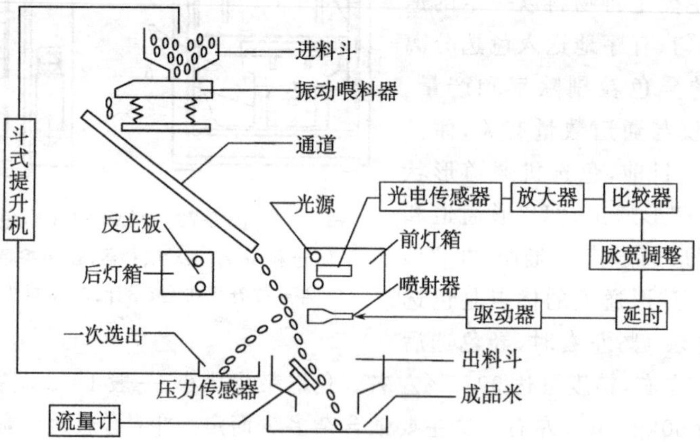

图 3-73　MMS24A 型色选机整机工作过程

常见类型色选机的主要技术参数见表 3-17。

表 3-17　常见类型色选机的主要技术参数

技术参数	型号						
	ASM20	MMS24A	Sorte9400	EM800	CS48A	CS24A	CA20
通道数	20	24	40	80	48	24	20
流量/(kg·h⁻¹)	1200	1400	3000	6000	3600	1400	1200
功耗/kW	0.5	1.2	2.0	3.9	0.75	0.5	0.8
电源/(V/Hz)	220/50	220/50	220/50	220/50	220/50	220/50	220/50
耗气/(m³·min⁻¹)	0.5	0.6	1.5	2.0	1.7	0.6	0.5
气压/MPa	0.6	0.6	0.6	0.6	0.6	0.6	0.6
外形尺寸(长×宽×高)/mm	710×800×1900	830×1090×2300	1254×1391×1944	1588×1095×2030	985×1440×1942	746×1035×2050	450×830×1500
产地	合肥	天津	英国	日本	中国台湾	中国台湾	日本

二、副产品的整理

从碾米及成品处理过程中得到的副产品是糠粞混合物，里面不仅含有米糠、米粞(粒度小于小碎米的胚乳碎粒)，且由于米筛筛孔破裂或因操作不当等原因，往往也会含有一些完整米粒及碎米。米糠具有较高的经济价值，不仅可用其制取米糠油，而且还可从中提取谷维素、植酸钙等产品，也可用来做饲料。米粞的化学成分与整米基本相同，因此可作为制糖、制酒的原料。整米需返回前路米机碾制，以保证较高的出米率。碎米可用于生产高蛋白米粉，制取饮料和酒，制作方便粥等。为此，需将米糠、米粞、整米和碎米逐一分出，做到尽其用，此即为副产品整理。

副产品整理的要求如下：米糠中不得含有完整米粒和相似整米长度1/3以上的米粒，米粞含量不超过0.5%；米粞内不得含有完整米粒和相似整米长度1/3以上的米粒。

常用的糠粞分离设备有以下几种。

(一) MKXF型糠粞分离器

MKXF型糠粞分离器的总体结构如图3-74所示，它由转向器、上分离室、中间分离室、下分离室四部分组成。

转向器是米糠出口的导流装置，为蜗形壳体，底面有一套管，活动地套装在上分离室的内胆上，其出口通过风管与集糠器相连。上分离室由大圆柱体、内胆、法兰组成。中间分离室由一圆锥体构成。下分离体为一漏斗状筒体，由风量调节口，上、中、下圆锥盘，法兰和压力门组成。下分离室圆筒体的外表面开有两圈圆孔，用以进风，进风量的大小可通过调节手柄进行控制。各分离室都是完成糠粞分离的工作机构。

MKXF型糠粞分离器工作时处于负压状态。糠粞混合物随气流沿分离器切线方向进入上分离室，其速度逐渐降低，部分米糠被气流带走。经初次风选的混合物由于受重力和离心力的作用，降落到中间分离室，在环形截面处受到由下分离室进入的上升气流的风选作用，进行第二次分离。分离出的米糠通过内胆被吸走，尚含有少量米糠的米粞沉降至下分离室，再次受到气流作用，进行风选，米糠被吸走，米粞及碎米降至分离室底部由压力门排出，从而达到糠粞分离的目的。

MKXF型糠粞分离器能分离出小于1mm的米粞和大于1mm的胚芽，因此有利于提高米糠纯度，提高米糠的出油率。MKXF型糠粞分离器的主要技术参数见表3-18。

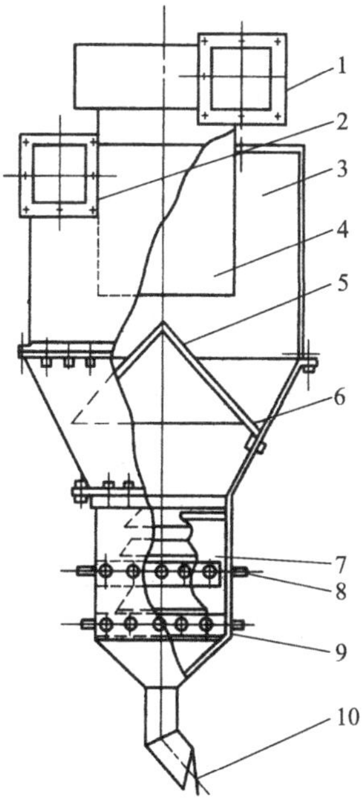

图3-74 MKXF型糠粞分离器
1. 转向器；2. 进口；3. 上分离室；4. 内胆；5. 圆锥盘；6. 中间分室；7. 下分离室；8. 调节手柄；9. 风量调节圈；10. 压力门

表3-18 MKXF型糠粞分离器主要技术参数

型号	产量 /(kg·h^{-1})	风量 /(m^3·min^{-1})	压力损失/Pa	进口风速 /(m·s^{-1})	除粞率 /%	外形尺寸(直径×高)/mm	机重 /kg
MKXF80	300	1540	845	6	99	Φ852×2330	62
MKXF63	200	925	620	5	98	Φ682×1980	49
MKXF50	100	700	550	4.4	96	Φ550×1660	40

(二) MKXS型糠粞分离小方筛

MKXS型糠粞分离小方筛实际上是一种层数较少的小型平筛，如配备不同的筛孔和筛理

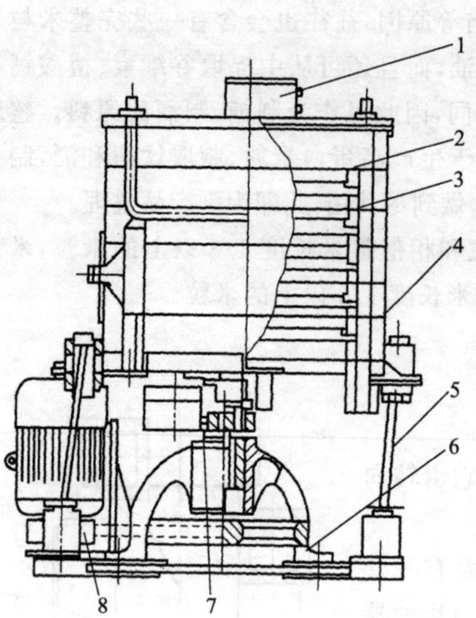

图 3-75　MKXS 型糠粞分离小方筛

1. 进料斗；2. 筛格；3. 筛面；4. 筛体；5. 撑杆；6. 传动架；7. 偏心回转机构；8. 传动机构

路线，还可用于副流除稗和白米分级。

MKXS 型糠粞分离小方筛如图 3-75 所示，主要由筛体、撑杆、传动机构和机架等部分组成。筛体内设 3～5 层筛格，筛面钉在筛格上，筛面下装有橡胶清理块，筛体运动时清理块即可清理筛面。各层筛格借拉紧螺杆与筛盖及底盘紧固，并通过 4 根撑杆支承在机架上。撑杆上座与筛体托架固定，撑杆下座与机架固定，筛体在偏心回转机构带动下做平面回转运动。

图 3-76 所示为 MKXS 型糠粞分离小方筛用于糠粞分离时的筛理路线及筛孔配备。图 3-76 (a)中第一层筛面采用大筛孔，目的在于及时分离出糠粞混合物中的大碎米，以减轻筛面负荷。此外，在碾米机米筛破损，大量米粒进入筛面时，也可防止筛子堵塞以保证正常生产。图 3-76 (b)中提取大碎米的筛面放置在最下一层，大碎米始终与糠粞一起混合筛理，可起一定的筛面清理作用，对防止筛孔堵塞也有好处，不同的筛理流线各有利弊，使用时依据具体情况合理选择。

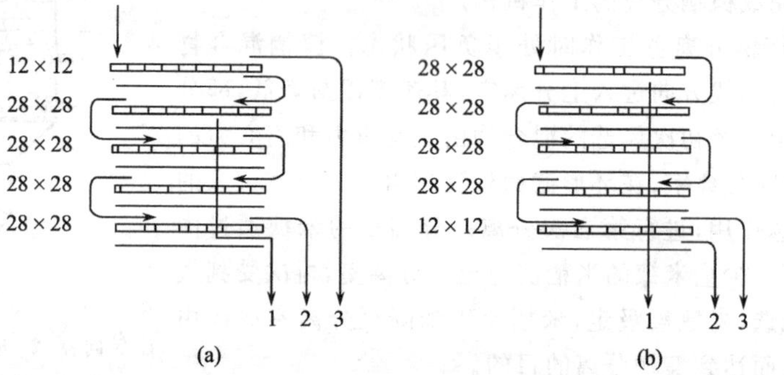

图 3-76　MKXS 糠粞分离小方筛筛理流线

1. 米糠；2. 米粞；3. 碎米及整米

MKXS 型糠粞分离小方筛的主要技术参数见表 3-19。

表 3-19　MKXS 型糠粞分离小方筛主要技术参数

型号	产量 /(kg·h⁻¹)	转速 /(r·min⁻¹)	偏心距 /mm	筛理总面积/m²	功率 /kW	外形尺寸(长×宽×高)/mm
MKXS50×3	330～470	230	30	0.75	0.75	
MKXS50×5	500～700	230	30	1.25	1.1	897×784×1175

第五节　稻谷加工工艺流程设计

一、概　　述

将稻谷加工的一系列机械设备按工序组合起来，对原料按一定的产品质量标准进行加工处理的生产工艺过程称为稻谷加工工艺过程。用规定的图形符号表示各种设备，再用各种线条把这些设备连接起来，表示各种物料的流向，这种图称为工艺流程图。

（一）工艺流程设计的重要性

工艺流程设计的主要任务是：根据原粮的工艺性质及成品大米的等级要求，按照经济合理的原则，确定生产工序及其顺序，选择加工机械设备，科学地组合工艺流程，拟订操作指标，确定设备的型号、规格，计算所需设备的数量，并确定各个设备的技术参数等。

工艺流程设计是整个建厂设计的基础，其他各项建厂设计都是围绕工艺设计进行的。因此，工艺流程设计的先进与否，不仅影响产品质量、产品成本、生产能力等各项经济技术指标，而且还关系到工厂的安全生产和文明生产等一系列问题。所以，对设计人员来说，要设计出好的工艺流程，必须具备正确的设计思想和相应的技术与经验。

工艺流程设计工作，必须遵循国家有关方针政策，慎重考虑如何最合理、最有效地利用粮食资源，以积极的态度，采用科学技术上的最新成就，结合设计工作者的实践技术与经验，使工艺设计达到技术上最先进，经济上最合理，生产上最适用的要求。

工艺流程设计包括通用设计、对象设计和改扩设计，设计类型不同，其内容和要求也有差别。

（二）工艺流程设计的要求

工艺流程设计初步确定以后，才能进行工艺设计、配电设计和土建设计，由于工艺流程设计直接关系到建厂投资和投产后的产品质量及经济效益等，所以，工艺流程设计必须符合下列要求：

（1）根据原粮质量和成品要求，积极采用成熟的先进技术、先进经验、先进设备，使生产过程连续化、机械化、自动化。

（2）充分利用原粮，保证合理加工，提高产品纯度，提高产品出率。

（3）遵循同质合并、减少回路、尽量避免恶性循环的原则，在保证产品质量的前提下，简化工艺流程，发挥各工序最大效率。

（4）优先选用国家定型的、生产效率高的设备，也可适当引进某些关键性的主机设备，以发挥最大的加工效能，减少动力消耗，降低生产成本。

（5）工艺流程要有一定的适应性、灵活性，能满足原粮品种和成品等级变化的要求。

（6）确保生产稳定和工序间的流量平衡，并充分考虑生产中可能发生的临时故障，以免影响整个工厂的生产。

（7）采用气力输送物料时，应考虑到气流的综合利用，使气流在输送物料的同时能完成一部分除尘、除杂、分级和冷却等工艺要求，以达到一风多用的目的。

（三）工艺流程设计的依据

工艺流程设计的主要依据是：建设工程的主管单位编制的设计任务书，设计文件和国家颁布的有关设计标准、规范。主要有以下几点。

1. 设计任务书

设计任务书一般包括以下内容：

(1) 生产规模。包括日产量，每天生产的班次，年生产能力。生产规模应符合国家关于碾米厂生产规模的标准。国家设计标准中规定：碾米厂（车间）的生产规模以日产 30t、50t、80t 标二籼米为基础，更大的生产规模可为上述规模的倍数，更小规模的按每小时生产量确定。

(2) 原料质量。原料的品种、产地及主要工艺品质参数。

(3) 成品要求。生产大米的等级种类、国家标准和各等级大米生产的产量比例。

(4) 主要技术经济指标。建厂的投资规模、投产后所要求的生产成本以及出米率、电耗等。

(5) 其他条件。包括运输、输送方式、气候、厂区环境、地质、生产发展的可能性等。

2. 设计标准或规范

有关单位和业务部门，在长期生产和设计实践的基础上，制订了各种有关的设计标准，特别是国家强制性设计标准和规范以及行业标准，还有对环境、能耗等特殊的规范，按照这些标准和规范进行设计，有利于设计工作顺利进行，有利于设备的选用和购置。

3. 有关资料或文件

上级单位或主管部门下达的与工艺流程设计有关的文件，或建厂地区提供的与设计有关的符合实际情况的各种资料，还有标准化设计文件、设计手册等。

二、工艺流程设计的步骤和方法

（一）资料的收集与整理

接受设计任务之后，必须认真周密地研究设计任务书，考虑如何收集设计所需的一切资料。这不仅关系到设计工作能否顺利进行，而且关系到所设计的工艺流程在技术上是否先进，经济上是否合理，生产上是否切实可行，因此必须慎重对待。

收集资料的内容主要有以下几项。

1. 建厂地区的原粮情况

(1) 原粮的类型、品种与数量。据此，可以确定产量较大、出米率较低、难以加工的品种，作为工艺设计时的原粮依据。

(2) 原粮的等级和含杂情况。包括出糙率、杂质的种类及质量百分比，这是选择设备、确定清理工段中各个环节的可靠依据。

(3) 原粮、杂质及其加工产品的工艺特性。包括粒形、粒度、容重、千粒重、爆腰率、水分等，这是确定各个设备技术参数的重要依据，从而采用合理的加工方法，配备适宜的工作参数。

(4) 稻谷出糙率、糙出白率、出米率，这些可作为估算经济效益的依据，并确定原粮的用量。

2. 建厂地区现有厂和先进厂的生产情况

包括工艺流程、设备选用、经济指标、技术参数、产品质量、下脚和副产品的整理等。

3. 与设计有关的各种机械设备的情况

包括生产能力、主要结构及尺寸、技术参数、工艺指标、工作线路等。

4. 标准化设计文件、粮食加工厂设计手册、产品样本、有关的专业教科书,相关技术资料等

对于收集的资料必须经过认真的分析整理、汇总,方可用于设计。对待资料的收集与整理,需去粗取精、去伪存真。对新技术的采用,要根据具体情况而定,不可机械搬用。使用的新技术最好有国内外实践的例证。

(二) 确定工序

为了保证成品米质量、提高产品纯度、减少粮食在加工过程中的损失、提高出米率,稻谷加工必须经过清理、砻谷及砻下物分离、碾米及成品整理等工艺过程,各个工序内的工段并不是固定不变的,应根据原粮品种、原粮含杂、成品要求及厂型大小等有所侧重与取舍。

1. 清理与分级工序

清理工序的主要任务是:以最经济合理的工艺流程,清除原粮中各种杂质,以达到砻谷前净谷的要求。同时,被清除的各种杂质中,含粮不允许超过有关的规定指标。为了保证生产时流量的稳定,将进入车间的原粮先存入毛谷仓内。毛谷仓既可调节物料流量,又可储存一定量物料,为进料工人提供适当的休息时间,这对间隙进料的碾米厂尤为重要。此外,为了使清理工序与砻谷工序、碾米工序之间生产协调,在清理工序之后还需设立净谷仓。常见清理工序如下。

原粮→计量→初清→毛谷仓→筛选→除稗→去石→磁选→净谷仓

1) 初清

初清的目的是清除原粮中易于清理的大杂质,并加强风选以清除大部分灰尘。需要指出的是,我国稻谷原粮中所含大杂,大都长而软,呈纤维状,这类杂质如不首先清除,将会堵塞自溜管与加工设备、计量设备的进口或出口,或缠绕在设备的主要工作部件上,严重影响生产的正常进行。初清不仅有利于充分发挥以后各道工序的工艺效果,而且有利于改善卫生条件。对初清的安排有以下几种形式。

(1) 安排在毛谷仓之前,使原粮初清后入仓。采用的设备比较简单,常用一道圆筒式初清筛,除去稻草和部分大杂,并将这一部分与其他设备分开(称为初清间)。在毛谷仓后,再增加一道或二道振动筛和平面回转筛做进一步清理。如果立筒库兼作毛谷仓时,则初清常设在立筒库的工作塔内,但清理车间内还应设有筛选设备。这样的设计大都是在大型厂中连同原粮进厂一并考虑。

(2) 安排在毛谷仓之后,将初清与筛选一起考虑,先除稻草和部分大杂,再进一步清除大、中、小、轻杂。这样可减少提升次数,设备安排比较紧凑,并可节省厂房面积。

(3) 小型厂的初清一般设在毛谷仓之后,或原粮进入车间之后,直接进入振动筛,利用振动筛除去大、中、小、轻杂质。这种设计比较简单,但当原粮中含稻草较多时,物料在筛面上堆积,将会严重影响振动筛的除杂效果和碾米厂的正常生产。设计时,应根据原粮情况通盘考虑。

2) 计量

原粮计量如设置在原粮进入车间清理之前,可以正确地反映出原粮的加工数量,有利于经济核算。但是,考虑到原粮中大杂的特点,原粮如未经初清而直接进入称重设备,将会影响计量的准确性和计量设备的安全,严重时将使称重设备无法正常工作。因此,最好是初清后计量,每班初清出的杂质应集中称重,加以记录,并计算到原粮中,以便能正确地反映出原粮的使用量,供计算出米率使用。

3) 筛选

筛选是清理工序中最重要的清理方式。它的目的就是分离稻谷中所混入的大、中、小、轻杂质。通过筛选使稻谷中所含的杂质量达到净谷质量要求。

4) 除稗

除稗的目的是清除原粮中所含的稗子。如果历年加工的原粮中含稗数量很少(200 粒 · kg^{-1}以下),而且通过调查确认今后的原粮中含稗数量也不会再增加,少数稗子可在其他清理设备如振动筛或平面回转筛或砻谷工序中加以解决时,可以不必设立除稗设备,否则应予考虑。当原粮含稗量较高时(超过 1500 粒 · kg^{-1}),需专门设计较完善的除稗流程。

5)去石

去石的目的是清除原粮中所含的并肩石。去石工段一般设在清理流程的后面,这样可通过前面几个工序将原粮中所含的小杂、稗子及糙碎清除,避免去石工作面的鱼鳞孔或筛孔堵塞,保证良好的去石效果。采用吸式比重去石机时,去石工段也可设在初清工段之后,好处是可以借助吸风等作用清除部分瘪谷与轻杂,这样既不会影响去石效果,又对后道除稗工段有利。此外,在去石工段的顺序安排上,还应根据设计时对整个清理工序的要求加以考虑,如大、小粒稻谷严重互混,则去石工段安排在除稗工段之前,借助除稗筛主流撇取大粒稻谷,以达到大、小粒稻谷分开加工的目的。撇取量的多少,可用筛孔的配置来控制。

6) 磁选

磁选的目的是清除原粮中的磁性金属杂质。磁选应安排在初清之后、摩擦或打击作用较强的设备之前。这样一方面可使比稻谷大的或小的磁性杂质先通过磁选除去,以减轻磁选设备的负担;另一方面,可避免损坏摩擦作用较强的设备,也可避免因打击起火而引起火灾。

除上述工段以外,当原粮大多数为长芒稻或含带芒稗数量较多时,也可设置打芒工序,用以增加稻谷的散落性,减少筛孔的堵塞,提高除杂、除稗的效果。打芒的顺序应视具体情况而定。如为了打去稗芒,则应设在除稗工序之前,如为了使稻穗脱粒,则可设在初清设备的稻穗出口处。

2. 砻谷及砻下物分离工序

砻谷工序的主要任务是:剥去稻谷的稻壳,获取纯净的糙米(净糙),并使分离出的稻壳中尽量不含完整粮粒。目前,世界各国使稻谷脱壳的方法,大都是利用砻谷机直接对稻谷施加机械作用力,使稻壳遭到破坏并与糙米分开。由于砻谷机性能的限制,尚不能一次将所有稻谷都脱壳,所以砻下物中含有稻谷、稻壳、糙米等。为了获取纯净糙米,砻谷工序及其顺序一般作如下安排。

净谷仓→砻谷→稻壳分离→谷糙分离→糙米精选→糙米调质→净糙仓

砻谷、稻壳分离、谷糙分离等工序除前面述及之外,还应注意以下工艺内容。

稻谷经砻谷后,不可避免地会产生碎米,这便是糙碎。糙米的胚乳碎粒称为糙粞。糙碎与糙粞的化学成分接近糙米,但结构力学性质相差很大。如在同一操作条件下,糙碎、糙粞与糙米一同碾制,将使它们碾得更碎,甚至碾成粉状。这不仅影响出米率和副产品的利用,而且混入米糠后还会引起米糠出油率的降低。此外,糙米中往往还含有少量杂质(稗子、石子、稻壳等)。因此,需对糙米进行精选,即利用筛选、风选等方法去除小杂、糙碎、糙粞及石子等,这对于生产高质量大米尤为重要。

糙米调质主要是对低水分稻谷进行增水的工艺,就是通过对糙米加湿(水或水蒸气),使得皮层软化，胚乳吸水，皮层与胚乳结合力降低，糙米表面摩擦系数增加，从而达到减少碎米、提高出米率、改善食味等目的。糙米精选、调质技术在我国刚刚起步，无论在理论还是实践上对此都需积极研究。

稻壳分离中分出的稻壳经常含粮，特别是含未熟粒、糙碎和糙粞的现象几乎是不可避免的。在可能的条件下，应设置稻壳整理工序，把混入稻壳中的粮粒、瘪谷、糙碎等分选出来分别利用。

除了上述工作以外，为了保证生产中流量稳定和安全生产，在砻谷工序的最后还需设置净糙仓，储存一定数量的糙米，以确保后路工序的正常生产。

3. 碾米及成品整理工序

碾米工序的主要任务是：碾去糙米表面的大部分或全部皮层，制成符合标准的成品米。因碾米是直接对米粒进行加工，所以它直接影响到成品米的出率和质量。

成品整理的主要任务是：对碾制符合精度的白米进行整理，去除表面的糠粉，分出超标的碎米，以及对米粒表面进行抛光、去除异色粒等。碾米及成品整理的顺序一般安排如下：

净糙仓→碾米→擦米或抛光→凉米→白米分级与精选→抛光→色选→包装

↓（碾米）糠粞　↓（擦米或抛光）分离

目前成品米大多采用小包装（3kg、5kg、10kg不等），包装精美、便于携带，不仅大大方便了消费者，同时也提高了成品米的附加值。小包装的材料现今大都采用塑料制品，未来将逐步以纸制品取代。成品米包装方法有普通包装、真空包装、充气包装三种。

普通包装是我国目前广泛采用的成品米包装方法，不需要特别的包装技术，最简单的就是人工打包。显而易见，人工打包的最大缺点是劳动强度大，计量不准确。为此，国内许多厂家陆续研制开发出多种型号规格的电子秤，其共同特点是集自动称量、夹袋、灌包、缝口、卸袋为一体，自动化程度高，计量准确。

真空包装是在具有一定气密性和耐压性的塑料袋内盛装成品米后，抽出袋子内部空气，达到预定真空度并进行封口的包装。采用真空包装，由于生长在成品米上的霉菌、好气性细菌在无氧状态下不繁殖，所以可以达到保全成品米品质的目的。同时，袋内形成一定真空度，使成品米与袋子贴紧，呈密实硬块状。

充气包装是在袋内盛装成品米后，用氮、二氧化碳等惰性气体置换袋内空气，然后进行封口的包装。充气包装又称冬眠密实包装，它主要是利用二氧化碳等惰性气体抑制成品米的呼吸作用，防止大米中脂肪的分解与氧化，避免或减少了陈米气味，从而达到保持成品米品质的目的。用这种方法包装成品米，经过一定时间后，袋内二氧化碳气体被成品米吸附而形成了低压，使袋子与成品米贴紧，呈现与真空包装同样的密实硬块。充气包装成形后非常坚实，能抗压防潮，不怕雨淋，便于提高储存和运输的效率，即使在高温条件下运输、储存，也能较好地保持成品米的品质。需要指出的是，真空包装与充气包装所使用的包装袋，不仅要有一定强度，而且还必须具备很小的透气性（不超过 $4cm^3 \cdot m^{-2} \cdot 24h^{-1}$）与透湿性（不超过 $0.1g \cdot m^{-2} \cdot 24h^{-1}$），以保证产品货架期较长。

（三）选择设备

1. 加工设备的选择

碾米厂各个工序所担负的任务都是通过某一加工设备完成的。设备选择的恰当与否，不仅直接影响工艺效果,而且也影响碾米厂各项经济技术指标。选择设备时,应根据收集和整理的资料,尽量采用工艺效果较好、结构简单、操作方便的先进设备。根据原粮的特点和工艺流程中的要求,优先选用标准化、系列化和零部件通用化的设备。也可适当采用部分国外主机设备,特别是碾米及成品处理设备。选择设备时,还应考虑到物料的输送方式。采用气力输送(脱壳后的糙米及在制品不宜采用气力输送)时,应考虑一风多用的作用,使风运设备(接料器、卸料器)代替部分加工设备的作用,并简化某些设备中需要吸风的部分,以节省动力,减少材料和物料的消耗。此外,选择设备时还应考虑设备布置与操作的要求,以便有利于工艺流程设计完成之后的其他各项设计,使新建厂或改建厂能做到安全生产、文明生产。

2. 输送设备的选择

碾米厂各个工序之间是通过物料输送相互连接的。我国大多数碾米厂是多层建筑(3～5层楼),因此物料自上而下输送时都是采用自溜管。垂直提升物料时,有气力输送与机械输送(斗式提升机)两种方法。采用气力输送提升物料(风运米厂)存在电耗高、碎米多、管道易磨损、噪声大四个弊端,因此目前很少采用,特别是对于大、中型米厂来说更是如此。但是,对于稻壳的收集、糠粞混合物的输送,应采用气力输送,这样不仅可以防止灰尘外逸,而且能降低设备(砻谷机、碾米机)主要工作部件的温升,利于延长主要工作部件(胶辊)的使用寿命,降低材料和物料消耗,保证出米率等。

在某些情况下,有些工序的进、出料还需设置水平输送或倾斜输送设备,此时可采用埋刮板输送机、胶带输送机、振动输送槽等。

3. 通风除尘设备的选择

良好的卫生环境,是保障工人身体健康、保证安全生产、提高企业经济效益的一个重要条件。因此,通风除尘设施要设计得完善、合理,尤其是清理工序的各个设备(包括中间仓柜)更应如此。在设计各个工序的吸风装置时,应考虑以下几点。

(1)"密闭为主,吸风为辅",减少和防止粉尘外逸。

(2)吸风口尽量靠近并对准尘源和含尘气流的运动方向,在保证一定吸尘风速的条件下,能有效地以最少的风量,最大限度地吸除设备所产生的粉尘。

(3)控制好危险断面风速,防止吸走物料。对于颗粒物料,危险断面风速为 $3\sim4m\cdot s^{-1}$,粉状物料为 $0.5\sim1.0m\cdot s^{-1}$。

(4)对需要吸热、除湿以及用于风选的设备,吸风装置应留有适当的吸风口及合理的风道高度及截面尺寸,并保证足够的吸风量。

(5)坚固耐用、拆卸方便、便于操作和维修。为了使生产车间内、外空气含尘浓度达到国家规定标准,一般都采用二级除尘。第一级采用离心除尘器收集粒径较大的灰尘,第二级可采用简易布袋除尘器、反吹风除尘器、脉冲除尘器、湿式除尘器等。此外,还应选用高效风机,同时风网参数选择和组合要合理,确保安装质量。

(四)组合工艺流程

在确定工序及其顺序、选择设备之后,便可组合工艺流程。组合工艺流程是将各道工序紧密地组成一个完整的工艺路线,并以工艺流程图(草图)的形式,明确地表示由原粮到成品米的整个生产过程及各种物料的来龙去脉。

1. 清理工序工艺流程

任何清理设备进行除杂时,结果都有四种可能性。一是谷杂完全分清;二是谷中基本无杂，而杂中有谷；三是杂中基本无谷，而谷中有杂；四是谷中有杂，而杂中也有谷。分离与稻谷工艺性质差别十分显著的杂质，可以实现第一种分离结果。对于清理稗子、并肩石等难除杂质，目前还没有哪一种设备能够达到第一种生产结果。长期的生产实践证明，第四种生产结果是最不经济的，因为主、副流都还需要进一步清理，从而使设备增多、电耗增加，并使流程复杂化。第三种生产结果因不能保证主流谷物无杂，从而影响成品米质量。若主流继续进行清理，因流量减少甚微，需增加1倍以上的设备与动力，因此也不经济。目前，只有第二种生产结果比较理想，因为它可以用最少的设备和动力，获得较高的工艺效果。如果工艺流程组合得合理，并辅之以适当的产量定额和操作指标，就有可能以较短的流程获得谷杂基本分清的结果。

1）除稗流程组合

除稗的方法大致有撇谷法与提稗法两种。撇谷法是通过多道设备，陆续撇出谷稗混合物中的一部分净谷，使谷稗混合物中的稗子含量逐渐增大和浓缩，以达到分离稗子的目的。提稗法是通过每道设备提取谷稗混合物中的一部分净稗，使谷稗混合物中含稗数量越来越少，以逐步达到除稗的要求。以上两种方法的使用原则是：谷多撇谷，稗多提稗，撇、提结合。撇谷法多用于主流，这是因为在主流物料中稻谷的含量较多，撇取量一般为稻谷数量的90%～95%，并保证撇取的稻谷符合净谷含稗的质量要求。余下的5%～10%谷稗混合物则进入副流继续整理。此时，稗子已基本富集，即可用提稗法分离出稗子。

目前常用的除稗流程都是采用主流撇谷，副流提稗的形式。对谷稗混合物采用灵活流程，稗多时进入副流整理，稗少时可直接并入主流，但应掌握同质合并的原则，如图3-77所示，需要指出的是，副流的除稗设备应与主流的除稗设备不同，应尽可能选用按长度进行分级的设备。

2）去石流程

中、小型碾米厂一般采用主流去石、下脚整理的去石流程，保证主流基本不含石子时下脚量一般不会超过进机流量的3%。因下脚数量少，可用人工进行整理或用一小容量的仓柜暂存，停机后再用比重去石机反复处理这部分下脚，如图3-78（a）所示。大型米厂因副流流量较大，可单独设置比重去石机整理提纯下脚石子，如图3-78（b）所示。在原粮含石较高或成品要求较高的情况下，也可采用主流连续两道串联的去石流程，如图3-78（c）所示，以提高净谷质

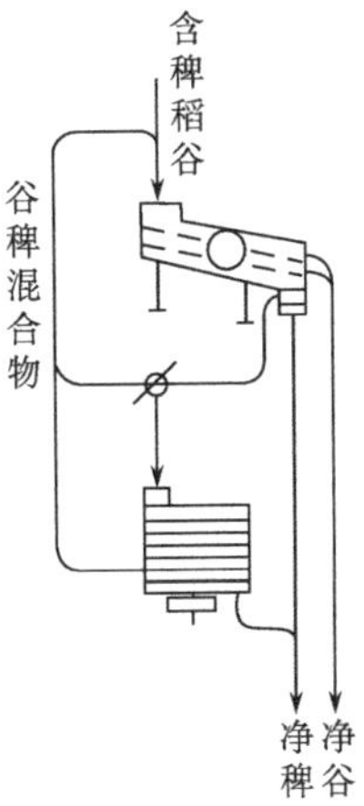

图3-77　除稗流程

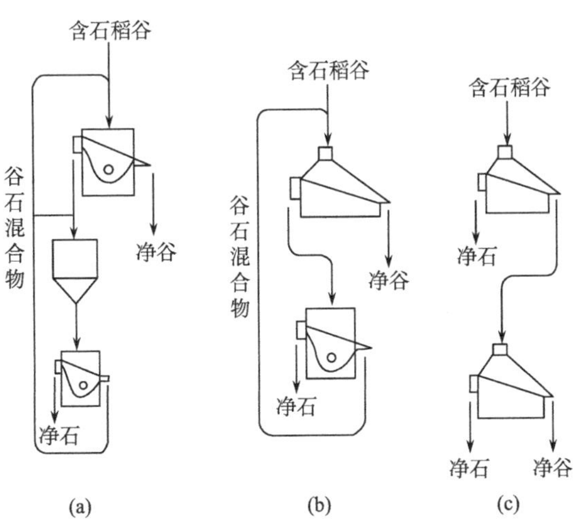

图3-78　去石流程

量。需要指出的是，去石过程中必须保证去石设备的额定流量，不可用减少额定流量的方法来提高去石效果。

产量很高的大型碾米厂，如果主流全部用比重去石机提取净谷，则所需设备台数很多，不仅设备投资增加，而且厂房建筑面积也要扩大。因此，以往有的大型碾米厂先用风选器提取部分稻谷，再用比重去石机进行处理。现今，可采用比重分级去石机来解决这个问题。比重分级去石机内有两层筛面，第一层为分级筛面，第二层为去石筛面。第一层筛面分出轻质稻谷，重质稻谷与石子则落到第二层筛面上进行去石。分出的轻质稻谷可占进机流量的30%，实际上进行去石的物料量只占进机的70%，因此产量相应提高（比同规格的一台比重去石机提高1.5倍），当然所需的比重去石机的台数也就相应减少。

2. 砻谷及砻下物分离工艺流程

1）砻谷流程

砻谷流程一般较为简单，但对回砻谷的脱壳需认真考虑。回砻谷的数量较少，并经过一次挤压，稻壳已经松动，另外也有一部分谷粒虽然没有脱壳，但已经爆腰，不能承受较大的压力。所以，回砻谷再次进行脱壳时，所配线速差、辊间压力以及对脱壳率的要求，都应与净谷有所不同，而应单独进行脱壳。组合流程时，可单独设置回砻谷仓柜，利用原砻谷机定时分段加工如图3-79所示。如条件不许可，也应做到回砻谷与净谷充分混合后再进入砻谷机脱壳，严防回砻谷在砻谷机中走单边的现象。

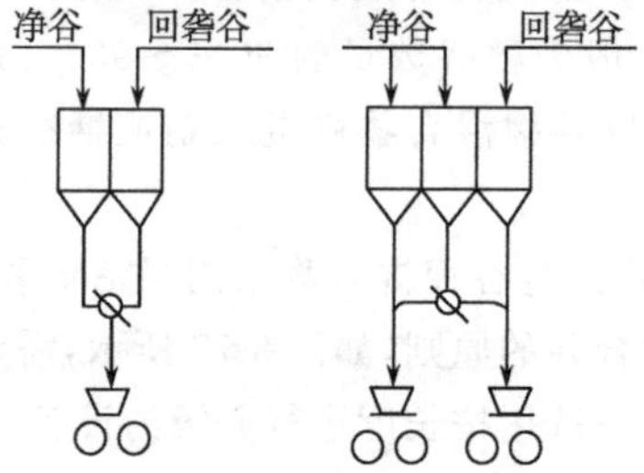

图3-79　砻谷流程

2）稻壳整理流程

在稻壳分离过程中由于不能一次将稻粒与稻壳截然分清，所以碾米厂普遍存在稻壳吸不净，同时壳中含粮超过国家规定标准的问题。为此，可采取下述方法解决：在保证主流（谷糙混合物）纯净的前提下，允许吸出的稻壳中含有少量的粮粒，然后再对稻壳进行整理，分出粮粒。如图3-80 (a)、图3-25(c)、(d)所示为几种常用的稻壳整理流程。这种流程效果较好，一般情况下，一台风机可吸去1或2台砻谷机的稻壳，在吸气管道处没有灰尘外扬，可以改善车间卫生条件。

如图3-80 (b)所示的稻壳整理流程，增加了一道筛选设备，可将毛糠（粉碎的糙米、未熟粒、稻壳和米糠的混合物）提出。毛糠淀粉含量为30%左右，是副产品综合利用的好原料。如吸出的稻壳粉碎后用作加工饲料的原料，也可不设稻壳整理流程。此时，稻壳的收集可采用如图3-25(a)、(b)所示的流程。

3）谷糙分离流程

谷糙分离工艺效果的好坏，直接影响到碾米厂的经济效益。如分出的糙米中含稻谷较多，将会影响碾米工艺效果，降低成品米质量。如分出的稻谷（回砻谷）中含糙米过多，不仅影响砻谷机产量、胶耗和动力消耗，而且使糙米表面受到损伤，增加碎米和爆腰率，降低出米率，同时因糙米染黑而

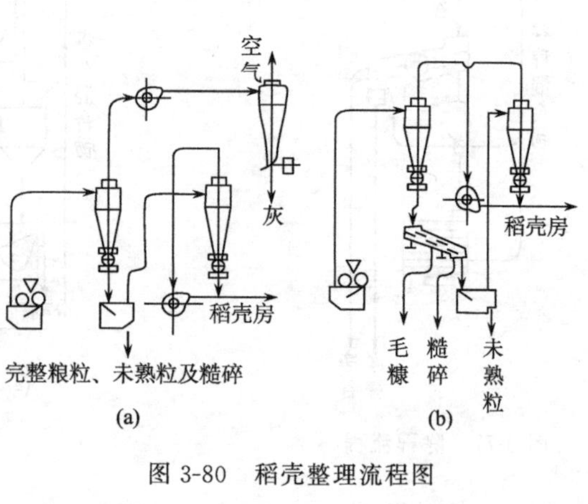

图3-80　稻壳整理流程图

导致成品米质量降低。加工粒度均匀、脱壳率较高的稻谷(粳稻)时,其谷糙分离流程即为选糙设备的单机工作线路。随着杂交水稻的大面积推广,新品种的不断增加,加之稻谷收购季节时仓容有限,不能按品种储存堆放,因此稻谷粒形、粒度混杂现象比较严重。加工这类原粮时,目前常将选糙平转筛(MGCP)与重力谷糙分离机(MGCZ)串联起来进行谷糙分离。其组合流程之一如图 3-81 所示。这种流程对品种混杂、粒形大小不一的稻谷适应性较强,它既能满足产量要求,又能提高谷糙分离效果。也可进行下列谷糙分离流程组合:

回砻谷　　回筛
↑　　↑
砻谷机→MGCP 选糙筛→MGCZ 选糙机→净糙米
↓　　↓
回本筛　　回本机

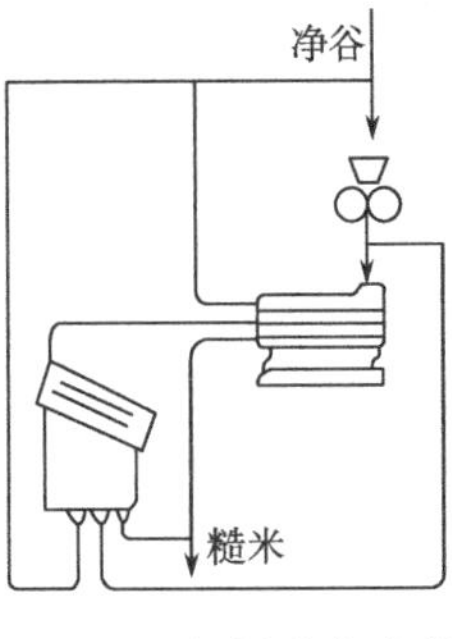

图 3-81　谷糙分离流程

谷糙分离流程有多种组合,应结合原料工艺性质、谷糙混合物状况、厂房建筑、设备结构及设备布置统一考虑。

4) 净糙整理与调质流程

从谷糙分离设备分选出的符合规定工艺要求的糙米,称为净糙米。净糙米杂质含量指标应符合表 3-20 的质量要求。

表 3-20　净糙米杂质含量指标

项 目		质量指标	计量单位
含杂总量		≤0.5	%
其中	矿物质	≤0.05	%
	稻谷粒	≤40	粒 · kg^{-1}
	稗 粒	≤100	粒 · kg^{-1}
	谷 壳	≤0.1	%

着水调质的方式分为稻谷、糙米、白米和成品大米四种。稻谷着水调质要求润谷后水分达到籼稻谷 13.5%～14%,粳稻谷 15%左右;润谷时间应根据气温掌握,一般为 20～24h 为宜。糙米着水调质的着水量以最佳入机水分与糙米水分的差值为依据,润糙时间与调质条件有关,必须有足够的时间保证糙米粒吸水充分,均匀分布,并能产生物化和生化变化,一般冷水需 2h 左右,热水可缩短 1h 左右。白米着水调质常采用加湿碾米的方法。成品大米着水调质要求炊煮米饭时达到糊化水分的时间短,产生爆腰最少,目前国内尚属空白。

糙米的精选提纯与调质常采用如下工艺组合:

毛糙米→糙米精选整理机→糙米厚度分级机→糙米调质→净糙米

3. 碾米工艺流程

1) 碾米流程

碾米过程中,米粒在碾白室中所受压力的大小,与一次碾去皮层的多少有密切的关系。加工标二精度以上的大米时,应视碾米机的性能,采用二机或二机以上出白的工艺。因为碾白道数多,各道碾米机碾白作用比较缓和,加工精度均匀,米温低,米粒容易保持完整,碎米少,出米率高,在台时产量相同的情况下,电耗并不增加。在组合流程时,如果既加工低精度米又加工高精度米,应使碾米流程灵活多变,如图 3-82 所示,使其在加工低精度米时能够保持较高的产量,加工高精度米时能保持较高的出米率。采用多机碾白时,碾米机的选择应遵循砂(辊)铁(辊)结合、先砂后铁的原则,而且以喷风碾米为宜。

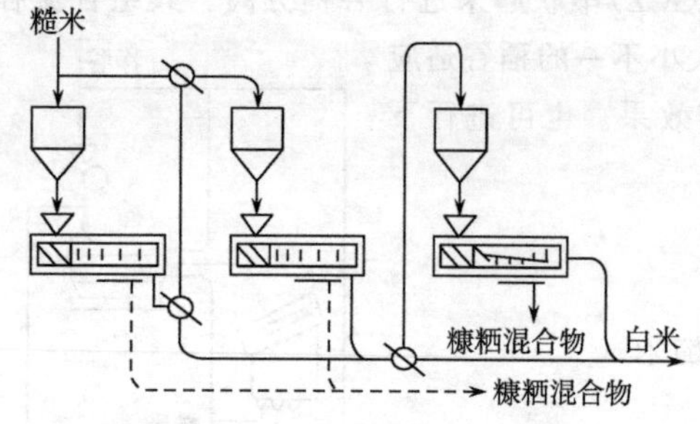

图 3-82 二砂一铁碾米流程图

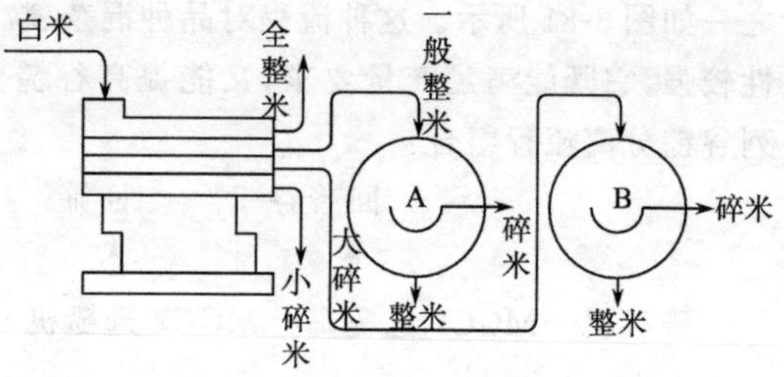

图 3-83 白米分级流程

2) 白米整理流程

一般情况下,碾米厂全年加工的稻谷品种、品质不可能完全一样,加工大米的精度等级也不可能完全相同,因而出碎率、出糠率以及对大米含碎的要求也不一样。为了兼顾产量和出米率,应使白米分级流程机动灵活,能够根据不同的情况和要求,分出不同粒度和数量的碎米。加工普通大米时,只用一道白米分级平转筛即可达到分级要求。加工高质量大米时,应采用辊筒精选机进行白米分级,也可采用白米分级平转筛和辊筒精选机组合的流程进行白米分级,如图 3-83 所示。这样既能获得尽可能多的含碎米少的整米,又能将混入碎米中的整米尽量提出来,使整米的质量和出率提高。

3) 糠粞分离流程

为了提高糠粞分离效果,根据生产实践,糠粞分离采用风筛结合的方法效果较好,目前,许多碾米厂将糠粞分离与米糠的气力输送有机地结合起来,把碾米机或擦米机排出的米糠用气力吸至集糠器收集沉降,然后再用筛选方法将米糠、米粞分离,如图 3-84 (a)所示。这种分离方法既有利于米糠的输送与整理,又有利于降低碾米机内碾白室温度,改善碾米工艺效果。对于产量高的大型碾米厂,也可先用糠粞分离器等风选设备将大部分米糠分离出去,余下的糠粞混合物合并后再用筛选设备分离,如图 3-84 (b)所示,这样可减少筛选设备的数量,节约占地面积。也可以采用 KXFD 系列糠粞分离器先分出整米及米粞,如图 3-84(c)所示。糠粞分离的工艺流程可组合成多种形式,应根据副产品的利用情况因地制宜地安排。

组合糠粞分离流程时还需注意不能简单地将各道碾米机排出的糠粞混合物合并在一起。当前,碾米厂广泛采用多机出白。糙米的皮层是分道逐步碾去的,因此有头机糠、二机糠、三机糠等之分,这些物料中的脂肪、淀粉、蛋白质含量是不同的,应分别加以收集、整理,以做到物尽其用。至于是头机糠和二机糠合并,还是二机糠与三机糠合并,应根据米糠的综合利用途径而定。

工艺流程组合(清理、砻谷、砻下物分离、碾米、产品整理)之后能否获得良好的工艺效果,与各个设备的工艺效率有极为密切的关系。而设备的工艺效率,不仅与原粮的类型、品种、工艺品质和含杂量有关,也与设备本身的性能、技术参数、流量定额及操作指标有着密切的联系。

确定设备技术参数与流量定额时,可参阅前述的有关内容,结合设备使用说明书或实际生产中测定的记录,确定筛孔大小、转速、振幅及流量等。确定操作指标时,既要根据设备的规

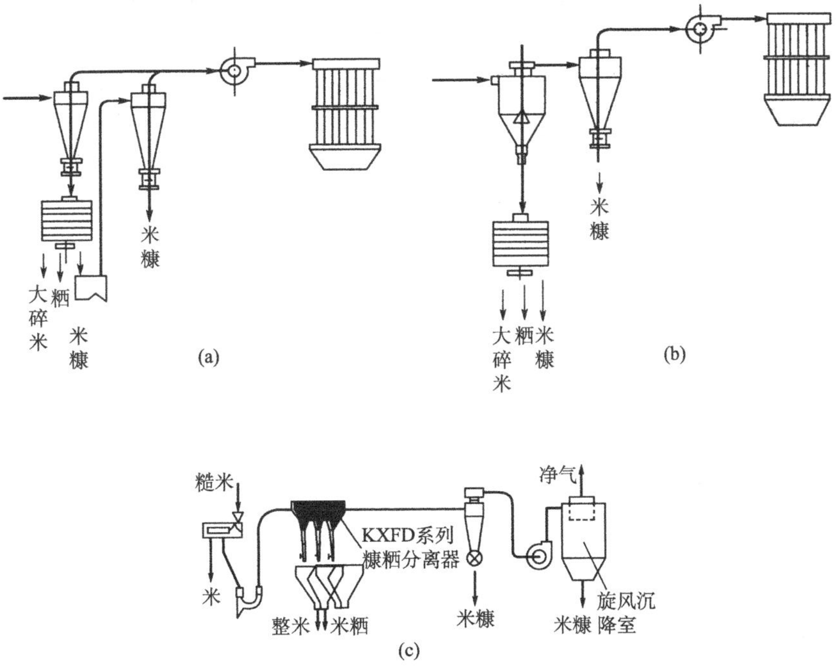

图 3-84　糠粞分离流程

定，也要考虑原粮类型、品种、水分、含杂量等情况。

（五）流量、设备数量及仓容的计算

1. 流量的计算与平衡

1）毛谷实际用量

毛谷实际用量即原粮稻谷消耗量，是以碾米厂日产大米量为依据进行计算的。常按下式计算：

$$Q = \frac{Q_m}{24M_g}$$

式中，Q 为毛谷实际用量（$kg \cdot h^{-1}$）；Q_m 为碾米厂日产大米产量（$kg \cdot d^{-1}$）；M_g 为毛谷出米率（%）。

2）各工序生产能力

确定清理工序生产能力时，所需用的毛谷量，一般在毛谷实际用量的基础上扩大 10%～20%。这是因为，在稻谷清理过程中，由于原粮含杂情况变化较大，如含杂超过设计规定，为了保证净谷质量，除应加强清理过程中的操作管理以外，还可适当降低清理设备的单位流量，以提高清理设备工艺效率。故在设计中，有意识地提高清理工序的生产能力，用扩大的毛谷量去计算清理设备的数量。此外，清理设备如有一定的储备余量，就为提前获得净谷创造了条件，可以对砻谷工序正常生产的连续性起到一定的保证作用。

清理工序的生产能力按下式计算：

$$Q_q = K_1 Q$$

式中，Q_q 为清理工序的生产能力($kg \cdot h^{-1}$)；K_1 为储备系数，一般取 1.1～1.2。

砻谷工序的生产能力既可以净谷为基础进行计算：

$$Q_g = Q(1 - M_z)$$

式中，Q_g 为砻谷工序的稻谷产量($kg \cdot h^{-1}$)；M_z 为毛谷含杂总量(%)。

砻谷工序的生产能力也可以净糙为基础进行计算：

$$Q_c = \frac{Q_m}{24M_c}$$

式中，Q_c 为砻谷工序的糙米产量($kg \cdot h^{-1}$)；M_c 为糙米出白率(%)。

碾米工序的生产能力按下式计算：

$$Q_n = \frac{Q_m}{24}$$

式中，Q_n 为碾米工序的生产能力($kg \cdot h^{-1}$)。

3) 副产品生成量

稻谷加工过程中，生成量较大的副产品为稻壳和米糠。

稻壳生成量按下式计算：

$$Q_k = K_k Q$$

式中，Q_k 为稻壳生成量($kg \cdot h^{-1}$)；K_k 为稻谷的谷壳率(%)。

糠粞混合物生成量按下式计算：

$$Q_x = HQ_c$$

式中，Q_x 为糠粞混合物生成量($kg \cdot h^{-1}$)；H 为糙米的碾减率(%)，加工标二米时为 6%～8%；加工标一米时为 7%～9%；加工特等米时为 10%～12%。

当采用多机碾白时，各道碾米机的糠粞生成量应根据碾减率的分配比例分别计算。

4) 流量平衡

在上述流量计算中，因考虑原粮含杂情况的变化和为提高产量提供有利条件等，将清理工序的生产能力扩大 10%～20%。但在正常生产情况下，清理、砻谷、碾米各工序的流量是平衡的，否则就不能保证整个生产连续稳定地进行，也不利于发挥各设备的最大效能，不利于提高生产效率。

实际生产中，当加工成品米精度提高一个等级时，产量将下降 10%左右。遇到这种情况时，往往通过流量调节使之达到新的平衡。但这种平衡毕竟是在压缩清理、砻谷工序的生产能力情况下建立起来的，不仅使清理、砻谷工序的设备效率无法得到充分发挥，而且使有些必须在额定流量下才能保证其工艺效果的设备(如去石、谷糙分离等设备)也降低了工艺效果从而影响到成品米的质量。此外，这样做还会因产量下降，使电耗增加，成本上升，经济效益降低。为此，在设计计算时，必须考虑各工序的流量平衡。如清理、砻谷工序的生产间隙时间较长，而碾米工序是连续生产，这就要借助设置糙米仓来调节流量。如糙米仓仓容能满足碾米工序一个班次的生产量，则可采用清理、砻谷工序少开班次或碾米工序增开班次的办法，解决整个生产过程的流量平衡问题。这种办法需有大容量的糙米仓而且碾米工序需单独进行生产。另一种办法是在设计计算时，考虑到由于成品米精度等级的变化，碾米机产量变化较大，可采用增加碾米机设备数量来解决流量平衡问题，目前多采用此法。

总之，为了保证所设计的工艺流程能连续稳定地生产，能在各种条件下有利于发挥各道设备的最大效能，并有利于提高生产效率，在流量计算时必须考虑条件变化情况下的流量平衡问题。至于采用何种办法来适应条件变化时的流量平衡，必须认真分析各种办法的利弊，结合整个设计过程中的可能条件加以选择。

2. 设备数量的计算

计算出各个工序的生产能力以后，即可计算设备的数量。目前，稻谷加工所使用的设备大致可分两种。一种是各个粮食机械厂生产的设备，如振动筛、高速除稗筛、比重(密度)去石机、砻谷机、选糙平转筛、重力谷糙分离机、碾米机等；另一种是需自制的设备如溜筛、风选器、除尘器、仓斗等。对于前一种设备可根据设备的额定产量或额定流量，直接计算设备的台数。对于后一种设备，可首先计算设备主要工作部件的总尺寸然后确定设备的规格，最后计算台数；也可根据自制设备所在工艺位置的具体要求(流量、风量、暂存量等)计算和确定台数。

按设备额定流量或额定产最计算时，设备台数按下式计算：

$$n = \frac{Q_i}{q_i}$$

式中，n 为设备数量(台)；Q_i 为所处工序的生产能力($kg \cdot h^{-1}$)；q_i 为设备额定流量或产量($kg \cdot h^{-1}$)。

计算结果往往不是整数，需要圆整。

按设备主要工作部件尺寸计算时，先求总尺寸：

$$L = \frac{Q_i}{q_0}$$

式中，L 为设备主要工作部件的总尺寸(cm, m^2)；q_0 为设备额定单位流量($kg \cdot cm^{-1} \cdot h^{-1}$, $kg \cdot m^{-2} \cdot h^{-1}$)。

然后参照先进厂，确定同类型设备规格后再计算台数：

$$n = \frac{L}{b}$$

式中，b 为设备主要部件的尺寸(cm, m^2)。

同样，计算结果不是整数，需要圆整。

上述两种计算设备数量的方法，最后都要校核，验证设备的实际单位流量是否超过额定单位流量，如超过较多，影响工艺效果时，需要重新进行圆整，确定台数。

3. 仓容的计算

如上所述，工艺流程中各工序间的仓柜不仅具有保持和稳定整个碾米厂连续生产的作用，而且还可以使清理、砻谷、碾米三个工序之间流量平衡和稳定。但是，仓柜的仓容应适当。仓容过大，不仅增加制造仓柜的费用，而且占地面积大。仓容过小，将使操作人员忙于协调各设备之间的流量。过小的毛谷仓与成品仓，还会增加进料人员和成品米包装人员的劳动强度。

暂存仓柜的仓容按下式计算：

$$V = \frac{Q_i t}{\rho K_2}$$

式中，V 为暂存仓柜的仓容(m^3)；t 为物料存放时间(h)；ρ 为所装物料的容重($g \cdot L^{-1}$)；K_2 为装满系数，一般取 0.8 。

ρ，t 值可参照表 3-21 选取。

表 3-21 不同仓柜所装物料的容重与储存时间

类型		毛谷仓	净谷仓	净糙仓	回砻仓	成品仓
储存时间/h		0.5～1	0.5～1	1～2	0.25～0.5	0.25～0.5
容重 /(g·L^{-1})	粳稻	560	560	770	580	800
	籼稻	580	580	750	600	780

表中各种仓柜储存物料的时间是一参考数值，可根据厂房建筑、设备特性、工艺要求、生产管理等实际情况加以变动。

设备的型号、规格与数量确定以后需编制设备一览表，主要内容包括：序号、设备名称、型号规格、产量、动力、台数、备注等。

（六）绘制工艺流程图

工艺流程图是整个工艺流程设计的总结，是碾米厂其他各项设计的主要依据。绘制工艺流程图的方法应符合以下要求。

(1) 流程图上各种设备应按 GB12529·2—90 粮油工业用图形符号、用统一的图形符号和文字加以表示。标准中未做规定的图形符号可遵循简单明了、反映实物主要特征为原则自行绘制。

(2) 流程图应根据需要在设备图形符号的附近注明设备的名称、型号、规格、数量和主要技术参数等。

(3) 工艺流程图应按清理、砻谷、碾米的顺序，从左向右、自上而下绘制，并根据主要设备在各层楼面上的相应位置，比较形象地安排设备图形符号的前后顺序。

(4) 在流程图上，表示主流物料的流线一般以粗实线或特粗实线表示，副流物科的流线以细实线表示，含有物料的风网流线以虚线表示，吸尘网路以细点划线表示。流程图中各类相同线条尽量避免相交，如需相交，可在相交处画成半圆弧，表示物料从此处越过，不是两路物料合并。各线条的转弯处或合并处可画成小圆角。各设备分出的副产品、下脚及成品，在流线的末端应画一小箭头并注上物料的名称。

(5) 气力输送网路中的卸料器和接料器，一般要对应地画在流程图的上下方，中间可用粗实线或细实线连接，也可用相同的编号表示同一根输送管道。通风除尘设备，如风机、除尘器等可绘制在图面的上方或右下角空位处。

(6) 标题栏应填明图名，设计单位，设计、制图、审核人员签名，图号、日期等内容，位置一般在流程图的右下角。

（七）编写设计说明书

工艺流程设计说明书是流程设计的最终文件，可作为下一阶段其他各项设计的依据，主要内容如下。

(1) 前言。简要说明流程设计的指导思想、设计依据、设计原则以及碾米厂的生产规模、投资金额、原粮情况、产品质量、副产品利用和预计经济效益。

(2) 工艺流程的确定。简述所设计的工艺流程，并将几种设计方案的结果加以对比，论证所设计流程的合理性。同时指出为了确保良好的工艺效果所采取的必要措施和注意事项，对流程中尚不能克服的不足之处也需加以说明。

(3) 设备的选择与计算。简述选择、确定各种型号设备的理由，列出各种设备的主要技术参数、操作指标以及各种设备的计算步骤和计算结果。

(4) 流程设计对其他设计的要求。简述对设备布置、通风除尘、监测、管网联系、采暖、传动、照明、配电、厂房建筑等方面的要求。

(5) 附录。工艺流程设计中所采用参考的有关资料及各种表格。

三、工艺流程举例

(一) 日产 100t 大米厂工艺流程

如图 3-85 所示为日产 100t 大米厂工艺流程。原粮进入毛谷仓之前，先进行初清，除去其中特大型杂质和灰尘，以保证仓柜和各输送设备及溜管的畅通。清理工序根据目前我国原粮稻谷中含杂较多的实际情况，采用带有垂直吸风道的振动筛进行除杂，去除原粮中的大、中、小、轻杂。使用 SG 型高速除稗筛和 MKXS 型小方筛组合流程除稗，利用两道密度去石机进行主流去石。该流程清理工序设置比较完善，有利于保证净谷的质量。选糙部分采用选糙平转筛和重力谷糙分离机串联方式进行谷糙分离，对各种原粮的适应性较强，特别是加工粒形、品种互混严重或细长粒形稻谷时，有较好的分离效果。碾米流程比较灵活，既可二机出白又可三机出白，能适应各种精度等级的大米加工。该流程从原粮接收到成品米包装，工序齐全，流程灵活，设备选用和配备也比较合理，对原粮和成品米的要求有较大的适应性。副产品整理基本上不需人工处理，通风除尘设计也比较完善。如操作得当，能够达到车间内外空气含尘浓度符合国家环保要求。

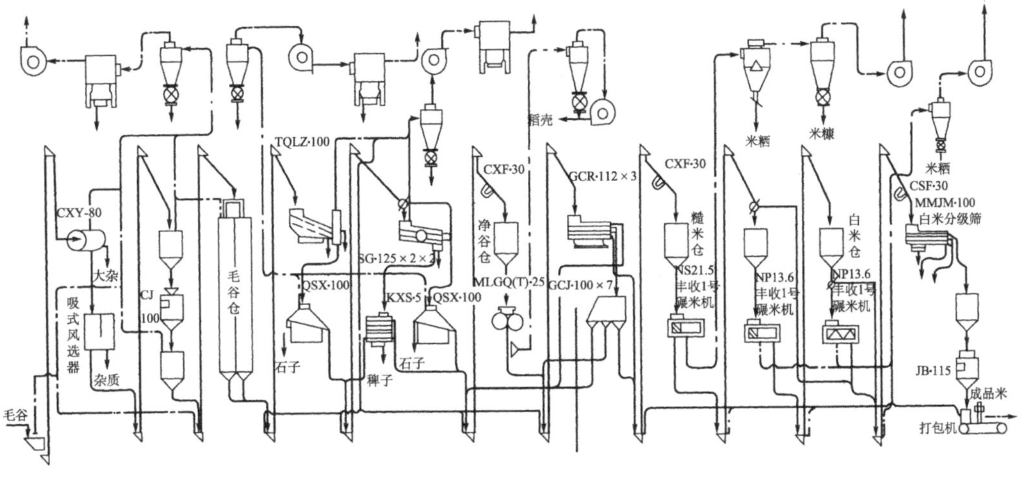

图 3-85　日产 100t 大米厂工艺流程

(二) 日处理 120t 稻谷工艺流程

如图 3-86 所示是引进瑞士布勒公司碾米设备的工艺流程图。该流程在工序的设置和设备的选用上与我国碾米工艺的不同之处主要如下。

(1) 带循环风分离器的振动筛和一道循环风密度去石机进行稻谷清理去除其中的大、小、轻杂和并肩石。

(2) 选糙设备采用巴基机,该设备振幅、频率和分选台倾斜角度均可调节。

(3) 设置糙米精选工序,使用圆筒式分级筛分出糙米中糙碎和青白片。

(4) 碾米流程为三机出白,并采用立式碾米机,减少碎米。

(5) 白米处理设置有抛光、白米分级等工段。通过两道辊筒精选机将白米按整米长度的1/4、1/2、3/4、1/1分为1/4～1/2、1/2～3/4、3/4～1/1三个等级,分别入仓储存,然后根据用户的需求进行配米。这样,既能准确控制成品米的含碎率,又能使企业获得较高的经济效益。

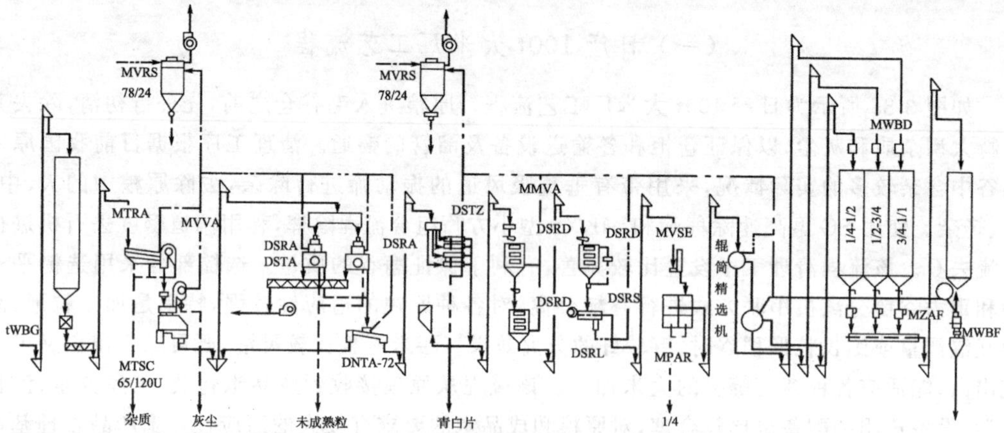

图 3-86 布勒日处理120t稻谷工艺流程

(三) 以糙米为原料的工艺流程

如图3-87所示为日本神北的一家精米加工示范厂工艺流程图。由于原料是由大型谷物干燥储藏设施加工精选过的糙米,因此仅用一道振动筛和去石机对糙米再次精选,以确保其质量。糙米仓可以分别接收两种原料,一是精选后的一般糙米(粳糙米)另一是由A处直接接收的糯糙米。糙米碾制之前,先经调质器进行调质使其处于最佳受碾状态。碾米设备采用ACP100新型康拜斯碾米装置,该装置采用"砂→铁→铁"组合形式进行碾白。在末道铁辊筒碾米机(带喷风)之后设有除糠机,进一步去除米粒表面黏附的糠粉,使米粒更光洁。然后再对白米进行品质改良的调质,使其水分达15%～16%,对糙米再次精选,以保证成品米具有良好的蒸煮性能和食味。白米仓可以同时接收三种物料,一种是上述流程过来的白米,一种是由C处接收的白米,还有一种是由D处接收的糯米。这几种大米可由配米装置进行配米,以使成品米品种多样化,满足不同消费者的需求。白米处理采用除糠筛、旋转筛、磁选器和色选机清除其中的米糠、碎米、磁性杂质和异色米粒,以提高成品米的纯度和外观。成品米包装后送入自动化立体仓库。需要生产留胚米或小批量糯米时,原料由B处进入留胚米生产线或糯米生产线进行加工。加工后的留胚米回到F处进入包装设备进行包装、入库,加工后的糯米则由D处进入配米仓进行配米。如果生产免淘洗米,则白米由E处进入免淘洗米生产线加工,然后回到G处进行计量、包装、入库。整个流程非常灵活,可以生产多品种的成品米。

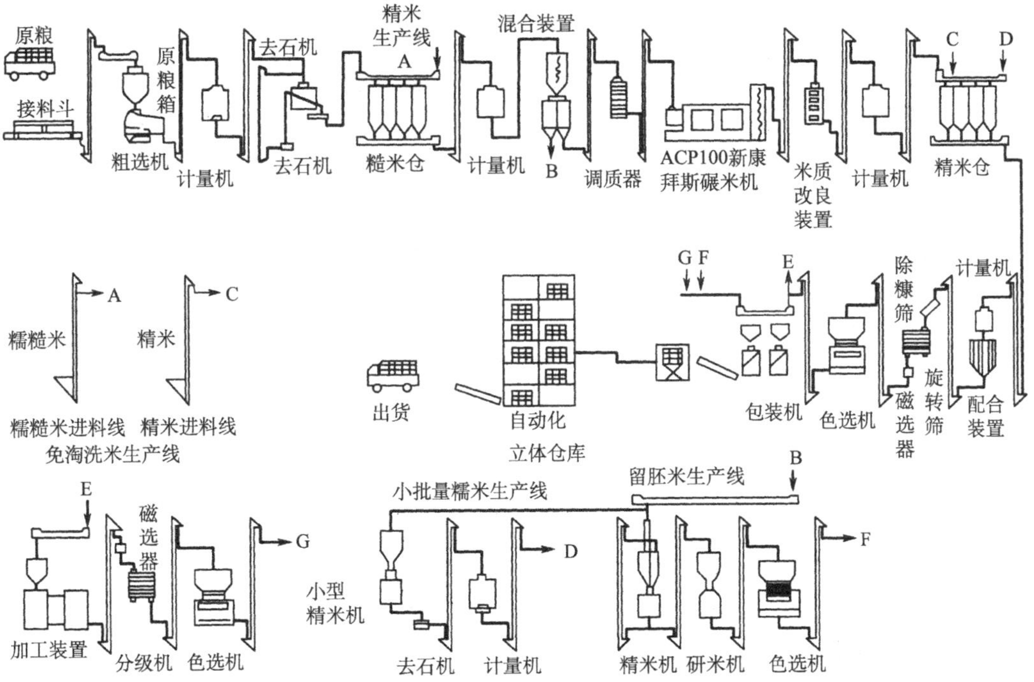

图 3-87　日本神北精米加工示范厂工艺流程

A. 糯糙米；B. 糙米；C. 白米；D. 糯米；E. 精白米；F. 留胚米；G. 免淘米

第六节　特种大米加工

特种大米加工一般是指对常规稻谷加工工艺所生产出的普通成品大米进行再处理的整个生产过程。加工的产品通常是系列化的精制米品，通过对普通大米的精深加工，可以不同程度地提高大米的蒸煮和食用品质，营养和生理功能，以及商品价值，可以满足人们对主食大米所追求的营养、可口、卫生、方便之需求。特种大米产品体系及加工方法见表 3-22。

表中特制米品只是一个大类，每种还可细分，例如，强化米，若按强化剂的不同还可细分为：维生素强化米、氨基酸强化米、无机盐强化米等。随着碾米技术的不断发展，人们需求的不断提高，社会生活的多样化，特制米品的种类会不断增多。

本节主要简介免淘洗米、配制米、留胚米、营养强化米、蒸谷米的生产加工。

一、免淘洗米加工

免淘洗米是一种蒸煮前不需淘洗、符合卫生要求的大米，这种大米不仅可以避免淘洗过程中干物资和营养成分的大量流失，而且可以简化做饭的工序，减少做饭的时间，同时还可以节省淘米用水和防止淘米水污染环境。目前世界一些发达国家多数生产和食用不淘洗米，并在此基础上进一步对大米进行氨基酸和维生素的营养强化，以提高大米的营养价值。我国在免淘洗米的研究和生产方面取得了较大的进展，尤其白米上光技术和一些设备达到了国际先进水平。

表 3-22 特种大米产品体系及加工方法

原料	通用工序	技术途径	加工方法	特制米品
稻谷	清理→砻谷→分选→碾米→精选→提纯→色选→分级→免淘→精包	精碾	喷湿精磨	水磨米
			热湿抛光	精洁米
			涂膜上光	上光、上油米
			水　洗	水洗米
		营养强化 内持法	水热处理	蒸谷米
			喷湿轻碾	免淘留胚米
		营养强化 外加法	浸吸(或涂膜)	高浓强化米
			喷吸(或涂膜)	普通强化米
		生理活性化	喷吸(或涂膜)	功能性米
		食用性改良化	喷吸增香	香型大米
			混配	配制米
			喷涂	复鲜米
				改良米
			糙米调质	调质米
		人造法	压、挤造粒	人造米
			压、挤、添营养	强化人造米
		特色化	保持原料	色米、香米
			固有特色	色香米
			喷涂、浸吸调色	彩色米
			糙米精选	糙米

(一) 免淘洗米的社会效益和经济价值

1) 大米在淘洗中干物质的损失

根据研究测定，目前我国市销大米在淘洗过程中干物质的损失粳米为 2.8%左右，籼米为 3.4%左右，比世界上发达国家高 2.5 倍左右，这主要由于我国现行大米质量标准中允许所含的碎米、不完善粒和糠粉的数量较多，尤其是允许含有超过 2.0mm 圆孔的小碎米的量为 1.5%～2.5%，这些细米小屑在淘米过程中极易流失，从而造成粮食的大量浪费。

按照我国年加工商品大米 1500 万 t 计算，每年由于大米淘洗所损失的粮食达 46.5 万 t，相当于 200 万人口城市居民一年的口粮。由此可见，生产和食用免淘洗米，可节约大量粮食，对以粮食为原料的各种工业，还可提供充足的粮源。因此免淘洗米生产的社会效益也很巨大。

2) 大米淘洗中的营养损失

免淘洗米不仅可以避免目前市销大米在淘洗过程中的大量浪费，而且可以保留大米中维生素和矿物质等营养成分。从研究和测定资料表明，标一粳米和籼米在淘洗中，维生素 B_1 的损失相当于淘洗前维生素 B_1 含量的 1/4 和 2/5。此外，以淀粉为主的无氮抽出物损失 1.1%～1.9%；蛋白质损失 5.5%～6.1%；钙损失约 18.2%；铁损失 17.7%～46%。

3) 免淘洗米的卫生状况

生产和食用免淘洗米,还可以大大减少大米的带菌量,提高大米的储藏性能和卫生标准。据测定资料表明,市售粳米和籼米的带细菌数较多。而刚出米机的白米基本上不带细菌和霉菌。免淘洗米应达到刚出米机的白米卫生标准,则基本上可以达到无菌。虽然目前市售大米中的细菌和霉菌在淘洗和蒸煮过程中会被洗去和杀死,但它们在大米成品作为商品而进行储藏和流通的过程中,则会形成大米发热霉变,它们的分泌物对人体造成潜在危害。可见生产和食用带菌甚少或无菌的免淘洗米,对改善大米的卫生状况,增进人们的健康是有利的。

4) 免淘洗米生产对碾米工业的推动作用

免淘洗米不应含有杂质,要求达到断稗、断谷、断石、断糠的“四断”要求,保证成品清洁卫生,才能使大米不经淘洗可直接蒸煮食用。长期以来,我国大来加工尚停留在初级加工水平。产品以国标米为主,大米成品质量标准偏低,大米加工工艺比较简单,特别在流程后路成品处理方面更为薄弱。因此,目前我国碾米厂的生产工艺流程,远不能满足免淘洗米的生产工艺要求。免淘洗米生产会推动碾米工业的更新换代。

(二) 免淘洗米的质量标准和卫生要求

免淘洗米必须无杂质、无霉、无毒,才能在炊食前免于淘洗。此外,为了提高免淘洗米的食用品质和商品价值,还应尽可能地减少不完善粒、腹白粒、心白粒及全粉质粒的含量,减少异品种粮粒含量,提高成品的整齐度、透明度与光泽。

(1) 免淘洗米的质量标准。除大米精度应达到特等米等级外,含杂要求也要严于现行特等米的国家标准。目前我国尚没有制订和颁布免淘洗米的国家标准,所以迄今国内所生产的免淘洗米,均参考表 3-23 中的指标要求。

表 3-23 免淘洗米(粳)试行质量标准

加工精度	光泽度	不完善粒/%	黄粒米/(粒·kg^{-1})	最大限度杂质					碎米/%		水分/%	气味口味	储藏期
				总量/%	糠粉	带壳稗粒	砂石	稻谷	总量	其中小碎			
背部略有皮,粒面米皮基本去净的占 90%以上	米粒表面有明显光泽,储藏期内不退	2	5	0.01	0	0	1	0	5	0	15.5	正常	高温季节不少于一个月,其他不少于三个月

(2) 免淘洗米的卫生要求。免淘洗米的卫生要求应符合我国粮食卫生标准 GB 2715—2005 的各项指标,感官指标:具有正常粮食的色泽和气味,不得有发霉变质现象。

(三) 免淘洗米的加工工艺与方法

1. 免淘洗米生产工艺

从免淘洗米的质量和卫生标准可知,其成品必须无杂,无毒,无霉。因此,免淘洗米的生产工艺比加工一般大米的生产工艺要复杂。其加工工艺除了一般大米加工中的稻谷清理除杂、砻谷与谷糙分离和碾米等必要的加工工序之外,还需增加糙米精选分级去杂,多机、分层碾磨碾白，白米除糠上光，成品分级，色选和小包装等系列新工艺与新技术。

1）糙米精选去杂

根据我国和世界各国大米加工的实践经验，要在稻谷清理过程中完全除去各种杂质是困难的。因为稻谷在加工成白米的各道工序中，会不断产生新的杂质，如稻壳、稻灰、糙碎、瘪谷、青白片等。为此必须在良好的稻谷清理去杂的基础上，进一步增设糙米除杂的新工艺，包括筛选分级、除石整理、除稗除灰和厚度精选等，使进入碾米机的糙米保证纯洁干净，这是保证免淘洗米质量的重要环节。此外，还必须将糙米中的不完善粒、未熟粒和糙碎进一步除去，以提高免淘洗米的成品质量和商品价值。糙米精选除杂以后，还可以进行大小粒分级，提高籽粒的整齐度，提高碾米的工艺效果，最终提高免淘洗米成品的质量。必须根据原料状况和免淘米要求经济合理的组合糙米精选去杂工艺。

2）多机轻碾和分层碾磨

免淘洗米的精度相当于我国现行特等米的精度标准，即糙米的皮层要基本去净。糙米的皮层（糠层）含有很多的营养物质，其中含有蛋白质（干基）11.5%～17.2%，脂肪 12.8%～22.6%，无氮溶提物 33.5%～53.5%。还含有不宜食用的聚戊糖、木质素、半纤维及纤维素 6.2%～19.9%，灰分 8.0%～17. 7%。糙米中的二氧化硅（SiO_2）含量大于白米的 17～19 倍，其中还含有大量植酸，它能阻碍人体对钙元素和镁元素的有效吸收。糙米中所含脂酶存在于种皮之中，而所含的油脂主要存在于糊粉层、亚糊粉层与胚内，未经碾磨的糙米，其脂酶与油脂呈隔离状，一经碾磨过程的破坏作用，使脂酶水解油脂成为可能，即易使米糠发生酸败。大多数粮粒的皮层内存在着原生性与次生性微生物的菌丝体。鉴于上述原因，要生产具有良好食用品质和储藏性能的免淘洗米，应将米粒的皮层全部碾磨干净。但是，这在当前普遍采用一机碾白或二机碾白的情况下，由于去皮作用较为强烈，不可避免地会使米粒某些部位的胚乳受到损失，首先是亚糊粉层的损失。而亚糊粉层中的蛋白质是米粒中含量最高的部位，此外还含有大量的脂肪、维生素和矿物质。为了既能制备高质量耐储藏与可口的免淘洗米，又能回收皮层中不同营养成分的碾下物，就必须进行多机轻碾与分层碾磨。

我国以前是以生产标二米为主，根据标二米的去皮要求，一般多采用一机碾白。显然一机碾白的碾米方式，不能适应加工免淘洗米的要求。据研究和生产实践证明，糙米碾制成免淘洗米的碾米工艺最少经过三道碾磨，即三机碾白的碾米工艺。第一道碾去糙米质量的 4.5%～5.0%，第二道碾去 4.5%左右，两道共碾去糙米质量的 9%左右。糙米各部分质量比例为果皮 1%～2%，种皮、珠心层、糊粉层 4%～6%，胚芽 2%～3%，胚乳 89%～94%。第一、第二道碾下物（9%左右）相当于糙米的全部皮层，所以第三道碾下物基本上属于含有营养物的亚糊粉层，完全可供食用。当然，由于碾米是籽粒群体的碾磨作用，必然在第二道碾下物中含有少量的胚乳，第三道碾下物中也必然会含有少量皮层。但是可以肯定，多机碾白与分层碾磨，不仅能提高成品的碾磨质量，而且可为碾下物的充分利用提供条件，从而大大提高生产免淘洗米的经济效益。

3）白米上光和成品整理

白米上光是生产免淘洗米的关键工段，它能使米粒晶莹透明，在米粒表面形成一层极薄的凝胶膜，产生珍珠光泽，外观晶莹如玉，煮食爽口细腻。由于大米表面上光后有一层蜡质保护层，不仅可防止大米在生产、储存、运输、销售各环节中米糠的黏附或米粉脱落，保证大米清洁卫生，食用前不用淘洗；而且可以提高大米储藏性能，保持大米口味新鲜度，提高大米的食用品质。

白米上光在发达国家较为普遍。如日本、美国和意大利等在加工上等白米时，成品都经过上光工段。上光米洁白漂亮，富于营养，不仅可延长储藏时间，而且可以提高大米的食用品质和商品价值。加工方法一般是：将大米与具有一定温度的上光溶剂均匀搅拌，然后在上光机内翻滚摩擦，使米粒表面光洁发亮，再经上光米筛筛选分级，便得到上光大米。

目前，所使用的上光剂有糖类、蛋白质类、脂类三种。

糖类上光剂用得较多的是葡萄糖、砂糖、麦芽糖和糊精等。这种上光剂与温水配成一定浓度的水溶液，用导管滴加到抛光机的抛光室内，增加米粒与抛光辊之间的摩擦阻力，除尽米粒表面的糠粉，同时使部分上光液涂在米粒表面，加快表面淀粉糊化形成保护层，增加米粒光泽度。

蛋白质类上光剂一般采用可溶性蛋白质，如大豆蛋白、明胶等，使用方法同糖类上光。蛋白质类上光剂的独特之处在于具有较好的涂膜性，使米粒表面形成保护层呈现蜡状或珍珠状光泽。此外，这种保护层保特时间长，耐摩擦及温湿度变化，储存一年以上米粒依然晶莹发亮。

油脂上光剂采用的是不易酸败的高级植物油，它能使大米表面产生油亮光泽并能推迟米粒陈化时间及水分蒸发速度，且有一定的防虫作用，可长期保特大米的滋味和新鲜状态。

近年来大米上光技术有了迅速发展，国外许多公司的大米抛光机，在我国许多米厂得到应用，我国自行研创的大米抛光机，由于价格便宜，在米厂中使用更广，大米抛光机是生产免淘洗米的必备设备。

成品整理主要是将上光后的大米进行筛选分级，除去上光米中的少量碎米和上光粉料，按成品等级要求分出全整米和一般的免淘洗米。

4）白米色选

白米色选是清除白米中的黄粒米和其他如石子、玻璃碎渣等杂粒，保证免淘洗米的纯度的技术过程。白米色选是通过色选机实现的，色选机是集光、电、机、气为一体的光电设备，价格昂贵，但是它是生产高质量免淘洗米的必备设备。近年来我国已研制出色选机，其色选效果基本达到进口设备水平，价格比较便宜，已有许多碾米厂使用。

2. 免淘米加工方法

(1) 精制米。达到精度要求的白米经过冷湿精磨，将粒面附着的米糠粉擦除，并磨光碾痕，经冷却散湿后，米色泛白，粒面光洁如淘洗，俗称水磨米、水晶米。

加工精制米的原料质量必须优良，最好采用当年产优质稻谷，质量应符合 GB/T17891－1999 的要求。精制米的加工方法比较简单，主要有两种，一种是滴水精白，在最后一道铁辊米机碾白室靠近出口一端的米筛中上 1/3 处，安装一只滴水头，滴水头总长约 40mm，内孔约为 3mm，外径约为 10mm，一端车制长度为 13mm 的 M8 螺纹，依此用薄螺母固接在筛片上，另一端采用医用胶管与有一定落差的水箱连接，在流管的适当位置安装可供观察水流情况的玻璃管，还要安装控制流速的夹头。第二种是水磨精白，在白米分级之后，采用冷湿喷雾加水抛光机对白米精磨上光，这种方法目前在普通大米加工中应用的比较广泛。

(2) 精洁米。达到精度要求的白米经过抛光机，用热湿气流进行加湿精磨，使米粒表面糠粉完全除去，并使表面淀粉 α- 化，粒面光滑洁净，呈晶莹如珠的光泽，俗称珍珠米。

加工精洁米的稻谷最好采用当年产优质稻谷，质量应符合 GB/T17891－1999 的要求。加工精度达到特制米标准。精洁米加工方法是在精制米的基础上，再经湿热上光机使白米表面糊化而成。表面糊化温度不得低于 85℃。

(3) 涂层米。达到精度要求的白米经过添加助碾剂精磨，使粒面涂上一层胶膜，呈蜡质光泽。如助碾剂采用葡萄糖、有机酸钙盐，其产品称为上光米，俗称珠光米；如助碾剂采用食用油、凡士林，其产品称为上油米。

加工涂层米是将完善完整的白米置于大米喷吸、喷涂上光机内，喷入加热至70～80℃的胚芽油、米糠油（达到色拉油标准）或上光剂，进行涂膜上光。

二、强化米生产工艺

生产强化米方法很多，归纳起来可分为内持法和外加法。内持法借助保存大米自身某一部分营养素达到强化目的。蒸谷米就是以内持法生产的一种营养强化米。外加法是将各种营养强化剂配成溶液后，由米粒吸收或涂覆在米粒表面，具体又有浸吸法、涂膜法、强烈型强化法。

（一）蒸谷米生产

清理后的净稻谷经过水热处理（浸泡、汽蒸、干燥与冷却），然后再进行砻谷、碾米所得到的成品米称为蒸谷米，也称为半煮米。全世界约有20%数量的稻谷，经水热处理后加工成蒸谷米。印度稻谷总产量的一半以上被加工成蒸谷米。目前，不仅亚洲一些国家生产蒸谷米，西欧、中美、南美等地区一些国家也进行蒸谷米加工。我国生产蒸谷米已有2000多年历史，大规模的现代化加工始于20世纪60年代，生产的蒸谷米主要出口至海湾地区和阿拉伯国家。

1. 蒸谷米的优点

(1) 营养价值比普通白米高。稻谷在水热处理过程中，胚芽、皮层内含有丰富的B族维生素和无机盐等水溶性物质大部分随水分渗到胚乳内部。胚芽部分的维生素B_1的50%～90%进入到胚乳中，而且白米中维生素B_1的含量能达0.18～0.33mg·100g^{-1}，钙、磷、铁的含量比同精度普通大米也有不同程度的提高，因而增加了蒸谷米的营养价值。蒸谷米的营养成分容易被人体吸收，蒸谷米蛋白质的人体消化吸收率高于普通白米的4.5%左右。

(2) 改善了籽粒的结构力学性质。经过水热处理后，稻谷的颖壳松脆，碾制时容易脱除，可提高砻谷机的台时产量约40%，胶耗降低50%，节约电耗20%。同时籽粒的结构变得紧密，更加坚实，强度明显提高，加工后米粒透明，光泽变好，碎米率大为下降，出米率可提高1%～4%。

(3) 蒸谷米的米糠出油率高。稻谷经水热处理后，破坏了籽粒内部酶的活力，减少了油的分解和酸败作用；同时蒸谷米糠中淀粉含量较少，故含油率较高。蒸谷米糠一般含油率25%～30%，普通米糠含油率为15%～20%，由于蒸谷米糠在榨油前多经一次热处理，糠层中的蛋白质变性更为完全，使糠油容易析出，所以蒸谷米糠出油率高于普通白米米糠。

(4) 蒸谷米胀性好，出饭率高。稻谷经水热处理后，改善了米粒在烧饭时的蒸煮特性，增加了出饭率，在米饭干烂程度相同的情况下，蒸谷白米一般比同精度的普通大米提高出饭率37%～76%，且饭粒松散，同时具有蒸谷米的特殊风味。

(5) 不易虫害、霉变，易于储藏。由于稻谷在水热处理过程中，杀死了微生物和害虫，同时也使米粒丧失了发芽能力，所以储藏时，可防止稻谷发芽、霉变，易于保存。

然而，蒸谷米生产也存在一定的缺点，如稻谷水热处理后加工的蒸谷米的米色较深，常常有一种异味，初食者很不习惯；蒸谷米饭黏性较差，不适宜煮稀饭。此外，蒸谷米与普通米生产相比无疑增加了加工工序，增加了能源消耗，所以加工成本也较高。

应当指出，蒸谷米的这些优缺点是和它水热处理的条件密切联系着的，当条件改变时，这些优缺点也会发生变化。因此，了解和研究稻谷水热处理的方法，探讨它的生产机理，在相同的情况下，掌握最佳的操作条件进行生产，这是获得优质蒸谷米的关键。

2. 蒸谷米的加工方法

生产蒸谷米，除稻谷清理后经水热处理（浸泡、汽蒸、干燥与冷却）以外，其他工序与加工普通大米相同。蒸谷米生产工艺流程如下。

稻谷→清理→浸泡→汽蒸→干燥、冷却→砻谷及谷糙分离→碾米→成品整理→蒸谷米

1）清理

由于稻谷经水热处理后，籽粒结构变得细密坚硬，因此，加工蒸谷米的稻谷最好选择组织结构较松、质地较脆、出米率较低、粒形细长的稻谷，尤以籼稻为宜。

原粮稻谷中杂质的种类很多，浸泡时杂质分解发酵，污染水质，谷粒吸收污水会变味、变色，严重时甚至无法食用。虫蚀粒、病斑粒、损伤粒等不完善粒，汽蒸时将变黑，使蒸谷米质量下降。因此，在做好除杂、除稗、去石的同时，应尽量清除原粮中的不完善粒，可采用洗谷机进行湿法清理。稻谷表面上绒茸毛所引起的小气泡，将使稻谷浮于水面。为此，水洗时把稻谷放入水中后使水翻腾，消除气泡，以保证清理效果。

要想获得质量良好的蒸谷米，最好在稻谷清理之后按粒度与密度不同进行分级，这是因为浸泡与汽蒸的时间是随稻谷的粒度变化的。如果采用相同的浸泡与汽蒸时间，则较小的籽粒已全部糊化，而较大的籽粒只有表层糊化。如增加浸泡和汽蒸时间并提高温度，较大的籽粒虽能全部糊化，但较小的籽粒又因过度糊化而变得更硬、更坚实，米色加深黏度降低，影响蒸谷米质量。分级可首先按厚度的不同，采用长方孔筛进行，然后再按长度和密度的不同，使用碟片精选机、密度分级机等进行分级。

2）浸泡

浸泡目的是使稻谷内部淀粉吸水达到在蒸谷过程中能全部糊化的水分。为淀粉糊化创造必要条件，浸泡后稻谷的含水量应不低于30%。如稻谷吸水量过多，会使谷粒大大膨胀，颖壳开裂，种仁暴露，在蒸煮时使种仁变成饭粒，同时加长了稻谷的干燥时间，增加了热能的损耗，并且因稻谷中的水溶性物质溶解到水中去，造成大米营养成分的损失。若吸水量过少、会使谷粒在蒸煮时不能完全糊化，使米粒呈白心。每批浸泡后的污水不得重复使用，以免米色加深。

稻谷的浸泡方法很多，除用浸泡法外，还可利用浇水、喷水以及浴谷和润谷等，水可用常温和高温热水。国内外蒸谷米生产多常用浸泡法和喷水法，以使稻谷充分吸收水分。用浇水、浴谷或润谷等方法，由于稻谷吸水不充分而使产品达不到蒸谷米理想要求。

在常温常压浸泡的条件下，要使稻谷达到规定的含水量，必须保证足够的浸泡时间和稍低于淀粉糊化的温度。试验表明，常温常压浸泡不仅需要较长的时间，容易使稻谷发酵，米色加深，而且爆腰率远远大于未浸泡的爆腰率，说明常压常温水浸泡稻谷不利于提高籽粒结构的强度。

现今广泛采用的是高温浸泡法，预先将水加热到80～90℃，然后放入稻谷进行浸泡。浸泡过程中水温保持在70℃左右，浸泡3h，可完全消除常温浸泡中发酵带来的不良影响。东南亚的一部分现代化米厂、欧美的蒸谷米厂以及国内的蒸谷米厂都是采用高温浸泡法，使用的设备有罐组式浸泡器、平转式浸泡器等。

高温浸泡时的浸泡水温度：籼稻为72～74℃，最高不超过76℃；粳稻不超过70℃。相应的浸泡时间为3～4h。在水温低于65℃时，提高水温可以加快吸水速度；当稻谷含水量达到30%后，吸水量几乎不再增加。当水温在70℃以上时，达到淀粉的糊化温度，稻谷的吸水量增加，浸泡时间缩短。如果水温降低10℃，则浸泡时间需延长约1倍。过高的水温和过长的浸泡时间

都会使米粒变成米饭，应该避免。浸泡水温高，虽能加快稻谷的吸水速度、缩短浸泡时间，但稻壳和皮层内的色素也容易溶解并渗透到米粒中去，从而加深米粒的颜色。米色随浸泡水温度提高和浸泡时间增加而加深，在生产中应根据稻谷品种严格掌握浸泡水温度和浸泡时间，以减少米粒变色程度。浸泡水的 pH 也影响米粒的变色。在 pH＝5 时米粒变色较少，米色较浅；pH 升高，则米色加深。

3）汽蒸

稻谷经过浸泡以后，胚乳内部吸收相当数量的水分，此时应将稻谷加热，使淀粉糊化。通常情况下，都是利用蒸汽进行加热，此即为汽蒸。汽蒸的目的在于提高出米率，改善储藏特性和食用品质。汽蒸的方法有常压汽蒸与高压汽蒸两种。常压汽蒸是在开放式容器中通入蒸汽进行加热，采用100℃的蒸汽就足以使淀粉糊化。此法的优点是：设备结构简单，稻谷与蒸汽直接接触，汽凝水容易排出，操作管理方便。缺点是：蒸汽难以分布均匀，蒸汽出口处周围的稻谷受到的蒸汽作用比别处的稻谷大，存在汽蒸程度不一的现象。高压汽蒸是在密闭容器中加压进行汽蒸。此法可随意调整蒸汽温度，热量分布均匀。容器内达到所需压力时，几乎所有谷粒都能得到相同的热量。缺点是：设备结构比较复杂，投资费用比较高，需要增加汽水分离装置，操作管理比较复杂。汽蒸使用的设备有：蒸汽螺旋输送机、常压汽蒸筒、立式汽蒸器和卧式汽蒸器等。在汽蒸过程中，必须掌握好汽蒸温度和汽蒸时间，使淀粉能达到充分而又不过度的糊化，并注意汽蒸的均一性。汽蒸温度不仅影响蒸谷米的质量，而且对稻谷中可溶性淀粉含量的变化也有明显的影响。当汽蒸温度达到100℃时，可溶性淀粉含量明显增加，而且随汽蒸温度的升高不断增加。汽蒸时间的长短决定了淀粉的糊化程度，汽蒸时间短，淀粉糊化不完全，米粒出现心白。汽蒸时间过长，会使淀粉糊化过度，米色加深。汽蒸温度主要取决于蒸汽压力，汽蒸时间取决于稻谷的数量。

4）干燥与冷却

稻谷经过浸泡和汽蒸之后，水分含量很高，一般为34%～36%，并且粮温很高，100℃左右。这种高水分、高温度的稻谷，既不能储存也不能进行加工，必须经过干燥除去水分，然后进行冷却，降低粮温。干燥与冷却的目的是使稻谷水分含量降到14%（安全水分含量），以便储存和加工，使碾米时能得到最大限度的整米率。

干燥主要使用蒸汽间接加热干燥和加热空气干燥两种方法，干燥条件比较缓和。同时，应将蒸谷的干燥过程分为两个阶段。在水分降到16%～18%以前为第一阶段，采用快速干燥脱水。水分降到16%～18%以下为第二阶段，采用缓慢干燥或冷却的方法。在进行第二阶段干燥之前，一般经过一段缓苏时间，这样不仅可以提高干燥效率，而且还能降低碎米率。

冷却过程实际上也是一种热交换过程，使用的工作介质通常为室温空气，利用空气与谷粒之间进行热交换，达到降温、冷却的目的。

干燥与冷却的设备很多，常用的有沸腾床干燥机、喷动床干燥机、流化槽干燥机、滚筒干燥机、塔式干燥机以及冷却塔等。

5）砻谷及砻下物分离

稻谷经水热处理以后，颖壳疏松、变脆，容易脱壳。使用胶辊砻谷机脱壳时，可适当降低辊间压力，提高产量，以降低胶耗、电耗。脱壳后，经稻壳分离、谷糙分离，得到的蒸谷糙米送入碾米机碾白。

6）碾米及成品整理

蒸谷糙米的碾白是比较困难的。在产品精度相同的情况下，蒸谷糙米所需的碾白时间是生谷(未经水热处理的稻谷)糙米的3～4倍。蒸谷糙米碾白困难的原因不仅在于皮层与胚乳结合紧密、籽粒变硬,而且皮层的脂肪含量高。碾白时,分离下来的米糠由于机械摩擦热而变成脂状,造成米筛筛孔堵塞,米粒碾白时容易打滑,致使碾白效率降低。为了防止这种现象发生,应采取以下措施:采用喷风碾米机,以便起到冷却和加速排糠的作用;碾米机转速比加工普通大米时提高10%;宜采用四机出白碾米工艺,即经三道砂辊碾米机、一道铁辊碾米机;碾米机排出的米糠采用气力输送,有利于降低碾米机内的摩擦热。

碾白后的擦米工序应加强,以清除米粒表面的糠粉。这是因为带有糠粉的蒸谷米,在储存过程中会使透明的米粒变成乳白色,影响产品质量。此外,还需按含碎要求,采用筛选设备进行分级。国外还利用色选机清除异色米粒,以提高蒸谷米商品价值。出口蒸谷米的质量指标如表3-24所示。

表3-24　出口蒸谷米的质量指标　(单位:%)

品名	等级	黄粒含量	病粒含量	心白含量	夹心含量	机损含量	碎米含量	水分含量	杂质				
									总量	矿物质量	糠粉含量	含稗粒/kg	含谷粒/kg
籼米	特一	1.5	1.5	6	1.5	2	5	14	0.2	0.02	0.05	10	2
	特二	2.0	1.5	6	1.5	2	5	14	0.2	0.02	0.05	20	3
	特三	2.0	1.5	6	1.5	2	7	14	0.25	0.03	0.1	30	4

(二) 外加法强化米生产

稻谷籽粒中的营养成分分布很不均衡,维生素、脂肪等大都分布在皮层和胚芽中。在碾米过程中,随着皮层与胚芽的碾脱,其营养成分也随之一起流失。大米精度越高,营养成分损失越多,所以高精度米虽然食味好、利于消化,但其营养价值要比一般低精度米要差。此外,大米在蒸煮过程中也将损失一定的营养成分。

强化米是在普通大米中添加某些缺少的营养素或特需的营养素而制成的成品米。目前,用于大米强化的强化剂有维生素、氨基酸及矿物盐。食用强化米时,有的产品按1∶200或1∶100的比例与普通大米混合煮食,有的产品与普通大米一样直接煮食。美国大米营养强化标准见表3-25。美国各州府都有法律规定,白米必须强化营养达到联邦标准中所列出的营养成分标准。

表3-25　美国大米强化标准

营养成分/($mg \cdot kg^{-1}$)	1958年标准	1972年标准
维生素 B_1	4.4～8.8	6.4
维生素 B_2	2.6～5.3	4.0
尼克酸	35～71	53
铁	29～57	88
钙	1102～2205	2116

外加法生产强化米常有浸吸法、涂膜法、强烈型强化法。

1. 浸吸法

浸吸法是国外采用较多的强化米生产工艺，强化范围较广，可添加一种强化剂，也可添加多种强化剂。其工艺流程如下：

维生素 B_1、维生素 B_6、维生素 B_{12} 溶液　　维生素 B_2、各种氨基酸溶液

大米→浸吸→初步干燥→喷涂→干燥→二次浸吸→汽蒸糊化→喷涂酸液→干燥→强化米

(1) 浸吸与涂膜。先将维生素 B_1、维生素 B_6、维生素 B_{12} 称量后溶于 0.2%重合磷酸盐的中性溶液中(重合磷酸盐可用多磷酸钾、多磷酸钠、焦磷酸钠或偏磷酸钠等)，再将大米与上述溶液一同置于带有水蒸气保温夹层的辊筒中。辊筒轴上装置有螺旋叶片，起搅拌作用。辊筒上方靠近米粒处装有 4～6 只喷嘴，可将溶液洒在翻动的米粒上。此外，也可由辊筒另一端通入热空气，对辊筒内的米粒进行干燥。该辊筒一机多能，浸吸时间为 2～4h，溶液温度为 30～40℃，大米吸附的溶液量为其质量的 10%。浸吸后，鼓入 40℃热空气，转动辊筒，使米粒稍稍干燥，再将未吸尽的溶液由喷嘴喷洒在米粒上，使之全部吸收。最后再次鼓入热空气，使米粒干燥至正常水分。

(2) 二次浸吸。将维生素 B_2 和各种氨基酸称量后，溶于重合磷酸盐中性溶液，再投入上述辊筒中与米粒混合进行二次浸吸。溶液与米粒之间质量比、浸吸操作方法与一次浸吸相同，但最后不进行干燥。

(3) 汽蒸糊化。取出二次浸吸后较为潮湿的米粒，置于连续式蒸煮器中进行汽蒸。连续蒸煮器为内有长条输送带的密闭式蒸柜。输送带低速运转，其下方装有两排蒸汽喷嘴。蒸柜上面两端各装有气罩，将废蒸汽通至蒸柜外。米粒通过进料斗以一定速度落至输送带上，在 100℃蒸汽下汽蒸 20min，使米粒表面糊化，这对防止米粒破碎及淘洗时营养素的保留均有好处。

(4) 喷涂酸液及干燥。汽蒸后的米粒仍置于上述辊筒中，边转动边喷入一定量的 5%乙酸溶液，然后鼓入 40℃的低温热空气进行干燥，使米粒水分降至 13%，最终得到强化米产品。

2. 涂膜法

涂膜法是在米粒表面涂上数层黏稠物质以生产强化米的方法，其工艺流程如下：

强化剂溶液　　果胶、马铃薯淀粉溶液

大米→干燥→真空浸吸→冷却→汽蒸糊化→冷却→分粒→干燥→一次涂膜→汽蒸→冷却→干燥→二次喷膜→汽蒸→冷却→分粒→干燥→三次涂膜→干燥→强化米

阿拉伯胶、蔗糖脂肪酸脂、马铃薯淀粉　　火棉胶

(1) 真空浸吸。先将需强化的维生素、矿物盐、氨基酸按配方称量，溶于 40kg、20℃的热水中。大米预先干燥至水分为 7%。取 100kg 干燥后的大米置于真空罐中，同时注入强化剂溶液，在 8×10^4 Pa 真空度下搅拌 10min，米粒中的空气被抽出后各种营养素即被吸入内部。

(2) 汽蒸糊化与干燥。自真空罐中取出上述米粒，冷却后置于连续式蒸煮器中汽蒸 7min，再用冷空气冷却。使用分粒机将黏结在一起的米粒分散，然后送入热风干燥机中，将米粒干燥至水分含量为 15%。

(3) 一次涂膜。将干燥后的米粒置于分粒机中，与一次涂液共同搅拌混合，使溶液涂覆在

米粒表面。一次涂液的配方是：果胶 1.2kg，马铃薯淀粉 3kg 溶于 10kg、50℃热水中。一次涂膜后，将米粒自分粒机中取出，送入连续式蒸煮器中汽蒸 3min，通风冷却。接着在热风干燥机内进行干燥，先以 80℃干燥 30min，然后降温至 60℃连续干燥 45min。

(4) 二次涂膜。将一次涂膜并干燥后的米粒，再次置于分粒机中进行二次涂膜。先用 1% 阿拉伯胶溶液将米粒湿润，再与含有 1.5kg 马铃薯淀粉及 1kg 蔗糖脂肪酸脂的溶液混合浸吸，然后与一次涂膜工序相同，进行汽蒸、冷却、分粒、干燥。蔗糖脂肪酸酯是将蔗糖和脂肪酸甲酯用碳酸钙作催化剂，以甲基甲酞胺作溶剂，减压下反应、浓缩，再用精制乙醇结晶而成。

(5) 三次涂膜。二次涂膜并干燥后，接着便进行三次涂膜。将米粒置于干燥器中，喷入火棉乙醚溶液 1kg(火棉胶与乙醚各半)，干燥后即得强化米。

3. 强烈型强化法

强烈型强化法是国内研制的一种大米强化工艺，比浸吸法和涂膜法工艺简单，所需设备少，投资小，便于大多数碾米厂推广使用。强烈型强化法其工艺流程如下：

维生素 B_1、维生素 B_2、赖氨酸溶液（↓ 第一台强化机）　钙、磷、铁、食用胶（↓ 第二台强化机）

免淘米→强化机→缓苏仓→强化机→缓苏仓→筛选→强化米

加工时，免淘洗米进入强化机后，先以赖氨酸、维生素 B_1、维生素 B_2 进行第一次强化，然后，缓苏仓静置适当时间，使营养素向米粒内部渗透并使水分挥发。第二次强化钙、磷、铁，并在米粒表面喷涂一层食用胶，形成抗水保护膜，起防腐、防虫、防止营养损失的作用。第二次缓苏后经过筛理，去除碎米，小包装后即为强化米产品。利用此法强化大米的效果见表 3-26。

表 3-26 强烈强化米的强化效果 (单位：mg · 100g^{-1})

营养成分	强化标准	优质早籼米			晚籼米		
		糙米含量	白米含量	强化米含量	糙米含量	白米含量	强化米含量
赖氨酸	310	304	246	315	328	290	382
维生素 B_1	0.18	0.08	0.03	0.18	0.034	0.026	0.21
维生素 B_2	0.10	0.03	0.02	0.10	0.03	0.02	0.11
钙	88	21	10	90	22	10	101
磷	170	172	160	162	170	153	168
铁	3.0	3.2	3.1	3.0	2.9	2.5	2.8

三、留胚米的加工

留胚米(又称胚芽米)是指留胚率在 80%以上、大米胚芽质量在 2%以上的大米。

留胚米与普通大米相比较，含有丰富的维生素 B_1、维生素 B_2、维生素 E、矿物质、脂肪以及膳食纤维，这些都是现代饮食生活中不可缺少的营养素。长期食用留胚米，可以促进人体发育、维持皮肤营养、促进人体内胆固醇皂化、调节肝脏积蓄的脂肪。

留胚率的检测方法有粒数法与质量法两种。粒数法是以胚芽完好率为测定依据。任取 100 粒大米，按全胚米、平胚米、半胚米进行留胚分类，并计各类粒数，则留胚率即为全胚米＋平胚米＋1/2 半胚米。质量法是测定糙米试样的胚质量和留胚米试样的胚质量，以二者百分比表示留胚率。虽然质量法比粒数法准确，但费工费时，分离胚芽时必须做到不损伤胚乳。

留胚米生产方法与普通米基本相同，经过清理、砻谷、碾米三个工序。为了使留胚率在80%以上，碾米时必须采用多机轻碾，即碾白道数要多、碾米机内压力要低。使用的碾米机应为砂辊碾米机，金刚砂辊筒的砂粒应较细，碾白时米粒两端不易被碾掉，胚芽容易保留。砂辊碾米机转速不易过高，否则胚芽容易脱落。应根据碾白的不同阶段，使转速由高向低变化。一般情况下，碾辊离心加速度应在 $1000m \cdot s^{-2}$ 以下。碾米机的配置有单机循环式与多机连续式。单机循环式是在一台米机上装有米粒循环用料斗，米粒经过 6～8 次循环碾制而得到留胚米。这种生产方式效率低，但占地面积小，设备投资低。多机连续式是将 6～8 台碾米机串联使米粒依次通过各道碾米机碾制而得到留胚米。这种生产方式适合大规模生产，但占地面积大，投资高。

留胚米因保留胚芽较多，在温度、水分含量适宜的条件下，微生物容易繁殖。因此，留胚米常采用真空包装或充气(二氧化碳)包装，防止留胚米品质降低。蒸煮食用留胚米时，加水量为普通大米加水量的 1.2 倍，且冷水浸泡 60min(温水浸泡 30min)左右，蒸煮时间长一些，做出的米饭营养食味俱佳。

四、配制米的生产

将品种、食用品质、营养品质各异的大米按一定比例混合而成的成品米即为配制米。我国配制米生产历史不长，在理论和技术上都还处于探索阶段。研究配制米生产意义重大：配米技术是建立在充分掌握各种大米的特性，了解不同消费对象对大米食用品质不同要求的基础上，通过各种原料的品种、产地、年份等非量化指标和直链淀粉、蛋白质、脂肪酸、水分等量化指标进行配比组合，利用多种大米的品质互补作用，制成物美价廉的系列大米产品。它从总体上提高了大米的食用品质、营养品质，满足不同消费者的需要；配制米是依据一定的配方和加工工艺设备进行的，因而为大米品质的稳定性提供了保证。有了稳定的品质，消费者就可以根据自己的要求在不同地点、不同时间选择到品质优良的商品米；配制米生产技术除考虑了国家标准中大米等级的分类外，还充分考虑了大米食用品质、营养品质和碎米含量等，通过调整这些方面的指标便能生产出系列化的商品米；配制米如果能利用好不同品种稻谷的食味和营养差异，用不同的配比生产出系列化大米，就可挖掘其内在的价值，提高经济效益。其次大米精加工过程中会产生较多的碎米，将这些碎米搭配到档次低一些的大米中去，则可收到比碎米更高的经济效益。另外由于储备的需要，经常会有陈米出现，如将不同程度的陈粮以不同的比例搭配到不同档次的大米中也不失为提高经济效益的一个途径。

(一) 配制米的品种种类

目前配制米的配制依据主要以下几项：品种与同等级不同碎米含量进行配制；根据大米新陈度进行配制；普通大米和名优大米进行配制；普通大米和特种大米(香米、色米)进行配制；不同品种的碎米配制成粥用米；浓度强化米、强化人造米与普通大米进行配制；浓度增香大米与普通大米进行配制等。

根据配制米的定义，配制米的品种种类可达到很多种。但就其特性可主要归纳为以下几大类。

1) 常规型配制米

由于中国人特有的消费习惯，购买大米时，选择标准往往取决于大米的外观色泽、含碎米量多少等因素。因此，成品大米含碎量多少决定其价位和市场占有率。为适应社会需求，按成品大米含碎比例，对成品大米进行配制，即产生常规型配制米，它是一种较普通的配制米，工艺和操作要求相应简单一些。目前市场上常规型配制米主要有：全整米（含总碎1%以下）、一级整米（含总碎5%以下）、二级整米（含总碎10%以下）、三级整米（含总碎15%以下），及其他按市场需求所配制的不同含碎总量的成品配制米。

2）口感型配制米

随着生活水平的提高及人们对大米品质的要求越来越高，大米的内在品质日益成为消费者所关心的一件事情。好不好吃成为人们选购大米的另一项标准。而根据大米的黏性及蒸煮时需水量多少将不同品质大米配制在一起的，以满足消费者口感需求的成品大米即口感型配制米。它可依据不同的消费群体而配制出米饭软、硬各异，黏性不同的成品大米。

3）香型配制米

香米在国内市场虽价格不菲，但消费者众多，其主要原因就是提高了大米的食用品质，香气怡人，适于上口。借助于天然香稻谷或高浓度增香大米与普通精制大米，按科学的配比，调制出的适合于中国消费者的香型配制米已成为当务之急。

4）营养型配制米

随着国民生活水平的日益提高和国民经济的高速发展，人们希望身体健康及全面营养的欲望更加强烈。因此，加强中国主食之一的大米营养强化，全面提高我国国民的身体素质等问题，已引起有关公共卫生营养部门的格外关注。营养型配制米就是采用高浓缩营养强化米，按科学的配方，与普通精制米配制在一起的大米。目前主要有高维大米、高蛋白大米及加碘大米、加锌大米、富硒大米、富钙大米等。

5）功能型配制米

通过饮食来调节人体生理活动，以预防或辅助治疗疾病、促进健康，功能性食品逐渐为人们所重视和喜食。我国有不少的特种稻米，其色、香、味三绝，而且营养丰富，还含有特殊的药物成分。但这些特种米总体上数量还偏少，因此通过与普通精制大米配制，可生产出功能型配制米。

6）专用型配制米

改变大米被视为单一口粮的传统观念，使大米转化为多品种、专用化、系列化并成为食品、保健、医药、化工等工业生产需要的产品，使大米生产朝着专用化方向发展。专用型配制米包括：不同制作要求的专用米，如家庭用电饭锅专用米、食堂饭店蒸饭用专用米、炒饭用专用米等；食品工业专用米，如米粉（米线）专用米、方便米饭专用米（直链淀粉和支链淀粉比例有一定的要求，复水时间要短）。另外还有如营养米糊专用米、特色水磨糯米粉专用米等；方便粥专用米，膨胀而不能表面开裂，食用品质黏糊又有颗粒感；米酒专用米；发酵工业专用米，包括啤酒用米、黄酒用米、味精用米等。

（二）生产配制米考虑的主要因素

稻米的品质主要包括外观、碾制、蒸煮、食用、营养五个方面，有时还包括安全、储藏、加工和卫生等性质。

（1）外观品质。大米的粒形有大有小，垩白性状，透明度等外表特性也不一样、配米时应保持外观整齐，有较好商品价值和“卖相”。

（2）碾制品质。指稻谷在碾磨后所保持的状态，如出糙率、精米率、整精米率，这些指标决定了市场大米价格。因此，我们把大米的碾米品质和外观品质统称为商品品质。

(3) 蒸煮品质。蒸煮品质是指大米在蒸煮过程中所表现出来的特性。不同品质的大米，蒸煮品质是不一样的，直链淀粉含量高的大米，出饭率高，黏性小，质地硬，无光泽，食味差。支链淀粉含量高的大米，胶稠度大，黏性高，出饭率低。配制米生产则是根据大米特性不同进行配制的。

(4) 食用品质。食用品质也称适口性，指米饭在咀嚼时给人的味觉感官所留下的感觉，如米饭的黏性、弹性、硬度，香味等。不同的大米有不同的食用品质，主要是由于大米本身所含的化学成分和大米物理特性的不同引起的。

(5) 营养品质。大米的营养品质是指大米中含有营养成分的程度。营养成分包括淀粉、蛋白质、脂肪、维生素、氨基酸等。

(三) 配制方案设计

在评价各大米品质的基础上，对各品种赋予不同的评价值，包括食味的感官值及与食味相关的主要化学成分，如蛋白质、直链淀粉、胶稠度、脂肪酸、水分的测定值转化成的评价值，以及根据产地、生产年份确定的相应分数值等，并以此为依据设计配米方案。除此以外，在工艺中还必须考虑各种大米在粒形、粒色、加工精度、碎米等方面的差异。要尽可能保证配制米外观均匀一致。此外还应兼顾香米与非香米、新米与陈米、硬米与软米、粳米与糯米以及不同产地等的差异，尽可能使配制米的气味、色泽、柔软性、黏度等适度互补。

但在实际操作中，不可能考虑全部因素，只能遴选几个有代表性的因素综合评价作为配米用的参考或指标。这些指标既要能反映大米的食用品质，又要能准确测定便于操作。现在用的较多的指标通常是直链淀粉含量、胶稠度、粒色、粒形、香味等，根据考察指标和计算结果确定方案。检验配制米是否成功，最终是对配米的食味进行感官评定，看是否达到了预期的要求，如有差距，再作进一步调整。

(四) 配制米加工工艺与设备

1) 配制米生产基本工艺流程

配制米一般是在普通成品米加工完成之后进行。其工艺流程为：

普通成品米→配米仓→配米器→混合机→配制米

作为配米仓，以能满足配制时所需种类数即可，一般选用3或4个。目前较为典型的配米系统与配麦系统基本相同。

2) 配制米加工设备

(1) 配米器。连续重量冲板式配米器。其工作原理为：流量控制器运行时，大米经过流量控制闸门，落到流量感应板上，当物料流经流量计感应板时，传感器获得物料冲力信号，并转换电信号，传给智能控制仪表，物料冲击力与物料流量呈线性关系，智能控制系统按该系统数学模型进行调节，物料流量小于设定流量时，控制电磁阀处于进气导通状态，使气动闸门开大，流量增大。反之电磁阀处于出气状态，流量减小。当物料达到设定流量时，闸门处于保持状态，停留在一个与设定值相应的开度上，达到动态平衡位置，仪表显示实时流量。工作原理如图 3-88 所示。这种配米器体积

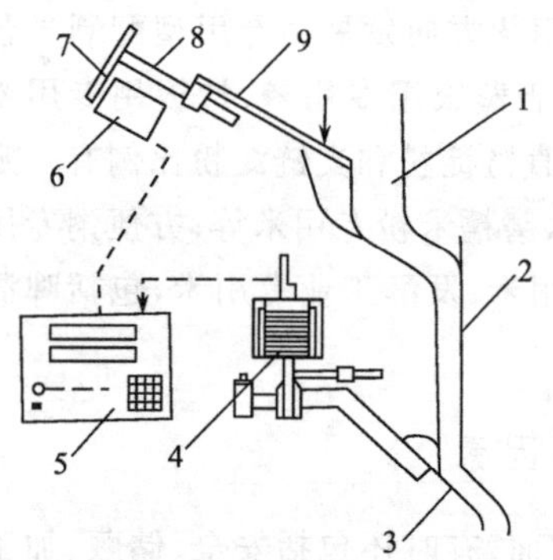

图 3-88 控制器工作原理图

1. 进料口；2. 流体调整板；3. 流量冲板；4. 传感器；5. 控制箱；6. 执行电机；7. 变速箱；8. 丝杆；9. 闸板阀

小，便于安装，流量控制精度高（0.5%～1.0%）自动化程度高，操作简单方便。

（2）混合器。配米中的混合设备，需具备混合均匀又不能产生碎米的功能，目前，国内尚无较为理想的配米混合机，常采用带式输送机边输送边混合。也有的企业采用卧式混合机或螺带式混合机。

思考题

1. 稻谷脱壳有几种方法？胶辊砻谷机是怎样脱壳的？
2. 简述影响胶辊砻谷机工艺效果的因素。怎样才能保证较高而又稳定的脱壳率？
3. 谷壳分离的基本原理是什么？怎样收集和整理谷壳？
4. 谷糙在工艺特性上有哪些差异？谷糙分离的基本原理是什么？
5. 谷糙分离平转筛、重力谷糙分选机和巴基机的工作原理是什么？
6. 简述影响谷糙分离工艺效果的主要因素。
7. 何谓摩擦擦离、碾削、混合碾白？各有哪些特点？
8. 简述碾米的基本要素。碾米中的喷风有哪些作用？
9. 综述影响碾米工艺效果的主要因素。多机碾白有何特点？
10. 成副产品整理的目的和要求是什么？简述滚筒精选机、色选机、糠粞分离器的工作原理。
11. 蒸谷米有何特点？简述其生产工艺过程。
12. 简述免淘洗米、营养强化米、留胚米的特点及其生产方法。
13. 简述配制米生产的必要性、种类和影响因素。
14. 简述工艺流程设计的重要性和基本要求。
15. 简述工艺流程设计的步骤与方法。绘制工艺流程时的基本要求应有哪些？
16. 如何计算胶辊砻谷机的线速、线速差、搓撕长度、脱壳率、胶耗？
17. 影响谷壳分离效果的主要因素有哪些？怎样正确组合谷壳分离与收集流程？
18. 如何检测和计算砻谷及砻下物的工艺指标？
19. 怎样检测和评定碾米工艺指标？如何计算糙出白率、碾减率？
20. 影响色选的主要因素有哪些？如何正确组合成副产品整理流程？

参考文献

顾鹏程，胡永源．2008．谷物加工技术．北京：化学工业出版社

顾尧臣．1998．粮食加工设备工作原理、设计和应用．武汉：湖北科学技术出版社

李则选，金增辉．2005．粮食加工．北京：化学工业出版社

刘四麟．2002．粮食工程设计手册．郑州：郑州大学出版社

刘英．2005．谷物加工工程．北京：化学工业出版社

吴良美．2005．碾米工艺与设备．成都：西南交通大学出版社

姚惠源．1999．谷物加工工艺学．北京：中国财政经济出版社

姚惠源．2004．稻物深加工．北京：化学工业出版社

张名位．2000．特种稻米及其加工技术．北京：中国轻工业出版社

朱永义．2002．谷物加工工艺与设备．北京：科学出版社

第四章 小麦加工

本章的学习目的

了解小麦制粉的方法、原理;熟悉小麦制粉工艺设备的主要结构、工作原理、工艺参数的选定及主要影响因素;掌握小麦粉后处理技术方法;具备粉路设计及科学进行制粉工艺流程组合的能力。

本章的学习重点

小麦制粉工艺主要设备的结构,磨辊参数、筛格、筛网的选配,影响研磨、筛理、清粉工艺效果的因素。

第一节 概 述

小麦经过清理及水分调节,而达到净麦的要求。小麦制粉是利用研磨、筛理、清粉等设备,将净麦的皮层与胚乳分离,并把胚乳磨细成粉,或经过配粉等处理,制成各种不同等级和用途的成品小麦粉。制粉过程的关键是如何将胚乳与麦皮、麦胚尽可能完全地分离。实际生产中,麦皮不可避免地或多或少混入胚乳当中。因此,制粉要解决的首要问题,是如何保证高的出粉率和小麦粉中低的麦皮含量,这也是制粉过程的复杂所在。制粉过程主要包括研磨、清粉和筛理等部分。

研磨的作用是利用机械作用力把小麦籽粒剥开,然后从麸片上刮净胚乳,再将胚乳磨成一定细度的小麦粉。常用的磨粉设备有辊式磨粉机、盘式磨粉机及辅助研磨设备撞击磨和松粉机等。

清粉的作用是通过气流和筛理的联合作用,将研磨过程中的麦渣和麦心按质量分成麸屑、带皮的胚乳和纯胚乳粒三部分,以实现对麦渣、麦心的提纯。广泛地应用在磨制高等级小麦粉并要求有较高出粉率的小麦粉厂。常用的清粉设备为清粉机。

筛理的目的在于把研磨撞击后的物料混合物按照颗粒的大小和比重进行分级,并筛出小麦粉。常用的筛理设备有平筛、圆筛,打麸机和刷麸机也属于筛理设备。

一、小麦制粉的方法

小麦制粉采用的方法,随磨制的小麦粉种类和使用的设备有所不同,可分为一次粉碎制粉和逐步粉碎制粉。

(一)一次粉碎制粉

一次粉碎制粉是一种最简单的制粉方法,小麦经过一道粉碎设备粉碎后,直接进行筛理并制成小麦粉。一次粉碎制粉很难实现麦皮与胚乳的完全分离,胚乳粉碎的同时也有部分麦皮被粉碎,而麦皮上的胚乳也不易刮干净。因此一次粉碎制粉的出粉率低、小麦粉质量差,适合于磨制全麦粉或工业用小麦粉,不适合制作高等级的食用小麦粉。

（二）逐步粉碎制粉

逐步粉碎制粉是现代小麦粉加工企业广泛采用的制粉方法，按照加工过程的简繁它又可分为以下两种。

1. 简化分级制粉

将小麦进行研磨后筛出小麦粉，剩下的较大的颗粒混在一起继续进行第二次研磨，这样重复数次，直到获得一定的出粉率和小麦粉质量，又称“一条龙制粉”。这种方法不提取麦渣和麦心，所以单机就可以生产。我国农村目前还存在采取这种生产方法的辊式磨粉机或盘式磨粉机，也有用几台磨粉机组成的小型机组。

2. 分级制粉

1）提取麦渣麦心，但不进行清粉的分级制粉方法

将小麦经过前几道研磨系统研磨后产生的物料分离成麸片、麦渣、麦心和粗粉，然后按照它们的质量和粗细度分别送入各自相应的系统研磨。我国以前广泛采用的“前路出粉法”生产标准粉基本上属于这一类型，这种方法通常采用 5～10 道研磨和筛理系统。心磨一般采用齿辊，小麦粉粒度较粗，能生产高出粉率（＞85％）的小麦粉，也能够生产不同质量的等级粉，但上等粉的出率较低。该制粉过程的原理见图 4-1。

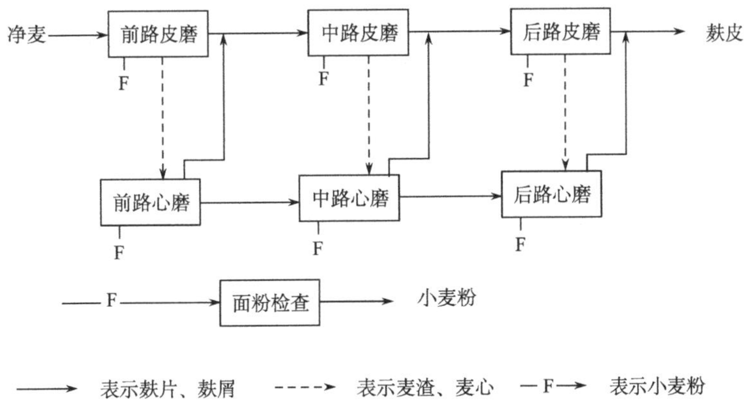

图 4-1　提取粗粒不经过清粉的制粉原理图

2）提取麦渣、麦心并进行清粉的制粉方法

提取麦渣、麦心并进行清粉的制粉方法如图 4-2 所示，这是一种复杂的制粉方法，用于生产高等级小麦粉并具有较高的出粉率。在前几道研磨系统尽可能多地提取麦渣、麦心和粗粉，而且将提取出的麦渣、麦心送往清粉机按照颗粒大小和质量进行分级提纯。同时采用渣磨系统对连皮的麦渣进行轻微剥刮，从而有效地实现了麦皮与胚乳的分离。精选出的纯度高的麦心和粗粉送入心磨系统磨制高等级小麦粉，而精选出的质量较次的麦心和粗粉则送往相应的心磨系统磨制质量较低的小麦粉。

由于前几道研磨系统的重点在于提取麦渣、麦心和粗粉，因出粉的重点放在心磨系统，故这种制粉方法又称作“中路出粉法”。这种制粉方法，高等级粉的出率较高，在 20 世纪 90 年代的小麦粉厂中得到广泛采用。这种制粉方法中，心磨一般采用光辊，以挤压力为主，尽量避免麸皮破碎，并辅以撞击机、松粉机以松开粉片并提高取粉率。

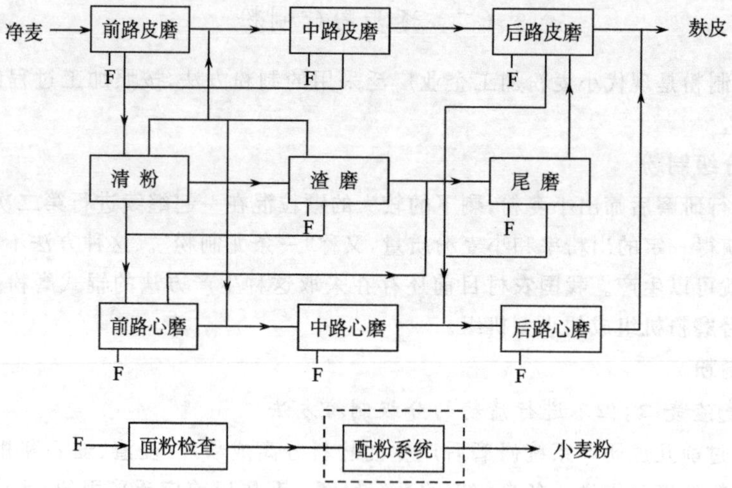

图 4-2　提取粗粒经过清粉的制粉原理图

F. 小麦粉

二、在制品的分类

在制品是制粉过程中各研磨系统中间物料的总称。小麦经逐道研磨后的物料，含有大小不同的颗粒(从微米到毫米)，这些在制品用筛理设备进行分类，主要通过不同规格的筛网来实现。

(一) 筛　　网

筛网是用于物料分级和提取小麦粉的重要材料，筛网的规格、种类及质量对控制各在制品的比例和小麦粉的粗细度有着决定性的影响。筛网按制造材料的不同可分为金属丝筛网和非金属丝筛网。

1. 金属丝筛网

金属丝筛网通常由镀锌低碳钢丝、软低碳钢丝和不锈钢钢丝制成。金属丝筛网具有强度大、耐磨性好、不会被虫蛀等特点，因而经久耐用。但其缺点也很明显:金属丝没有吸湿性，很容易被水汽与粉粒糊住筛孔，并容易生锈。此外，金属丝筛网的筛孔容易变形，同时金属很难拉成很细的丝，所以金属丝筛网一般为筛孔较大的筛网。

镀锌低碳钢丝筛网颜色光亮，故称作白钢丝筛网，多用于粗筛和分级筛。软低碳钢丝筛网丝黑而粗，强度大，被称作黑钢丝筛网，常用于刷麸机。

不锈钢或准不锈钢钢丝网强度大，筛孔不易变形，延伸性小，使用寿命长，其应逐步取代以上两种金属筛网。

金属丝筛网的规格，以一个汉语拼音字母和一组数字来表示具体型号。字母表示金属丝材料，例如，字母 Z 表示镀锌低碳钢丝筛网、R 表示软低碳钢丝筛网。字母后面的数字表示每 50mm 筛网上的筛孔数。如 Z20 表示每 50mm 上有 20 个孔的镀锌低碳钢丝筛网。

小麦制粉厂习惯用每英寸(1in＝0.0254m)筛网长度上的筛孔数表示筛网规格，并以字母 W 表示金属丝筛网，如 20W 是指每英寸筛网长度上有 20 个筛孔。表 4-1 列出常用镀锌低碳钢丝筛网的规格。表 4-2 为刷麸机常用的软低碳钢丝筛网规格。

表 4-1　小麦制粉厂常用的镀锌低碳钢丝筛网规格

筛网型号	经向、纬向筛孔密度/(孔数 · $50mm^{-1}$)	公称筛孔大小/mm	金属丝公称直径/mm	相当于旧规格/W
Z20	20	1.95	0.55	10
Z24	24	1.63	0.45	12
Z28	28	1.44	0.35	14
Z32	32	1.21	0.35	16
Z36	36	1.09	0.3	18
Z40	40	0.95	0.3	20
Z44	44	0.85	0.28	22
Z48	48	0.76	0.28	24
Z52	52	0.71	0.25	26
Z56	56	0.67	0.22	28
Z60	60	0.61	0.22	30
Z64	64	0.58	0.2	32
Z68	68	0.54	0.2	34
Z72	72	0.49	0.2	36

表 4-2　小麦制粉厂常用软低碳钢丝筛网规格

型号	纬向、经向筛孔密度/(孔数 · $50mm^{-1}$)	公称筛孔大小/mm	金属丝公称直径/mm	相当于旧规格/W
R68	68	0.46	0.28	34
R72	72	0.41	0.28	36
R76	76	0.41	0.25	38
R80	80	0.38	0.25	40
R84	84	0.38	0.22	42
R88	88	0.35	0.22	44
R92	92	0.32	0.22	46
R96	96	0.32	0.2	48
R100	100	0.30	0.2	50

2. 非金属丝筛网

非金属丝筛网是指由非金属材料制成的筛网，目前小麦面粉厂使用的非金属丝筛网主要有尼龙筛网、化纤筛网、蚕丝筛网和蚕丝与锦纶交织筛网。

锦纶丝筛网由聚酰胺纤维等合成纤维编织而成，具有孔径均匀、网面平挺、强度高、耐磨性好、不堵孔、不并丝、不变形等优点，但吸湿性差，易受湿、热的影响。

蚕丝筛网是用优质蚕丝编织而成，其优点是：坚韧而有弹性，可在本身长度 15%～20% 的范围伸缩，保持筛网在筛格上的张紧状态；蚕丝有吸湿性，可减少水汽在筛格内的凝结现象，从而避免筛孔堵塞；蚕丝的表面涂有化学药品，使筛网增加导电能力，避免细小粉粒在筛理时产生静电，黏在筛面上降低筛理效率。蚕丝筛网的缺点是较易磨损，用久后易起毛，价格也较贵。

锦纶与蚕丝交织筛网，具有锦纶与蚕丝的共同优点，即耐磨性好、强度高、延伸性小、筛孔清晰等特点，耐磨强度比蚕丝筛网提高 50%～100%。绷装后的筛面张紧不松弛，筛孔不变形，经久耐用。

以尼龙筛网为代表的化纤筛网近年来使用越来越多，尼龙筛网具有强度高、耐磨性好、使用寿命长等特点，不足之处是弹性大，筛网张紧后易松弛。但是，通过技术处理，完全可以克服这些不足。

非金属丝筛网的筛网编织方法有全绞织(Q)、半绞织(B)和平织(P)三种，如图 4-3 所示。

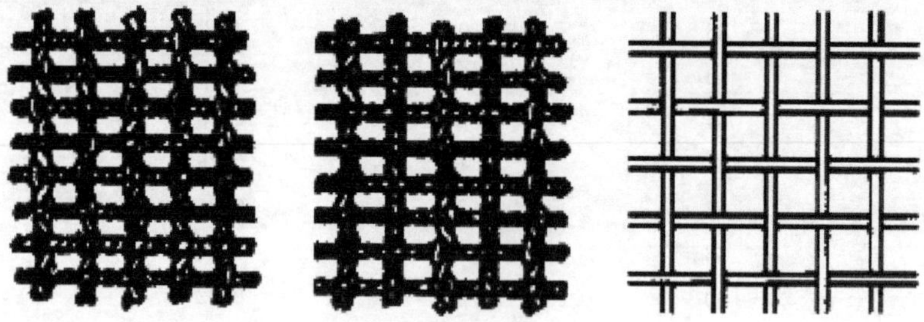

图 4-3 常见筛网的编制方法

(a)全绞织(Q)；(b) 半绞织(B)；(c) 平织(P)

全绞织是纬线用一股丝线，经线由两股组成，一上一下地把纬线绞住，因而筛孔不变形，筛网更牢固，这种织法用于筛孔较稀的筛网，如图 4-3(a)所示。

半绞织并非所有经纬线都用两股丝线绞成，而是一双一单地交替织造，这种织法用于筛孔较密而小的筛网，如图 4-3(b)所示。

平织是经纬线相同，都使用一股线，如图 4-3(c)所示。

非金属丝筛网的规格，新的表示方法全绞织用 Q 表示，半绞织用 B 表示，平织用 P 表示，前面加上筛网材料的符号、蚕丝用 C 表示，锦纶用 J 表示，锦纶、蚕丝用 JC 表示，后面加上一个数字表示每厘米筛网长度上的筛孔数，如 CB33 表示每厘米筛网长度上有 33 个筛孔的半绞织蚕丝筛网。JCQ25 表示每厘米筛网长度上有 25 个筛孔的全绞织蚕丝锦纶筛网。旧的表示方法为 GG，表示每一维也纳英寸(相当于 1.0375in 或 0.0264m)长度上的筛孔数目，如 30GG 表示每一维也纳英寸上有 30 个孔。XX 表示双料筛网，规格用号数表示，如 10XX 表示 10 号蚕丝双料筛网，每英寸长度上有 109 个筛孔。常见新旧型号绞织筛网的规格见表 4-3、表 4-4、表 4-5、表 4-6。

表 4-3 全绞织蚕丝筛网

新型号规格	每厘米孔数	孔宽/mm	有效筛理面积/%	旧型号规格	每英寸孔数	每厘米孔数	孔宽/mm	有效筛理面积/%
CQ7	7	1.140	63.71	18GG	17.5	6.9	1.132	60.76
CQ8	8	0.974	60.76	20～22 GG	19～21	7.5～8.5	1.041～0.922	60.57～58.14
CQ9	9	0.850	58.51	24GG	23	9.1	0.836	57.34
CQ10	10	0.752	56.49	26 GG	25	9.8	0.755	58.14
CQ11	11	0.676	55.32	28 GG	27	10.6	0.704	56.08
CQ12	12	0.605	56.62	30～32 GG	29～31	11.4～12.2	0.652～0.603	55.48～54.17

续表

新型号规格	每厘米孔数	孔宽/mm	有效筛理面积/%	旧型号规格	每英寸孔数	每厘米孔数	孔宽/mm	有效筛理面积/%
CQ13	13	0.548	50.74	34 GG	33	13	0.567	54.31
CQ14	14	0.505	49.88	36 GG	35	13.8	0.529	53.13
CQ15	15	0.466	48.80	38～40 GG	37～39	14.6～15.4	0.494～0.463	51.69～50.47
CQ16	16	0.437	48.92	42 GG	40.5	15.9	0.449	51.38
CQ17	17	0.408	48.06	44 GG	42.5	16.7	0.424	50.28
CQ18	18	0.385	47.94	46 GG	44.5	18	0.403	49.69
CQ19	19	0.358	46.17	48～50 GG	46.5～48.5	18.3～19.1	0.380～0.366	48.32～48.90
CQ20	20	0.336	45.28	52 GG	50.5	19.9	0.346	47.24
CQ21	21	0.318	44.66	54 GG	52.5	20.7	0.331	47.00
CQ22	22	0.302	44.14	56 GG	54.5	21.5	0.316	46.10
CQ23	23	0.284	42.73	58～60 GG	56.5～58	22.2～22.8	0.303～0.292	45.45～43.27
CQ24	24	0.270	42.05	62 GG	60	23.6	0.282	44.69
CQ25	25	0.258	41.56	64 GG	62	24.4	0.273	44.64
CQ26	26	0.251	42.46	66 GG	64	25.2	0.264	44.30
CQ27	27	0.242	42.64	67～70 GG	66～68	26～26.8	0.522～0.246	43.54～43.57
CQ28	28	0.230	41.57	72 GG	70	28.3	0.225	40.80
CQ29	29	0.227	43.15	—	—	—	—	—

表 4-4 全绞织锦纶蚕丝筛网型号和规格

新型号规格	每厘米孔数	孔宽/mm	有效筛理面积/%	旧型号规格	每英寸孔数	每厘米孔数	孔宽/mm	有效筛理面积/%
JCQ19	19	0.353	40.05	50 GG	48.4	19.1	0.352	44.20
JCQ20	20	0.329	43.20	52 GG	50.5	19.7	0.325	42.25
JCQ21	21	0.308	41.89	54 GG	52.5	20.7	0.304	40.28
JCQ22	22	0.299	43.22	58GG	56.5	22.2	0.297	42.60
JCQ23	23	0.284	42.73	60GG	58.0	22.8	0.277	40.55
JCQ24	24	0.271	42.40	64GG	62	24.4	0.262	39.49
JCQ25	25	0.261	42.67	66GG	64	25.2	0.265	43.88
JCQ26	26	0.247	41.18	68GG	66	26.0	0.250	42.17
JCQ27	27	0.247	44.39	70GG	68	26.8	0.243	43.12
JCQ28	28	0.234	43.00	72GG	72	28.3	0.230	41.52

表 4-5　全绞织锦纶筛网型号和规格

新型号规格	每厘米孔数	孔宽/mm	有效筛理面积/%	旧型号规格	每英寸孔数	每厘米孔数	孔宽/mm	有效筛理面积/%
JQ19	19	0.345	42.96	50 GG	48.5	19.1	0.346	43.5
JQ20	20	0.322	41.36	52 GG	50.5	19.9	0.326	41.8
JQ21	21	0.303	40.48	54 GG	52.5	20.7	0.309	40.6
JQ22	22	0.294	41.87	58GG	56.5	22.2	0.286	40.5
JQ23	23	0.287	40.88	60GG	58	22.8	0.275	39.38
JQ24	24	0.266	40.61	64GG	62	24.4	0.262	37.57
JQ25	25	0.255	40.25	66GG	64	25.2	0.252	43.42
JQ26	26	0.242	39.42	68GG	66	26.0	0.250	42.23
JQ27	27	0.242	42.78	70GG	68	26.8	0.239	40.78
JQ28	28	0.231	41.65	72GG	72	28.3	0.218	38.00

表 4-6　半绞织蚕丝筛网型号和规格

新型号规格	每厘米孔数	孔宽/mm	有效筛理面积/%	旧型号规格	每英寸孔数	每厘米孔数	孔宽/mm	有效筛理面积/%
CB30	30	0.198	35.28	6XX	74	29.1	0.210	37.29
CB33	33	0.181	35.73	7XX	82	32.3	0.133	38.54
CB36	36	0.160	33.03	8XX	86	33.9	0.181	37.93
CB39	39	0.147	32.72	9XX	97	38.2	0.156	34.78
CB42	42	0.137	33.16	10XX	109	42.9	0.137	35.30
CB46	46	0.123	32.14	11XX	116	45.7	0.124	31.25
CB50	50	0.119	35.50	12XX	125	49.2	0.108	29.27
CB54	54	0.105	32.07	13XX	129	50.8	0.110	30.77
CB58	58	0.095	30.30	14～15XX	139～150	54.7～59.1	0.099～0.078	29.70～26.47
CB62	62	0.092	32.31	16XX	157	61.8	0.085	27.69

（二）在制品的分类

1. 按物料分级要求的分类

使用平筛筛理在制品时，按物料分级的要求，可分为以下几种筛面。

(1)粗筛。从皮磨磨下的物料中分出麸片的筛面，一般使用金属丝筛网。

(2)分级筛。将麦渣、麦心按颗粒大小分级的筛面，一般使用细金属丝筛网或非金属丝筛网。

(3)细筛。指在清粉前分离粗粉的筛面，一般使用细金属丝筛网或非金属丝筛网。

(4)粉筛。筛出成品小麦粉的筛面，一般采用非金属丝筛网。

2. 按粒度大小的分类

在制品按粒度大小可分为麸片、粗粒(麦渣、麦心)和粗粉(硬粗粉、软粗粉)。

麸片。连有胚乳的片状皮层，粒度较大，且随着逐道研磨筛分，其胚乳含量将逐道降低。

麸屑。连有少量胚乳呈碎屑状的皮层，此类物料常混杂在麦渣、麦心之中。

麦渣。连有皮层的大胚乳颗粒。

粗麦心。混有皮层的较大胚乳颗粒。

细麦心。混有少量皮层的较小胚乳颗粒。

粗粉。较纯净的细小胚乳颗粒。

具体分类见表 4-7。

表 4-7　在制品的分类

名称	粒度			灰分/%
	穿过筛布号数	留存筛布号数	大小/mm	
粗麸皮	—	18～22W	0.9～1.7	
粗粒				
麦渣(大粗粒)	18～22W	32W	0.6～0.9	1.1～2.0
粗麦心(中粗粒)	32W	42GG	0.45～0.6	0.7～1.2
细麦心(小粗粒)	42GG	54GG	0.35～0.45	0.0～1.0
粗粉				
硬粗粉	54GG	6XX	0.21～0.35	0.55～0.9
软粗粉	6XX	9XX	0.15～0.21	0.5～0.8

若各级物料的粒度符合在制品分类中的某一标准，但质量较次、灰分高于规定数值，则列为二等品质或后路筛上物(麸屑)。一般从前路皮磨中提出一等品质的物料，从前路皮磨、分级筛、清粉机前中段筛下物提取的麦心称作一等品质的麦心。

(三) 在制品的表示方法

在制粉流程中，物料的粒度常用分式表示，分子表示物料能穿过的筛号，分母表示物料留存的筛号。如 18W/32W，表示该物料能穿过 18W，留存在 32W 筛面上，属麦渣。

在编制制粉流程的流量与质量平衡表时，在制品的数量和质量用分式表示，分子表示物料的数量(占 1 皮的百分比)，分母则表示物料的质量(灰分百分比)。例如，1 皮分出的麦渣，在平衡表中记为 17.81/1.67，表示麦渣的数量为 17.81%，灰分为 1.67 %。

三、小麦制粉的流程图

制粉流程是将各制粉工序组合起来，对净麦按规定的产品等级标准进行加工的生产工艺流程。制粉流程简称粉路。

粉路图是一种表示制粉流程的示意图，通常用图形符号表示各种设备，再用线条把各种设备连接起来，表示物料的流向。

(一) 粉路图内容

粉路图中主要包括下列内容。

(1) 各种设备的数量、规格、技术特性和各系统设备的分配。

(2) 工艺流程中各种设备间的联系和在制品的流向。

(3) 各系统所得成品的分类及其检查。

（二）粉路图中的图形符号及代号

粉路图中的图形符号应能简单明确地反映设备的特点 。一般用该设备最具代表性的剖面或一个投影面的示意图来表示。GB/T12529.3—90 规定了粉路图中通常使用的图形符号。

在该标准中还规定了有关代号，见表 4-8。

表 4-8　粉路中常用代号

系统代号	意义	产品代号	意义	设备代号	意义
B	皮磨系统	F	小麦粉	BrF	打麸机
S	渣磨系统	Br	麸皮	BrB	刷麸机
M	心磨系统	G	麦胚	D	重筛
T	尾磨系统				
P	清粉				

注：①各系统先后顺序用阿拉伯数字 1，2，3…表示，如 1B、2M；②各道磨分粗细时，分别在系统代号右下角用小写的 c、f 表示，如 2Bc、$1M_f$；③不同品种小麦粉，在代号前用阿拉伯数字区别，如 1F、2F；④设备顺序，在相应代号前用阿拉伯数字区别，如 1Br、2D。

1）磨粉机

在粉路图中磨粉机用代表磨辊的一对圆圈表示，圆圈中有斜线的表示齿辊（无斜线的表示光辊）。如图 4-4 所示，2×800 表示该系统有 2 对 800mm 长的磨辊；$Z=4$ 表示齿数，即每厘米磨辊圆周长度上有 4 牙；1∶10 表示磨齿斜度；2.5∶1 表示快辊与慢辊的速比；35°/60°表示磨齿齿型；F-F 表示磨辊的排列为锋对锋（钝对钝排列表记为 D-D）。

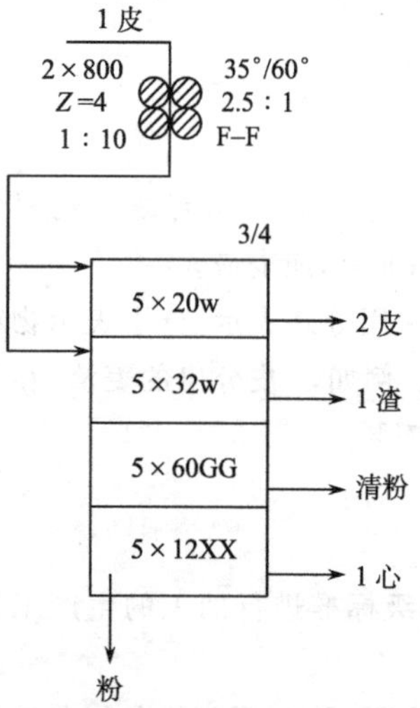

图 4-4　磨粉机与平筛的图形符号

2）平筛

平筛的图形符号为长方形，如图 4-4 所示，按照筛面的种类将长方形分割成几层，并注明其层数和筛绢型号；3/4 表示该系统占用 4 仓式平筛的 3 仓，对高方平筛还可用仓数×筛格数表示（如 1×24）；5×20W 表示有五层 20W 的粗筛，留存 20W 的为麸片，送往 2 皮磨；穿过 20W 留存在 32W 的为麦渣，送往 1 渣磨或清粉机，穿过 32W 留 60GG 的麦心，送入粗心磨，穿过 60GG 的为细麦心，送入细麦心磨或清粉机，穿过 12XX 为小麦粉。

3）清粉机

清粉机的图形符号如图 4-5 所示，1 台复式（2×450mm 宽）双层清粉机，用以精选麦渣，上层筛号为 26GG、22GG、20GG、18GG，下层筛号为 28GG、24GG、22GG、20GG，前段筛下物送往 1 心磨，后段筛下物送往 1 渣磨，筛下物入 3 皮细磨。

4）刷麸机和打麸机

刷麸机与打麸机的图形符号如图 4-6 所示，图中的 40W 为刷麸机配备的筛号，穿过 40W 的为刷麸粉，未穿过筛面的为麸皮。打麸机采用 ϕ 为 1mm 花铁筛面，穿过筛孔的为麸粉。

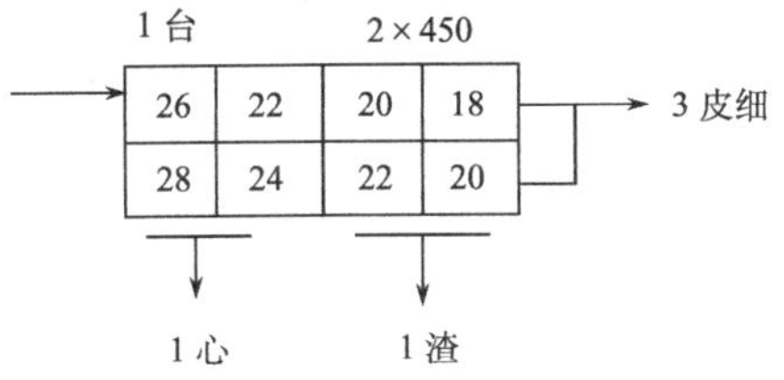

图 4-5　清粉机的图形符号

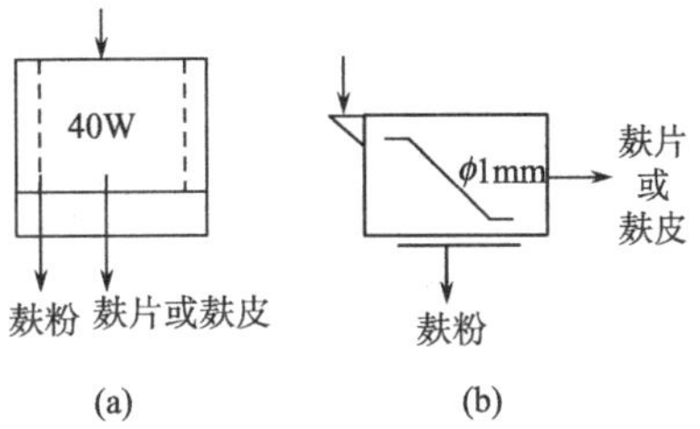

图 4-6　刷麸机、打麸机的图形符号
(a)刷麸机;(b)打麸机

5) 松粉机及圆筛

心磨系统的物料,如经光辊研磨,则需用松粉机处理,松粉机的图形符号见图 4-7。圆筛用圆筒形表示,图中穿过 9XX 的为小麦粉,留存 9XX 的为麸屑。

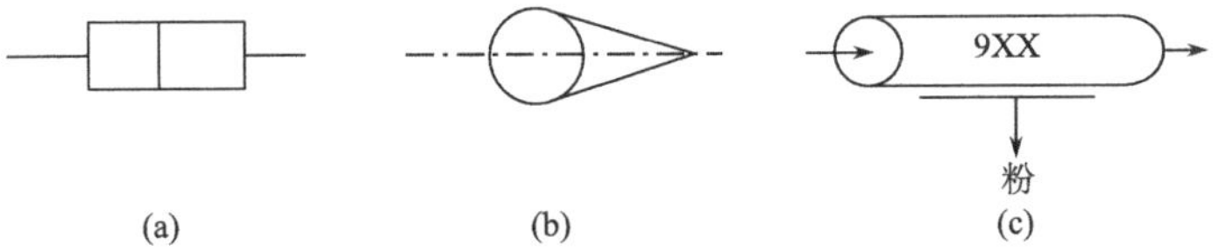

图 4-7　松粉机、圆筛的图形符号
(a)打板松粉机;(b)撞击松粉机;(c)圆筛

(三) 绘制粉路图的要求

在设计粉路图之前应首先制定出流量平衡表,然后根据各系统设备的流量指标,推算出各系统所需的磨辊长度、筛理面积、所需设备的台数,最后按照在制品流向的顺序将用符号表示的各设备联系起来,即成粉路图。

(1) 设备及其技术参数必须采用统一的图形或符号。

(2) 在图形符号的一侧要注明系统名称、设备的规格数量和主要技术参数。磨辊技术特性亦可单独列表说明。

(3) 各种物料的流向用箭头表示,并在箭头处用文字或代号注明去向。

(4) 各系统中各道设备的工艺符号,按制粉过程中的大致顺序,在图中自左向右、自上而下进行绘制。

第二节　研　　磨

研磨是制粉过程中最重要的工序,研磨效果的好坏对小麦的出粉率,小麦粉质量,以及工艺设备的生产能力,单位产品的成本都有直接的影响。

一、研磨的基本方法

研磨的任务是通过研磨设备将麦粒剥开,从麸片上刮下胚乳,并将胚乳磨成具有一定细度的小麦粉,同时还应尽量保持皮层的完整,以保证小麦粉的质量。研磨的基本方法有挤压、剪切和撞击三种。

1. 挤压

挤压是通过两个相对的工作面同时对小麦籽粒施加压力，使其破碎的研磨方法。挤压力通过外部的麦皮一直传到位于中心的胚乳，麦皮与胚乳的受力是相等的，但由于小麦籽粒的各个组成部分的结构强度有很大的差别，所以在受到挤压力以后，胚乳立即破碎而麦皮却仍然保持相对较完整，因此挤压研磨的效果比较好。水分不同的小麦籽粒，麦皮的破碎程度以及挤压所需要的力会有所不同。一般而言，使小麦籽粒破坏的挤压力比剪切力要大得多，所以挤压研磨的能耗比较大。

2. 剪切

剪切是通过两个相向运动的锋面对小麦籽粒施加剪切力，使其断裂的研磨方法。剪切比挤压更容易使小麦籽粒破碎，所以剪切研磨所消耗的能量较少。小麦籽粒最初受到剪切作用的是麦皮，随着麦皮的破裂，胚乳也逐渐暴露出来并受到剪切作用。因此，剪切作用能够同时将麦皮和胚乳破碎，从而使小麦粉中混入麸星，降低了小麦粉的加工精度。

3. 剥刮

在挤压和剪切力的综合作用下产生的摩擦力，通过带有特殊磨齿形状并在一定速比下，对小麦籽粒产生擦撕，此即为剥刮。剥刮的作用是在最大限度地保持麸皮完整的情况下，尽可能多地刮下胚乳粒，送入心磨系统或其他系统处理。

二、研磨设备

研磨的基本原理是通过对小麦的挤压、剪切、摩擦和剥刮作用，使小麦逐步破碎，从皮层将胚乳逐步剥离并磨细成粉。研磨的主要设备为辊式磨粉机和撞击机。

（一）磨粉机分类

磨粉机的发展经历了从单式到复式，从手动控制到气动、电动控制，从小型到大型的发展历程。目前使用的磨粉机种类较多，按不同的分类方法有以下几种类型。

按磨辊长度不同，分为大、中、小型三种。大型磨粉机磨辊长度分别为 1500mm、1250mm、1000mm、800mm；中型磨粉机磨辊长度分别为 600mm、500mm、400mm；小型磨粉机磨辊长度分别为 200mm、300mm、350mm。

按磨辊的对数，分为单式和复式两种。单式磨粉机只有一对磨辊；复式磨粉机有两对以上的磨辊。目前大中型磨粉机均为复式。

按磨辊的放置方式，分为平置磨辊和斜置磨辊两种。平置磨粉机的两磨辊轴线在同一水平面上；而斜置磨粉机的两磨辊轴线在同一倾斜面内，斜面的倾角一般为 20°～45°。

按控制方式，分为手动控制、液压控制、气压控制三种。大中型磨粉机多为气压自控型，小型磨粉机一般为手动控制。

（二）MDDK 型磨粉机

MDDK 型磨粉机是较新型的复式平置气压控大型磨粉机。它采用磨辊水平排列的方式，保证了喂料的准确性和产量。

MDDK 型磨粉机的结构如图 4-8 所示。该机采用玻璃钢全封闭罩壳，外表只露操作手轮和旋钮，密闭性好，噪声低且拆装方便；磨辊间的定速机构采用螺旋齿轮，能较好地适应负荷及传动中心距的变化，传动比准确。磨辊采用自动调心滚子轴承，使磨辊转动稳定、不易跳动，可承受较高的转速和辊间压力。磨辊可以采用水冷，以改善研磨效果，延长磨辊使用寿命。轧距吸风装置可改善喂料状态，稳定产量。

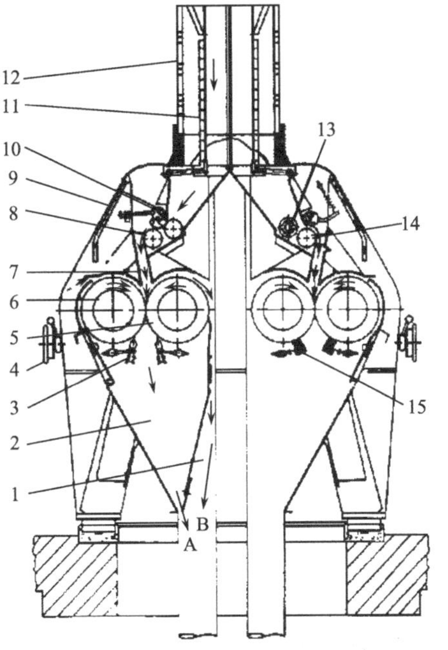

图 4-8 MDDK 型磨粉机的结构

1. 吸风系统；2. 集料斗；3. 可调式刮刀；4. 轧距调节手柄；5. 慢辊；6. 快辊；7. 物料通道；8. 喂料辊；9. 上磨门；10. 喂料活门；11. 传感器；12. 玻璃进料筒；13. 匀料绞龙；14. 喂料辊；15. 磨辊清理刷；A. 物料流动路线；B. 轧距吸风流向

1. 喂料机构

喂料机构是磨粉机的重要组成部分，见图 4-9，其主要作用是：①控制入机流量，并能根据来料多少，在一定范围内自动调节入机流量，保持生产的连续性。②使物料均匀地分布在磨辊的整个长度上，充分发挥磨辊的作用，提高研磨效果。③将物料准确地喂入研磨区以提高产量和保证研磨效果。④与磨辊的离合闸动作连锁，合闸时喂料，离闸时停料，以减少磨辊磨损，提高使用寿命。

物料流进入磨辊工作区，能否保证连续而均匀，取决于喂料调节机构的构造、喂料辊的尺寸、表面形状及运动参数。

1）喂料辊

磨粉机的喂料机构磨辊倾斜排列，大多使用一对喂料辊和一个喂料活门的形式，如图 4-10 所示。

喂料辊中位于内侧的称定量辊 2，其作用是配合喂料活门控制送入磨辊间物料的流量。外侧的称分流辊 1，转速较快，能将物料分布成更薄的流层，并具有一定的降落速度，准确地送入研磨区域。

喂料辊的上方有一个能上下活动的喂料活门 3，可控制物料的流量。喂料活门的位置，在研磨散落性差的物料时装在外侧的上方［图 4-10(a)］，在研磨散落性较好的物料时，装在内侧的上

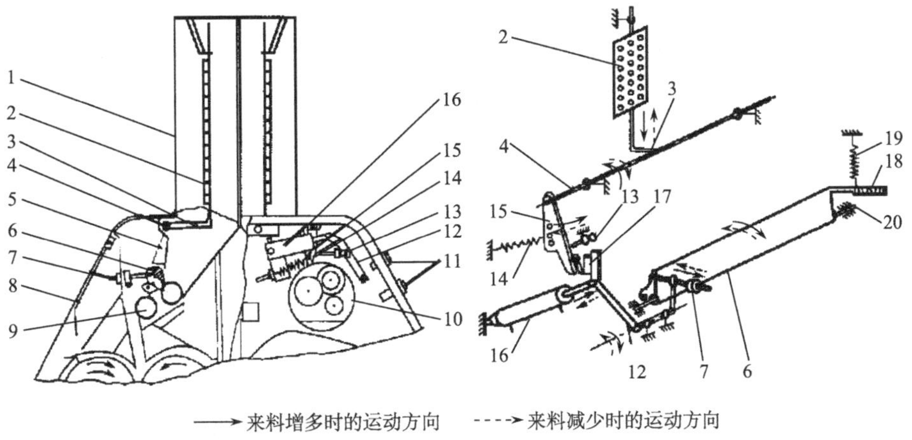

图 4-9 喂料机构的结构

1. 进料筒；2. 料位传感板；3. 铰支板；4. 铰支轴；5. 挡料板；6. 喂料活门；7. 调节螺母；8. 上磨门；9. 喂料辊；10. 喂料辊传动齿轮变速箱；11. 气动控制板；12. 杠杆；13. 限位螺栓；14，19. 弹簧；15. 转臂；16. 伺服汽缸；17. 机控换向阀；18. 拉杆；20. 喂料活门偏心轴头

方[图 4-10(b)]。

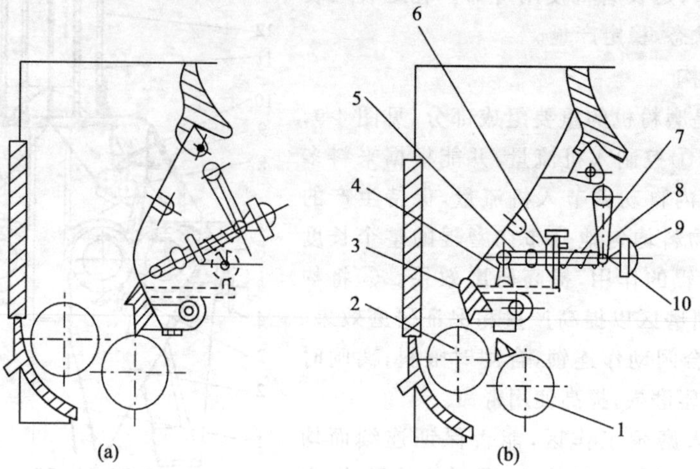

图 4-10　磨粉机喂料机构

1. 分流辊；2. 定量辊；3. 喂料活门；4. 曲臂；5. 连杆；6. 锁紧螺母；7. 弹簧；8. 拉杆；9. 活动螺母；10. 调节手轮

喂料辊的启停和喂料活门的开闭，与磨辊离合是连锁的，即进料筒内有一定积料时，有关机构在推动进辊的同时，启动喂料机构喂料，即喂料辊转动、喂料活门打开；设备退辊的同时停止喂料机构的运行。

2）喂料活门的控制

喂料辊的转速是稳定的，调节喂料活门与喂料辊之间的给料间隙，可控制喂料流量。喂料活门可以实现自动调节与手动调节。

料位传感板、铰支轴、转臂及弹簧构成料位传感系统，进料筒内堆积的物料压力通过传感板作用在系统上，筒内料位的变化可导致转臂在一定的范围内做相应的摆动。当筒内的积料可以维持正常喂料时，物料的压力将克服弹簧的拉力使转臂摆出，物料堆积越多，转臂摆出的幅度越大；当筒内物料减少时，压力减轻，转臂退回，当物料的堆积量不足以维持正常进料时，转臂应退至起始位置。弹簧在转臂上选择不同的装置孔，可调节系统动作的灵敏度及进料筒内的积料量。

伺服汽缸、杠杆、固定在杠杆上端的机控换向阀、喂料活门及弹簧等构成喂料活门驱动系统。与气动系统相连的换向阀与转臂总是靠在一起，转臂处于起始位置时，对换向阀无压力；若转臂摆出时，将压住换向阀接通其有关气路，使伺服汽缸的活塞伸出，通过杠杆克服弹簧的阻力带动活门上抬，增大活门与喂料辊之间的间隙。由于换向阀也固定在杠杆上，随杠杆移动，当转臂停止时，对随之移动的换向阀压力减轻，有关气路发生变化，汽缸停止动作，活门的位置也就被固定，喂料流量稳定。通过汽缸、换向阀的作用，活门驱动系统将跟随转臂的动作，即实现在一定范围内，喂料流量与进料筒内的积料量对应，实现喂料活门开启度的自动控制。活门驱动的灵敏度可由选择弹簧在拉杆上的挂孔位置来调节。

喂料活门的自动控制可以保证磨粉机工作的稳定性及粉路运行的连续性，使来料流量较小时适当关小给料间隙，以维持进料筒内起码的积料量；而来料流量增大时加大间隙，不至于因进料筒内堵料而导致前方设备堵塞。当来料流量过小不足以维持正常工作时，停止喂料并退辊。若来料流量过大，超出设备的最大工作流量时，将引起物料向上堵塞，此时须进行人工处理，检查前方设备的运行状态。

喂料活门开启程度的调节范围应与粉路的流量平衡相适应，不能过大或过小。最大给料间隙由限位螺栓限制，一般皮磨为6mm左右，心磨为2mm左右，间隙过大可能导致气力输送管掉料。喂料活门关闭后，与喂料辊间的最小间隙通过调节螺母进行调节，其间隙一般为皮磨1mm，心磨、渣磨0.3mm，不允许紧贴在喂料辊上。调节活门两端的偏心轴头，可使活门与喂料辊的间隙左右一致。

料筒内料位的控制灵敏度通过弹簧进行调节。在运行时，筒内料位应保持在筒高1/4的程度。若积料过少而控制系统仍不停止喂料时，应将弹簧挂在转臂孔内的挂钩下移；若积料较多，仍不能使喂料或门开度加大，则应将弹簧挂钩上移。

关闭喂料机构的自动控制后，调节手轮，可实现喂料流量的手动控制。

3）喂料辊的传动

喂料辊的传动与控制见图4-11。

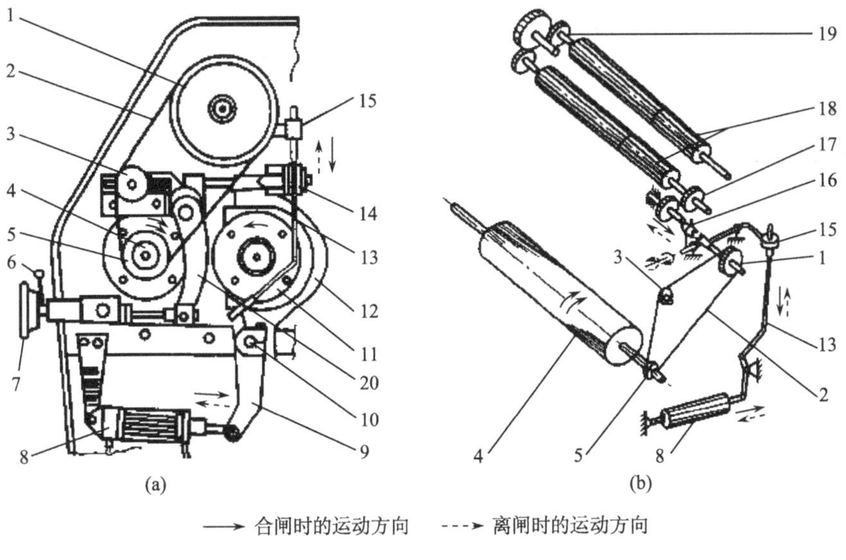

图4-11 喂料辊的传动及轧距调节机构

1. 喂料机构带轮；2. 窄三角带；3. 张紧轮；4. 快辊；5. 快辊轴上带轮；6. 夹紧杆；7. 轧距调节手轮；8. 离合闸汽缸；9. 曲臂；10. 偏心支座；11. 慢辊轴承座；12. 慢辊轴承臂；13. 传动杆；14. 弹簧；15. 压帽；16. 齿轮离合器；17. 喂料辊右端传动齿轮组；18. 喂料辊；19. 喂料辊左端传动齿轮组；20. 曲臂

喂料辊由快辊轴通过窄三角带传动。在无料时磨辊离闸，齿轮离合器处于分离状态，喂料辊停转。当料筒内积料达到要求时，气控系统工作，汽缸的活塞杆伸出，在完成进辊的同时下拉传动杆，使离合器啮合，喂料辊开始运转，完成进辊后喂料的控制。

内、外辊之间的传动通过喂料辊左端的传动齿轮组完成。

由于各种磨上物料的粒度、悬浮速度差别较大，要使喂料辊能有效地拨动物料并准确地将其抛至入轧点；对于不同工作位置的磨粉机，其喂料辊的转速也不同，一般物料粒度较小时，对应喂料辊的转速较高，为此喂料机构须配置多级多速比的传动系统。

各道磨粉机喂料辊参考转速见表 4-9。

表 4-9　各道磨粉机喂料辊参考转速

设备名称	1B	2B	3～5B	1S	1～2M	3～4M	5～6M	7～8M
外辊/$(r \cdot min^{-1})$	73	117	119	170	170	170	160	152
内辊/$(r \cdot min^{-1})$	102	85	85	87	87	71	71	71

4) 喂料辊的表面状态

根据磨粉机所研磨的物料不同，喂料辊的形状不同。

喂料辊的形状及使用要求见图 4-12 及表 4-10 所示。1 皮磨研磨的是麦粒，为了使抛出的麦粒能形成均匀的一薄层，喂料辊必须具有较大的梯形齿槽，见图 4-12(a)，以增加摩擦和限制小麦的滚动；1 皮磨以后的各道皮磨的物料，是较大的麸片，其特点是不光滑、较轻而散落性差。为此，定量辊应采用桨叶式螺旋输送，见图 4-12(c)，两端桨叶旋向相反，使物料能从中间向两端散开，并采用较快的转速，以增加其拨动能力。分流辊则采用锯齿形的齿槽，见图 4-12(b)，齿尖顺着运动方向，使物料分散开来，喂入磨辊。渣磨和心磨的物料呈粒状，粒细而重、黏附力强、不易散开。分流辊易采用密而细的双向螺纹齿槽，见图 4-12(d)，以增加拨动能力，并使物料由中间向两端推进。定量辊常采用较密的梯形齿，见图 4-12(e)。

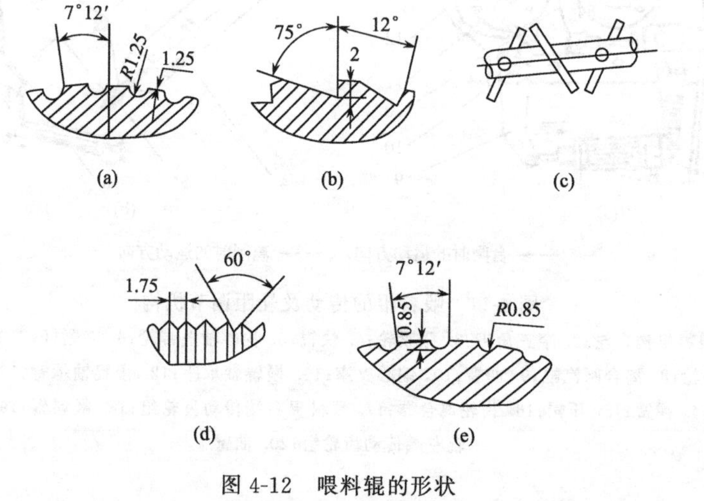

图 4-12　喂料辊的形状

(a)梯形齿(用于 1 皮磨外辊)；(b)锯齿形；(c)桨叶式；(d)螺纹齿；

(e)梯形齿(用于渣磨、心磨内辊)

表 4-10　喂料辊的使用要求

使用场合		斜度/%	齿数	齿型
1 皮磨	外辊	2.5	50	梯形齿[图 4-12(a)]
	内辊			光辊
其他皮磨	外辊	2.5	30	锯齿形[图 4-12(b)]
	内辊			桨叶式[图 4-12(c)]
渣磨、心磨	外辊			螺纹齿[图 4-12(d)]
	内辊	2.5	50	梯形齿[图 4-12(e)]

2. 轧距调节机构

轧距调节机构是调节物料粉碎程度的工作构件，其主要作用是：①能够灵活地调节两磨辊任何一端的轧距。②按工艺要求可调节两磨辊整个长度间的轧距。③两磨辊正常工作时，如落入硬物或流量突然增加，能使其通过后恢复正常的工作。④当物料中断时，两磨辊应能迅速松开，以免两磨辊碰击使磨齿损坏。

轧距调节机构由气动控制离合闸和杠杆式双边手轮轧距微调两部分组成，结构较简单，操作方便，稳定性好，其结构可参见图 4-12(a)及图 4-13。

1）进退辊的控制

设备处于进辊状态时，气动系统驱动离合闸汽缸的活塞杆伸出，推动转臂带动偏心支轴转动，使慢辊轴承臂下端靠近快辊，如图 4-13 中 A 向，即磨辊完成合闸研磨物料。当进料筒内料位低于料位下限时，气动系统使离合闸汽缸的活塞缩回，慢辊即可离开快辊，喂料辊停止喂料，推动磨辊离闸。

在使用刮板作为清理机构的磨粉机上，进退辊时，通过连杆推动清理机构靠近或离开磨辊。

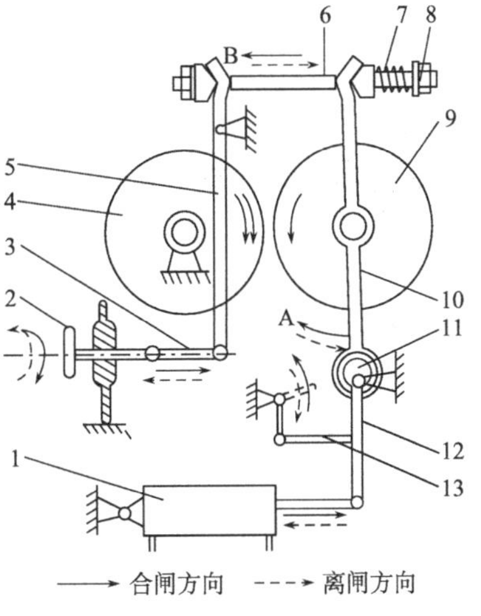

图 4-13　轧距调节机构

1. 离合闸汽缸；2. 闸距调节手轮；3. 调节杆；4. 快辊；5. 曲臂；6. 拉杆；7. 弹簧；8. 调节螺母；9. 慢辊；10. 慢辊轴承臂；11. 偏心支轴；12. 转臂；13. 磨辊清理机构进退控制连杆

2）轧距调节机构

轧距调节机构包括精密轧距调节机构和单边轧距调节机构。单边轧距调节机构只能调节一端轧距，为了使磨辊两端的轧距都能单独调节，在磨辊的两端均装有同样的机构；精密轧距调节机构是为生产中所需要的对轧距进行少量精密调节而设置的。

在设备运行过程中，通过轧距微调手轮可对轧距进行精确调节，并可通过手轮中的刻度盘了解轧距的调节情况。顺时针转动手轮，调节杆通过曲臂、拉杆使慢辊轴承臂向快辊靠近，如图 4-13 中 B 向，轧距减小。手轮每转一圈，轧距变化约为 0.2mm。逆时针转动手轮可使轧距增大。

3）磨辊保护装置

为了防止偶然出现的硬物对磨辊的损坏，在轧距调节机构里设置了弹簧(图 4-13 中 7)可实现对设备的保护。当有大型硬物进入研磨区时，辊间压力急剧增加，此时可压缩弹簧，使慢辊轴承臂的上端退出，轧距增大，让过硬物，以起到保护磨辊工作表面不受损坏。

3. 轧距吸风装置

在磨辊高速相向旋转的时候，磨辊表面的空气随着磨辊的旋转逐渐向轧距接近，并逐渐被压缩成向上反射的紊流，这种紊流称为“泵气”。泵气会对喂料薄层产生干扰，使物料散乱、不均匀，流量降低，对心磨系统的影响尤为显著。因此有必要在心磨系统设置轧距吸风装置，与气力输送装置结合，以消除或减少“泵气”现象对喂料效果的影响，并可起冷却磨辊的作用。

轧距吸风装置见图 4-8 左半部分，气力输送的接料器通过吸风通道对研磨区上方吸风，气流由磨粉机前面流进，通过慢辊上方的气流与辊面逆向流动，如图 4-8 标注 B 的气流所示，因而可有效地削弱“泵气”现象。为保证吸风效果，应注意吸风道的密闭；气力输送接料器应选用对设备吸风较强的类型。

研磨较粗大物料的磨粉机可不使用轧距吸风装置。

4. 传动机构

传动机构通常有两部分：一部分是向磨辊、喂料辊传递动力，一般采用皮带传动；另一部分设置在快、慢辊之间，保持两辊间准确、稳定的传动比，这部分称为差速传动机构。目前差速传动机构的传动形式有齿轮、链条、双面同步带、齿楔带四种。

齿轮传动是较早的传动方式之一，噪声大，要用液态油润滑，而且要配备多个不同规格的齿轮以适应不同的速比要求和磨辊直径的变化，现在很少使用。

链条传动是齿轮传动的改进和发展，大多数磨粉机采用双排链。链条传动在调节链条的张紧程度、保持链轮齿厚中心处于同一平面、润滑油的使用以及防漏等方面要求较高，而且体积大、噪声大，因此在国内少数液压磨粉机上使用。

双面同步带在我国的磨粉机上已应用十余年，积累了比较丰富的经验，发展趋于成熟，价格也较低。它的主要缺点是容易跑偏和爬齿，但可以采用相应的措施缓解甚至消除这些现象。采用导轮设偏心套调偏装置，改进挡边的设计，可以基本消除同步带的跑偏现象。改进导轮的设计减少离合闸时的张力差、电动机采用降压启动，都可以减少甚至消除爬齿现象。

齿楔带的外圈为同步带，内圈多楔带，主要优点是可以彻底消除带的跑偏，但价格略高于同步带。目前国内外的大型优质磨粉机，大都采用齿楔带传动快慢辊。存在的问题是齿形、模数和节距不够规范，有待改进优化设计。

MDDK 型磨粉机快慢辊间的传动为定速机构的螺旋齿轮传动，其齿形较特殊，以适应等待状态或工作状态时，不同传动中心距及不同载荷的传动。

5. 控制机构

控制机构是实现磨粉机离合闸、保持轧距、进行一系列动作的核心。最初的控制机构是手动控制和液压控制，目前液压控制已经被淘汰，大多数磨粉机使用的是气压控制机构和电动控制机构，甚至出现了全自动控制机构。

1）气压控制机构

气压控制机构一般由空气压缩机、干燥器、过滤器、储气罐、调节阀等组成。

气压控制机构工作过程：空气由空气压缩机压缩后送到储气包、截止阀，经分水滤汽器进行除水和去污，得到干燥而纯净的压缩空气，经调压阀，保持正常稳定的压力，再经油雾器，将润滑油喷射成雾状，使控制阀和汽缸得到润滑。通过以上处理的空气，经过气源转换阀，即进入电磁气阀，使压缩空气进入汽缸推动活塞左右移动，通过连杆带动磨辊离合闸。

MDDK 型磨粉机采用气压控制系统控制离合闸及喂料机构。

2）电动控制机构

电动控制系统也称全自动控制系统，磨辊的松合、喂料辊的离合、轧距的调节以及机器的停止与转动全部由计算机电子控制系统和电动机来完成。并可通过 PLC 和计算机，在控制室进行操作和监控，也可根据物料变化进行自动调节，自动化程度较高。

6. 磨辊清理机构

磨辊清理机构的作用是清理辊面的黏附物，保持辊面的正常状态，保证研磨效果。对于黏附在磨辊表面的黏附物，一般使用刷子或刮刀贴紧辊面完成清理。MDDK 型磨粉机也采用这两种形式。

刷子最初应用于齿辊的清理，后来逐渐代替刮刀也应用于光辊。刷子的材料有棕、猪鬃、禽毛管、尼龙丝等。刷子固定在磨粉机墙板内侧的刷架上，利用弹簧或螺钉使之始终与磨辊表面保持接触状态，见图 4-14(a)。

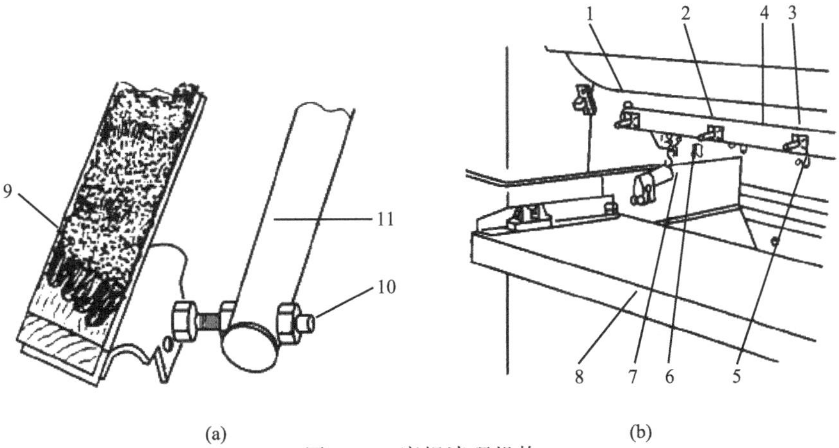

图 4-14　磨辊清理机构

1～3. 螺杆；4. 配重杆；5，6. 碟形螺母；7. 刮刀链条；8. 下磨门；9. 刷帚；10. 螺杆；11. 配重

刮刀主要应用于光辊的清理，用薄的合金钢板制成，刮刀与磨粉机的接触要求比较严格，接触线和接触面必须和磨辊轴线平行，磨辊整个长度上的接触压力必须均匀，见图 4-14(b)。由于制造和调整技术要求都比较高，因此刮刀逐渐被刷子所代替。

刷子和刮刀机构可以整体移动，合闸时和磨辊接触，松闸时离开(图 4-14)。

7. 磨膛吸料装置

磨粉机的出料有两种方式，一种是从出料斗出来后，进入下一楼层的自流管流入提料管，另一种出料方式是在磨粉机内部设置磨膛吸料装置(图 4-15)。磨膛底部设有锅形的接料器，锅底中央有一个向上的突锥，它伸向吸料管中心，对物料起导流作用，并使吸料管底部和料斗底之间的吸料管的风速大致相等。突锥的上方是吸料管，吸料管外面装有套管，构成一个环形进风道，可使物料均匀地进入吸料

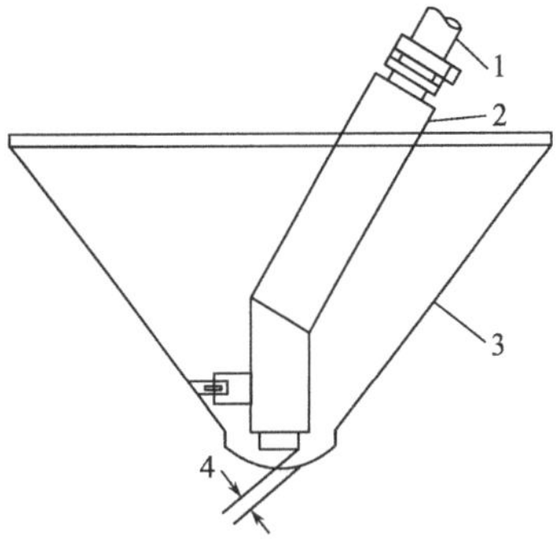

图 4-15　磨膛吸料装置

1. 吸料管；2. 外套管；3. 下料斗；
4. 料管与料斗底间隙

管。两对磨辊的两根吸料管,分别从接料筒的两侧穿过磨顶,接通气力输送网络。采用磨膛吸料后,磨粉机可安装在底楼,从而可减少制粉车间的楼层数,节约投资,但气力输送的阻力要大一些,动力消耗较高。为了方便排除故障及清理,底层地面必须开地槽。

8. MDDK 型磨粉机主要技术参数

MDDK 型磨粉机的主要规格和技术参数见表 4-11。

表 4-11　MDDK 型磨粉机的主要技术参数

项 目	MDDK 6×2	MDDK 8×2	MDDK 10×2	MDDK 12.5×2	MDDK 15×2
磨辊(直径×长度)/mm	250×600	250×800	250×1000	250×1250	250×1500
快辊转速/(r·min^{-1})	350～800,常用 450、500、550、600				
快慢辊速比	齿辊(1.5～3.0):1 光辊(1.05～1.5):1				
磨辊使用直径范围/mm	ϕ225～250				
快辊传动带直径/mm	ϕ335,具有 4、6、8 条带槽,适用于 SPA 窄三角带 ϕ335,具有 4、6 条带槽,适用于 SPB 窄三角带				
压缩空气 工作和控制压力/MPa	0.6				
压缩空气 空气耗用量/(m3/h)	2				
功率/kW	B 磨:最大 50,M 磨:最大 22 常配:7.5、11、15、18.5、22、30、37				

(三) 其他型磨粉机

1) MDDL 型磨粉机

该机相当于将两台 MDDK 型磨粉机串联使用(八辊磨),即物料经连续两次研磨后,再送平筛筛理。MDDL 型的优点:可减少占地面积、筛理面积,使设备投资和建筑投资减少,生产过程的动力消耗和产品成本降低。

MDDL 型磨粉机左视图见图 4-16,MDDK 型磨粉机左视图见图 4-17。

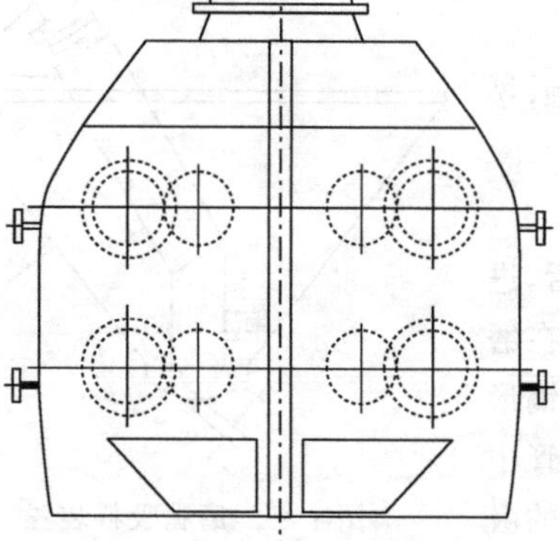

图 4-16　MDDL 型磨粉机外形左视图

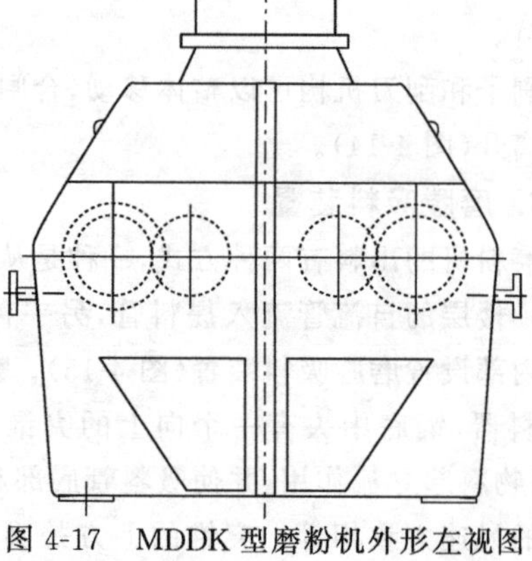

图 4-17　MDDK 型磨粉机外形左视图

该机喂料机构、操作机构和气动系统与 MDDK 型磨粉机完全相同，不同的是两对磨辊共用一个喂料机构，串联处理同一物料，各对磨辊的轧距单独调节。但由于进入第二道研磨的物料没经筛理分级，粒度差别较大，对研磨效果有一定的影响，所以 MDDL 型磨粉机主要用于 1、2 皮和前路心磨。MDDL 型磨粉机技术参数见表 4-12。

表 4-12　MDDL 型磨粉机的主要技术参数

项 目	MDDL 8×4	MDDL 10×4	MDDL 12.5×4
气控系统耗气量/($m^3 \cdot h^{-1}$)	3		
功率/kW	37、30、22、18.5、15、11、7.5		
磨辊组合方式	上层 1B、1M、5M、7M 下层 2B、2M、6M、7M		

注：其他参数同 MDDK 型，见表 4-9。

2) FMFQ 型磨粉机

FMFQ 型磨粉机(图 4-18)为复式斜置气动磨粉机，是我国在国外先进磨粉机基础上改进研制的，工作原理类似 MDDK 型磨粉机，磨辊斜置，在轧距调节、出料形式、传动等结构上均具有其特点。

各系列 FMFQ 型磨粉机的主要技术参数见表 4-13。图 4-18 为 FMFQ10×2 磨粉机的总体结构。

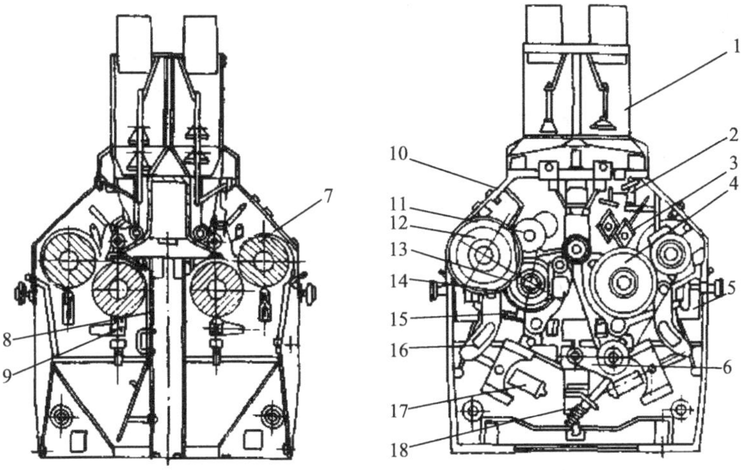

图 4-18　FMFQ10×2 磨粉机的总体结构

1. 进料箱；2. 喂料门控制机构；3. 喂料辊；4. 慢辊皮带轮；5. 轧距调节机构；6. 差速传动机构；7. 磨辊；8. 隔板；9. 清理机构；10. 连杆；11. 喂料辊带轮；12. 主皮带轮；13. 慢辊轴承座；14. 慢辊支承臂；15. 拉杆；16. 摇臂；17. 汽缸；18. 张紧机构

表 4-13 FMFQ 型磨粉机的主要规格和技术参数

项 目	FMFQ 6×2	FMFQ 8×2	FMFQ 10×2	FMFQ 12.5×2
磨辊(直径×长度)/mm	250×600	250×800	250×1000	250×1250
快、辊转速/(r·min⁻¹)	450、550、600、650			
快、慢辊速比	2.1∶1、1.79∶1、1.5∶1、1.25∶1、1.12∶1			
快、慢辊装置倾角/(°)	30			
磨辊使用直径范围/mm	ϕ220～250			
主汽缸规格(直径×行程)/mm	ϕ100×100 ϕ80×80			
工作和控制压力/Mpa	0.5～0.6			
功率/kW	7.5、11、15、18.5、22、30、37			

三、影响研磨效果的因素

(一) 小麦的工艺品质

1) 小麦的性质

小麦的角质率含量不同，小麦在研磨过程中便呈现出不同的特性(脆性和韧性)。如图 4-19 所示，图 4-19(a)小麦角质率为 94%，图 4-19(b)小麦角质率为 46%，两者都经过 24h 润麦，入磨小麦水分为 15.5%。磨粉机磨辊的技术特性和操作都相同。

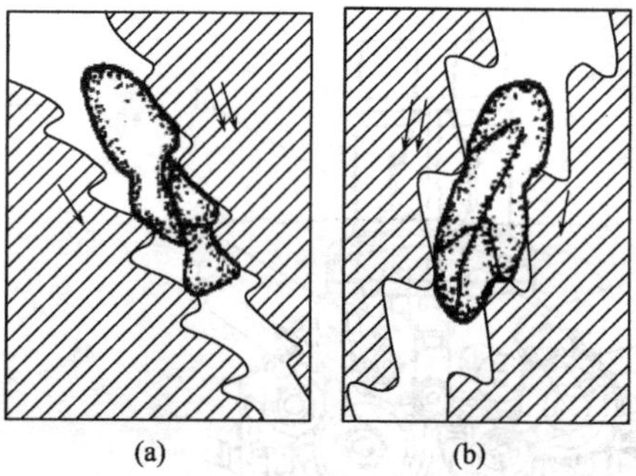

图 4-19 小麦在研磨时的变形

由图 4-19 可见，角质率高的小麦，在磨齿钝对钝的作用下，在最初瞬间立即破碎成数块，被磨齿切削成光滑的棱面，小麦在研磨时呈现脆性。图 4-19(b)为角质率低的小麦，具有一定的韧性，在磨齿锋对锋排列时研磨瞬间，其各部分并不出现明显的棱面，裂痕不整齐，是先产生塑性变形，然后被破碎的。因此在加工强度较高的硬麦时，磨制出的粗粉多、小麦粉少、麦皮较碎，同时动力消耗较高，设备的生产率较低；加工软麦时，渣、心比例较少，粉较多，麸片较完整。

2) 水分

小麦在磨粉时应有适宜的水分和润麦时间，这样，在研磨过程中由于表皮韧性增加，麦皮与胚乳间的结合力减弱，使得胚乳与麦皮容易分开，麸片保持完整，以提高小麦粉质量和出粉率。另外，由于胚乳强度的降低，在研磨时容易成粉，可以减少心磨道数，从而也降低了动力消耗。如研磨小麦的水分过多，则麸片上的胚乳不易刮净，导致出粉率降低、产量下降、动力消耗增加。水分过少则导致麦渣多，小麦粉少，麸皮碎而小麦粉质量变次。

3) 物料粒度的均匀程度

粒度均匀的入磨物料，容易配备准确的技术特性(轧距、齿数、齿角等)，从而可获得理想的研磨效果。若粗细物料混合研磨，小粒料不仅容易嵌入齿沟，难以得到研磨，而且还会影响其他物料的研磨。这种影响在心磨系统尤为突出，当进机物料含粉较多时，不但造成实际取粉率下降、细粉减少，还易影响喂料效果，引起堵塞。因此平筛的筛理效率对研磨效果影响很大。

（二）磨辊表面技术特性

磨辊是磨粉机的主要工作部件，磨辊的转速较高、承受的工作压力较大，为使磨辊能满足工艺上的要求，制造磨辊的材料要求具有一定的强度、韧性、耐磨性和适当的摩擦性能。

磨辊的辊体是用两种以上金属离心浇铸而成，外层为硬度高的冷硬合金铸铁，厚度为辊体直径的8%～13%，硬度为肖氏66°～78°，内层为优质灰口铁HT18-36。磨辊的轴是用45号钢先粗加工，经调质处理后，再压入辊体内，并进行静平衡和动平衡校验。

按照磨粉机的作用，磨辊分“齿辊”和“光辊”两种。齿辊是在圆柱面上用拉丝刀切削成磨齿，用于破碎谷物，剥刮麸片上的胚乳。光辊则经磨光后经喷砂处理，得到绒状的微粗糙表面，常用于磨制高等级小麦粉时的心磨系统，将胚乳粒磨细成粉和处理细小的连粉麸屑。

1. 光辊

光辊对物料的作用力以压力为主，剪切力小，适合于将胚乳磨成粉，将麦皮碾压成片状，但动力消耗较高。

光辊工作时研磨压力较大，磨辊会轻微弯曲，磨辊发热也比较严重，发热会导致磨辊的膨胀，尤其是在靠近轴承的地方，发热最厉害，膨胀也最大。轻微弯曲和发热膨胀会导致磨辊出现两头粗中间细的现象，为了避免这种情况，光辊一般加工成带有一定锥度或中凸度的形状，如图4-20所示，当磨辊长度L为1m时，中凸度的直径差为($\phi-\phi_1$)15～38μm。如两端加工成锥度，则直径差可取($\phi-\phi_1$)20～50μm。研磨时的压力越大，所取的直径差也越大。

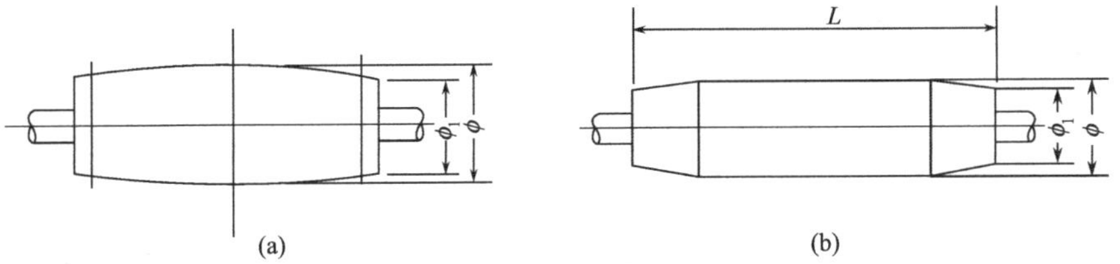

图4-20 光辊外形

(a)中凸度加工；(b)锥度加工

为了降低磨辊在研磨时的温度，可以借助吸风装置冷却磨辊，也可以在磨辊内部装上水冷装置，但水冷装置的结构复杂，所以应用很少。

2. 齿辊

齿辊具有处理流量大、动力消耗低、破碎能力强等特点，磨下物料温度低、水分损耗少、松散易筛理。

齿辊的加工是先磨削使之成为精度高的圆柱形，磨辊全长圆柱度的半径差不大于30μm，表面粗糙度R_a1.2μm左右，然后进行拉丝。

铸好的磨辊要经过切削加工、磨光，进行静平衡和动平衡试验。使之具有精确的圆柱形，不应有凹腰凸肚和大小头现象，其径向跳动应小于0.05mm，轴向不直度小于0.01mm，轴与辊的同心度偏差不大于0.02mm。

齿辊的技术特性主要指辊面上磨齿的齿角、齿数、磨齿斜度以及两辊的排列、速度、速比等。

1）齿数

磨粉机的齿数是指磨辊圆周长度内的磨齿数目，以每厘米长度内的磨齿数表示（牙·cm^{-1}）。英制则以每英寸磨辊圆周长度内的齿数表示。

磨辊齿数的多少是根据研磨物料的大小、物料的性质和要求达到的粉碎程度来决定的。在其他条件相同的情况下，磨辊齿数少，则磨齿间的距离大，齿槽较深，只适宜研磨颗粒大的物料。如研磨细小的物料，则细小的颗粒容易嵌入磨齿内，得不到应有的研磨，并会影响产量。磨辊齿数多，则磨齿间距就小，齿槽浅，只适宜研磨颗粒小的物料。如用较密的磨齿研磨颗粒大的物料，流量少时，麦皮磨得过碎；流量多时，物料的中间部分研磨不充分，磨齿易磨损，动力消耗高而产量低。

磨齿数的多少与物料流量有关，研磨物料的流量大，选用的齿数可稍少；流量小时，选用的磨齿可稍密。在整个粉路中齿数配备应是：前路稀后路密、皮磨稀心磨密。

通常，各研磨系统配备的齿数如下：

1 皮磨	3.4～4 牙·cm^{-1}
2 皮磨及以后各道皮磨	较前道加密 1.6 牙·cm^{-1}
末道皮磨	10 牙·cm^{-1}
渣磨	8～10 牙·cm^{-1}
心磨	10～12 牙·cm^{-1}，一般采用光辊。

2）齿角

(1) 齿角的定义和形成。

磨辊表面利用拉丝刀切削，便形成一定的齿槽。齿角是指磨齿的横断面上，两个侧面所形成的夹角，如图 4-21(a)所示。图中 abcd 是磨齿的锋面，abgf 是钝面，两个侧面形成的夹角称为齿角 γ。锋面与经过 a 点的磨辊半径的夹角称为锋角 α，钝面与磨辊半径的夹角称为钝角 β。

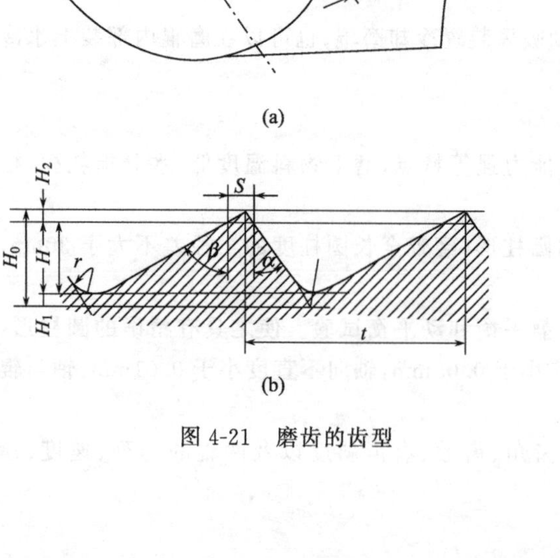

图 4-21　磨齿的齿型

在磨齿的顶端，有一很小的平面，即齿顶平面，如图 4-21(b)所示，S 为齿顶平面宽度。它可使磨辊的研磨作用缓和，减少切碎麦皮的机会，并使磨齿经久耐用。

齿顶平面宽度与齿数有关。一般为：齿数为 6 牙·cm^{-1} 以下时，齿顶宽度为 0.2～0.4mm；齿数为 7～9 牙·cm^{-1} 时，齿顶宽度 0.15～0.3mm；齿数为 10 牙·cm^{-1} 以上时，齿顶宽度为 0.1～0.2mm。

由于磨辊表面磨齿的角度难以准确地测定，因此在日常生产中，一般均以拉丝刀的角度来代表。

图 4-22 为拉丝刀头的角度 γ'，自刀尖起，作与两边平行的直线，把顶角分成锋角 α 和钝角 β。

用拉丝刀切削磨辊，由于磨辊表面是圆柱面，相邻两齿的对应边并不彼此平行，因而拉丝后所得的齿角 γ 并不等于拉丝刀的角度 γ'。

图 4-23(a)为拉丝刀在平面上切削，图 4-23(b)为拉丝刀在圆柱面上切削。在图 4-23(b)引 BB_1 及 BB_2，分别平行于 AO 及 CO，由于：

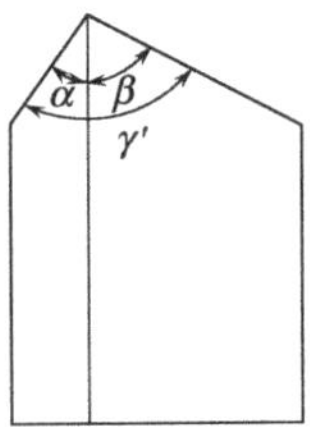

图 4-22　拉丝刀的角度

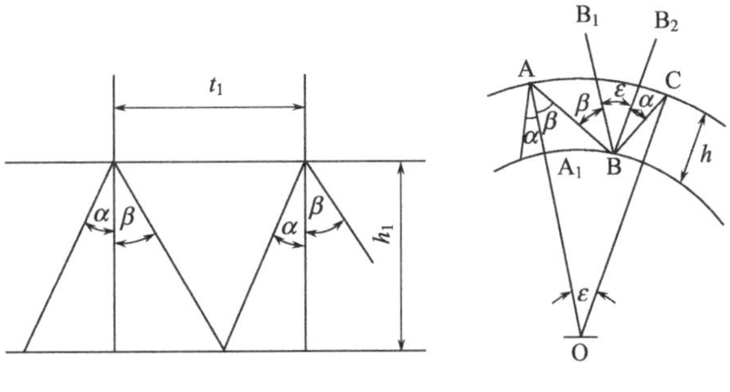

(a)　(b)

图 4-23　齿角与拉丝刀的角度

(a)拉丝刀在平面上切削；(b)拉丝刀在圆柱面上切削

$$\angle ABB_1 = \beta \quad \angle CBB_2 = \alpha \quad 令：\angle AOC = \varepsilon$$

因而，

$$\angle ABC = \alpha + \beta + \varepsilon$$

$\angle ABC$ 为磨辊表面被拉丝刀削去的部分。因此，用拉丝刀角 γ' 切削后形成的磨齿角度：

$$\gamma' = \alpha + \beta + \varepsilon$$

根据弧度的定义

$$\varepsilon = \frac{t_1}{R}$$

式中，ε 为 1 个磨齿的中心角(°)；t_1 为齿距(mm)；R 为磨辊半径(mm)。

而

$$t_1 Z = \pi R t_1 = \frac{2\pi R}{Z}$$

因此，

$$\varepsilon = \frac{t_1}{R} = \frac{2\pi}{Z}$$

或

$$\varepsilon = \frac{360^\circ}{Z}$$

式中，Z 为磨辊表面的全部齿数。

由于一个磨齿的中心角 ε 不大，所以在生产中，就用拉丝刀角度 γ' 来代替齿角 γ。

磨齿的齿高，可按图 4-23(a)近似计算确定为

$$h_1 = \frac{t_1}{\mathrm{tg}\alpha + \mathrm{tg}\beta}$$

式中，h_1 为磨齿的高度(mm)；t_1 为磨齿间距(mm)；α 为磨齿的锋角(°)；β 为磨齿的钝角(°)。

如前所述，由于磨辊表面的齿角并不等于拉丝刀头的角度，因此，正确的齿高 h_1 应等于

$$h_1 = \frac{t_1}{\mathrm{tg}\alpha + \mathrm{tg}\beta + \mathrm{tg}\varepsilon}$$

由上式可知，当齿距一定时，磨齿高度因齿角 γ' 的增加而减少。

(2) 齿角对研磨效果的影响。

用不同的制粉方法研制不同的小麦粉时，需采用不同的齿角，而且在整个工艺过程中各道研磨系统也使用不同的齿角，这是由于齿角对各种物料具有不同的研磨作用的缘故。

目前世界各国小麦粉厂所采用的磨齿角度大体相同，一般为 90°～110°，见表 4-14。

表 4-14　各国小麦粉厂采用的磨齿角度

国家	齿角 γ	锋角 α	钝角 β
前苏联	90°～110°	20°～35°	65°～75°
德国	90°～110°	25°～40°	65°～75°
英国	88°～110°	21°～45°	60°～65°
美国	87°～115°	23°～40°	63°～75°
中国	90°～110°	20°～45°	55°～70°

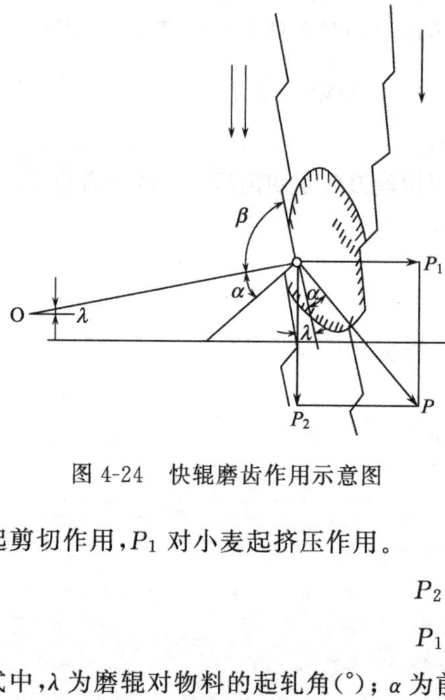

图 4-24　快辊磨齿作用示意图

(3) 前角对研磨效果的影响。

在研磨过程中，小麦落入两磨辊间，被慢辊托住，由快辊对小麦进行粉碎。物料在磨辊间所受作用力的大小，不仅取决于齿角，更取决于“前角”。所谓“前角”是指与物料接触并对物料进行破碎的那个角，由于磨辊排列不同，它可以是锋角或者是钝角。

为了分析前角大小对研磨效果的影响，需研究物料在两磨辊间的受力情况。麦粒在两磨辊间，是由于快辊磨齿对其剪切而破碎的。图 4-24 为 1 皮磨研磨过程，快辊磨齿对小麦的作用力 P 垂直于前角的斜面，并可分解成垂直于两磨辊中心连线的力 P_2，及平行于两磨辊中心连线的力 P_1。P_2 对小麦起剪切作用，P_1 对小麦起挤压作用。

$$P_2 = P\cos(\alpha + \lambda)$$

$$P_1 = P\sin(\alpha + \lambda)$$

式中，λ 为磨辊对物料的起轧角(°)；α 为前角(°)。

当磨辊直径、物料大小、轧距和起轧角不变时，挤压力 P_1 和剪切力 P_2 将随前角 α 而变化。当前角 α 减小时，对物料的剪切破碎作用加强，剥刮率增加，磨下物中渣心比例提高，细粉数量减少，皮层易碎，粉中麸星增多，品质可能下降，但因较多地用了剪切作用，故能以较低的动力消耗处理较高的物料流量。当前角 α 增大时，挤压力的作用占主导地位，磨下物料中麸片增大，渣心减少而细粉增多，品质较好；但破碎能力下降，动耗较高，处理流量较低。因此，前角的大小对研磨效果的影响较大。

在皮磨系统，要提取一定数量的麦渣和麦心，则应在流量较高的情况下，采用较小的齿角，尤其要采用较小的前角，在加工软麦和水分过高的小麦时更应如此；在前路皮磨，要多出粉少出麦渣、麦心，并为了保持麸片的完整，将麦皮上的胚乳刮净，可采用较大的齿角，尤其应采用较大的前角，在加工硬麦和低水分的小麦时更应如此；为了刮净后路皮磨麸片上的胚乳，而不使麦皮过碎，应采用较大的齿角和前角；为了降低磨粉机的动力消耗，可采用较小的齿角和前角。

(4) 磨齿后角的作用。

磨齿的后角虽然对研磨没有起主要作用，但后角的大小表现在磨齿的高度及耐磨性上。当齿角不变而后角增大，则磨齿高度减低，厚度增加。图 4-25 表明几种不同磨齿齿型的比较，由图可见，30°/65°和 35°/65°的磨齿，其磨齿较钝，齿角达 95°和 100°，横断面尺寸较大，钝边较高，磨齿有较大的强度。

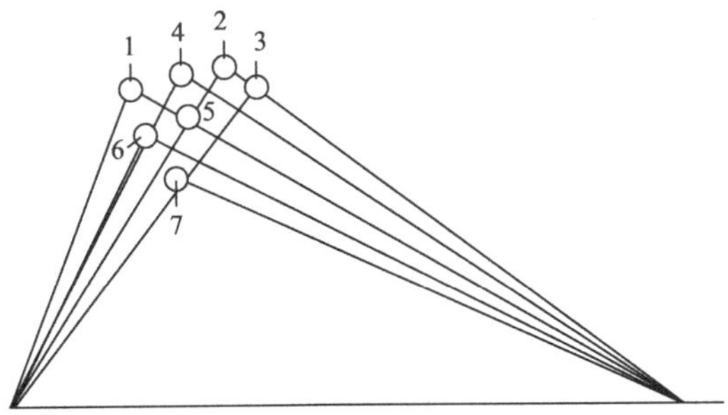

磨齿齿型序号	锐角/(°)	钝角/(°)	齿角/(°)
1	20	70	90
2	30	65	95
3	35	65	100
4	27	68	95
5	30	70	100
6	27	73	100
7	35	75	110

图 4-25　不同磨齿齿型的比较

3) 磨齿的排列

磨齿有锋角和钝角之分，而磨辊又有快辊与慢辊之分，磨齿的排列是用来描述快、慢辊前角状态的一种常用形式，以锋角或钝角表示前角大小，以快辊前角对慢辊前角来表达排列形式，即锋对锋、锋对钝、钝对锋、钝对钝，如图 4-26 所示。

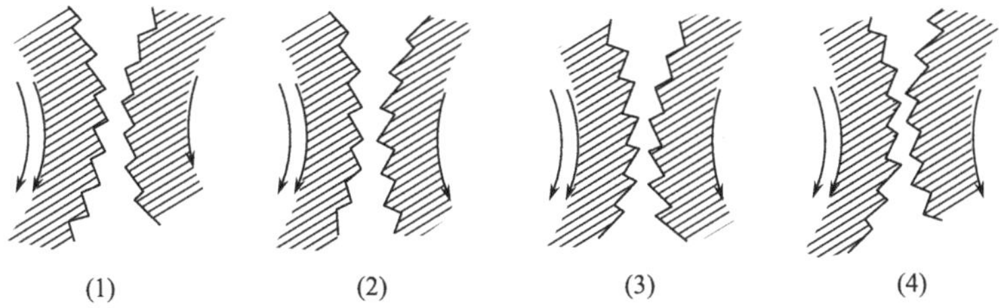

图 4-26　磨齿排列

(1)锋对锋；(2)锋对钝；(3)钝对锋；(4)钝对钝

锋对锋(F-F)：见图 4-26(1)，快辊磨齿锋角向下，慢辊锋角向上。采用这种排列，磨齿对物料的剪切作用最强，粉碎程度高，而动力消耗低。如果处理小麦，则麸片较碎，麦渣和麦心多而细粉少，适宜加工水分大或软而韧的小麦。

锋对钝(F-D)：见图 4-26(2)，快辊磨齿锋角向下，慢辊钝角向上。

钝对锋(D-F)：见图 4-26(3)，快辊磨齿钝角向下，慢辊锋角向上。

钝对钝(D-D)：见图 4-26(4)，快辊磨齿钝角向下，慢辊钝角向上。采用这种排列，物料落在慢辊钝面上，同时受到快辊钝面的剥刮作用。因此研磨作用较缓和，物料受剪切力小而压力较大，磨下物中麸片大，麦渣和麦心少而小麦粉多，小麦粉的颗粒细含麸星少，但动力消耗较高，它适宜于加工水分低或硬而脆的小麦。

磨齿排列采用钝对锋或锋对钝时，其工艺效果不够稳定，故很少采用，它们的粉碎作用介于钝对钝和锋对锋之间。

4）磨齿的斜度

磨齿必须与磨辊中心线倾斜成一角度，同时一对磨辊在静止时，两根磨辊的磨齿斜度一定要平行。当一对磨辊相向转动时，快辊磨齿与慢辊磨齿便形成许多交叉点，在磨辊间的轧距小于被研磨物料的情况下，物料就在交叉点上得到粉碎。如果磨齿没有斜度，则两磨辊磨齿的接触将是间歇性的，有时快辊磨齿沿全长与慢辊磨齿齿顶接触，而有时则与慢辊的齿槽相遇，这样，不但粉碎作用不能均衡地完成，并将导致磨粉机的震动。

磨齿斜度通常以同一磨齿两端在磨辊端面圆周上的距离（弧长）与磨辊长度之比表示，如图 4-27 所示。

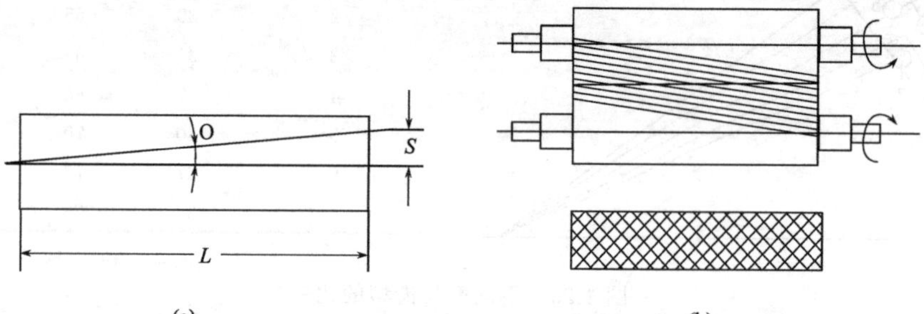

图 4-27　磨齿的斜度及磨辊相对回转时形成的交叉点

(a)磨齿斜度；(b)相对回转形成的交叉点

设：L 为磨辊长度 1000mm、S 为同一磨齿两端表面圆周上倾斜的距离 125mm；

则磨齿斜度：

$$X=\frac{S}{L}=\frac{125}{1000}=\frac{1}{8}$$

制粉厂习惯上把磨齿在圆周上倾斜的距离作为 1，而用磨辊长度为倾斜距离的倍数来表示斜度。如上例，磨齿斜度即为 1∶8，有时也称磨齿斜度为 12.5%。

当磨齿斜度增大，一对磨辊表面素线长度上磨齿的交叉点便增加，交叉点数可按下法求出。

假设 Y 为磨辊表面素线长度上磨齿交叉点数，L 为磨辊长度（cm），n 为磨齿数（牙·cm^{-1}）。

在图 4-28 中：

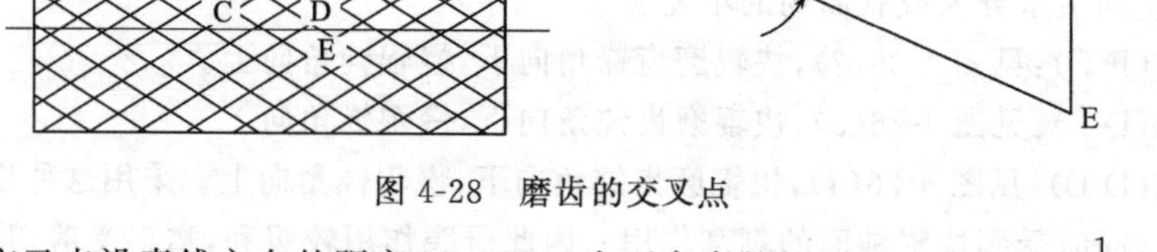

图 4-28　磨齿的交叉点

CD 为两交叉点沿素线方向的距离（cm）；DE 为两磨齿的间距（cm），$DE=\frac{1}{n}$；α 为磨齿倾斜角度（°）。

由图可知：

$$\frac{DE}{CD} = \text{tg}\alpha$$

$$CD = \frac{DE}{\text{tg}\alpha} = \frac{1}{n \cdot \text{tg}\alpha} \quad DE \approx \widehat{DE}$$

$$L = Y \cdot CD = Y \cdot \frac{1}{n \cdot \text{tg}\alpha}$$

所以

$$Y = L \cdot n \cdot \text{tg}\alpha$$

由上式可知，当磨辊长度和齿数不变，斜度愈大，交叉点愈多，交叉点距离亦小，物料在磨齿交叉点受剪切作用而粉碎的机会愈多，粉碎作用愈强，但麦皮容易破碎，获得的产品质量较次。

如果用不同的磨齿斜度而要求物料得到相同的粉碎程度，则磨齿斜度大的在研磨过程中依靠剪切力的因素居多，所以动力消耗较低。

对于研磨干而硬的小麦，为防止麦皮过碎，应比研磨软而湿的小麦所采用的磨齿斜度要小。

（三）磨辊的线速和速比

磨辊的线速即磨辊圆周线速度。如果一对相向转动的磨辊都是同一线速，那么物料在研磨工作区域内，只能受到两辊的挤压作用而被压扁，不会得到粉碎。因此，在制粉过程中，一对磨辊有不同的线速，并结合磨辊表面的技术特性，使研磨物料根据工艺要求达到一定的研磨程度。

1. 谷粒在研磨区域内的平均速度

使用快速电影摄影机对谷物的粉碎过程进行研究，并用图解分析法确定了谷粒在粉碎过程中的行迹，探明了它的运动规律。以磨辊直径为 225mm、快辊线速为 5.3m · s^{-1}的磨粉机，采用不同的速比和磨齿排列将小麦进行研磨，通过每秒 3700 张底片的速率摄影所得的照片，计算出谷粒在研磨区域内的平均速度，其结果如表 4-15 所示。

表 4-15　谷粒在研磨区域内的平均速度

磨齿排列	快辊线速/(m · s^{-1})	慢辊线速/(m · s^{-1})	谷物线速/(m · s^{-1})
锋对锋	5.3	3.53	4.36
锋对锋	5.3	2.12	3.75
锋对钝	5.3	3.53	4.14
锋对钝	5.3	2.12	3.09
锋对锋	2.4	0.96	1.64
锋对钝	2.4	0.96	1.47

物料在研磨区域的平均速度(不考虑滑动)可由下式求得

$$V_g = \frac{V_k + V_m}{2}$$

式中，V_g为平均速度(m · s^{-1})；V_k为快辊线速(m · s^{-1})；V_m 为慢辊线速(m · s^{-1})；α 为磨辊对研磨物料的起轧角(°) 。

2. 磨辊线速对研磨效果的影响

通常磨辊快辊转速为 450～600r · min^{-1}，最低为 350r · min^{-1}，前路皮磨采用较高的转速,后路心磨系统的转速最低。

在一定范围内,磨辊线速越大,单位时间内可通过的物料越多,磨粉机的产量越高。若流量不变,较高线速时物料通过研磨区的料层变薄,研磨效果可提高。但线速超过一定限度时,过薄的料层将引起磨辊磨损加剧、轴承发热、机器振动,甚至会产生磨辊断轴等事故。

实践证明,快辊线速以 $6\sim8\text{m}\cdot\text{s}^{-1}$为宜。磨辊直径减小后,可通过提高转速保持原有的线速,以保持产量和研磨效果。

3. 速比对研磨效果的影响

快辊线速 V_k 与慢辊线速 V_m 之比称为速比 K。即

$$K=\frac{V_k}{V_m}$$

由此得出 $V_m=\frac{V_k}{K}$ 或 $V_k=KV_m$。

小麦在研磨时,从麸片上剥刮胚乳的作用主要是依靠快辊磨齿进行的。

若其他条件不变,速比增加,剥刮作用加强,研磨效果提高;但麸片易碎,麦渣、麦心、小麦粉的灰分增加,动力消耗也随之增加。所以速比的选用必须与工艺、原料性质、研磨要求等相适应。一般在磨制高等级粉时,皮磨系统速比为 2.5∶1、渣磨系统为(1.5～2)∶1、心磨系统为(1.25～1.5)∶1。在磨制出粉率 85%左右的小麦粉时,各研磨系统都采用速比 $K=2.5:1$。磨制全麦粉时可取较大的速比 $K=3:1$。磨制玉米粉时可取更大的速比 $K=3.5:1$。

(四) 轧　　距

在两磨辊中心连线上,两磨辊表面之间的距离即为轧距。改变两磨辊之间的距离是磨粉机生产操作的主要调节方法。轧距对粉碎程度的影响最大,轧距愈小,研磨作用愈强,动力消耗愈高,磨粉机的流量减小。

图 4-29 表明轧距与剥刮率的关系。如 1B 磨轧距为 0.9mm 时,剥刮率为 20%;轧距在 0.7mm 时,剥刮率增加到 35%;轧距缩小至 0.5mm 时,剥刮率达 75%,由图可知,轧距为0.5～0.7mm 时,对剥刮率的影响最大。

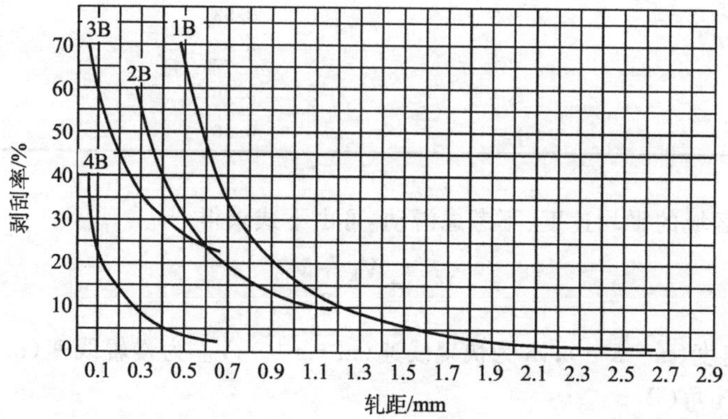

图 4-29　轧距与剥刮率的关系

对磨粉机轧距的操作调节,应根据工艺要求,使每对磨粉机的剥刮率达到要求的指标。轧距过紧或过松以及一对磨辊两端的轧距不一致,都会使研磨效果降低。各道磨粉机的参考轧距见表 4-16。

表 4-16 各道磨粉机的参考轧距

系统	轧距/mm	系统	轧距/mm
1B	0.2～0.8	S	0.1～0.3
2B	0.2～0.4	M	0.07～0.2
3～5B	0.1～0.3		

(五) 研磨区域长度

1. 麦粒进入研磨区域的条件

磨辊是否能攫住物料进行研磨,需研究麦粒进入研磨区域的条件。为了研究方便,设磨辊是水平排列的,磨辊表面光滑,物料呈球形,其大小相等。图 4-30 表明物料被磨辊攫住的情况,图中 α 为起轧角,这时物料受磨辊的反作用力 P,P 力的垂直分力 $2P\sin\alpha$ 促使物料离开研磨区域,但摩擦分力 $2fP\cos\alpha$ 则将物料拉入研磨区域。

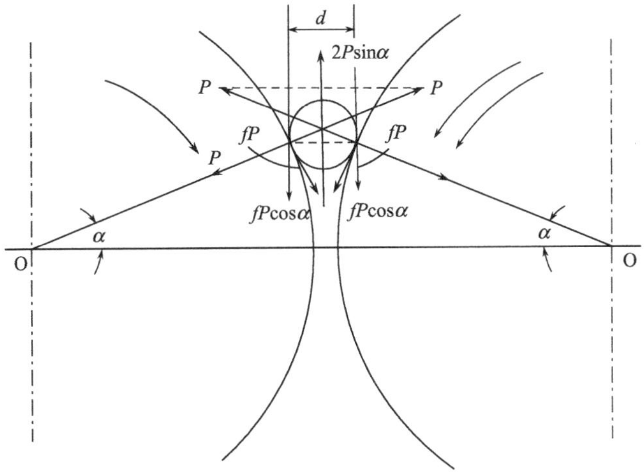

图 4-30 物料被磨辊攫住的情况

根据上述情况,可列出物料开始与磨辊接触所受到力的平衡方程式:

$$2P\sin\alpha = 2fP\cos\alpha$$

式中,f 为物料与磨辊表面的摩擦系数。

使磨辊攫住物料必须符合以下条件:

$$2P\sin\alpha \leqslant 2fP\cos\alpha$$

从而:

$$\frac{\sin\alpha}{\cos\alpha} \leqslant f$$

即
$$\mathrm{tg}\alpha \leqslant \mathrm{tg}\varphi$$
$$\alpha \leqslant \varphi$$

由此证实，起轧角 α 应小于物料与磨辊表面的摩擦角 φ，物料才能进入研磨区。根据磨辊材料，在研磨粗粒时，摩擦角 φ 为 11°～17°；研磨粗粉时，φ 为 12°～18°。

起轧角 α 的大小，可根据图 4-30 求得

$$\cos\alpha = \frac{D+b}{D+d}$$

式中，D 为磨辊的直径(mm)；b 为磨辊间的轧距(mm)；d 为研磨物料的平均直径(mm)。

上式表明，起轧角的大小与被研磨物料的平均直径、磨辊直径及轧距有关。当磨辊直径及轧距不变，被研磨物料直径愈大，起轧角便趋大，越不易进入研磨区。如增大轧距，起轧角可减小，物料易进入研磨区域。

2. 研磨区域长度

研磨区域是指物料落入两磨辊间（开始被两磨辊攫住)，到物料被研磨后离开两磨辊为止，即从起轧点(A)到轧点(B)之间的区域。物料在研磨区内，才能受到磨辊的研磨作用，研磨区域的长短对研磨效果的影响很大，研磨区域长，物料受两磨辊研磨的时间就长，破碎的程度就愈强。

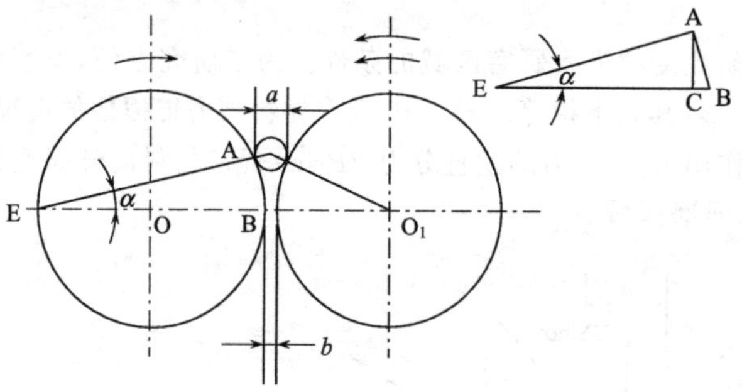

图 4-31 研磨区域的长度

研磨区域长度 L 可根据图 4-31 计算。

$L=\overset{\frown}{\mathrm{AB}}$，为简单计 AB 线段长。

从图中可知：

$$\frac{\mathrm{AB}}{\mathrm{BC}} = \frac{\mathrm{BE}}{\mathrm{AB}}$$

即
$$\mathrm{AB}^2 = \mathrm{BE} \cdot \mathrm{BC}$$

式中，
$$\mathrm{AB} = L \quad \mathrm{BE} = D$$

而
$$\mathrm{BC} = \frac{a-b}{2} \quad 0 < a < b$$

所以
$$L^2 = D \cdot \frac{a-b}{2} = \frac{D}{2}(a-b)$$
$$L = \sqrt{\frac{D}{2}(a-b)}$$

上述表明，磨辊直径或物料平均直径愈大以及轧距愈小时，则研磨区域愈长，反之，研磨区域愈短。研磨区域的长度随各道磨粉机的作用而异，一般为 4～20mm。

（六）磨粉机的喂料方法

研磨效果的好坏在很大程度上与喂料机构的结构、喂料速度及喂料的均匀度等有关。

磨粉机双辊喂料比单辊喂料优越，可使物料均匀一致地分布在整个磨辊长度上，但其结构较复杂。喂料不均，物料在整个磨辊长度上厚薄不一，必然使研磨效果降低，粉碎程度不匀，同时，厚的物料所在磨辊容易局部磨损，造成整个磨辊长度上轧距不一致。

喂料辊的位置必须保证物料能准确地进入研磨区域，其速度要和磨辊的线速相配合，这样，不会由于喂料过快造成物料在研磨区域有堆积现象，或者不会由于喂料速度过慢而使磨粉机生产量降低。

喂料不正确，物料在下落时，会撞击在快辊表面而反射到对面的磨辊上，因此物料不能直接进入研磨区域内，并使物料达到研磨区域内的终点速度降低，从而影响研磨工作的正常进行。

由于多数的分配辊直径为 75～90mm，如以直径 75mm 计算，相应的最大圆周速度是

$$V_{max}=\sqrt{g\cdot\frac{d}{2}}$$

式中，V_{max}为分配辊最大线速（$m\cdot s^{-1}$）；g 为重力加速度（$m\cdot s^{-2}$）；d 为分配辊直径（m）。

代入数值后，计算结果为 $0.61m\cdot s^{-1}$。

实际上由于空气阻力，而且考虑到分配辊表面的物料是堆高成层的，因此 V_{max}的数值还可以略大一些。为了使各种物料都能正确地进入研磨区域，就应该使喂料的速度，能随研磨物料的性质而改变。

（七）磨粉机的单位流量

磨粉机的单位流量是指该道磨粉机每厘米磨辊接触长度，单位时间内研磨物料的质量，以 $kg\cdot cm^{-1}\cdot h^{-1}$表示。各道磨粉机单位流量，根据制粉方法和每道磨粉机的作用而不同。如果将制粉厂加工原料的质量，除以全部磨粉机磨辊的总接触长度，称为磨粉机总平均流量，以 $kg\cdot cm^{-1}\cdot 24h^{-1}$表示。在磨制标准粉时，磨粉机总平均流量为 $150\sim200kg\cdot cm^{-1}\cdot 24h^{-1}$；磨制高质量的小麦粉时，因研磨道数较长，磨粉机总平均流量降低为 $85\sim100kg\cdot cm^{-1}\cdot 24h^{-1}$。

磨粉机在理论上的流量，光辊可按下式计算：

$$Q_1 = 86.4\cdot\gamma\cdot b\cdot V_g\cdot M$$

式中，Q_1 为磨粉机（光辊）流量（$kg\cdot cm^{-1}\cdot 24h^{-1}$）；$\gamma$ 为物料经研磨后的容重（$g\cdot cm^{-3}$）；b 为轧距（cm）；V_g 为物料粉碎的平均速度（$cm\cdot s^{-1}$）；M 为研磨区域充满系数。

对齿辊而言，在研磨区域内，不仅在两磨辊齿顶间有物料，而且在两磨齿的齿槽内也有物料（图 4-32），因此，其流量可用下式计算：

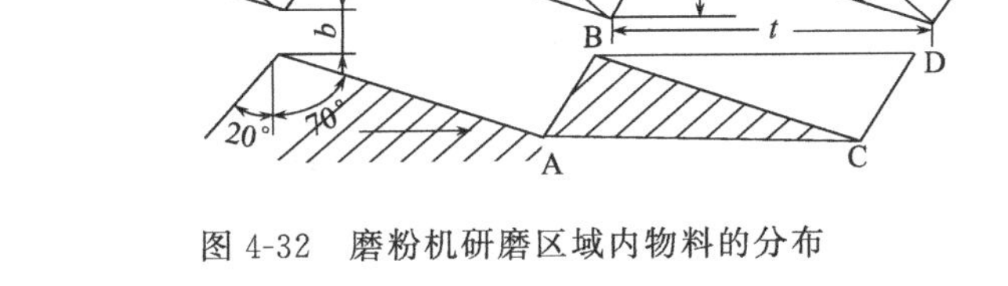

图 4-32　磨粉机研磨区域内物料的分布

$$Q_2 = 86.4 \cdot \gamma \cdot V_g \cdot M \cdot (b + h)$$

式中，Q_2 为磨粉机(齿辊)流量($kg \cdot cm^{-1} \cdot 24h^{-1}$)；$h$ 为磨齿高度(cm)。

设 1 皮磨辊 $V_g = 6m \cdot s^{-1}$，磨齿数为 4.5 牙 · cm^{-1}，齿型为 20°/70°，磨齿高度为 0.068cm，轧距 b=0.06cm，研磨后物料容重为 0.41g · cm^{-3}，速比 K=2.5，充满系数 M=1，则 1 皮磨磨粉机理论上的单位流量为

$$Q_2 = 86.4 \times 0.41 \times 600 \times 1 \times (0.06 + 0.068)$$
$$= 2720(kg \cdot cm^{-1} \cdot 24h^{-1})$$

由于磨辊研磨区域内物料的装满系数总小于 1，所以制粉厂磨粉机实际的单位流量总是低于理论上的计算值。在上述条件下，1 皮磨的实际流量一般为 650～800kg · cm^{-1} · $24h^{-1}$时，如按 750kg · cm^{-1} · $24h^{-1}$计算，则充满系数为

$$M = \frac{750}{2720} = 0.276$$

磨粉机产量在磨辊技术特性不变时，与下列因素有关。

(1) 物料的粉碎程度。在操作磨粉机时，随轧距的减小研磨区域长度便增加，这时快辊对物料的作用齿数增多而粉碎程度提高，但磨粉机单位流量相应地降低。

(2) 磨齿的高度。在研磨过程中，随着磨齿的逐渐磨损，磨齿便不易抓住物料，而在磨辊表面上滑动，即物料在研磨区域中的移动速度降低。并由于磨齿高度减小，两磨齿间隙中物料减少，磨粉机产量逐渐降低。

(3) 小麦的水分含量。入磨小麦水分过高会引起粉厂生产量减少。例如，在磨制全麦粉时，小麦水分由 14%增至 15%，产量便降低 5%～6%。

(4) 研磨物料的容重。小麦经逐道研磨，由于胚乳被逐渐刮下，随着皮磨道数的后推，物料的容重便减轻，磨粉机单位流量也降低。例如，末道皮磨研磨系统的物料，容重仅为 270g · L^{-1}左右，这时，该道皮磨的单位流量只为 200～250kg · cm^{-1} · $24h^{-1}$。

(5) 进入同一研磨系统中物料颗粒的均匀度。当进入同一研磨系统物料颗粒的粒度相差悬殊，一些最小的颗粒便不会受到研磨作用，这样就不能发挥磨粉机的作用，磨粉机的生产量将降低。

(八) 磨辊的吸风与清理

物料被磨辊粉碎时，部分机械能转为热能，使得磨辊和物料发热，有时磨辊表面温度高达 60 ～70℃。这样就会引起水汽凝结，在磨粉机机壳表面、自流管及运输设备中形成粉块。此外，还会引起筛理效率降低，应筛出的小麦粉不能筛净又重新回入磨粉机，降低了磨粉机的产量。磨辊温度过高，会使蛋白质变性，而麦皮受热失去水分，变得脆而易碎，混入小麦粉影响品质。

磨粉机研磨物料会产生大量的粉尘，达到一定浓度遇到火花，有引起火灾的危险。这是由于在运转的磨辊中落入金属杂质，或者由于磨辊轧距过紧，两磨辊磨齿碰撞发生火花而引起的。

为了吸去磨粉机研磨时产生的热量、水汽和粉尘，必须进行吸风除尘，一般每对磨辊（1m长）的吸风量为 $5\sim6m^3 \cdot min^{-1}$。

制粉间采用气力输送，在吸运磨下物料的同时，能有效地对磨粉机进行冷却和除尘。磨辊采用水冷装置，可使快辊表面温度降低到 37～45℃，轴承温度也下降。同时，可使经研磨的物料温度降低 5℃，提高了磨粉机的工艺效率。

磨辊表面清理不良，特别是研磨物料的水分较高、磨辊间的压力较大，就会使物料黏结在磨辊的表面，或齿辊的齿槽内，影响研磨效果。

四、研磨效果的评定

磨粉机的研磨效果通常以剥刮率、取粉率或粒度曲线进行评定。

1. 剥刮率

剥刮率是指物料由某道皮磨系统研磨、经筛理后，穿过粗筛的流量占本道皮磨的入磨流量或占 1 皮流量的百分比。

例如，取 100g 小麦，经 1 皮磨研磨之后，用 20W 的筛格筛理，筛出物为 40g，则 1 皮磨的剥刮率为 40%。

测定除 1 皮以外其他皮磨的剥刮率时，由于入磨物料中可能已含有可穿过粗筛的物料，所以实际剥刮率应按下式计算：

$$K = \frac{A - B}{1 - B} \times 100\%$$

式中，K 为该道皮磨系统的剥刮率（%）；A 为研磨后粗筛筛下物的物料量（%）；B 为物料研磨前，已含可穿过粗筛的物料量（%）。

例如，取入磨前物料 100g，经 2 皮的粗筛筛理后，筛下物为 4g；取入磨后物料 100g，经 2 皮的粗筛筛理后，筛下物为 65g，则 2 皮的剥刮率为

$$K = \frac{\frac{65}{100} - \frac{4}{100}}{1 - \frac{4}{100}} \times 100\% = 63.5\%$$

测定皮磨系统剥刮率的筛号一般为 20W。

剥刮率的高低，主要反映皮磨的操作情况，也将影响粉路的流量平衡状态，若某道皮磨的剥刮率高于指标，下道皮磨的流量就会减少，而后续渣磨、心磨系统的流量则会增加，造成后续设备工作失常。

2. 取粉率

取粉率是指物料经某道系统研磨后，粉筛的筛下物流量占本道流量或 1 皮磨流量的百分比，其计算方法与剥刮率类似。磨制等级粉时测定各系统的取粉率的筛号一般为 12XX（112μm）。取粉率是衡量心磨研磨效果的主要指标。

在测定剥刮率或取粉率时，检验筛通常配备与对应平筛同规格的粗筛或粉筛筛网。但各厂配备的筛网有所不同，为便于厂际间比较，可参考表 4-17 选用筛网。

表 4-17 剥刮率和取粉率测定用筛网

系统	粗筛（W）	粉筛		
		特制一等粉	特制二等粉	标准粉
1B	20	CB39	CB33	CQ21
2B	24	CB42	CB36	CQ23
3～4B	28	CB46	CB39	CQ29
S		CB42	CB36	CQ23
1M		CB39	CB33	CQ21
2M		CB42	CB36	CQ23
3～5M		CB46	CB39	CQ29
6M 以后		CB50	CB42	

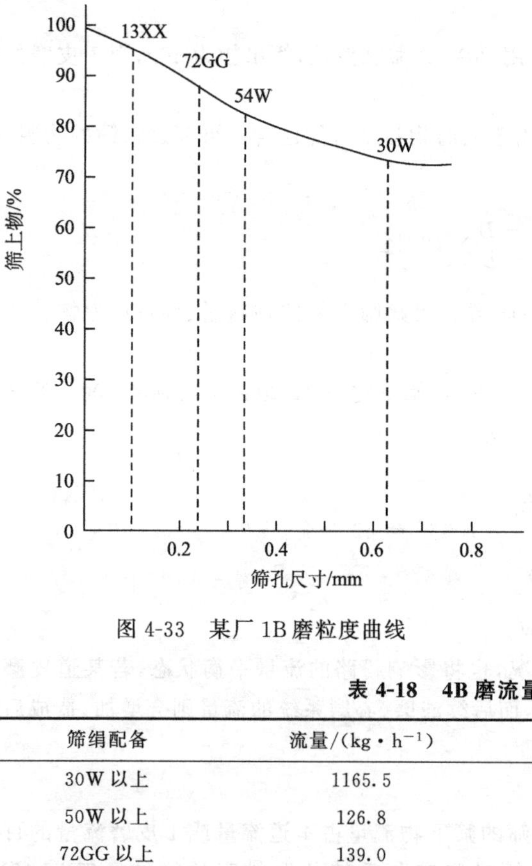

图 4-33 某厂 1B 磨粒度曲线

3. 粒度曲线

粒度曲线可体现研磨后不同粒度物料的分布规律。该曲线的横坐标表示筛孔尺寸，单位通常为毫米（mm），纵坐标表示对应筛面所有筛上物的累计百分比，横坐标原点对应的筛上物累计量为 100％。

测定的方法有两种：一种是质量法，即在磨下物中取样，通过检验筛筛理后分别称重求得；另一种是流量法，即在粉路测定时测取平筛各出口物料流量后求得。若平筛的筛理效率较高，两种方法所得曲线应重合，若差别过大则说明平筛的筛理效率低。日常生产中通常采用质量法。图 4-33 为流量法测定的 4B 磨粒度曲线，表 4-18 为流量分布情况。

表 4-18 4B 磨流量分布情况

筛绢配备	流量/（kg·h⁻¹）	百分比/％	累计/％
30W 以上	1165.5	73.00	73
50W 以上	126.8	7.90	80.9
72GG 以上	139.0	8.70	89.6
12～13XX 以上	88.6	5.60	95.2
12～13XX 以下	76.4	4.80	100
合计	1596.3	100.00	

对于同一种磨下物料，使用不同规格的筛网进行筛理，将结果标定到坐标图上，所得到的点都将分布在同一条连续的曲线上。曲线的形状、位置与筛网的规格无关，主要取决于磨粉机

的研磨效果。原料的性质及磨辊的表面状态对粒度曲线的形状有影响，原料为硬麦、磨下物中粗颗粒状物料较多时，曲线大多凸起。研磨软麦时、磨下物中细颗粒状物料较多时，曲线一般下凹。由于一般粒度曲线的弯曲度较小，近乎一条直线，在对磨下物进行粗略的估算时，为了使用上的方便，把所有皮磨粒度曲线都近似地看作直线，这就称之为理论皮磨粒度曲线，图 4-34为 1 皮磨粉机在不同剥刮率时的理论粒度曲线。小麦粉厂制粉效果达到最佳状态时所绘制的粒度曲线，称为最佳粒度曲线。通过曲线可较准确地反映出对应磨粉机的研磨状态及各在制品的分配情况，也可由设定的在制品数量，根据曲线确定对应的平筛筛网规格。因此最佳粒度曲线既指导操作，又是粉路技术参数选配的主要参考依据。

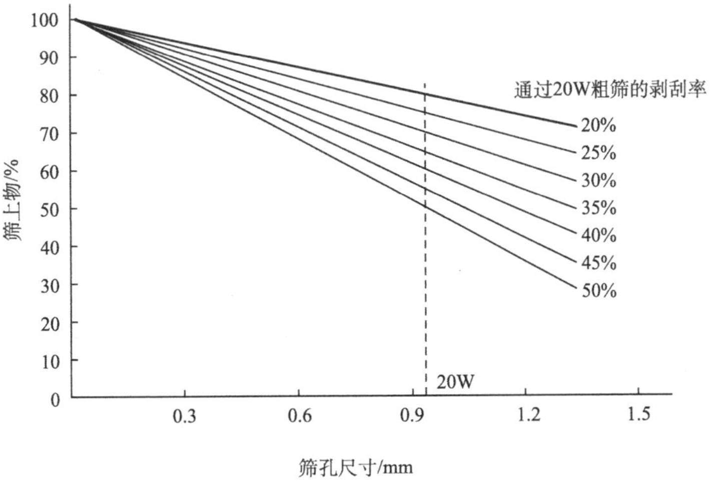

图 4-34　1 皮磨理论粒度曲线

第三节　筛　　理

筛理是研磨筛分制粉工艺的重要组成部分。常用设备为平筛、圆筛、打麸机等。

在小麦制粉生产过程中，每道磨粉机研磨之后，粉碎物料均为粒度和形状不同的混合物，其中一些细小胚乳已达到小麦粉的细度要求，需将其分离出去，否则，将使后续设备负荷增大、产量降低、动耗增加、研磨效率降低；而粒度较大的物料也需按粒度大小分级，根据粒度大小、品质状况及制粉工艺安排送往下道工序进行连续处理。制粉厂通常采用筛理的方法完成上述分级任务。

一、各系统物料的物理特性

1. 皮磨系统

前路皮磨系统筛理物料的物理特性是容重较高，颗粒体积大小悬殊，且形状不同，在皮磨剥刮率不很高的情况下，筛理物料温度较低、麸片上含胚乳多而且较硬、麦渣颗粒较大、含麦皮较少，因而散落性、流动性及自动分级性能良好。在筛理过程中，麸片、粗粒容易上浮，粗粉和小麦粉易下沉与筛面接触，故麸片、粗粒、粗粉和小麦粉易于分离。

在后路皮磨系统，由于麸片经逐道研磨，筛理物料麸多粉少、渣的含量极少。这种物料的物理特性是体积松散、流动滞缓、容重低，而颗粒的大小不如前路系统差别大。同时，混合物料的质量次,麸片上含粉少而软,渣的颗粒小,麸、渣、粉相互粘连性较强。这些特点的存在,就使其散落性降低,自动分级性差。在筛理时,麸、渣上浮和小麦粉下沉都比较困难,因而彼此分离就需要较长的筛理行程。

2. 渣磨系统

采用轻研细刮的制粉方法时,渣磨系统研磨的物料主要是皮磨或清粉系统提取的大粗粒。大粗粒中含有胚乳颗粒、粘连麦皮的胚乳颗粒和少量麦皮,这些物料经过渣磨研磨后,麦皮与胚乳分离、胚乳粒度减小。因此筛理物料中含有较多的中小粗粒、粗粉、一定量的小麦粉和少量麦皮,渣磨采用光辊时还含有一些被压成小片的麦胚。胚片和麦皮粒度较大,其余物料粒度差异不十分显著,散落性中等,筛理时有较好的自动分级性能,粗粒、粗粉和小麦粉较容易分清。

3. 心磨和尾磨系统

心磨系统的作用是将皮磨、渣磨及清粉系统分出的较纯的胚乳颗粒(粗粒、粗粉)磨细成粉。为提高小麦粉质量,心磨多采用光辊,并配以松粉机辅助研磨,所以筛理物料中小麦粉含量较高,尤其前路心磨通过光辊研磨和撞击松粉机的联合作用,筛理物料含粉率在50%以上,同时较大的胚乳粒被磨细成为更细小的粗粒和粗粉。因此心磨筛理物料的特征是:麸屑少、含粉多、颗粒大小差别不显著、散落性较小。要将所含小麦粉基本筛净,需要较长的筛理路线。

尾磨系统用于处理心磨物料中筛分出的混有少量胚乳粒的麸屑及少量麦胚。经光辊研磨后,胚乳粒被磨碎,麦胚被碾压成较大的薄片,因此筛理物料中相应含有一些品质较差的粗粉、小麦粉,以及较多的麸屑和少量的胚片。若单独提取麦胚,需采用较稀的筛孔将麦胚先筛分出来。

4. 打麸粉(刷麸粉)和吸风粉

用打麸机(刷麸机)处理麸片上残留的胚乳,所获得筛出物称为打麸粉(刷麸粉),气力输送风网中卸料之后的含粉尘气体、制粉间低压除尘风网(含清粉机风网)的含粉尘气体经除尘器过滤后的细小粉粒称为吸风粉。这些物料的特点是粉粒细小而黏性大,吸附性强,容重低而散落性差,流动性能差,筛理时不易自动分级,粉粒易黏附筛面,堵塞筛孔。

二、筛理设备

主要设备有平筛和圆筛。平筛是小麦粉厂最主要的筛理设备,具有以下优点:能充分利用厂房空间安装设备;在同样的负荷下,筛理效率较高;对研磨在制品的分级数目多,单位产量的动力消耗少;由于入筛物料能充分自动分级,可提高筛出物质量。圆筛多用于处理刷麸机(打麸机)刷下的麸粉和吸风粉,有时,亦可用于流量小的末道心磨系统筛尽小麦粉。

(一)平　　筛

平筛的筛格形状有正方形和长方形两种,采用正方形筛格时安装调整较方便,目前常用。

1. 筛箱

平筛一般有两个筛箱。每个筛箱都被分隔成若干个独立工作单元,每个单元称为一仓,平筛具有单仓形式、双仓形式和多仓形式,常用为多仓平筛,有四仓、六仓或八仓三种类型,相应可同时处理多种物料,仓数多的平筛相对占地面积较小但设备本身体积较大。

高方平筛的筛体分为两个对称的筛箱,每个筛箱可由2～4个筛仓组成,每仓内叠置的

20～30层(有的16层)方形筛格组成独立的筛理单元。筛格四周外侧面与筛箱内壁间形成有4个可供物料下落的狭长外通道,筛格本身有1～3个供本格筛上物或筛下物流动的内通道,如图4-35和图4-36所示。每仓筛顶部都有一或两个进料口,筛理物料经顶格散落于筛格的筛面上,连续筛理后分级物料经内、外通道落入底格出口流出。

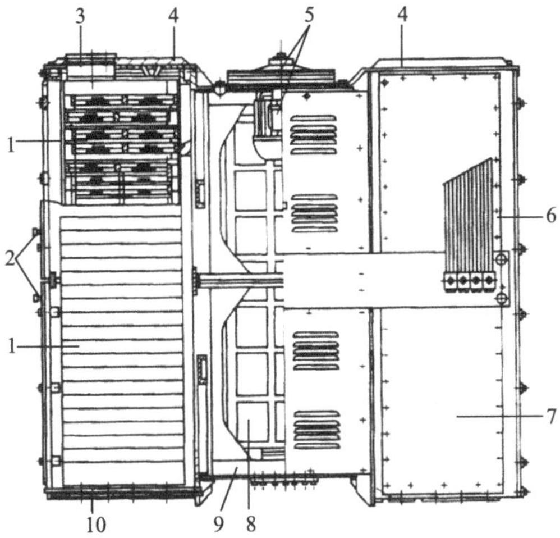

图4-35　高方平筛结构示意

1. 筛格;2. 仓门把手;3. 进料口;4. 筛格压紧装置;5. 传动装置;6. 吊杆;7. 筛箱;8. 偏重块;9. 中部机架;10. 出料口

1) 筛格

筛格可分为:带有筛面起筛理作用的筛格、加高筛格或改变流向的填充格、接受物料的筛顶格和分配并排出物料的筛底格四种。

筛格是构成筛路的主要部件,其作用是筛理物料并使筛上物、筛下物按规定路线流动。

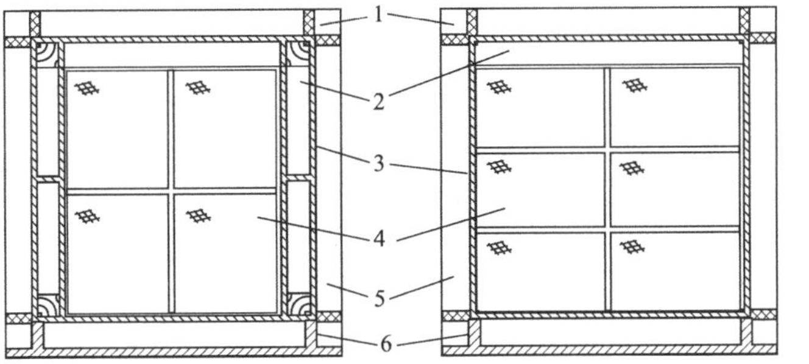

图4-36　筛箱内的筛格

1. 筛箱立柱;2. 内通道;3. 筛格外框;4. 筛面格;5. 外通道;6. 筛门

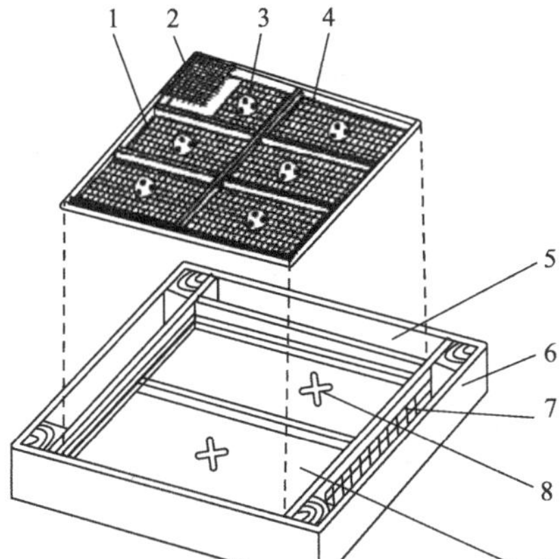

图4-37　筛格结构示意图

1. 筛面格;2. 筛理筛网;3. 清理块;4. 钢丝筛网;5. 内通道;6. 筛框;7. 钢丝栅栏;8. 推料块;9. 收集底板

筛格在高方筛筛箱内的安装方式有叠加式和抽屉式,我国大多数采用叠加式。筛格由筛框和筛面格组成。筛面格嵌在筛框上部,可以取出更换,如图4-37所示。筛面格一般由木板或贴塑木板制成,并分成4～6个小格,底面固定有承托筛面清理块的钢丝筛网,每一小格内安放一个清理块或几个清理球;上面固定筛理筛网,筛网现多通过绷装机胶粘在筛面格的木板上。筛格中部(位于筛面格下方)固定一收集筛下物的底板,底板上方一侧或两侧的边框上开有窄长孔,用作筛下物出口,底板上放置推料块,筛理时推动筛下物流出底板。为防止推料块随物料一起流出,出口处设有钢丝栅栏。

(1) 筛格尺寸。

新型FSFG平筛筛格多为640mm×640mm,有些筛格已增大为740mm×740mm。表4-19中筛面格高度 b 是固定的，筛下物层可流通高度 c 与筛上物层可流通高度 d，随筛格高度 a 的规格不同而变动。640mm×640mm 筛格的一些主要尺寸见表4-19。

表4-19　640mm×640mm 筛格的主要尺寸

筛格形式	标准型			扩大型		
筛格高度 a/mm	78	58	58	78	58	98
筛面格高度 b/mm	22	22	22	22	22	22
筛上物层可流通高度 d/mm	40	20	35.5	36.5	20.5	75.5
筛下物层可流通高度 c/mm	15.5	15.5	无底板	19	15	无底板
筛面格尺寸 A/mm	570	570	570	566	566	566
筛面格尺寸 B/mm	500	500	500	620	620	620
通道宽度 C/mm	52	52	52	56	56	56

(2) 标准型筛格。

习惯上将具有三个通道的筛格称为标准型筛格(也有直接称之为三通道筛格)，其中一个通道为筛上物通道，两侧为本格筛下物通道，或作为其上方筛格分级后某种物料的垂直通道。

标准型筛格分为八种基本形式，如图4-38所示。图中实线表示筛上物流向，虚线表示筛下

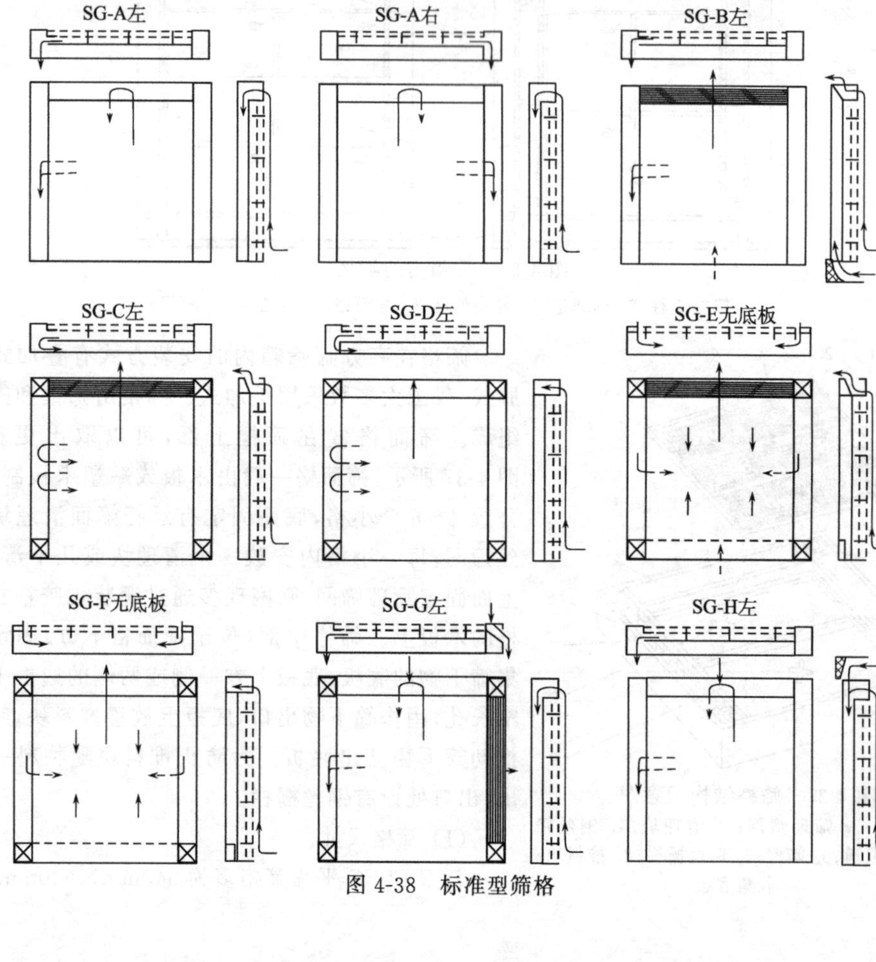

图4-38　标准型筛格

物流向。

A型筛格筛上物经通道落在下层筛面上连续筛理，筛下物向左或向右直落。

B型筛格筛上物进外通道(内通道封死，对应筛框上开一长槽)，筛下物向左或向右直落，另一侧的筛框下部开一长槽使外通道物料进入下层筛面筛理，该筛格仅在双路筛理时采用。

C、D、E、F型筛格均为筛下物落在下层筛面上连续筛理，不同之处在于：①C和E型筛格筛上物进外通道，D和F型筛格筛上物直落。②E和F型筛格没有底板，本格筛下物直接落在下层筛面上，C和D型筛格筛下物需经左右通道落在下层筛面上。

G、H型筛上物和筛下物流向与A型筛格相同，不同点为：①G型筛格的一侧通道封死，并在筛框上开一长槽，使落入该通道的物料进入外通道。②H型筛格筛上物通道一侧的筛框上开一长槽，使外通道的物料能进入下格筛理。

根据筛下物的下落方向不同，A、B、C、D、G、H型筛格又分为左、右两种形式。判断方法以筛上物流动方向为基准，筛上物向前流动，筛下物向左流动的为左格(图4-38中SG-A左)；筛下物向右流动为右格(图4-38中SG-A右)。实际应用中，一些筛格筛下物还可左右两边同时下落。

(3) 扩大型筛格。

扩大型筛格是将标准型筛格的三个通道，改为一个通道(也有直接称之为单通道筛格)，如图4-39所示。规格相同的筛格，扩大型其筛理面积增大，筛格质量减轻，在不加重平筛总负荷的情况下，可有效地增大筛理物料的处理量。扩大型筛格也具有相应的几种形式，为与标准型筛格相一致，扩大型筛格仍按标准筛型筛格的序号排序，只在筛格形式前加K以示区别，如KA左。

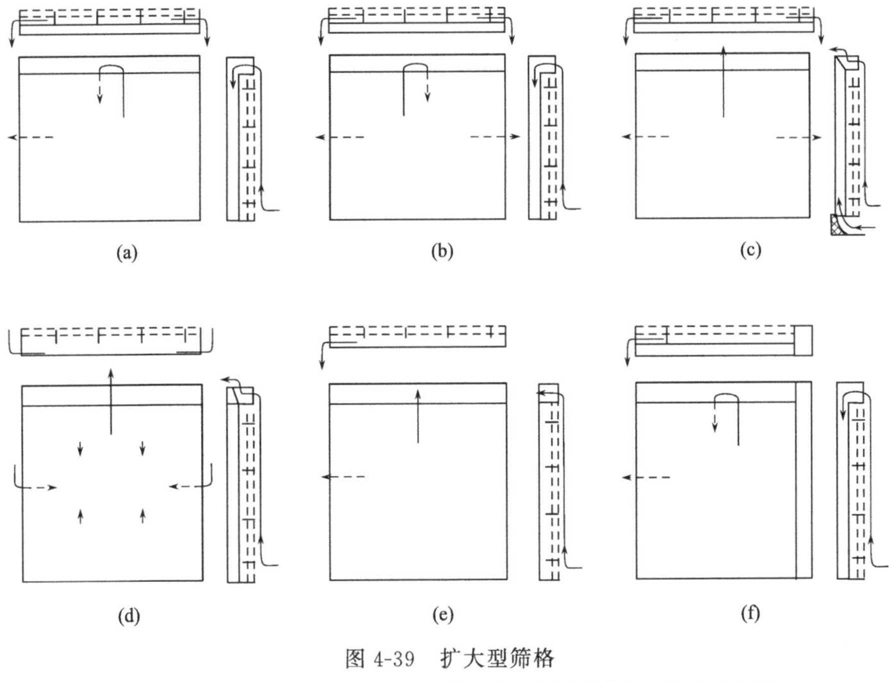

图4-39 扩大型筛格

(a)KA左；(b)KA；(c)KB；(d)KE(无底板)；(e)底层筛格；(f)半扩大型

组合筛路时，为尽量减少筛格中通道的占用面积，有时也采用两个通道的筛格，习惯上称之为半扩大型筛格或双通道筛格，如图4-39(f)所示。

(4) 填充格。

填充格是无筛面无底板的空格，通常装置在两筛格之间，可增加筛上物的空间高度，以满足筛上物流量大的需要；可调整筛格总高度，满足筛格压紧的要求；也可用于改变物料流向，便于调整筛路。常用规格有 10mm、20mm 和 30mm 等。填充格形式根据筛格的种类和筛理物料流向来确定，也分单通道、双通道和三通道。

(5) 双筛体平筛筛格。

双筛体平筛没有筛箱，筛分后的物料均需从筛格内的通道下落，故筛格设有四个通道。筛格尺寸为 830mm×830mm，筛格较大，为使筛下物迅速排出，筛下物可从两边同时下落，且收集底板从中部向两侧稍微倾斜。

(6) 抽屉式筛格。

抽屉式筛格细长，安装时直接插入筛箱内设置的抽屉槽中，筛上物可从筛格两端(靠筛门)流出，筛下物可从筛格两侧流出。紧贴筛格两端面的筛门上设有通道和分隔板，根据需要隔板位置可以变动。抽屉式平筛筛格更换和筛路调整较方便，但密封不严时易窜仓。

2) 筛顶格

平筛的喂料机构位于每仓筛的顶部，其上方与平筛进料筒连接，下部在工作时紧压在第一层筛格上。其作用一是将筛理物料散落在第一层筛面上或导入后侧外通道；二是配合压紧装置对本仓筛格进行垂直压紧。筛顶格通过滑块在斜滑槽中的相对滑动而上下移动。

筛顶格有几种基本形式，如图 4-40 所示。

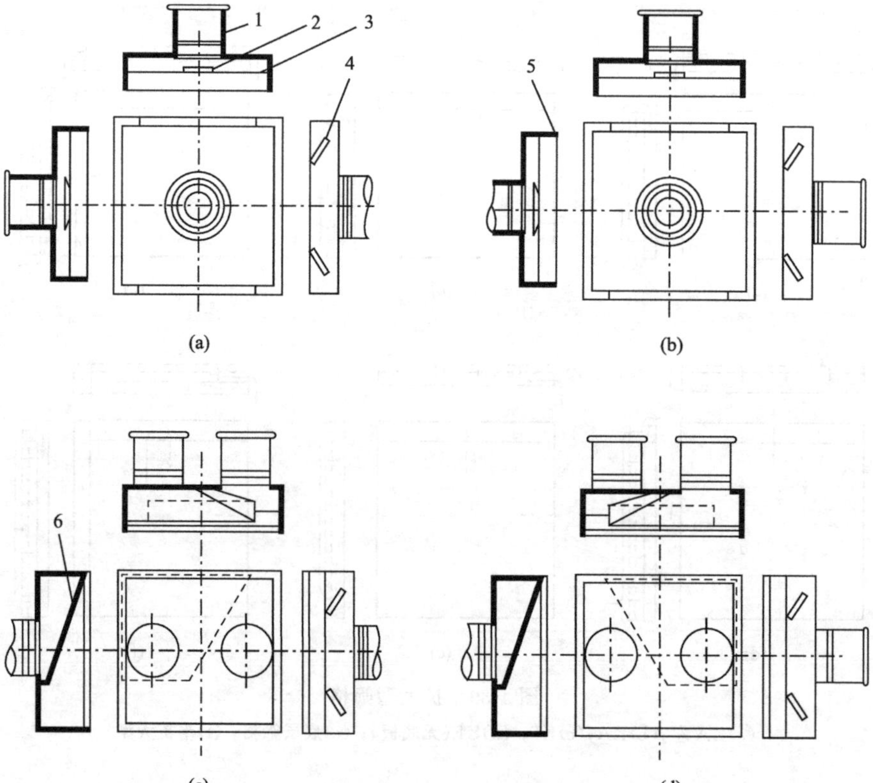

图 4-40　筛顶格

1. 进料筒；2. 分料盘；3. 分料盘承托板；4. 斜滑槽；5. 横长孔(槽)；6. 横导料板

图 4-40 中(a)为单进口,物料经分料盘缓冲后散落在筛面上,用于“单进单路”筛理。

图 4-40 中(b)也为单进料口,分料盘下方固定一横向分割板,将散落在筛面上的物料一分为二,一部分向筛门方向运行,另一部分流入该仓后部外通道(筛顶格里侧筛框下部开一长槽),用于“单进双路”筛理。

图 4-40 中(c)和(d)均为双进料口,其中一个料口物料散落于第一层筛面,另一料口的物料则经导料板进入筛箱后部外通道,该顶格用于“双进双路”筛理。

由于增加了导料板上方的空间,双进料口的筛顶格高度较高,为 170mm。单进料口的筛顶格高度为 134mm。为使物料能流入筛箱后部外通道,如图 4-40 中(b)、(c)和(d)所示,筛顶格里侧均开一横长孔(槽)。

顶格还需与第一层筛格形式相一致。若第一层采用扩大型筛格,则筛顶格采用图 4-40 的形式即可。若第一层为标准型筛格,配套的顶格须在两侧设置隔板,其位置和方向与筛格两侧内通道一致,将筛上物与筛下物通道分隔开,同时压住第一层筛面,避免筛理时筛面格跳动而窜粉、漏粉。

3) 筛底格

筛底格是平筛的出料机构,位于筛仓底层筛格的下方,其作用是将内外通道的筛分物料收集并送入底板上的出料口,如图 4-41 所示。目前生产的高方平筛筛底格上均不设置筛面,故底层筛格需与之配套,该层筛格高度仅包括筛面格和筛下物流动的高度。筛底格高度一般为 150mm,底层筛格高度:扩大型为 51mm、标准型为 48mm。检修时筛底格可以抽出以便清扫仓底积粉。

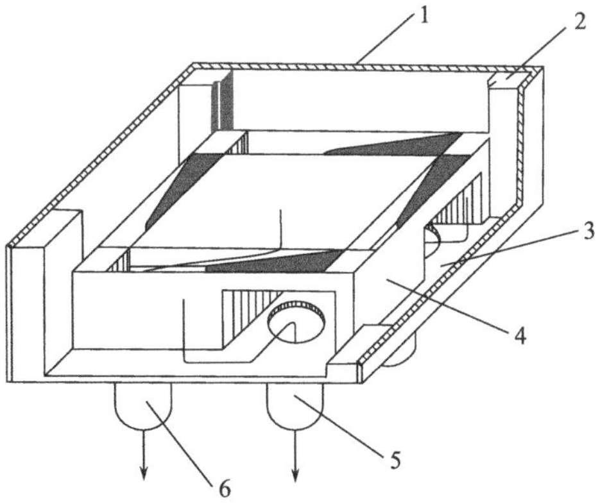

图 4-41 筛仓中的筛底格

1. 筛箱隔板;2. 立柱;3. 筛箱底板;4. 筛底格;5. 外通道出料孔;6. 内通道出料孔

每仓底格上有 8 个出料口供选用,如图 4-42 所示。筛箱的 4 个侧面各对应两个出料口,一个用作外通道物料出口,另一个用作物料内通道出口。物料流量大时可同时用作外通道出口,如图 4-42(c)和(d)中的④、⑤孔常用作皮磨筛路的麸片出口。图 4-42(a)中①、③、⑤和⑦为外通道物料出口,其余为内通道物料出口。

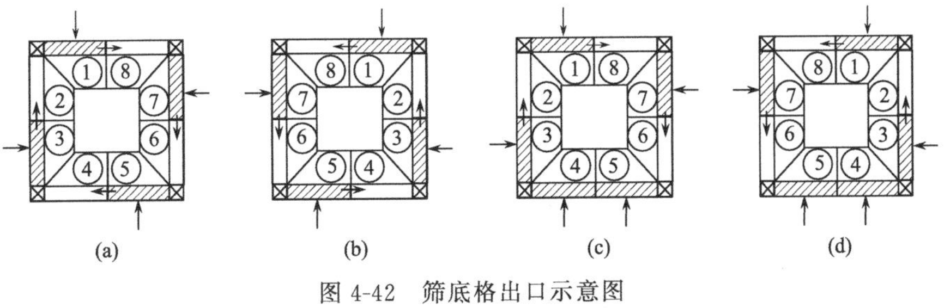

图 4-42 筛底格出口示意图

筛底格出口序号按顺时针排列的仓称为右仓,见图 4-42 中(b)和(d);按逆时针排列的称为左仓,见图 4-42 中(a)和(c)。习惯上将位于右侧的筛仓设置为右仓,左侧的筛仓设置为左仓,中间仓根据需要设定，没有特殊要求时一般设为右仓，如图 4-43 所示。设计筛路时，在满足筛理要求的前提下，尽量选用靠外侧的出料口，便于生产中取料观察。尤其是流量较大、散落性较差或需经常检查的物料出口，设置时应首选外侧出料口。

4）筛格压紧装置

筛格压紧装置包括水平和垂直两个方向的压紧机构，其作用都是压紧筛格，防止其在工作中发生松动或错位，造成物料窜漏，从而保证产品质量和分级的准确性。

(1) 水平压紧机构。

筛格的水平压紧主要是为了防止筛格错位，通常有两种形式：利用仓门前后移动压紧或利用压紧条在安装仓门前先压紧。前一种结构简单，操作方便，但压紧情况不便检查；后一种操作较复杂，但易检查压紧效果。图 4-44 为仓门压紧装置的结构。

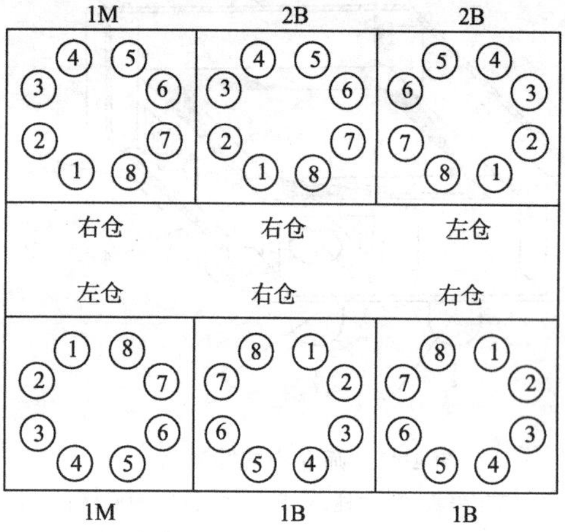

图 4-43　高方平筛出口排列

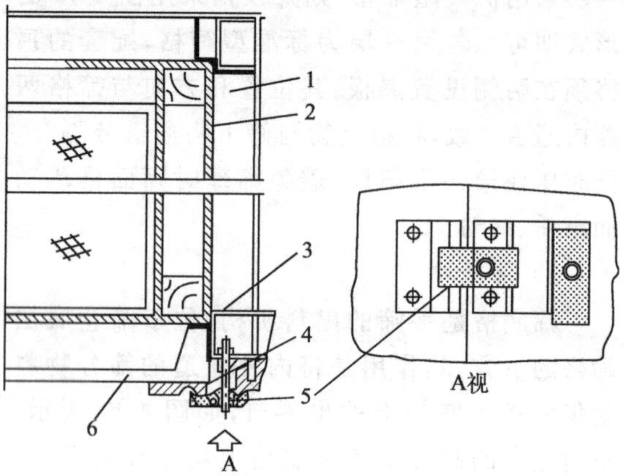

图 4-44　高方筛水平压紧装置

1. 通道；2. 筛格；3. 长毛绒密封条；4. 扣门块；5. 压扣；6. 筛仓门

筛格后面由筛仓内两根立柱定位，左右两侧由门框定位，前面分别被仓门两侧的端面压住，仓门通过门框架上的内六角螺栓和压扣压紧，使筛格在水平方向不能移动，这种结构不需要很大的压紧力，就能把筛格在水平方向固定牢靠。

(2) 垂直压紧。

A. 顶格两边侧面压紧

FSFG 型平筛垂直压紧装置如图 4-45 所示。每仓平筛顶格的左右两侧设置有两套调节螺杆，螺杆固定在筛架上，通过专用扳手可转动。螺杆的两端分别设有左旋、右旋螺纹，转动螺杆可使滑块螺母相向靠拢或相互背离。滑块斜置于筛顶格侧面的斜滑槽内，随着滑块螺母的移动，滑块在滑槽内做相对滑动。当滑块靠拢时，筛顶格升起；滑块分开时，筛顶格下压。两滑块产生的水平分力相互抵消，垂直合力向下压紧筛格。

B. 顶格上方两边垂直压紧

该装置与 FSFG 型平筛垂直压紧装置类同，区别在于调节螺杆上的滑块螺母、通过连杆和连杆座与筛顶格直接相连，连杆座固定在筛顶格上方的两边。当两滑块滑动时，连杆随之转动（倾斜角度变化），从而带动顶格上下移动。

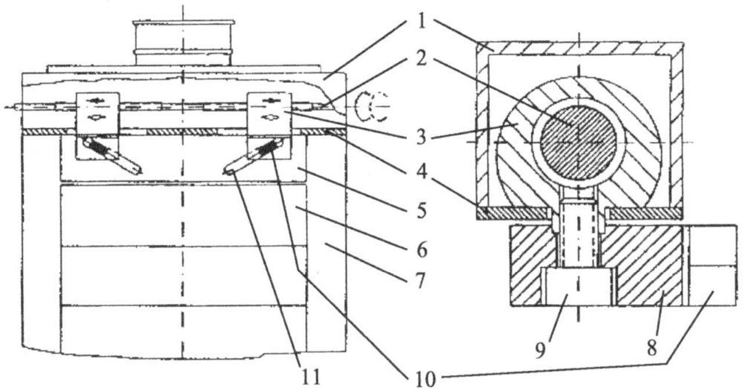

图 4-45 FSFG 型平筛垂直压紧装置

1. 筛架;2. 调节螺杆;3. 滑块螺母;4. 滑轨;5. 筛顶格;6. 筛格;
7. 外通道;8. 滑块体;9. 螺钉;10. 滑块;11. 斜滑槽

C. 筛仓顶部中央一点压紧

利用一套涡轮蜗杆或伞齿轮装置进行垂直压紧。垂直压紧部位设在筛仓顶部中央。

FSFG(B)型平筛垂直压紧装置如图 4-46 所示。筛顶格为金属结构,顶部与压紧螺杆相连,转动螺杆可使顶格上下移动。FSFG(B)型平筛现已改为前后两点压紧。

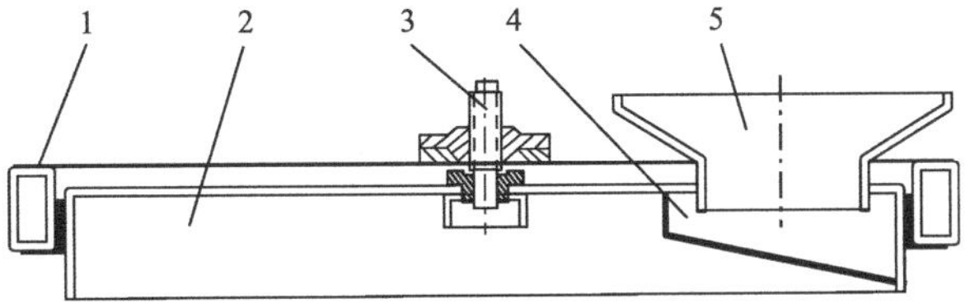

图 4-46 FSFG(B)型平筛垂直压紧装置

1. 上法兰;2. 筛顶格;3. 压紧螺杆;4. 料斗;5. 进料筒

每仓筛格叠加后,未受压时最上层筛格的上边与顶格的下边距离不能大于 30mm,否则筛格压不紧,其高度差可用填充格进行调整。

垂直压紧时必须均匀下压,使筛顶格平行压紧,并与水平压紧交替进行,不可单独一次压紧。

2. 筛体悬挂装置

高方平筛悬挂装置由上下吊座、四组吊杆和钢丝绳组成。如图 4-47 所示,上吊座可安装在车间的梁下或槽钢下。

常用吊装材料有藤条、玻璃钢和钢丝绳。玻璃钢吊杆强度较大,负荷相同情况下,可减少吊杆根数,平筛回转轨迹稳定,但运行时对厂房悬吊梁产生的扭矩较大。钢丝绳对悬吊梁产生的扭矩很小可忽略不计,但平筛启动和停止时游动量较大,游动时间较长。

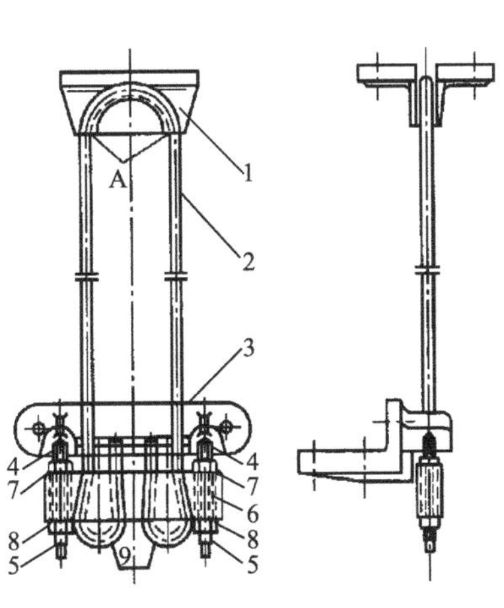

图 4-47 高方筛悬挂装置

1. 悬挂上座;2. 钢丝绳;3. 吊挂下座;4. 螺孔;
5. 螺杆;6. 钢绳架;7、8. 螺母;9. 楔形压板

FSFG 型高方筛采用玻璃钢与钢丝绳组合使用,使二者性能互补。藤条具有较大的强度和较好的弹性,是理想的吊装材料,但资源少价格昂贵,进口平筛多选用。

3. 传动装置

高方平筛的传动装置安装在两筛箱中间的传动钢架上。电动机通过皮带传动带动主轴旋转,主轴上固定有可调节的偏重块,偏重块旋转所产生的离心惯性力使筛体回转。目前生产的高方平筛传动装置中偏重块主要有两种形式,图 4-48 所示为双偏重块,图 4-49 所示为单偏重块,后者从 1990 年开始采用。

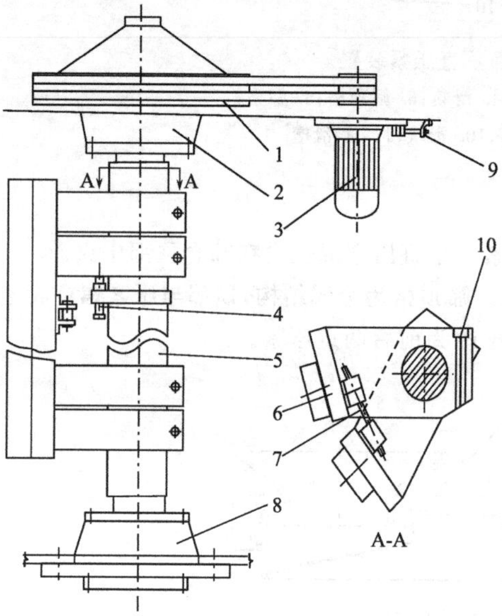

图 4-48　双偏重块传动装置

1. 皮带轮;2. 上轴承座;3. 电动机;4. 调节螺栓;5. 传动轴;6. 偏重块;7. 偏重块位置调节螺栓;8. 下轴承座;9. 张紧装置;10. 加紧螺钉

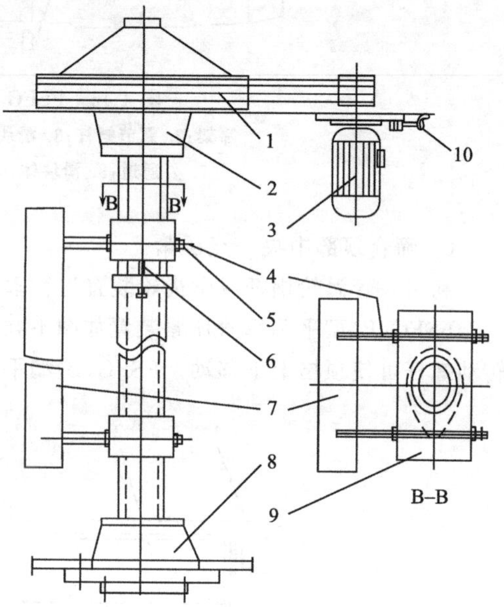

图 4-49　单偏重块传动装置

1. 皮带轮;2. 上轴承座;3. 电动机;4. 偏重块支撑螺杆;5. 偏重块水平位置调节螺母;6. 偏重块垂直位置调节螺栓;7. 偏重块;8. 下轴承座;9. 偏重块支撑体;10. 张紧装置

双偏重块之间的夹角约为 50°,通过水平夹角调节机构可增大或减小夹角。夹角增大,偏重块中心与筛体的回转中心线距离减小,筛体的回转半径减小;反之则增大。该装置结构较合理,但由于两偏重块所产生的一部分惯性力相互抵消,故偏重块质量较大。

单偏重块通过调节螺栓,直接调节偏重块离筛体传动轴的距离,偏重块质量相对减少,结构紧凑。

(二) 典型平筛设备

1. FSFG 型高方平筛

高方平筛因筛格正方,筛格层数较多,筛箱体较高而得名。高方平筛筛体由两个筛箱和一个传动架通过两根横梁连接,并通过横梁上固定的吊杆悬挂起来,如图 4-50 所示。

FSFG 型高方筛的主要技术参数见表 4-20。

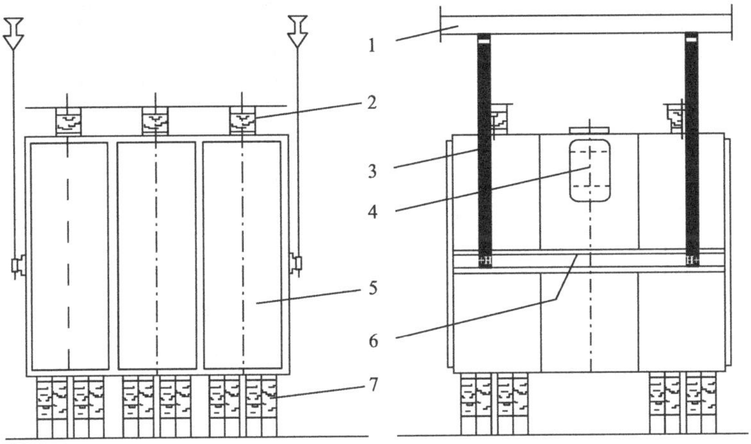

图 4-50 FSFG 型高方平筛结构示意图

1. 槽钢；2. 进料装置；3. 吊杆；4. 电动机；5. 筛箱；6. 横梁；7. 出料筒

表 4-20 FSFG 型高方筛的主要技术参数

技术参数	型号				
	FSFG 4×24C	FSFG 6×24C	FSFG 8×24C	FSFG 6×24D	FSFG 8×24D
仓数	4	6	8	6	8
筛格平面尺寸/mm	640×640	640×640	640×640	740×740	740×740
每仓格数	22～28	22～28	22～28	22～28	22～28
总筛理面积/m^2	23～28.6	34.6～42.9	46～57	57.1～68.7	79～92
转速/($r \cdot min^{-1}$)	240	240	240	240	240
回转直径/mm	65	65	65	65	65
功率/kW	3	4	5.5	5.5	7.5
筛箱内腔高度/mm	2100	2100	2100	2100	2100
筛格总高度/mm	2065	2065	2065	2065	2065
筛顶格高度/mm	140/200	140/200	140/200	140/200	140/200
筛底格高度/mm	150	150	150	150	150
外形尺寸/mm (长×宽×高)	2295×1537 ×2520	2295×2285 ×2520	2295×3033 ×2520	2495×2585 ×2520	2535×3433 ×2520

2. FSFG(B)型高方筛

不同制造厂家生产的高方平筛构造稍有差异。FSFG(B)型高方筛(图 4-51)与 FSFG 型筛的不同之处在于：①FSFG(B)型高方筛的横梁固定在筛体下部，而 FSFG 型横梁在筛体中部。②FSFG(B)型高方筛电机等驱动系统装于筛箱体下部，筛体重心低、吊杆长、允许安装高度低，适于楼层较低的厂房内安装；而 FSFG 型筛电机装于筛体上部，筛体重心较高，要求安装高度相对较高。③筛格结构、形式及底格出口排列也有所不同。

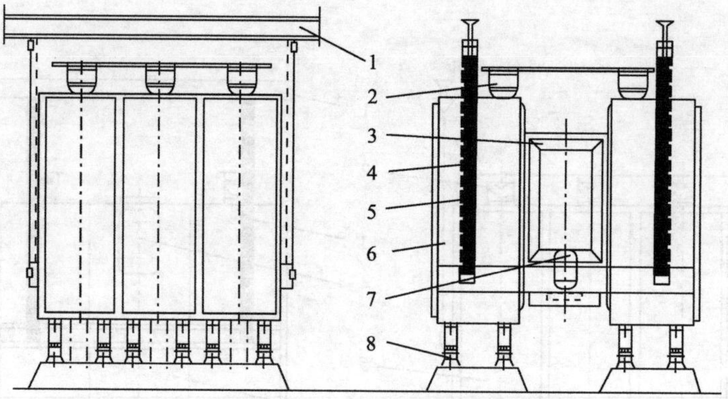

图 4-51　FSFG(B)型高方平筛结构示意图

1. 槽钢;2. 进料装置;3. 传动钢架;4. 吊杆;5. 安全钢丝绳;6. 筛箱;
7. 传动机构;8. 出料筒

3. FSFS 型双筛体平筛

FSFS 型双筛体平筛由两组筛体组成,体积较小、筛格层数少、筛路简单。主要适于作小麦粉检查筛,小型粉厂也可用来代替平筛。

FSFS 型双筛体平筛的结构见图 4-52。每个筛体可叠加 6～10 层筛格,方形筛格水平叠置压紧在筛底板上,靠四角的压紧螺栓及手柄将其压紧。筛体通过四组八根玻璃钢吊杆悬挂在金属结构的吊架上,吊架固定于地面,两筛体中间设有电机和偏重块,增减偏重块的质量可调节筛体的回转半径。FSFS 型双筛体平筛主要技术参数见表 4-21。

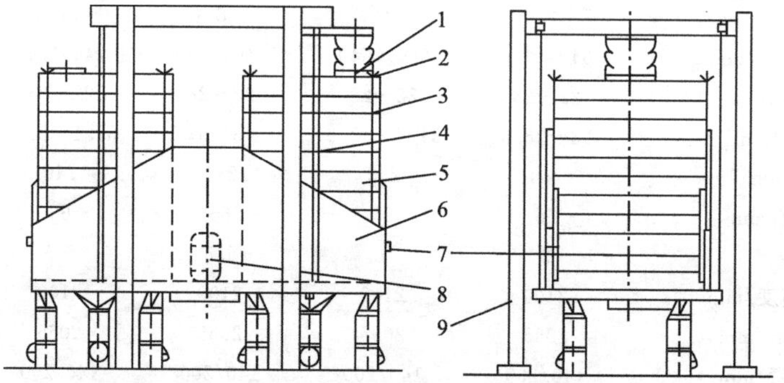

图 4-52　FSFS 型双筛体平筛结构示意图

1. 进料筒;2. 压紧手柄;3. 压紧螺栓;4. 玻璃钢吊杆;5. 筛格;
6. 筛体;7. 水平压紧装置;8. 传动机构;9. 吊挂钢架

表 4-21　FSFS 型双筛体平筛的主要技术参数

技术参数	FSFS2×10	技术参数	FSFS2×10
筛格层数	1.0	回转半径/mm	22.5～27.5
筛理面积/m^2	7.4	功率/kW	1.5
转速/$(r \cdot min^{-1})$	240～255		

(三) 圆　　筛

圆筛是一种强迫筛理设备,有卧式与立式两类,常用的是立式振动圆筛。

粉路中的吸风粉、打麸粉等物料散落性差、质轻黏腻，采用平筛筛理效果较差，一般采用可对物料进行打击搅散、具有强迫筛理作用的圆筛来处理。圆筛的筛理面积较小、筛面利用率低、处理量小、分级种类少，对黏腻物料筛理率较高。

常用圆筛为 FSFL 型立式振动圆筛，其总体结构见图 4-53。筛体采用四根玻璃钢吊杆悬吊在机架上，由装置在主轴上的偏重块驱动，产生小振幅、高频率的平面回转运动。圆形筛筒内的打板转子由四块后倾一定角度的打板组成，物料受打击后被甩向筛面，从而有利细小物料穿过筛孔，由下方出口排出。在打板上还有向上倾斜的叶片，使由下方进机的物料在打板被推动，沿筛筒呈螺旋状上升，最后从顶部出口排出。

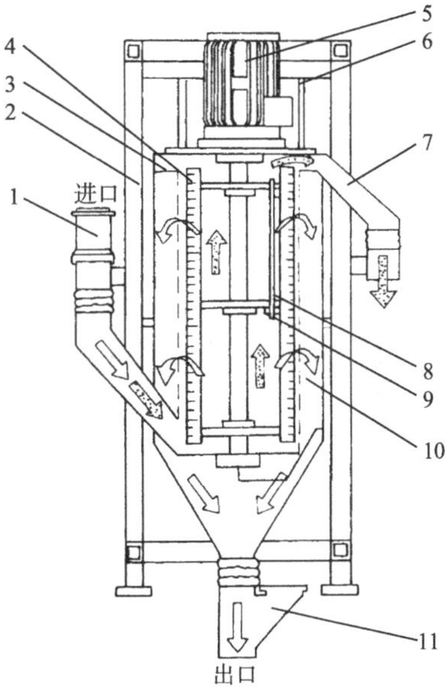

图 4-53　FSFL 立式振动圆筛示意图

1. 进料口；2. 机架；3. 筛体；4. 打板；5. 电动机；6. 吊杆；7. 筛上物出口；8. 偏重块；9. 调节螺栓；10. 筛筒；11. 筛下物出口

调节偏重块的安装半径，可在 1.5～3.0mm 选择筛体振幅。适当的振幅有利于筛孔的通畅及物料的流动。

因物料在机内是自下而上运动，筛理时间长；因振动的作用，筛面不易堵塞，筛理效率较高。当流量过大时设备容易堵塞，因此在振动圆筛上方应设置存料斗及振动给料器。立式振动圆筛的技术参数见表 4-22。

振动圆筛还有卧式类型，筛体由主轴上的偏重块驱动而产生振动，物料由主轴上的打板打击并推进。由于筛筒的负荷不均匀，筛面易磨损，目前应用较少。

表 4-22　立式振动圆筛的主要技术参数

技术参数	FSFZ45	FSFZ40
筛筒直径×长度/mm	ϕ450×800	ϕ400×800
筛理面积/mm^2	1.13	1.0
打板转速/($r \cdot min^{-1}$)	1020	960
产量(吸风粉、刷麸粉)/($t \cdot h^{-1}$)	0.4～1.0	0.3～0.5
功率/kW	4	3

三、高方平筛的筛路

物料在平筛中筛理分级时流动的路线称为筛路。筛路由多种形式的筛格组合而成。筛路组合的原则：充分利用筛理空间，增大有效筛理面积，保证各种分级物料的筛净率，提高平筛的处理量。

筛路组合时，首先要根据制粉工艺的要求，确定各筛路分级物料的种类。一般情况下小麦粉精度要求愈高，分级愈细，分级种类就愈多。本着先易后难的原则确定分级次序，将数量多、容易筛分的物料先筛分出去，这样可有效地减少后续分级物料的筛理量。其次，根据筛分物料的粒度、筛理性质、筛孔大小、含应筛出物数量的多少，以及穿过筛孔的难易程度等因素确定合适的筛理长度。最后，参考筛分物料的出料口位置，确定各层筛格的形式和排列方向，并依据筛箱内部的总高度、各层筛格物料的流量(筛上物和筛下物量)确定各层筛格的高度。

(一) 物料的筛理长度和筛理时间

相同条件下,平筛中各分级物料筛理长度增加、筛理时间延长、应穿过筛孔的物料穿孔概率增大、筛理效率提高。但若筛理长度过长,会使物料“筛枯”,使一些正常筛理时不能穿过筛孔的物料成了筛下物,影响筛分物料质量,并造成筛理面积的浪费。为此,筛路组合时,要配备合适的筛理长度。

根据长期生产实践经验,在流量不很高的情况下,一般将粗筛的筛理长度设定为1.5~2.5m,分级筛的筛理长度设定为2~2.5m。流量较大、筛孔较小、物料分级困难时适当延长。每个筛格的筛理长度约0.5m,故粗筛需3~5层,分级筛需4或5层。粉筛需较长的筛理长度,设计时参照筛格的总层数,尽量延长。

(二) 各系统筛路的特点

1. 皮磨系统筛路

(1) 前路皮磨筛路。通常将制粉流程中的1皮、2皮称为前路皮磨。前路皮磨的磨下物料中,在制品种类多,麸片、麦渣、麦心、粗粉的粒度和品质差别大,散落性和自动分级性好,要求分级的种类多。一般心磨出粉法要求分为5~7种物料;前路均衡出粉法要求分为4或5种物料。根据提取每种物料的难易程度和要求,其筛理长度也有所不同,一般提取麸片的粗筛用3~5层,提取渣心和粗粉的分级筛用4~6层,要将粉基本提出则须配置8~12层粉筛。由于粗料较多,为防止非金属筛网的过快磨损,一般采用先提粗料再分级、筛粉的筛理顺序。在心磨出粉工艺中,由于前路皮磨的分级种类较多,将占用大部分筛格,只能留下数格作为粉筛,粉筛的未筛净率较高,所以需另设重筛继续筛理粉筛筛上物料。

(2) 中后路皮磨筛路。中后路皮磨的磨下物料中,麸片粒度较小、胚乳含量减少,渣心的数量减少、品质变次;物料的粒度差别较小,散落性和自动分级性较差;要求分级的种类减少,一般只分为4或5种物料。分离每种物料的筛理长度一般为:分离大麸片3~6层、小麸片6层、麦渣或麦心4层、粉筛8层,筛理顺序与前路皮磨类似。

(3) 皮磨重筛筛路。进入重筛的物料是皮磨粉筛的筛上物,即为麦心、粗粉和小麦粉的混合物,粒度和品质较接近,散落性和自动分级性较好,一般采用先筛粉后分级或分级、筛粉再分级的筛路。每种物料的分级筛的长度为5或6层,其余为粉筛。

2. 渣磨系统筛路

渣磨系统研磨的物料是连有皮层的胚乳粒,所以渣磨系统筛路主要分离少量细麸和小麦粉,提出较多的粗粉和麦心,其粉筛筛理长度较心磨为短,分离细麸用4层,分离每种麦渣心用4~6层,其余为粉筛。

3. 心磨系统筛路

心磨系统物料的粒度及品质差别小,散落性和自动分级性较差,除少量麸屑外,均为纯净的麦心、粗粉和小麦粉,所以心磨系统筛路主要是粉筛。前中路心磨可配置适当的分级筛,提出物料中的麸屑,确保后续心磨物料的品质,每种分级筛的筛理长。筛理顺序:前路粗心磨可采用先分级再筛粉后分级;前路细心磨和中路心磨度为4或5层,常采用先筛粉后分级;后路心磨不设分级,全部为粉筛。

4. 小麦粉检查筛筛路

小麦粉检查筛的工作目的是分离混入小麦粉中的麸屑、粗粒及夹杂物，筛理物中99%以上都是小麦粉，因此不设分级，全为粉筛。为充分利用筛理面积、提高产量、降低筛上料层厚度、提高筛理效率，常采用多进口筛路。

（三）高方平筛的筛路

该套筛路适用于心磨出粉法的制粉工艺，如图4-54所示。适用于FSFG4(6、8)型高方筛，筛体高度2150mm，筛格尺寸640mm×640mm，每仓24～28层筛格，也适用于每仓20～23层

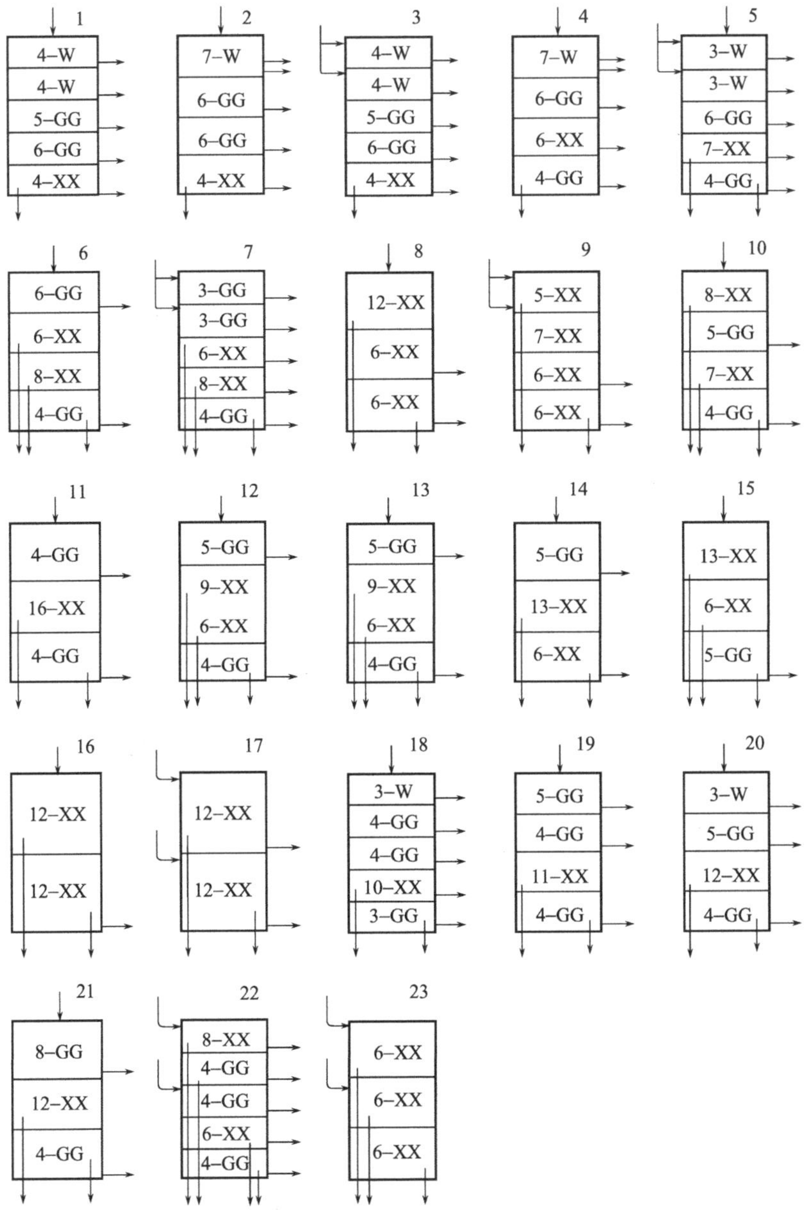

图4-54 等级粉筛路

的变形筛格。若采用的平筛的筛体高度小于2150mm，筛格尺寸为628mm×628mm时，平筛的单位流量应取较低值。

1筛路：为单进口五分级筛路，适用于麸片分粗细的1B、2B筛。筛理过程是：由第1～4格粗筛分出大麸片，筛下物集中经过第5～8格粗筛分出小麸片，其筛下物集中进第9～14层分级筛，分出麦渣（大粗粒），分级筛的筛下物由第15～20格处理，由细筛分出粗麦心（中粗粒）而筛下物送入第21～24格，由粉筛筛出部分小麦粉，粉筛筛上物须送往重筛做进一步筛理。

2～7筛路：2、3筛路用于1～3B筛，4、5筛路用于4B筛（也可用于3B），6、7筛路用于5B筛。

8、9筛路：适用于1D、2D筛，8筛路为单进口2～3分级，9筛路为双进口2～3分级。

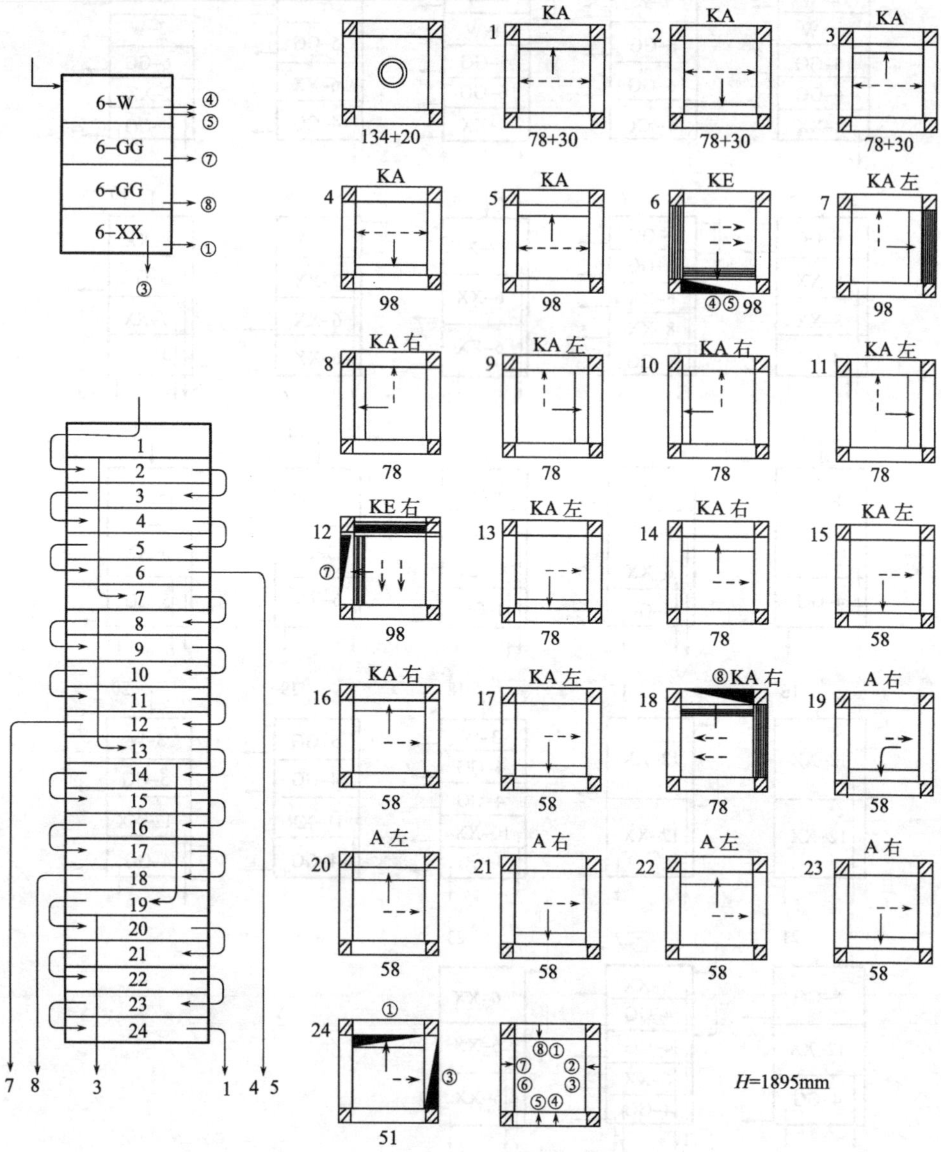

图4-55　1皮筛路筛格水平展开图

10 筛路:为单进口 3 分级,用于 3D 或麸粉筛。

11 筛路:为单进口 3 分级,用于 S 磨筛或麸粉筛。

12 筛路:为单进口 3 分级,用于 1～2Mf、3～4M 筛。

13 筛路:为单进口 3 分级,用于 1～2Mc 和中后路心磨筛。其筛格组合和筛理面积分配与 12 筛路相同,但内部物料流向不同。

14、15 筛路:为单进口 2 分级,用于分级较少的前中路心磨。14 筛路为先分级后筛粉,适用于来料中粗粒较多的情况;15 筛路为先筛粉后分级。

16、17 筛路:用于分级少的中后路心磨筛。16 筛路为单进口一筛到底筛格,用来处理一种物料;17 筛路为双进口双路一筛到底,可用于处理两种流量较小的物料。

18 筛路:为单进口 5 分级,用于提胚且要求分级多时的尾磨筛。

19 筛路:为单进口 4 分级,用于分级多不提胚时的尾磨筛。

20 筛路:为单进口单路 4 分级,用于提胚时的尾磨筛。

21 筛路:为单进口单路 3 分级,用于不提胚时的尾磨筛或麸粉筛。

22 筛路:用于处理两种物料的双进口双路筛路,上半仓为 2 分级,下半仓为 2～3 分级。

23 筛路:为双进口双路一筛到底筛路,用于小麦粉检查筛。

高方平筛筛路是通过不同形式筛格变换组合成。因筛格为正方形,可在筛箱内旋转 90°、180°或 270°,具有较强的通用性和互换性。同规格的筛格通用,同类型筛格在不同仓、不同位置可互换,相同规格的筛面格通用,因而高方筛筛路的组合、变换及筛网的调整比较灵活、方便。

筛格水平展开形式分别如图 4-55、图 4-56 所示。

四、影响高方平筛筛理效率的因素

(一) 物料方面的因素

1) 物料的散落性

硬麦研磨后颗粒状物料较多,流动性较好,易于自动分级。小麦粉多呈细小砂砾状,易于穿过筛孔,而麦皮易碎。为保证面粉质量,粉筛筛网应适当加密。软麦研磨后物料麸片较大,颗粒状的物料相对较少,粗粉和细粉较多,流动性稍差,在保证粉质的前提下,可适当放稀粉筛筛孔或延长筛理路线 。

2) 物料水分

筛理物料水分高时,流动性及自动分级性能变差,细粉不易筛理且易堵塞筛孔,麸片大(尤其是软麦)易堵塞通道,应适当降低流量或放稀筛孔。

3) 物料粒度与质量

筛理物料的形状、粒度和密度差别大时,自动分级性能好,筛理效率高。后路较前路物料分级性能差,且筛孔较密,需要较长的筛理长度。

4) 环境因素

筛理的工作环境,即温度和湿度对筛理效率有较大影响。温度高、湿度大时,筛理物料流动性变差,筛孔易堵塞,故在高温和高湿季节,应适当放稀筛孔或降低产量,并注意定时检查清理块的清理效果,保证筛孔畅通。

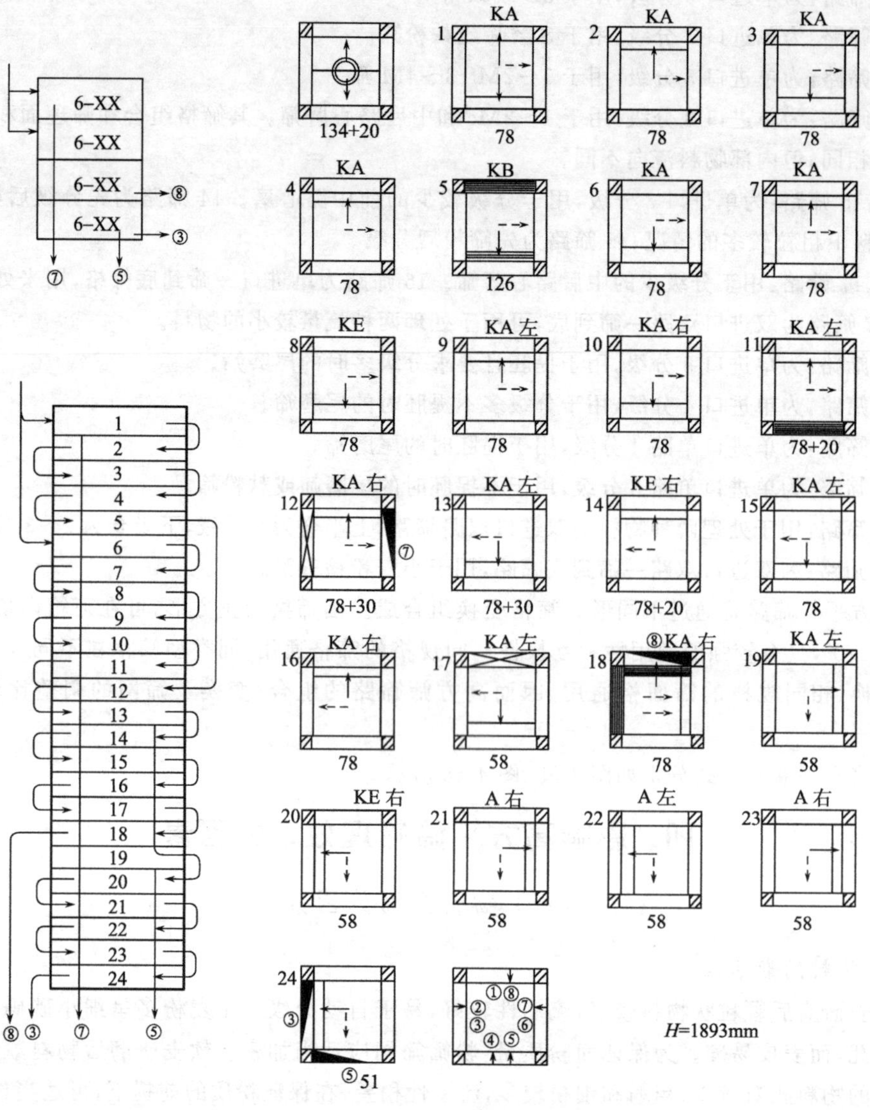

图 4-56　重筛路筛格水平展开图

（二）设备方面因素

1）筛路的组合及筛孔配置

各仓平筛筛路组合的完善程度与其筛理效率直接相关。筛路组合时要根据各仓平筛物料的流量、筛理性质、筛孔配备、分级后物料的数量及分级的难易程度，合理地确定分级的先后次序，并配以合适的筛理长度，使物料有较高的筛净率，同时避免出现“筛枯”。

筛孔的配备对筛理效率、产量及产品的质量都有很大影响，应根据筛理物料的分级性能、粒度、含应筛出物的数量、筛理路线等因素合理选配。筛网配置的一般原则如下：整个粉路中，同类筛网“前稀后密”；每仓平筛中，同组筛网“上稀下密”；筛理同种物料，流量大时适当放稀；

物料质量差时，适当加密。

2）筛面的工作状态

筛面工作时，既要承受物料的负荷，还要保证物料的正常运动，因此，必须有足够的张力。否则筛面松弛，承受物料后下垂，筛上物料运动速度减慢，筛理效率降低，甚至造成堵塞。同时，筛面下垂还会压住清理块，使其运动受阻，筛孔得不到清理而堵塞。物料在筛理过程中，一些比筛孔稍大的颗粒会卡入孔中而阻塞筛孔，若不清理必然降低有效筛理面积，降低筛理效率。另外，物料与筛面摩擦所产生的静电，使一些细小颗粒黏附在筛面下方，阻碍颗粒通过筛孔。因此，筛面的清理极为重要。

3）平筛的工作参数

筛理的必要条件是物料在筛面上产生相对运动，运动过程中的自动分级，小的、重的、光滑的颗粒沉于料层底部接触筛面，颗粒粒度小于孔径时，在重力作用下穿过筛孔。

物料的相对运动轨迹半径随平筛的回转半径和运动频率的增加而增大。物料的相对运动回转半径增大，向出料端推进的速度加快，平筛处理量加大。若物料相对运动回转半径过大，则使一些细小颗粒未沉于底层即被推出筛面，而接触筛面的应穿孔物料因速度大无法穿过筛孔，从而降低筛理效率；若物料相对运动回转半径过小，则料层加厚，分级时间延长，降低通过的物料量。因此，平筛的回转半径和运动频率要配合恰当。

4）流量

各系统平筛的处理量随筛理物料的粒度、容重、筛孔大小等因素变化。一般皮磨流量较大，渣磨次之，心磨较低；前路流量较大，后路相对减小。

为达到相同的筛理效果，某种物料分几仓筛理时，负荷分配要均衡。同道物料可采用“分磨混筛”。流量较大时，可采用“双路”筛理，减少筛上物的厚度。

五、筛理效率的评定

筛理效率是衡量筛理设备效果的指标，它可分为筛净率和未筛净率两个方面。

（一）筛　净　率

实际筛出物的数量占应筛出物的数量的百分比，称为筛净率。

$$\eta = \frac{q_1}{q_2} \times 100\%$$

式中，η 为筛净率（%）；q_1 为实际筛出物的数量（%）；q_2 为应筛出物的数量（%）。

实际生产中分别测出进机物料和筛出物流量，筛出物占进机物料流量的百分比，即为实际筛出物的数量 q_1。在入筛物料中取出 100g 左右的物料，用与平筛中配置筛孔相同的检验筛筛理 2min，筛下物所占百分比即为应筛出物的数量 q_2。

（二）未筛净率

应筛出而没有筛出的物料数量占应筛出物的数量的百分比，称为未筛净率。

$$H = \frac{q_3}{q_2} \times 100\%$$

式中，H 为未筛净率（%）；q_3 为应筛出而未筛出物的数量（%）。

$$q_3 = q_2 - q_1$$

故 $H=1-\eta$。

评定某一仓平筛的筛理效率时，需对该仓中的粗筛、分级筛、细筛及粉筛逐项进行评定。在实际筛理过程中，筛孔越小物料越不易穿过，越难以筛理，为简化起见，一般仅评定该仓粉筛的筛理效率。

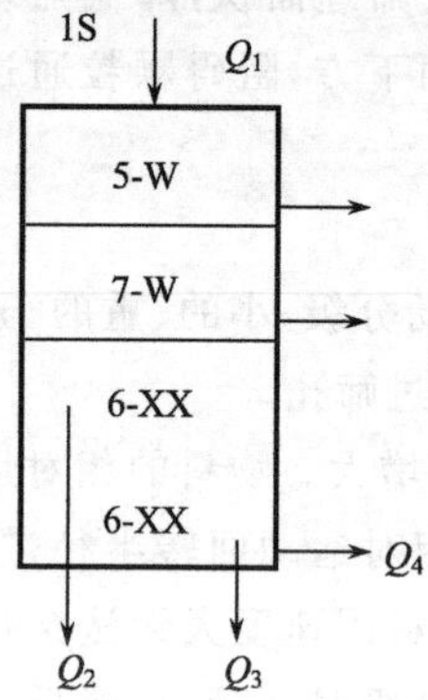

图 4-57　一仓 1 渣的筛路

【例】 图 4-57 表示一仓 1 渣的筛路。在平筛进口处（闭风器下方）测得流量 Q_1 为 15kg·min^{-1}，取出约 100g 的样品，用 CB42 筛网在检验筛上筛理 2min，筛出面粉 30g，则进机物料含粉率 q_2 为 30%。同时在平筛出口处测得面粉流量 Q_2+Q_3 为 3.6kg·min^{-1}。实际面粉筛出率 $q_1=[(Q_2+Q_3)/Q_1]=24\%$。粉筛的筛净率 η 为 80%，粉筛的未筛净率 H 为 20%。

上述评定方法需分别测定平筛进、出口流量，工作量较大，一般在进行制粉工艺技术测定时采用。实际生产中，常用"粉筛筛上物含粉率"间接评定粉筛的筛理效率。在平筛出口取粉筛筛上物（图 4-56 中 Q_4 物料）约 100g 进行检验（方法与测入筛物料含粉率相同），可得到其含粉率。粉筛筛上物含粉率高，说明粉筛筛净率低。

为避免细小麸屑随面粉一起穿过筛孔，影响面粉质量。筛理时，筛面上要保持一定的料层厚度，故面粉的未筛净率允许为 5%～25%。筛理物料含麸屑少灰分低时，取低值。

第四节　清　　粉

一、清粉的目的及工作原理

1. 清粉的目的

高方平筛是按粒度对物料进行筛理分级的，所提取的粗粒、粗粉中通常还含有少量相同粒度的皮或连皮胚乳，这样的物料若送往心磨研磨，对小麦粉质量将有不利影响，而清粉则利用风筛结合的共同作用，对平筛筛出的各种粒度的粗粒、粗粉按质量和粒度给以提纯和分级，以得到纯度更高的粗粒、粗粉。所用设备为清粉机。

2. 清粉机的工作原理

清粉机是利用筛分、振动抛掷和风选的联合作用，将粗粒、粗粉混合物分级的。清粉机工作机构是一组小倾角振动面，倾角一般为 1°～2°，筛面为 2 或 3 层，每层分为 4 段，从进口到出口筛网逐段放稀。筛面上方设有吸风道，气流自下而上穿过筛面及筛上物料。清粉机筛面在振动电机的作用下做往复抛掷运动，物料落入筛面后，筛面的倾斜振动使物料被抛掷向前，呈松散的状态并向出口方向流动，而由于上升气流的作用，物料在向前运动的过程中自下而上的按以下顺序自动分层：小的纯胚乳颗粒、大的纯胚乳颗粒、较小的混合颗粒、大的混合颗粒、较大的麸皮颗粒及较轻的麦皮。各层间无明显的界线，尤其大的纯胚乳颗粒与较小的混合颗粒之间区别更小。选择合适的气流速度，配备合适的筛孔，让物料在多层筛面上逐层分级，逐层逐段分选，使得下层筛面筛上物的平均品质较上层好，而同层筛面前段的物料较后段好（图 4-58）。

清粉机提纯的效果如图 4-59 所示。图 4-59中物料 S 为进机物料,经清粉机处理后,沿筛面的全长连续地提出筛下物,如图中的 A、B、C、D 物料,提取三种筛上物,如图中的 E、F、G 物料,筛下物的品质为前好后次,而上层筛上物的品质较下层次,通常将提纯的 A、B、C 类物料送入心磨处理。

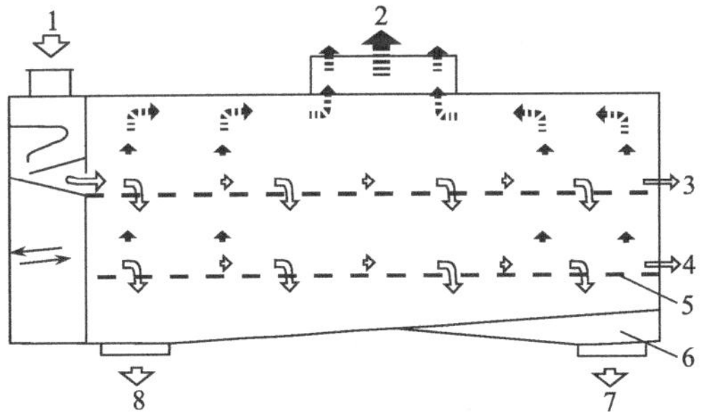

图 4-58 清粉机的工作原理图

1. 进料;2. 吸风;3. 上层筛上物;4. 下层筛上物;5. 筛面;6. 筛下物收集槽;7. 后段筛下物;8. 前段筛下物

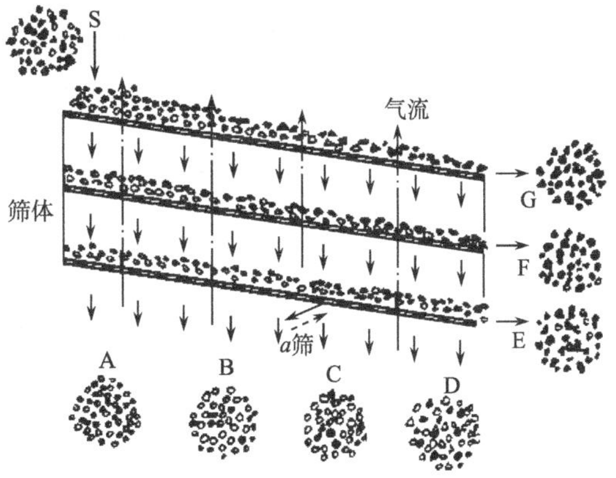

图 4-59 清粉机提纯效果

由于各层筛网的配备是由进口向出口逐段放稀,所以自前向后各段筛下物的粒度逐渐增大,如图 4-59 筛下物中 A 物料平均粒度最小,而 B、C、D 物料的平均粒度逐渐增大。筛上物 E、F、G 的平均粒度比筛下物大,但筛上物中含有粒度较小的麸屑,因其悬浮速度较小,在具有上升气流的环境中,难以成为筛下物。

二、清粉设备

清粉机根据筛体个数的不同分为单式和复式两种,复式清粉机具有两组筛体;按筛面层数的不同,分为双层和三层两种;按传动方式不同,分为偏心传动和自衡振动两种。目前常用的 FQFD46×2×3 型清粉机为自衡振动、三层筛面、复式结构。

(一) FQFD46×2×3 型清粉机的结构

FQFD46×2×3 型清粉机的结构见图 4-60。主要由机架、喂料机构、筛体、吸风机构、出料机构和振动机构等部分组成。

1) 喂料机构

清粉机的喂料机构见图 4-61。该机采用活门式喂料装置,结构简单、操作维修方便、喂料均匀。喂料机构固定于筛体上,随筛体一起振动。进料口与机架上的进料筒采用柔性连接,物料由进料室经喂料室后,筛体的振动使物料均匀推开,而喂料活门的阻滞使物料进一步展开,以均匀的薄层进入筛面进料端。

喂料门开启大小可通过调节板的上下移动来进行调节,使物料沿筛面上分布均匀,同时控制筛面上的物料流量。

2) 筛体

清粉机的机架中有两个结构相同的筛体,每个筛体中有 2 或 3 层筛面。FQFD46×2×3 型

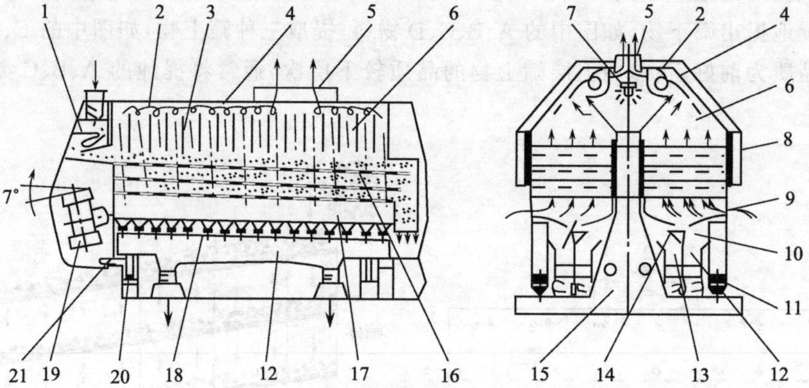

图 4-60　清粉机结构示意图

1. 喂料机构；2. 螺旋气流；3. 隔板；4. 圆筒形吸风道；5. 风道出口；6. 吸风室；7. 照明灯；8. 机壳；9. 进风道；10. 拨板；11. 空心橡胶垫；12. 外接料槽；13. 内接料槽；14. 拨板轴；15. 支架；16. 筛面；17. 集料斗；18. 斗形出口；19. 电动机；20. 杠杆活节；21. 连杆

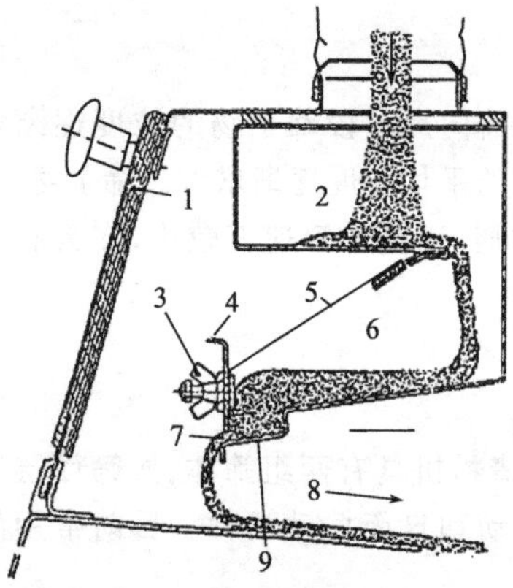

图 4-61　喂料机构

1. 有机玻璃门；2. 进料室；3. 蝶形螺母；4. 喂料活门；5. 调节板；6. 喂料室；7. 喂料门开口处；8. 筛面头端；9. 喂料口

清粉机有 3 层筛面。每层筛面有 4 个筛格，通过挂钩相互连接，筛格以抽屉式卡在筛体两侧的滑槽内，可从出料端逐个连续抽出或逐个装入。筛格下方设置承接、分配筛下物的集料箱，各层筛上物分别落入筛上物出料箱。

采用振动电机传动的清粉机，筛体由 4 个空心橡胶弹簧支撑。每个筛体在进料端下方各固定一台振动电机，电机与筛体一起振动。

采用偏心传动的清粉机，筛体通过吊杆悬挂在机架上，筛体前端两侧有两根吊杆，尾端一根。前后吊杆倾角可不相同，根据需要调节。一般筛体前端料层厚，抛掷角较大，尾端料层薄，抛掷角适当减小。并且通过调整吊杆长度，可以调节筛面倾斜角度。两个筛体的悬吊装置各自独立。

3）筛格

清粉机筛格宽度有 30mm、46mm 和 50mm 等几种规格，长度均为 50mm。筛格框架采用铝合金制成，中间装有两条承托清理刷的导轨，见图 4-61。筛框的四个外侧面制有绷紧筛网的沟槽，当筛网张力减小时，可连续进行 2 或 3 次绷紧，并可迅速更换筛网。

筛网张紧是清粉机正常工作的重要条件，筛面若松弛将导致物料得不到足够大的惯性，在筛面上推进困难，形成堵料，影响分级及提纯效果，使处理能力下降，严重时将导致设备堵塞。清粉机筛网多采用耐磨性强的锦纶筛网，需先将筛网制备好，采用专用工具将筛面拉紧并装置在筛框上。

由于筛上物料均为颗粒形状，其粒度与筛孔大小接近，故筛孔很易被堵塞，因此在筛面下方必须设置筛面清理机构。

筛面清理可采用清理刷或橡皮球，清理刷的效果较好但较易出现故障，是目前使用较多的形式，其工作状态见图 4-62，结构见图 4-63。

清理刷架与导向块铰接，刷子可相对于导向块转动，处于左倾或右倾状态。清理刷有两排刷毛，只有一排刷毛与筛网接触。工作时筛面往复振动，当振动方向与刷毛倾斜方向相反时，刷毛顶住筛网，筛孔得以清理。转换振动方向，清理刷沿导轨滑动，再转换振动刷毛又顶住筛网。如此连续振动，当刷子逐渐移动到筛格边框时，边框上的换向柱顶住刷架，使刷子转动，另一排刷毛向上与筛网接触并反向移动连续清理筛面。

4）风量调节机构

风量调节机构由吸风道、吸风室、吸风道出口、单调风门及总调风门等组成，如图 4-64 所示。

清粉机筛面上方空间被分割成 16 个吸风室，吸风室隔板下边离筛面距离为 28～30mm。每个吸风室通向吸风道处都设有调节插板或活门，用以调节各段筛面上升气流的风速。

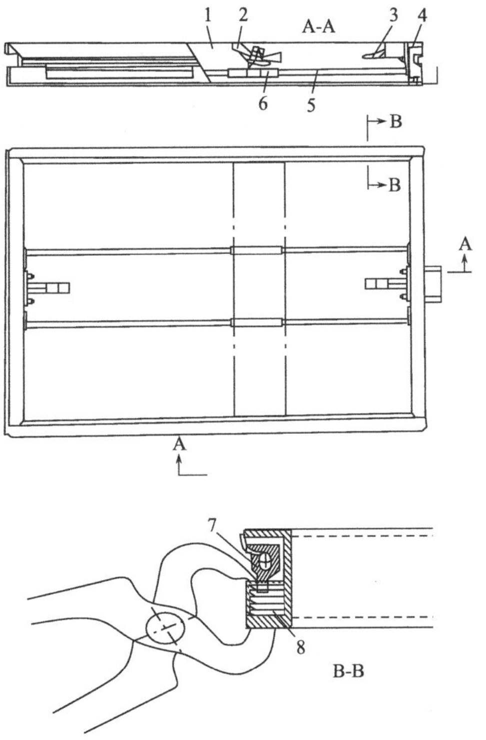

图 4-62　筛格结构示意图

A-A. 主视图；B-B. 筛网张紧结构

1. 筛面；2. 清理刷；3. 换向柱；4. 筛框；5. 清理刷导轨；6. 清理刷导向块；7. 筛面张紧拉勾条；8. 沟槽

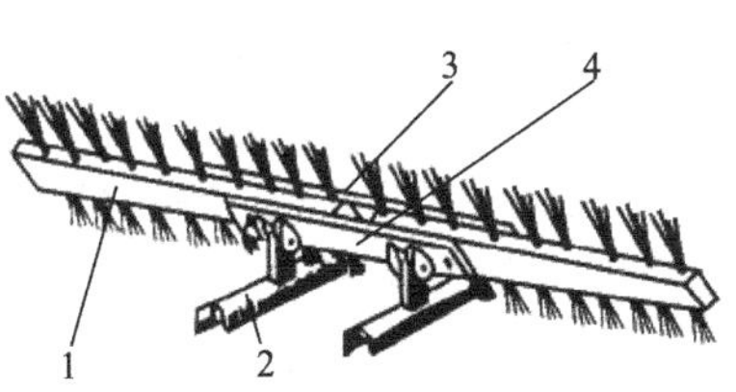

图 4-63　清理刷结构示意图

1 刷板；2. 滑动刷架；3. 上架板；4. 下架板

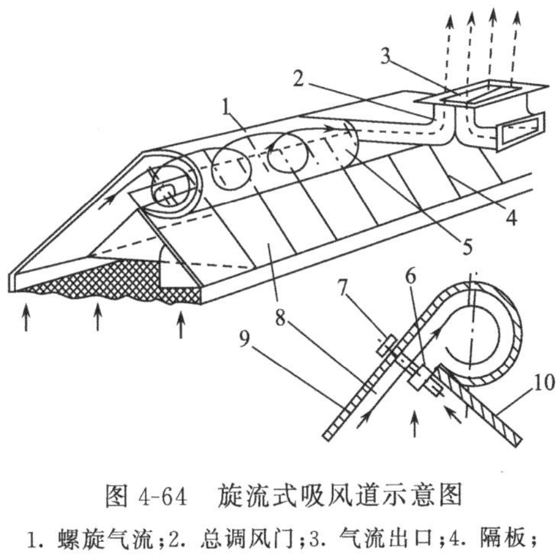

图 4-64　旋流式吸风道示意图

1. 螺旋气流；2. 总调风门；3. 气流出口；4. 隔板；5. 圆筒形吸风道；6. 单调风门；7. 风门调节螺栓；8. 吸风室；9，10. 吸风道外壳

新型清粉机的吸风道有变截面式、旋流式和倒梯形三种形式。图 4-64 为旋流式吸风道，吸风室内的气流切向进入吸风道，以较高的风速呈螺旋状向总风管前进，基本克服了风道中细小

颗粒的沉积现象。风道两端设有的圆板补风活门,可在半开和全闭之间调节。进入吸风道中的气流汇入总风道。两侧筛体的总风道中均装有蝶形阀门,用以控制各筛体的总吸风量。

5) 出料装置

清粉机的出料端固定有筛上物出料调节箱。三层筛面清粉机的出料调节箱下方一般设有三根输料管,每层筛上物各对应一根料管。工艺需要时,转动出料箱中的调节板,可将相邻的两种筛上物合并。

清粉机筛体下方设置有集料斗,料斗出口有16个活门,用以控制筛下物进入下方振动输送槽中的任意一路。振动输送槽通过连杆与筛体连接,与筛体一起振动。

6) 传动机构

清粉机传动机构分偏心轴传动和振动电机传动两种。

FQFD型清粉机的传动采用振动电机传动,筛体下方采用鼓形橡胶垫支撑,通过两台斜置的振动电机驱动而产生倾斜振动,筛体进料端的抛角为10°～15°、出料端为5°～10°。

(二) FQFD46×2×3型清粉机的技术参数

表 4-23　清粉机主要技术参数

技术参数	FQFD46×2×3	技术参数		FQFD46×2×3
筛体个数	2	功率/kW		0.18×2
筛面宽度/mm	460	产量	大粗粒	(700～1400)×2
筛面层数	3	/($kg \cdot h^{-1}$)	中小粗粒	(400～700)×2
筛面长度/mm	2000	吸风阻	大粗粒	250～350
吸风量/($m^3 \cdot min^{-1}$)	40～70	力/Pa	中小粗粒	100～200
振幅/mm	4.25～4.5	机重/kg		1000
转速/($r \cdot min^{-1}$)	590	外形尺寸(长×宽×高)/mm		2700×1290×1700

三、清粉筛网的配制

筛网的选择对清粉机的工作效果有较大影响,选择时应考虑物料的粒度、品质、工作流量、筛上下物料的分配比例、物料散落性等情况,其中进机物料的粒度为主要因素。选择的一般原则是:同层前密后稀,同段上层稀下层密。

在流量适中、吸风正常的情况下,第一段筛网的孔径明显稀于进机物料留存筛网孔径,使其中的细小纯胚乳颗粒穿过筛网成为筛下物。第四段筛号应稀于或等于入机物料筛选分级的穿过筛网号,使大的纯胚乳颗粒穿过筛孔,中间两段按前后段筛号的差值平均分配,若差距较小时,相邻两格可选同样筛号。同段的下层筛面较上层相应段加密2号或相等。

当流量较大、要求筛下物料比例增高或物料散落性较差时,可根据设备运行情况将所有筛面或某层筛面放稀2～4号。

筛网配置的总趋势是放稀,现代清粉机配备风量大,带皮多的颗粒不易成为筛下物,只有部分带皮稍多的胚乳颗粒成为筛下物,但采用光辊粗心磨代替齿辊渣磨时,麦皮不易碎,所以筛网配置更稀些不影响小麦粉质量,而且能提高优质粉产量。

四、影响清粉机效率的因素

（一）原料方面的影响

1）物料粒度的均匀度

清粉机进机物料颗粒的均匀度与清粉效果直接相关，若粒度差别大，大粒的麦皮与小粒的胚乳悬浮速度接近，很难分清。因此，为提高粗粒、粗粉的清粉效果，必须在清粉前将物料预先分级，缩小其粒度范围，并在筛理时设置合适的筛理长度筛净细粉。否则，所含细粉将被吸走成为低等级面粉，而且这些细粉容易在风道中沉积，造成风道堵塞而影响清粉效果。

2）物料的品质

硬麦胚乳硬、麦皮薄易碎，研磨后提取的大、中粗粒较多，粗粒中的胚乳颗粒含量较高，流动性好、易于穿孔，因而筛出率相对较高。软麦皮厚，胚乳结构疏松，研磨后提取的大粗粒数量较少且粒形不规则，所含的连皮胚乳颗粒和麦皮较多，因而筛上物数量较多，筛出率较低，所以在配备清粉机筛孔时，应选择较稀的筛网。

3）物料的水分

进机物料的水分越少，散落性越好，自动分级效果较好，清粉效果越好。

（二）设备方面的因素

1）清粉机的运动参数

清粉机的运动参数包括振幅、振动频率和筛体抛掷角度，其中振动频率一般保持不变。筛体的振幅对产量、清粉效果等都有一定的影响。振幅增大，筛面上物料的运行速度加快，产量提高，但因物料接触筛面的机会减少，筛出率将会降低。清粉机进料量增大，可采用较大的振幅；进料量减少，则需较小的振幅。振动电机传动的清粉机，缩小振动电机两端偏重块的夹角即增加两偏重块的重叠部分，可增大振幅和筛体的激振力（转速一定）。

筛体的抛角对清粉效果和产量也有一定的影响，清粉机工作时筛体做倾斜向上的抛掷振动，此运动可分解为垂直和水平两个方向的运动。前者使物料松散开，利于气流穿过料层，易于精选分级；后者则使物料逐渐向出料端推进。筛体前段采用较大的抛掷角度，利于物料分层，提高精选分级效果。偏心传动的清粉机，可通过调整前后吊杆倾角改变筛体的抛掷角度。精选大粗粒时选用较大的抛掷角度（7.5°～12°），精选中、小粗粒时用较小的抛掷角度（4.5°～6.0°）。振动电机传动的清粉机，通过调整两台振动电机的装置角度可改变筛体抛掷角度。

2）筛面的工作状态

筛面工作状态主要指筛面的张紧情况和清理效果。清粉机工作时，要求筛网有足够的张力来承托物料的负荷，使物料能沿筛面宽度均匀分布，做相应的分级运动。否则，筛面下垂，物料集中在筛格中部，物料运动受阻，分级状态变差，风选作用减弱，清理刷受压不能正常动作而引起筛孔堵塞，上述状况均造成清粉效果的降低。因此，清粉机筛网必须张紧，并在使用过程中，通过观察物料的运动状况和筛网的伸展程度定期张紧。

筛面工作时，清理刷应运行自如，保证筛孔畅通。

3）筛网配置

筛网的配备是影响筛出率的主要因素。清粉机筛网的配备必须与物料的性质、流量、粒度、设备条件和吸风情况等相适应。

筛网配置的总原则：同层筛网前密后稀，同段筛网上稀下密。

由于自下而上气流的作用和料层厚度的影响，清粉机的下层头段筛网应明显稀于入机物料筛选分级的留存筛网号，才能使其中的细小纯胚乳粒穿过筛网成为筛下物。末段筛网应稀于或等于入机物料筛选分级的穿过筛网号，使大的纯胚乳粒穿过筛孔。中间各段筛号可均匀分布(筛号差别小时，相邻两段可取相同筛号)。同段下层筛网应比上层密 2 号；精选的物料粒度越小，分级难度越大，筛孔应比物料粒度大得越多；流量大时，筛孔应适当放稀。

若筛网配备过密，灰分降低率提高，但筛出率会降低；若配备过稀，筛出率增加，但筛下物的品质较差。筛面的调整还将改变后续设备的流量，对粉路流量平衡产生影响。生产过程中可根据筛出率的情况对筛格进行调整，因此每台清粉机至少配备 6～8 格备筛格。

4）流量

清粉机流量以每小时每厘米筛面宽度上清粉物料的质量($kg \cdot cm^{-1} \cdot h^{-1}$)表示。清粉机的流量对筛面上混合颗粒的分层条件有很大影响，其流量大小取决于被精选物料的组成、粒度和均匀程度。精选物料粒度大，流量较高；精选物料粒度小，则流量较低。

若清粉机流量过大，筛面上料层过厚，使混合物料不能完全自动分级，气流因阻力大而难以均匀通过料层，清粉效果明显降低。若流量过小，则气流易从料层过薄处溢出，不能良好分级而降低清粉效果。因此适宜的工作流量是保证清粉效果的重要条件之一。

5）风量

清粉机的风量取决于清粉物料的类别，大粗粒比细小物料需要更多的风量。清粉机全负荷生产时，总风门要开启 2/3，保证各段筛面有足够的吸风量。

总风量确定之后，各吸风室的风门要做相应调节。一般情况下，筛体前段料层较厚，需将前段吸风室风门开大些，使物料迅速松散并向前运行。其他各段风门通过观察物料的运行状况来精细调节，使通过筛面的气流在物料中激起微小的喷射，较轻的麦皮飘逸上升被吸入风道，较重的物料被气流承托着呈沸腾状向出料端推进。

在控制吸风量的同时，清粉机的喂料活门必须根据物料流量大小合理地调节，保证清粉物料连续均匀地分布在全部筛面宽度上，并覆盖在全部筛面长度上，否则气流将从料层薄或无料处筛面走捷径而溢出，失去风选作用。流量不足的情况下，允许出料端筛面有少量裸露，但应关小该段吸风室的风门。

清粉机工作时，其观察门不可随意取下，应使其处于良好的密闭状态，否则风选作用会降低甚至丧失。

五、清粉效率的评定

清粉机的工艺效果以物料经清粉后，精选出粗粒、粗粉的数量及相应的灰分降低程度来衡量。清粉机提纯出的粗粒、粗粉数量愈多，其灰分与清粉前的物料灰分相差愈大，清粉效果愈高。

清粉机的清粉效率按下式计算：

$$\eta = \eta_1 \cdot \eta_2$$

式中，η 为清粉机的清粉效率(%)；η_1 为粗粒、粗粉筛出率(%)；η_2 为精选后粗粒、粗粉灰分降低率(%)。

粗粒、粗粉筛出率(η_1)为清粉机精选后，提纯的粗粒、粗粉流量占进机物料流量的百分比。

$$\eta = \frac{q}{Q} \times 100\%$$

式中，q 为清粉机筛出物的流量(kg/h)；Q 为进入清粉机物料的流量($kg \cdot h^{-1}$)。

粗粒、粗粉灰分降低率(η_2)为入机物料灰分与筛出物料灰分之差，占入机物料灰分的百分比。

$$\eta_2 = \frac{Z_1 - Z_2}{Z_1} \times 100\%$$

式中，Z_1 为进入清粉机物料的灰分(%)；Z_2 为清粉机筛下物料的灰分(%)。

例如，测得 1P 的入机物料流量 $996kg \cdot h^{-1}$，灰分 1.53%；前段筛下物流量 $256kg \cdot h^{-1}$，灰分 0.69%；后段筛下物流量 $302kg \cdot h^{-1}$，灰分 0.90%。

$$\eta_1 = \frac{q_1 + q_2}{Q} \times 100\% = \frac{256 + 302}{996} \times 100\% = 56\%$$

$$Z_2 = \frac{(256 \times 0.69\% + 302 \times 0.90\%)}{256 + 302} = 0.80\%$$

$$\eta_2 = \frac{Z_1 - Z_2}{Z_1} \times 100\% = \frac{1.53 - 0.80}{1.53} \times 100\% = 47.7\%$$

$$\eta = \eta_1 \cdot \eta_2$$

清粉机的工艺效果如表 4-24 所示。

表 4-24　清粉机的一般工艺效果

物料名称	筛出率/%	灰分降低率/%
大粗粒	45～60	45～60
中、小粗粒	60～75	20～40
粗粉	75～85	20～25

第五节　打(刷)麸和松粉

一、打(刷)麸

中后路皮磨平筛提取的麸片上大多还黏附有粉料，若继续研磨对工作效果不利，所以在研磨前，通常对这些物料采用打麸机进行处理。

打麸机是利用高速旋转打板的打击作用，分离并提取黏附在麸皮上的粉粒。对麸皮进行清理后，可有效地减轻后续皮磨的负担，因而对研磨设备有明显的辅助作用。打麸机分为立式和卧式两种。

（一）FFPD 型立式打麸机

FFPD 型立式打麸机的结构见图 4-65。

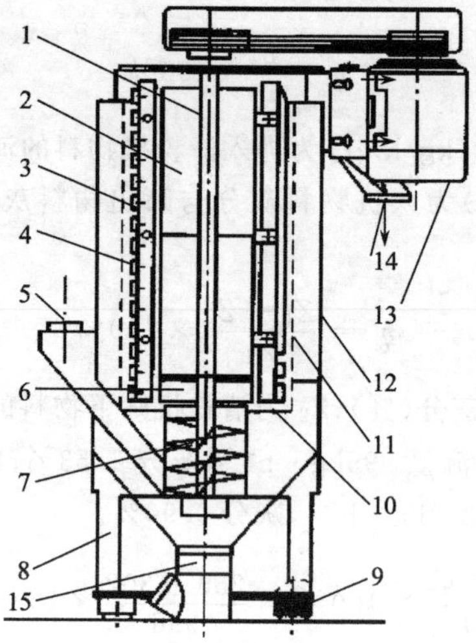

图 4-65 FFPD 型立式打麸机结构

1. 立轴；2. 鼓形圆筒；3. 长条打板；4. 打板叶片；5. 进料口；6. 刮板；7. 垂直绞龙；8. 机架；9. 橡胶垫；10. 环状底板；11. 筛筒；12. 机筒；13. 电动机；14. 麸皮出口；15. 打麸粉出口

物料进入机内后，由垂直绞龙送入筛筒内接受打击，打麸粉经冲孔筛板排出，由底部出口流下，麸皮在打板和倾斜叶片的作用下，逐渐向上提升，最后从上部出口排出。

设备由四个弹性橡胶垫支撑，可产生自由振动，工作中由于打板的高速旋转及物料的冲撞，可使设备产生振动，因而有利于物料的流动及筛孔的通畅。FFPD 型立式打麸机的技术参数见表 4-25。

表 4-25 FFPD 型立式打麸机的主要技术参数

项目	单筒	双筒	项目	单筒	双筒
转子转速/($r \cdot min^{-1}$)	1030	1030	产量/($t \cdot h^{-1}$)	0.6～1	1.2～2
筛筒直径/mm	450	450	功率/kW	5.5	11
筛筒高度/mm	800	800			

（二）FFPD 型卧式打麸机

卧式打麸机主要由打板转子、筒体、机壳、可调挡板和传动机构等组成。

麸片沿切线方向进入机内，在打板作用下，麸片向后墙板、缓冲板和筛板撞击，实现麸片与粉料的分离。打板转子上装有 4 块打板，打板上有调节工作间隙用的长圆孔，打板的外沿制成锯齿形，每齿扭转 12°～15°，其作用是推进物料。

筛筒为八边形，筛面采用 0.5～0.8mm 厚的不锈钢板制成。筛孔直径有 0.8mm、1.0mm 和 1.2mm 三种规格可供选用。多边形的筛面可阻滞麸片随打板转子的运动，保持打击强度；

筛面被物料撞击后将产生振动,有利于筛孔畅通。FFPD 型卧式打麸机的主要技术参数见表 4-26。

表 4-26 FFPD 型卧式打麸机的主要技术参数

项目名称	参数			
筛筒直径/mm	300		450	
筛筒长度/mm	800		1100	
打板轴转速/$(r \cdot min^{-1})$	1300~1600		1000~1100	
吸风量/$(m^3 \cdot h^{-1})$	300		420	
产量/$(t \cdot h^{-1})$	0.9	0.9~1.1	1.3~1.5	2.0~2.5
动力/kW	2.2	4	5.5	7.5

(三) 影响打麸机工艺效果的因素

1) 物料性质

麸片的大小、水分多少、粉麸结合的紧密程度都会影响打麸的效果。一般麸片大、水分低、粉麸结合松散时,打麸效果较好。

2) 流量

物料流量过大时,打麸效率下降。流量过小时,打击作用强烈,打麸粉的品质较次。

3) 打板与筛筒的工作参数

打板的线速度:线速度愈高,打麸的作用愈强烈,产量也愈高,但动力消耗大,打麸粉品质差。打板的线速一般为 22~25$m \cdot s^{-1}$。

工作间隙:间隙小则作用强烈,动力消耗高,打麸效果好;间距大,作用缓和,打麸的效果差,但打麸粉品质好,动力消耗低。最小工作间隙为:立式 7mm,卧式 7.5~9mm。

4) 筛面状况

筛面是否平整、筛孔选配是否合适、筛面清理效果的好坏等都直接影响打麸效果。

一般前中路筛孔为 ϕ1.0~1.2mm,后路筛孔为 ϕ0.7~0.8mm。

5) 吸风

吸风的主要作用是及时除去机内的湿热空气及粉尘,保持筛孔畅通,促进粉粒穿过筛孔。卧式打麸机有上下两种吸风方式,采用下吸风效果较好。

二、松 粉

在小麦制粉过程中,从皮磨系统获得的粗粒和粗粉,经磨粉机光辊研磨,受到挤压力和剪切力,不仅被粉碎成能穿过粉筛的小麦粉,而且形成一定数量的粉片和预破损的胚乳颗粒。粉片通过松粉机的打击和撞击作用,便可进一步得到粉碎,较容易地研磨成小麦粉。对粗粒和粗粉研磨,采用两阶段研磨,即物料先经磨粉机光辊研磨,再进入松粉机进一步研磨,可提高粗粒与粗粉的成粉率,缩短研磨道数,节约动力消耗。

松粉设备一般有撞击松粉机和打板松粉机。其中撞击松粉机又可以分为普通撞击松粉机、强力撞击松粉机、变速撞击松粉机三种。

（一）撞击松粉机

1）撞击松粉机的结构

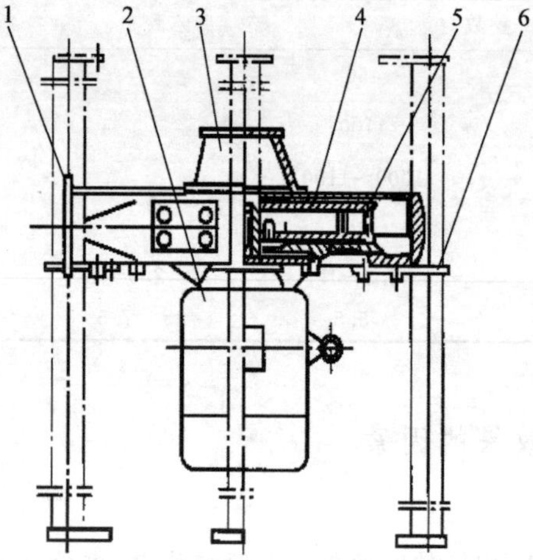

图 4-66　撞击松粉机结构示意图

1. 撞击座圈；2. 电机；3. 进料筒；4. 甩盘；5. 柱销；6. 柱脚

撞击松粉机有强烈的研磨作用，适应于处理前路心磨磨下物。该机主要由撞击机构、机壳及电机组成，其总体结构见图 4-66。

撞击松粉机主要工作机构为一个变速转子（$n=2970\text{r}\cdot\text{min}^{-1}$），直径 430mm，由上下两个转子盘通过两排共 80 个圆撞击柱连接成一体。两个圆盘（一个转动称转子盘，一个固定称定子盘）和固定在圆盘上的柱销组成（图 4-67）。柱销分为两圈，外圈柱销的规格 ϕ15mm×35mm，里圈柱销 ϕ10mm×35mm，柱销间距 35mm。柱销材质为优质钢材，并需经热处理。

物料进入撞击机，由于离心力的作用，物料由中心向四周甩出并在旋转盘的柱销之间产生强力的撞击，并将物料甩出，再与撞击座圈四周摩擦碰撞后，使物料粉碎，同时杀死虫卵。经处理后的物料从环形料槽沿切向出口离心甩出由出料口处排出。

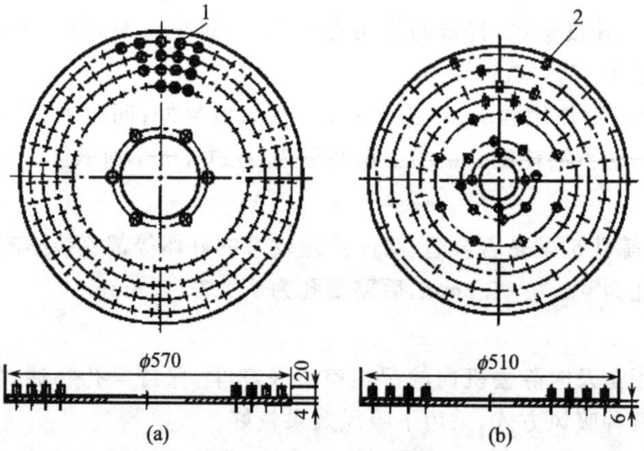

图 4-67　转子、定子盘结构（单位：mm）

(a)定子盘；(b)转子盘

1. 圆销钉；2. 方销钉

撞击松粉机既可安装在磨粉机下方也可将其串接在气力提料管中，这是目前常用的安装形式，采用这种方式可有效防止松粉机的堵塞，对气力输送有一定的帮助。

开机前，应使撞击机先空转几分钟，检查其运转情况。须严防金属物进入机内，避免发生设备或人身事故。装在磨粉机下方的撞击机易发生堵塞，须停机打开机盖清理。因此可在进料管上加装拨斗，接一旁通管。

2) FSJZ 型撞击松粉机的技术参数

FSJZ 型撞击松粉机的技术参数见表 4-27。

表 4-27 FSJZ 型撞击松粉机的技术参数

型号	转子直径/mm	转速/($r \cdot min^{-1}$)	功率/kW	产量/($t \cdot h^{-1}$)	机重/kg	外形尺寸(长×宽×高)/mm
FSJZ36	360	2900	3	0.8	95	517×676×580
	360	2900	4	1	103	537×676×580
FSJZ43	430	2900	3	1.5	105	537×740×650
	430	2900	4	1.5～2.5	113	537×740×650
	430	2900	5.5	2.3～4.0	170	612×740×650
FSJZ51	510	2900	4	0.8	180	557×850×580
	510	2900	5.5	1	200	612×850×746
	510	2900	7.5	1.7	210	612×850×746
	510	2900	11	2.8	249	707×850×746

(二) 打板松粉机

1. 打板松粉机结构

打板松粉机的打击机构为打板叶轮。该机松粉作用缓和、体积小、动耗低、安装灵活,可用来处理渣磨和中、后路心磨研磨后的物料。打板松粉机结构见图 4-68。

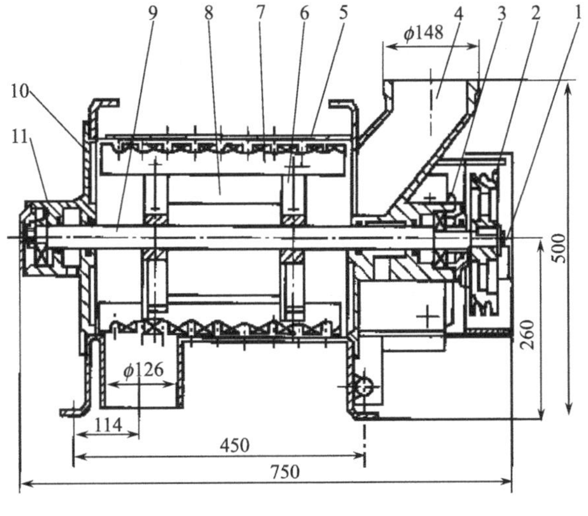

图 4-68 打板松粉机结构示意图(单位:mm)

1. 电机皮带轮;2. 大皮带轮;3. 电动机;4. 进料口轴承座;5. 壳体;6. 星形轮;7. 打板;8. 门;9. 轴;10. 轴承座;11. 轴承

在铁制的机架内,装置有高速旋转的打板和工作圆筒,打板通过支架固定在主轴上,由传动轮带动,打板为长条形,有四块,具有较高的圆周速度(15.7m · s^{-1})。

物料进入后,在高速旋转的打板作用下,将物料抛向工作圆筒,经打板反复打击、碰撞和摩擦,使粉块和预损伤胚乳粒粉碎,长条打板呈锯齿形,将物料从进口推向出料口排出。

该机可根据需要安装在楼板上或筛理设备的进口上方,也可吊装在楼板下。

2. FSJD 型打板松粉机的技术参数(表 4-28)

表 4-28 FSJD 型打板松粉机的技术参数

型号	进料口位置	产量 /(kg · h^{-1})	打板转速 /(r · min^{-1})	打板半径 /mm	动力 /kW	外形尺寸(长×宽×高) /mm
FSJD29-38	端板上	1500	710	290	3	750×750×500
FSJD29×38	筒体上	1000	710	290	2.2	585×615×462

第六节 小麦制粉流程

一、概 述

制粉流程是将各制粉工序组合起来,对净麦按规定的产品等级标准进行加工的生产工艺流程。制粉流程简称粉路。包括研磨、筛理、清粉、打(刷)麸、松粉等工序。粉路的合理与否,是影响制粉工艺效果的最关键因素。

(一) 粉路设计的原则

(1) 制粉方法合理。根据产品的质量要求,原料的品质以及单位产量、电耗指标等,确定合理的制粉方法,即粉路的"长度"、"宽度"和清粉范围等。

(2) 质量平衡(同质合并)。将粒度相似、品质相近的物料合并处理,以简化粉路,方便操作。

(3) 流量平衡(负荷均衡)。粉路中各系统及各台设备的配备,应根据各系统物料的工艺性质及其数量来决定,使负荷合理均衡。

(4) 循序后推。粉路中在制品的处理,既不能跳跃式后推,也不能有回路,应逐道研磨,循序后推。

(5) 连续、稳定、灵活。净麦、吸风粉、成品打包应设一定容量的缓冲仓,设备配置和选用应考虑原料、气候、产品的变化。工艺要有一定的灵活性。

(6) 节省投资,降低消耗。除遵循上述原则组合粉路外,还要根据粉路制订合理的操作指标,以保证良好的制粉效果。

(二) 常用制粉方法

1. 前路均衡出粉法

各系统前路均衡大量出粉的方法称为前路均衡出粉法。前路是指 1B、2B、1M、1S(具有四道以上心磨时,包括 2M)。前路均衡出粉法主要用于生产中低等级小麦粉。

前路均衡出粉法的工艺特征如下:

(1) 粉路简单,一般只设置皮磨、心磨两大系统,有时也设渣磨系统,不使用清粉机,辊全部采用齿辊。

(2) 各系统的道数一般为:皮磨 4 道,心磨 3～5 道,渣磨 0～2 道。

(3) 设备分配比例一般是:皮磨磨辊接触长度(简称接长)占磨辊总接触长度的 40%～55%,心磨占 35%～50%,渣磨占 0～15%。

(4) 前路各道的取粉率一般是:1B 为 15%～20%,2B 为 10%～15%(占 1B)、1M 为 15%～

25%(占 1B),前路总出粉量占 1B 的 50%～60%。

(5) 产量较高,一般为 4～5kg 粉·cm 磨辊接长$^{-1}$·h^{-1}。各系统磨辊平均流量 130～180kg·cm^{-1}·h^{-1}。折合 5.5～7.7mm·100kg 麦$^{-1}$·d。

前路均衡出粉法中,各系统的主要作用在于多出粉,分级较少。对麦渣、麦心不加提纯,心磨物料质量不高,因而高等级小麦粉的出粉率较低。

2. 中路出粉法

中路出粉法亦称为心磨出粉法,主要出粉部位在心磨系统。在制品分级层次多,对麦渣、麦心进行精选,进入心磨的物料数量多、品质好,所以其优质粉的出品率较高。

根据品质可将各系统所得小麦粉合并成几个档次,分别形成上等质量、中等质量及低等质量等几种产品,故称为等级粉生产,也可只出一种优质粉,如单一生产特一粉的粉路。

心磨出粉法的工艺特征如下:

(1) 系统设置较完善:一般设皮磨系统、渣磨系统、清粉系统、心磨系统。大多数粉路中,中后路皮磨分粗细,前路心磨分粗细。

(2) 各系统的道数都较长,一般设 4 或 5 道皮磨,2～4 道渣磨,3 或 4 道清粉,7 或 8 道心磨,1 或 2 道尾磨。

(3) 磨辊接触长度分配:皮磨接长占总接长的 35%～40%;心磨占总接长的 45%～50%,其中,尾磨占总长的 6%～8%、渣磨占总长的 10%～15%。1B 磨占总长的 6%～8%,1M 磨占总长的 10%～12%。

(4) 心磨的总出粉率高:心磨系统出粉占总出粉的 65%～70%。

(5) 单位产量低,一般为 2.2～3.8kg 粉·cm 磨辊接长$^{-1}$·h^{-1}。各系统磨辊平均单位流量 75～130kg·cm^{-1}·d^{-1}。折合 8～13mm·100kg 麦$^{-1}$·d^{-1}。

(6) 优质粉的出粉率高:特一粉的出粉率一般可达 70%～75%。

3. 流量平衡(负荷均衡)方法

强化物料分级的制粉方法是在中路出粉方法的基础上改进而成,它主要强调前路物料的分级,要求制粉工艺不仅要有一定的长度,更要有宽度,还要加强清粉,以尽可能保证进入前路心磨物料的纯度。该制粉方法的主要特点是:粉路复杂、操作管理难度大、单位产量低、电耗高,但高精度面粉的出率高、灰分低、粉色白。

采用该法生产等级粉,高精度面粉出率比常用方法明显提高,吨粉电耗 73～78kW·h^{-1},磨粉机每天每百千克小麦磨辊接触长度为 11.5mm 左右。

4. 粉路简化的制粉方法

1) 剥皮制粉方法

剥皮制粉方法是在小麦制粉前,先剥取 5%～8%(占 1 皮)的麦皮,再进行制粉,故而称为剥皮制粉方法。本方法皮磨可缩短 1 或 2 道,心磨缩短 3 或 4 道,其原因一是由于 2 或 3 次的着水润麦,大大降低了心磨物料的强度,二是由于中后路皮磨提心数量的减少,但渣磨系统增加 1 或 2 道,总的来讲,制粉工艺大大地简化了。剥皮制粉的主要特点是:粉路简单、易操作管理、单位产量较高、粉色较白,面粉麸星稍大、麸皮较碎、电耗较高。

采用该法生产等级粉时,出粉率 70%～73%,吨粉电耗 78～85kW·h^{-1},磨粉机每天每百千克小麦磨辊接触长度为 10mm。

2) 采用撞击磨的制粉方法

采用撞击磨的制粉方法是在中路出粉方法的基础上,在前路心磨系统采用撞击磨替代普通磨粉机的一种制粉方法。由于撞击磨的出粉率可达70%以上，且单机产量较高，相当于两对1000mm的磨粉机(产量)，因此前路心磨系统负荷大大减小，心磨系统的道数缩短。采用撞击磨制粉的主要特点是：心磨系统简化、磨粉机和高方筛的设备配备减少、建厂总投资降低。但面粉质量稍差(与中路出粉力法相比)、特别是一号粉的出率降低。

3) 采用八辊磨的制粉方法

采用八辊磨的制粉方法是在中路出粉方法的基础上，将通常的研磨—筛理改成部分或全部研磨—研磨—筛理的一种制粉方法。采用八辊磨制粉的主要特点是：节省了筛理面积、节省了气力输送风量、节省了建厂总投资、吨粉电耗较低，但磨粉机单位产量稍低、面粉质量稍差。

二、皮磨系统

(一) 皮磨系统的作用

在磨制高质量的等级粉时，采用常用的制粉方法(下同)，前路皮磨的作用是剥开麦粒，刮下大粒状的胚乳，尽量多提取质好的粗粒、粗粉，并尽可能保持麸片的完整；后路皮磨则用以刮净麸片上残留的胚乳。

(二) 皮磨系统的道数和磨辊接触长度

皮磨系统的道数主要取决于小麦的品质和出粉率以及粉厂规模。20对磨辊以下的粉厂，可采用4或5道皮磨。硬麦皮层与胚乳的结合较弱，较易剥刮，后路可只设1道，整个系统为4道。软麦的皮层较厚，皮层与胚乳结合力较强，为刮净皮层，一般设置4道。

皮磨系统的接触长度主要取决于小麦的品质。

加工低精度等级小麦粉，整个系统所需接触长度为8～10mm·100kg^{-1}·d^{-1}。加工高精度等级小麦粉则需11～14mm·100kg^{-1}·d^{-1}。心磨出粉法皮磨系统所需磨辊接触长度为4～5.5mm·100kg^{-1}·d^{-1}，占全部磨辊总接长度的35%～40%。采用前路均衡出粉法时，皮磨系统单位接触长度为3～4.5mm·100kg^{-1}·d^{-1}，占全部磨辊总接长的45%～60%。

当磨制皮薄、硬质率高的小麦，如磨制进口加麦时，皮磨系统的接触长度为4～4.5mm·100kg^{-1}·d^{-1}，占全部磨辊总长的32%～37%，各道皮磨所分配的数值见表4-29。当磨制皮厚、硬质率低的小麦时，皮磨系统的接触长度为4.5～5.0mm·100kg^{-1}·d^{-1}，占全部磨辊总长的37.5%～42%，各道皮磨所分配的数值见表4-30。

表4-29 皮磨系统磨辊接触长度(硬麦)

系统	磨辊接触长度/(mm·100kg^{-1}·d^{-1})
1皮	0.8～1.0
2皮	0.8～1.0
3皮	0.8～1.2
4皮	0.8～1.2

表4-30 皮磨系统磨辊接触长度(软麦)

系统	磨辊接触长度/(mm·100kg^{-1}·d^{-1})
1皮	0.8～1.0
2皮	0.8～1.0
3皮	1.0～1.2
4皮	1.0～1.2
5皮	0.4

(三) 皮磨系统的流程

图4-69为心磨出粉法的典型皮磨系统流程。该流程设置5道皮磨，5B只设细皮磨，3B、4B分粗、细，分磨混筛，1B、2B设重筛。

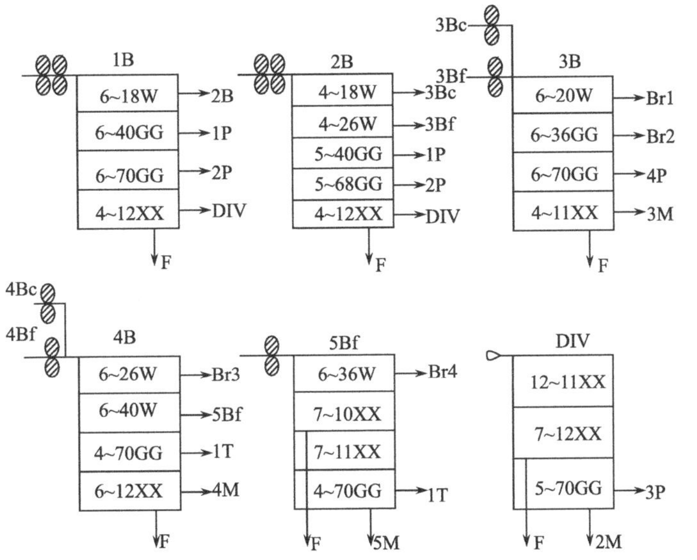

图 4-69 皮磨系统的流程

每道皮磨研磨后的物料，经平筛筛理，从上层的粗筛筛面分出呈片状带有胚乳的麦皮-麸片，进入下道皮磨或打麸机处理。1 皮、2 皮（前路皮磨）经分级筛分出的大粗粒送入 1P（清粉机）或 1 渣磨处理，经分级筛分出的中粗粒送入 2P 精选，经 DIV（复筛）细筛分出的小粗粒（或硬粗粉）送入 3P 精选，分出的软粗粉送入前路细心磨研磨。3 皮经分级筛分出的粗物料品质较差，单独送入 4P 精选，分出的细物料可送入 3P 精选，分出的软粗粉送入 2 心或 3 心磨研磨。4 皮经分级筛分出的粗物料一般送入尾磨处理，分出的细物料或粗粉送入中后路心磨研磨。当要求有较高出粉率和磨制高精度等级小麦粉时，为防止研磨过紧破碎麸皮，产生麸屑混入小麦粉，在皮磨中后路可采用打麸机分别处理粗细麸。

（四）皮磨系统磨辊的技术参数和筛网配备

1. 磨辊的技术参数

磨辊技术参数确定，关键是要依据原料特性、单位流量大小、操作指标等具体情况，将磨辊表面的各项技术参数合理匹配。皮磨系统磨辊的技术参数见表 4-31。通常皮磨系统磨辊转速为前高后低、齿数为前稀后密、斜度为前小后大、齿顶平面为前宽后窄，速比为 2.5∶1。

表 4-31 皮磨系统磨辊的技术参数

系统	转速/(r·min^{-1})	齿数/(牙·cm^{-1})	齿角/(°)	斜度/%	排列	齿顶平面/mm	速比
1 皮	550、600	3.6～4.0	67/21 65/30	4～6	D-D	0.2～0.25	2.5∶1
2 皮	550、600	5.2～5.6	67/21	4～6	D-D	0.2	2.5∶1
			65/30	4～6	D-D	0.2	
			50/65	6～7	F-F	0.1	

续表

系统	转速/(r·min^{-1})	齿数/(牙·cm^{-1})	齿角/(°)	斜度/%	排列	齿顶平面/mm	速比
3皮粗	500、550	6.6～7.0	45/65	6～7	D-F	0.1	2.5∶1
			65/30	6～7	D-D	0.1	
3皮细	500、550	8.2～8.6	50/65	6～7	F-F	0.1	2.5∶1
			45/65	6～7	D-F	0.1	
4皮粗	500、550	8.2～8.6	50/65	8～10	F-F	0.1	2.5∶1
			45/65	8～10	D-F	0.1	
4皮细	500、550	8.8～10.2	50/65	8～10	F-F	0.1	2.5∶1
			45/65	8～10	D-F	0.1	
5皮	500	10.2～10.6	50/65	10	F-F	0.1	2.5∶1

2. 筛网配备

实际生产中，粗筛和分级筛的筛号，要根据在制品的分级需要和对物料的质量要求、同时考虑各系统流量的平衡来选定，一般的原则是前稀后密、上稀下密，分级筛的筛号配置见表4-32。

表4-32 分级筛的筛号配置

系统	在制品	穿过筛号	留存筛号
1皮、2皮	大粗粒	20W	34～40W
	中粗粒	34～40W	CQ22～24
	小粗粒	CQ22～24	6～7XX
	粗粉	6～79XX	11～13XX
3皮	3皮粗物料	32～36W	CQ23～25
	3皮细物料	CQ23～25	6～7XX
4皮	4皮粗物料	36～40W	CQ23～24
	4皮细物料	23～24	CQ27～28

（五）皮磨系统的操作指标

皮磨系统的操作指标包括：剥刮率、取粉率、在制品的数量与质量、单位流量等，其中剥刮率为最重要的操作指标。

1. 剥刮率与取粉率

皮磨系统各道磨粉机的剥刮率在不同的面粉厂有很大的差别，其数据的大小主要取决于原料的品质、单位流量、皮磨系统的长度以及出粉率高低等。当加工厚皮麦、软质麦、高水分小麦或当单位流量较低、皮磨系统的长度不长时，前路皮磨的剥刮率相对取高值，否则取低值。尽管各粉厂每道皮磨的剥刮率可能存在较大的差异，但前三道皮磨的总剥刮率和总出粉率之间却有着密切的内在联系，即前三道皮磨的总剥刮率≈出粉率＋8%，例如，磨制72粉时，可把前三道皮磨的剥刮率总和定为80%（占1皮%），在扣除清粉机、渣磨、心磨分出的含麸物料后，即可保证生产出粉率72%的面粉。

皮磨系统的出粉率与剥刮率、原料品质、磨辊表面技术特性等有关。剥刮率高，出粉率高；剥刮率低，出粉率低；软质麦多时，出粉率高；软质麦少时，出粉率低；磨辊 D-D 排列、出粉率高，F-F 排列、出粉率低。由于 1 皮、4 皮和 5 皮的面粉质量都比较差，因此应尽量少生产皮磨粉。一般情况下，皮磨总出粉 15%～20%，其中，1 皮出粉 2%～6%、2 皮出粉 8%～10%、3 皮出粉 5%～8%、4 皮出粉 5%～8%(均为占本道的出粉率)。

2. 皮磨系统的单位流量

各道皮磨的单位流量主要和制粉方法、研磨道数、产品的质量、出粉率、设备的技术特性、研磨程度以及物料品质有关。磨制等级粉时，皮磨系统的单位流量见表 4-33。由表可知，皮磨系统的单位流量是逐渐降低的。因为皮磨系统的物料随着系统位置的后移，胚乳含量越来越少、麦皮含量越来越多、物料容重降低、流散性变差，后道皮磨的磨粉机流量不宜过大，否则会出现“轧不透”现象。

表 4-33　磨制等级粉时皮磨系统的流量

系统	磨粉机 /($kg \cdot cm^{-1} \cdot 24h^{-1}$)	平筛 /($t \cdot m^{-2} \cdot 24h^{-1}$)	系统	磨粉机 /($kg \cdot cm^{-1} \cdot 24h^{-1}$)	平筛 /($t \cdot m^{-2} \cdot 24h^{-1}$)
1 皮	800～1300	9～15	4 皮	250～350	4～6
2 皮	450～750	7～10	5 皮	200～300	3～4
3 皮	300～450	4.5～7.5			

从表 4-33 还可看出：高方平筛的单位流量相差较大。选用高限时，应增加筛格高度并增加复筛的筛理面积。高方平筛的单位流量对制粉生产有很大影响，流量过大，将造成物料筛理不透，粉路各系统功能不能正常发挥，造成系统瘫痪、设备堵塞，严重地影响制粉生产。而流量过小，不仅造成投资的增加，而且造成物料筛理过枯，反而影响工艺效果。

三、渣磨系统

(一) 渣磨系统的作用

渣磨的作用是处理从皮磨提出的大粗粒或从清粉系统提出的沾有麦皮的胚乳粒，经磨辊轻微剥刮，使麦皮与胚乳分开，再经过筛理，回收质量好的胚乳，送入心磨系统制取优质小麦粉。渣磨处理的物料粒度较小，不宜进入下道皮磨研磨，但它又不是纯净的胚乳，所以也不宜进入心磨研磨。

(二) 渣磨系统的道数和磨辊接触长度

渣磨系统的道数一般为 2 道，当加工硬质麦或磨辊接触长度较长时，可增加为 3 道渣磨；当磨辊接触长度较短时，可减少为 1 道渣磨。渣磨系统的磨辊接触长度为 $0.8 \sim 1.2mm \cdot 100kg^{-1} \cdot d^{-1}$，占全部磨粉机磨辊总长的 7%～10%。

(三) 渣磨系统的流程

加工硬麦时，通常采用“先清粉，后入渣”的渣磨系统，如图 4-70 所示。该流程的主要特点是清粉范围较宽，一等品质的粗粒提取率较高，入渣磨的物料质量较均匀一致，研磨周转率低，适合加工硬度大的小麦。缺点是清粉设备使用稍多，渣磨物料未精选，渣磨的作用没有充分发挥。

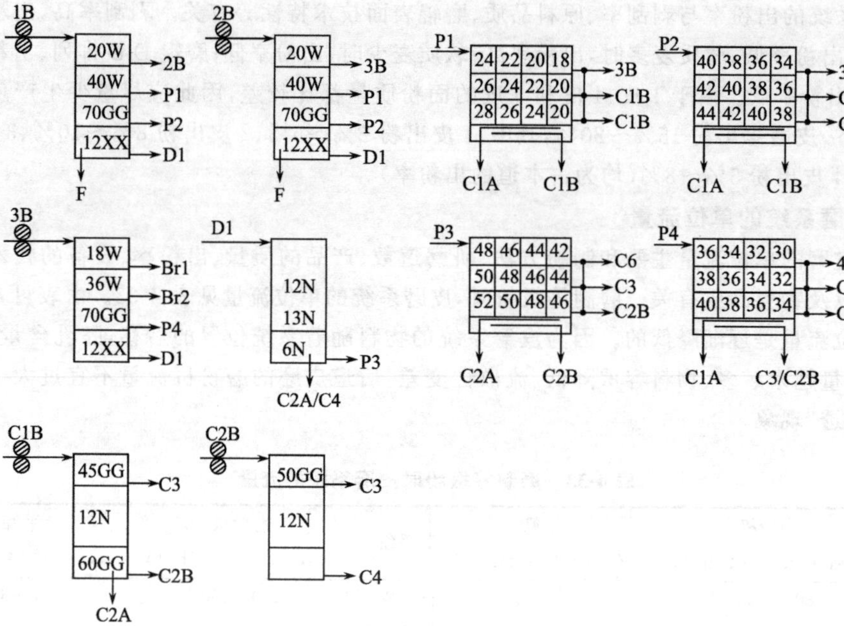

图 4-70　“先清粉，后入渣”渣磨系统流程

加工软麦时，通常采用“先入渣，后清粉”的渣磨系统，如图 4-71 所示。该流程的主要特点是：充分发挥了渣磨系统的作用，清粉范围稍窄，清粉机使用数量较少，适合加工硬度低的小麦。缺点是渣磨物料的质量不均匀，研磨周转率高，一等品质的粗粒提取率稍低。

加工硬麦、提取高质量面粉时，通常采用“先清粉，后入渣，再清粉”的渣磨系统，如图 4-72 所示。

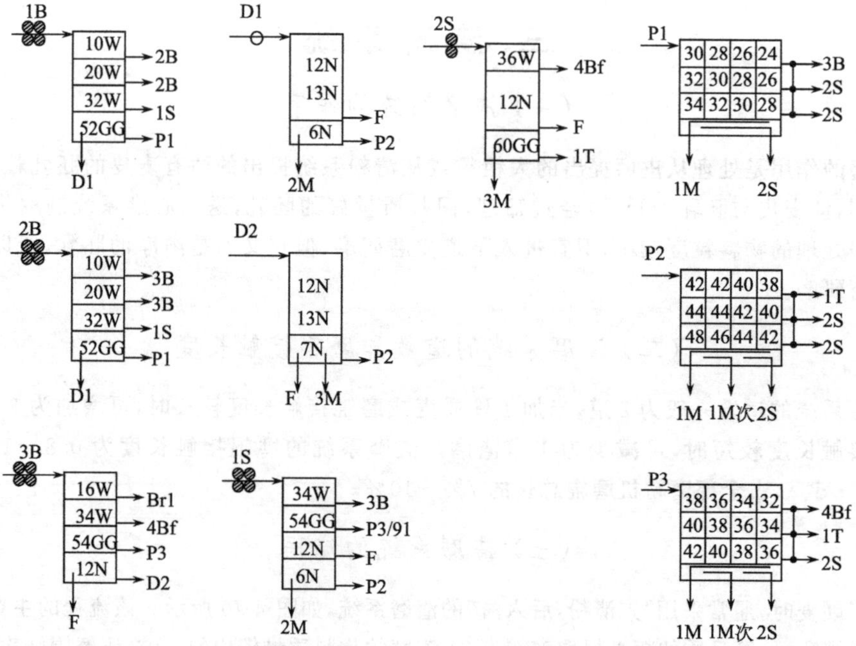

图 4-71　“先入渣，后清粉”的渣磨系统流程

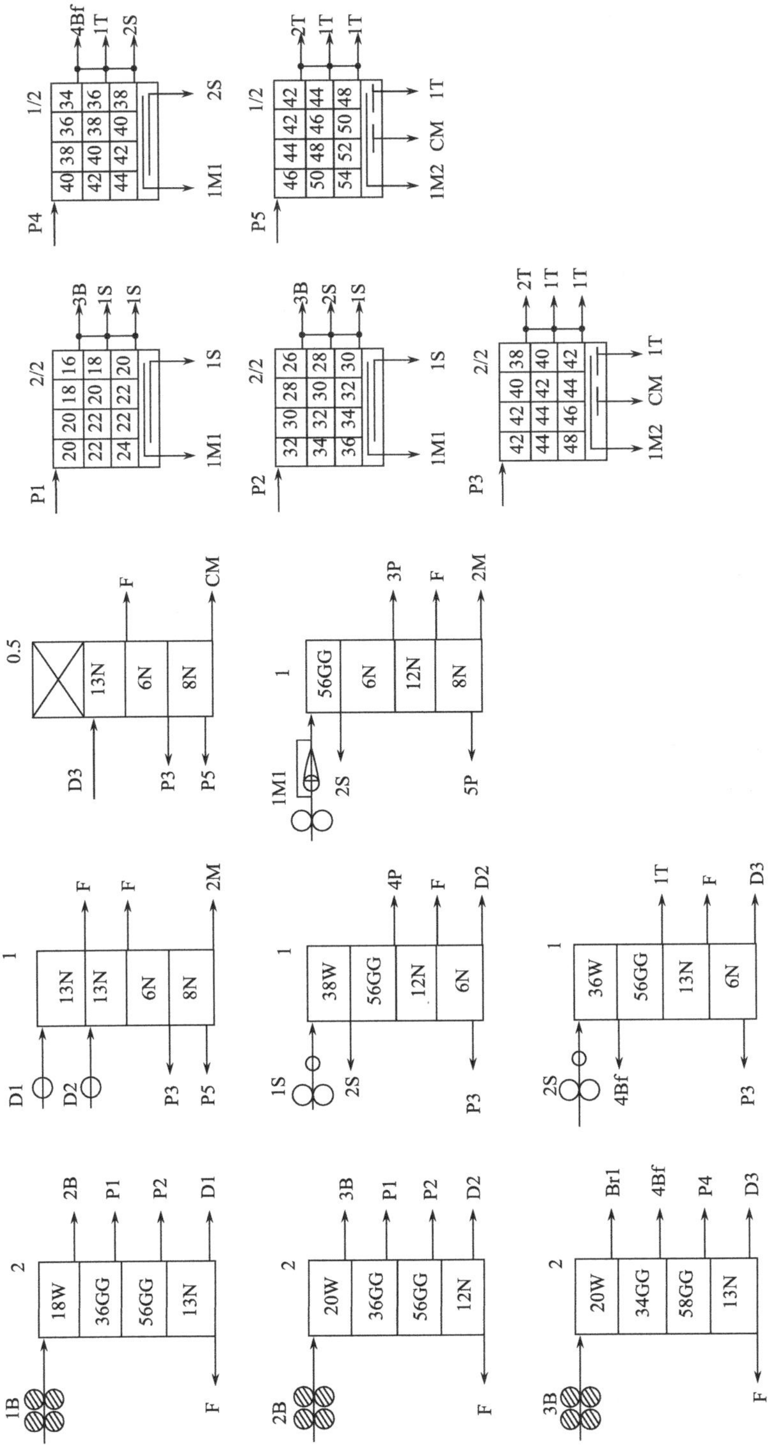

图 4-72 “先清粉，后入渣，再清粉”的渣磨系统流程

该流程的主要特点是:不仅充分发挥了清粉系统的作用,而且充分挖掘渣磨系统的潜力,可以尽可能多地提取一等品质的粗粒、粗粉,且该工艺有能力提取数量较多的高精度面粉。缺点是清粉机使用台数较多,操作管理要求稍高,不适应加工软质小麦。

渣磨系统的筛号配备见流程图。渣磨平筛中分级筛的选配,是根据平筛的流量、筛理物料的特性和达到粉路流量平衡的要求而决定的。

(四) 渣磨系统磨辊的技术参数和筛网配备

1) 磨辊的技术参数

采用齿辊时,一般使用大齿角、密牙齿、小斜度(表 4-34),使用齿辊的特点是:磨下物的流散性较好,有利于物料的精选,轧距操作要适当放松,否则会影响面粉质量。

表 4-34　渣磨系统磨辊的技术参数

系统	转速/($r\cdot mm^{-1}$)	齿数/(牙·cm^{-1})	齿角/(°)	斜度/%	排列	齿顶平面/mm	速比
1S	550	22	40/70 70/70	46	D-D	0.1	(1.5～2.5)∶1
2S	550	24	40/70 70/70	46	D-D	0.1	(1.5～2.5)∶1

采用光辊时,一般采用(1.25～1.5)∶1 的速比。使用光辊的特点是:轧距的适当松、紧对面粉的质量影响不是很大,当渣磨的物料需要清粉时,轧距操作可适当放松;当渣磨物料不清粉、心磨物料较多时,渣磨的轧距操作可适当紧一些,多出一些面粉,以减少心磨系统的负荷,当然对面粉的质量会稍有一点影响。

2) 筛网配备

渣磨系统根据其任务,筛网需配备提皮粗筛、分级筛和粉筛。一般而言,1 渣的提皮粗筛为 32W～45GG,分级筛 52GG～70GG,粉筛为 10XX～13XX。2 渣一般不分级,提皮粗筛为 50GG～70GG,粉筛为 11XX～14XX。

渣磨平筛筛理面积的分配一般为:分级筛占 40%～50%,粉筛占 50%～60%。

(五) 渣磨系统的操作指标

渣磨系统的取粉率一般为 5%～25%,当入磨物料较差或使用齿辊时应取低值。各道渣磨系统取粉率见表 4-35。

表 4-35　渣磨系统的取粉率

系统	用齿辊时取粉率(占本道)/%	用光辊时取粉率(占本道)/%
1 渣	15～20	20～30
2 渣	20～25	25～35
3 渣	20～30	25～35

渣磨系统的单位流量见表 4-36,使用齿辊时流量可取上限。

表 4-36 渣磨系统的单位流量

系统	磨粉机/(kg · cm^{-1} · 24h^{-1})		平筛/(t · m^{-2} · 24h^{-1})
	3 道	2 道	
1 渣	350～500	350～450	5～7
2 渣	300～450	300～400	4～5
3 渣	200～250		3～4

四、清粉系统

1. 清粉的作用

清粉机的作用是将皮磨、渣磨或前路心磨提出的粗粒、粗粉进行精选，按质量分成麸片、沾有麦皮的胚乳和纯胚乳粒。将分出的纯净的麦心送往心磨系统，麦渣送往渣磨系统，麸片送往尾磨系统或细皮磨系统分别处理。这样就可避免麸星混入小麦粉，以提高面粉质量。

进入清粉机的物料，必须先经分级并尽可能筛净面粉。入机物料均匀一致，便于选用合适的筛网，配备适量的空气气流量，可保证清粉效果。否则，清粉物料中掺有面粉或粒度悬殊太大，将会降低清粉效果。

2. 清粉机筛号的配置

清粉机筛号的配置见本章第四节。

3. 清粉系统的流程

清粉系统的流程参看图 4-70～图 4-72。

4. 清粉机的单位流量

清粉机的单位流量(表 4-37)主要和颗粒的流动性、容重、筛孔的大小及吸风量有关。当颗粒的容重高、流动性好、清粉机筛孔适当放稀、吸风量适量增大时，清粉机的单位流量取高限，否则应取下限。

表 4-37 FQFD46×2×3 清粉机的单位流量及吸风量

系统	流量/(kg · h^{-1})	风量/(m^3 · h^{-1})
大粗粒	2000～2800	3200～4200
中粗粒	1500～2200	2600～3200
小粗粒	800～1500	2400～2800

五、心磨及尾磨系统

(一) 心磨及尾磨系统的作用

心磨是将皮磨、渣磨及清粉系统获得的比较纯的胚乳磨细成粉，同时尽可能减少麦皮和麦胚的破碎，并通过筛理的方法将小麸片分出送入尾磨、将麦心送入下道心磨的处理。通常在心磨系统的中后路设置两道尾磨，专门处理心磨、渣磨、皮磨或清粉系统的细小麸片及部分粒度较小的连麸粉粒，经过尾磨的轻微研磨，由平筛分出二、三等品质的麦心送入中、后路心磨研磨。

（二）心磨及尾磨系统的道数和磨辊接触长度

心磨系统的道数主要根据制粉方法来确定，同时考虑设备条件、成品要求、原料等因素的影响。在心磨出粉法中一般设置 7～10 道，并配置尾磨 0～3 道；前路 2 或 3 道心磨，1 道尾磨；中路 2 道心磨，1 道尾磨；后路 2 或 3 道心磨，没有尾磨。

从前路皮磨、渣磨或清粉系统获得的心磨物料，不可能一次研磨就全部成粉。此外，中后路皮磨、渣磨系统还将不断地制造品质逐渐变差的心磨物料，因此心磨系统需要有一定的长度。硬度大、水分低的小麦，胚乳坚硬难以磨细成粉，加之皮磨系统获得的粗粒、粗粉数量较多，因此心磨的道数比加工软麦长，宽度比加工软麦大。心磨系统的接触长度见表 4-38。

表 4-38　心磨系统的磨辊接触长度

心磨名称	1M	2M	3M	1T	4M	5M	2T	6M	7M	8M
磨辊接触长度 /(mm · 100kg^{-1} · d^{-1})	1～1.5	1～1.2	0.5～1	0.5	0.5	0.5	0.5	0.5	0.5	0.5
总计		3.0					3.5			

（三）心磨及尾磨系统的流程

在前路心磨，物料经研磨后撞击松粉再筛理，提出一等品质的面粉，再分为麦心（粗粉）和

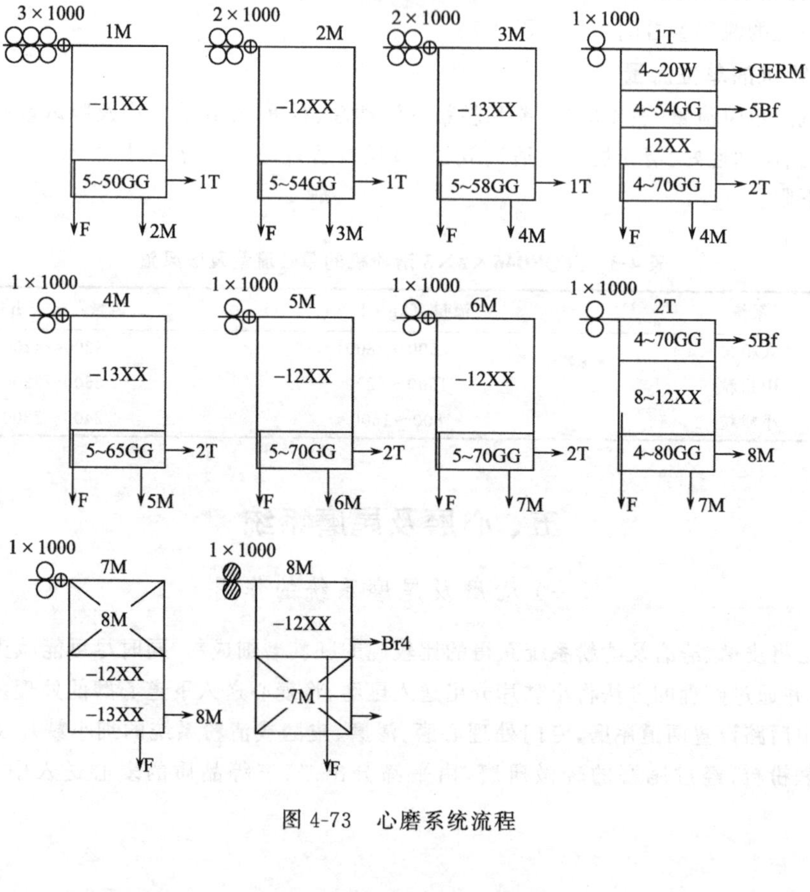

图 4-73　心磨系统流程

粗头，麦心进入下道心磨研磨，粗头为含麸屑较多的胚乳，进入细渣磨或1尾磨处理。中路心磨研磨的是二等品质的麦心（粗粉），物料研磨后经打板松粉后再筛理，提出二等品质的面粉，分出的粗头进入2尾磨，麦心进入下道心磨处理。后路心磨研磨的是三等品质的麦心，物料研磨后经打板松粉机再筛理，最后一道心磨的筛上物作为麸粉饲料。

1尾的物料经过研磨后，采用打板松粉机松粉后进行筛理，提出的小麸片送入后路细皮磨；分出的细小麸片送入2尾处理，麦心送入中路心磨处理。需要提胚时，1尾磨后的打板松粉机可以去掉，以免将压成片状的麦胚打碎。同时增加粗筛提胚。2尾的物料研磨后采用打板松粉机松粉，然后进行筛理，筛出的小麸片作为细麸皮直接打包，筛下物再进行一次分级，分别送入后路心磨处理。心磨及尾磨系统的流程见图4-73。

（四）心磨系统磨辊的技术参数

1）磨辊技术特性

现代制粉工艺中，心磨、尾磨几乎全部用光辊，配以低速比，其目的是减少麦皮的破碎，保证面粉的质量和面粉出率。另外，想要提高出粉率，喷砂时可使用粗粒金刚砂；想要提高面粉质量，喷砂时可使用较细的金刚砂。

规模较小的小麦粉厂，心磨及尾磨系统也可采用齿辊。一般齿数为11～13牙·cm^{-1}，齿角为40°/70°～45°/75°，斜度为6%～8%，采用D-D排列。

心磨系统磨辊的常用技术参数见表4-39。

表4-39 心磨系统磨辊的常用技术参数

系统	速比	中凸度(1000mm磨辊)/μm	转速(φ250mm磨辊)/(r·min^{-1})	喷砂
1～3M	1.25∶1	30～35	480～540	喷砂
其他心磨	1.25∶1	20～25	400～480	喷砂

2）心磨及尾磨系统的筛网配备

面粉厂生产中，粉筛和分级筛的筛号，应根据工艺要求、产品标准、原料品质以及加工厂的具体情况进行合理配置。通常，要提高心磨物料纯度、降低高质量面粉的灰分时，应加密粉筛和分级筛筛号，如果一号粉的提取率大于45%，分级筛的筛号不能过密，否则将会减少一号粉的提取率。心磨的筛号配备见表4-40。

表4-40 分级筛的筛号配备

系统	在制品	穿过筛号	留存筛号
1M	粗头	50GG	50GG
	中头		6XX
2M、3M	粗头		6～7XX
4M、5M	粗头		70GG～7XX
1T	粗头	40～44GG	40～44GG
	中头		60～70GG
2T	粗头	40～50GG	40～50GG
	中头		64～70GG

（五）心磨系统的操作指标

1）心磨及尾磨系统的取粉率

现代制粉工艺流程中，心磨系统是主要的出粉部位。因此心磨和尾磨系统必须有一定的取粉率。心磨和尾磨系统的取粉率与其轧距大小有关，而轧距大小取决于物料的粒度、流动性以及单位流量的高低。理论上，轧距的大小不能大于研磨物料所留存均筛孔宽度。缩小轧距可以提高该道心磨的取粉率，但也不能轧得过紧，以免磨粉机产生振动、磨辊温度过高，影响面粉质量，当磨制出率为72%～74%的面粉时，整个心磨系统的取粉率为50%～56%，各道心磨的取粉率见表4-41。

表4-41 各道心磨占本道的取粉率

系统	1M	2～3M	4～6M	7～10M	1尾	2尾
取粉率/%	45～50	50～55	35～45	20～30	15～20	10～15

2）心磨及尾磨系统的单位流量

心磨及尾磨系统的单位流量主要和研磨物料的性质有关，当物料颗粒较粗、流动性较好时，单位流量取高值；当物料颗粒较细、含粉较多时，单位流量取低值。采用常用制粉法生产等级粉时，磨辊采用光辊，心磨及尾磨系统的单位流量见表4-42。

表4-42 心磨系统的单位流量

系统	磨粉机单位流量/($kg \cdot cm^{-1} \cdot 24h^{-1}$)	平筛单位流量/($t/m^{-2} \cdot 24h^{-1}$)
1M	300～350	5～7
2～3M	200～250	5～6
4～9M	150～200	4～5
1T	200～250	5～6
2T	150～200	4～5

六、粉路分析与设计

（一）粉 路 分 析

各企业的粉路是各不相同的，通过粉路分析，可以了解指定粉路的厂型、规模、制粉方法、工艺组成、原料品质、成品要求、设备及其技术特性的配备、操作指标及运行状态等一些情况。通过比较，发现特点，找出不足，从而加深对制粉规律的认识。

1. 粉路分析的方法步骤

分析粉路的主要依据为主要生产指标，设备选用表等，一般可参照下列步骤进行。

（1）了解概况。

粉路图、流量质量平衡表、磨辊特性参数、磨筛计算处理流量、总接触长度与筛理面积及有关单位流量技术指标等。

（2）判断粉路类型。

对粉路类型按以下四种方法划分。① 按每天处理小麦数量划分厂型：每天处理小麦小于100t的为小型厂；100～200t的为中型厂；大于200t的为大型厂。② 按各系统研磨总道数划分粉路的长短：研磨总道数小于 10 道称短粉路；10～16 道称中长粉路；16 道以上称长粉路。③ 按主要出粉部位：分为前路均衡出粉法和心磨出粉法。④ 按产品种类和工艺特征：专用粉工艺、等级粉工艺及普通粉工艺。

(3) 分析粉路工艺组合情况。粉路中系统的设置、各系统之间的联系与主要物料的走向。

(4) 分析各设备的负荷状况与操作指标。核算各道设备的单位流量，与其操作指标及物料分配情况进行对照，判断其工作状态与工作效果，分析其流量平衡状况。

(5) 分析研磨设备技术参数的配备。通过工作效果及物料分配状态，分析研磨技术参数的合理性。

(6) 分析筛路及筛网配备。针对各种在制品的数量与品质状态，分析筛理设备的筛路、筛网配置、筛理效果。

(7) 分析清粉机的工作状态。通过对清粉机的工作流量、筛出率、灰分降低率的分析，对清粉机工作效果进行评价。

(8) 分析各系统提取小麦粉的状态。比较各道平筛提取小麦粉的流量及品质，与产品情况对照，分析各道设备的工作状态。应作出取粉率-灰分曲线进行定量分析。

(9) 分析辅助设备的选配和使用情况。了解打麸机、圆筛、松粉机等设备的进、出机物料的质量、流量及设备的效率。

2. 前路出粉法生产标准粉粉路

1) 设备配备

该粉路为日处理小麦 150t 生产标准粉，粉路图见图 4-74。该粉路采用 4 皮 3 心的制粉工

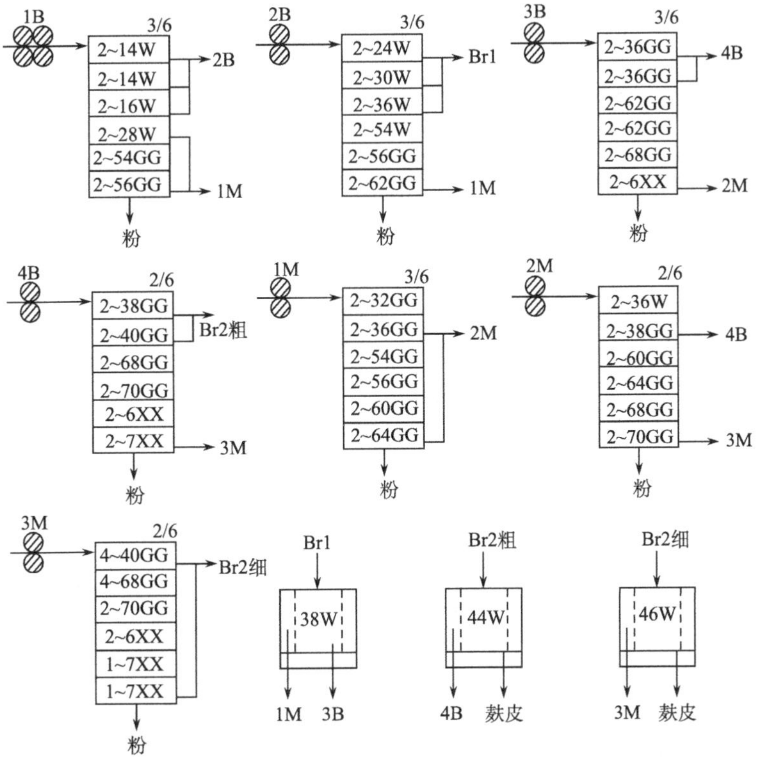

图 4-74　日处理小麦 150t 标准粉粉路

艺，皮磨和心磨全部采用齿辊，主要设备为 4 台复式磨（总接触长度 669cm）；3 台 6 仓式挑担平筛（总筛理面积为 $99m^2$）；3 台刷麸机。该粉路的磨粉机总平均流量为 $220kg \cdot cm^{-1} \cdot h^{-1}$（每厘米辊长每小时平均加工小麦 220kg），平筛总平均流量 $1500kg \cdot m^{-2} \cdot h^{-1}$（$1m^2$筛理面积 1h 平均加工小麦 1500kg）。该工艺加工混合小麦（软麦占 85%，硬麦 15%），净麦水分 14%，容重 $754g \cdot L^{-1}$，千粒重 37.8g，灰分 1.6%。标准粉出粉率为 83%左右，小麦灰分为 0.97%。

2）粉路分析

该粉路各系统流量见表 4-43，磨粉机技术参数见表 4-44。粉路流量与质量平衡表见表 4-45。

表 4-43 各系统磨辊长度、筛理面积分配及流量表

系统	流量		磨粉机			平筛			
	占 1 皮/%	/$(t \cdot 24h^{-1})$	长度/cm	占总量/%	流量/$(kg \cdot cm^{-1} \cdot 24h^{-1})$	仓数	筛理面积/m^2	占总量/%	流量/$(t \cdot m^{-2} \cdot 24h^{-1})$
1 皮	100	148	152	22.7	975	3	16.5	16.7	9.0
2 皮	41.2	61.3	91	13.6	670	3	16.5	16.7	3.7
3 皮	17.5	26.0	91	13.6	280	3	16.5	16.7	1.6
4 皮	19.4	24.1	76	11.4	320	2	11	11.3	2.2
小计			410	61.3		11	60.5	61.4	
1 心	45.2	67.2	91	13.6	735	3	16.5	16.7	4.1
2 心	21.3	31.5	91	13.5	350	2	11	11.4	2.9
3 心	9.2	13.7	77	11.5	180	2	11	11.4	1.2
小计			259	38.7		7	38.5	38.5	
合计			669	100		18	99	100	

表 4-44 各系统磨粉机技术特性

系统	齿数/$(牙 \cdot cm^{-1})$	齿角/(°)	快辊转速/$(r \cdot min^{-1})$	速比	排列	斜度/(°)
1 皮	4	35/65	620	2.5∶1	F-F	1∶8
2 皮	6.5	40/70	620	2.5∶1	F-F	1∶10
3 皮	8	35/65	620	2.5∶1	D-D	1∶10
4 皮	9.5	35/65	620	2.5∶1	D-D	1∶10
1 心	9	40/70	620	2.5∶1	D-D	1∶8
2 心	9.5	40/70	620	2.5∶1	F-F	1∶10
3 心	10.5	35/65	620	2.5∶1	D-D	1∶10

表 4-45 粉路流量与质量平衡表

系统	占 1 皮 1%/灰分 1%	皮磨系统				心磨系统			尾磨		产品	
		2 皮	2 皮刷	3 皮	4 皮	1 心	2 心	3 心	粗刷	细刷	面粉	麸皮
1 皮	100/1.60	41.2/2.28				40.2/1.32					18.6/0.68	
2 皮	41.2/2.28		19/3.28			3.5/1.89					18.7/0.79	

续表

系统	占1皮1% /灰分1%	皮磨系统				心磨系统			尾磨		产品	
		2皮	2皮刷	3皮	4皮	1心	2心	3心	粗刷	细刷	面粉	麸皮
2皮刷	19 /3.28			17.5 /3.99		1.5 /0.79						
3皮					11.4 /4.7		2.4 /4.1				3.7 /1.33	
4皮	19.4 /4.1								16.6 /4.5		2.8 1.9	
1心	45.2 /1.33						15.5 /2.7				29.7 /0.83	
2心	21.3 /3.32				4.4 /4.0			9.2 /3.45			7.7 /1.78	
3心	9.2 /3.54									6.8 /3.9	2.4 /2.4	
粗刷	16.6 /4.5				3.6 /2.23							13 /5.13
细刷	6.8 /3.9					3.4 /3.5						3.4 /4.27
合计		41.2 /2.28	19 /3.28	17.5 /3.99	19.4 /4.1	45.2 /1.33	21.3 /3.32	9.2 /3.54	16.6 /4.5	6.8 /3.9	83.6 /0.97	16.4 /4.95

从粉路图以及表4-43～表4-45的参数可以看出，该粉路的特点如下。

(1) 粉路短，皮磨系统设备和取粉率所占比例较大，其出粉率占总出粉率的50%以上，属于典型的前路出粉工艺。

(2) 产量高，磨粉机总平均流量达220kg·cm^{-1}·24h^{-1}，磨粉机辊转速620r·min^{-1}，磨辊圆周速度较高。

(3) 采用2皮中路刷麸，刷下麸片上松散的胚乳，以减轻后路皮磨的负荷量，缩短皮磨的道数。

(4) 在设备分配上，皮磨系统磨辊长度占较大比例，占磨辊总长度的61.3%，皮磨系统平筛筛理面积占总面积的61.4%。

(5) 1皮磨采用中等的研磨压力，取粉率18.6%，同时获得较多的麦心(占1皮流量的40.2%)，供心磨研磨成粉。

(6) 为适应1皮有较高的流量，1皮磨磨齿采用4牙·cm^{-1}，磨辊为锋对锋排列。

(7) 在生产操作上，2皮磨取粉率(占本道流量)为42%，3皮磨取粉为21%，整个系统出粉率为43.8%。在心磨系统，1心磨取粉率占本道流量65%～70%，2心磨取粉率为35%～40%，3心磨为25%～30%，整个系统出粉率为39.8%。

(8) 系统的粉筛筛网，在1皮平筛配置54GG～56GG，以后各道逐渐加密，后路系统粉筛采用68GG～7XX提出标准粉。

(9) 4皮粗刷的刷麸粉入4B、细刷的刷麸粉入2M都是不太合适的回路，如果粗、细刷麸粉入圆筛，可避免或减少回路，工艺效果会好一些。

3. 中路出粉法生产高精度等级粉粉路

1）设备配备

该粉路为日处理小麦 200t，生产高精度等级粉，粉路见图 4-75。主要设备为：12 台复式磨粉机（总接触长度 2400cm）；2 台 8 仓高方平筛和 1 台 6 仓高方平筛（平筛的总筛理面积为 157.41m^2）；复式 3 层清粉机 3 台；打麸机 4 台；振动圆筛 2 台。该粉路的磨粉机总平均流量为 84.15kg · cm^{-1} · $24h^{-1}$，筛理设备总平均流量 1283kg · m^{-2} · $24h^{-1}$。该工艺可加工混合小麦，软麦占 42%，硬麦占 58%，净麦水分 15.58%，容重 766g · L^{-1}，生产特制粉出粉率为 78.5%，灰分 0.65%。

2）粉路分析

该粉路各系统流量和磨辊技术参数见表 4-46，粉路流量与质量平衡表见表 4-47。

表 4-46　磨辊技术参数

系统	长度 /cm	占总量 /%	齿数 /（牙 · cm^{-1}）	齿角 /（°）	慢辊转速 /（r · min^{-1}）	速比	斜度/%	排列	流量 /[kg/（cm^{-1} · $24h^{-1}$）]
1 皮	200	8.33	3.8	65/30	200	1∶2.5	6	D-D	1029.10
2 皮	200	8.33	5.4	65/30	200	1∶2.5	6	D-D	635.78
3 皮	200	8.33	7.0	50/65	200	1∶2.5	8	F-F	341.46
4 皮粗	100	4.17	8.6	50/65	200	1∶2.5	8	F-F	201.02
4 皮细	100	4.17	10.2	45/65	200	1∶2.5	10	F-F	263.66
5 皮细	100	4.17	10.8		200	1∶2.5		F-F	275.39
小计	900	37.5							
C1A	200	8.33	光辊		360	1∶1.25			316.45
C1B	100	4.17			440	1∶1.25			128.23
C2A	200	8.33			360	1∶1.25			294.84
C2B	100	4.17			440	1∶1.25			87.68
C3	200	8.33			360	1∶1.25			169.18
C4	100	4.17			360	1∶1.25			191.82
C5	100	4.17			320	1∶1.25			150.04
C6	100	4.17			320	1∶1.25			143.04
C7	100	4.17			360	1∶1.25			144.28
C8	100	4.17			320	1∶1.25			149.22
C9	100	4.17			320	1∶1.25			188.94
C10	100	4.17	14.2		200	1∶1.25	12	F-F	116.49
小计	1500	62.5							
总计	2400	100							

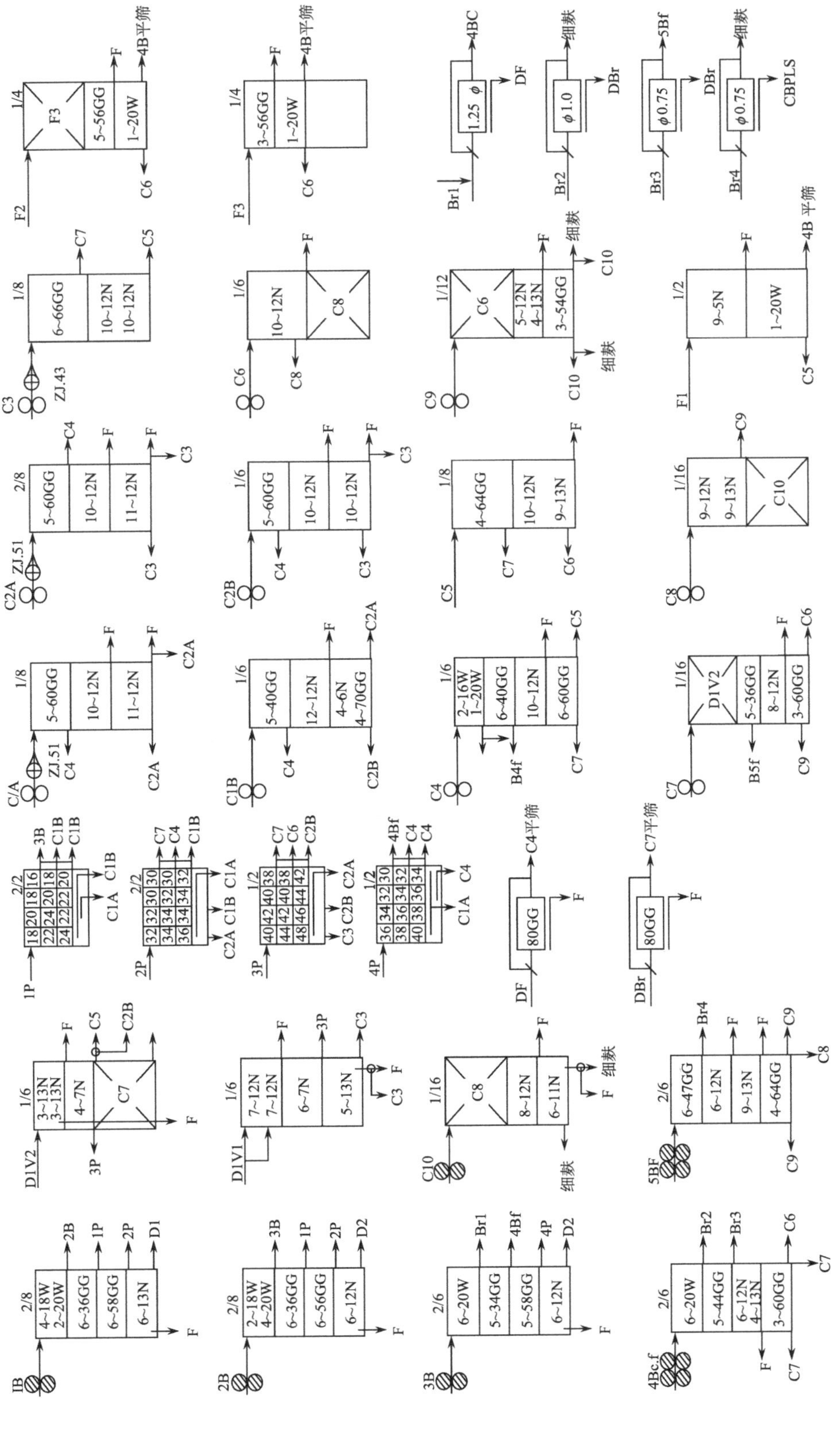

图 4-75 日处理小麦 200t 等级粉粉路图

表 4-47 粉路流量与质量平衡表

系统	流量/灰分	2B	3B	4Bc	4Bf	5Bf	C1A	C2A	C1B	C2B	C3	C4	C5	C6
1B	100/1.63	61.78/2.22												
2B	61.78/2.22		25.09/3.96											
3B	33.18/3.70				8.55/4.78									
4Bcf	22.58/5.07													
5Bf	13.88/5.53													
C1A	30.75/0.60							16.08/0.48				2.49/2.57		
C2A	28.65/0.51										7.88/0.77	0.62/3.18		
C1B	6.23/1.67							1.49/0.54		0.84/1.25		2.10/3.06		
C2B	4.26/1.03										1.32/1.47	0.60/2.38		
C3	16.44/0.68				3.09/4.26								4.37/1.16	
C4	9.32/2.64												2.91/1.35	
C5	7.28/1.24													4.29/1.50
C6	6.95/2.24													
C7	7.01/3.47				0.34/5.08									2.66/3.43
C8	7.25/2.87													
C9	9.18/3.63													
C10	5.66/3.25													
DIV1	21.20/0.47										7.24/0.43			
DIV2	6.67/1.22									3.03/1.00				
DF	1.71/2.14										0.56/4.11			

续表

系统	流量/灰分	2B	3B	4Bc	4Bf	5Bf	C1A	C2A	C1B	C2B	C3	C4	C5	C6
DBr	1.62/3.74													
1P	30.73/1.20		8.09/20.90				18.76/0.65		3.76/1.94					
2P	14.4/0.57						10.17/0.39		2.47/1.27			0.74/2.34		
3P	13.6/0.68							11.08/0.56		0.39/0.74		1.40/0.87		
4P	3.44 2.96				1.30/4.41		1.28/1.65					0.81/2.34		
Br1	11.32/5.04			9.61/5.69										
Br2	7.69/6.12													
Br3	14.33/5.32					13.03/5.54								
Br4	12.36/5.73													
吸料	0.71/1.20													
检查筛	77.99/0.65			0.03/2.45										
合计		61.78/2.22	33.18/3.70	9.64/5.68	12.94/4.62	13.38/5.53	30.75/0.60	28.65/0.51	6.23/1.67	4.26/1.03	16.44/0.68	9.32/2.64	7.28/1.24	6.95/2.24

系统	流量/灰分	C7	C8	C9	C10	DIV1	DIV2	DF	DBr	1P	2P	3P	4P
1B	100/1.63					10.41/0.45				18.16/0.74	5.72/0.53		
2B	61.78/2.22					10.79/0.48				12.27/1.90	8.68/0.60		
3B	33.18/3.70						6.67/1.22						3.44/2.96
4Bcf	22.58/5.07	3.38/3.91											
5Bf	13.88/5.53		0.37/4.24	0.33/4.91									
C1A	30.75/0.60												

续表

系统	流量/灰分	C7	C8	C9	C10	DIV1	DIV2	DF	DBr	1P	2P	3P	4P
C2A	28.65/0.51												
C1B	6.23/1.67												
C2B	4.26/1.03												
C3	16.44/0.68	0.24/4.05											
C4	9.32/2.64	1.28/2.48											
C5	7.28/1.24	0.08/3.85											
C6	6.95/2.24		5.67/2.45										
C7	7.01/3.47			2.84/4.61									
C8	7.25/2.87			6.01/3.09									
C9	9.18/3.63												
C10	5.66/3.25												
DIV1	21.20/0.47												
DIV2	6.67/1.22												
DF	1.71/2.14												
DBr	1.62/3.74	0.98/4.74											
1P	30.73/1.20												
2P	14.4/0.57	0.38/2.60											
3P	13.6/0.68	0.67/1.50											
4P	3.44/2.96							1.71/2.14					

续表

系统	流量/灰分	C7	C8	C9	C10	DIV1	DIV2	DF	DBr	1P	2P	3P	4P
Br1	11.32/5.04												
Br2	7.69/6.12								0.32/3.63				
Br3	14.33/5.32								1.30/3.77				
Br4	12.36/5.73			1.21/4.44									
吸料	0.71/1.20												
检查筛	77.99/0.65												
合计		7.01/3.47	7.25/2.87	9.18/3.63	5.66/3.25	21.2/0.47	6.67/1.22	1.71/2.14	1.62/3.74	30.73/1.20	14.40/0.57	13.60/0.68	3.44/2.96

系统	流量/灰分	Br1	Br2	Br3	Br4	吸料	检查筛	面粉	细麸	粗麸	胚芽
1B	100/1.63					0.04/1.47	3.59/0.47				
2B	61.78/2.22					0.04/1.47	4.91/0.56				
3B	33.18/3.70	10.61/5.30				0.04/1.47	3.07/0.89				
4Bcf	22.58/5.07		3.69/6.12	14.33/6.12		0.02/1.47	1.16/1.77				
5Bf	13.88/5.53				12.36/5.73	0.01/1.47	0.31/2.42				
C1A	30.75/0.60					0.04/1.47	12.14/0.41				
C2A	28.65/0.51					0.05/1.47	20.10/0.39				
C1B	6.23/1.67					0.02/1.47	1.78/0.44				
C2B	4.26/1.03					0.01/1.47	2.33/0.67				
C3	16.44/0.68					0.03/1.47	11.80/0.43				
C4	9.32/2.64					0.02/1.47	1.89/0.78				0.13/4.84

续表

系统	流量/灰分	Br1	Br2	Br3	Br4	吸料	检查筛	面粉	细麸	粗麸	胚芽
C5	7.28/1.24					0.01/1.47	2.90/0.61				
C6	6.95/2.24					0.01/1.47	1.27/1.10				
C7	7.01/3.47					0.01/1.47	1.15/1.37				
C8	7.25/2.87					0.01/1.47	1.23/1.74				
C9	9.18/3.63					0.01/1.47	0.91/1.68		2.60/4.97		
C10	5.66/3.25					0.01/1.47	0.86/2.38		4.97/4.00		
DIV1	21.20/0.47						3.54/0.47				
DIV2	6.67/1.22						0.46/0.89				
DF	1.71/2.14						1.15/1.20				
DBr	1.62/3.74						0.64/2.25				
1P	30.73/1.20					0.12/0.84					
2P	14.4/0.57					0.10/0.84					
3P	13.6/0.68					0.06/0.92					
4P	3.44/2.96					0.05/0.84					
Br1	11.32/5.04										
Br2	7.69/6.12									3.37/6.54	
Br3	14.33/5.32										
Br4	12.36/5.73								11.15/5.51		
吸料	0.71/1.20	0.71/1.20									

续表

系统	流量/灰分	Br1	Br2	Br3	Br4	吸料	检查筛	面粉	细麸	粗麸	胚芽
检查筛	77.99/0.65							77.96/0.65			
合计		11.32/5.04	3.69/6.12	14.33/5.32	12.36/5.73	0.71/1.20	77.99/0.65	77.96/0.65	18.54/5.04	3.37/6.54	0.13/4.84

从粉路图以及表 4-46、表 4-47 可以看出，该粉路为典型的心磨出粉工艺，其主要特点如下。

(1) 粉路长。心磨系统设备和取粉率所占比例较大，心磨系统磨辊所占比例为 45.8%，总取粉率为 57.80%。皮磨系统设备所占比例与前路出粉法相比大大降低，磨辊所占比例为 37.5%，皮磨系统总取粉率 13.04%，远低于前路出粉法时皮磨系统的取粉率。

(2) 轻研细分。该工艺采用逐道研磨的机械方法制粉，可以尽可能保持麸皮的完整，减少麸屑的产生，使胚乳细粉和麸皮较好地分离，较少互混，提高高精度小麦粉的出粉率。因此，小麦粉总出粉率为 78%左右，而灰分却在 0.65%以下，在制品分级细致。在该工艺流程中，平筛和清粉机分级细致，设置的研磨系统较多。分级的一般特点是：1B 和 2B 平筛及其再筛 DIV1 把中间产品分成麸片、大粗粒、小粗粒和粗粉；3B 平筛把麸片分成大小两种，分别进入第一道打麸机 Br1 和 4 皮细(4Bf)研磨。心磨系统设 1 或 2 道尾磨(如粉路中的 C4 和 C7)，除接受上一道心磨的来料外，还专为收集本道前 2 或 3 道心磨的高灰筛上物，以较低的出粉率进行研磨。对在制品进行细致的分级，可使各对磨辊入磨物料的粒度、品质均匀一致，因而磨辊技术特性的设计和研磨操作会对来料有很好的适应性和针对性，这样做有利于高精度小麦粉出粉率的提高。

(3) 采用清粉机精选粗粒和粗粉。该工艺设置四道清粉工序，处理 1～3 皮的粗粒和粗粉。第一道清粉机 1P 处理的物料是 1B 和 2B 平筛分出的，穿过 20W，留存 36GG 的大粗粒。分级的结果是：麸屑被吸出，混杂在粗粒中的麸片成为第一层筛面的筛上物，根据同质合并原则并入 3 皮磨研磨；第二、三层筛面的筛上物受小麦品质和操作的影响，可能以大渣粒为主，也可能是以小麸片为主，应根据实际情况送入 3B 或 1 渣磨 (C1B)研磨。第一段筛面的筛下物一般是纯净的麦心，送入 1 心，其余三段筛面筛下物一般是渣粒，送往 1 渣磨。2P 的处理物料是 1B 和 2B 平筛分出的小粗粒 (36GG－56～58GG)，分级的结果是：麸屑被吸出；底层前 2 或 3 段筛面的筛下物为纯净的麦心，送往 1 心或 2 心研磨；底层后段筛下物大都是渣粒，送往 1 渣；筛上物根据质量和流量情况可分别去 1 渣、1 尾(C4)和 2 尾(C7)。3P 的来料是复筛 1 和复筛 2(D1 和 D2)分出的粗粉(56～58GG－7XX)。前端 2 或 3 段筛面的筛下物为纯净麦心，送往 2 心；后段筛下物为带着麦皮的粗粉，送往 2 渣(C2B)；筛上物根据质量和流量情况可分别去 2 渣、6 心和 2 尾。4P 的来料是 3B 的粗粒(34～58GG)。前段筛下物去 1M；后段筛下物去 1 尾，筛上物分别去 1 尾和 4Bf 。通过清粉机对前路皮磨重要的在制品精细分级，可以提高高精粉的质量和出粉率。

(4) 心磨系统大量出粉，尤其是前路心磨。心磨的来料是皮磨和渣磨平筛分出的粗粒和粗粉，其间或多或少夹带着麸屑。由于该工艺采用清粉机进行进一步分级，因此进入 1～3 心磨的物料是一个粉路的各入磨物料中灰分最低的，如本粉路，1 心入机物料灰分 0.41%，2 心 0.39%，3 心 0.43%，都低于 0.45%。通过一道研磨及松粉，可以大量产出高精度小麦粉。本例中1～3心磨出粉率占本道分别为40.4%、70.2%和71.8%。

(5) 渣、心、尾磨采用无泽面辊。该工艺中渣、心、尾磨除C10采用齿辊外，其余全部无泽面辊。采用无泽面辊研磨得到的小麦粉与齿辊研磨的小麦粉相比，粒度小、粉色好；与未经喷砂处理的光辊相比，物料较易进入研磨区，因而能适应较大的流量。采用无泽面辊研磨，可在来料灰分很低的前路心磨出好粉，为心磨中后路逐渐降低出粉量，减少麦皮破碎创造条件。

(6) 可以通过1尾粗筛提取麦胚。具有正常入磨水分的小麦，其麦胚呈现出良好的塑性，皮呈现出良好的韧性，胚乳结合力疏松。三个组成部分不同的结构力学性质，加上空气动力学特性的差异，使现代制粉工艺有可能把它们较好地分开。在该工艺中，可提取麦胚0.13%（占入磨麦总量），占麦胚总量的10%左右。提得麦胚的纯度可达90%以上。

(7) 该工艺中1心的取粉率偏低，设备潜力未能充分发挥。

4. 剥皮制粉法生产等级粉粉路

1) 设备配备

该粉路为日处理小麦120t，生产高精度等级粉，粉路图见图4-76。主要设备为6台复式磨（总接触长度1200cm）；3台6仓式高方筛和2台4仓式高方筛（总筛理面积105m^2，含检查筛）、2台清粉机、2台打麸机。该粉路的磨粉机总平均流量为100kg·cm^{-1}·24h^{-1}，筛理设备总平均流量1143kg·m^{-2}·24h^{-1}。

该粉路包括4道皮磨，1道渣磨，5道心磨，1道尾磨，2道撞击（6心、7心采用撞击松粉机研磨）。对皮磨前中路的粗粒和粗粉进行清粉，皮磨磨辊为齿辊，渣磨和心磨全部为光辊。等级粉出粉率73.5%左右，灰分0.69%。其中，特一粉出粉率15.8%，灰分0.65%；特二粉出粉率57.7%，灰分0.7%。吨粉耗电80kW·h左右。

2) 粉路分析 该粉路各系统磨辊技术参数见表4-48。

表4-48 剥皮制粉工业各道磨粉机技术特性

系统	齿角/(°)	齿数/(牙·cm^{-1})	排列	速比	斜度/%	快辊转速/(r·min^{-1})
1B	35/65	3.5	D-D	2.5∶1	6	650
2B	35/65	7.0	D-D	2.5∶1	6	650
3B	35/70	8.6	D-D	2.5∶1	8	650
4B	35/70	9.5	D-D	2.5∶1	10	600
1S				1.25∶1		550
1Mc				1.25∶1		550
1Mf				1.25∶1		550
2M				1.25∶1		550
3M				1.25∶1		500
1T				1.25∶1		600
4M				1.25∶1		550
5M				1.25∶1		500

从粉路图以及表4-48可以看出，该粉路与心磨出粉工艺存在差别，其主要特点如下。

(1) 制粉工艺比较简洁，皮磨和心磨系统道数相对较短，但所产小麦粉质量较好。磨粉机负荷大于心磨制粉工艺，皮磨系统接触长度占总长度33%，小于前路出粉和心磨出粉工艺。

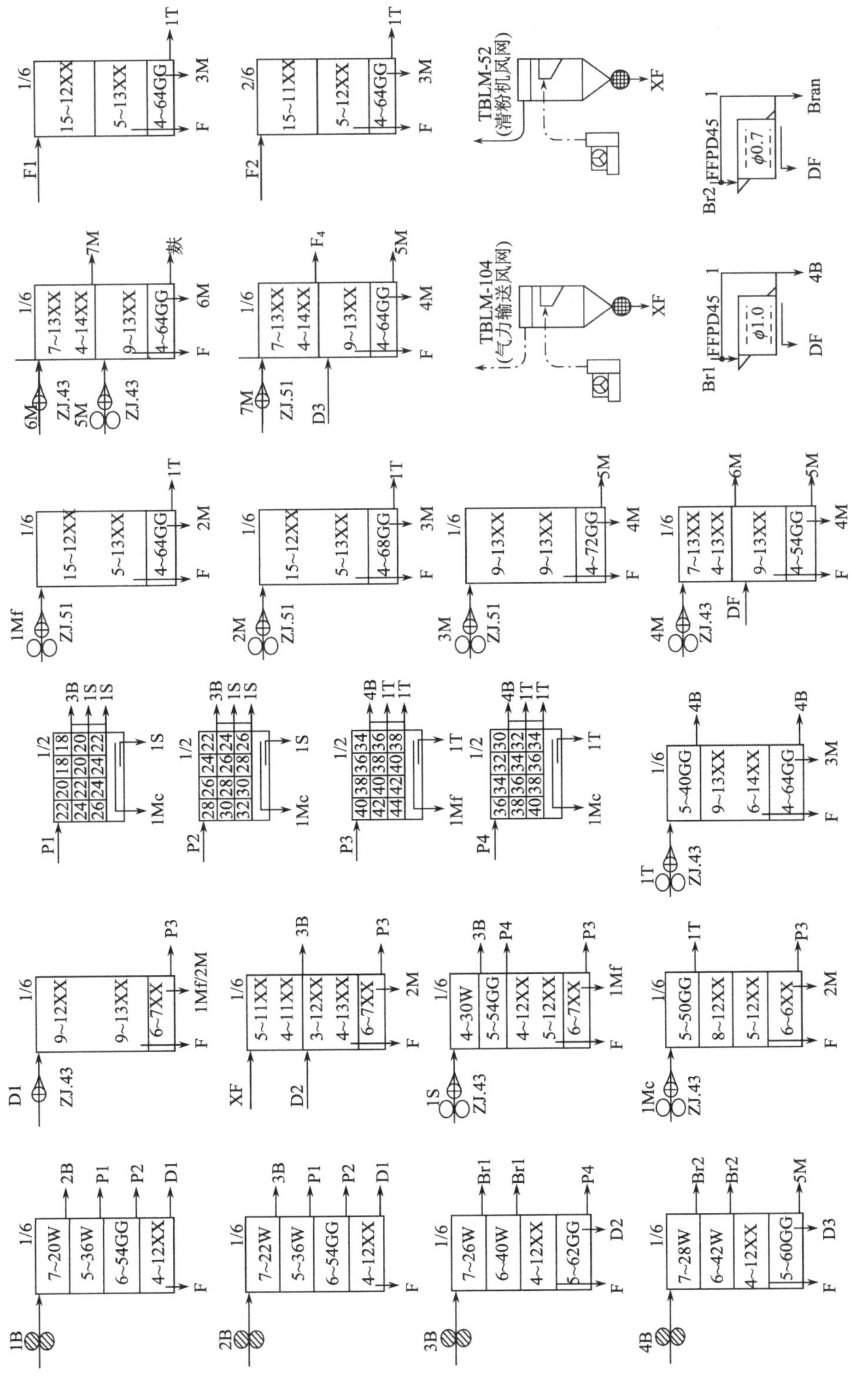

图 4-76　日处理小麦 120t 剥皮制粉粉路

(2) 1 皮的剥刮率大大增加。在剥皮制粉工艺中,由于小麦的表面状态和内在结构发生了较大的变化,使 1 皮磨的破碎作用得到了加强。从某种意义上说,它不再是一般意义上的 1 皮磨,而是相当于心磨出粉中 1 皮和 2 皮之和。

(3) 由于皮层被部分剥去,皮磨系统剥刮的任务降低,因此磨辊技术参数与中路出粉工艺相比有较大变化。磨齿数较密、齿槽较浅、斜度较小、全部采用 D-D 排列,使皮磨研磨以挤压力为主。

(4) 皮磨系统物料的变化,使筛理系统也相应有所调整。在剥皮制粉工艺中,皮磨物料较常规减少,且麸片较小,因此,粗筛筛格的数量相对减少。在相同筛理面积的情况下,处理的产量更大。

(5) 由于皮磨系统的缩短和 1 皮磨作用的强化,前路心磨物料明显增多。在整个流量上呈前多后少的趋势,1 心和 2 心系统流量较大,因此,1 心采用两对辊分粗细,而 6 心和 7 心则采用撞击松粉机替代磨粉机进行研磨。

(6) 剥皮后的小麦再经过着水机着水润麦。由于皮层大部分被剥去,因此,水分很容易从没有皮层包裹的小麦四周渗透进胚乳,使润麦时间缩短(0.5h 即可)。由于润麦时间短,可减少润麦仓的数量。但剥皮后的小麦淀粉容易黏结,因而容易产生结拱,需要在润麦仓中安装调制器防止结拱。

(7) 采用剥皮制粉工艺,由于入磨小麦外部皮层被剥去,小麦比较纯净,降低了小麦粉中细菌和霉菌数,同时也减少了麸皮混入小麦粉的机会,小麦粉粉色可得到明显改善。

(二) 粉路设计

在新建、扩建或改造小麦粉厂时,均应进行粉路设计。在粉路设计之前,应根据设计的要求,认真进行市场需求调查、研究,收集适用的资料,以提高粉路设计的可靠性和实用性;在设计中应认真参考资料,按照粉路组合的规律,根据适当的操作指标,制订制粉工艺流程,选用制粉工艺设备,配置适用的工艺参数。

1. 粉路设计的依据

(1) 工厂规模:日处理小麦的数量(小麦粉的产量)、每天生产班次等。

(2) 原料情况:小麦的来源、品种、质量等。

(3) 成品要求:成品和副产品的种类、等级、包装要求、发放形式等。

(4) 设备情况:现有设备及拟购设备。

(5) 采用技术:工艺类型及新技术、新设备的选用;物料的输送形式;小麦粉后处理技术等。

(6) 其他条件:地理位置、周围环境、水电暖供应情况、气候条件、生产发展的可能性、厂房结构等。

2. 粉路设计的步骤与方法

(1) 确定各项生产技术指标。

① 各项流量指标。

② 粉路出粉率指标。

③ 辅助设备流量指标 。

(2) 确定研磨道数和流程组合形式并绘制粉路简图。

① 依据原粮及生产技术指标情况,确定制粉方法。

② 采用既先进又可靠的新设备、新工艺、新技术。

③ 绘出粉路简图。

(3) 确定各系统操作指标和物料分配比例。

① 皮磨系统的剥刮率。

② 各道皮磨的取粉率及皮磨系统的总取粉率。

③ 各道渣磨的取粉率。

④ 各道心磨的取粉率,前三道心磨的取粉率及心磨系统的总取粉率。

⑤ 渣磨小麸片的提取率,心磨小麸片的提取率。

⑥ 清粉机的精选率、打麸机的打麸粉提取率等。

(4) 编制粉路流量平衡表。

根据主要技术指标,进行简单的核算,结果以各种物料的分配比例表示,并按一定的顺序填写流量平衡表。

确定粉路中各道物料分配比例的最佳方法是,通过研磨和筛理,绘制出粒度曲线,从而得出各种粒度范围的物料分配比例。或者参照同类粉厂的技术测定资料,作出粉路流量平衡表。

(5) 确定主要机械设备数量。

根据流量平衡表中初定的各道设备的流量以及选定的设备单位流量指标,计算各道磨辊接触长度和平筛的筛理面积,确定所需设备台数。一般情况下,可能有少数设备的单位流量不符合要求或设备总数量超出范围。此时应对物料分配比例、流量平衡表或设备的单位处理量在允许的范围内进行适当调整。

(6)确定设备技术特性。

(7)设计小麦粉后处理工艺及设备选型。

(8)绘制正式粉路图、配粉工艺流程图及编写粉路设计说明书。

设计粉路时,也可按照所设计的生产能力,算出整个制粉流程所需总的磨辊长度、筛理面积、清粉机筛面总宽度等,然后按比例分配到各系统中。此种方法简明快捷,但需要有丰富的设计经验作为基础。

实际工作中,两种方法可同时并用,效果更佳。

3. 设计举例

(1) 设计依据。

① 产量日处理小麦 200t。

② 产品高精度小麦粉,主要以特一粉为主,总出粉率 76%。

③ 原粮小麦容重 $770g \cdot L^{-1}$, 灰分 1.75%,角质率 40%,白麦占 50%。

(2) 主要的技术经济指标 。

采用心磨出粉法,初步确定磨粉机的总平均流量为 $80 \sim 90kg \cdot cm^{-1} \cdot 24h^{-1}$;筛理设备的总平均流量为 $1100 \sim 1200kg \cdot m^{-2} \cdot 24h^{-1}$。

(3) 确定研磨道数研磨道数定为 5 道皮磨 (其中,3 皮、4 皮分粗细,5 皮只设细皮磨)、1 道渣磨、4 道清粉、8 道心磨、2 道尾磨。

(4) 初步确定磨辊对数和平筛仓数。

根据步骤(2)设定的磨粉机总平均流量,可以计算出磨粉机的总接触长度为 2222～2500cm, 选用 12 台辊长 1m 的气压磨(MDDK 型或 FMFQ 型)。

根据步骤(2)设定的平筛的总平均流量,可以计算出所需平筛的总筛理面积为 167～$182m^2$,以每仓平筛筛理面积约为 $7m^2$ 计算,初步确定选用 26 仓平筛(FSFG6/4×24 型)。

(5) 设计工艺流程。工艺流程设计见图 4-77。

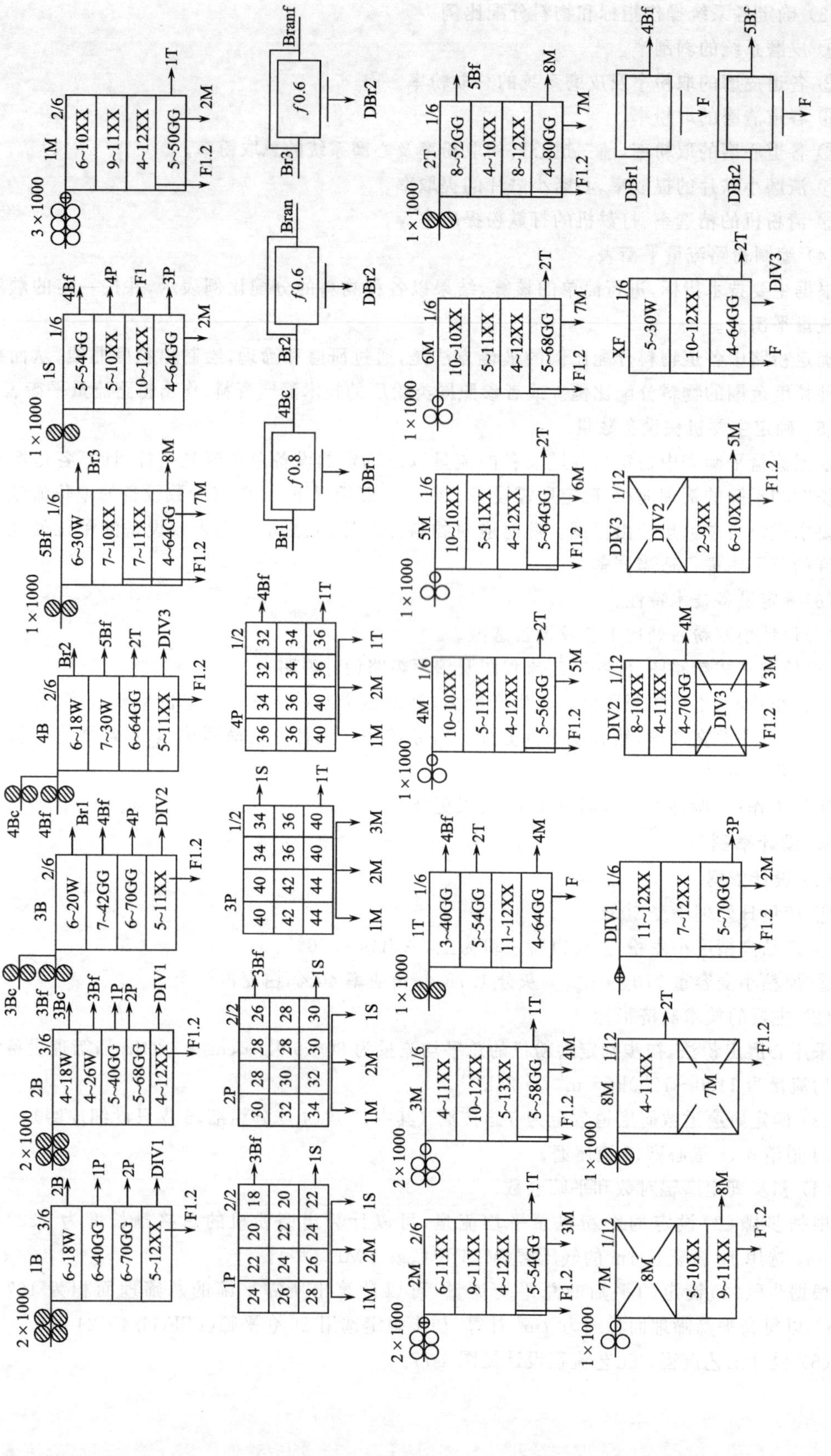

图 4-77 日处理 200t 面粉厂粉路流程图

表 4-50 日处理 200t 流量平衡表

	1B	2B	3Bc	3Bf	4Bc	4Bf	5Bf	Br1	Br2	Br3	1S	1T	2T	1M	2M	3M	4M	5M	6M	7M	8M	DIV1	DIV2	DIV3	1P	2P	3P	4P	DBr1	DBr2	F1	F2	F3	Branc
1B	100	70																				5			13	9					3			
2B	70		22	12																		7			14	10					5			
3Bc	22					8		18															4				10				3			
3Bf	21					8		18															4				10				3			
4Bc	15						9		9				5											4								3		
4Bf	15						9		9				5											4								3		
5Bf	12									9										2	0.5											0.5		
Br1	18				15																								3					
Br2	9																													1				8
Br3	9																													1				8
1S	12					1									3												2	3			3			
1T	10					2							2				3														3			
2T	9						2											1.5	2.5													3		
1M	37											2.5			19																15.5			
2M	26											1.5				13.5															11			
3M	15.5											1					7														7.5			
4M	11												1					5													3	2		
5M	9.5												1						5													3.5		
6M	7.5																			5												2.5		
7M	7																				5											1	1	
8M	5.5																															0.5	5	
DIV1	12														4													4			4			
DIV2	4															2	1															1		

续表

	1B	2B	3Bc	3Bf	4Bc	4Bf	5Bf	Br1	Br2	Br3	1S	1T	2T	1M	2M	3M	4M	5M	6M	7M	8M	DIV1	DIV2	DIV3	1P	2P	3P	4P	DBr1	DBr2	F1	F2	F3	Branc	
DIV3	4																	3														1			
1P	27			6							7			14																					
2P	19			3							5			11																					
3P	12					2						3		7																					
4P	7											2		5																					
DBr1	3					2																											1		
DBr2	2						1																										1		
F1																															58				
F2																																18			
F3																																	8		
Bran																																		1	6

(6) 确定主要技术参数。根据心磨出粉工艺的要求,初拟前路皮磨的剥刮率和取粉率指标(表 4-49)。

表 4-49　前路皮磨的剥刮率和取粉率

系统	剥刮率		取粉率	
	占 1B/%	占本道/%	占 1B/%	占本道/%
1B	30	30	3	3
2B	34	49	5	7

(7) 设计流量平衡表(表 4-50)。

(8) 确定各系统设备的规格和参数。

① 磨粉机。磨粉机的计算和选用见表 4-51。

表 4-51　磨粉机的计算和选用

系统	流量/($t \cdot 24h^{-1}$)	经验流量/($kg \cdot cm^{-1} \cdot 24h^{-1}$)	磨辊长度/cm		实际流量/($kg \cdot cm^{-1} \cdot 24h^{-1}$)
			计算	选用	
1B	200	800～1200	167～250	200	1000
2B	140	600～800	175～233	200	700
3Bc	44	350～450	98～126	100	440
3Bf	42	350～450	93～120	100	420
4Bc	30	200～350	86～150	100	300
4Bf	30	200～350	86～150	100	300
5Bf	24	150～300	80～160	100	240
1S	24	350～450	53～69	100	240
1M	74	250～350	211～296	300	247
2M	52	250～350	149～208	200	260
3M	31	150～300	103～206	200	155
1T	20	200～300	67～100	100	200
4M	22	150～300	73～147	100	220
5M	19	150～300	63～127	100	190
6M	15	100～200	75～150	100	150
2T	18	150～300	60～120	100	180
7M	14	100～200	70～140	100	140
8M	11	100～200	55～110	100	110
合计				2400	

② 平筛。平筛的计算和选用见表 4-52。

表 4-52 平筛的计算和选用

系统	流量/(t·24h^{-1})	经验流量/(t·m^{-2}·24h^{-1})	筛理面积		实际流量/(t·m^{-2}·24h^{-1})
			计算/m^2	选用仓数	
1B	200	9～12	16.7～22.2	3	9.5
2B	140	7～9	15.6～20	3	6.7
3Bc	44	4～7	6.3～11	1	6.3
3Bf	42	4～7	6～10.5	1	6
4Bc	30	4～5	6～7.5	1	4.3
4Bf	30	4～5	6～7.5	1	4.3
5Bf	24	3～4	6～8	1	3.4
1S	24	4～5	4.8～6	1	3.4
1M	74	5～7	10.6～14.8	2	5.3
2M	52	5～6	8.7～10.4	2	3.7
3M	31	5～6	4.4～6.2	1	4.4
1T	20	5～6	3.3～4	1	2.9
4M	22	4～5	4.4～5.5	1	3.1
5M	19	4～5	3.8～4.75	1	2.7
6M	15	4～5	3～3.8	1	2.1
2T	18	4～5	3.6～4.5	1	2.6
7M	14	4～5	2.8～3.5	1/2	4
8M	11	4～5	2.2～2.8	1/2	3.1
DIV1	24	4～5	4.8～6	1	3.4
DIV2	8	4～5	1.6～2	1/2	2.3
DIV3	8	4～5	1.6～2	1/2	2.3
XF				1	
面粉检查	152	3.5～4.5	33.8～42.8	6	3.6
合计				32	

③ 清粉机。选用 MQRF-46/200 型清粉机，根据清粉机的配备参数为 10～20mm·t 麦$^{-1}$·24h^{-1}，日处理小麦 200t 小麦粉厂所需清粉机宽度为 200～400mm，MQRF-46/200 型清粉机每台宽度约为 100mm，因此选用 3 台 MQRF-46/200 型复式清粉机。各系统的分配见表 4-53。

表 4-53 清粉机各系统的计算和选用

系统	流量/(t·24h^{-1})	经验流量/[t·台$^{-1}$·h^{-1}]	宽度/半台		实际流量/[t·台$^{-1}$·h^{-1}]
			计算	选用	
1P	52	0.8～1.2	1.8～2.7	2	1.1
2P	38	0.8～1.0	1.6～2.0	2	0.8
3P	24	0.8～1.0	1.0～1.2	1	1.0
4P	14	0.8～1.0	0.6～0.7	1	0.6

④ 打麸机。选用 MKLA45/100 型或 MKLA38/80 型打麸机，各系统计算见表 4-54。

表 4-54　打麸机选用

系统	流量/(t·24h⁻¹)	选用型号	设备产量 /(kg·台⁻¹·h⁻¹)	选用台数	实际流量 /(kg·台⁻¹·h⁻¹)
Br1	36	MKLA45/100	900～1600	1	1500
Br2	18	MKLA38/80	≤900	1	750
Br3	18	MKLA38/80	≤900	1	750

⑤ 振动圆筛。振动圆筛的选用见表 4-55。

表 4-55　振动圆筛选用

系统	流量/(t·24h⁻¹)	选用型号	设备产量 /(kg·台⁻¹·h⁻¹)	选用台数	实际流量 /(kg·台⁻¹·h⁻¹)
DBr1	6	FSFZ45	400～1000	1	250
DBr2	4	FSFZ45	400～1000	1	167

⑥ 松粉机。对于每对无泽面磨辊配备一台松粉机。1M～3M、1S 和复筛配备撞击松粉机，其余配备打板松粉机。各系统松粉机选用见表 4-56。

表 4-56　松粉机选用

系统	流量/(t·24h⁻¹)	选用型号	设备产量 /(kg·台⁻¹·h⁻¹)	选用台数	实际流量 /(kg·台⁻¹·h⁻¹)
1S	24	FSJZ51	0.8～2.8	1	1.0
1M	74	FSJZ51	0.8～2.8	3	1.0
2M	52	FSJZ51	0.8～2.8	2	1.1
3M	31	FSJZ36	0.8～1.0	2	0.6
1T	20	FSJD29×38	1.0	1	0.8
4M	22	FSJD29×38	1.0	1	0.9
5M	19	FSJD29×38	1.0	1	0.8
6M	15	FSJD29×38	1.0	1	0.6
2T	18	FSJD29×38	1.0	1	0.8
7M	14	FSJD29×38	1.0	1	0.6
8M	11	FSJD29×38	1.0	1	0.5
DIV1	24	FSJZ36	0.8～1.0	1	1.0
DIV2	8	FSJZ36	0.8～1.0	1	0.3
DIV3	8	FSJZ36	0.8～1.0	1	0.3

通过以上计算，确定共使用辊长 1m 的气压磨粉机 12 台，磨辊总接触长度 2400cm。磨粉机总平均流量为 83.3kg·cm^{-1}·24h^{-1}；通过计算共使用 26 仓 FSFG 型高方平筛，其中 1 台 8 仓式平筛，4 台 6 仓式平筛，筛理面积 224m^2(其中，小麦粉检查筛面积 42m^2，实际筛理面积 182m^2)。

筛理设备总平均流量为 1099kg·cm^{-1}·24h^{-1}；使用 MQRF-46/200 型清粉机 3 台；MKLA45/100 型打麸机 1 台，MKLA38/80 打麸机 2 台；FSFZ45 型振动圆筛 2 台；FSJZ51 型撞击松粉机 6 台，FSJZ36 型撞击松粉机 4 台，FSJD29×38 型打板松粉机 7 台。

(9) 磨辊技术特性的确定。在1皮系统，由于原料中含有少量硬麦，入磨麦水分宜在14.8%左右。为适应1皮磨有较低的单位流量(1000kg · cm^{-1} · $24h^{-1}$)，并提取大量的麦渣和麦心，节省动力，磨辊采用齿数1牙 · cm^{-1}，D-D排列，齿角65°/30°，斜度5%。操作时，1皮剥刮率为30%左右，粉率约3%。

2皮磨不分粗细，磨辊齿数为5.4牙 · cm^{-1}，磨辊D-D排列，斜度5%，齿角65°/30°。操作时，2皮剥刮率为36%，取粉率5%左右(占1皮)。

为保证小麦粉质量，心磨全部采用光辊，速比1.25∶1，前路心磨磨辊转速550r · min^{-1}，后路心磨磨辊转速450r · min^{-1}。

各道磨粉机磨辊的技术特性见表4-57。

表4-57 磨粉机各系统磨辊技术参数

系统	齿数/(牙 · cm^{-1})	齿角/(°)	速比	斜度/%	排列	快辊转速/(r · min^{-1})
1B	4.0	65/30	1∶2.5	5	D-D	600
2B	5.4	65/30	1∶2.5	5	D-D	600
3Bc	7.0	50/65	1∶2.5	8	D-D	600
3Bf	8.6	50/65	1∶2.5	8	D-D	600
4Bc	8.6	50/65	1∶2.5	10	F-F	600
4Bf	9.4	50/65	1∶2.5	10	F-F	600
5Bf	10.8	45/65	1∶2.5	10	F-F	550
1S			1∶1.25			550
1M			1∶1.25			550
2M			1∶1.25			550
3M			1∶1.25			550
1T			1∶1.25			550
4M			1∶1.25			550
5M			1∶1.25			550
6M			1∶1.25			450
2T			1∶1.25			450
7M			1∶1.25			450
8M			1∶1.25			450

(10) 选定平筛、振动圆筛、清粉机和打麸机筛孔。选定筛理设备的筛号既要考虑麸片粗粒、粗粉和细粉(送往检查筛)的良好分离，又要考虑与磨辊技术特性和设计流量平衡表的配合。在生产过程中，一个粉厂筛理设备的筛号会因成品的变化、原料的软硬、气候的湿度等因素而作相应调整。一般磨制软麦的筛号比磨制硬麦的略小，尤其是粉筛筛号。在某些系统的流量与设备不匹配时，有关的粗筛或分级筛的筛号也可作适当调整。筛号的选用可参考本节各系统筛网配备的原则进行。

(11) 绘制正式粉路图。

第七节　小麦粉后处理

小麦粉的后处理是小麦粉加工的最后环节，这个环节包括小麦粉的收集、杀虫与配制、小麦粉的修饰与营养强化、小麦粉的称量与包装。在现代化的小麦粉加工厂，小麦粉的后处理是必不可少的环节。

一、小麦粉后处理的方法

（一）面粉的收集

在粉路中，对各道平筛筛出的小麦粉进行收集、组合与检查的工艺环节称为小麦粉的收集。

粉路中各道平筛都配有粉筛，因此粉路中一般有数十个出粉口，须设置相应的设备收集各出粉口排出的小麦粉；由于小麦粉来自粉路中不同的部位，品质不相同，这就应该根据产品要求及小麦粉的品质，对各出粉口提取的小麦粉进行分配、组合，以形成符合要求的产品。

面粉的收集是将从高方筛下面筛出的面粉，按质量分别送入几条螺旋输送机中，然后经过检查筛、杀虫机、称重送入配粉车间，成为基本面粉。

（二）面粉的配制

基本面粉经检查筛检查后，入杀虫机杀虫，再由螺旋输送机送入定量秤，经正压输送送入相应的散存仓。散存仓内的几种基本面粉，根据其品质的不同按比例混合搭配，或根据需要加入品质改良剂、营养强化剂等，成为不同用途、不同等级的各种面粉。面粉的搭配比例，可通过各面粉散存仓出口的螺旋喂料器与批量称来控制。微量元素的添加通过有精确喂料装置的微量元素添加机实现，最后通过混合机制成各种等级的面粉。配粉车间制成的成品面粉，可通过气力输送送往打包间的打包仓内打包或送入发送仓，用汽车、火车散装发运。

（三）面粉的修饰

面粉的修饰是指根据面粉的用途，通过一定的物理或化学方法对面粉进行处理，以弥补面粉在某些方面的缺陷或不足。面粉修饰的方法有很多种，最常用的方法是漂白、氧化、氯化等。

1）氧化（增筋）

小麦的面粉蛋白中含有很多巯基，这些巯基在受到氧化作用后会形成二硫键，二硫键数量的多少对面粉的筋力起着决定性的作用，因此对面粉的氧化处理可以增加面粉的筋力，改善面筋的结构性能。此外，氧化剂还具有抑制蛋白酶的活性和增白的作用。常用的氧化剂有快速、中速和慢速三种类型。快速型氧化剂有碘酸钾、碘酸钙等，中速型氧化剂有 L-维生素 C，慢性氧化剂有溴酸钾、溴酸钙等。对面包专用粉宜采用中、慢速氧化剂，因为它们在发酵、醒发及焙烤初期对面粉的筋力要求较高。面粉中常用的氧化剂为溴酸钾和 L-维生素 C，二者混合使用效果更佳。对筋力较强的面粉氧化作用的效果较为显著，而对筋力较弱的面粉，氧化剂的作用不是很明显，因此应根据面粉的具体特点选择合适的氧化剂 。

2) 还原(减筋)

大多数糕点、饼干不需要面筋筋力太强,因而需要弱化面筋。常用的减筋方法为还原法。也可通过添加淀粉和熟小麦粉来相对降低面筋筋力。

还原剂是指能降低面团筋力,使面团具有良好可塑性和延伸性的一类化学物质。它的作用机理是破坏蛋白质分子中的二硫键成硫氢键,使其由大分子变为小分子,降低面团筋力和弹性、韧性。常用的还原剂有L-半胱氨酸(使用量小于$70\times10^{-6}mg\cdot kg^{-1}$)、亚硫酸氢钠(使用量小于$50\times10^{-6}mg\cdot kg^{-1}$)和山梨酸(使用量小于$30\times10^{-6}mg\cdot kg^{-1}$)等。其中亚硫酸氢钠广泛用于韧性饼干生产中,目的是降低面团弹性、韧性,有利于压片和成型。

3) 漂白

新加工的面粉中含有微量的脂溶性胡萝卜素,呈浅黄色,影响面粉的色泽。当面粉储存一段时间后,可自然氧化而改善色泽。有时面粉的色泽要通过漂白的方法来改善。以往,面粉的漂白方法有电弧法、亚硝酰氯法、三氯化氮法等,目前最常用的是利用过氧化苯甲酰作为漂白剂。

我国1986年将过氧化苯甲酰列入国家允许使用的面粉改良剂。过氧化苯甲酰能抑制面粉中的酶和微生物,促进面粉的熟化,氧化面粉中类胡萝卜素等色素,达到增白的作用。过氧化苯甲酰为白色结晶、无臭、略有苯甲醛味;它是一种高反应性氧化物,遇撞击可自发爆炸。所以使用时应先稀释。过氧化苯甲酰属于慢速氧化剂,对麸皮的颜色作用不大。过氧化苯甲酰过量的添加会破坏面粉中的营养成分(如维生素),同时也会对人体产生不良作用,目前在一些发达国家限制使用过氧化苯甲酰。我国面粉中过氧化苯甲酰添加量为$0.06g\cdot kg^{-1}$以下。

4) 酶处理

面粉中的淀粉酶对发酵食品如面包、馒头等有一定的作用,一定数量的淀粉酶可以将面粉中的淀粉分解成可发酵糖,为酵母提供充足的营养,保证其发酵能力。当面粉中的淀粉酶活性不足时,可以添加富含淀粉酶的物质如大麦芽、发芽小麦粉等以增加其淀粉酶的活性。对于饼干用面粉,有时为了降低面筋的筋力,需要加入一定的蛋白酶水解部分的蛋白质,以满足饼干生产的需要。

(四) 面粉的强化

21世纪,健康和营养将是人们饮食的主导思想,小麦粉是人们经常食用的主食之一,但随着小麦粉加工精度的不断提高,小麦粉中维生素和矿物质的含量越来越低,且小麦粉中赖氨酸含量低,影响人体对蛋白质的吸收。因此,对小麦粉的强化,有利于提高我国居民营养状况。

面粉的营养强化可分为氨基酸强化、维生素强化和矿物质强化。

1) 氨基酸强化

人体对蛋白质的吸收程度取决于蛋白质中的必需氨基酸的比例和平衡,小麦面粉中的赖氨酸和色氨酸最为缺乏,属第一和第二限制性氨基酸。

面粉中的氨基酸强化主要是强化赖氨酸,强化的方法是在面粉中直接添加赖氨酸,也可以在面粉中添加富含赖氨酸的大豆粉或大豆蛋白。研究表明,在面粉中添加1g赖氨酸,可以增加10g可利用蛋白。赖氨酸的添加量一般为$1\sim2g\cdot kg^{-1}$。

混合机的主要由螺带轴、机壳、传动电机及进、出口组成(图 4-80),其技术参数见表 4-59。

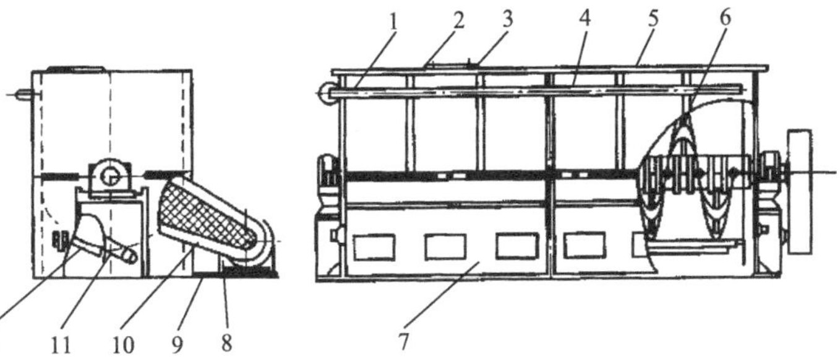

图 4-80　卧式环带混合机结构示意

1. 上机体;2. 添加剂进口盖板;3. 观察门;4. 液体添加旁管;5. 主料进口盖板;6. 螺旋转子;7. 下机体;8. 摆线针轮减速机;9. 滑轨;10. 链罩;11. 汽缸;12. 出料门

表 4-59　SLHY 系列环带混合机的技术参数

型号	有效容积/m^3	每批混合量/kg	每批混合时间/min	混合均匀度(CV)/%	功率/kW	机重/kg
SLHY0.125	0.13	50	3～6	≤7	0.75	332
SLHY0.25A	0.25	100	3～6	≤7	2.2	711
SLHY0.6A	0.6	250	3～6	≤7	5.5	1 149
SLHY1A	1	500	3～6	≤7	11	1 759
SLHY2.5A	2.5	1 000	3～6	≤7	15	2 789
SLHY5A	5	2 000	3～6	≤7	30	4 720
SLHY7.5	7.5	3 000	3～6	≤7	37	6 540
SLHY10	10	4 000	3～6	≤7	45	8 600
SLHY12.5	12.5	5 000	3～6	≤7	55	9 800
SLHY15	15	6 000	3～6	≤7	75	11 600

螺带轴的结构特点是内外双层双头螺带,内外螺带共轴、等螺距、逆向,外窄内宽,其工作原理类似于螺旋输送机。工作过程中小麦粉基本淹没螺带,共轴转动的内外螺带分别为左、右旋向,故在其推动下,内、外层物料产生逆向流动,在机内形成大规模的对流混合作用,逐渐使小麦粉混合均匀。

在混合机两端的撑杆上装置有可调刮料板,通过调节,应使刮料板贴近混合机侧壁,以使所有物料都参加混合。

主轴两端轴承与支架之间,设有可调节垫块,通过调节,可使外螺带贴近机壳底部,以保证混合均匀度。

三、小麦粉后处理工艺

小麦粉后处理工艺流程一般为

微量添加剂→稀释剂→预混合机
↓
面粉检查→自动秤→磁选器→杀虫机→面粉散存仓→配粉仓→配粉秤→混合机→打包仓→打包机

小麦粉后处理的工艺可分为两类。一类是将配粉仓与面粉散存仓合二为一,见图 4-81,该工艺的优点是配粉仓兼作面粉散存仓,节省投资和动耗;缺点是由于配粉仓不能充分利用楼层空间,仓容受到限制。另一类是分别设立配粉仓和面粉散存仓的工艺流程,如图 4-82 所示,面粉散存仓的仓容较大,可以暂时储存一定数量的面粉,缓解销售的压力,同时还设有倒仓功能,防止面粉结块,散存仓的面粉可以直接打包也可以入配粉仓进行配粉,其缺点是提升的道数较多,能耗较大。

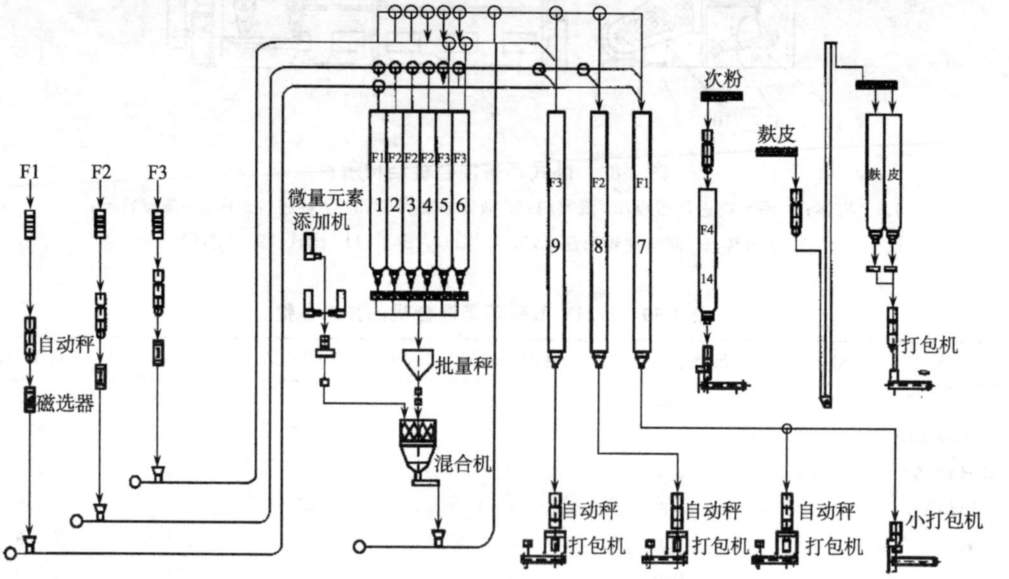

图 4-81　配粉仓和面粉散存仓合二为一的配粉工艺流程

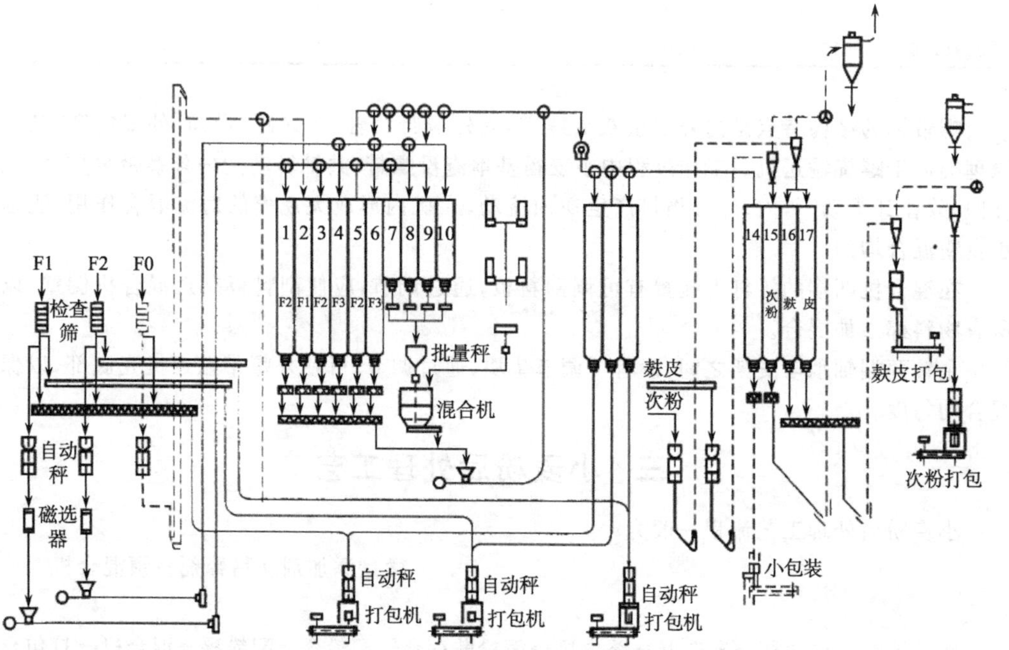

图 4-82　分别设立配粉仓和面粉散存仓的配粉工艺流程

思考题

1. 小麦制粉过程主要包括哪些？各起什么作用？
2. 说出下列筛网的含义：20W、CB33、JCQ25。
3. 小麦在制品如何分类？
4. 磨粉机喂料机构作用是什么？设置轧距吸风装置作用是什么？
5. MDDL 型与 MDDK 型磨粉机有什么区别？
6. 小麦研磨时齿角、线速对研磨效果影响是什么？
7. 小麦研磨时研磨区域对研磨效果的影响是什么？
8. 如何评定小麦研磨效果？
9. 物料的筛理长度和筛理时间对筛理影响有哪些？
10. 影响高方筛筛理效率的因素有哪些？
11. 如何评定筛理效率？
12. 清粉机如何将在制品分级？
13. 简述影响清粉机效率的因素？
14. 如何评定清粉效率？
15. 打麸目的是什么？影响打麸机工艺效果的因素是什么？
16. 简述小麦制粉粉路设计原则和采用制粉方法。
17. 粉路分析步骤是什么？
18. 简述制粉流程各系统作用。
19. 粉路设计的依据是什么？
20. 简述小麦的后处理方法。

参考文献

杜仲镛．2001．粮食深加工．北京：化学工业出版社
胡永源．2006．粮油加工技术．北京：化学工业出版社
李里特．2002．粮油贮藏加工工艺学．北京：中国农业出版社
李新华．2002．粮油加工学．北京：中国农业大学出版社
刘英．2007．谷物加工工程．北京：化学工业出版社
朱天钦．1988．制粉工艺与设备．成都：四川科学技术出版社
朱永义．2002．谷物加工工艺与设备．北京：科学出版社

第五章 玉米加工

本章的学习目的

了解玉米干法和湿法加工的方法、原理；熟悉玉米干法和湿法加工设备的主要结构、工作原理、工艺参数的选定及主要影响因素；掌握玉米干法和湿法加工工艺。

本章的学习重点

玉米干法和湿法加工工艺及其玉米脱胚与破糁主要设备的结构和工作原理。

玉米是全球最主要的粮食作物之一。近年来，全球每年的玉米总产量和总消费量一直保持在6亿吨以上，其中，美国列首位，中国居第二。我国自20世纪末期以来，玉米总产量和总消费量已经略为超过小麦。玉米含有丰富的营养物质，作为一种农产品，是具有极高价值的工业资源。玉米的化学组分见表5-1。

表5-1 玉米化学组分表

化学组分	水分	淀粉	蛋白质	脂肪	灰分	纤维	半纤维	糖分
含量/%	7～23	64～78	8～14	3.1～5.7	1.1～3.9	1.8～3.5	5～6	1.5～3.7

但由于玉米适口性和食用制作品性不及大米和面粉，目前，在我国仅有小部分直接用于食用，而大部分用于饲料消费(占玉米加工业74%左右)和工业消费(主要包括淀粉工业和发酵工业，占玉米加工业10%左右)。随着工业消费的快速增加，深加工技术和装备的不断进步与完善，玉米加工产品不断丰富，由过去单纯的淀粉产品发展到淀粉糖、各种发酵产品、变性淀粉、玉米油和蛋白饲料等多门类的产品体系。近年来，以玉米为原料的化工产品数量在不断增加，特别是石油资源的危机和日益严重的环境污染，更进一步促进了玉米工业转化的发展。玉米产业必将成为我国农产品加工中加工程度最高、产品最多、用途最广、最有发展空间的产业之一。

玉米加工分为初级加工和深加工两个阶段，传统意义上的玉米加工只是玉米产业的初级阶段，主要通过破碎和分离技术，将玉米加工成玉米粉、玉米糁、胚和淀粉等初级产品，一部分满足部分民众的食用需求，一部分用作精深加工以及其他工业的原料或辅料。深加工主要是针对玉米的淀粉进行再加工，采用生物技术、化工技术对淀粉进行转化，加工后的产品可以分为五大类：醇类，其中包括乙醇；糖类；有机酸类，主要是乳酸；还有氨基酸和变性淀粉等。

第一节 概 述

一、玉米加工业现状

(一) 国外玉米加工产业发展现状

目前全球每年种植玉米约1.3亿多公顷，约占全球粮食总量的35%左右，主要生产国有美国(占 40%以上)、中国(占 20%左右)。2007 年全球玉米产量达 7.914 亿吨,其中美国 3.321 亿吨,中国 1.518 亿吨。

近年来,随着玉米加工产业的不断发展,工业用玉米消费呈现逐年增加趋势,成为拉动玉米消费的一股动力,2006/2007 年度全球玉米的消费量达 7.28 亿吨,其中工业方面用量为 9000 万～9500 万吨。

美国是全球玉米工业利用最为发达的国家,每年用于工业方面的玉米量在 5000 万吨以上,所生产的产品销售额约为 320 亿美元,其中乙醇的销售额为 150 亿美元,产品主要用于代替汽油作为汽车燃料。欧洲由于受原料的限制,玉米工业利用产业比较落后,一些拥有技术的企业都在美国等地投资建厂,例如,全球最大的乳酸生产商荷兰 PURAC 公司在美国投资建设了具有世界规模的乳酸生产装置,为发展聚乳酸提供原料。目前,国外玉米的工业利用主要产品介绍如下。

1) 乙醇

乙醇也称酒精,其工业化生产至今已有 100 多年的历史,是目前全球使用量最多的生物质动力燃料。目前全球乙醇的生产能力约 4000 万吨 · a^{-1},其中以农副产品为原料的发酵工艺占 95%以上,美国和巴西是世界上两大乙醇生产和消费大国。近年来,受环保和石油价格快速上涨双重因素的影响,美国已通过立法来大力发展燃料乙醇,2006 年燃料乙醇的产量达到 1570 万吨,2012 年将达到 2500 万吨。

2) 有机酸

目前以生物技术生产的有机酸有柠檬酸、乳酸和衣康酸等产品,其中柠檬酸的生产规模最大,目前全球产量已达到 140 万吨 · a^{-1},70%产品用于食品(主要是饮料),预计随着人口数量的增加和生活水平的提高,全球柠檬酸的消费仍将以 3%～5%的速度增加。乳酸是第二大以碳水化合物为原料,采用发酵技术生产的有机酸,目前全球的年产量为 30 万吨左右,约 55%的产品用于食品工业,但聚乳酸生产技术的逐步成熟和聚乳酸产品应用的推广,使乳酸具有无可估量的市场潜力。

3) 氨基酸

除甲硫氨酸和甘氨酸外,其他氨基酸基本上都可采用发酵技术生产。由于氨基酸具有光学特性,生物体所能利用的一般为 L 型产品,而采用发酵技术可以较好地满足这一要求。谷氨酸和赖氨酸是生产量最大的两种氨基酸,同时这两种氨基酸都是采用发酵技术生产的。目前全球谷氨酸的年产量已达到 200 万吨左右,赖氨酸的年产量也接近 80 万吨。谷氨酸主要用作调味品,用以改善食品的风味;赖氨酸主要用作饲料添加剂,用以促进动物的生长发育,降低饲料成本。苏氨酸是近年来增长比较快的一种氨基酸,全球每年消费量已达到 3 万吨,也是采用发酵技术生产的,主要用以提高动物对饲料中氮元素的利用率。

4) 淀粉糖

用生物酶水解技术或化学水解技术对玉米淀粉进行加工即可得到淀粉糖系列产品,包括果葡糖、麦芽糖、葡萄糖,以及山梨醇、麦芽糖醇等糖醇类产品。淀粉糖系列产品一般均具有甜度低、风味好、润性好、色泽美和保健性好等许多特性,因此主要被代替蔗糖用于食品工业,以及制药工业。如高果糖浆具有天然水果香味和润湿作用,可代替糖用于食品、饮料生产中,用高果糖浆配料生产的饮料,质量优良稳定,风味香浓。目前全球淀粉糖的生产总量接近 2000 万吨,其中数量最多的是果葡糖。美国是全球最大的淀粉糖消费国,年生产和消费量接近 900

万吨，当今美国人均消耗的天然甜味剂55%以上来自玉米，仅果葡糖一项年玉米的用量就接近1400万吨。葡萄糖是第二大淀粉糖，其除可用于甜味剂外，还可作为医药工业的原料及用于维持生命，目前全球的总用量为600万吨·a^{-1}左右，每年约消费1000万吨玉米。山梨醇不仅可以食用，也是生产维生素C的主要原料。此外，山梨醇还可以代替甘油用于日化、食品和烟草等工业。目前全球山梨醇的年消费量为90万吨(按70%含量计)，每年约消费150万吨玉米。

5) 变性淀粉

变性淀粉是对原淀粉进行化学或物理加工，使原淀粉的性能大大改进，从而适应食品、纺织、造纸等工业生产的需要。目前全球变性淀粉的年产量在600万吨左右，造纸和食品加工是两大主要用户，美国每年的用量已达300万吨左右，其中60%左右的产品用于造纸工业。

6) 抗生素

采用发酵方法生产的抗生物素有青霉素、金霉素、土霉素、四环素等，其中青霉素的生产量最大，每年接近4万吨。随着新技术的开发，发酵法生产的抗生素产品在不断增加。

7) 其他

以玉米为原料生产的产品还有酶制剂、农药、黄原胶等，这些产品生产量也在不断增加，具有广阔的市场发展前景。

（二）国内玉米加工产业发展现状

我国的玉米加工产业已有50余年的发展历史。而且基本上是依靠自身的力量发展起来的，至今已形成了一批具有国际竞争力和影响力的企业和玉米加工产品。近年来随着科学技术的不断进步，用于工业消费的玉米逐年增加。目前国内每年用于工业方面的玉米量在达到2000万吨，其中用量较大的产品有淀粉糖(约450万吨·a^{-1})，乙醇(约1200万吨·a^{-1})，味精(约320万吨·a^{-1})。此外，柠檬酸、赖氨酸、酶制剂、抗生素等也消费大量的玉米。主要产品的生产状态如下。

1) 淀粉糖

与美国不同，我国淀粉糖中葡萄糖所占比例较大，2006年全国淀粉糖的产量达到了500万吨，其中主要是葡萄糖，国外食品工业大量使用的果葡糖的需求在逐步扩大，具有较大的发展潜力。

2) 乙醇

随着三套大型燃料酒精装置的建成投产，目前国内乙醇的生产能力已超过600万吨·a^{-1}，产量约为400万吨·a^{-1}，主要消费领域是白酒、医药以及化工等。燃料乙醇的推广工作仍在进行中，预计随着燃料乙醇逐步推广，国内乙醇的生产量将继续增加。

3) 味精

由于饮食习惯，我国是全球最大的味精生产国和消费国，年产量已达120余万吨，除少量出口外，产品主要供应国内市场。

4) 赖氨酸

随着长春大成公司和安徽丰原集团装置的建成投产，我国赖氨酸的产量近年增长较快，生产量已突破10万吨，不仅减少了对国外产品的依赖，而且产品已经进入国际市场，2006年的出口量达到了5943t，其中长春大成公司的出口量占一半以上。随着一些扩建项目和新建装置的陆续完成，2006年全国赖氨酸的产能达到60万吨·a^{-1}。

5）柠檬酸

我国目前是全球最大的柠檬酸生产国，年产量已达 70 余万吨，2006 年出口量接近 60 万吨，超过全球总消费量的 60％，对全球柠檬酸的贸易具有举足轻重的作用。

6）酶制剂

酶制剂为生物催化剂，国内现有生产能力 40 多万吨，已实现工业化生产的酶种有 20 多种，产品以糖化酶、α-淀粉酶、蛋白酶等三大类为主，此外还有果胶酶、β-葡聚糖酶、纤维素酶、碱性脂肪酶、木聚糖酶、α-乙酰乳酸脱羧酶、植酸酶等。主要产品的生产水平达到国外 20 世纪 90 年代初国际先进水平；酶制剂产品主要应用于酿酒、淀粉、粉糖、洗涤剂、纺织、皮革、饲料等行业，对这些行业改革工艺、提高质量、降低消耗、提高得率、减轻劳动强度、改善环境起到积极作用。

7）变性淀粉

我国变性淀粉工业起步比较晚，至今已初具规模，年生产量已接近 70 万吨，产品主要应用于造纸、食品、饲料和纺织及染印工业、与发达国家比，我国变性淀粉工业仍比较落后，产品的品种数量少，企业的生产规模也比较小，一些特殊用途的产品仍需进口。

我国玉米加工业虽然发展速度快，但是，与美国等玉米产业发达的国家相比，我国的玉米产业还很落后。集中表现在四个方面的差距：一是玉米综合利用率低；二是加工转化率较低，中国加工转化率不到 30％，而美国则高达 95％；三是技术水平和装备水平整体落后，国内现有的具备日处理 600t 玉米以上规模的加工企业、淀粉和发酵加工企业均采用全套引进设备，关键技术和关键设备国产化进程缓慢；四是产品开发尤其是深度开发不够，据统计玉米深加工程度最高的美国，其开发生产的玉米深加工产品多达 3000 多种，而中国工业化生产的玉米深加工产品仅有数十种。

二、玉米加工的一般方法

玉米加工的工艺方法多种多样。通常按加工过程中是否使用大量的水作为介质，分为干法加工和湿法加工两大类。干法加工又可按是否进行水汽调质处理分为半湿法加工和完全干法加工。还可按生产的产品类型分为饲用加工、食用加工、食品加工、淀粉加工、发酵深加工和联产加工等。

根据当前国内外玉米加工的现行主流工艺方法，可以归纳成如下几种类型的玉米加工典型工艺方法。

1. 饲用联产加工方法

玉米消费中，饲用消费占有最大比例。中国饲用玉米加工目前还处在直接粉碎玉米全料用于饲料的低加工价值阶段。未来将大力提倡饲用联产加工方法，即在加工提取饲用产品的同时，优先分离提取玉米胚、玉米皮和少量低脂肪、低蛋白的玉米粉，从而强化玉米资源的综合利用与开发。或者采用其他玉米加工、深加工的产品和副产品等用作饲用原料，达到联产增效的目的。

2. 食用产品联产加工方法

以半湿法联产工艺为代表，主流工艺包括玉米清理、水热调质处理、破糁脱胚、提糁提胚（分级），研磨筛分等工序，并配合设置胚糁分离提纯的辅助工艺，可以生产玉米糁、玉米粗粉、玉米粉、低脂玉米粉和其他专用玉米制品以及玉米胚、玉米皮等副产品。

3. 湿法淀粉加工方法

淀粉工业已越来越多地采用玉米为原料。全球玉米淀粉产量已占淀粉总产量的80%以上,薯类、小麦等其他作物淀粉加工产量所占比例呈逐步下降之势。玉米湿法淀粉加工的基本工艺,生产的主要产品玉米淀粉既可直接广泛用于多种领域,也作为变性淀粉、糖化生产等淀粉深加工的原料。玉米湿法加工生产淀粉的同时,还可生产玉米胚、玉米蛋白粉、玉米皮、饲料等副产品,进一步综合利用。

4. 玉米发酵及其深加工方法

玉米及其制品(特别是低脂肪含量的制品)是发酵工业的主要原料之一。发酵工业越来越多地采用玉米加工产品或副产品为原料,使得玉米加工获得更为广阔的发展空间。近年来,我国在啤酒、白酒、乙醇、乙醇汽油、味精、柠檬酸等产业中正逐步推广采用玉米制品为主要原料或辅料,已对玉米联产加工和综合利用产生极大的积极影响和推动作用。

5. 玉米食品加工和副产品综合利用

玉米食品加工,指以玉米产品、副产品或以专用玉米为原料,采用不同的食品加工方法生产种类繁多的玉米食品,主要有主食类玉米食品(如玉米片、人造米、玉米面条面包等)、膨化食品、消闲食品和功能性保健食品(如玉米素,玉米膳食纤维等)以及罐头食品几大类。

各种玉米加工方法生产的副产品都有极高的综合利用价值。在玉米产业发达的国家,玉米加工的深度开发和副产品综合利用已成为整个玉米产业中重要的、最有经济价值的组成部分。国内也越来越重视这一产业方向。相对成熟并具有一定生产规模的产品主要有玉米油、玉米胚芽食品、玉米肽、玉米膳食纤维和DDGS(高蛋白浓缩饲料)等,但整体上还处于培植、推广或初步发展阶段。

三、玉米加工及其开发利用的趋势

玉米是我国的主要粮食作物之一,但玉米的开发利用与国外先进水平相比还有较大差距。玉米大多用作饲料或加工原淀粉,富含优质蛋白和脂肪的玉米胚芽尚未得到充分有效的开发。虽然我国的玉米产量在世界上排第二位,但随着养殖业和食品工业的快速发展,玉米资源已呈现不足的态势。所以,必须对我国不太充足的玉米资源进行综合利用和深度加工。一方面,开发大量优质玉米食品,丰富人民的物质生活;另一方面,提高玉米的经济价值,支持玉米生产的持续发展。

国外玉米加工利用的经验表明,按照玉米的有效成分合理利用、综合开发,可以明显地提高玉米的经济价值。近年来,我国相关部委、行业协会和行业专家高度关注和重视玉米加工、玉米深度加工和玉米综合利用,制订了玉米产业发展规划,指明了玉米产业的发展趋势和方向。

1. 玉米原料专用化

以提高玉米的商品质量和专用性能为突破口,大力发展饲用玉米和加工专用玉米,优化玉米品种结构;实施订单生产,搞好产销衔接,降低生产成本;增强主产区玉米转化加工能力,延长产业链条,提高综合效益。

欧美一些国家,在干法玉米加工方面已实行原料专业化。如意大利一般选择硬质玉米加工生产玉米渣,白玉米生产玉米粉,3号杂交黄色玉米生产胚芽。

2. 强调玉米深度加工和综合利用

积极开发进入一日三餐的方便营养玉米食品,突出主食粗细搭配,使居民的膳食结构更加合理；大力推广投入低、污染小的玉米干法脱胚制玉米粉技术，用作淀粉糖和发酵制品的生产原料；积极采用玉米提胚技术，开发玉米油系列产品。开拓国内、国际市场；开展综合利用，降低生产成本；积极发展玉米蛋白深加工，促进饲料生产。

3. 设备专用化

玉米加工设备中，最重要的设备是脱胚机和提胚设备。发展方向是专用化和进一步提高工作效能与工艺效果。如表 5-2 所示：瑞士布勒公司的专业设备 MHXG-B 型和 MHXK 型去皮脱胚机；意大利和美国都使用专用撞击脱胚机，提胚都采用性能好的重力分级机。

表 5-2　国外主要脱胚机和提胚机及其效率

国别	脱胚机	提胚机/%	提胚机/%
瑞士	MHXG-B 型，MHXK 型去皮脱胚机，重力分级机	8～12	18～22
美国	Beall 脱胚机，重力分级机	8	15～18
意大利	撞击脱胚机，重力分级机	10～11	21～23

由于使用专用设备，玉米加工产品的质量和得率很高。如玉米胚的提取率可达 8%～12%，胚芽脂肪含量达 18%～22%，玉米渣（酿啤酒用）的脂肪含量在 0.9%以下。

4. 产品系列化和专用化

包括食用系列产品、玉米食品工业专用系列产品、淀粉及淀粉糖工业专用系列产品、发酵专用系列产品以及其他工业专用系列产品。产品系列包含糁、粉、粒、片、胚、皮等几类。

第二节　玉米干法加工

一、概　　述

凡是在加工过程中不使用大量的水作为介质的玉米加工方法统称为玉米干法加工，也简称玉米加工。其中，使用水汽对玉米进行调质处理的加工方法，称之为玉米半湿法加工，否则称为玉米完全干法加工。

我国种植玉米和食用玉米历史悠久，长期以来，形成并沿用了传统的玉米加工方法。即经过简单的清理后，将玉米粉碎（或研磨）、筛分，制取食用玉米和玉米粉。直到 20 世纪 80 年代以后，我国玉米加工业才开始重视玉米综合利用价值。借鉴稻谷碾米和小麦制粉的现代方法与理论、工艺与设备，传统玉米加工方法得以改进和逐步完善。但与稻谷加工和小麦加工相比，玉米加工仍显得简单而落后。

（一）玉米干法加工及其产品

根据用途和要求的不同，玉米干法加工有两大类，一类是玉米用于配合饲料中作能量饲料，加工过程主要是粉碎；另一类是以生产玉米糁、玉米粗粒、玉米粉和玉米胚芽为目的，用作食品原料，加工工艺的变化比较多，以玉米联产加工工艺为代表。

玉米联产加工工艺流程如下：

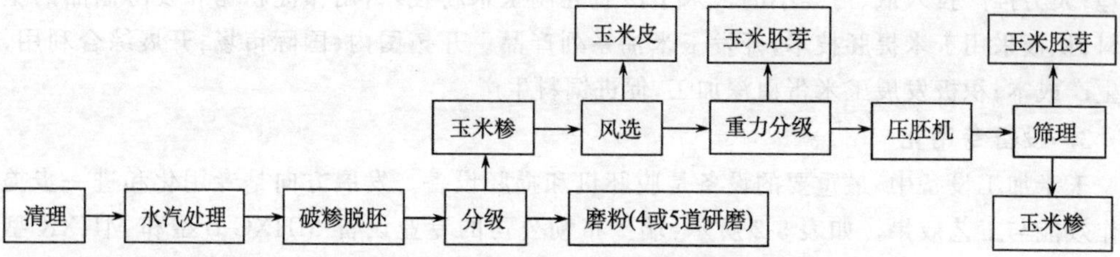

玉米干法加工的主要产品有玉米糁、玉米粗粉、玉米粉、玉米胚和玉米皮。

(二) 玉米加工产品的质量标准

由于加工工艺和设备的不断改进、产品应用范围的不断拓展,玉米干法加工制品品种也在不断增加,但总体上可归结为四大类:玉米粉、玉米糁、玉米皮和玉米胚。对这些制品的质量要求就是相应的质量标准。目前,我国质量标准体系和玉米主要产区与销区的地方质量标准体系中,对玉米干法加工制品的质量标准都没有作全面而统一的规定,只是制订了部分食用制品的质量标准。而美国、欧洲各国等玉米消费国对于不同种类和不同用途的玉米制品制订有比较全面和严格的质量标准体系。

一般而言,玉米皮提取量相对较小(占玉米质量的 3%左右),目前主要作饲用,通常不太关注其质量指标。玉米胚多用于制油,要求其纯度较高(80%以上,否则含淀粉增加,影响出油率并增加生产成本)、含油率较高,酸价较低(最好 40 以下)。食用或食品制作用的玉米制品,要求具有合适的粗细度(由食用要求和制作需求决定),较高的整齐程度、较低的含杂程度和正常的气味口味等。工业用或发酵用玉米制品,其质量主要要求具有合适的粗细度,较低的脂肪含量(1%以下,用于发酵时最好在 0.8%以下),适度的蛋白质含量(取决于用途,例如,生产味精时,要求含量高,而生产啤酒时,要求含量低),较低的杂质含量和较低脂肪酸值等。

1. 国家标准

1) 玉米粉质量标准

根据 GB 10463—89,玉米粉按皮胚含量分等,等级指标及其他质量指标如表 5-3 所示。

表 5-3 玉米粉等级质量标准指标

等级	皮胚含量(干基)/%	粗细度/%	含沙量/%	磁性金属物含量/$(g\cdot kg^{-1})$	水分/% 五省区 11月1日至次年3月末	水分/% 五省区 4月1日至10月末	水分/% 其他地区	脂肪酸值(以湿基计)/$(mgKOH\cdot 100g^{-1})$	气味口味
精制玉米粉	≤2.0	全部通过 CQ10 号筛	≤0.02	≤0.03	≤18.0	≤14.5	≤14.0	≤80	正常
普通玉米粉	≤5.0	全部通过 CQ10 号筛	≤0.03	≤0.03	≤18.0	≤14.5	≤14.0	≤80	正常

注:五省区指黑龙江、吉林、辽宁、内蒙古、新疆。其他地区指五省区外的省、自治区、直辖市。

2）食用玉米淀粉质量标准

根据 GB8885—88，食用玉米淀粉是指以玉米为主要原料（原料符合食用标准）而生产的食用淀粉，分为优级品、一级品、二级品，等级指标及其他质量指标如表 5-4 所示。

表 5-4　食用玉米淀粉等级质量标准指标

项　目	水分/% ≤	酸度 ≤	灰分/% ≤	蛋白质/% ≤	斑点/(个·cm^{-2}) ≤	细度 150μm (100 目)筛通过率/% ≥	脂肪/% ≤	白度(440nm 蓝光反射率)/% ≥	
								白玉米	黄玉米
优级品	13.00	20.00	0.10	0.30	0.40	99.90	0.15	97.50	92.00
一级品	14.00	20.00	0.15	0.50	1.00	99.50	0.20	96.00	92.00
二级品	14.00	25.00	0.20	0.70	1.50	99.30	0.25	95.00	90.00

2. 国外标准

仅列出意大利玉米产品标准，供参考。

1）玉米粗粒粉产品标准（生产玉米粥）

产品粒度：900～400μm；纤维含量：0.5%～0.7%（干基）；

脂肪含量：1.2%～1.5%（干基）；蛋白质含量：9%～10%（干基）；

灰分含量：0.6%（干基）；淀粉含量：82%～84%。

2）玉米粉产品标准（生产焙烤食品）

产品粒度：小于 300μm；灰分含量：0.6%（干基）；

脂肪含量：1.0%（干基）；纤维含量：0.5%（干基）。

3）玉米粗粉产品标准（生产玉米片）

产品粒度：6000～3600μm；纤维含量：0.3%～0.4%；

脂肪含量：0.5%～0.7%。

4）酿啤酒用玉米渣产品标准

产品粒度：250～1250μm；脂肪含量：1.0%以下。

5）意大利玉米产品标准（生产人造大米）

产品粒度：2500～1600μm；脂肪含量：低于 0.7%；

纤维含量：小于 0.6%；脂肪酸度：小于 3%。

（三）玉米干法加工产品的利用

玉米干法加工产品的用途很广，玉米糁、玉米粉是制作早餐食品、快餐食品、休闲食品、婴儿食品和啤酒等的重要原料。玉米干法加工可提约 10%（按玉米重计）玉米胚，脂肪含量为 15%～28%，可以制取玉米胚芽油等。玉米皮可以综合利用，加工成膳食纤维，生产肌醇，或作饲料。

1. 用作食品原料或配料

精制玉米粉和经整形抛光处理后的玉米糁，可以直接以小包装形式销售或制成玉米羹等产品。

玉米粗粉可作薄烤饼、脆皮松饼混合料、玉米点心和其他烘焙用配料。较细的玉米粉可作玉米挂面、玉米糊及烘焙食品的预混合料，还可作婴儿食品、早餐食品的配料以及肉食制品的填充料。

脱皮、脱胚的细玉米粉和小麦粉混合，可以制作面包。面包中最多掺30%的玉米粉。

饼干配料中使用玉米粉具有降低小麦面筋的强度的作用，使饼干更加松软酥脆，并降低配料的价格。

西式点心以及果酱、罐头、鱼丸、肉丸等食品中均可使用玉米粉，并各有其特点。

以糯米粉为主要原料的点心，均可用玉米粉代替。将20%～30%的玉米粉掺进糯米粉中，易于熟化，并能改进口味和降低生产成本。

黄玉米粉还可作为一种着色剂，用于蛋糕、面包中。

2. 生产玉米小食品

玉米小食品的种类很多，常见的有玉米片、玉米膨化制品、婴儿代乳粉、烘烤玉米粒、爆玉米花、增香玉米花、咸味玉米花、甜味玉米花等。

各种粒度的玉米粉都可以生产玉米小食品。玉米粉粒度的大小主要由挤压机的类型来决定。单螺杆挤压机加工玉米粗粉效果比较好，而双螺杆挤压机可加工中等、甚至细的玉米粉。用于挤压膨化生产玉米小食品的玉米粉，脂肪含量不能太高，为0.7%～0.8%。一般情况下，脂肪含量1.0%～1.2%也可以使用。

作为早餐食品的玉米小食品的消费量在不断增加，玉米片最具有代表性。

玉米片是由清洁的、去皮脱胚的大粗颗粒生产的，其颗粒度为3600～5600μm，脂肪含量较低，大约为0.7%。

玉米片的生产工艺如下：

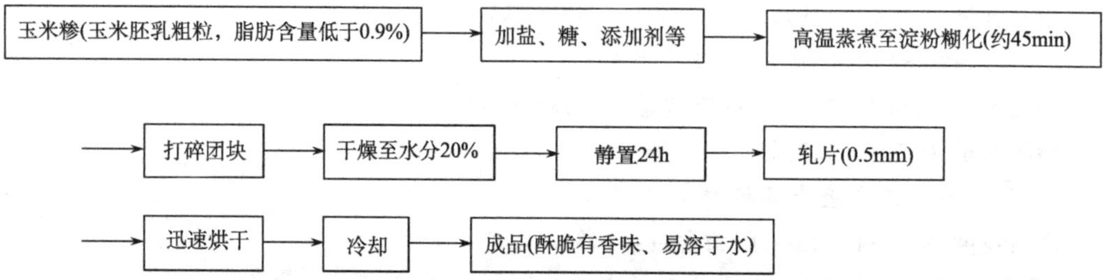

用于玉米小食品制作的玉米粗粉、玉米粉一般都要求去皮去胚，才能保证良好的口感和合理的储藏时间。

一般来说，玉米粉的粒度不宜太大，否则影响设备的使用寿命。粒度过细还会出现滑脱现象，延长压缩时间，容易出现碳化现象。

3. 用作发酵原料

玉米的淀粉含量比大麦高，是一种很好的淀粉原料，玉米的蛋白质含量又比大麦低，也是啤酒制造所需要的。

玉米提胚工艺中生产出来的玉米糁，可代替一部分大麦和麦芽用于啤酒生产（每吨啤酒耗粮200kg左右）。

玉米粗粉与35%～40%的大麦芽混合可以生产啤酒。为了获得口感较好和高质量的啤酒，玉米粗粉粒度应为250～1250μm，脂肪含量不超过1%。

高质量的乙醇来自谷物淀粉转化成糖的发酵过程。玉米平均含淀粉70%～72%，蒸出

38%～39%的乙醇。乙醇的产量大约为淀粉含量的53%。用干法脱皮、脱胚工艺生产的玉米渣生产乙醇,相对于全粒玉米来说是有益的。因为其淀粉含量高,所以乙醇出率高,附加操作费用可由胚芽的出率抵消。100kg玉米渣,淀粉含量为82%～83%,可蒸馏出大约44L乙醇,乙醇出率比用全玉米高出大约15%。

玉米渣可分为大、中、小三类,其粒度为10W/14W、14W/18W、18W/24W,即1.4～2.1mm、1.1～1.4mm、0.84～1.1mm。通常制啤酒的玉米渣粒度为14W/18W,脂肪含量要低于1%(干基),水分14%以下。如果玉米渣脂肪含量过高,在发酵过程中,容易产生焦油,降低啤酒的表面张力和发泡质量,影响口感,并缩短保存时间。制啤酒用的玉米渣以角质胚乳为佳。玉米渣用作啤酒辅料,可达到糖化醪的40%。

从营养学上考虑,玉米中缺乏核黄素、烟酸等。为此,以玉米作为主食,需要添加赖氨酸、色氨酸、烟酸和核黄素等。玉米干法磨粉的产品的维生素与铁含量见表5-5。

表5-5 玉米干法磨粉的产品的维生素与铁含量(mg·$100g^{-1}$,水分12%)

名称	硫胺素	核黄素	烟酸	铁
去胚玉米渣	0.13	0.04	1.2	1.0
全玉米粗粉	0.38	0.11	2.0	2.4
去皮粗粉	0.30	0.08	1.9	1.8
去胚粗粉	0.14	0.08	1.0	1.1

二、玉米清理

(一)清理目的

玉米的杂质含量一般为1.0%～1.5%。去除杂质是保证产品纯度的需要,也是确保生产安全,维护机器、设备免遭破坏的需要。除并肩杂质外,玉米籽粒与杂质之间存在比较显著的差别,清理相对比较容易,所用设备较少。

(二)清理设备

玉米清理常用筛选法、风选法、比重分选法和磁选法。相关内容请参阅第二章谷物加工前处理。

筛选是玉米清理的主要方法。常用的筛理设备有振动筛和平面回转筛。

振动筛清理玉米时,第一层、第二层清理大杂质,第三层清理小杂质。筛孔配备:第一层筛面,直径17～20mm的圆孔;第二层筛面,直径12～15mm的圆孔;第三层筛面,直径2mm的圆孔。为保证清理效果,筛面上的料层厚度不超过2cm。

平面回转筛清理玉米时。第一层筛面,用直径17～20mm的圆孔,清除大杂质;第二层筛面,用直径2.2mm的圆孔,清除小杂质。

去石一般采用干法去石,主要使用吸式比重去石机。

玉米粒大、扁平、流动性差、悬浮速度高,使用一般的吸式比重去石机时,技术特性参数要作适当调整,如增加去石筛板的斜度、筛体的振动次数以及吸风量。从鱼鳞孔穿过的风速应达14m·s^{-1}左右,使玉米在去石筛板上呈悬浮状态。

磁选一般采用永磁筒或永久磁钢,以清除玉米中磁性金属杂质,避免金属进入设备,影响安全生产和成品质量。

用洗麦机对玉米进行充分的洗涤,可以除去玉米表面的泥灰和微生物,并能清除并肩石。在洗涤玉米时,要根据玉米的原始水分,调节洗程的长度,避免玉米在水槽中逗留时间太长,吸收水分过多,对加工工艺不利。洗玉米的污水必须处理以后才能排放,否则会污染环境。

因为玉米的悬浮速度比较高,为 $12m \cdot s^{-1}$左右,因此,用风选设备,如吸风分离器可有效地去除玉米中的轻杂质。为了不使玉米随杂质一起被吸风分离器吸走,吸口风速应控制在 6~$8m \cdot s^{-1}$。

(三) 清理流程

玉米清理一般采用两筛、一去石、一磁选的工艺组合。典型工艺如下：

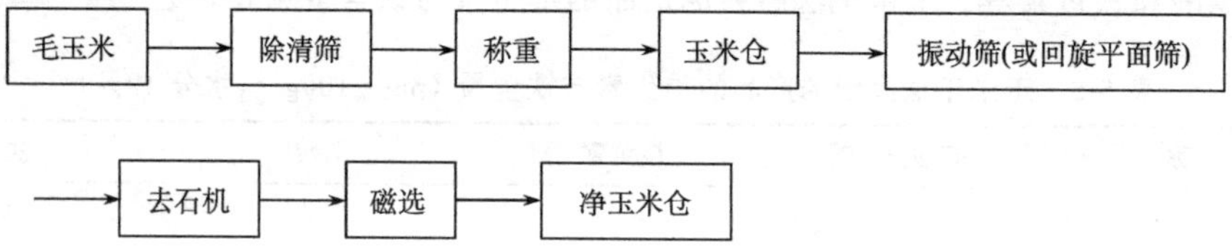

玉米经头道振动筛进行初步清理,去除大杂质和轻杂质,然后,入毛玉米仓。从毛玉米仓出来,对玉米作进一步的清理,一筛、一去石、一磁选,所含杂质可基本除净,但玉米表面清理的效果差一些。

如果采用提胚制粉工艺,若不设脱皮工序,为提高玉米粉的纯度,在玉米清理流程中应设洗涤工序。加工水分比较高的玉米、不宜采用洗麦设备时,可改用碾米机对玉米表面进行轻碾,再经吸风分离器清除尘土和轻杂质。

三、玉米脱皮

玉米的脱皮分为干法和湿法两种。玉米干法脱皮是玉米经过清理后,不经过水汽调节工序,直接进入脱皮设备进行脱皮。这种方法适用于我国北方地区的加工厂在秋季加工刚收购的高水分玉米(18%以上)。玉米清理后,经水汽调节工序后脱皮的,称湿法脱皮。这种方法在玉米加工中(特别是提胚制糁)采用较为普遍,尤其是加工低水分玉米,必须采用湿法脱皮,否则严重影响脱皮效率和提胚率。玉米水汽调质参见第二章相关内容。

(一) 玉米脱皮的目的意义

(1) 玉米皮层口感、味感较差,且含有大量的纤维素等不易消化的物质。玉米脱皮,可以提升玉米制品的食用品性。

(2) 玉米皮中含有的纤维素、矿物质和脂肪等物质,会对玉米制品深加工过程(如发酵过程)带来明显的负面影响,因此玉米脱皮可以提高工业用途的玉米制品的品质。

(3) 玉米皮是膳食纤维、糖化功能制品和饲用酵母等生产的理想原料。玉米脱皮后提取的玉米皮有较高的综合利用价值。

(4) 玉米脱皮后,皮层对玉米胚和玉米胚乳的包裹、固化作用被破坏,有利于玉米脱胚,可提高玉米脱胚效率。

（二）玉米脱皮的方法与原理

玉米脱皮过程类同于糙米去皮即稻谷加工中的碾米过程。但是玉米籽粒较大，呈扁平状，不利于脱皮，而玉米胚乳易破碎。因此，玉米脱皮宜采用压力较缓和、切削作用较强的碾削方法，即类似于碾削碾白原理：利用高速旋转的金刚砂刃对玉米皮层进行连续切削和摩擦，破坏玉米皮与胚乳和胚的结合强度，使玉米皮层逐步被碾削擦离，从而达到脱皮目的。遵循“多级轻碾”原则，玉米胚皮工艺通常采用2或3道串联脱皮路线。

适宜的含水量可以使玉米皮层有较好的韧性，而适度的皮层水分与内部结构水分的差异可以降低玉米皮层结构强度及其与内部结构的结合强度，可以大大降低玉米脱皮难度并获得更好的脱皮效率。因此，除非玉米原始水分很高(一般指18%以上)，玉米脱皮之前应进行玉米调质处理，采用湿法脱皮的加工方法。

（三）脱皮设备

玉米脱皮设备是在横式砂辊碾米机和立式砂臼米机的基础上改进而来的。其主体结构、工作原理、工作过程以及操作管理要点与相对应的碾米机类同。但在部分结构和技术参数配备以及操作指标上，针对玉米籽粒结构和力学特征进行了相应的调整或改进。

1. 横式砂辊脱皮机

主要结构由进料机构、螺旋输送器、脱皮室、传动机构、排料铁辊、集料斗、出口等组成，形同横式砂辊米机，如图5-1所示。

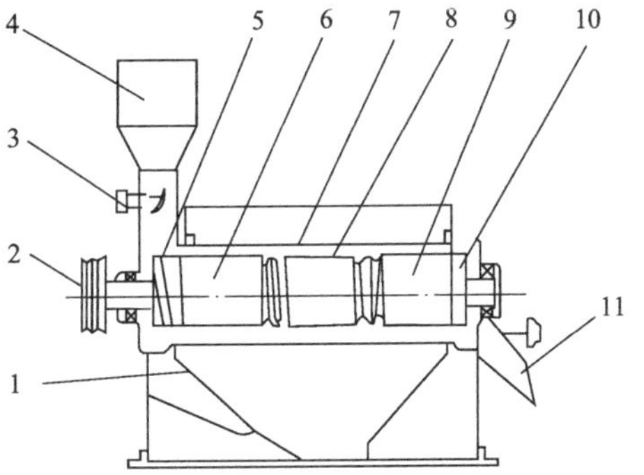

图5-1 T-215型砂辊脱皮机结构示意图

1. 集料斗；2. 主轴带轮；3. 流量调节装置；4. 进料斗；5. 螺旋输送器；6. 头段砂辊；7. 筛筒；8. 中段砂辊；9. 末段砂辊；10. 铁辊排料；11. 出料口

脱皮室是核心工作机构，相当于碾米机的碾白室。由砂辊、筛筒、压筛条(阻力刀)等部件构成。砂辊直径常用15cm、18cm、21.5cm等几种，一般分为三节或两节，每节前段开有三头螺旋槽；筛筒相应地分为三节或两节，每节由两片180°半圆形筛板围成，由压筛条固定；压筛条也充当机内压力调节装置(局部阻力构件，其厚度即伸入脱皮室的深度可调)，对脱皮效果有明显的影响。

基于玉米与糙米在粒形、粒度、粒质以及力学特征的差别，与碾米机相对比，脱皮机的进出口截面尺寸，螺旋输送器的螺距、槽深，砂辊螺旋槽的螺距、槽深，脱皮室间隙(砂辊与筛筒间隙)等关键尺寸均适当增大，以确保物料在机内具有合适的运动状态和受力状态，既保证脱皮效果，也确保料流通畅，不堵塞。相应地，砂辊工作转速也适当增加，筛筒的筛孔尺寸也较米筛放大。通常，脱皮室间隙控制在25～30mm为宜，而筛孔多采用长形孔，孔长12mm，孔宽1.2～1.5mm。

以T-215型砂辊脱皮机为例，结构如图5-1所示，结构特征和主要工作参数见表5-6。

表 5-6　T-215 型砂辊脱皮机的技术特性

项目名称		参数
产量/(t·h^{-1})		3～4
转速/(r·min^{-1})		1300～1500
配备动力/kW		22～28
砂辊	直径×每节长度/mm	215×289
螺旋输送器	直径×长度/mm	220×289
	螺距/mm	60
铁辊	直径×长度/mm	210×55
	斜筋数	6
筛板	片数	6
	筛孔/mm	(1.2～1.5)×12

横式砂辊脱皮机通常两道串联使用。经过每道脱皮后，会产生少量的碎粒。这些碎粒以及脱下的胚要及时地分离出来，以免进入下道脱皮机或破糁脱胚机。横式砂辊脱皮机主要技术参数和操作控制原则如表 5-7 所示。

表 5-7　横式砂辊脱皮机主要技术参数和操作控制原则

台次	转速/(r·min^{-1})	脱皮室/mm	砂辊料度			动力/kW	脱皮率/%	破碎率/%
			头段	中段	后段			
1	1400	27	20 号	24 号	30 号	28	20～25	≤10
2	1250	27	24 号	30 号	30 号	28	50～60	≤12

玉米水分为 16%～17%时，采用湿法脱皮。如果玉米水分在 18%以上，采用干法脱皮，转速可提高 20～30r·min^{-1}，产量可达到 90t·h^{-1}。

2. 立式砂臼脱皮机

立式砂臼脱皮机类同早期的立式砂臼碾米机，其主要结构如图 5-2 所示。

为保证脱皮效果和生产能力，立式砂臼米机常采用三道串联使用，头道脱皮机产生的碎粒较少，为了减少平筛数量，可以不经平筛分级。其主要技术参数和操作控制原则如表 5-8 所示。

表 5-8　立式砂臼脱皮机主要技术参数和操作控制原则

台次	技术参数			脱皮率/%	破碎率/%	动力/kW
	转速/(r·min^{-1})	工作间隙/mm	砂的粒度			
1	1000	20	24 号	15～20	≤	7.5
2	950	20	30 号	35～40	≤	7.5
3	950	20	30 号	50～55	≤	7.5

玉米的水分为 16%～17%时，产量为 60t·24h^{-1}。

（四）脱 皮 流 程

脱皮机出机物是两类混合物，即过筛物料(集料斗出口物)和脱皮室主流出口物料。过筛物料主要是玉米籽粒各结构组织部分的破碎物料，比较混杂、量少，一般不加整理分离而作饲用，俗称“下脚”。主流出机物中主要含有玉米皮、玉米粒(包括脱皮玉米粒和未脱皮玉米粒)和少量破碎物等物料，应及时分离处理，并合理安排各种物料的去向，否则，会影响后道设备的工艺效果，并影响副产品和在制品的工艺特性。玉米皮与玉米粒和其他碎料明显的特性差异是悬浮速度的差异，因此常用风选设备分离提取玉米皮。碎料粒度明显小于玉米粒，故用筛选设备加以分离提出，作为在制品进一步分级后遵循同质合并的原则并入后续工艺。

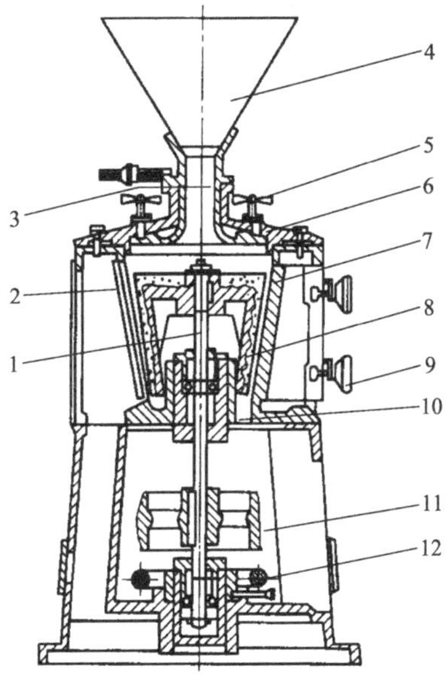

图 5-2 立式砂臼脱皮机结构示意

1. 立轴；2. 筛筒；3. 流量调节插板；4. 进料斗；5. 调节螺丝手柄；6. 顶盖；7. 阻力刀；8. 砂臼；9. 阻力刀调节手轮；10. 出口；11. 传动轮；12. 砂臼调节手轮

用于脱皮后物料分选的风选设备有吸风分离器、垂直吸风道等。吸口风速控制在 $5\sim7m\cdot s^{-1}$，既要尽量提净玉米皮，又要防止吸走其他碎粒物质。所用筛选设备多为简易的平筛、小方筛，及平面回转筛，主要配用2～3mm 孔径的圆孔筛或相当尺寸的筛网提取筛下物即碎粒碎渣。

因此，脱皮流程的设置原则是：多道脱皮，各道脱皮后物料采用筛选分离提出碎料，采用风选设备提取玉米皮，至玉米基本脱皮干净后，主流物料进入下一工序——脱胚破糁。脱皮后物料分离时，通常采用先筛后风的组合，亦可先风后筛；当生产规模不大时，为了减少设备用量，节约投资和生产成本，也可省去前道脱皮机脱皮后物料的筛选设备。

脱皮工艺流程举例，参见图 5-3 和图 5-4。

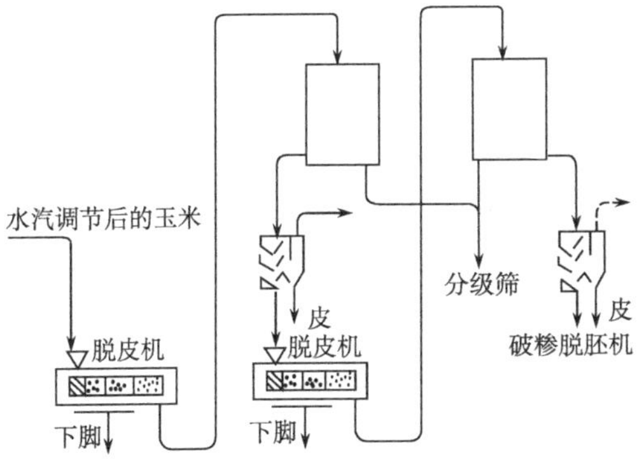

图 5-3 横式砂辊脱皮机脱皮流程

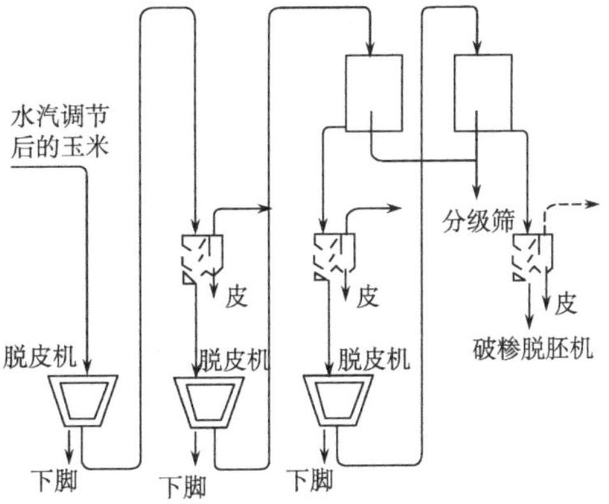

图 5-4 立式砂臼脱皮机脱皮流程

四、玉米脱胚与破糁

(一) 玉米脱胚与破糁的工作原理过程

通过施加一定的机械作用力，将脱皮后玉米的胚与胚乳之连接结构破坏，使胚芽脱离的过程称之为玉米脱胚。

将玉米胚乳结构破坏,使之破碎成一定粒度的碎粒的过程称之为破糁。玉米胚的结构强度大于玉米胚乳结构强度以及胚乳与胚的结合强度,只要施加的机械作用力形式和大小控制得当,就能同时完成脱胚和破糁的任务,并保证玉米胚具有相当的完整程度。因此,脱胚和破糁可在同一工序中采用同一设备同时完成。

(二) 玉米脱胚与破糁的目的与要求

(1) 尽量保持胚的完整而减少胚的损伤或过度损伤,为胚的分离提取和纯化提供良好的前提条件,从而保证脱胚和提胚获得最佳的提取率和纯度。

(2) 玉米籽粒破碎程度适中,一般要求分成 4～6 瓣;粒形为近似方形,且相对整齐。

(3) 在脱胚破糁即玉米粒破碎过程中,尽量减少接近整粒的大碎粒或整粒(未破碎粒);尽量减少粉状物和小糁数量。

(三) 玉米脱胚与破糁设备

按工作构件结构形式和工作方式,玉米脱胚与破糁设备主要有锤片式、打板式和碾辊式等几种类型。锤片式脱胚破糁设备,工作原理类同于锤片式粉碎机。打板式脱胚破糁设备,工作原理类同于打麦机。碾辊式脱胚破糁设备,工作原理类同于铁辊碾米机。就机械性能、工艺效果而言,它们各有所长。但其中的 FTPW 型和 MHXG 型脱胚破糁机是在引进设备的基础上研制的较新型专用设备,综合效能和适应性较好一些。

1. FTPW 型玉米脱胚机

FTPW 型玉米脱胚机,集打、擦、刷、筛等多种机能为一体,可同时完成脱皮、脱胚和破糁三种功能,效果比较突出。

该机主体结构由进料机构、主轴、打板转子、鱼鳞孔板筛筒、吸风装置、出粮端盖、压力门、集糠斗和传动装置等部件组成,如图 5-5 所示。

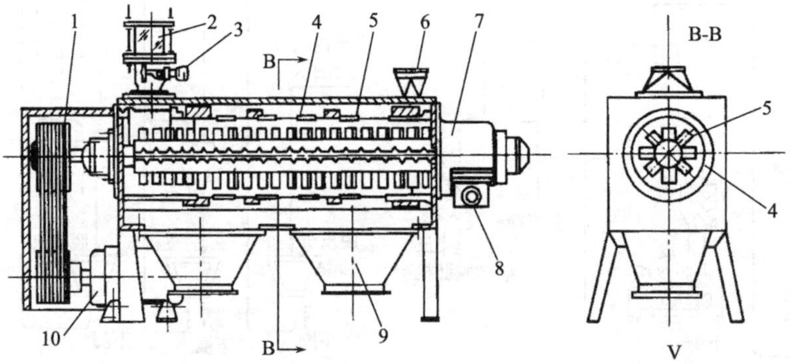

图 5-5　FTPW 型玉米脱皮机结构示意

1. 三角带传动机及防护罩;2. 进粮口及观察窗;3. 进粮斗;4. 鱼鳞孔板筛筒;
5. 打板转子;6. 吸风盘;7. 出粮端盖;8. 压力门;9. 集糠斗;10. 驱动电机

其核心工作机构是打板转子、鱼鳞孔板筛筒及其围成的空间——脱皮室。主轴上固定转子,转子上镶有呈一定角度倾斜的打板。鱼鳞孔板筛筒安装在打板转子外周的筛架上。打板的形状、尺寸、数量、安装方式、打板与筛筒之间的间隙都能影响玉米脱皮脱胚破糁的效果。而这些参数确定后,打板转子的工作转速即打板末端线速成为影响工艺效果的最重要的直接因素。压力门可用来调节机内压力大小,是控制脱皮效果和产量的重要的操作点之一。

FTPW型脱胚机的工作过程是:玉米经进料机构匀料稳流,以一定流量进入脱胚室。在打板转子打击、切削,玉米粒之间的碰撞、摩擦,以及玉米粒与筛板的碰撞摩擦等综合作用下,玉米粒破碎,并完成脱皮、脱胚及破糁过程。皮屑、尘土及其他杂质碎屑以及品质较次的粗玉米粉,较先穿过筛筒,进入前端集糠斗,由出口排出,一般作饲料用。品质稍好的粗玉米粉较迟穿过筛筒,进入出料端集糠斗,由出口排出,通常按质合并进入后续工序。玉米皮由吸风系统吸出分离,而量大的玉米碎粒(胚、糁或渣等)经由出料压力门排出机外。

FTPW型脱胚机主要工艺效果如下:

(1) 脱皮效率≥90%;

(2) 脱胚效率≥90%;

(3) 出机产品构成:糁70%左右,筛下物10%左右,出粉口5%左右,胚与皮15%左右。

FTPW30×150玉米脱皮机主要技术参数见表5-9。

表5-9 FTPW30×150玉米脱皮机主要技术参数

产量/(t·h^{-1})	转速/(r·min^{-1})	筛筒直径×长度/mm	筛筒有效面积/m^2	配备动力/kW
2.5~3.0	1200~1350	305~1500	1.41	22

2. MHXG型玉米脱胚机

MHXG型玉米脱胚机形体结构类似于卧式打麦机,其内部工作机构及工作原理也与卧式打麦机类同。其形体结构如图5-6所示。

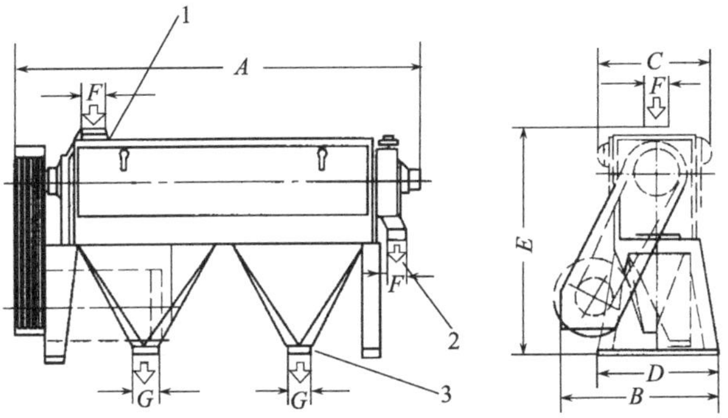

图5-6 MHXG型脱胚机结构示意图

1. 进料口;2. 主流物料出口;3. 筛下物收集斗

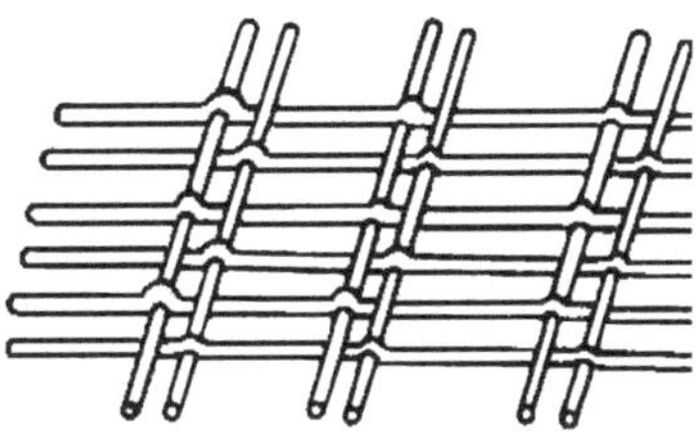

图5-7 筛网编织方法示意图

该机是在参照国外同类设备基本结构原理和工作原理的基础上研制而成的,破碎效果好;动耗低;密封性好、噪声低、外形美观。适当加大了筛筒直径,消除了堵机现象。更换筛筒打板方便。

该机由进料、主轴及轴件、打板、筛筒、出粮端盖、可调出料门、集糠斗和传动装置组成。筛筒与打板是脱胚室主要构件。打板8块,末端线速为15~16m·s^{-1}。筛筒采用弹簧钢丝编织,钢丝直径为1.5mm,编织方法如图5-7所示。编织筛网形成一个粗糙的内表面,以增加玉米在筛筒中运动时的摩擦,使玉米脱皮、脱胚,皮与碎屑可穿过筛孔排出。用弹簧钢丝的优点是耐磨,筛孔不易堵塞。

MHXG 型玉米脱胚机以筛筒直径×筛筒长度(厘米数)为规格标识。主要规格和技术参数见表 5-10。

表 5-10　MHXG 型玉米脱胚机主要规格和技术参数

型号	尺寸/mm							脱胚	产量	转速	功率	机重
	A	B	C	D	E	F	G	方法	/(t·h^{-1})	/(r·min^{-1})	/kW	/kg
30×90A	1830	955	592	740	1412	120	150	湿法	3	950～1050	15	570
30×150	2380	955	592	740	1412	120	150	干法	5	950～1050	30	620

3. P-215 横式破糁脱胚机

P-215 横式破糁脱胚机主要结构如图 5-8 所示。

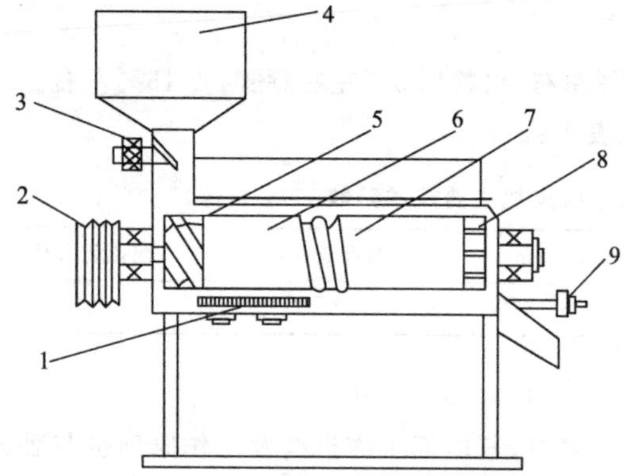

图 5-8　P-215 横式破糁脱胚机结构示意

1. 阻力刀;2. 皮带轮;3. 流量调节手轮;4. 进料斗;5. 螺旋输送器;6. 铁辊;7. 砂辊;8. 排料铁辊;9. 出料压力门

P-215 横式破糁脱胚机在结构上突出的特点是:①碾辊外围筒体不是筛筒而是内表面经过耐磨和强化处理的铸铁或铸钢筒体,因此入机物料脱胚破糁后全部从末端经压力门排出。②碾辊分为两段,前段为铁辊,与外围筒体构成脱皮室;后段为砂辊,与筒体构成精碾室。③脱皮室外筒体下部安装铸铁或铸钢材料的阻力刀,安装时与轴线呈 30°夹角,且可调节其伸入脱皮室的深度,或更换不同的阻力刀。脱胚室主要完成脱胚破糁任务,精碾室主要对糁粒起磨光整形的作用,而阻力刀用来增加并能调控机内局部阻力,促进玉米粒翻滚、碰撞、摩擦,增强对玉米粒的作用效能,从而使脱胚破糁效果更好更均匀,但也易产生较多的小糁和粗粉。同时阻力刀的倾斜布置既能达到与料流运动方向垂直的目的,还能起到辅助轴向输送的作用。末端短铁辊主要起保证排料畅通的作用,也兼有对糁粒进一步磨光整形的功能。

P-215 模式破糁脱胚机的脱胚效率和胚的完整性比前述两种设备稍差,但其产量较大,所得糁粒形体整齐,表观状态好。

P-215 模式破糁脱胚机的主要技术参数见表 5-11。

表 5-11　P-215 模式破糁脱胚机的主要技术参数

产量/(kg·h^{-1})	3000～4000	
转速/(r·min^{-1})	1450	
功率/kW	18.5～22	
破糁铁辊	直径×长度/mm	220×261
砂辊	直径×长度/mm	215×289
	金刚砂粒度/号	36
输送螺旋输送头	直径×长度/mm	220×140
	螺距/mm	70
排料铁辊	直径×长度/mm	210×55
阻力刀	长×宽×厚/mm	233×26×40

4. 锤片破糁脱胚机

锤片破糁脱胚机是利用高速旋转的锤片对玉米施加击打和剪切作用力，并使玉米粒在机内快速运动，玉米粒相互之间、与壳体和筛板之间发生碰撞、摩擦作用，在这些因素的综合作用下，玉米组织结构被破坏，达到脱胚破糁的目的。

锤片破糁脱胚机主要结构由进口、脱胚破糁工作室、出料收集斗及出口、传动机构和机架等部分构成，如图5-9所示。

锤片破糁脱胚机核心工作机构是其工作室，由主轴、锤片轴、锤片轴安装固定支架、锤片及外周圆筒形壳体等部件构成。主轴两端和中间分别安装锤片轴支架，其上对称地安装固定4根与主轴平行的锤片轴，每段每根锤片轴上安装8片锤片，即整机安装64片锤片。外周筒体分为上、下两部分半圆形筒体，上筒体为金属壳体，下筒体为2～3mm厚度的钢板冲孔筛板。锤片的数量、结构特征以及其末端与壳体的间隙直接影响到工艺效果和生产能力，当它们一定时，锤片末端线速（一般为33～38m·s^{-1}）和筛孔大小（一般为8～10mm圆孔或矩形孔）则是影响其工艺效果和生产能力的最重要因素。

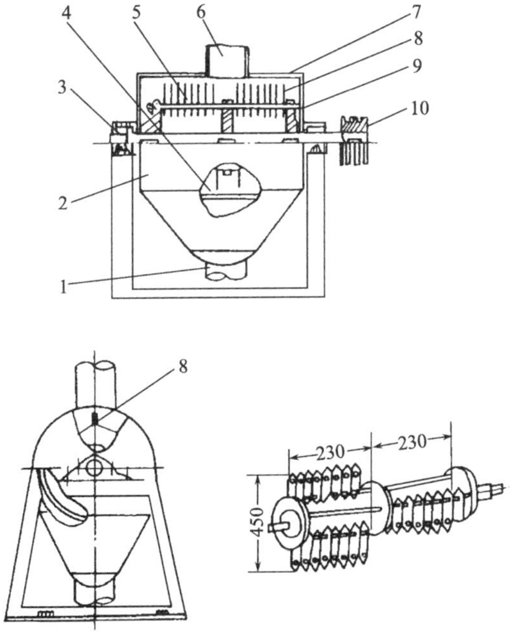

图5-9　锤片破糁脱胚机构示意
（单位：mm）
1. 出料收集斗及出口；2. 下机壳；3. 主轴；4. 筛板；5. 锤片轴；6. 进料口；7. 上机壳；8. 锤片；9. 支架；10. 皮带轮

锤片破糁脱胚机产量大（可达6t·h^{-1}或更高）；加工后胚的完整性好，但糁粒多为长形，表面较粗糙，适合于制取工业用玉米糁。加工食用玉米糁时，需另置设备对糁粒进行整形磨光。

五、提胚提糁与在制品分级

脱胚破糁设备的出机物料即在制品，是多种粒形、粒度和粒质不同的物料的混合物。其中有大、中、小以胚乳结构为主的破碎物（大糁、中糁、小糁）、胚、粒度更小的碎屑粗粉、玉米粉、甚至少量的玉米整粒等。这种混合物料，必须采用合理的工艺与设备，将其分离和分级。一方面及时提取已达到质量要求的胚和糁等产品；另一方面将其他在制品分级，分别根据它们的品质和工艺特性配置后续的加工工艺和设备，以获得最佳的工艺效果和保证最终产品的质量。否则，如果混合物一并进入同一工艺和同类设备，势必造成资源浪费，增加动力消耗和生产成本，降低加工产品质量和加工综合效益，同时玉米脱胚破糁环节也失去了工艺意义。

（一）提胚提糁与在制品分级的方法

糁（玉米胚乳破碎粒）、胚、皮三者之间形状差异比较明显，且具有明显的物理特性差异，主要体现在悬浮速度、密度和破碎强度等方面，如表5-12所示。而破碎物大小不同就是它们粒度不同。因此，通常采用筛选法将在制品分级，采用风选法分离玉米皮，采用密度分选法或风选法将提糁胚分离即提胚提糁。

表 5-12 玉米糁、玉米胚、玉米皮的主要物理特性

名称	破碎强度/(kg·cm^{-2})	密度/(g·cm^{-3})	悬浮速度/(m·s^{-1})
糁	10～30	1.30～1.35	12～13
胚	20～50	0.78～0.98	7～8
皮	—	—	2～3

风选法、筛选法及密度分选法相关内容，参阅第二章。

由于玉米胚的破碎强度是玉米糁的 2 倍左右(玉米调质处理可扩大这一差别)，所以可以采用“压胚工艺”，即将玉米胚挤压或碾压成片状而不使其破碎，同时使玉米糁破碎成更小粒度的糁粒，从而加大两者在粒度等物理特性上的差异，为分离提纯创造有利条件。压胚工艺也称胚磨系统，既可用于胚糁分离，也可用于玉米胚的进一步纯化，还可用于玉米制粉过程中的提胚。

(二) 在制品分级

玉米经脱皮、脱胚和破糁后所得产物称在制品，在后续工艺中磨粉机研磨后所得产物也称在制品。在制品是多种产物的混合物，通常通过筛选设备或精粉设备，将它们分选分离，分成物理特性相近的物料，分别进入不同的系统或工艺再行加工，即“分级”。

在制品分级主要用筛选方法分成如下几类：

大碎粒：留存在 4.5～5W 筛上的物料；

大渣：穿过 5W，留存在 7W 筛上的物料；

中渣：穿过 7W，留存在 10W 筛上的物料；

小渣：穿过 10W，留存在 14W 筛上的物料；

粗粒：穿过 14W，留存在 20W 筛上的物料；

粗粉：穿过 20W，留存在玉米粉质量要求细度所需筛上的物料；

玉米粉：穿过玉米粉质量要求细度所需筛网的物料。

其中，粗粉和玉米粉品质较差者，与次粉、尾粉等合并，以饲用为主。符合质量要求的玉米粉并入成品。大碎粒(包括整粒)需回流再次脱胚被修，甚至回入脱皮工序。所为“渣”即表示粒度相近的糁、胚混合物，通常小渣中含胚较少(不足总胚量 10%)，而大渣、中渣中含胚较多(可达总胚量的 90%甚至更高，大渣中含胚量最高，可达 65%以上)，因此，玉米胚主要从大渣和中渣中提取；渣经提胚后，即为糁。大糁、中糁可进一步压胚破糁，或根据需要作为成品，也可全部或部分进入制粉工序。小渣和粗粒粗粉一般均进入相应的研磨系统制粉或进入清粉系统。

玉米经锤式破糁提胚机处理后，脱落下来的胚在各种中的分布见表 5-13。

表 5-13 胚在各种在制品中的分布

品种	玉米含胚率/%	在制品分类	含胚率/%	占玉米含胚率/%
马齿型	11.5	5W/7 W	17.0	8.2
		7 W /10 W	8.3	2.4
		10 W /—	4.3	0.9
硬粒型	9.0	5W/7 W	14.0	5.3
		7 W /10 W	6.0	2.2
		10 W /—	4.5	1.0

（三）常用设备

1. 风选设备

常用各种吸式风选器、蜗壳风选器等，参阅第二章相关内容。

用于风选玉米皮时，吸口风速控制在 5～6m/s，在尽量吸净玉米皮的同时。要防止吸走玉米胚和轻质玉米糁料。用于风选玉米胚时，吸口风速一般为 9～13m/s，即大于玉米胚的悬浮速度，而小于糁料的悬浮速度。

2. 筛选设备

常用 3～5 种筛面的平筛、方筛等。参阅第二章相关内容。

筛面为金属编织筛网，筛孔按前述在制品分级种类特征配用。分级筛面按功能可分为粗筛、分级筛、粉筛三大类。粗筛用来提取筛上物——大碎粒；分级筛用来提取不同粒度玉米渣；粉筛用来提取筛上物——粗粒和粗粉，并提取筛下物——玉米粉。

3. 密度分选设备

常用各种吸式去石机、种子精选机和重力分级机等密度分选设备，完成提胚和在粒度分级的基础将在制品按密度分级的任务。吸式去石机和种子精选机用于玉米在制品提胚提糁和分级时，应作相应的结构改进和参数调整。这里重点介绍重力分级机。

重力分级机是分离粒度大致相似，但相对密度有稍微差别的物料的专用设备。破糁脱胚后的物料，经平筛分出玉米粉后，按粒度大小分级。胚、糁混合物，经风选器分出玉米皮后，进入重力分级机，按相对密度、悬浮速度的不同，将胚和糁分开。

重力分级机主要结构如图 5-10 所示。

重力分级机由进料机构、分料装置、振动工作台、下料机构、纵横向调节装置、回流上料系统、振动电机、机架等几个结构组成部分构成。其最主要的结构特征在于：①振动工作台为双向倾斜，可双向调节，而且工作面为筛面。采用空气流为工作介质，使物料在工作面上运动时呈流化状态，强化运动分层和分离效果，有利于提高整机工艺效果。②采用振动电机为振源，振幅一般为 4～5mm，可通过振动电机内偏心重块相对位置和电机安装位置的调整来调节振动角和振幅大小，进而调控工作效能，且配有指示盘，方便观察和指示操作。③进料装置比较复杂，匀料、分料和调节手段高效可靠，主要由料斗、弹簧、压力门、分料槽和料流分配活门等部件构成，如图 5-11 所示。弹簧压力门压力大小和分配活门开启程度可调，用来调控流量大小和向工作面喂料的状态。④下料装置位于工作台纵向末端，全截面收集出口物料，由四个分料活门将出口物料分为四种，由下料槽的四个区域（A、B、C、D）分别汇集后由各自出口排出，如图 5-12

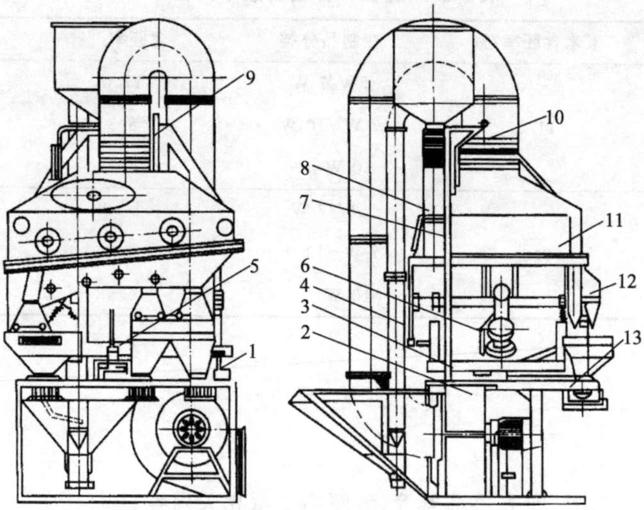

图 5-10　重力分级机结构示意

1. 纵向调节机构；2. 风机；3. 纵横调节梁；4. 上料系统；5. 横向调节机构；6. 振动电机；7. 进料分料槽；8. 进料装置；9. 人造革软套管；10. 吸风门；11. 振动工作台；12. 下料分料槽；13. 机架

所示。其中 C 区为胚糁混合物，由回流上机系统回机处理，A、B、D 区分别为较重糁、较轻糁、胚，出口处设有橡皮套管与溜管相连，并且分料活门可调位置，可调各出料的相对比例和调控各出口物料的品质和纯度。⑤进料槽、下料槽以及工作台，上部罩壳均采用玻璃钢，机内配有照明光源，便于观察，有利于操作管理。

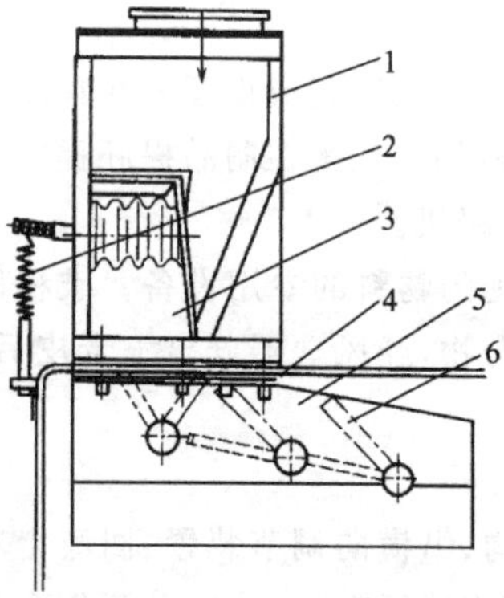

图 5-11　重力分级机进料机构示意

1. 进料斗；2. 弹簧；3. 压力门；4. 玻璃钢罩；5. 进料分料槽；6. 分配活门

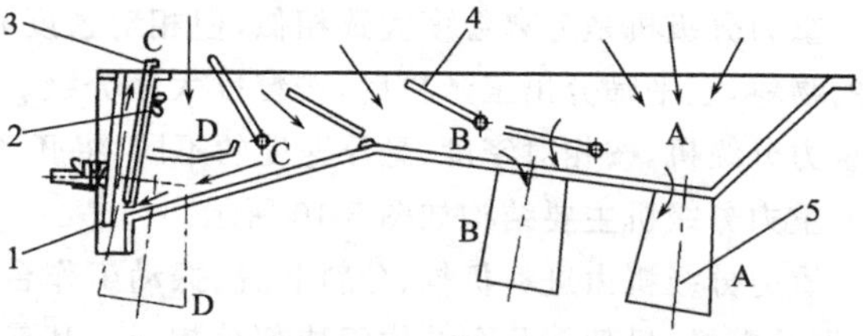

图 5-12　重力分级机下料装置结构示意

1. 回料风门；2. 蝶形螺母；3. 回料料门；4. 分配活门；5. 出料橡皮套管

在制品及回流物料经进料装置后均匀、稳定地以一定流量进入工作面，在振动工作台的振动和气流的综合作用下，在工作面上铺开并以流化态沿纵向向出口运动。在运动过程中，物料进行运动分层和分离，较轻的物料浮于上层，在横向方向上，沿斜面向下部运动，最终到达纵向末端的下部出料区域。较重的物料沉于底层，在工作面激振惯性力、气流作用力和上层物料推力的综合作用下，沿横向斜面向上部运动，最终到达纵向末端的上部出料区域。越轻的物料越靠近下部，越重的物料越靠近上部。最后通过活门调控将出口物料分成轻物料(胚为主)、混合物料、重物料(以糁为主)等种类。物料在工作面上的工作过程如图 5-13 所示。

在玉米干法加工中，重力分级机的分糁提胚效果很好，一般分出 3 种物料，即吸走的玉米皮、较轻的玉米胚和较重的玉米糁。重力分级机的主要技术参数见表 5-14。

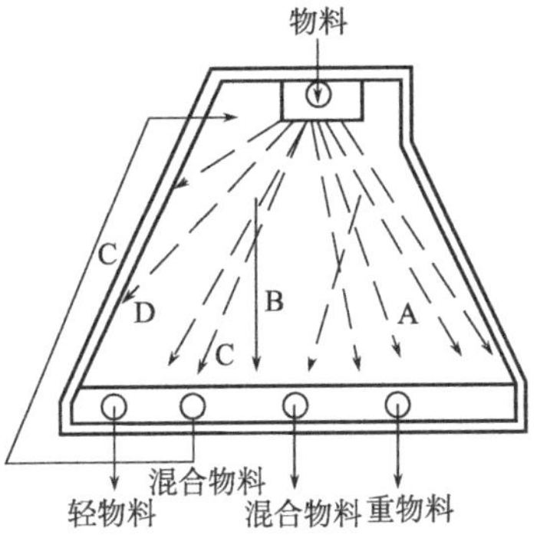

图 5-13　重力分级机工作过程示意

表 5-14　重力分级机的技术参数

项目名称	参数	
产量/($kg \cdot h^{-1}$)	800～1000	
振动电机	型号	TXZ-0.3～6
	转速	$960r \cdot min^{-1}$
	功率	0.3kW
风机	风量	$4960～9080m^3 \cdot h^{-1}$
	风压	$130～218mmH_2O$
	功率	5.5kW
工作台	面积	$1.0m^2$
	振幅	4～5mm
	压力	负压 883～1275Pa
	风速	$4200m^3 \cdot h^{-1}$

(四) 提胚提糁及在制品分级工艺流程

提胚提糁及在制品分级的工艺确定原则是：①先用风选设备分离提出玉米皮及少量其他物料碎屑，在提取副产品的同时，减少其对分级工作的影响，如在前路设有专门的脱皮及分离工艺或脱胚破糁设备自带吸风装置时，可省略。②采用平筛对在制品进行粒度分级，并分别确定各类物料的合理去向。③对分级后大渣、中渣(有的还包括小渣)采用密度分级机进行提胚提糁以及按物料密度对混合物料再次分级。④采用风选设备分离糁中含皮和碎屑，提高糁的质量；采用两道以上的压胚提胚工艺对含胚物料进行提胚及纯化，同时确定其他物料的合理去向。常用的基本流程如图 5-14 所示。

基于分级后各物料的主要特点，玉米胚主要在大渣、中渣中提取，以及通过压胚工艺在含胚混合物中提取。此外，进入制粉系统的物料仍然含有玉米胚。所以在粉路中，尤其前路还应继续提胚。胚提得越净，越有利于生产低脂玉米制品。

大糁、中糁通常在玉米制粉前提取，小糁一般在玉米制粉工艺中提取。提糁量的大小主要由两大因素决定。一是取决于玉米品质，一般而言，蛋白质含量较高、角质率较高的玉米，提糁量可适当加大。二是取决于产品用途需求。一般提糁量为 20%～30%。

提取的糁，根据其用途需要，可进行整形磨光处理。常用的设备是稍作改进和调整后的横

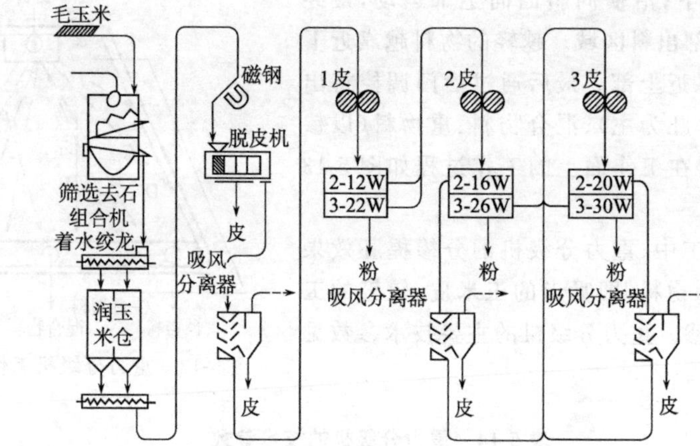

图 5-14　提胚提糁及分级基本工艺流程

式砂辊碾米机，一般采用金刚砂砂号为 30 号，工作间隙为 15～18mm。

六、研磨、筛分与清粉

玉米破碎后，经过提皮、提胚和提糁，剩下的大量物料进入制粉工艺即粉路中进一步加工。这种物料上仍是多种粒度（粗细度）不等、品质不同、组织结构互混的混合物，其中包括大量的胚乳碎粒与粗粉，一定量的玉米胚及其破碎物，少量的玉米皮及其破碎物，以及相当多的皮、胚和胚乳相互连带的破碎物。玉米制粉环节最重要的工艺目的就是：主要通过多种研磨与筛分，逐步剥刮、分离和研磨，制取含皮胚组织尽量少的玉米粉，同时进一步除皮、提胚和提糁。

必须指出，现代新型的玉米加工粉路，不是以生产供消费者食用的玉米制品为主，也不是以大量出粉和片面强调提高纯度为主目标。粉路的发展方向应是尽量为分离提净玉米胚和玉米皮，创造有利条件，以加工多种用途的专用玉米粉、专用玉米糁等产品，尤其是低灰分含量的低脂玉米制品。至于玉米胚，可再行处理以提高其纯度。

由于物料加工特性、在制品特性及其分级要求，以及主要产品加工精度和质量要求等方面与小麦制粉工艺有着明显不同，玉米制粉的粉路比小麦制粉粉路要简单短小得多。但是，制粉理论、工艺配置原则、常用设备的类型与工作原理等，两者是相同或相近的。特别是近年来，随着小麦制粉技术的不断进步和市场对玉米制品品种与质量的要求越来越高，很多小麦制粉的工艺原则（如既强调同质合并，又注重物料分级与分流处理等）、系统配置（如清粉系统等）、关键设备（如新型磨粉机、精粉机和涡轮风选器等），都被引入到玉米制粉工艺中，对玉米制粉技术的进步和完善产生了极大的推动作用。相关内容在第四章中已有详述。

（一）研　　磨

玉米制粉也遵循逐道研磨、逐道筛分的工艺原则。早期玉米制粉工艺中，研磨系统设置比较单一，通常仅配有 3～5 道皮磨系统，由于没有专门的压胚工艺和其他系统，提胚出粉兼顾，也称“压胚磨粉系统”。新型的联产加工工艺中，研磨系统已被细分和完备，设置有 2 或 3 道胚磨系统（压胚工艺）、4 或 5 道皮磨系统、2 或 3 道心磨系统，还可配置次磨或尾磨。

由于玉米胚中含有大量的脂肪、纤维素以及较多的矿物质(灰分),若混入玉米粉和糁中,势必影响产品品质。同时玉米胚弹性大、韧性好、结构强度较大,而玉米胚乳呈脆性,结构强度小,因此混合物料经研磨后,玉米胚或带胚物料粒度较大。所以磨下物,特别是粉路前路磨下物应及时提胚。

胚磨系统用来处理高含胚物料,通过研磨挤压扩大胚、糁粒度差异,使胚、糁能够有效分离,有利于提胚及胚的纯化,同时剥离胚粒上的连带胚乳。胚磨系统所得玉米粉和其他制品,含脂肪和灰分较高,应与其他系统区别对待。

皮磨系统用来处理玉米渣料,通过研磨挤压造成胚、糁粒度差异,以提取高含胚物料和较好品质的小糁,剥刮胚粒上的胚乳和剥离前路工艺中未擦离的玉米皮,同时大量出粉。心磨系统用来处理粗粒和粗粉,主要功能是磨细出粉,少量提胚,甚至不提胚。

研磨设备是辊式磨粉机。由于玉米加工的在制品粒度较大,流动性较差,磨粉机喂料辊参数和转速、快慢辊转速及速比、吸料管管径及风速等应相应调整。目前国内玉米加工厂使用较多的磨粉机的主要技术参数如表 5-15 所示。

表 5-15 磨粉机的主要技术参数

项目	磨辊规格/mm		
	Φ250×600	Φ250×800	Φ250×1000
磨辊转速/(r·min^{-1})	450～600	450～600	450～1000
快慢辊速比	(1.2∶1)～(2.5∶1)	(1.2∶1)～(2.5∶1)	(1.2∶1)～(2.5∶1)
两辊中心距/mm	250～232	250～232	250～232
功率/kW	4～11	5.5～15	7.5～22
皮带轮直径/mm	355	355	355
外形尺寸(长×宽×高)/mm	1450×1490×1950	1650×1490×1950	1850×1490×1950
机重/kg	2130	2340	255

由于玉米粉路流程短、设备少、产品粗细度要求较粗,磨辊多用齿辊。一般磨辊齿角 90°～100°,锋角 20°～30°,钝角 60°～70°,后路磨辊齿角放大。磨齿齿数一般为 4～9 牙·cm^{-1},胚磨、皮磨齿数少,心磨齿数大。前路小,后路大。为了减少玉米胚损伤,防止胚膜破裂而使脂肪渗入粉中,胚磨、皮磨和前路心磨均采用钝对钝排列,胚磨还可用光辊。心磨后路,或粉路短而大量出粉时可考虑采用锋对锋排列。以皮磨系统为例,磨粉机的技术特性见表 5-16。胚磨可参照 1B,心磨可参照 4B、5B。

表 5-16 各道磨辊技术特性

系统	快辊线速/(m·s^{-1})	速比	齿数(齿·cm^{-1})	齿角/(°)	斜度/%	排列
1B	6～7	1.2	4.0	20/70	8	D-D
2B		1.2	5.0	20/70	8	
3B		2.5	6.5	35/65	10	
4B		2.5	8.0	35/65	10	
5B		2.5	8.5	35/65	10	

全部磨粉机总平均流量(以进入1B磨物料量计算)一般为200～300kg·cm^{-1}·24h^{-1}。前路大,后路小;皮磨大(1B可达600kg·cm^{-1}·24h^{-1},一般不应超过800kg·cm^{-1}·24h^{-1}),胚磨小,心磨最小(120kg·cm^{-1}·24h^{-1}以下,一般不小于60kg·cm^{-1}·24h^{-1})。

(二) 筛　分

筛分的主要目的是提胚、在制品分级和筛粉。

筛分设备采用高方筛、挑担平筛、面粉检查筛等,玉米在制品颗粒大,呈多棱状不规则形体结构,玉米粉易粘连,因而设备的进料装置、筛面张紧和筛面清理装置应作相应调整。

玉米粉路中,筛分设备所需筛理长度较短,为减少设备台数,提高筛理效率,节省占地面积和布置空间,可选用12层或16层的高方筛。

各系统各道磨下物筛路的筛网配备可参照前述在制品分类的粒度特征合理配用,中后路筛网逐渐加密即筛号逐渐放大。

全部筛理设备总平均流量(以进入1皮磨物料量计算)为2000～300kg·m^{-2}·24h^{-1}。

玉米粉路各系统各道所得产品质量是有区别的,应根据产品质量要求,遵循同质合并的原则,分别汇集混合均匀后入仓、计量、包装、分类出品。新型玉米联产加工工艺,已能同时生产小糁、食用玉米粉、数种专用粉、饲用玉米粉,以及玉米皮、玉米胚等产品。

(三) 精分与风选

对于筛分分级后的中小渣粒和粗粉等混合物料,应用精粉机进一步精选分级,然后再分别进入相应系统处理,可以大大提高玉米糁的出率与品质,提高低脂玉米制品的产量。分级后的在制品入磨前,采用涡轮风选器等风选设备,对物料中夹杂的皮、胚和轻质碎屑进行风选分离,也是提高玉米制品纯度的有效手段。

七、玉米干法加工工艺流程

根据对成品要求和加工方法不同,玉米干法加工工艺可分为:玉米联产加工工艺,提胚制糁加工工艺,提胚制粉加工工艺以及全部磨粉不脱胚的加工工艺。

玉米联产加工工艺能提取较多、较纯的玉米胚芽,其他产品的得率和纯度也较高。

提胚制糁加工工艺、提胚制粉加工工艺,在玉米水分较低的情况下脱胚,湿润时间较短,不需蒸汽装置,动力消耗低,产品不需要干燥。一般能得10%的胚和85%的粗玉米粉及中糁、细玉米糁,5%的下脚,但糁的得率不高,产品的纯度也较低。

全部磨粉不脱胚的加工工艺是玉米经过清理,着水湿润一段时间后,不去胚直接把整粒玉米破碎,研磨成各种玉米糁或玉米粉。由于产品含有较多的脂肪,容易酸败,不易保管。这种工艺由于不提胚榨油,浪费油资源,目前已很少采用。

(一) 玉米联产加工

玉米联产指在玉米加工过程中同时提取玉米糁、玉米胚和多种玉米粉的玉米加工工艺。玉米联产有利于充分利用玉米资源,生产多种产品,出品率比单独制糁高15%左右。

玉米联产加工的程序一般是:玉米→清理→水汽调节→脱皮→破糁与脱胚→提糁与提胚→磨粉与提胚。

如果提胚、提糁后剩下的物料不需要磨成粉,直接使用也可以。

清理后的玉米，含尘芥杂质不超过 0.3%，其中砂石不超过 0.02%。经过水汽调节后，玉米的水分一般达到 16%～17%。在脱皮工序，脱皮程度应不低于 70%（指玉米脱掉果皮一半以上者），但玉米的破碎率不要超过 15%。破糁脱胚工序应将玉米破碎成 4～ 6 瓣，脱胚率达到 80%以上；提取的玉米糁要符合质量标准，尽量提高其纯度，降低玉米胚中的胚乳含量。为了提高提胚率，胚中可含有一定数量的皮（皮对胚的榨油影响不大）。

日加工 90t 玉米的联产工艺流程如图 5-15 所示。大糁提取率 29.1%，粗粉 49.3%，胚 10.3%，饲料（包括皮）9.8%，下脚和损耗为 1.5%。

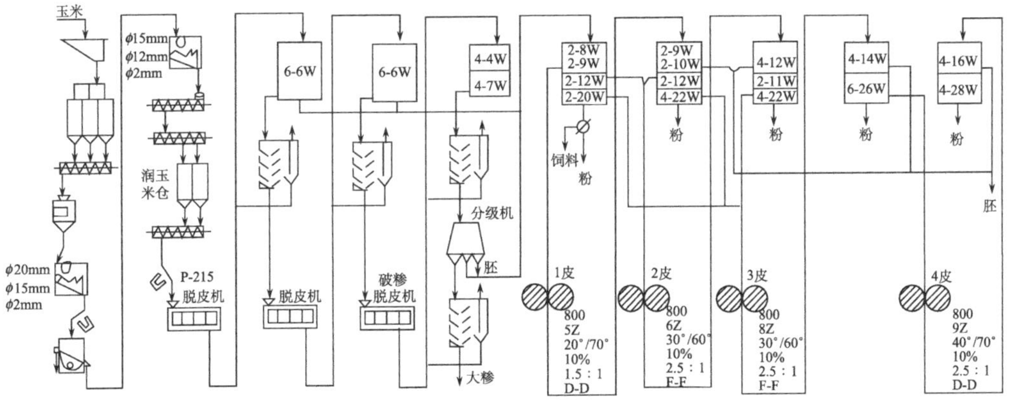

图 5-15　日加工 90t 玉米的联产工艺流程图

清理工序先将毛玉米由下粮坑经斗式提升机送入毛玉米仓。储存量为 24h 的加工量。毛玉米出仓后，采用自动秤计量，之后，进入一台 SZ.100 型振动筛，一台 QSX.71 型吸式比重去石机，然后再进入 SZ.100 型振动筛，组成两筛、一去石、一磁选的清理流程。

水汽调节工序，当气温在 0℃以下时，应采取加温水（40～50℃）、加汽调节；温度在 0℃以上时，可采用室温水分调节（水温 20℃），不加蒸汽。玉米加水后的静置时间为 8～10min。

脱皮工序采用 T-215 型脱皮机，两台串联使用。脱皮后去平筛分级。分级筛可采用改进的挑担平筛，将筛格层数减少，筛面用橡皮球清理，筛格通道加宽，采用三进口筛路。单位流量为 $25\sim30\text{t}\cdot\text{m}^{-2}\cdot24\text{h}^{-1}$。

破糁脱胚工序采用 P-215 型脱胚机。破糁脱胚后的物料用两仓平筛分级。采用双进口筛路，单位流量为 $7.5\sim8.0\text{t}\cdot\text{m}^{-2}\cdot24\text{h}$。分级后的大碎粒和完整的小粒玉米经风选器吸去皮后，重新回到破糁脱胚机。大糁和胚混合物（5～7W）、经风选器吸去皮后，进入一台重力分级机，精选出胚和大糁，大糁再经风选器处理后打包。重力分级机分出的糁、胚混合物料，视完整胚的数量，确定回流或重筛。平筛中 7W 筛下物应送去重筛。

设置重筛的目的是将各路来的粉料进一步分级，以利于同质合并后入磨，进行压胚磨粉，提高提胚和磨粉的效率。重筛采用两仓挑担平筛，单位流量 $6.5\sim7.0\text{t}\cdot\text{m}^{-2}\cdot24\text{h}^{-1}$。

磨粉压胚工序采用 4 道皮磨（磨辊总长度为 320cm），每道提胚。重筛 8W 筛下物中含胚最多，进入 1 皮磨提胚。因此，1 皮磨粉机的磨辊技术特性是以压胚为主，其他磨粉机则既要考虑磨粉，又要兼顾压胚。各道系统的单位流量如表 5-17 所示。

表 5-17　各道磨粉机与平筛的单位流量

系统	磨粉机/(kg · cm · 24h⁻¹)	平筛(kg · m⁻² · 24h⁻¹)
1B	620～650	5000～5500
2B	330～350	5300～5500
3B	110～120	1800～2000
4B	80～100	950～1000

这个流程的缺点是:脱皮后的分级筛流量过大,易产生堵塞现象。四道皮磨的负荷不均衡,3 皮、4 皮负荷过小。此外,在磨中,采用每道提胚,虽有利于提高提胚率,但各道提出的胚未经风选,使胚的纯度降低,榨油时将影响出油率。

(二) 玉米提胚制粉工艺

玉米提胚制粉,即在玉米加工中同时生产玉米粉和玉米胚两种产品的加工工艺。

玉米提胚制粉方法有两种:

①玉米→清理→水汽调节→脱皮→脱胚→重力分级机提胚→磨粉与提胚;

②玉米→清理→水汽调节→脱胚→磨粉与提胚。

第一种方法提胚率高,胚芽纯度好,但用设备多,单位产品动力消耗大;第二种方法提胚效率较低,但所用设备少,动力消耗低。

日加工 100t 玉米的提胚制粉流程如图 5-16 所示。总出品率为 92%,其中,玉米粉为 85%,玉米胚为 7%(胚的纯度在 80%以上)。

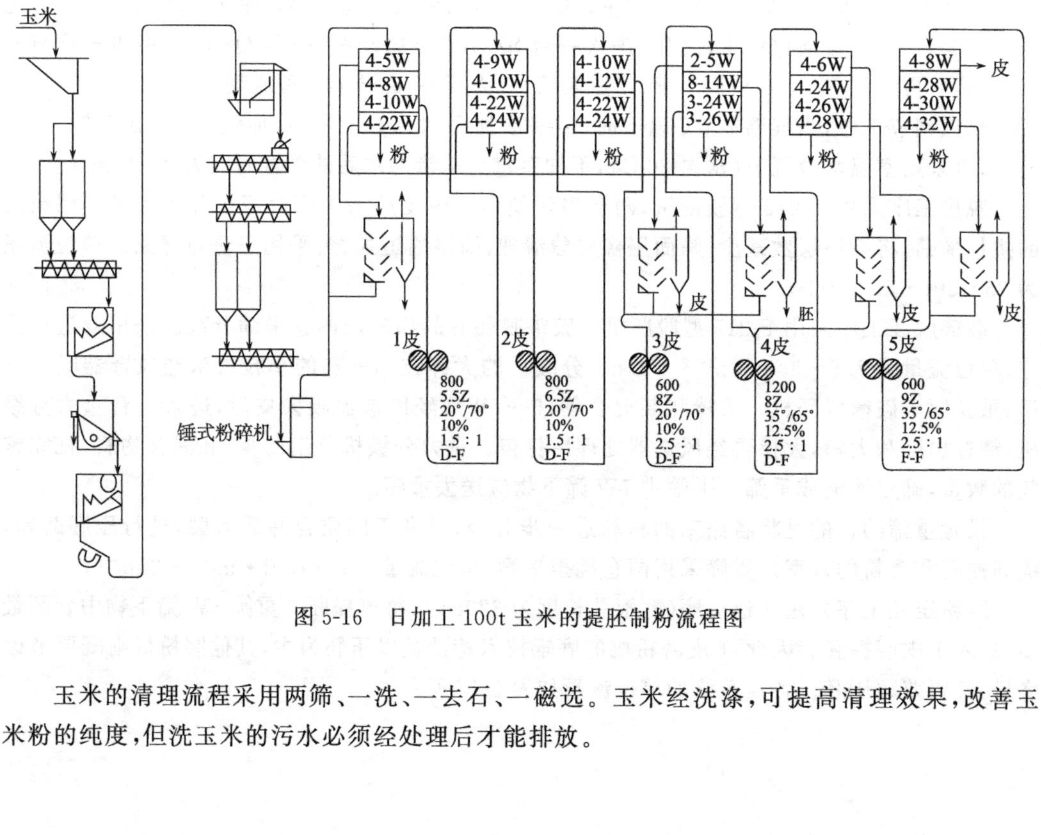

图 5-16　日加工 100t 玉米的提胚制粉流程图

玉米的清理流程采用两筛、一洗、一去石、一磁选。玉米经洗涤,可提高清理效果,改善玉米粉的纯度,但洗玉米的污水必须经处理后才能排放。

水汽调节，利用立式洗麦机着水。气温低时，通过水汽调节机进行调节，使玉米水分达到16%左右。玉米加水后静置1.0～1.5h。适当延长玉米静置时间，在脱胚提胚时，有利于保持胚的完整，不受损伤。

玉米脱胚采用锤式脱胚机，然后经平筛分级，将大渣(5W/8W)、中渣(8W/10W)送至1皮压胚，将小渣和粗粉混合物去4皮磨粉。

磨粉压胚用3台磨粉机(FMS800一台，FMS600两台)。磨粉机总平均流量(按1皮磨物料流量计算)为250kg·cm^{-1}·24h^{-1}。分级筛粉采用FG4×16型高方平筛两台，总筛理面积32m^2，筛理设备总平均流量为1250kg·m^{-2}·24h^{-1}。

采用三压、三筛提胚。从3皮筛分出的胚经风选器吸去玉米皮后去打包。三道压胚磨磨辊的速比采用1.5∶1，两道粉碎磨粉机磨辊的速比采用2.5∶1。3皮、4皮、5皮平筛都设粗筛，其目的是及时将皮分出，减少皮的重复研磨，以提高研磨和筛理的效率，并可改善玉米粉的质量。

提取玉米粉的粉筛筛号，在前路研磨系统采用22W～24W，后路系统则采用28W～32W。后路系统的物料中有较多的玉米皮，要防止它们混入粉中。

(三) 国外玉米干法加工

玉米干法加工的目的是获得最高的玉米糁出品率，尽量减少玉米接中的脂肪含量，避免黑色斑点(根冠)混入，多出玉米粗粉而少出细粉，保持玉米胚芽的完整，提高胚芽的脂肪含量。

玉米干法加工工艺包括：清理，水分调节，脱胚，干燥与冷却，分级与磨粉等工序。

(1) 清理。玉米清理包括：筛选，磁选，打击与吸风，干法比重去石与分级，静电分离，水洗并利用溢流装置除去漂浮轻杂质。

玉米清理中比较特殊的问题是清除鼠类的排泄物，其大小与玉米粒相仿，用筛理方法清理效率不高。静电分离效率可达90%～100%。

(2) 水分调节。玉米水分调节，采用冷水、热水或蒸汽。用撞击脱胚机或辊式磨粉机脱胚时，玉米水分控制在15%～16%；当采用贝尔脱胚机(Beall degerminator)时，玉米水分要加大到20%～22%。玉米加水后，静置1～2h，也有静置16～24h。如果采用蒸汽加湿，可经短时间静置或直接进入脱胚机。玉米脱胚前进行第二次加水，加水量0.5%～1.5%，静置10～20min，以增加胚、皮层和根冠的韧性，然后进入脱胚机。

(3) 脱皮与脱胚。脱皮与脱胚，有不同的方法：采用贝尔脱胚机，或辊式磨粉机，或撞击脱胚机和重力分级机。

在美国，有95%的玉米加工厂采用贝尔脱胚机。

贝尔脱胚机的主要工作机构是一个759r·min^{-1}的圆锥形辊筒。外围固定有锥形磨套，磨套的一半用铸铁制成，内表面有斜筋。另一半为筛板，筛孔直径为7.5mm。玉米从辊筒的小的一端进入，向大的一端推进。在辊筒与磨套间受到摩擦作用，脱下胚和皮，并将玉米粒破碎成两瓣或几瓣，粉碎得到的粗粉、胚和皮穿过筛孔成为筛下物，占进机物料量10%～15%，大的玉米碎粒留在筛筒内，从机器末端经压力门流出。

用贝尔脱胚机，玉米碎粒的得率比较高，脂肪含量低，纤维含量大约只有0.5%，适于制造玉米片。胚乳的硬质部分可生产玉米渣，脱下的胚比较完整，含有脂肪15%～18%。经贝尔脱胚机处理后的物料，需要进行干燥，因此动力消耗较高。

采用辊式磨粉机脱胚最为简单，但分离胚、胚乳、皮层的效率较低。玉米渣和玉米粉的脂肪含量较高，为1.5%～2%。提取的胚芽，脂肪含量约15%。采用辊式磨粉机脱胚，磨辊齿数采用2.5～3.5牙·cm^{-1}，快慢辊速比为(1.25～1.5)：1。

在欧洲，玉米脱胚常用撞击脱胚机。玉米可在自然水分13%～15%进行加工。较其他方法节省动力。撞击脱胚机的工作原理是：将玉米从机器中心落到一个高速转动的圆盘上，在离心力的作用下抛向圆盘边缘，受到柱销的撞击，再甩到外围的挡圈上，将玉米破碎，并使皮和胚从玉米粒上分出来。玉米经撞击机处理，成为胚、胚乳与玉米皮的混合物。玉米皮呈片状，有的粘连根冠，并可能有10%～20%的皮仍粘有胚乳。因此，必须经风选、筛选或比重分级，将未脱胚的玉米、胚和皮分开。脱下的玉米胚，粒度为1～4.5mm，较完整，脂肪含量18%～25%；玉米碎粒和玉米大粒，粒度1～4.5mm，脂肪含量1%～1.5%，粗纤维0.8%～1.2%，出品率约占玉米质量的60%。玉米碎粒和玉米大粒进一步磨细可生产玉米细渣和玉米粉。脂肪含量较高的粉质胚乳较角质胚乳易于研磨成粉。

(4) 干燥与冷却。经贝尔脱胚机处理后的物料，必须进行干燥，使水分降低至15%～15.5%。干燥可采用回转式蒸汽干燥机，在60～71℃下烘干，再经冷空气冷却到32～38℃。或者可采用循环气流干燥装置。在大型加工厂，通常将贝尔脱胚机的筛上物与筛下物分别干燥。

(5) 分级。干燥过的物料经平筛分级，按粒度大小分为大、中、小玉米碎料以及含胚物料和粗粉，然后分别进入磨粉机研磨。大、中玉米碎粒进入1皮磨，小碎粒和含胚物料进入压胚磨。

(6) 磨粉。磨粉机采用辊式磨粉机。磨辊为齿辊。粉路如图5-17所示。

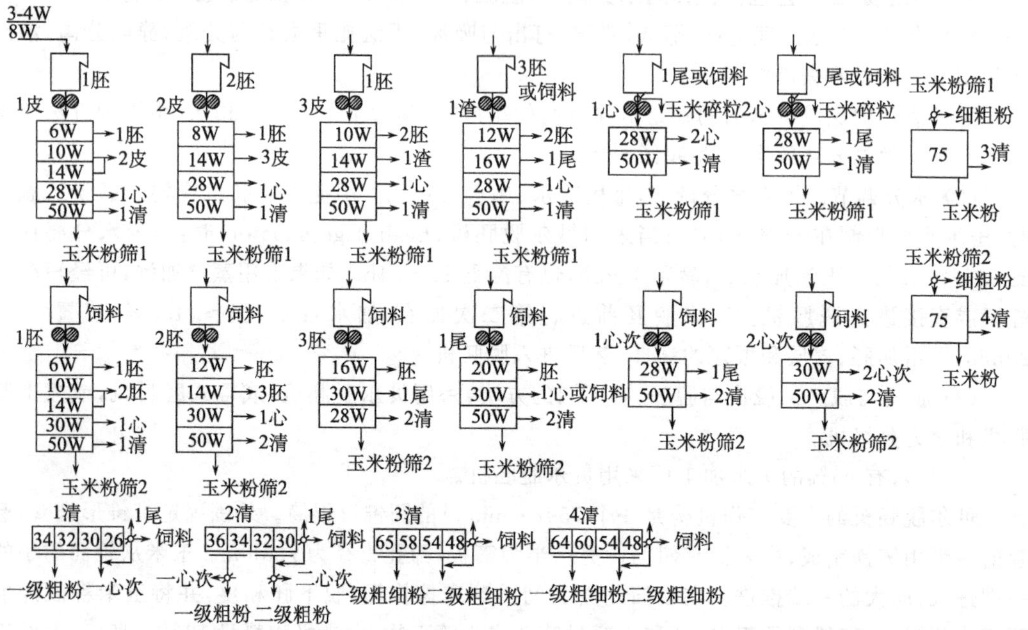

图5-17　玉米干法加工粉路图

磨粉过程分为皮磨、压胚磨、心磨和次心磨四个研磨系统。经各道研磨后的物料去平筛筛理和吸风处理。皮磨系统的作用是从玉米碎粒上剥刮下胚，并尽量保持胚的完整，同时，将大碎粒逐道研磨成玉米渣。各道磨粉机的磨辊技术特性见表5-18。

表 5-18 各道磨粉机的磨辊技术特性

系 统	磨辊长度/cm	齿数/(牙·cm^{-1})	排列	斜度	速比
1 皮	180	3	D-D	1∶48	1.5
2 皮	150	4	D-D	1∶48	2.0
3 皮	90	5	D-D	1∶24	2.0
1 渣	90	6.5	D-D	1∶24	2.5
1 胚磨	180	4	D-D	1∶48	1.25
2 胚磨	120	5.5	D-D	1∶24	1.5
3 胚磨	60	8	D-D	1∶24	2.0
1 心	180	12	F-F	1∶16	2.5
2 心	150	12.5	F-F	1∶16	2.5
1 尾	60	12	D-D	1∶24	2.5
1 心次	60	12	D-D	1∶24	2.5
2 心次	60	12	D-D	1∶24	2.5

在磨粉机操作上,前路研磨系统的研磨作用力较后路为小,即采用不太强烈的研磨,使胚损伤程度降至最低程度,以提高玉米胚的出油率和降低玉米渣的脂肪含量。

为提高玉米粉的质量,将各系统平筛分级筛面分出的物料(28W/50W),经清粉机精选,然后按筛下物的粒度和质量分成四类产品,即玉米碎粒、玉米渣、粗粉、细粒粉,水分含量为12%～14%,经撞击杀虫机处理后包装。玉米及其研磨产品的化学成分见表 5-19。

表 5-19 玉米及其研磨产品的化学成分

产 品	出品率/%	水分/%	蛋白质/%	脂肪/%	灰分/%	纤维/%	碳水化合物/%
玉米	100	10.8	10.0	4.3	1.5	1.7	71.7
渣	40	14.0	9.0	0.8	—	—	—
粗粉	30	12.0	8.9	0.8	1.0	1.2	72
玉米粉	5	12.6	7.1	1.3	0.6	0.9	77.5
胚	14	10.8	13.0	12.5	3.6	4.1	56.0
去皮饲料	11	11.0	9.4	0.7	0.3	0.4	78.2

第三节 玉米湿法加工

玉米湿法加工主要是生产玉米淀粉。一般选用马齿型和半马齿型玉米,淀粉不低于 70%,油脂含量不低于 4.5%,发芽能力不低于 55%,千粒重 210～220g,籽粒密度不低于 700kg·m^{-3},水分不超过 15%,杂质含量低,无病虫感染等。

玉米经清理去杂后,在亚硫酸溶液中浸泡之后破碎,分离出玉米胚芽,再将玉米胚乳磨细,分出玉米皮,再从淀粉和蛋白质的混合悬浮液中分离出蛋白质,洗涤淀粉,从中分离出可溶性物质后,进行机械脱水和干燥,制成玉米淀粉。

一、玉米湿法加工的技术与设备

玉米湿法加工主要生产淀粉产品,同时生产胚、玉米浆、蛋白粉和饲料等副产品。

我国玉米湿法(淀粉)加工的技术与装备可分为三个类型:①引进国外较先进的整套生产线。②引进主要设备[如碟片离心机、冲击磨(针磨)、曲筛、旋流分离器、干燥机等],配以国产的辅助设备形成生产线。③全部采用国产设备组成的生产线。引进装备和生产线主要来自美国、德国、丹麦、日本等国家,特别是大型生产线,已达到20世纪90年代的先进水平,采用全闭环逆流湿法工艺技术并使用计算机控制,经济技术指标较高。以国产设备组成的生产线,工艺为半闭环局部逆流的湿法工艺技术,人工控制生产操作,经济技术指标则较差。通常玉米淀粉厂的两项指标水平为:

指标	高水平	中等水平	较低水平
总干物质收率	≥98%	≥95%	≥93%
淀粉收率	≥67%	≥65%	≥63%

二、玉米湿法(淀粉)加工工艺

(一) 玉 米 清 理

玉米原料中可能含有各种杂质,如破碎的穗轴、秸秆、土块、石子、昆虫尸体及粪便、菌落、其他植物的种子、金属杂质,以及破碎的、不饱满的、未成熟的玉米粒等。为了保证产品质量和安全生产,保护机器设备,必须从玉米中清除各种杂质。

(1) 筛选。筛选是玉米除杂的主要方法。一般采用振动筛除去大、中、小和轻杂质。

(2) 比重分选。用比重去石机去除与玉米籽粒大小相差不多的土块及石子等。

(3) 磁选。在进入浸泡罐和破碎机之前的某个部位安放磁铁,以除去混杂在玉米中的金属杂质。

(4) 清洗。玉米籽粒表面可能黏附灰尘和各种杂质,用洗麦机可以洗掉玉米表面上的泥灰和各种杂质。水力输送装罐时也能起到清洗的作用,清洗玉米的水在装罐浸泡前应排除。

(二) 玉 米 浸 泡

玉米浸泡是玉米淀粉生产中的重要工序之一。浸泡的效果直接影响以后各道工序以及产品的质量和产量。

1. 浸泡的目的和作用机理

玉米浸泡的目的是为了降低玉米籽粒的机械强度,削弱胚乳中淀粉颗粒间保持的连接键,浸提出籽粒中的部分可溶性成分,并通过浸泡使玉米籽粒吸水膨胀,使皮层、胚芽、胚乳易于分离。为了达到上述目的,需要一定浓度的亚硫酸水溶液来浸泡玉米。亚硫酸水溶液可以迅速增加玉米皮层膜的透水性,促进籽粒吸水并使籽粒中的可溶性成分溶出;可以使包围在淀粉颗粒周围的蛋白质网膜打开,有利于淀粉颗粒的游离;还可以有效地抑制随玉米带进来的微生物的活动。

2. 玉米浸泡的工艺条件

玉米浸泡的适宜条件与玉米品种、类型及储存时间等因素有关。一般操作条件为:亚硫酸水溶液的浓度0.2%～0.3%,pH 3.5。在浸泡过程中,浸泡水中的二氧化硫被玉米吸收,亚硫酸溶液浓度逐渐降低,到浸泡结束时,浸泡液中亚硫酸的浓度降到0.01%～0.02%,pH上升至3.9～4.1。浸泡水温度应达到48～55℃。这是因为低温浸泡,玉米吸水慢、时间长,所以,要适当提高浸泡温度,但超过 55℃会造成玉米淀粉糊化,不利于淀粉提取并影响淀粉质量。浸泡时间一般为 60～70h。一般硬质玉米和储藏时间较久的玉米浸泡时要求亚硫酸水溶液的浓度、温度都高一些,时间长一些。

3. 玉米浸泡工艺

为了取得理想的浸泡效果,特别是使玉米籽粒中的可溶性成分能最大限度地被浸提出来,需要用合适的浸泡方法与工艺。

静止浸泡法:每个浸泡罐都是一个独立的浸泡单位,互相之间不发生联系,即在一个浸泡罐内装入玉米和浓度为 0.2%～0.3%的亚硫酸水溶液,经过一定时间,玉米籽粒吸水、软化,并使可溶性成分溶出。可溶性成分在浸泡前期从玉米籽粒向浸泡水中溶出较快,但随着浸泡时间的加长,浸泡水中的干物质浓度增加,玉米中的可溶性成分溶出速度减慢,到一定程度,达到平衡。玉米籽粒中还会有一定量的可溶性物质未能溶出。浸泡水中可溶性物质的浓度只能达到 5%～6%,甚至更低,达不到理想的浸提效果。因此,静止浸泡法现在一般很少采用。

逆流浸泡法:把几个或十几个浸泡罐用管路连接起来,组成一个相互之间的浸泡液可以循环的浸泡罐组。工艺的基本过程是:在新装罐的玉米中注入已经浸泡过玉米的亚硫酸水溶液,而已经浸泡过较长时间的玉米中,再注入新鲜的亚硫酸水溶液。罐与罐之间通过泵使浸泡液实现有规律地逆流循环,即将浸泡液逆着新装进玉米的方向,依次从一个罐泵入另一个罐。到一定时间,最后装入玉米的尾罐的浸泡水被泵出。这样在浸泡过程中,玉米和浸泡液中可溶性物质总是保持一定的浓度差,用这种工艺,浸泡水中可溶性物质的浓度可达到 7%～9%,玉米籽粒中的可溶性成分被充分浸提,为后序的操作创造好的条件。玉米浸泡液的进一步浓缩也可节省能源。

连续浸泡法:在逆流浸泡的基础上,罐内装入的玉米通过卸料口和空气升液器也可实现罐与罐之间的循环,并且与浸泡液的循环方向相反,这样进一步加大了玉米浸泡水之间可溶性物质的浓度差,达到理想的浸泡效果。但是连续浸泡法工艺、设备布置比较复杂。

4. 玉米浸泡的要求

浸泡好的玉米籽粒含水量应达到 40%～46%,籽粒中可溶性物质的含量不高于 1.8%,100g 干物料用 0.1mol/L 的 NaOH 标准溶液的量不高于 70mL。

玉米籽粒各组成部分的吸水膨胀情况是不同的,浸泡后胚芽的含水量高达 60%,胚乳及其他部分含水量只有 32%～43%。

浸泡过程中,玉米籽粒各部分所含的化学成分的比例和含量都会发生相应的变化,见表 5-20。

表 5-20　玉米浸泡前后干物质的变化

玉米成分	各组分百分含量(干物质质量)/%	
	浸泡前	浸泡后
淀粉	69.80	74.7
蛋白质	11.23	8.42
纤维素	2.32	2.48
脂肪	5.06	5.40
戊聚糖	4.93	5.27
可溶性糖	3.1	1.73
灰分	1.63	0.52
其他物质	1.52	1.48

5. 亚硫酸水溶液的制备

亚硫酸水溶液是通过燃烧硫磺，产生二氧化硫气体并将其溶解于水中形成的。其装置有硫磺燃烧炉、二氧化硫气体管路、吸收塔等，形成的亚硫酸水溶液经过调节达到浸泡玉米的适宜浓度即投入使用。

经浸泡的玉米，用清水洗涤，从浸泡罐的卸料口放出，进入破碎工序。

（三）玉米籽粒的破碎和胚芽分离

玉米经过浸泡后，胚芽、表皮和胚乳之间变得很松散，玉米胚乳中蛋白质与淀粉之间联结也减弱。吸水后的胚芽具有较大的弹性，容易从破碎的玉米碎粒中分离出来。所以，玉米破碎的目的是使胚芽与胚乳分开，同时也释放出一定数量的淀粉。

1. 玉米的破碎

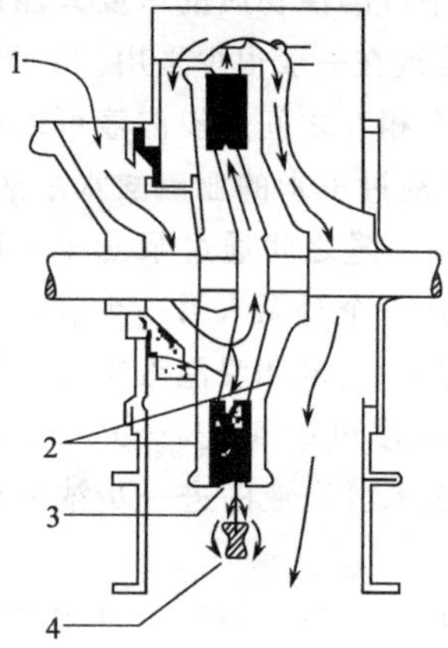

图 5-18　玉米冲击式破碎机（冲击磨）结构示意图

1. 进料；2. 反向转动磨面；3. 磨面；4. 冲击环

浸泡后的玉米进入冲击式破碎机（又称冲击磨），如图 5-18 所示，进行第一次破碎。将玉米籽粒破碎成 4～6 瓣，经胚芽分离后，再进行第二次破碎，使剩下的胚芽进一步与胚乳分离。第二次破碎，使玉米籽粒分为 10～12 瓣。

破碎时，控制进入破碎机的固体和液体之比约 1∶3。液体过多会使物料迅速通过破碎机，导致破碎效果不佳，降低生产效率。如果液量不足，物料黏度增高，使物料通过破碎机的速度减慢，导致胚乳和部分胚芽的过度粉碎。经过两次破碎，物料中不允许有完整的籽粒，联结的玉米胚芽不大于 0.3%。破碎时释放 20%～25%的淀粉。

2. 胚芽的分离

玉米胚芽中淀粉极少，主要是脂肪、蛋白质及糖分。玉米经过粗破碎，胚芽已完全游离出来，易于分离。由于胚芽与胚乳颗粒密度不同，在一定浓度的液体中悬浮程度也就不同。胚芽的分离有以下几种方式。

（1）胚漂浮槽法。这是一种原始的胚芽分离方法。在漂浮槽中，淀粉乳的浓度为 12%～13%，稠度不高于 $70g \cdot L^{-1}$。这时密度较小的胚芽漂浮到液面，然后用刮板刮出。这种方法适合于规模较小的工厂应用。

（2）旋液分离器分离。旋液分离器（图 5-19）是由带有进料喷嘴的圆柱室、壳体（分离室）、液状物料（胚芽）接收室、上部及底部排出喷嘴组成。

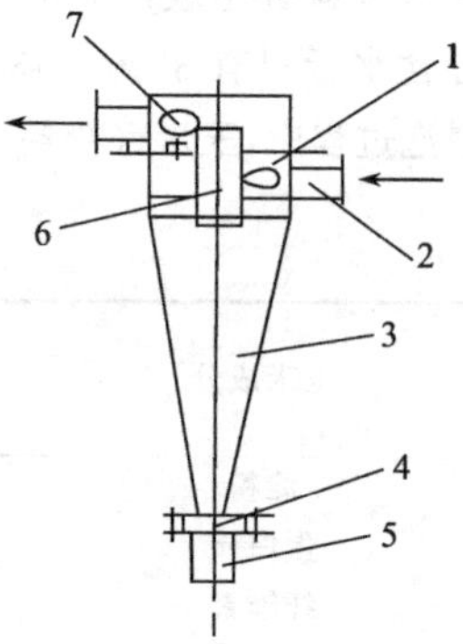

图 5-19　旋液分离器示意图

1. 圆柱室；2. 进口；3. 壳体；4. 可换喷嘴；5. 连接管；6. 胚芽出口；7. 胚芽接收室

由破碎机破碎的物料进入收集器，在 2.452×10^5～2.942×10^5 Pa（2.5～$3kg \cdot cm^{-2}$）的压力下泵入旋液分离器。较重的颗粒做旋转运动，在离心力作用下，抛向设备的内壁，沿着内壁移向底部出口喷嘴。胚芽和部分玉米皮壳密度较小，被集中于设备的中心部位，经过顶部出口喷嘴及接收室排出旋液分离器。利用旋液分离器分离胚芽，应控制好浆料的浓度。第一次分离时，淀粉乳浓度应为 11%～13%，第二次分离时，淀粉乳浓度应为13%～15%，旋液分离器分离胚芽速度快，几乎在瞬间完成，工作效率高，适合于规模较大的淀粉厂使用。

3. 胚芽的筛分和洗涤

经胚芽漂洗槽或旋液分离器分离出的胚芽，都带有含一定量的淀粉乳的浆液。应将取分淀粉乳回收，并洗净附着在胚芽表面的胚乳。筛分和洗涤通过湿筛结合清水冲洗完成。筛除的淀粉乳集中起来汇入后面工序。

（四）研磨（二次粉碎）

经过破碎和胚芽分离之后，浆料中含有胚乳碎粒、皮层以及溶有淀粉粒及蛋白质等成分的混合液状物料。为了使淀粉和其他成分充分分离，便于提取，应进一步将胚乳磨细，为以后分离这些组分创造良好条件。

用砂轮磨或锤碎机等需进行2～4次磨碎。每次磨碎之后要进行筛洗。筛上物再进研磨。用具有离心冲击作用的冲击磨可一次达到要求的破碎程度。

磨细以后，使皮渣与淀粉充分分离，淀粉粒与包围在其周围的蛋白质网膜也充分分离。

（五）皮渣的筛分与洗涤

磨细后的浆料形成悬浮液，其中含有游离淀粉、蛋白质和纤维素（粗渣和细渣）等。为了得到纯净的淀粉，要把悬浮液中的粗渣和细渣分离出去。分离的方式是利用不同类型筛子进行湿筛和洗涤。经冲击磨一次研磨后的物料，多采用曲筛逆流筛选工艺（图5-20）。

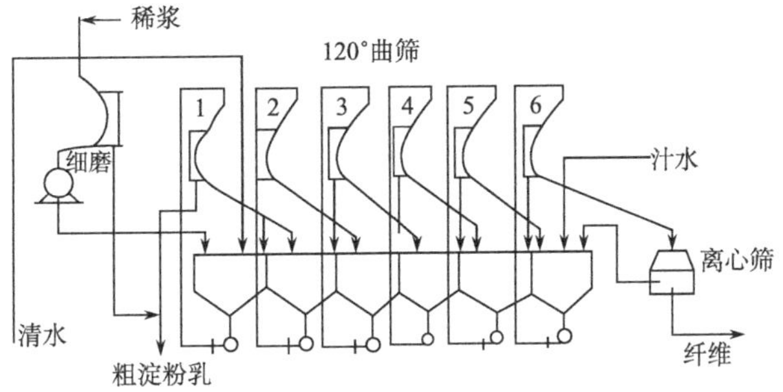

图5-20　皮渣筛选示意图

曲筛是带有弧形的筛面，物料以很大的压力从一端注入曲筛的内弧面，淀粉乳从圆弧形筛面筛出。渣滓沿弧形筛面下滑至另一端排出（图5-21）。曲筛逆流筛洗工艺一般是由7个曲筛组合在一起，第一个曲筛筛孔最小，为0.05mm。筛下物淀粉乳进入下道工序处理。第2～7道曲筛筛孔为0.075mm，用于筛理前一道曲筛的筛上物，即每一道曲筛的筛上物依次输送到下一道曲筛进一步筛洗，直至将渣滓中的游离淀粉清理干净。而第2～7道曲筛的筛下物，淀粉浆液分别用来稀释和清洗前道曲筛的筛上物渣滓。在第6和第7道曲筛进行筛洗时，分别注入适量清水。这样，从最后一道曲筛的筛面上排出的渣滓中的淀粉已清洗干净，输送至皮渣池。这种逆流筛洗工艺可以节约洗渣水，并可最大限度地提取淀粉乳，使皮渣带走的淀粉减少至最低程度。

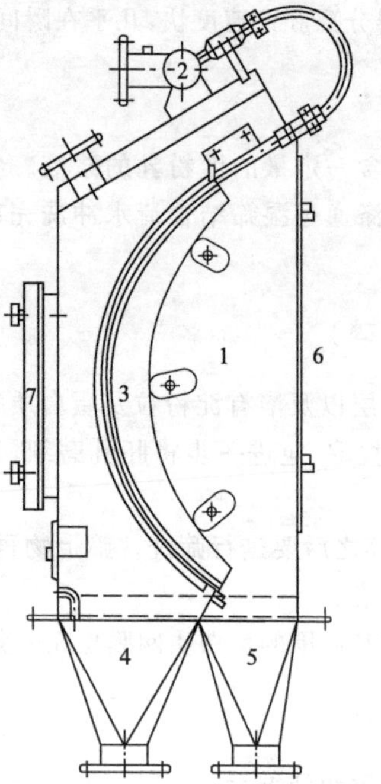

图 5-21　曲筛工作原理示意图

1. 壳体；2. 给料器；3. 筛面；4. 淀粉乳；5. 渣滓出口；6. 前门；7. 后门

在皮渣筛洗过程中，浆液温度应保持在45～55℃，二氧化硫的浓度为0.05%，pH为4.3～4.5。保持一定浓度的二氧化硫是为了抑制悬浮液中微生物的活动。从第1道曲筛得到的筛下物淀粉乳液，应含有10%～14%的干物质，细渣的含量不应超过0.1%。从最后一道曲筛排除的筛上物皮渣中，游离淀粉不应超过4.5%。皮渣中结合淀粉的含量则取决于玉米浸泡的程度和浆料细磨时的磨碎程度。

（六）淀粉与蛋白质的分离

在皮渣筛洗工序得到的淀粉悬浮液中的干物质，除淀粉外，还含有较多的杂质，如表5-21所示。成品淀粉要求把除淀粉之外的各种成分最大限度地清除。所以，对皮渣筛洗得到的淀粉悬浮液需要进行分离，主要是分离蛋白质。在悬浮液中，不同成分之间，在颗粒大小和密度方面存在差别，这是进行分离的理论依据。其中，淀粉粒度为5～30μm，密度1610kg·m^{-3}，细渣60μm，密度1300kg·m^{-3}，蛋白质微粒1～2μm，密度1180kg·m^{-3}。

表 5-21　淀粉乳的化学组成（以干物质计）

成分	淀粉	蛋白质	脂肪	灰分	水溶性物质	二氧化硫
含量/%	88～92	6～10	0.5～1.0	0.2～0.4	2.4～4.5	0.035～0.045

淀粉与蛋白质分离的方法有以下几种。

1. 流槽分离

含有淀粉和蛋白质等成分的悬浮液，在流动的过程中，密度较大的淀粉颗粒首先沉淀下来，而密度较小的蛋白质来不及沉淀而被分离出来。流槽为狭长的平底槽，总长30～40m，槽宽40～50cm，槽底坡度为0.3%，槽头至槽尾高度逐渐降低。流槽一般用砖砌成，表面涂层为水泥或环氧树脂。

淀粉乳从槽头输浆管流出，沿流槽呈薄层流向槽尾，淀粉的沉降速度比蛋白质快3倍，所以先沉于槽底，蛋白质在水中悬浮未及沉淀，从槽尾流出，实现淀粉与蛋白质的基本分离。操作时，要控制淀粉乳在流槽中的流速，一般为6～8m·min^{-1}。流速过快，导致淀粉来不及沉淀，随蛋白质液体排出，降低淀粉得率；流速过慢，导致蛋白质在槽尾部沉淀，影响成品淀粉的质量。

流槽法为间歇式操作。当槽底淀粉沉降到一定厚度时，停止操作，放清水将淀粉冲出，再重复操作。流槽法分离效率较低，分离效果不甚理想，且占地面积大，易污染，仅一些小型淀粉厂采用。

2. 离心分离法

在离心力的作用下,相对密度不同的固体颗粒在液体中的分离速度和质量明显提高。对淀粉和蛋白质悬浮液的分离,采用离心分离机操作效率更高。离心分离机由三个主要部件组成:带有进料口和产品排出口的机壳,传动机构和由一叠锥形碟片组成的转鼓。淀粉和蛋白质在分离机中分离的过程如图 5-22 所示。

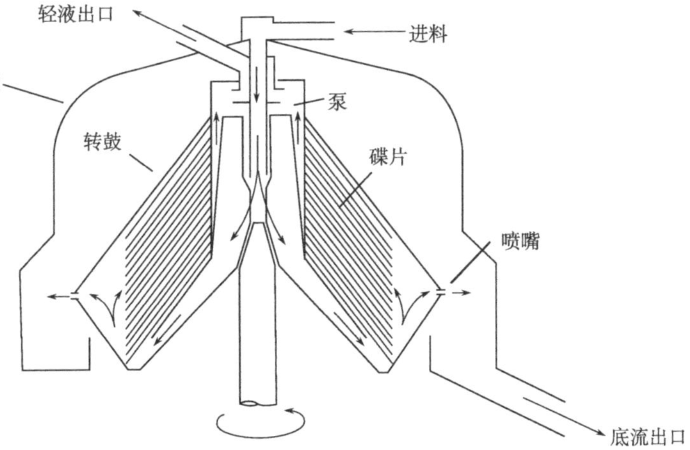

图 5-22 碟片离心机的分离示意图

分离过程是在碟片之间的薄层空间里(0.5~1mm)进行的。淀粉和蛋白质的悬浮液经进料管进入,沿着中心管分布于叠状碟片下。每个碟片都有孔,在组装成叠时,这些孔形成垂直的通道。经过这些通道,产品分布在这些碟片之间。悬浮液随着碟片一起转动,这时离心力作用于悬浮液,使淀粉粒子附着在每个碟片的内表面,在切向力的作用下,使这些粒子和部分液体甩向转鼓的内壁,浓缩了的淀粉悬浮液经过标准的孔口(喷嘴)排出。大部分水和蛋白质粒子由于比较轻,被浓稠的淀粉悬浮液赶至每个碟片的外表面,并通过专门的孔道从分离喷嘴中排出。

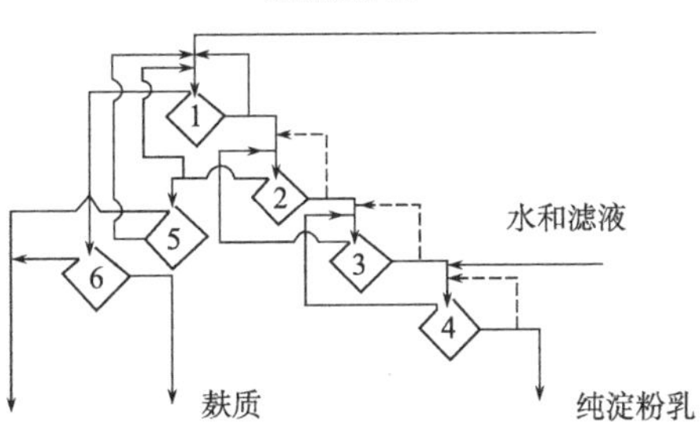

图 5-23 淀粉与蛋白质的分离示意图

淀粉与蛋白质分离宜采用多台离心机连续进行(图 5-23),以达到淀粉与蛋白质的充分分离和浓缩。这种情况下,进料的淀粉悬浮液浓度为 11%~13%,最后一台离心机底流排出的浓缩、纯净淀粉乳被送到下个工序,每台离心机的溢流蛋白质悬浮液依次回流到前一台离心机,第一台和第二台离心机的部分溢流蛋白质悬浮液被送往浓缩设备。

3. 气流浮选法

气流浮选机分离淀粉与蛋白质的流程是:向淀粉悬浮液中通入空气,使悬浮液中形成气泡而向上浮起,形成的气泡的大小为 0.5~30mm,气泡吸附了蛋白质及其他轻的悬浮粒子,漂浮于液体表面,相对密度大的淀粉粒子沉淀于下层。在相同的空气量时,气泡越小,液体与空气接触表面积就越大，越能有效地利用泡沫进行脂肪、蛋白质与淀粉的分离。气泡的大小取决于输入空气的量，也取决于悬浮液的量、浓度和黏度。在悬浮液中，空气占的总体积应为8%左右。进一步增加空气量，气泡的数量随之增长，直至黏合、扩大，这样反而不利于蛋白质的分离。气流浮选法一般不单独采用，往往与其他分离方法结合应用。

（七）淀粉的洗涤

分离出蛋白质的淀粉悬浮液含干物质浓度为33%～35%。可溶性物质对淀粉质量产生一定的影响、特别是利用淀粉生产糖浆和葡萄糖时，对产品质量有不利影响。为了排除可溶性物质，降低淀粉的酸度，提高悬浮液的浓度，可在真空过滤器或螺旋离心机中对淀粉进行洗涤，或利用旋流分离机进行逆流洗涤。

淀粉乳洗涤的次数，取决于淀粉乳的质量和湿淀粉的用途。生产干淀粉所用的湿淀粉通常清洗两次，生产糖浆用淀粉清洗三次，生产葡萄糖用淀粉清洗四次。淀粉乳清洗时，温度为40～50℃。最后一次清洗之后，淀粉的酸度应不高于25mL 0.1mol · L^{-1} NaOH溶液（每100g干物质）。清洗后的淀粉乳中，可溶性物质的含量应降至0.1%以下。

（八）淀粉的干燥

经过前面几道工序后得到的纯净的湿淀粉乳，浓度一般为36%～38%。如果不是直接用来生产淀粉糖，则需进行脱水干燥。淀粉乳的脱水干燥一般分为两步，即机械脱水和气流干燥。

机械方法脱水，可排除淀粉乳中总水分的73%，干燥能排除总水分的15%，还有大约14%的水分残留在干淀粉中。

1. 机械脱水

机械脱水在离心式过滤机中进行。从收集器来的淀粉经过进料阀门及给料管进入转动的转子里面，滤液通过筛网、带孔的转子，经安装在机座底部的分离阀排出。当滤布上沉积的淀粉层达到一定厚度时，停止供给淀粉乳，沉淀层经过一定时间的甩干，由刮除机构刮下，从离心机排出。从离心机中出来的脱水淀粉，含水量为37%～38%，用手可捏成团，但一触即散。从离心机分离出的清液，可返回淀粉提取工艺流程作为工艺水使用。

2. 气流干燥

淀粉经机械脱水后，仍含有36%～38%的水分。这些水分均匀地分布在淀粉各部分之中。因此，只有用干燥的方法才能排除这些水分。含水量较高的湿淀粉属热敏性物料，加热温度过高，会造成淀粉糊化，严重影响淀粉的质量。加热温度过低，脱水速度慢，影响生产效率。所以，选用适宜的干燥方法，对淀粉的质量和干燥效率有决定性作用。气流干燥是目前淀粉干燥广泛应用的方式。气流干燥装置如图5-24所示。

湿淀粉自螺旋加料器进入干燥管，新鲜的空气经过空气过滤器过滤和加热后，由风机吸入或鼓入烘干机系统，在干燥管中与湿淀粉汇合，达到烘干的目的。干燥后的淀粉由刹克龙卸料器收集，排放的空气再经过收集塔回收淀粉，废尾气由排气管排出。

气流干燥机的工作原理是让松散的湿淀粉在运动的热空气气流中将水分蒸发掉，达到干燥的目的。淀粉、空气混合物沿干燥管路的运动速度达14～20m · s^{-1}，在这种运动速度下，湿淀粉的干燥只需几分之一秒的时间就能完成，几乎是瞬间干燥。所以，气流干燥机中可以采用较高的空气温度而不必担心会超过淀粉颗粒允许的加热温度，保证有效地除去水分。气流干

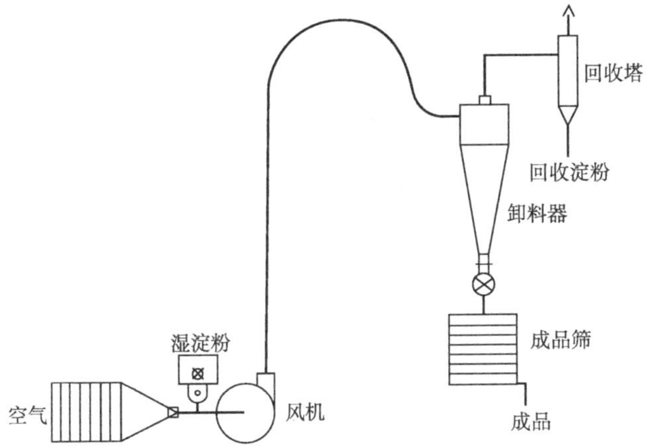

图 5-24 淀粉气流干燥示意图

燥的空气温度可加热到 140～160℃。湿淀粉在热空气中分散良好，干燥的有效面积很大，淀粉粒中的水分瞬间汽化，大部分热量消耗在水分汽化上，淀粉本身的温度一般不超过 65℃，所以，可保证淀粉的质量。经气流干燥后，淀粉的含水量可降低至 12%～14%，达到商品淀粉的含水量标准。这种含水量的淀粉可以长期储存。

玉米湿法生产淀粉产品的得率如表 5-22 所示。

表 5-22 玉米湿法生产淀粉产品的得率 （单位：%）

名称	国外	国内	
		3 万吨 · a^{-1}	1 万吨 · a^{-1}
淀粉	68	68	65
玉米浆	6.5	3.5	3.5
胚芽	6.8	6.5	6
胚芽中：油	3.6	3	2.5
饼	3.2	3.5	3.5
蛋白粉	6.3	6.5	6.5
淀粉渣	12.4	12.5	14
损失	—	3	5
合计	100	100	100

思考题

1. 国内外玉米加工现状和利用发展趋势是什么？
2. 何谓玉米干法加工，能获得哪些产品，其用途有哪些？
3. 玉米脱皮的方法及其目的是什么？
4. 写出玉米清理的工艺流程。
5. 玉米脱胚与破糁的概念和基本要求是什么？
6. 玉米脱胚与破糁主要设备有哪些，其工作原理是什么？

7. 玉米在制品采用什么方法分级,能获得哪些产品?
8. 玉米干法加工工艺分为哪几类,其工艺流程是什么?
9. 写出玉米湿法加工工艺流程。
10. 玉米湿法加工过程为何要对籽粒进行浸泡处理?
11. 浸泡的方法有哪些,何谓逆流浸泡?
12. 淀粉与蛋白质分离的方法有几种,其原理是什么?

参考文献

胡永源 . 2006. 粮油加工技术 . 北京:化学工业出版社
刘英 . 2005. 谷物加工工程 . 北京:化学工业出版社
马涛 . 2008. 玉米深加工 . 北京:化学工业出版社
朱永义 . 2002. 谷物加工工艺与设备 . 北京:科学出版社

第六章　其他谷物的加工

本章的学习目的

了解大麦、燕麦、荞麦、粟米、高粱、糜子等杂粮籽粒的形态结构、生物学特性、营养价值及功能特性；了解它们加工的基本方法。

本章的学习重点

大麦、燕麦、荞麦、粟米、高粱、糜子等杂粮加工产品的工艺流程。

第一节　大麦加工

一、大麦的基本特性

在世界各类作物中，大麦的总面积和总产量仅次于小麦、水稻、玉米，居第四位，平均亩产低于水稻、玉米，居第三位。1985 年世界大麦总产量约 1.780 04×10^8 万吨，中国的大麦面积和产量仅次水稻、小麦、玉米和粟，居第五位。

（一）大麦形态结构

大麦果实大致是一个两端尖、呈锥形的纺锤体，形态结构见第一章图 1-5。

（二）大麦的生物学特性

大麦因其生物遗传特性不同，可分为带壳大麦和无壳大麦、蜡质大麦和非蜡质大麦。

1）带壳大麦

成熟时其颖果外黏附有外稃和内稃，即为带壳大麦。带壳大麦食用时，需通过摩擦或碾剥除去内、外稃，制成大麦粒（称珠麦）。在制粒时，大麦的糊粉层也随之被除去了。这样，就导致了集中于这些组织中的氨基酸和维生素等营养物的大量损失。

2）无壳大麦

大麦在成熟脱粒时，其麦壳也随之脱掉，这种大麦即为无壳大麦。无壳大麦是食品工业的理想原料，因为不需要再进行碾剥脱壳，这样就使得在碾剥加工中容易损失的营养成分得以保留。

3）蜡质大麦

蜡质大麦是相对于一般非蜡质大麦的一种大麦，其重要的遗传特性是具有蜡质淀粉，主要是支链淀粉（胶淀粉），是通过大麦隐性的蜡质胚乳特性而产生的。另外，蜡质大麦，特别是无壳型蜡质大麦的 β-葡聚糖和总膳食纤维含量比非蜡质大麦中的高。表 6-1 比较了非蜡质和蜡质大麦的总膳食纤维（TDF）可溶性膳食纤维（SDF）以及不溶性膳食纤维（IDF）的含量。非蜡质大麦的平均 TDF 为 14.78%，蜡质大麦的 TDF 为 16.10%。非蜡质和蜡质大麦的 SDF 分别为 5.36%和 6.93%，可见二者具有明显差别。

表 6-1 无壳蜡质遗传基因对大麦纤维含量影响

	TDF		SDF		IDF	
	非蜡质大麦	蜡质大麦	非蜡质大麦	蜡质大麦	非蜡质大麦	蜡质大麦
含量/%	14.78	16.10	5.36	6.93	9.35	9.17

4）大麦的其他遗传特性

其他影响大麦营养质量的遗传特性为麦芒的长度，胚乳籽粒的饱满程度，β-葡聚糖的含量以及赖氨酸含量等。

（三）大麦的营养价值及功能特性

大麦的营养丰富，有一定的医用价值及医疗作用，《本草纲目》记有，大麦性味甘咸凉，有清热利水，和胃宽肠之功效。《别录》记载“大麦主消渴、除热、益气、调中”。现代生物化学、药理学、临床学对大麦营养成分、提取物及其药理的研究成果，向人类揭示和证明了大麦籽粒、大麦芽、大麦嫩苗具有很高的生物学价值。

1）大麦的营养成分

大麦的营养丰富，从大麦与小麦、玉米的营养成分比较（表 6-2）可以看出，大麦中蛋白质含量较高，还有丰富的膳食纤维、维生素及矿物质元素，其营养成分综合指标符合现代人们对营养的要求。

表 6-2 几种粮食平均营养成分比较（每 100g 中的含量）

种类	碳水化合物/g	蛋白质/g	脂肪/g	粗纤维/g	维生素 B_1/mg	维生素 B_2/mg	尼克酸/mg	Ca/mg	P/mg	Fe/mg
大麦仁	66.3	10.5	2.2	6.5	0.36	0.1	4.8	43.0	400	4.1
小麦粉	72.9	9.4	1.9	0.6	—	0.1	4.0	43.0	330	5.9
玉米	72.2	8.5	4.3	1.5	0.34	0.1	2.3	22.0	210	1.6

大麦富含蛋白质、脂肪、碳水化合物、纤维素和维生素等，营养成分十分丰富，是其他作物所不能代替的。大麦籽粒中水分占 12%～20%，干物质为 80%～85%。在干物质中，除碳水化合物、蛋白质、脂肪外，还有酶、维生素、微量元素、生物碱和有机酸等。大麦淀粉含量占籽粒干重的 36.3%～68.0%，平均为 55%。淀粉含量高不仅能提高大麦的出粉率，还能提高大麦的酿造价值。大麦籽粒中的蛋白质含量为 6.4%～24.4%，平均 13.1%。其蛋白质含量与小麦相近，均高于其他作物。大麦蛋白质种类有清蛋白、球蛋白、谷蛋白、麦胶蛋白和非麦胶蛋白。大麦籽粒、麦芽、啤酒麦芽中富含氨基酸。特别是赖氨酸的含量很高，为 0.28%～0.75%，平均为 0.47%，明显高于小麦（0.30%～0.35%）、水稻（0.25%～0.30%）、玉米（0.25%～0.32%）和谷子（0.28%～0.33%）等作物。大麦籽粒中脂肪含量为 1.7%～4.6%，平均为 2%，大部分存在于糊粉层内，部分存在于种胚中。亚油酸含量占脂肪酸的 54.3%（麦芽中占 61.8%），油酸含量占 32.8%，亚麻酸的含量很低。大麦籽粒中含有多种酶。主要有酯酶、淀粉酶、纤维素酶、蛋白酶、氧化还原酶、甘油磷酸酶和核酸酶等。大麦籽粒富含维生素，集中存在于胚和糊粉层。1kg 大麦籽粒中含硫胺素 2.1～6.7mg，核黄素 0.8～2.2mg、维生素 B_6 3.1～4.4mg、烟酸 52.0～98.1mg、泛酸 2.9～6.2mg。此外，还含有维生素 A、维生素 C、维生素 E、维

生素K和叶酸、胆碱等。大麦籽粒中还含有铁、铜、钾、钙、磷、硒、锌等20多种微量元素。

总之，大麦的营养价值十分丰富，用途相当广泛，发展前景也较广阔。

2) 大麦的提取物及其功能

(1) 酶类。现代药理分析，大麦中含有各种酶类，如淀粉酶、蛋白分解酶、脂化酶等，利于消化吸收。

(2) 食用纤维及β-葡聚糖。大麦中含有丰富的食用纤维，在消化过程中，纤维提供增大体积、增大硬度和中性的作用，以及减少通过肠道时间，能有效地降低结肠癌产生的风险。另外，大麦中β-葡聚糖和戊聚糖的含量很高，易被吸收。β-葡聚糖具有凝固血胆固醇的能力，可减少食欲和延长食后葡萄糖的消化吸收而控制糖尿病；戊聚糖(阿拉伯木聚糖)可能与肠内含物黏度的影响有关，并有降低胆固醇的能力，因而有益于人体健康。

(3) 尿囊素。0.4%～4.0%的尿囊素溶液局部使用，能促进化脓性创伤及顽固性溃疡愈合，还可用于治疗慢性骨髓炎，尿囊素0.03%～0.13%可用于治疗胃溃疡。

(4) 大麦苗、麦绿素及大麦嫩叶汁。大麦苗即大麦的幼苗，能治诸黄、利小便，冬季面目手足皲疡，可煮汁洗之。麦绿素是大麦苗汁的精华，富含维生素、矿物质、活性酶、叶绿素、氨基酸、蛋白质等活性有效成分，从改善人体细胞的健康和活力开始，全面增强身体素质和机体免疫力，达到防治各种疾病的神奇效果。从大麦嫩叶中提取的大麦嫩叶汁粉，对损伤DNA具有修复作用，还有消炎、镇痛、抑制艾滋病、治疗糖尿病、降低血压等功效。

(5) 大麦芽。大麦芽具有良好的药用效果，《中国秘方全书》中把麦芽的效用归纳为“消食、和中、下气，主治消化不良、食欲不振、呕吐、下痢”。麦芽富含维生素E和蛋白质，有助于头发生长，是防衰老的食物之一；麦芽有保护和增强消化道黏膜，改善通便和防治腹泻等生理功效；另外麦芽富含淀粉酶、麦芽糖、葡萄糖、蛋白分解酶等，主治食积不消、胸腹胀满、食欲不振、呕吐泄泻、乳胀不消。

(6) 其他。大麦制醋剩余的糟粕，酸而微寒，主治气滞风痹，手臂脚膝痛可炒醋糟裹之。

二、大 麦 清 理

清理大麦用的设备与清理小麦的设备相类似，如筛选机、滚筒或碟片精选机、风选机、去石机等。但筛孔、袋孔的大小需改变，以适应大麦的特点。

三、大 麦 制 米

大麦的工艺特性，碾米不及稻谷，制粉不如小麦，然而大麦的胚乳比小麦坚韧，碾去外皮后不易松散成粉粒，因此如同稻谷可碾制成大麦米。大麦与稻谷不同处，在于大麦米残存的糊粉层较少，很容易精白，麦粒的腹沟较深，残留的皮壳不易碾去。由大麦碾成的大麦米分为大麦米和大麦珍珠米两种。大麦米是脱去稻壳以后的净大麦，经粗碾、压碎而成。按碾后进筛的粒度大小分为大粒米、中粒米和小粒米。大麦珍珠米是将大麦粒精碾成椭圆形的完整的米粒，或经粗碾和精碾成球状的米粒。大麦珍珠米按粒度大小，也可分成大、中、小三级。

(一) 碾制大麦米对原料的要求

大麦制米应选择纯度和均匀度高，皮壳率低，蛋白质等营养成分含量丰富，麦粒充实饱满，外形浑圆，皮色浅淡的麦粒。如用皮色和糊粉层呈青绿色、成熟度不足的麦粒，碾制成的大麦米或大麦珍珠米，色泽晦暗，影响出成率和产品的质量。

（二）碾制大麦米的主要过程

大麦碾制成米的主要过程包括：①清理。②水分调节。③漂白。④脱壳。⑤谷壳分离。⑥筛理分级。⑦脱壳大麦经切断，碾制珠形大麦米。⑧脱壳大麦精碾成整大麦米。⑨风选、分级、筛理。⑩磨光。

(1) 清理。可采用小麦制粉的清理设备，但大麦多皮壳，须按大麦籽粒的加工特性，改变筛孔的大小和调节与麦粒接触的机械部件的转速和间距，以防物料流通线路的阻塞。

(2) 水分调节。皮层与胚乳应有适宜的含水量，碾麦时才能具备良好的工艺适性。水分调节包括将大麦加水或干燥，水分调节时间的长短，按净麦的含水量、品质和不同季节而定，一般为24～48h，使水分达到15%。水分调节的作用是使大麦皮层坚韧，麦皮与胚乳易于剥离，降低碾麦时的机械能耗，减少碎屑，提高成品率等。经着水润麦后净麦的含水量为15%～16%。

(3) 漂白。大麦漂白在英国是不准许的。而在德国是常用的，因进口的大麦属硬麦为多，糊粉层为蓝色，需经漂白碾磨成珠形大麦米。漂白的方法，是将脱壳大麦（有时是完整的大麦）放入耐火材料或陶器滚筒内，喷入蒸汽和二氧化硫，利用水蒸气加入1%～2%水分，二氧化硫约0.04%（相当于0.02%的硫）。有时用亚硫酸溶液或亚硫酸氢钠代替二氧化硫。大麦经上述处理20～30min，再入仓储存12～24h，完成漂白作用。在德国，珠形大麦米中二氧化硫的含量不得超过0.04%。

(4) 脱壳和碾米。大麦的脱壳和碾米都是用研磨材料进行摩擦加工的，各有不同的作用。脱壳是除去大麦外壳，在加工时要求籽粒损伤最少；碾米是碾除残留的谷壳，以及部分胚乳。大麦经以上加工过程成为糙大麦米、整大麦米和珠形大麦米。大麦脱壳设备的主要组成为卧式金刚砂辊筒，直径700mm，长度1600mm，有较高的圆周速度21～22m·s^{-1}。在辊筒外围的圆周长度内，1/3为金刚砂制成的弧形托板，2/3为筛板。大麦在辊筒与托板、花铁筛板之间，受到碾削、摩擦作用脱下外壳，碾成糠皮穿过筛孔。另一种大麦脱壳、碾米或磨光设备，为另一卧式金刚砂辊筒，直径较大（1300mm），长度较短（400mm），圆周速度为23～25m·s^{-1}。辊筒外围有用筛板制成的圆筒，做低速旋转，周围速度为0.7～0.85m·s^{-1}。该设备为间歇工作，每碾一次从20～30s至5～8min。脱壳、碾米过程中碾除的糠皮，或磨光过程中碾除的部分胚乳，穿过筛孔成为筛出物。经脱壳或碾米的物料，需用吸风装置清除谷壳和糠粉。英国通常将脱壳大麦直接送入碾米机加工成整大麦米；德国、前苏联，则先将脱壳大麦切断，再按大小分级，送入碾米机中，碾磨成圆球形称珠形大麦米。这种米的出品率为67%（占大麦重）。在德国，碾米过程中还添加有滑石粉，以增进大麦米的白度。但滑石粉有可能诱发颈癌和卵巢癌，故有的厂已不采用。

四、大麦制粉

（一）大麦粉（片）

大麦粉（片）的加工工艺流程如下：

大麦米　大麦粉
↑　　　↑
大麦原料→清理→脱壳、颖果分离→碾皮→研磨筛理→碎麦→加水→蒸烘→压片→烘干

→调味→包装→成品(大麦片)

清理采用小麦加工的常规设备,脱壳和颖果分离采用燕麦加工的设备,碾皮采用卧式或立式砂辊碾米机。研磨筛理采用1皮、1渣、4心工艺。碾皮后制粉,大麦粉质量好;需要时可生产大麦米,精碾后可生产珍珠状大麦米;需制取大麦片时,用精碾大麦米或经1皮破碎后的碎麦通过水热处理后压片,干燥后水分为10%~16%。

(二)大麦膨化粉

大麦膨化粉是原糊粉类食品,按其配料与工艺,可分为纯麦型、混合型、保健型和代乳型等几种。

(1)纯麦型。是以大麦为主料,掺和15%的蔗糖或按蔗糖和甜味倍数计算,选用甜味剂代替10%的蔗糖,制成低糖型。常用作早餐冲调食品或用作其他食品的原料半成品。

(2)混合型。是以大麦米和其他谷物、豆类、芝麻等混合物料为主料,再配其他调味料。产品用途与纯麦产品相同。

(3)保健型。是在纯麦型或混合型的基础上,添加具有保健作用的茯苓、山药、米仁、百合等食药兼用的物料以及人体必需的维生素、矿物质、氨基酸或其他营养强化剂。其产品常用作营养保健食品或调节人体某些生理功能的功能性食品。

(4)代乳型。亦是在纯麦型或混合型的基础上,添加婴幼儿生长发育所必需的营养成分和维生素、矿物质或其他营养强化剂。其产品用作婴幼儿冲调食品或用作加工婴幼儿食品的原料半成品。

工艺流程如下:

主料(大麦或大麦粉或加其他谷物的米或粉)→拌和混合→进机膨化→膨化颗粒→粉碎→膨化粉→配料→混匀筛粉→干燥杀菌→无菌冷却→计量包装→抽样检验→成品。

操作要点:原辅物料必须符合国家颁发的各类原辅物料的质量标准和卫生要求。配方选定应具有针对性,符合营养平衡的科学计量配方。物料清理,须按各类物料的加工特性,如玉米籽粒需要去皮、提胚和精制。物料粉碎后的粒度一般粒径为1~3mm。芝麻颗粒较小须单独炒制后与膨化颗粒混合后一起粉碎。蔗糖预先粉碎过80目筛,在70℃温度下烘1.5h,随后和入膨化粉中。用量较少的调味配料或营养强化剂,为使和入均匀,须先与少量糖粉或膨化粉和匀后再加入,如鱼肝油胶丸,须溶入熬制后冷却至70℃以下的豆油中然后和入。主料控制水分以12%~17%为宜,水分高,膨化温度下降,熟化达不到要求,产品质地粗糙;水分低,膨化温度过高,颗粒色泽焦黄有苦味。膨化颗粒水分为8%~10%,产品水分低于5%,才能具有良好的保存性。膨化操作时,物料进机均匀、机速适中,停机或生产结束时,须及时把机内的物料清刷干净,以免物料冷却后在机内堵塞。

(三)即食大麦营养保健粉

即食大麦营养保健粉是属于保健型的大麦膨化粉,是利用膨化技术,添加了多种天然营养素,无合成色素、合成食品添加剂等物质,是儿童、老年人良好的保健营养粉,亦是职工家庭早餐方便辅食。该产品价廉质高,符合众多家庭消费水平。大麦胡萝卜素与维生素C的含量几乎为0,故需对其进行营养强化。

配比:大麦粉60%,大豆粉14%,红砂糖18%,豆油3%,蛋黄粉4.5%,维生素C粉及鱼肝油(维生素A、维生素D)适量。

原料预处理：

(1) 原料大麦粉的出粉率为74%～78%。

(2) 大豆去皮粉碎至颗粒度为18～30目。

(3) 红砂糖烘干粉碎过100目筛。

(4) 豆油熟化。加热至发烟，去除豆油中水分及其他杂质。

(5) 鱼肝油胶丸，待熬制豆油冷却至70℃以下，加入使其溶解。

工艺流程如下：

大麦粉、大豆粉→搅拌混合→挤压膨化→粉碎→[主料、红砂糖粉、熟豆油(含维生素A、维生素D)、蛋黄粉、维生素C粉]混匀→筛粉→检验→包装→成品

注意事项：

(1) 膨化原料中的水分含量是膨化加工能否顺利进行的关键之一。如水分太多，膨化温度下降，熟化达不到要求，产品质地粗糙，如水分过少，膨化温度太高，膨化颗粒会色泽焦黄有苦味。含水量应以12%～17%为宜。

(2) 膨化物料颗粒度要适宜，一般为16～30目。

(3) 膨化操作中，进料应均匀，速度适中。生产结束，膨化机停止运行后，立即拆下模头，卸下螺杆，清除残留物，防止干结，影响再生产。

(4) 膨化后颗粒度为100～150目。

(5) 搅拌匀质机，应注意控制其转速、运行时间，以便使物料充分均匀混合。

(6) 产品水分含量应小于5%。

产品营养特点：

(1) 营养素全面，比例搭配适当，易于人体消化吸收利用。

(2) 大麦粉制成的该产品，用开水冲泡后，易糊化，形成凝胶体。

(3) 含脂肪、糖、蛋白质量少质优，适于肥胖患者。

(4) 含丰富的膳食纤维。利于人体排便，从而排除过多的胆固醇、有毒物质，对于动脉粥样硬化、糖尿病、高血压、消化道癌等均具一定预防疗效作用。

(5) 本品无任何添加合成色素、抗氧化剂等物质。

(6) 本品不但符合营养学原理，而且风味独特，口感颇好。

(四) 大麦嫩叶汁粉

在大麦绿叶的研究和实用开发方面日本医学博士萩原羲秀20世纪60年代就开始重视对大麦叶汁的研究和开发。近几年我国对麦绿粉的研究和开发也正在进行，华东理工大学目前在基础研究和商品化上取得了重大进展，他们采用的大麦叶正值春季生长旺盛之时，即孕穗之前或正在孕穗时的大麦苗。

加工工艺如下：

麦苗→清洗→粉碎→加水、打浆→榨汁→中和(pH至7.0)→冷冻干燥→成品

制备方法如下。

1) 麦叶汁干粉的制备

取生长期的大麦苗的地上部分去黄叶、杂物、用水漂洗干净、切碎、以麦苗：水=2：1.5的比例在高速组织捣碎机中粉碎成麦苗浆泥；接着用100目尼龙布袋将青汁挤压出(pH6.9～6.4)；用海带灰提取液中和上述压榨汁至pH7.0，随即冷冻干燥，得率为投料量的4%～5%。

2) 海带或其他海生可食藻类的灰分抽提液的制备

市售海带，在600℃左右灰化，冷却后用研钵研成粉末，根据料的干湿度其得率为25%～35%，取灰1份，加无菌食用水20份，搅拌、过滤、得上清液(pH11～12)使用。

大麦嫩叶汁粉的营养成分十分丰富，表6-3列出了它与小麦粉、大米、牛奶、苹果等食物的营养成分比较。大麦嫩叶汁粉中含有的矿物质和维生素类远远高于其他食物，如钾和钙的含量分别是小麦粉和大麻哈鱼的24.6倍和6.5倍，而胡萝卜素和维生素C分别为番茄的130倍和16.4倍，维生素B_2为牛奶的18.3倍，维生素E和叶酸分别是小麦粉的19.6倍和18.3倍。尚含有能除去活性氧化自由基的超氧化物歧化酶、天冬氨酸转氨酶等多种酶。

表6-3　大麦嫩芽汁粉与其他食物的营养成分比较(每100g可食部分)

	小麦粉	大米	牛奶	苹果	大麦嫩芽汁粉
热量/cal①	339	361	59	45	302
蛋白质/mg	10.1	6.2	2.9	0.4	45.2
可消化蛋白质/mg	—	—	—	—	40.8
脂肪/mg	1.9	1.0	3.3	0.5	3.2
碳水化合物/mg	74.0	86.8	4.5	10.4	23.2
纤维/mg	2.0	—	—	0.6	—
Ca/mg	30	3.7	100	3	1108
Fe/mg	3.2	0.45	0.1	0.2	15.8
P/mg	330	99	90	7	594
Zn/mg	—	—	—	—	7.33
维生素B_1/mg	0.3	—	0.44	0.01	1.29
维生素C/mg	0	—	2	5	329
维生素E/mg	2.6	0.4	—	—	51

五、其他大麦食品加工

(一) 大麦粉蛋糕

1. 工艺流程

鸡蛋、白砂糖、膨松剂、香兰素等→混合→打发→加入蛋糕油→加水→加大麦粉或面粉→调糊→入模→烘烤→脱模冷却→成品

2. 操作要点

打蛋。将蛋液、白砂糖、膨松剂和香兰素等放入打蛋桶中，中速搅拌5min，然后再高速搅打，使糖全部溶化后，加入蛋糕油，并继续搅打2～3min，同时分次慢慢加水，当蛋液体积增加至原体积的3倍左右即可。在打蛋过程中要掌握好时间和蛋液的温度，时间短会使蛋糕的比容小，松软度差；时间过长，会出现蛋糊持泡能力下降和蛋糊下塌现象，使烤出的蛋糕表面出现凹陷。蛋液温度过低也会降低其持泡能力，一般不低于27℃为宜。

调糊与入模。将过筛后的大麦粉和面粉加入打蛋桶中，慢速搅拌，直至成为均匀的面糊，

① 1cal=4.186 8J，后同。

然后将调好的面糊迅速加入到经预热和涂油的蛋糕模中，加入量以蛋糕模的2/3为宜。

烘烤。将烤盘放入180℃烤箱中，先开底火，当蛋糊体积胀满蛋糕模且边缘呈微黄色时(8～10min)，打开面火，当温度升到200℃左右时，关闭底火，继续烘烤，当表面呈深黄色时，即可出炉。烘烤时间一般为15～20min。

涂油与脱模。蛋糕出炉后迅速在蛋糕表面刷上少量熟花生油，冷却后迅速脱模即为成品。

产品在保持了良好的口感、色泽、风味和组织状态的同时，明显地提高了产品的营养价值及保健功能。

（二）双歧大麦速食粥

1. 加工工艺

原料→粉碎→调整→挤压膨化→烘干→粉碎→调配→包装→成品

2. 工艺要点

原料。大麦选择无霉变的新鲜大麦，去杂质，去皮。为改善产品外观及口感，原料中添加10%左右的大米粉。

粉碎。适应挤压膨化设备要求，大麦、大米都要粉碎至60目左右。

调整。将大麦粉、大米粉按比例混合，搅拌均匀，测其水分含量，为保证膨化时有足够的汽化含水量，最终调整水分含量为14%，搅拌5～10min，使物料着水均匀。为改善产品的即时冲调性，在物料中加入适量卵磷脂(磷脂酰胆碱)，可提高产品冲溶性。

挤压膨化。选用双螺杆挤压膨化机，设定好工艺参数，将大麦等原料进行膨化处理，使物料在高温高压状态挤压、膨化，物料的蛋白质、淀粉发生降解，完成熟化过程。

后处理。膨化后产品水分含量在8%左右，通过进一步烘干处理，可使水分达5%以下，利于长期保存，干燥后的产品应及时粉碎，细度80目以上。

调配。膨化后米粉为原味大麦产品，略带糊香味，无甜味，通过添加10%～15%双歧因子(低聚异麦芽糖等低聚糖)来改善口感。

包装。调配好的产品应立即称重，包装、密封、防止产品吸潮。

第二节 燕麦加工

一、燕麦的基本特性

燕麦是禾本科燕麦属一年生草本植物，一般分为带稃型和裸粒型两大类。世界各国栽培的燕麦以带稃型为主，常称为皮燕麦，我国栽培的燕麦以裸粒型为主，常称为裸燕麦(又称莜麦)，其产量约占燕麦总产量的90%以上，籽粒全部供食用。我国燕麦主要集中在内蒙古的阴山南北，河北的坝上、燕山地区，山西的太行、吕梁山区，云南、贵州、四川三省的大凉山、小凉山高山地带也有种植。

燕麦性喜冷凉、湿润的气候条件，是一种长日照、短生育期、要求积温较低的作物，很适合在我国日照较长、无霜期较短、气温较低的寒冷地区种植。燕麦根系发达，吸收能力较强，比较耐旱，对土壤的要求也不严格，能适应多种不良自然条件，即使在旱坡、干梁、沼泽和盐碱地上，也能获得较好的收成。

在我国人民日常食用的小麦、玉米、水稻、大麦、高粱、糜子等作物中，燕麦籽粒中的蛋白质、脂肪、维生素、矿物元素、纤维素五大指标均居首位。8种氨基酸的组成比较平衡，其中赖氨酸的含量比其他粮食高1.5～3.0倍。

燕麦食味和适口性好，是我国高寒山区人民的主要食粮。用燕麦制成的麦片是航空人员、婴儿和久病者食用的高级营养品，也是欧美国家早餐的主要食品。

燕麦秸秆不但可以造纸，而且是牲畜的好饲草，燕麦的茎、叶、秸、稃中含有丰富而易消化的营养物质，其中，蛋白质含量5.2%，脂肪含量2.2%，可消化纤维11.4%～18.3%，无氮浸出物44.6%，对提高奶牛和奶羊乳量和乳质作用明显。

总之，燕麦的营养、食用、医疗保健、饲用价值等是其他粮食作物难以比拟的。随着人们生活条件的改善和生活水平的提高，关注食物结构，追求食物营养成为人们对食物选择的首要条件，而燕麦是公认的、理想的健康食物源。燕麦在我国粮食作物中虽属小宗作物，但它却具有其他作物所不具备的优点和成分。燕麦全身是宝，经济价值高，茎、叶、果实、秸秆等无一废物。从食用到防病治病，从农业到畜牧业，从食品加工到轻工业生产以及活跃市场等，都有一定作用。在近代农业中，燕麦仍为重要作物，是区域性农业生产和调剂城乡人民生活中不可缺少的作物，在区域经济发展中占有重要地位。

（一）燕麦的形态结构

燕麦果实和籽粒的形态结构及籽粒的纵向剖面透视见图6-1和图6-2。

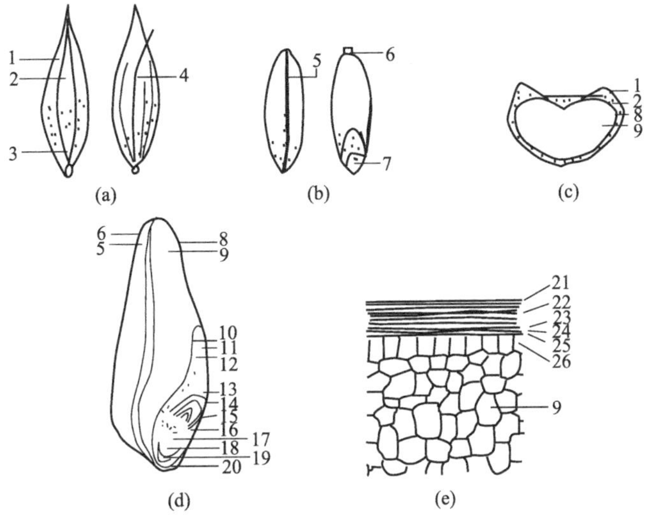

图6-1　燕麦形态和结构

(a)带稃果实；(b)籽粒(颖果)；(c)带稃(颖)果实横切面；(d)籽粒纵向剖视；(e)籽粒局部横切面

1. 外稃(颖)；2. 内稃(颖)；3. 基刺；4. 芒；5. 腹沟；6. 麦毛；7. 胚；8. 果皮；9. 胚乳；10. 上皮细胞；11. 盾片；12. 维管束；13. 腹鳞；14. 胚芽鞘；15. 胚芽；16. 外胚叶；17. 胚轴；18. 胚根；19. 胚冠；20. 胚根鞘；21. 外果皮；22. 中果皮；23. 横细胞；24. 管细胞；25. 种皮；26. 糊粉层

燕麦果实的颖包括内颖、外颖、芒和基刺，如图6-1(a)所示，外颖各为一瓣，外颖外凸，内颖内凹，外颖背部有芒；内、外颖沿边缘向内折弯成钩状，内颖钩边较长，相互钩合，钩合处接触面积较大；除裸燕麦外，籽粒都紧包在内、外颖之间，如图6-1(c)所示。

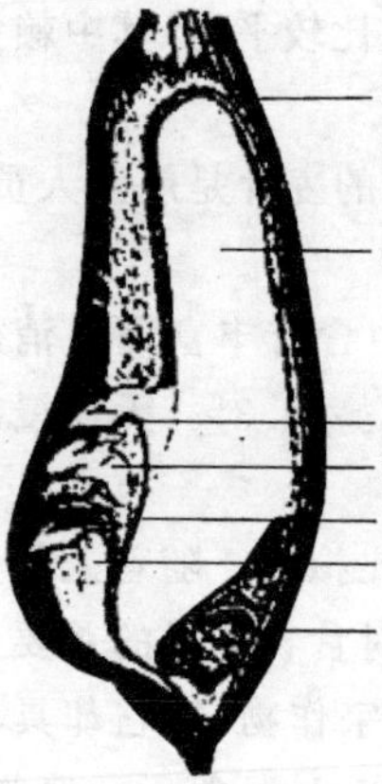

图 6-2 燕麦籽粒纵向剖面透视

脱去内、外颖后得到籽粒(颖果),其形态如图 6-1(b)所示;内颖包裹部位有腹沟,外颖包裹部位有胚;籽粒胚乳为果皮、种皮和糊粉层所裹覆,如图 6-1(e)和图 6-2 所示;糊粉层和胚乳之间尚有一层分界不明显的次糊粉层,图 6-1 和图 6-2 中未表示。

燕麦果实和稻谷相比有如下特点:

(1) 粒形:稻谷粒形长宽比大于 3 者为长粒形,燕麦果实平均长宽比 4,属细长粒形。

(2) 体积质量:稻谷体积质量为 460~600kg · m^{-3},燕麦果实比其小 11%~16%。

(3) 千粒重和悬浮速度:均和稻谷相当。

(4) 静止角和摩擦系数:均比稻谷小。

(5) 颖壳占果实重:稻谷平均为 19%,燕麦带稃果实大于 31%,燕麦的颖壳较厚。

(二) 燕麦的营养价值与功能特性

1. 燕麦的营养价值

由于燕麦属粮食作物,在国内有 4000 多个品种,营养成分含量差异较大,但它与其他的各类粮食比较,具有较高较全面的营养价值(表 6-4)。

表 6-4 每 100g 燕麦粉和其他作物营养成分对照表

营养成分	燕麦粉	大米		小麦粉	小米	高粱粉	玉米粉	荞麦粉
		粗米	粳米					
蛋白质/g	16	7.8	6.8	9.9	9.7	7.5	8.9	10.6
脂肪/g	8.5	1.3	1.3	1.8	1.7	2.6	4.4	2.5
碳水化合物/g	64.3	76.8	76.8	74.6	76.1	70.8	70.7	72.2
热量/kJ	1665	1421	1446	1480	1500	1409	1496	1480
膳食纤维/g	2.1	0.4	0.3	0.6	0.1	1.2	1.5	1.3
钙/mg	58	9	—	58	21	44	31	15
磷/mg	328	203	164	268	240	—	367	180
铁/mg	9.6	2.4	2.3	4.2	4.7	—	3.5	1.2
维生素 B_1/mg	0.29	0.19	0.22	0.46	0.66	0.27	—	0.38
维生素 B_2/mg	0.17	0.06	—	0.06	0.09	0.09	0.09	0.22

燕麦粉的蛋白质平均含量达 16%(采用凯氏定氮法测定),为粳米的 2 倍多,在禾谷类粮食中居首位,这些蛋白质中含有 18 种氨基酸,其中 8 种是人体必需氨基酸,且配比合理、人体利用率高,其蛋白质营养价值可与鸡蛋媲美。我国居民常食用的各类粮食中的第一限制氨基酸——赖氨酸,在燕麦中含量较丰富(仅次于荞麦),补充食用燕麦食品,能弥补我国膳食结构所导致的“赖氨酸缺乏症”的缺陷。

燕麦中的脂肪含量为 8.5%,远高于其他禾谷类粮食。脂肪酸的成分主要由棕榈酸、油酸、亚油酸、亚麻酸、二十碳烯酸组成,亚油酸含量为 35.81%~49.75%(指占不饱和脂肪酸的百分数),平均值为41.42%。

燕麦油脂主要存在于糊粉层和胚乳中。对燕麦油脂的理化研究表明,燕麦油脂无明显异味,熔点12～15℃,碘价109.2～117.81g·$100g^{-1}$,平均相对分子质量约为930.4。燕麦油中80%为不饱和脂肪酸。饱和脂肪酸、单不饱和脂肪酸和多不饱和脂肪酸的比例为0.5∶1∶1,这与市场上调和营养油三种脂肪酸0.7∶1∶1的比例相近。燕麦油脂中还含有内源性的维生素E前体,它们可以维持燕麦油脂的稳定性,清除人体内的自由基。燕麦中的卵磷脂具有预防脂肪肝、保护心脏、促进大脑发育、提高记忆力、消除青春痘、预防老年痴呆等功能。因此,燕麦亦称得上是营养和保健价值优良的新型油脂资源。

燕麦中维生素B_1、维生素B_2、维生素E、钙、磷、铁等含量也是较高的,其中B族维生素十分丰富,维生素B_1、维生素B_2、维生素B_3和维生素B_6,含量分别为1.1mg·kg^{-1}、0.6mg·kg^{-1}、13.5mg·kg^{-1}和1.0mg·kg^{-1}。燕麦维生素B_1和维生素B_2受热不稳定,经加工后损失较多,维生素B_3和维生素B_6受热较稳定,经加工后损失较小。可以采用高温短时的挤压膨化技术生产燕麦食品,从而减少B族维生素的损失。此外,燕麦中还含有维生素E,含量高达150mg·kg^{-1}。

燕麦中的矿物质主要包括钙、镁、铁、锰、锌、钾和磷,这些矿物质对人体新陈代谢的调节起重要的作用。但是,燕麦膳食纤维与这些矿物质结合紧密,在小肠内形成不溶性的复合物,影响这些矿物质的生物利用率。可以通过添加植酸酶和天然络合物如柠檬酸来增加矿物质的溶解性,提高它们在人体内的利用率。

燕麦中含有丰富的高级膳食纤维,近年来对膳食纤维的研究认为无论是在减肥、降血脂及降血糖方面都有极为重要的作用;美国的一项研究表明,燕麦纤维在这方面的效果特别明显。由此可见,燕麦确是一种营养丰富且具保健作用的食品原料,人们称之为"耐饥抗寒"的食粮是不过分的。燕麦中可溶性膳食纤维含量高于其他谷物(表6-5),而且主要是β-葡聚糖。

表6-5 各种食品的膳食纤维含量(%)

食品	总粗纤维	不可溶性膳食纤维	可溶性膳食纤维
食用级小麦麸皮	42.2	38.9	3.3
燕麦麸皮	27.8	13.8	14.0
燕麦片	13.9	6.2	7.7
玉米片	12.2	5.0	7.2
葡萄果	13.0	7.4	5.6
斑豆	10.5	6.0	4.5
白豆	8.7	4.0	3.7
芸豆	10.2	5.5	4.7
菜豆	9.7	6.4	3.3

在美国和欧洲,由于升高的血清胆固醇增加了心血管疾病的危险,因此增加了对燕麦产品的需求,特别是对具有含量较高的可溶性膳食纤维物质(β-葡聚糖)的燕麦麸皮。由燕麦加工的燕麦产品也富含可溶性膳食纤维(表6-6)。

表 6-6 富含膳食纤维的燕麦产品 （单位：%）

加工方法	产品	来源	总膳食纤维(干基)	可溶性膳食纤维
干碾磨	燕麦颖壳麸皮	颖壳	65～98	1～2
	燕麦麸皮	皮、胚、糊粉层、胚乳	18～25	8～12
提取油脂后干碾磨	燕麦麸皮	皮、胚、糊粉层、胚乳	30～40	12～20
提取淀粉	燕麦麸皮(纤维组分)	胚乳	50～60	20～25

2. 燕麦的功能特性

1）对高脂血症防治

燕麦的降脂作用可能与其含有较多亚油酸有关，亚油酸为不饱和脂肪酸，能与胆固醇结合成酯，进而降解为胆酸而排泄，尤其是大量的亚油酸可软化毛细血管，具有预防血管硬化，延缓人体衰老的功能。

1983～1984 年，美国谷物研究所和英国威尔士植物育种站对雏鸡的试验证明：燕麦、燕麦胶（一种 β-葡聚糖，为可溶性纤维）分别掺入饲料中，三周后雏鸡血清总胆固醇（TC）和低密度脂蛋白胆固醇（LDL-C）都明显下降（$P<0.05$）。1989 年，英国、美国、加拿大糖尿病研究协会报道：人体服用燕麦稃（全燕麦食品）两周后，TC 由 $280\text{mg}\cdot\text{dL}^{-1}$ 降到 $226\text{mg}\cdot\text{dL}^{-1}$，LDL-C 由原来的 $190\text{mg}\cdot\text{dL}^{-1}$ 降至 $149\text{mg}\cdot\text{dL}^{-1}$，效果十分显著（$P<0.05$）。

1986 年，孟昭光等、呼业功等同期完成的两项实验报告证实：全裸燕麦粉抑制血脂上升的效果显著。胚层降脂作用接近全燕麦。谷蛋白和油脂也有一定降脂效果。淀粉无降脂作用。燕麦冲剂（简称冲剂）和燕麦片（简称麦片）都有明显降低血清 TC、三酰甘油（TG）和 β-脂蛋白（β-LP）及升高高密度脂蛋白胆固醇（HDL-C）作用；但冲剂比麦片发挥作用早，对降低 β-LP 作用较麦片更明显；对升高血清 HDL-C 作用也先于麦片，并且效果显著，剂量只有麦片的一半。医生一致认为冲剂服用方便，疗效优于麦片，应尽快推广使用。

2）防癌作用

根据中国传统医学文献的记载和国际上对抑制肿瘤的研究报道，麦类资源中存在防止癌变物质的可能性。目前采用燕麦进行抑制肿瘤的研究已初见端倪，对单纯喂燕麦的动物进行研究，观察发现动物的肿瘤生长较小，生存期也较长，但是尚未达到肿瘤抑制率 30%、生存期延长率 50%的活性标准，然而这一结果和发现也足以证明燕麦中存在抑癌物质，只是其中起作用的成分及作用的机理研究尚有待于进一步深入。

3）燕麦的抗氧化作用

抗氧化性是燕麦较为突出的一个生理功能。早在 20 世纪 30 年代 L Lowen，F N Peters 及 S Musher 等就发现燕麦中含有为数众多的抗氧化成分，并提出将燕麦作为一种抗氧化剂的来源。近年来，国外学者对燕麦中的抗氧化成分的研究表明，燕麦中的抗氧化成分主要是各种多酚类物质，如肉桂酸衍生物、对香豆酸、对羟基苯甲酸、邻羟基苯甲酸、4-羟基苯乙酸、香草醛、儿茶酚等。这些组成、形式不同的多酚类物质根据其溶解性的不同大致可分为醇溶性和脂溶性两种，它们都具有较好的抗氧化性能，如抑制食用油脂的氧化、抑制生物体内由 AAPH 或 Cu^{2+} 诱导的低密度脂蛋白的氧化等。近年来，燕麦的抗氧化活性已成为西方发达国家研究的热点之一，其中利用异丙醇提取燕麦抗氧化剂的技术成熟，成本较低，并极有可能实现产业化生产。

4) 抗高血黏度和血小板聚集作用

燕麦还具有抗高血黏度和抗血小板聚集作用。试验证明，燕麦面粉可显著降低高脂饲料组大鼠的血浆黏度和高切、低切变率下的全血黏度，同时能明显抑制 ADP 和胶原诱导的血小板聚集，因而燕麦粉可具有预防血栓形成的作用和功效。

二、燕麦片加工

（一）带壳燕麦片

燕麦片的加工工艺流程如图 6-3 所示。该工艺主要包括清理，脱壳，水热处理、碾麦，切割和筛分，压片等工序。

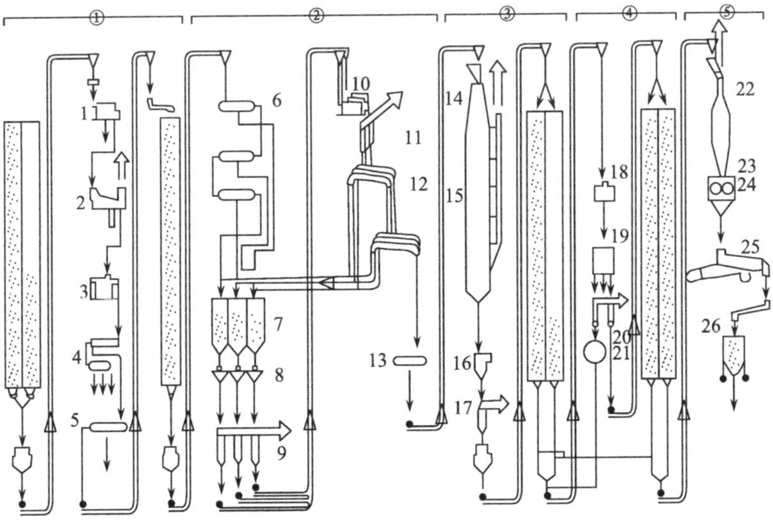

图 6-3　燕麦片加工流程图

①清理；②分级、脱壳、分离颖壳和籽粒；③水热处理，碾麦；④籽粒、切割和筛分；⑤汽蒸、压片和冷却

1. 打芒机(DNRB)；2. 清理筛(MTRA)和垂直吸风道(MVSR)；3. 振动去石机(MTSB)；4. 袋孔分离机；5. 圆筒分级机(DSTZ)；6. 圆筒分级机(DSTZ)3 台；7. 大中小粒储仓；8. 燕麦脱壳机(DMHB、新型 BSSA)；9. 圆形吸风分离器(DSTA)；10. 打芒机(DNRB)；11. 圆形吸风分离(DSTA)；12. 籽粒分离机(DNTB 巴基机)；13. 圆筒分级机(DSTZ)；14. 蒸汽调节机(DSDC)；15. 窑式烘干机(DNCA)；16. 立式碾麦机(DSRD 碾米机)；17. 圆形吸风分离器(DSTA)；18. 燕麦籽粒切割机(ZYPT)；19. 双仓平筛；20. 圆形吸风器(DSTA)；21. 袋孔分离机；22. 蒸汽调节机(DSDC)；23. 喂料机(DSAA)；24. 双辊压片机(DNQB)；25. 流化床干燥冷却机(OTW)；26. 摇动筛(DBTC)

1. 清理

第一步是清理除去一般外来种子、茎秆及粉尘。清理也包括除去复粒燕麦，这种复粒燕麦的主外壳下包着第二粒燕麦，两粒燕麦米都发育不良，从而含壳率高。清理时还要除去针状燕麦(籽粒一般很细、米小或无米)及轻燕麦(粒度正常，但米小或无米)。

大部分大宗粮食清理设备可以应用于燕麦，主要设备及其功能如下。

打芒机：分离合并粒，剪去芒，改善脱壳性能。清理筛和吸风道(或循环风道)：除去大杂、小杂(砂子等)和轻杂。振动去石机：分离石子和重质颗粒。袋孔分离机：除去草籽和异种谷物。圆筒分级机:分离出小燕麦,使不妨碍脱壳、脱壳籽粒和壳的分离。

2. 脱壳

脱壳即从燕麦籽粒上除去颖壳。产量较高时,使用圆筒分级机把进入脱壳分离流程的燕麦按厚度分级。燕麦脱壳的有效设备为撞击脱壳机,其工作原理和稻谷加工用的离心砻谷机相似。燕麦进入中心进料口,在装有叶片的转子中加速后以较高的速度离开转子,冲向具有粗糙面或齿的撞击环,燕麦的颖壳被撕裂。

BMHB型撞击脱壳机,配备有可连续变速的电动机,运转中可连续地改变转子的速度,以便按所加工的燕麦脱壳性能调节撞击能力,以保证稳定的脱壳率。

圆形吸风分离器,用垂直气流从壳和脱壳籽粒的混合物中分离出颖壳,这一设备应也应用于头道和二道的糠皮分离阶段和脱壳燕麦的切割中。

打芒机工作原理相当于小麦制粉设备中的擦麦机,利用转动的后弯打板和机壳上粗糙面或齿板,温和地搅动物料,使谷粒相互摩擦,及与机件摩擦以除去附着于谷粒上的芒、绒毛、麦毛和糠。

巴基机(撞击式谷糙分离机)使脱壳的和未脱壳的燕麦分离开。

圆筒分级机由密闭的容纳圆筒形筛的机壳、出料斗和机座组成,每个圆筒形筛机壳内可装1或2个圆筒形筛;机壳层数可根据分离数量和质量采用单层、双层或三层,即在一个分级机内可容纳1～6个回转的圆筒形筛。每个圆筒形筛支承在滚轮上,每个圆筒形筛由一个中央滚子链传动装置传动。分级机内装有物料流动的管道或内部输送器。每个圆筒形筛装有输送螺旋片(桨叶式)、传动滚轮和支承滚轮,以及由刷子和轻拍器组成的清理装置。筛筒的设计应达到大的开孔面积。按分级用途可配装钢丝筛网,孔宽1～12mm;有埋头孔的筛(孔径2～14mm)或冲孔筛板。其工作原理是采用机械筛分,按谷物大小或谷物厚度进行分级,或按不同特性分成不同的组分。

3. 水热处理

脱壳的燕麦籽粒脂肪含量约8%。燕麦加工过程损伤了细胞壁,产生脂肪酶,如果不经过钝化,很快使燕麦籽粒或燕麦片酸败。水热处理目的就在于钝化,使产品有较长的货架期。使用的设备主要有:立式蒸汽调节机(施加直接蒸汽完成脂肪酶的钝化)、窑式烘干机(除去水分,冷却燕麦籽粒)。

该工序还采用碾麦机,以使燕麦籽粒外表光亮、外形诱人。所得燕麦亦可作为一种产品。

4. 切割

用水热处理后的中间产品利用切割机进行切割,切割后的小燕麦籽粒的粒度约为厚籽粒度的1/4。切割时产生的粗粉在平筛中分离,圆形吸风分离器除去黏附于小燕麦籽粒上的糠皮碎片,袋孔分离机分离出全部未切割的整粒送回切割机。

5. 压片

压片产生淀粉要求的(糊化)胶凝作用,使产品有较好的可消化率。切割后的燕麦籽粒由于改变了组织,更容易制备食用,同时提高了最终产品的外观质量。燕麦籽粒在压片之前必须使其可变形,以增加燕麦片的强度和细屑。压片工序中使用的设备如下。

蒸汽调节机。对籽粒加湿、加热使其可变形;物料在温度100℃下处理约20min,水分达到17%。燕麦片加工中前后两次用蒸汽调节机对籽粒进行水热处理,不仅钝化了脂肪酶和使籽粒可变形,还可除去苦味使产品具有"果仁香味"的燕麦风味和芳香。

双辊压片机。从蒸汽调节机出来的籽粒经过喂料机形成均匀的物料幕进入压片机。

流化床干燥冷却机。把麦片干燥至标准的11%水分,再用冷空气冷却。

摇动筛。除去麦片的团块和细粒,保证产品质量。

(二) 裸燕麦片

1. 裸燕麦加工燕麦片的工艺流程

裸燕麦→清理→碾皮→清洗→甩干→灭酶热处理→切粒→汽蒸→压片→干燥和冷却→包装→成品

这一加工过程既可以生产速煮燕麦片,也可以生产即食燕麦片。所不同的是即食燕麦片在灭酶热处理的时间稍长,淀粉糊化度较高,另外,压片较薄一些,以便冲泡时热水渗透。带壳燕麦与裸燕麦两种燕麦加工燕麦片的过程,除了带壳燕麦需要脱壳,裸燕麦需要清洗外,其余的工序基本上是相同的。

2. 操作要点

1) 碾皮增白

从保健角度看,燕麦麸皮是燕麦的精华,因为大量的可溶性纤维和脂肪在麸皮层。碾皮的目的是为了增白和除去表层的灰尘,因此,燕麦去皮只需轻轻擦除其麦毛和表皮即可,不能像大米碾皮增白一样除皮过多。

2) 清洗甩干

国外生产燕麦片通常使用皮燕麦,经脱壳后的净燕麦比较清洁,一般不需清洗。我国使用的是裸燕麦,表皮较脏,即使去皮也必须清洗才能符合卫生要求。

3) 灭酶热处理

这是燕麦片加工中特别重要的工序。燕麦中含有多种酶类,尤其是脂肪氧化酶,若不进行灭酶处理,燕麦中的脂肪就会在加工过程中被促氧化,影响产品的品质和货架期。加热处理既可灭酶,又使燕麦淀粉糊化和增加烘烤香味。加热处理后的燕麦必须及时进入后工序加工或及时强制冷却,防止燕麦中的油脂过热氧化,降低产品质量。

4) 切粒

燕麦片有整粒压片和切粒压片。切粒是通过转筒切粒机将燕麦粒切成1/3～1/2大小的颗粒。切粒压片的燕麦片其片形整齐一致,并容易压成薄片而不成粉末。

5) 汽蒸

其目的有三:一是使燕麦进一步灭酶和灭菌;二是使淀粉充分糊化达到即食或速煮要求;三是使燕麦调润变软易于压片。蒸煮设备最好选用能翻转的蒸煮机,这可使蒸煮均匀并控制水分。

6) 压片

汽蒸后的燕麦通过双辊压片机压成薄片,片厚控制在0.5mm左右,厚了煮食时间长,太薄产品易碎。

7) 干燥和冷却

经压片后的燕麦片需要干燥将水分降至10%以下,以利于保存。燕麦片较薄,接触面积大,干燥时稍加热风,甚至只鼓冷风就可以达到干燥目的。干燥设备多种多样,最好选用振动流化床干燥机。燕麦片干燥之后,包装之前要冷却至常温。

8）包装

为提高燕麦片的保质期，包装也是重要一环。一般采用气密性能较好的包装材料。如镀铝薄膜、聚丙烯袋，聚酯袋和马口铁罐等。另外，燕麦片是一种速食食品，卫生要求较高，对厂房、设备和人员都有一定的卫生要求。尤其是即食燕麦片，其后段加工应从蒸煮开始尽量做到系统内净菌化生产。

（三）燕麦膳食纤维咀嚼片

采用多种现代食品新技术，经挤压膨化、超微粉碎等工艺加工后制成燕麦膳食纤维基料。将燕麦膳食纤维基料、麦芽糖醇、山梨糖醇和低聚异麦芽糖等主要原料，经混合、造粒、干燥、压片等工序加工后，制成低热量，具有调节血脂、血糖，改善肠道环境和润肠通便等保健功能的燕麦膳食纤维咀嚼片。

1. 工艺流程

麦芽糖醇、山梨糖醇、低聚异麦芽糖、乳酸钙、柠檬酸→粉碎→过筛→混合→制软材→造粒→干燥→压片→灭菌→包装

2. 操作要点

(1) 配料。预先将辅料(麦芽糖醇、山梨糖醇、低聚异麦芽糖、乳酸钙、柠檬酸)经粉碎机粉碎后，过100目筛，与经超微粉碎后的燕麦膳食纤维基料一起投入混合机中进行混合。

(2) 制软材。将物料在混合机中进行混合后，缓慢加入润湿剂，调整物料湿度，制成软材，软材的软硬度一般以手捏能成团，轻压则散为好。

(3) 造粒与干燥。将制好的软材投入摇摆式颗粒机中进行造粒，过8目筛制粒。将湿粒置于65℃鼓风干燥箱中干燥，30min翻动一次。以加快干燥速度，干燥终点以颗粒水分降至3%～5%为宜。

(4) 压片与灭菌。在干燥颗粒中加入其质量0.6%的硬脂酸镁作为润滑剂，混合均匀，送入压片机中压片，将压好的片剂在紫外线下照射20～30min进行灭菌，及时包装，即为成品。

用麦芽糖醇、山梨糖醇、低聚异麦芽糖作为填充剂、甜味剂时，具有抗龋齿、改善肠胃功能的作用，在产品达到良好口感和风味的同时，增加了产品的保健功能；经造粒的咀嚼片的口感、风味、色泽、组织状态及压片性能都有不同程度的提高。这主要由于制成颗粒后再压片，在一定程度上可改善压片物料的流动性和可压性。该产品可丰富燕麦食品系列，并增加燕麦资源的转化途径。该产品食用方便，便于携带，符合国际上食品向低糖、低热量、保健食品发展的要求，具有良好的市场开发前景。

三、燕麦粉加工

（一）燕麦营养粉加工

营养燕麦粉是以高蛋白裸燕麦为主要原料，辅加大豆、白砂糖、胡麻、芝麻、大麻、小茴香等，通过科学配方、加工精制而成。

1. 生产工艺流程

原料精选→去皮→清洗→蒸煮、烘炒→粉碎→磨粉→配料→包装→成品

2. 操作要点

(1) 去皮、脱绒毛、清洗。以裸燕麦为主要原料，由于气籽粒上包被有绒毛，可采用立式塔

型砂辊碾米机对其进行处理。每小时可处理裸燕麦 120～130kg。通过处理可完全脱去燕麦籽粒上的绒毛，并可脱去约 5%的皮，效果良好。将经过上述处理的燕麦利用清水进行清洗，以去除其他杂质。

(2) 蒸煮、烘炒。蒸煮和烘炒是燕麦熟化，即彻底 α 化的两个重要步骤，同时也起灭菌的作用。通过这两个环节，主、辅料可完全熟化，并能快速灭其酶的活性，减少酶分解产物，克服异味。如果有条件可采用膨化代替上述处理，其效果会更好。

(3) 磨粉、配料。蒸煮、烘炒后的主、辅料按照一定的比例进行调配后，通过磨面机进行磨制，细度要求达到 80 目以上。

(4) 包装。采用软塑料复合包装袋进行包装，将磨制好的燕麦营养粉分装成 250g 或 400g 包装，然后利用封口机封口即为成品。

3. 成品质量标准

(1) 感官评价。为黄白色粉末，天然本色，细度 80 目以上，口味纯正，突出裸燕麦特有的风味，甜度适宜，香甜可口。

(2) 理化指标。水分 6%～12%，蛋白质 13%～18%，脂肪≤8%～11%，灰分≤1.82%，碳水化合物≤48.9%，α 化度≥80%，铜、铅、砷不得检出。

(3) 微生物指标。细菌总数<2300cfu · g^{-1}，大肠菌数<3cfu · $100g^{-1}$，致病菌不得检出。

(二) 燕麦复合营养粉

要提高粮食中蛋白质的含量，必须走配合粮食的道路。燕麦中蛋白质含量较低(约 10%)，很少有人吃燕麦粉。在燕麦中加配大豆 14%、花生仁 3%、芝麻 3%，经过炒熟混合磨成粉，再配加 25%的白糖，就制成了燕麦复合营养粉。由于加了大豆、花生仁(含蛋白质 20%～33%)、芝麻(含蛋白质 22.7%)，燕麦复合营养粉中的蛋白质有了相当的提高，其中又含有一定量的油和糖，并且具有燕麦和芝麻的独特香味，就成了老少皆宜的理想食品。食用也很方便，用开水调和即可，最适合于早餐、夜宵，也是野外工作者和旅游者的良好食品。每袋 500g 包装。

其具体生产工艺流程如下：

燕麦、大豆、芝麻、花生仁→清理→水洗→炒熟→混合粉→粉碎→复合粉→配料→包装→成品

四、其他燕麦产品的加工

(一) 裸 燕 麦 米

大部分燕麦用作家禽或其他动物的饲料，仅有 10%的燕麦加工成食品供人们消费。燕麦是带壳收获的，脱去外壳之后称为燕麦米。燕麦米很像小麦或黑麦籽粒，所不同的是胚芽含有一个长盾片以及籽粒被毛状体(绒毛)覆盖。燕麦米是好几种酶的良好来源。不利的一面是脂肪酶系活性很强，如果不使脂肪酶钝化，其加工产品仅有很短的货架寿命。

裸燕麦米工艺流程如下：

燕麦→入仓→风力振动筛→比重分离筛→去石筛→入仓→打毛机→窝眼分离机→巴基分离机→蒸煮烘干→冷却包装→成品

1) 清杂

用风力选机器和比重选机器共同组合清理方式进行。风力选机器工作原理是，基于物料

组成几何尺寸差异及悬浮速度不同进行筛选和风选。风力选由鼓风机和五层不同尺寸筛网组成，网筛可采用腰圆型筛，筛孔腰径15～24mm，上下四层，筛径尺寸可根据当年收购麦粒大小而定，作用是除去特大杂(麦秆)、特小杂和沙土。比重选机器工作原理是，按颗粒不同比重密度进行分选，依据比重法则，即“所有在液体中漂浮或浸入物体都受到一上升作用，该力刚好等于物体排开液体重量”。其作用是除去外形大小差不多但比重不同异杂物，如比重小的空壳和瘪壳，同时能去掉一部分比重大的石砂和带壳裸燕麦。

2) 去石

其工作原理是根据麦粒与石砂相对密度等差异，把物料所含石砂全部除去。

3) 打毛

通过物料与物料和物料与设备间相互表面摩擦，将裸燕麦表皮绒毛打磨掉，同时打磨去一小部分麦粒表皮，使其表面清洁光亮。

4) 去荞

苦荞去除是很关键步骤之一，它直接关系到产品质量，因在燕麦片产品中容不得一片苦荞。去荞机由一组“一小二大”三个窝眼滚筒机组成，小窝眼机收集苦荞，放过燕麦粒；大窝眼机收集燕麦粒放过大杂，从而达到分离燕麦粒和带壳燕麦粒之目的，其工作原理是根据物料长度进行分离。

5) 除壳

国产裸燕麦由于人工杂交或自然野生杂交，会有部分退化麦粒产生，其中一部分会带壳。国内燕麦片加工厂在加工过程中没有脱壳工艺和设备，因此，这一小部分带壳麦粒的去除给燕麦片加工厂带来很大麻烦。本流程选用3型巴基机，承担燕麦粒主要去壳任务。巴基机工作原理是根据弹性分离法，利用净粒和带壳粒弹性、相对密度、摩擦系数等物性差异，供有助于具有最适宜反弹面的分离槽进行分离。配合前面设备部分去壳，按本工艺生产最终燕麦米含壳率可达到5‰以下。

6) 蒸煮烘干

利用常压或低压高温办法进行蒸煮，蒸煮后燕麦粒进入履带烘干机，用热风把燕麦粒水分烘干到10%以下。蒸煮烘干可连续式也可间歇式机器，可以常温，也可用加压；蒸煮烘干目的是灭菌、杀虫和酶钝化。经试验，蒸煮后麦粒保质期有很大提高，产品能销往我国南方及更远地区。蒸煮燕麦米还适合有机加工要求。

7) 冷却包装

通过自然空气风冷方法使蒸煮过的裸燕麦米水分和温度下降，以达到技术标准所规定指标；然后包装成50kg或25kg一袋成品裸燕麦米。

(二) 燕麦膳食纤维的制备

1. 工艺流程

燕麦膳食纤维的工艺流程为：

燕麦麸→筛选、清洗→热水煮沸→淀粉酶水解→碱水解→水洗→漂白→水洗→干燥→粉碎→膳食纤维

2. 工艺要点

(1) 燕麦麸的清洗处理。将取自面粉厂的小燕麦皮过筛，除杂，称量备用。

(2) 酶水解处理。将燕麦麸加入预先煮沸的清水中，按 m(料)∶V(液)为 1∶8，煮 10～20min，然后加入适量的冷水冷却至 55℃，再加入质量分数为 0.5%的淀粉酶和糖化酶混合制剂，保温条件下搅拌水解 100min，使存留在麸皮中的淀粉水解变成可溶性的糊精等以利于水洗除去。

(3) 碱处理。将酶水解后的燕麦麸加入质量分数为 5.0%的 NaOH，于 60℃下水解 100min，使燕麦充分软化。

(4) 洗涤。将软化后的燕麦用自来水洗涤至呈中性为止。

(5) 漂白。将冲洗好的燕麦麸按 m(料)∶V(液)为 20∶1，放入质量分数为 5%的 H_2O_2 的水溶液中，在 50℃的条件下浸泡 120min 漂白，然后用清水将燕麦麸冲洗净。

(6) 脱水干燥。将洗好的燕麦膳食纤维装入纱布袋中，置入离心式甩干机中，以 $3000r \cdot min^{-1}$ 的转速脱水 10min，取出后均匀置于烘盘中，放入鼓风干燥箱中在 80℃的条件下干燥，至干透为止。

(三) 燕麦饼干

1) 配料

燕麦粉 1000g、奶油 600g、红糖 500g、糕点粉 1500g、食盐 20g、鸡蛋 150g、香兰素 2g、焙烤粉 60g、碳酸氢钠 30g、牛奶 60g。

2) 制作工序

搅打奶油→拌料→上模→烘烤→成品

3) 操作要点

(1) 搅拌。将奶油、红糖和食盐放入桨式搅拌机内，低速搅打 15～20min，然后加入鸡蛋、牛奶和香兰素，再低速搅拌至物料完全混匀为止。

(2) 过筛和面。将糕点粉、焙烤粉和碳酸氢钠过筛后混合，然后加入燕麦粉，用前面搅拌好的浆液和面，揉制成软面团。

(3) 上模。将模具刷上一层植物油，用模勺将软面团舀入模具中(或烤盘上)。

(4) 烘烤。把模具(或烤盘)放入 190℃的烘烤箱内，烘烤 10～12min，烤熟出炉即为成品。

4) 产品特点

疏松可口，带有燕麦特有风味。

(四) 裸燕麦蛋糕

1) 制作工艺

裸燕麦蛋糕制作工艺如下：

鸡蛋、白砂糖、水→打蛋(搅打)→(低筋粉、裸燕麦粉、泡打粉)调糊→加油→入模→烘烤→冷却→脱模→成品

2) 操作要点

(1) 原料处理。将裸燕麦粉、低筋粉及泡打粉充分混合。

(2) 搅拌打蛋。将鸡蛋、白砂糖、水放入打蛋桶中，快速搅拌至糖全部溶化，蛋浆液成乳白色且细腻，有光泽。

(3) 调糊与入模。将混合后的裸燕麦粉、小麦粉和泡打粉加入蛋糖混合液中中速搅拌，将

蛋浆和面粉混合均匀、搅拌直至成为均匀的面糊。缓慢加入色拉油并搅拌均匀，但不要破坏泡沫结构。然后将调好的面糊及时加入到经预热和涂油的蛋糕模具中，加入量以蛋糕模的2/3为宜。

(4) 烘烤。将烤盘放入180℃的烘箱中，当蛋糕体积胀满蛋糕模且边缘呈微黄色时，温度升至200℃左右，继续烘烤，表面呈深黄色时即可出炉，烘烤时间20min左右。

第三节　荞麦加工

荞麦是蓼科荞麦属的双子叶禾谷类作物，起源于中国和亚洲北部。荞麦主要栽培品种有甜荞和苦荞。甜荞全身是宝，经济价值高，幼芽嫩叶、成熟秸秆、茎叶花果、米面皮壳无一废物。目前全世界甜荞的主产国是俄罗斯、中国、乌克兰、波兰、法国、加拿大和美国等。我国是甜荞生产大国，面积和产量居世界第二位。甜荞主要分布在内蒙古、陕西、山西、甘肃、宁夏、云南等省(自治区)。

苦荞有很高的营养价值和药用价值，籽粒中含有苦味素，制成的食品略有苦味，苦味素有清热解毒、消炎的作用。苦荞广泛分布于亚洲的高海拔地区，我国主要集中在云南、四川、贵州、西藏和甘肃、陕西、山西等地海拔1500～3000m的高寒山区和高寒地区，并成为这些地区人民的主要粮食之一。

一、荞麦的基本特性

(一) 荞麦的形态结构

荞麦的形态结构见第一章图1-7。

(二) 荞麦的营养价值与功能特性

1. 荞麦的营养价值

荞麦营养丰富，籽粒中含有一些其他粮食作物不含或少含的营养物质。据分析，籽粒中含蛋白质10.6%～15.5%，脂肪2.1%～2.8%，淀粉63%～71.2%，纤维素10.0%～16.1%。苦荞的几种主要成分与甜荞相比较。蛋白质高1.7倍，脂肪高1.6倍，维生素B_2高1.7倍，维生素P(芦丁)高12.14倍，而矿物质、淀粉、维生素C的含量甜荞高于苦荞。

1) 蛋白质

荞麦的蛋白质含量高，尤其是苦荞，常作为食物蛋白的重要资源。荞麦面粉中的蛋白质含有种类较多的氨基酸，且有平衡的氨基酸组成。荞麦面粉中水溶性的清蛋白和球蛋白含量较高，占总蛋白质的50%以上，这与一般谷类粮食的蛋白质组成不同，相反却近似于豆类。荞麦面粉的蛋白质中类似小麦面粉中面筋的组成蛋白含量非常低，所以食物中用荞麦面粉替代部分面粉和谷物，可以缓解因面筋食物引起的下腹疾病对人体的损害。

然而，荞麦和荞麦制品的蛋白质消化性较低。据对影响荞麦面粉蛋白质消化性的内在因素分析，有两个主要因素：一是存在抗营养物质，如蛋白酶抑制物和丹宁；二是荞麦蛋白质中对蛋白质水解活性有利的敏感性分泌因子的含量低。关于荞麦蛋白质消化性低对人体健康是否有利是很难定论的，对于当今的主要营养问题——肥胖，这类人群可能不必在胃肠道全部吸收所摄取的食物成分，其体内出现的一些物质，如蛋白酶抑制物和丹宁，对人体可能具有有益的作用。

2) 矿物质

荞麦含有丰富的矿物质。如常量元素的磷、钾、镁、钙，微量元素的铜、铁、锌、锰等，荞麦是这些矿物质元素的重要资源。众所周知，人体营养需要的矿物质有 20 多种，人们对于矿物质的营养功能和生物活性的兴趣正在增长。

3) 维生素和类黄酮类

苦荞维生素含量较高，含维生素 B_1 0.18mg·g^{-1}、维生素 B_2 0.50mg·g^{-1}、维生素 B_6 0.02mg·g^{-1}、维生素 E 1.347mg·g^{-1}。

荞麦的类黄酮类物质含量高。Dietrych-Szostak 等从荞麦种子中分离并确定了 6 种黄酮物质。其中有芦丁、牡荆碱(vitexin)、槲皮素、异牡荆碱(isovitexin)。其中存在于面粉中的仅是槲皮素和异牡荆碱，而种子壳中则含有所有 6 种类黄酮物质。黄酮类物质特别是芦丁对人体具有多种生理功能，能维持毛细血管的抵抗力，降低其通透性及脆性，促进细胞增生和防止血细胞的凝集；还有消炎、抗过敏、利尿、解痉、镇咳、降血脂、强心等方面的作用。对治疗心血管病，糖尿病和肥胖症等疗效显著。另外充足的黄槲皮素使苦荞有较好的祛痰、止咳作用和一定的平喘作用。由于荞麦壳中的黄酮类物质显著高于种子，因此在加工荞麦产品时不可做得太精。

荞麦的其他部分，特别是叶和花中的黄酮类物质含量比种子中高得多，如 Kreft 等采用毛细管电泳法测定荞麦种子和根、茎、叶和花的芦丁含量时发现，麸皮和面粉中的芦丁含量为 131～476mg·kg^{-1}，面粉中为 19～168mg·kg^{-1}，而叶、茎和花中分别达 300mg·kg^{-1}，1000mg·kg^{-1}和 46 000mg·kg^{-1}。

4) 淀粉和膳食纤维

在荞麦种子中淀粉的含量在 70%左右。地区和品种间淀粉含量有差异，四川的甜荞、苦荞种子淀粉含量均在 60%以下(干基)，陕西的甜荞种子淀粉含量为 67.9%～73.5%，苦荞种子为 63.6%～72.5%(干基)(表 6-7)。

表 6-7　荞麦的淀粉和膳食纤维含量与大宗粮食比较

种类	甜荞	苦荞	小麦粉	大米	玉米
淀粉/%	65.9	73.11	74.6	76.6	70.2
粗纤维/%	1.01	1.62	0.6	0.4	1.5

从营养学角度看，淀粉主要分为 3 类：①快速消化淀粉(RDS)。②缓慢消化淀粉(SDS)。③抗性淀粉，指不被小肠吸收，能在大肠发酵的淀粉(RS)。

缓慢消化淀粉和抗性淀粉能够平缓血糖反应，对糖尿患者有重要的营养价值。抗性淀粉在大肠内发酵，可能是阻止结肠癌发生的重要原因，与可溶性非淀粉多糖的作用相类似，能够降低血浆总胆固醇和三酰甘油的含量。长期摄取含大量抗性淀粉的食物，可以改善体内胆固醇水平。荞麦中的抗性淀粉比例高(与小麦粉面包相比)，葡萄糖分子释放缓慢，可作为糖尿患者良好的补充食品。

荞麦种子的总膳食纤维含量 3.4%～5.2%，其中 20%～30%是可溶性膳食纤维，葡聚糖含量特别高。

2. 荞麦的功能特性

荞麦有较高的药用价值。荞麦气味甘、平、寒、无毒。具有开胃宽肠、下气消积、清热利湿之功效，治疮痈、疖游、丹毒、烫火伤，多外用。据《农政全书》、《本草纲目》记载，荞麦可“实肠胃，益气力，续精神，做饭食可压丹石毒”；以蜡调荞麦粉可“涂小儿丹毒疖肿热疮”；也可“降气宽肺，磨积滞，清热肿风痛。降除白浊白带、脾积泄泻”。用硫磺末与“筱麦”各半做饼，可治“痈疽发背一切肿痛”。荞麦中的芦丁具有软化血管、保护视力和预防脑血管出血的作用，可治疗高血压、控制糖尿病，有预防微血管脆弱性出血的作用。我国利用野生荞麦研制成功的“金荞麦片”，其有效成分是双聚原矢车菊苷元，具有较强的免疫功能与抗菌作用，是一种新型的消炎药物。荞麦面可除湿热、祛风痛、消积滞，荞麦苗可止泻痢，荞麦叶“下气，利耳目，多食即微泄”。苦荞麦则“甘、苦、温、有小毒”，用苦荞皮、黑豆皮、绿豆皮、决明子、菊花作枕，有很好的明目作用。

1）防治高血压、冠心病

荞麦有防治高血压、冠心病的作用。荞麦粉中含大量黄酮类化合物，尤其富含芦丁，芦丁具有多方面的生理功能，能维持毛细血管的抵抗力，降低其通透性及脆性，促进细胞增生和防止血细胞的凝集，还有降血脂、扩张冠状动脉、增强冠状动脉血流量等作用。荞麦粉中所含丰富的维生素有降低人体血脂和胆固醇的作用，是治疗高血压，心血管病的重要辅助药物。而且，荞麦粉中含有一些微量元素，如镁、铁、铜、钾等，这些都是对心血管具有保护作用的营养因子。

2）防治糖尿病

荞麦有防治糖尿病的作用。长期以来，医学界一直想寻求一种适合糖尿病患者而又没有副作用的食品应用于临床。后来，人们找到了荞麦这一理想的降糖食品。经临床观察发现糖尿病患者食用荞麦后，血糖、尿糖都有不同程度的下降，且无毒副作用，很多轻度患者单纯食用苦荞即可控制病情。同时发现高脂血症患者，食用苦荞后，胆固醇、三酰甘油均明显下降。进一步研究发现，荞麦之所以能降血糖，与荞麦中所含的铬元素有关，铬可促进胰岛素在人体内发挥作用。

3）抗癌作用

荞麦的抗癌作用也为世界医学界所关注。科学家认为，荞麦中含有大量的镁，镁不但能抑制癌症的发展，还可帮助血管舒张，维持心肌正常功能，加强肠道蠕动，增加胆汁，促进机体排除废物。荞麦中的大量膳食纤维能刺激肠蠕动，加速粪便排泄，可以降低肠道内致癌物质的浓度，从而减少结肠癌和直肠癌发病率。此外，动物实验表明荞麦蛋白提取物对雌鼠乳肿瘤的发生有抑制作用。硒的存在也是荞麦具有抗癌作用的原因。

4）防止内出血

当血压逐渐升高时，血液中的部分营养成分就会透过血管壁渗到外面组织中去，然后在各个部位或者皮下组织造成“内出血”。“内出血”若发生在皮下组织，也许问题不很严重，如果“内出血”发生在脑部血管中，那就是“脑溢血”。若抢救及时，尚可挽留生命；一旦抢救不及时，则可能危及生命。本来人体自身有一整套抑制脑溢血的保护系统，但由于年龄偏大，或因为保养不善，患上了高血压，也有的人因为体内缺乏维生素 P，使原有的保护系统失去应有的“保护”作用。维生素 P 能使血管常年保持一定韧性，让血管充满生机和活力。维生素 P 由芸香苷、橘皮苷和圣草柠檬 3 种物质组成。其中，又以芸香苷的作用最大。将芸香苷与维生素 C 一起服用，则可以更有效地增加血管的韧性和强度。荞麦富含芦丁，所以如果经常食用荞麦制成的食品，对防止内出血大有裨益。

5）延缓衰老

从荞麦的营养特性可知，荞麦蛋白复合物能提高体内抗氧化酶的活性，对脂质过氧化物有一定清除作用，提高机体抗自由基的能力，因此具有延缓衰老和降血糖的作用。荞麦中丰富的维生素 E 有促进细胞再生、防止衰老的作用。

此外，荞麦中丰富的维生素、黄酮类物质和矿物质等营养素使得荞麦还具有其他药用价值。例如，维生素 B_1 能增加消化功能、抗神经炎和预防口角炎、唇舌炎、睑缘炎。硒有抗氧化和调节免疫的作用，不仅对防治克山病、大骨节病、不育症和抗衰老有显著作用，还有抗癌功效。

二、荞 麦 清 理

荞麦的清理工艺同一般的粮食加工清理工艺相近，通过筛选、风选、去石、打击、磁选和精选，清除荞麦里的各类杂质及其他谷类杂质。荞麦简易清理工艺流程见图 6-4。

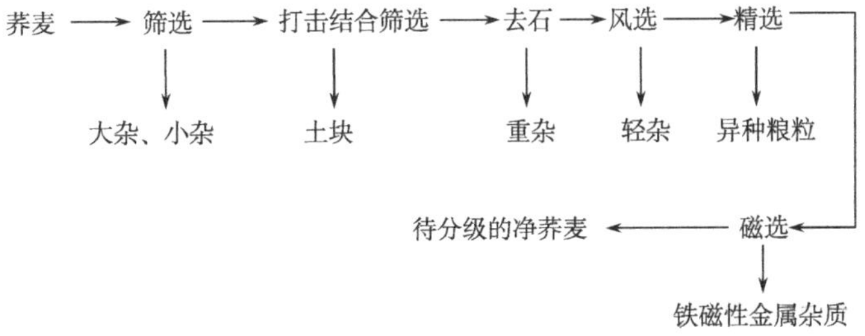

图 6-4　荞麦简易清理工艺流程图

设计荞麦清理工艺时，需要考虑荞麦的容重、千粒重、水分、悬浮速度和荞麦种子的长宽度等参数。荞麦的密度一般为 $550\sim600\mathrm{kg\cdot m^{-3}}$，其平均千粒重为 14.1～23.5g，荞麦的水分一般为 13%左右，荞麦的悬浮速度为 $7.5\sim8.7\mathrm{m\cdot s^{-1}}$，荞麦种子的长度为 5～6.7mm，宽度为 3～7.1mm。荞麦的筛选可选用高效振动筛、平面回转筛、圆筒初清筛等筛理设备，一般设 2 或 3 道筛选可达到清理要求。风选可选用自循环风选器、垂直吸风道等风选设备，使其与筛选或打击清理设备结合使用，风选效果更好。去石可选用吸式比重去石机、比重分级去石机及自循环风去石机，可根据原料含石子情况，在清理工艺中设 1 或 2 道去石。

打麦可以选用卧式打麦机、立式花铁筛打麦机、擦麦机、刷麦机等打麦设备。当产品以荞麦仁为主时，应减轻荞麦清理工艺中的打击力度，防止荞麦仁因打击力度过大而破碎。当生产的产品注重荞麦皮的质量时，还应采用合适的抛光机并结合刷麦机的刷麦作用，对荞麦外表面进行抛光处理，使得生产出的荞麦皮外表光洁发亮。磁选可以选用永磁筒、简易磁栏、磁力分选器、永磁滚筒等粮油行业通用的磁选设备，可设 2～4 道磁选。

三、荞 麦 制 米

荞麦脱壳即成为荞麦米，荞麦米的加工工艺为：

清理→原粮分级→热水浸润→脱壳→成品分级→色选→包装

工艺操作要点：

1）清理

见本节第二部分。

2）荞麦的分级

荞麦二次分级工艺流程（1# 荞麦粒度最大；2# 荞麦粒度次之；6# 荞麦粒度最小）：

待分级的净荞麦→头道分级筛→较大粒度荞麦→二道 1# 分级筛→1# 荞麦 2# 荞麦 3# 荞麦

↓

较小粒度荞麦→二道 2# 分级筛→4# 荞麦 5# 荞麦 6# 荞麦

荞麦分级能使其粒度均匀一致，脱壳工艺参数易于掌握和调控，脱壳效果好。在分级工艺中，应依照产量大小，选用 2～4 次分级，通过分级设备分出荞麦粒度。按不同粒度分储于不同麦仓，以待脱壳。

3）荞麦的热水浸润工艺流程

某一粒度等级的荞麦→着水→混合→浸润→待脱壳荞麦

荞麦水热处理工艺参数应根据不同加工地域和不同季节，采用冷水或者热水对荞麦进行热处理。一般热水温度不宜超过 40℃，浸润时间应根据原粮情况及水温控制在 10～45min，加水量控制在 1.5%～4%，原则上不让荞麦仁吸水变黏，以免影响脱壳。为保证良好的着水效果，可加仪表温度计和流量计加以控制，而荞麦湿润仓应保证荞麦在仓内达到足够的浸润时间。

4）荞麦脱壳工艺流程

荞麦脱壳工艺流程如下：

待脱壳荞麦→头道脱壳机→吸风分离器→二道脱壳机→吸风分离器→三道脱壳机→吸风分离器→四道脱壳机→吸风分离器→分离筛

荞麦加工工艺的重点是荞麦脱壳，一般经四道脱壳分离，使荞麦脱壳，然后进入下道工序。

荞麦米加工过程中的关键问题是提高荞麦米的整仁率，降低破碎率，并保证荞麦皮的完整。现有的脱壳机生产率低、破碎率高。科研单位和大专院校对荞麦脱壳机进行了研究。过去的荞麦脱壳机主要是离心脱壳，荞麦从中心喂入料，然后由叶轮将荞麦抛向脱壳机外壳，并和外壳内表面撞击而脱壳。这种形式生产率较高，但整仁率较低，破碎率较高。近年来研究的方向是搓揉式，分滚筒式和平面式两种。内蒙古农业机械化研究所研究成功滚筒式脱壳机，在转动的滚筒和固定的凹板之间搓揉荞麦，此种方式整仁率较高，但由于滚筒表面和凹板表面粘有橡胶板，加工工艺复杂，而且不能保证相等的间隙。内蒙古农牧学院研制的平面搓揉荞麦脱壳机，荞麦在两个平盘之间搓揉，其中一个转动一个固定，整个工作面间隙相同，而且调整方便，加工荞麦整仁率较高，缺点是生产率偏低。

荞麦仁混合物经筛选分离后，根据粒度大小及质量和包装要求进行不同处理，整粒荞麦仁经色选剔除病斑粒、黄头粒等杂质后称质量包装。碎荞麦仁根据用户要求加到整粒荞麦中，或者研磨成荞麦粉再包装。

四、荞麦制粉

荞麦粉加工的原料是荞麦种子或荞麦米。

老的制粉工艺是将荞麦果实经过清理后入磨制粉，荞麦粉的质量较次。新的制粉工艺是将荞麦果实脱壳后分离出种子入磨制粉，荞麦粉的质量好，国际上都采用。先脱壳、后提粉的较先进工艺，保证了粉的质量。新制粉工艺采用 1 皮、1 渣、4 心工艺。种子经 1 皮破碎后，分出渣和心，渣进入渣磨，心进入心磨，制粉原理和小麦制粉基本相同，但粉路较短。在制粉前，增加 2 台脱壳机，使荞麦在制粉前，尽量把壳脱干净。脱壳后的荞麦粉和皮进入振动筛。以便分离外壳和荞麦颗粒。外壳筛出，进行管理打包。筛出的颗粒及粉进入渣磨和下一道心磨研磨。过筛后，荞麦精粉(心粉)筛出打包。小颗粒及粗粉进入下一道心磨继续研磨。最后，荞麦粉经保险筛筛出，进行打包，麸皮筛出，另行打包。当然，也可以在脱壳后筛出一部分颗粒物，增加一个新品种。

采用上述制粉工艺生产的荞麦粉，细度小，含砂量低，并且可以生产多种产品，如荞麦粗粉(白、细)，荞麦颗粒粉(颗粒状)，荞麦疗效粉(外层粉)，含食用纤维高并有疗效价值，另外还有普通荞麦全粉。这样便于人们可根据自己的需要选择食用。

为了提高普通荞麦粉的质量，需要加工精制荞麦粉，精制荞麦粉主要质量指标应达到：粗蛋白≥12.5%，灰分≤1.0%，含砂量≤0.04%，水分≤14%，粗细度全部通过 CB30，出粉率60%以上。

由于荞麦籽粒结构呈三棱状，种皮部分与胚乳结合紧密，端点受力集中，为了提高加工精度及出粉率，其工艺流程应采用剥皮制粉法来替代粉碎制粉法，其工艺流程如下：

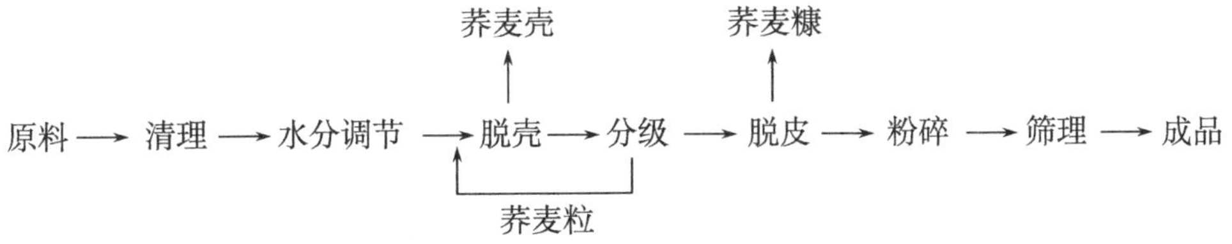

技术关键：

(1) 荞麦原料的粒度差直接影响脱壳效果，如荞麦粒度差别大，可采用分粒加工；清理工序根据原料的含杂情况，采用筛理、去石、风选、磁选、计量等工序。

(2) 水分调节是本工艺的关键工序，水分高有利于增加皮层纤维的韧性，防止皮层过度破碎而影响荞麦粉质量；同时又不能使荞麦胚乳水分过高，以免降低胚乳强度及增加成品水分含量。一般工艺条件下，荞麦水分含量 17%～19%，润麦 15～20min，必要时可采用喷雾着水装置，以确保较高的脱壳率。

(3) 荞麦的脱壳率不仅受荞麦水分高低的影响，而且还受脱壳设备胶辊轧距、硬度、速差及诸多因素的影响。通过脱皮工序，可以防止荞麦壳混入面粉成品中，从而大大地降低荞麦粉中重金属及灰分的含量，提高荞麦粉的精度和食用品质。根据工艺要求，一般一次脱壳率保持在70%～80%。

(4) 如对荞麦粉白度有特殊要求，可在现有的工艺流程中增加漂白处理装置。

五、其他荞麦食品加工

(一) 荞 麦 饼 干

1. 荞麦花生威化饼干

1) 工艺流程

(1) 面粉、淀粉、水→搅拌→打浆→浇料→烘烤→威化单片

(2) 荞麦、花生等其他原料→混合→搅拌→夹心馅料

(1)+(2)→涂片→压片→冷冻→切割→整理→包装→成品

2) 操作要点

原料的质量要求。荞麦原料质量要求色泽正常，颗粒饱满，无虫蚀粒，无霉变粒，无病斑

粒,无生芽粒,无砂石以及其他杂质。花生的质量要求椭圆形,外种皮粉红色,色泽鲜艳,无裂纹,无黑色晕斑,内种皮橙黄色,籽仁整齐饱满。

打浆。将糕点粉、荞麦粉、β-环状糊精用 40 目筛筛粉后,充分混合均匀。开机后按顺序加料,搅打均匀。并往搅拌机里加入定量的水,用水量为原料的 150%～170%,打料时间约为 8min。打好的浆料需要过滤,将不溶性的颗粒和杂质除去。

烘烤。首先将烘箱预热到所需温度,烘片的温度一般为 180～200℃。将浆料浇注入孔径盘式威化烧模上,在 210～220℃条件下烘烤,时间为 8min。威化制片机的烤模温度应均匀一致,浇模前应先预热,使烤模到达要求的温度。

选片。挑选出片状不完整的饼片,调整方向不同的饼片,确保产品质量一致。

夹心。利用叠片机进行夹心,一般是 5 层片、4 层馅料。夹心的馅料由搅拌机经管道自动进入威化夹心机。

压片。将经过夹心的威化饼块送到压片机进行压片处理,然后送冷冻机,机内温度应控制在 2℃左右,时间为 30min。

冷藏威化。在 8℃低温冷柜中保藏威化 30min。在叠片机进行夹心馅料时,防止饼皮过软、流馅等现象发生,特别是对于有花生馅料的威化饼干,由于油脂含量比较高,经威化后,馅料凝固不流馅。

切割。切割前首先对机器进行金属检测,然后是非金属的检测,为保证饼干的完整性对其灵敏度要进行适度的调整。切出的饼干要及时称重,对不符合要求的要及时调整挎量。切出的饼块要大小一致,切面平整,不含饼边,不脱边脱层,不带饼碎片。

包装与封口。挑出不符合包装要求的饼干,将符合质量要求的放入包装机传送带上。摆放时不要出现空档、出档、多饼现象,以免影响机器的包装能力。观察包装机的运行情况和封口质量,发现异样及时调整包装机。要求密封紧密、图案正中、平直不折、不漏、不跑白边、不跑电眼。

2. 苦荞麦保健饼干

1) 工艺流程

面粉→混匀→第一次调粉→发酵→第二次调粉→静置→成型→焙烤→冷却→成品

2) 操作要点

第一次调粉。将面粉(总量 50%)和酵母以慢速搅匀后,将温水加入后用中速搅拌 2min、快速搅拌 5min 即成为光滑、韧性良好的面团,面温 24～26℃。

发酵。在温度 26～28℃、相对湿度 72%的条件下发酵 2～6h。

第二次调粉。先将白砂糖用定量的水溶解,再加入其他辅料并搅拌均匀,最后加入荞麦粉、发酵好的面团及剩余的面粉进行搅拌。面团要组织均匀、软硬适度、弹性适中。

静置、成型。将调好的面团在醒发室内静置 15～20min,然后送入成型机中辊轧、冲印成型。

烘烤。前期采用较高的底火和较低的面火,使其充分胀发后再定型;定型着色阶段,底火低于面火。饼干的烘烤温度分 3 段:200℃、230℃、180℃,分别调整各部分加热器的温度控制器。烘烤时间为 3～5min。

冷却、包装。出炉后的饼干在烤盘上自然降温或人工降温冷却至 38～40℃时即可包装。

（二）荞麦啤酒

1）加工工艺

10°荞麦干啤酒干啤酒的加工工艺：糊化→糖化→过滤→煮沸→冷却→发酵

2）要点说明

(1) 辅料比在35%为宜，荞麦使用量为10%～15%。

(2) 因荞麦较大米粉碎困难，且麦皮中含用大量的营养物质，尽可能将荞麦皮粉碎。最好使用锤式粉碎机，干粉碎方式也可以。

(3) 采用两段糖化法，提高可发酵性糖含量，要求可发酵性糖含量在95%以上。在糖化过程中添加新型复合酶，也可使用糖化酶和真菌淀粉酶。

(4) 糖化结束后尽可能快速过滤，在保证麦汁澄清的情况下，总过滤时间在150min之内，洗糟水温76～78℃，残糖2.0%～2.5%。

(5) 因苦荞中含用一定的呈苦味物质，要合理调整加花量，适当添加单宁酸、卡拉胶等啤酒稳定剂。

(6) 保证煮沸强度不低于10%。

（三）苦荞膨化食品

1）原料与配方

苦荞麦营养粉：由苦荞麦心粉和中层粉组成。苦荞麦疗效粉：由苦荞麦外层粉组成。大米粉：由纯净普通大米粉碎通过60目筛。白糖：符合GB137—84标准。食品添加剂：符合GB50—77食品添加剂使用标准。黄豆、花生、芝麻：要求饱满，无霉变变质，无杂质。

2）工艺流程

苦荞粉→配料(添加剂、辅料)→双螺杆挤压膨化→切断成型→喷油→调味→冷却输送

↓

→包糖衣或者巧克力→休闲小食品粉碎→调味→粥糊类方便食品

3）操作要点

(1) 配料。该工艺在生产不同的苦荞麦方便食品时，入机膨化原料不同，在生产营养型粥糊方便食品时应以苦荞麦为主，或加入少量大米粉，加量不大于30%；在生产保健型粥糊方便食品时应以苦荞麦疗效粉为主，或加少量的苦荞麦营养粉，加量不大于40%；在生产休闲小食品时，应以苦荞麦营养粉、大米粉、面粉、淀粉、精盐、糖等按一定比例混合，以达到满意的感官质量。所有入机膨化原料进入搅粉机搅拌1～3min，使其混合均匀。

(2) 膨化。入机膨化原料不同，双螺杆挤压膨化机的螺杆转速、夹套温度、喂料速度等工艺参数不同。

(3) 切断成型。生产不同种类方便食品，采用膨化模具和成型不同。当生产粥糊方便食品时，根据配方，将经过处理的辅料与膨化料混合，经粉碎、拌匀、包装即为成品；若生产休闲小食品时，可采用喷油后调味，或采用包糖衣、巧克力等处理，包装即为成品。

（四）苦荞营养麦片

1）工艺流程

原料→预处理→调浆→糊化→干燥→粉碎→包装→原麦片

原麦片、植脂末→混合→计量装包→装箱→营养麦片

2) 操作要点

(1) 原料检查。原料进厂时按原料验收标准验收,经检验合格才允许入库和使用。对粉料,其细度应在100目筛网的通过率为80%,因为细度会影响搅拌时的胀润,直接影响预糊化和原料的利用率。

(2) 原料预处理。称取粉料加入干粉搅拌机充分混合均匀,混合时间约20min。称取增稠剂加适量水,在高速搅拌机中以1400r·min^{-1}打至无粒状物即可,时间约10min。

(3) 调浆。调料槽中放入定量水,开动搅拌桨边搅边加入已混匀的粉料和浆料。为提高原料吸水胀润效果,搅拌用水以35℃温水为宜,搅拌浓度以浆料具有一定黏稠度和较好流动性为宜,加水量控制在原料的60%～70%,搅拌时间10～15min,均匀后将浆料泵进胶体磨使浆料细化均匀,备用。实验时先用单因素对比实验确定苦荞粉、环状糊精、麦芽精、增稠剂的用量范围,然后根据生产经验,进行正交实验。

(4) 糖化预糊化。当浆料输送至蒸汽辊筒干燥机蓄料槽积累到一定量时,干燥机表面温度通常在140℃以上,即产生糖化和预糊化反应。糖化反应可改善原麦片的色泽和口感;预糊化有利于干燥成型,提高原片产量和热能利用率。

(5) 辊筒干燥。这是原麦片生产中最关键的工序,它直接影响原麦片的色香味形和干燥效果。操作的要领是掌握好转速与温度之间的关系,干燥时蒸汽压力控制在0.40～0.50MPa,滚筒转速为1～1.3r·min^{-1}。根据麦片颜色深浅,调整转筒速度,如深则调快,浅则调慢。烘烤后麦片应厚薄均匀,色泽呈浅棕黄色,对个别烤焦麦片应及时拣除掉。

(6) 粉碎。先在输送带上挑出有黑点、焦黄、焦黑的麦片,将大的进行碎化处理,麦片经输送带送至细碎机细碎,细碎机筛网有5目和10目供选择。

(7)原麦片包装。用电子定量秤称量,包装后扎紧袋口,装入塑料箱中,入库待用。

(8)搅拌混合。称取原麦片、白糖、植脂末倒入干粉搅拌机中,搅拌至粉、片均匀,时间4～5min,混匀后放入储料桶中备用。

(9)计重装包。内包装采用定量机包装,包装要求封线平直均匀、封口紧密、质量准确,包装中应经常校准包装机。单包重量控制在29.5～30.5g,平均质量≥30.0g。外包装用激光喷墨机将日期打好,然后每袋装入20小包。

第四节 粟 加 工

粟又称谷子,是一年生禾本科草本植物,起源于我国黄河流域,其栽培历史非常久远,是最早作为粮食作物之一的谷物,在世界范围内都有广泛的栽培,其种植面积和产量都较高,主要分布在中国,总产约占世界的80%;印度是第二大谷子生产国,占世界总产的10%左右;澳大利亚、美国、加拿大、法国、朝鲜、日本、匈牙利等国也有少量种植。我国谷子主要分布在北方干旱半干旱地区,其中2/3分布在干旱最严重的华北地区,长期以来一直是当地人民的重要粮食作物之一。小米是谷子加工去壳后的产品,但近些年来,由于经济的发展和人们生活水平的提高,很多人已经不再食用小米,小米已经被精米和精面所代替,逐渐退出了其主食的地位,但是随着人们对膳食营养的认识逐渐增加,小米由于具有丰富的营养成分和保健功能,又再次受到了人们的喜爱。

一、粟的基本特性

（一）粟的形态结构

见第一章图 1-8。

（二）粟的物理特性

1. 堆积密度

堆积密度是指粉状或粒状材料在堆积状态下单位体积的质量。小米粉的堆积密度为 0.59～0.80g · mL^{-1}，真实密度为 1.14～1.44g · mL^{-1}。湿度是影响密度的一个重要因素，随着湿度的增加小米粉的密度也呈现线性增加。

2. 小米粉的糊化特性

小米粉糊化温度是 73.4～101.8℃，糊化温度变化范围较宽，为 28.4℃，小米粉的糊黏度随温度增加而增加，在高温维持时开始下降，开始冷却时再次上升。

3. 小米淀粉的性状

小米中主要可食部分是淀粉，含量为 50%～60%，淀粉含量将直接影响小米的加工工艺。氰化钾法测得小米淀粉为 58.61%(干基)。通过显微观察，小米淀粉为多角形，粒径为 6.14～11.96μm，6.3×100 镜下可见清晰偏光十字。Juliano 比色法测得直链淀粉的含量为 30.8%，直链淀粉的平均相对分子质量为 235 868。布拉班德黏度曲线显示小米淀粉的最高黏度高于大米淀粉，起始糊化温度略低于大米淀粉，小米淀粉的热稳定性差，长时间热搅拌中黏度下降很多，而在冷却过程中又上升较快，易回生。

马力等对小米淀粉和玉米淀粉做了一些性质的比较，结果表明小米淀粉糊的凝胶稳定性好，持水力强，膨胀力高，糊化温度高，热焓变值大，但透明度差，冻融稳定性不佳，热稳定性差。且氯化钠及糖溶液对小米糊黏度影响较大。

对小米淀粉颗粒的电镜照片显示大部分是多角形颗粒，少数是球形颗粒。

（三）粟的营养成分与功能特性

1. 营养成分

1）蛋白质和氨基酸含量

小米中蛋白质平均含量为 12.71%，最高的为 20.82%。由表 6-8 可知小米中蛋白质含量均高于大米、小麦粉和玉米。根据几年来的研究实验结果表明，品种间蛋白质含量差异相当大，同一品种种植在不同的地区，不同的海拔、不同雨量及温度、不同的土壤性质其蛋白质含量也不一样。

表 6-8　小米和主要禾谷类籽粒蛋白质含量的比较

粮食作物	小米	大米	小麦粒	玉米
蛋白质含量/%	12.71	8.3	9.4	8.5

蛋白质的营养成分又取决于蛋白质含量的多少和构成蛋白质的氨基酸种类及其含量，特别是必需氨基酸的种类和含量。小米中含有 17 种氨基酸，谷氨酸、亮氨酸、丙氨酸、脯氨酸、天

冬氨酸，构成了氨基酸的主要组成成分，占总量58.95%，其中人体必需氨基酸8种，占整个氨基酸总量的41.9%，且含量较为合理，以亮氨酸、苯丙+酪氨酸及缬氨酸含量较高，以赖氨酸的含量最低。与大米、小麦、玉米、高粱相比，从化学成分来看，除了均缺乏赖氨酸外，其他必需氨基酸组成相对比较合理，营养价值最高，这也是我国北方人民把它作为营养品的主要原因之一。

2) 脂肪和脂肪酸含量

根据近年来对谷子品种粗脂肪大量资料研究表明，谷子的脂肪主要储存在胚中，胚的油分含量为34.7%。脂肪含量范围主要为2.1%～4.0%，其中又以含量3.1%～4.0%的脂肪含量比例最高，含量在5.0%以上、2.0%以下的品种只有少数，然而其副产物谷糠中粗糠含油率为4.2%，细糠含油率为9.29%，因而谷糠中可提炼出一种油性物质，即小米糠油，小米糠油可添加其他药品制成软膏用来治疗皮肤病，疗效显著。

3) 小米中纤维素

小米中的食物纤维含量很丰富，是大米的2.5倍。纤维素虽不能被人体消化吸收，但却是人体内不可缺少的碳水化合物，膳食纤维能刺激胃肠道蠕动促进消化腺分泌。减少肠黏膜与粪便接触时间，降低肠道中某些致癌物质的产生，减少肠癌发病率。膳食中的粗纤维能与饱和脂肪酸结合，防止血浆胆固醇的形成，从而减少胆固醇沉积在血管内壁的量，有利于防止动脉硬化；高纤维膳食可使糖尿病患者血糖的含量下降，原因是粗纤维在分散过程中能吸收部分葡萄糖。近年来根据调查资料和实验结果认为，许多疾病如便秘、胆石症、结肠癌、冠状动脉疾病等的发生与膳食中粗纤维摄入不足有关。

4) 小米中B族维生素

小米中B族维生素含量很丰富。维生素B_1是保证正常神经功能和碳水化合物新陈代谢不可缺少的物质，维生素B_1缺乏常导致神经、消化系统、心脏的炎症和功能衰退，缺乏维生素B_1易患脚气病。维生素B_2是构成脱氢酶的主要成分，为活跃细胞中氧化作用所必需，足够的维生素B_2能消除有致癌性的黄色素物质，起到防癌作用，维生素B_2缺乏可增强化学致癌的致癌作用，还可导致口腔溃疡和视觉不清。

从总体上讲，小米的营养价值有如下特点：

(1) 营养成分齐全、丰富，并且各种营养成分的吸收率高。据资料介绍，小米的蛋白质消化率为83.4%、脂肪为90.8%、碳水化合物为99.4%，这是小米成为优良营养源的基础；

(2) 生热营养素比例较适宜。小米的三种生热营养素的热比分别为：蛋白质14.2%、脂肪4.5%、碳水化合物81.34%，其中以脂肪生热比最低，这使小米成为生产保健(减肥)食品的良好原料；

(3) 小米蛋白是人体必需氨基酸的良好来源。小米蛋白质中氨基酸种类齐全，含有人体必需的八种氨基酸，只是赖氨酸含量稍低；

(4) 小米中必需氨基酸的(模式)比例较合适，但不够理想，主要原因是赖氨酸限制，小米蛋白质中八种必需氨基酸除赖氨酸外，其模式值与人的接近。

2. 功能特性

小米中的营养成分种类齐全、含量丰富、搭配合理、吸收率高，是一种营养丰富、兼有食疗保健作用的食品。古代就有详细记载：唐代的《食疗本草》中记载，小米有健胃功能，使人睡眠安静，产妇食小米可促使乳汁分泌旺盛；明代李时珍《本草纲目》记载“粟米气味咸，微寒无毒，主治养贤气，去脾胃中热。益气，陈者苦寒，治胃热消渴，利小便”，“治反胃热痢，煮粥食，益丹田，补虚损，开肠胃”。发芽的小米和麦芽一样，含有大量酶，是一味中药，有健胃消食的作用。中医亦讲小米“和胃温中”，认为小米味甘咸，有清热解渴、健胃除湿、和胃安眠等功效，内热者及脾胃虚弱者更适合食用。小米具有健胃消食、防止反胃、呕吐的功效，食用小米既能开胃又能养胃。小米的营养成分齐全，消化吸收率较高，在长期的生活实践中，人们摸索出了在小米粥中加入药用食物及干鲜果等，可以有效地起到防病治病的食疗保健作用。

(1) 小米具有健脾养胃、和中益肾、清热解毒、止消渴、利小便之功效，所以伏暑天人们更离不开小米粥，特别是气候干燥的北方。

(2) 治胃热消渴、口干舌燥：陈小米适量，煮粥食用，常食有效。治脾胃虚弱、呕吐少食、消瘦：小米、白面等份，煮粥食，可养胃气。

(3) 治胃虚呕吐：用小米做饭，煮粥，加姜汁服可以有效改善。小米粥长期食用，对肾虚小便不利，也有一定疗效。小米食用非常方便，可煮粥，也可以焖干饭，磨成面还可蒸成发糕等面食。

(4) 小米因富含维生素 B_1、维生素 B_2 等，还具有防止消化不良及口角生疮的功能。

二、粟　清　理

原粮粟中的杂粮种类很多，主要有泥块、砂石、草秆、瘪粟和杂草种子等，其中以形状、粒度与粟比较接近的石子、草籽最难清理。所有这些杂质的存在，都会影响粟的加工和成品小米的质量，因此必须除去。粟的清理方法主要有筛选、风选、去石等。

粟的清理设备主要有振动筛、平面回转筛、比重去石筛和磁选机等。根据粟的特点，各设备的技术特点应做相应调整。

筛选设备，一般可配置 8～10 孔 $25.4mm^{-1}$ 的编织筛网，用于清除大杂质；配置 16～18 孔 $25.4mm^{-1}$ 的筛网，清除小杂质；配置 11 或 12 孔 $25.4mm^{-1}$ 的筛网，清除草籽。用比重去石机清除并肩石时要控制好风量，去石工作面的料层厚度应控制在 10～12mm。

风选设备主要用以清理粟壳等轻杂质。粟的悬浮速度为 $7\sim8m\cdot s^{-1}$，粟壳的悬浮速度为 $2\sim3m\cdot s^{-1}$。因此，设计风选器时，要求通过料层的分离风速为 $3\sim4m\cdot s^{-1}$。

三、粟　加　工

(一) 小米营养粉

1) 生产工艺流程

小米熟化、大豆熟化去腥→混合磨浆→酶处理→浆渣处理→米豆浆液→胶体磨均质处理→灭菌灭酶→喷雾干燥→过筛→分装→成品

2) 操作要点

(1) 原料选择：原料要选择单一纯净的大豆和小米品种。混杂的大豆在去腥过程中不易操作，造成豆腥味去除不彻底或有过头现象，影响产品的口味和颜色。白砂糖稳定剂等辅料要符合国家规定的卫生标准。

(2) 原料熟化和大豆去腥：小米的熟化与一般家庭煮米相似，但必须待水沸腾后放入洗净的小米，煮米时间以米质而定，糊化温度高的小米煮的时间可长些，注意不可煮得过久，否则会影响产品的香味和颜色。大豆的去腥用合适的去腥剂，在豆腥味物质生成前，对大豆具有的脂

肪氧化酶、胰蛋白酶等进行失活处理，从而使产品具有良好的豆香味。

(3) 米豆浆液处理：小米的主要成分是淀粉，而淀粉不溶于水，糊化后的淀粉能够溶于水，但冲调性很差，易形成粉团，因此米豆浆液采用酶化处理，可使大分子淀粉变成易溶于水的小分子物质，但必须严格掌握酶的用量和作用时间。

(4) 辅料的添加：白砂糖在小米营养粉中既是增味剂，又是粉料物质的"晶核"，有利于产品的冲调，但白砂糖必须加入分离后的米豆浆中，加入过早会造成损失并与蛋白质发生美拉德反应，影响产品的颜色。稳定剂是防止产品冲调后的粉与水分离的物质，一般加入白砂糖中拌匀后加温水溶解。

(5) 喷雾干燥：喷雾干燥直接影响产品的冲调性、颜色等性状。一般以塔体离心式喷雾干燥为好。控制进气温度 140～150℃，塔体温度 80～90℃，出口温度 80～85℃为宜，注意塔内产品应随时出料，冷却后过 80 目筛，然后分装即为成品。

（二）精洁免淘小米

陕西省粮油科学研究设计院根据谷子的加工特性与小米的储藏特性，慎重地选择谷子的机械加工方法，并且经过多次试验，对谷子的加工工艺和设备进行了适当调整，确定了一种既能满足加工普通小米又能加工精洁免淘小米的加工技术。

加工工艺如下：

谷子（分离→砻谷 回流）

原粮→风选→筛理→去石→磁选→砻谷→分离→1碾→2碾→分级→抛光→分级→包装→成品

1）调整风量

由于谷子颗粒小，相对密度也较其他粮食小，在清杂风选时，一定要密切注意风量，按照生产情况调整好风量，切不可麻痹大意，不然将达不到理想的清理效果。

2）去石

精洁免淘小米的质量指标中，不允许有砂石，因此去石工序十分重要。去除谷子中的砂石，一定要在砻谷前去除干净，一旦砂石混入小米中，将会很难去除干净。

3）砻谷与碾米

谷子颗粒小，胶辊间距也应相应变小，操作中一定要密切注意两辊间的摩擦力，摩擦力过大会加快胶辊的磨损，因此采用双道砻谷为宜。由于小米不耐碾磨，碾米时米膛压力要适当，操作中宁可压力小些，不然米粒碾削增加，碎米增加，出米率降低。

4）抛光

抛光工序对加工精洁免淘小米非常重要。小米糠粉含蛋白质与脂肪含量较高，黏性较大，出糠阻力大，容易堵塞筛板孔眼。所以，抛光机的刷辊要有反吹风机构，这样可提高刷米清糠效果。

小米抛光时所添加的上光剂，对提高小米的光洁度和日后的储存保鲜有着十分重要的作用。在生产过程中发现，小米抛光时仅仅添加洁净水是不行的。这是因为小米颗粒小，水分很容易渗透到米粒内部，使米粒结构疏松，在抛光时容易产生更多的碎米；再者，仅添加水而抛光的小米，当时看起来米粒较光洁，但随着储存期的延长，米粒表面就会起糠粉为此可使用上光剂。这种小米上光剂，是以水溶性蛋白为主要组分，配伍一定量的糖类与可溶性淀粉等食用级添加剂组成。这些添加剂都是水溶性的，用洁净水按配方配制即可使用，方法简单，容易掌握。上光剂最适宜的添加量为米重的1.0%～1.5%。上光剂的添加方式可采用打滴或喷雾，结合以往免淘大米加工的经验，采用打滴与喷雾相结合的给液方法，使上光剂溶液能与小米最大限度地混合均匀。

（三）精制小米

湖北粮食机械厂在考虑小米加工特点及产品标准的基础上，设计了精制小米的加工工艺，该工艺更强调清理和分级。

工艺流程如下：

原粮→进料→振动筛→去石机→砻谷机→小米选糙筛→谷糙分离筛砂辊米机→小米清理筛→铁辊米机→小米分级筛→成品包装

操作要点。

1）清理部分

采用了三道风筛结合的清理设备，清除原粮中所含的杂质，效果很好。

振动清理筛：选用配有垂直吸风道的TQLZ型振动清理筛，是根据粟谷的特点使其既不易堵塞筛孔，又能有效地清除掉大杂、轻杂、瘪谷、稗子、荞子等异种粮粒。

分级去石机：小米中砂石很难淘洗干净，不仅影响人们的食欲，也使小米的声誉下降。因此，结合现在的原粮状况，在工艺中安排了2道TQSX型吸式去石机，选用了有精选功能的双层去石机，去石筛板为5.5×4.7目·cm^{-1}，能有效地使石、粟分级，确保小米中不含砂石。若选用冲板鱼鳞孔去石筛面，则要求鱼鳞孔的凸起高度为1mm，凸起长度为12mm以上。

2）砻谷部分

采用了脱壳→糙碎分离→选糙三步工序来完成。

脱壳机：采用差动对辊的胶辊砻谷机能使粟谷脱壳。脱壳时单位辊长流量不大，且料流很薄，使得粟谷脱壳产量不大，脱壳率低，且胶辊磨损较大，需要外加很大的辊间压力。因此，在砻谷机的选配上采用了并串结合，同时修改了传统砻谷机的运动参数。

糙碎分离：糙米进碾米机前，增加一道糙碎分离，是本套加工工艺的一大特点。由于小米具有粒度小、油性大的特性，进米机前的物料若含有一定量的糙碎和糠皮，则严重影响碾米效果和物料的流动，因此，增加糙碎分离设备后，既能提出糙碎和糠皮，又能二次吸走未清除的谷壳，克服了砻谷机谷壳含粮的问题，同时还能二次去石，除掉前面漏网的砂石，使最后的成品小米纯净、高质。

选糙机：由于粟谷的粒度不均匀，且粒度太小，绝对偏差值不大，因此必须采用重力式谷糙分离筛，利用粟谷和小米的密度不同，由相互不同的摩擦力，在双向倾斜、补充振动的分离板上进行谷糙分离。这种重力分离机的效果，受谷糙粒度差别的影响很小，但单位工作面积的产量，比按粒度差别分离的平转分离筛要小得多。因此，必须配备多层分离，且保证进料均匀一致。

3）碾米和分级部分

小米的碾制与大米完全不同，由于小米的粒度小，油性大，压力稍大极易形成糠疤或油饼，所以其在碾制过程中决不能增高温度，碾米室的压力只能保持很小，电流一般仅上升5～8A；同时，米筛的缝隙稍大，易产生漏米现象；稍小，又极易堵塞筛孔，使排糠不畅，产生闷车和米中含糠过大，因此，采用了多机轻碾（3台米机）和二道分级的工序。保证了低温碾米和筛出糠粉。

碾米机：碾米机仍然采用砂、铁组合，考虑到高精度的小米粒度更小，米糠的油性很大，有些小粒会穿孔或堵塞筛眼，影响出米率，因此米机的碾白室内要增强翻滚，减少挤压作用。

分级筛：在碾制的过程中，虽然注意了上面所提到的问题，但还是有很少的糠疤和部分塞筛眼现象，对此，我们增强了分级筛的作用，采用了具有风选效果的 MJZ 型分级筛，第一层筛面清除糠疤，第二层筛面去除碎米，通过垂直风道吸走糠粉。

(四) 绿色食品小米

生产小米的工艺流程：

原料→振动清理筛→风选→磁选→去石→第一道砻谷→第二道砻谷→谷糙分离→一级碾白(砂辊)→二级碾白(铁辊)→三级碾白(铁辊)→白米分级→凉米→抛光→白米分级→色选→磁选→米仓→打包→成品

工艺操作要点如下。

1) *原料*

原料谷子生产严格按农业行业标准 NY/T391—2000、NY/T393—2000、NY/T394—2000 生产，谷子种植基地取得了绿色办的大气和土地绿色食品生产认证，原料产品完全符合绿色食品生产。清理本着“先大后小，先易后难”的原则，设置一筛、一风选、一去石，筛选主要清除大小杂，风选主要清除轻杂，去石机是清理工艺中的关键设备，对成品质量影响极大。在谷子生产、收获、入库过程中要做到粮不落地，基本上保持了除石效果。

2) *砻谷及砻下物整理*

砻谷及砻下物分离整理工序的主要任务是脱掉谷壳，并对砻下物整理。砻谷是控制碎米含量的首要环节。在加工谷子时由于谷子粒小、粒圆，所以增碎较少，爆腰率也较低。选用两道砻谷机连续砻谷，同时配备谷糙分离设备，可保证纯净糙米供碾米机碾白。为生产高精度米提供了可靠的保障。壳分离好坏直接影响谷糙分离和碾米效果，砻谷机所配风机通过调节风门，能完全分离出谷壳。

谷糙分离是提取纯净糙米供碾米的工序，同时将未脱壳的谷子送回砻谷机脱壳。在生产中，由于谷子的流量较小，可选用 GCZ100×7 谷糙分离机，在生产中将谷糙分离机进口封闭一半，以使料层均匀布满工作面，达到分离效果。由于谷糙分离机工作面是按加工稻谷配备的，所以生产谷子时不如加工稻谷效果好，在以后的生产中应重新配备适合生产小米的工作面。

3) *碾米及成品整理*

对不同品种的产品，质量要求不同，精度不同。碾米及成品整理可保证产品精度，并生产出不同精度等级的产品，满足客户的需求。按目前市场对产品的要求，加工时采用多级轻碾工艺，即采用一砂二铁一抛光的工艺。从生产实践中看完全能生产出不同等级的产品以满足客户要求。

小米抛光时不能加水，否则就不能实现抛光，因为米糠有油性易糊筛。实践证明，操作中要注意掌握好流量、压力、风压，尤其是调节抛光机的出口压力，使抛光效果变好，直到增加阻力后，不再增加小米光泽为止，此压力为最佳抛光压力。风压在抛光中也是最重要的，风压大小直接影响抛光效果，一般风压控制在负压 1000～1200Pa。

采用 MJP80×3 白米分级筛整理小米，通过整理可以达到需求的质量标准，在生产中分级筛筛面易堵，每班生产都需要清理一次。使用色选机后，会使米制品质量更上一个档次。从目前的生产情况看，现有的工艺与设备已能满足客户和市场的要求。由于产品定位好、质量好、品种齐全，新产品投放市场后，深受用户的欢迎，经济效益非常可观。

（五）小米方便米粉

1）工艺流程

小米粉→除石→清洗→浸泡→磨浆→配料→均质→蒸煮→干燥→粉碎→包装

2）操作要点

（1）主料处理。挑选优质的小米去除砂石、谷壳。清洗干净，在水中浸泡 12h 左右，使米粒含水饱满，将浸泡过的小米磨成浆，打入带有搅拌器的配料罐中。

（2）辅料处理。将优质的红枣、香菇、藕洗净，红枣去核后和香菇、藕一起放入蒸煮锅中蒸煮 20min，再放入打浆机中打成浆。将干芝麻磨成粉。

（3）配料。将小米浆、红枣、香菇、藕的汁液和芝麻粉、红糖在配料缸中进行充分的搅拌，使之混合均匀。

（4）均质。将混合好的料液打入到胶体磨中进行均质，使微粒达到 50μm 左右，这样可以增加料液的黏度，减少沉淀，得到均匀的混合物，有利于干燥，并可以改善产品的口味。

（5）蒸煮。将均质后的物料打入到蒸煮锅中，加热至 50℃左右，并保温一段时间，使产品熟化。

（6）干燥。为了使产品在食用时能保持较好的复水性，采用薄膜滚筒干燥器，料液浓度 65%左右，滚筒转速为 $0.4r \cdot min^{-1}$，压力为 0.4MPa。

（7）粉碎。将干燥后的产品进行粉碎，粉碎粒度最大直径不超过 5mm，但也不宜过细。

（8）包装。采用真空包装形式，每袋 500g。

（六）小米粉饼干

1）工艺流程

小麦面粉、小米粉、辅料→调粉→辊轧→成形→烘烤→冷却→整理→包装

2）制作方法

（1）调制面粉。采用冷粉酥性操作法，先将糖、油、乳品、蛋品和疏松剂等辅料与适量水倒入和面机中搅拌均匀，形成乳浊液，然后，将面粉倒入和面机内进行调制，面团温度为 26～30℃，含水量为 16%～18%，调粉时间为 5～10min。香精要在乳浊液调制好以后再加入。

（2）静置。当面团黏性过大、胀润不足而影响操作时，要采取静置措施，持续5～10min。

（3）辊轧。将面团辊轧成平整的面片，辊轧 4～6 次，单向往复辊轧即可。

（4）成型。用冲印或辊切等成型方法，皮子压延比掌握在 4∶1 为宜，比例过大易造成皮子表面不光滑、粘辊或饼干过硬等现象。

（5）烘烤。采用高温，在 300℃条件下烘烤 3.5～4.5min。

（6）冷却。在自然冷却的条件下（室温 25℃左右）经过 10min 以上的冷却，使饼干降温到 35℃以下，便可以进行包装。

第五节　高粱加工

高粱是世界上重要的禾谷类作物之一，主要分布在非洲、亚洲、美洲的热带干旱和半干旱

地区,温带和寒带地区也有种植。从世界范围看,它仅次于小麦、水稻、玉米、大麦,种植面积和产量居第五位。据联合国粮食及农业组织网站公布的数字,2004 年世界高粱种植面积为 4439 万公顷,总产量为 311 万吨,平均单产 1356.7kg · hm^{-2}。中国是高粱主产国之一,2004 年高粱种植面积为 78.5 万公顷,总产量 311 万吨,平均单产 3966.7kg · hm^{-2}。在人类的发展史上,高粱作为"生命之谷"、"救命之谷",长期在非洲干旱、少雨、气候恶劣、土壤瘠薄的地区种植。至今,在非洲大陆的很多国家,高粱仍然是维系人类生命的重要粮食作物。目前,我国高粱生产仍处于较高水平,在高粱生产国中,单产水平仅次于美国,排名第二位。

高粱是我国最早栽培的禾谷类作物之一,在我国有着约 5000 年的栽培历史,曾经遍布几乎整个中国。高粱以其高产、多抗(抗旱、抗盐碱、抗涝、耐瘠薄)及多用途,在我国粮食生产和保证粮食安全等方面起到了重要作用。目前,高粱的生产区主要分布在辽宁、吉林、黑龙江、内蒙古、山西和河北等省(自治区)。近年来,高粱深加工研究发展很快,除传统的用高粱制作主食、酿制白酒、生产陈醋、加工饲料以外,还对高粱的多种加工用途进行了有益的探索。高粱深加工发展前景看好。

一、高粱的基本特性

(一) 高粱的形态结构

见第一章图 1-9。

(二) 高粱的化学成分与功能特性

高粱籽粒的化学成分与玉米相似,其蛋白质的含量常常更高,而籽粒胚芽油分的含量比玉米低,淀粉含量却高些。高粱的化学组成为约 75%的淀粉、12%的蛋白质、3.6%的脂肪、2.7%的纤维(纤维素与半纤维素)、1.6%的灰分与 0.2%的蜡质。种皮(麸皮)部分主要富含纤维与蜡质,胚部分主要富含粗蛋白质、脂类与灰分,胚乳部分则主要富含淀粉、蛋白质与少量脂类与纤维,几个高粱品种化学组分见表 6-9。

表 6-9 高粱籽粒的化学组分(占干重的%)

籽粒部位	灰分	粗蛋白	粗蜡质	油分	淀粉
全粒	1.65	12.3	0.32	3.6	73.8
胚乳(全部品种均值)	0.37	12.3	—	0.6	82.5
胚芽(全部品种均值)	10.36	18.9	—	28.1	13.4
糠(全部品种均值)	2.02	6.7	—	4.9	34.6

高粱的组成受环境条件(种植条件)与基因类型(品种)影响很大。淀粉是含量最高的组分、其次是蛋白质、脂类、纤维与灰分。营养素与玉米相似主要分布于胚乳中,高粱籽粒含有约 0.3%的蜡质,作为种皮表面的厚的保护层。这些蜡质含有一些高价值的组分,主要包括植物甾醇类与高级烷醇。高粱的消化性差可能主要与缩合单宁、蛋白质及其他组分之间的相互结合有关。高粱的醇溶谷蛋白的含量比其他谷物高,从而影响其加工特性与消化性。高粱胚乳中的淀粉颗粒周围含有相当含量的蛋白质,从而使淀粉更加难于溶解。因此选择合适的加工方法将高粱转化为高度可消化的食品显得非常重要。关键是这些方法可以破坏籽粒胚乳的结构,从而提高其消化性。

1. 碳水化合物

高粱作为一种谷物，最主要的组分是淀粉，含量为65.3％～81％，平均值为79.5％。完整规则胚乳的高粱淀粉的70％～80％为支链淀粉，20％～30％为直链淀粉。蜡质高粱品种的直链淀粉含量非常低，其支链淀粉的含量接近100％。在糖高粱中，直链淀粉的含量为5％～15％。

高粱淀粉的糊化温度比玉米淀粉与小麦淀粉高为71～80℃，玉米淀粉为62～76℃，小麦淀粉为58～64℃。蜡质高粱淀粉的糊化温度比普通高粱淀粉高，而且具有蒸煮速度快、蒸煮稳定性差、峰值黏度高、面糊透明度高、水结合能力高、不易形成凝胶与回生等特性。高粱淀粉的蒸煮特性取决于其直链淀粉与支链淀粉之间的比例，决定了不同高粱品种淀粉的加工适应性。例如，蜡质高粱淀粉基本上是由支链淀粉组成，由于其高的糊化温度、低的峰值黏度与低回生特性，因此非常适合于制备稠粥；相反，普通高粱淀粉或高直链淀粉的高粱具有低的糊化温度与高的峰值黏度与回老黏度，因此非常适合于制备高品质非发酵面包。

2. 蛋白质

品种的不同和环境的效应使高粱籽粒化学成分的变异性很大，高粱籽粒最重要成分之一是蛋白质，也表现出大量变异。高粱蛋白质含量的变幅为4.4％～21.1％，平均为11.4％。除了淀粉，蛋白质是高粱含量第二高的组分，含量通常为8％～17％，平均含量为11％。基因型与环境条件对其含量变化具有很大的影响。Osborne方法是用于蛋白质分类最常用的方法，即根据其溶解特性将谷物蛋白分为以下四类：清蛋白（水溶性）、球蛋白（溶于稀盐溶液）、醇溶谷蛋白（溶于乙醇）与谷蛋白（溶于稀碱或酸溶液）。清蛋白与球蛋白是功能性蛋白、而醇溶谷蛋白与谷蛋白是储藏蛋白。近年来，Landry-Moreaux将高粱蛋白根据其溶解性与相对分子质量特性分为五个部分：第一部分由清蛋白与球蛋白组成，第二部分与第三部分由醇溶谷蛋白组成，最后的第四与第五部分由谷蛋白组成。

研究表明，高粱籽粒蛋白质氨基酸组成中缺乏赖氨酸和苏氨酸。在高粱蛋白质中，富含赖氨酸的清蛋白和球蛋白组分普遍偏低，醇溶赖氨酸含量很低的谷蛋白构成了高粱蛋白质的主要成分。因此，凡籽粒蛋白质含量高的品种其清蛋白和球蛋白含量高，那么赖氨酸含量也就高。

3. 脂类

高粱的脂类含量为1.4％～6.2％，平均值为3.4％。胚的含油量达28％，占高粱籽粒总脂量的3/4，是含脂量最高的部分。种皮的含油量为4.9％，占籽粒含油总量的11％，该部分的油主要为蜡质形式。高粱的粗脂含量部分是高粱蜡，其特性与巴西棕榈蜡相似。

全谷物脂通常可以分为三类：极性脂（磷脂、糖脂）、非极性脂（三酰甘油）与不可皂化脂（植物甾醇类、类胡萝卜素类与生育酚类）。高粱中非极性或中性脂含量最丰富，占93.2％，其次是极性脂（5.9％），再次是不可皂化脂（0.9％）。高粱与玉米具有相似的脂类分布。高粱的脂肪酸组成与玉米相似，亚油酸占49％，油酸占31％，棕榈酸占14.3％，亚麻酸占2.7％，硬脂酸占2.1％。高粱胚的不饱和脂肪酸含量最高，游离脂肪酸含量最低。反之，胚乳部分的不饱和脂肪酸含量最低，而游离脂肪酸含量最高。

4. 单宁和酚类

高粱籽中含有单宁和酚类。从生物学角度出发，单宁和酚类可以防止高粱籽粒免受霉菌、昆虫和鸟类的侵害；但是，如果从营养学的观点看，由于单宁和酚类与蛋白质、碳水化合物及矿物质产生络合作用而降低其营养价值和可消化性。

高粱籽粒中的酚类有香草醛酚、香草醛原花青素、单宁等。单宁是酚类的一种，是高粱籽粒中含量较多的一种酚类。单宁和酚类多含在高粱颖果的果皮和种皮里，以决定果皮的颜色和厚度，种皮的颜色和胚乳的颜色和结构等。

单宁含量高的高粱籽粒对开发饲料的用途确实是一个障碍，但是在鸟害严重的地区农民还喜欢应用单宁含量高的品种，以防除鸟害保证收成。生物化学家为了解决这一矛盾，研究了各种方法，除去籽粒中的单宁。最初采用碱提取法和碾磨去籽粒表皮层以除去单宁。但是，这两种方法中不论哪一种在除去单宁的同时，也损失了大量的蛋白质，损失率可达到45%。营养的严重损失使这种方法的使用受到限制。另一种方法是将聚乙烯吡咯烷酮、聚乙烯乙二醇和去垢剂等合成物加到含高单宁的高粱食品中，这些物质与食物中的单宁形成一种不可逆的非活性络合物，使营养品质得到改善。还有一种方法是在高单宁食物中补充甲硫氨酸，作为甲基供体以固定单宁。一般来说，对单宁的高粱食物来说，可通过提高食物的蛋白质水平加以克服，此法虽然可行但费用昂贵。氨化处理是解决高粱籽粒单宁问题的有效和可行的方法。用高压气态氨或高温下用液态氨进行处理，可明显地降低高粱籽粒中用化学分析方法可测出的单宁含量。

5. 保健功能

高粱除做日常主食外，还具有一定的医疗保健作用。中医认为高粱性味甘平、微寒、有和胃健脾、消积的功效。高粱米糠中含有大量的鞣酸及鞣酸蛋白，具有较好的收敛止泻作用。含有的食物纤维利于代谢废物的排出，具有“负营养”的作用。

据国外研究报道，高粱会给人们带来新的健康概念，由于生长在其他作物无法生存的半干旱气候条件下，从而使其含有二十烷醇的多酚复合物和高粱蜡的高抗氧化水平，可能对健康有独特的益处，对于保护心血管的健康至关重要。因此高粱这种古老的作物作为21世纪的主要谷物作物引发了人们新的兴趣。这是由于：①高粱可作为患有腹乳糜泻疾病的患者的一种富有潜力的主食。②高粱可保持食物营养和健康的高抗氧化水平和蜡含量。③由于高粱的抗干旱性和有限供水量却获得高生产量的特性，使其具有天然性、功能性、安全性和环保性。所以高粱营养与保健功能全面，开发市场前景广阔。

二、高粱碾米

1. 普通加工法

普通加工法的工艺流程：

净粮→吸铁装置→第一道米机→风箱→第二道米机→风箱→第三道米机→风箱→擦糠机→检斤秤→成品打包

主要设备是碾米机，并带有去糠设备。

高粱籽粒经精选后，进入碾米机进行碾白。在碾白过程中主要是脱掉果皮和部分种皮，因此如果采取3机出米，第一道米机应碾去40%以上的皮层，因籽粒经第一道碾米机时抗压强度大，不易破碎。第一道的转数可高些，横式米机以1200r · min^{-1}为宜，砂辊粒度要粗些，阻力数稍多些。立式米机转数以955r · min^{-1}为宜。碾白室间隙，横式机14mm，立式机15～17mm为宜。第二、三两道米机是精碾，要求碾去中果皮，精度达国家标准。因此，后两道米机的内部压力要低，砂辊的粒度要细，以40号为宜，阻力要相应减少。

影响碾米工艺效果的主要因素是籽粒的工艺品质、碾米设备、工艺和操作技术。所以普通加工要根据籽粒的不同工艺品质适当调整米机的转数，米质越差越要适当降低转数，减轻内外压力，放大米机间隙，采取多道、慢转、轻碾的加工方法。对粉质高粱、含水量高的高粱应采取不同的加工方法。

2. 粉质和高水分高粱米的加工方法

粉质高粱籽粒胚乳结构松，抗压强度低。加工时，机内压力要小，碾白道数要多，砂号要细，转速要低，间隙要大，阻力要小，做到轻碾细磨。由于粉质高粱糠黏性大，如果原籽粒水分超过16%时，糠麸更黏，要采取每道米机清糠并排除湿气的加工方法。为了适应加工粉质高粱的需要，有的采取头道米机两台并联使用的加工方法，目的是减少头道米机的流量，有利于脱糠和提高产量，改善质量，减少损失，提高出米率。

如果在北方冬季加工水分含量高的高粱籽粒时，由于籽粒的游离水分冻结，胚乳坚硬，抗压力大，进机遇热后皮层发软，脱皮较容易。籽粒经过头两道米机脱皮后，温度升高，抗压力减弱，因此后一道米机应采取轻碾细磨的方法，在低温下碾制成符合精度标准的高粱米。加工质量较好，籽粒含水量在17%以上时，可提高转速，放在碾白室的间隙。立式机可以适当减少迫盖上的拨翅和砂轮底盘的排米翅，以延长粮粒在机内的碾磨时间，增加脱皮程度。

3. 润水加工方法

此法是在高粱籽粒加工前加入适量的水，经一定时间的浸润，水分只被皮层吸收，而不进入胚乳，使胚乳保持原有的工艺性质。皮层吸水后膨胀变得松软，容易碾磨。润水的主要设备有喷雾装置和保温纹龙。喷雾装置是一个带有可控水流量并使水雾化的喷头。喷雾量为每分钟0.25～0.33kg，保温纹龙是装有保温层的纹龙，以保持水温。纹龙长4.0m，螺距10mm，直径200mm，输运量为25kg·min^{-1}，转数为70r·min^{-1}，保温层间距为40mm。

采取润水加工方法要注意：加水量适当，如果原籽粒水分为14%以下时，着水量为21%时，出米率高；着水后应立即迅速而均匀地搅拌，以达到着水浸润均匀的目的；浸润的时间不能过长或过短，一般在50～80s为宜；籽粒干时，时间可长些。

三、高粱制粉

1. 干法制粉

干法制粉可分为高粱全籽粒制粉和高粱米制粉两种。高粱米制粉是将高粱籽粒先加工成高粱米，之后再将高粱米加工成高粱米面。高粱米面的质量好，但出粉率低，在85%以下。用高粱全籽粒制粉的方法基本上与小麦制粉的方法相同，这样加工的高粱面出粉率较高，可达90%左右，但食味较差，且不易消化，因为高粱果皮里含有的单宁没有被去净造成的。

单宁妨碍人体对蛋白质的消化和吸收。据分析，不去皮的红高粱面可消化率为18.6%，去皮的高粱米面可消化率为53.1%。但是，上述两种干法加工的高粱面均不如湿法加工的质量好。经水浸泡不去皮的高粱面可消化率为23.2%，而去皮的高粱米面为58.3%。

2. 湿法制粉

用湿法制出的高粱面粉，质地既白又细，单宁含量很少，且易保管，很受用户欢迎。

湿法制粉的工艺流程是

高粱籽粒⟶除杂组合筛⟶脱壳机⟶吸风分离器⟶清杂筛⟶洗粒机⟶热绞龙⟶圆筒仓⟶溜筛⟶净粒⟶制粉⟶烘干

高粱籽粒先进入第一道筛和除杂组合机，去掉杂质和砂石，再进入脱壳机和吸风分离器将高粱壳分开。然后进入清理筛再次清理，清理之后的净粒进入 SR-4 型洗粒机进行淘煮和甩干。经水煮 50s 后，进入热绞龙加热蒸炒 30min，进入 5 个铁皮圆筒仓润粒，再进入溜筛除余杂，最后通过风运入磨。入磨水分为 21%～23%，温度 40°C 左右。经过这样的加热加水处理，高粱籽粒的皮层和胚乳容易分离，皮层不易破碎，有利于加工。籽粒洗得干净，还可溶解部分单宁和色素，也可使淀粉糊化，食用时绵软可口。

制粉的主要设备有 500 型和 150 型磨粉机，4×12 挑担式平筛各两台，采用 2 皮 2 心的粉路。磨辊排列为钝对钝，速比为 2∶1，齿角为 40°/70°。大皮磨 2 次，小皮磨 3 次。筛绢前粗后细，采用 56GG～72GG。这样的制粉工艺能使红皮和单宁含量少，高粱面白且细。

烘干有利于面粉和糠的保管。采用气力烘干设备进行烘干。主设备有 706-30No7 风机 1 台，SRZ10×62 散热器 4 片，热风管 2 根，冷风管 2 根和刹克龙 4 个。加工湿面经风器进入热风管，温度 80～90°C，输运 20m 后进入两个串联刹克龙沉降，再经关风器送入冷风管，输送 15m 后在两个并联刹克龙沉降，使面粉水分降到 14%以下，温度降到 18.5°C，然后包装。高粱淀粉的很多性状与玉米淀粉相似，但高粱淀粉颗粒的平均直径比玉米稍大一点。

四、高 粱 酒

（一）小曲（根霉曲）高粱酒

贵州遵义县毛石镇酒厂用根霉曲酿制的高粱酒不但产量高，质量也好，在当地供不应求。用根霉曲酿制高粱酒时，从根霉曲本身的酶系特点来看，根霉细胞中含有丰富的糖化型淀粉酶，并含一定的酒化酶；同时根霉曲中含有生产小曲酒香味前体物质的酶系。因此，它是酿制高粱酒的最好用曲。现将用根霉曲酿制高粱酒的操作简述如下。

（1）高粱：选用储存 5～7 个月的优质高粱（新粮水分重，过陈虫蛀多，淀粉损失大），应新鲜，杂质少，无霉变。

（2）泡粮：用 73～74℃的水浸泡 6～10h，粮粒吸水透心，每 50kg 高粱用水 82.5kg 左右。

（3）蒸粮：将泡好的高粱装入甑桶中，盖上甑盖，圆汽初蒸 10～15min，从放水眼处掺入闷粮水，水量以淹过粮面 6～7cm 为宜。仔细检查甑内粮粒不顶手，软硬适当时即放闷水，放完后，满圆汽起加盖复蒸约 50min，敞盖蒸 10min 出甑。要求熟粮柔熟、泫轻、收汗，水分为59%～61%，淀粉裂口率为 89%以上。

（4）摊凉加曲：将蒸熟的高粱打起，摊凉至室温（夏季），冬季 35～40℃时，加入原料量的 0.3%～0.5%的根霉曲，拌匀。

（5）培菌糖化：高粱经拌曲后应及时进入培菌箱，把红箱堆成长方形，夏季厚度为 5～10cm，冬季 15～20cm，后盖新鲜糟子保温糖化。经 22～24h 的培菌糖化，培菌醅在正常的情况下应是：清糊，有曲香味，具樱桃味，化验还原糖 5.0%～7.5%。

（6）发酵：冬季气温低，进桶仅 20℃左右，因桶的四周散热快，容易造成不升温。可在一吹二吹从桶的四周加部分热水挽救，提高桶内温度，达到发酵完全。夏季发酵时，气温高，应选择较低的温度和室温进行装桶，或气温高时入桶，应适当地踩桶。这样经过 6～8 天发酵即可（保温在 37～38℃）。

（7）蒸馏：蒸馏时应先检查判断糖化发酵是否正常，以防失误（如不正常应该补救）。装甑时做到来汽均匀、轻松，蒸馏时要求火力大而平稳，流酒温度控制在 30～32℃。

(二) 高粱威士忌酒

高粱威士忌酒的加工工艺如下：

大麦、豌豆 → 发芽 → 烘干 → 粉碎

高粱、玉米 → 粉碎 → 糊化 → 糖化

酵母 → 多级扩大培养 → 接种 → 发酵

粉碎 → 糖化 → 发酵 → 初蒸馏 → 二次蒸馏 → 老熟 → 勾兑 → 过滤 → 包装 → 成品

1. 工艺操作要点

(1) 原料的糊化和糖化。高粱和玉米粉碎后通过 20～40 目筛，用 40℃水调成粉浆，在蒸煮锅中 120℃，1～1.5h 高压蒸煮，彻底糊化后送入糖化锅中加入麦芽和豌豆芽进行糖化，糖化工艺采用三次煮出法，糖化温度为 65～70℃。

(2) 酵母扩大培养。经过发酵筛选试验，确定使用威士忌酵母和生香酵母汾 2 号共同发酵。酵母培养基为 12Bx 麦汁，扩大培养方法：斜面保存管(30℃/48h)10mL→液体管(28℃/24h)100mL→三角瓶(28℃/24h)1000mL→三角瓶(25℃/18h)15L→卡氏罐(22℃/16h)成熟酒母。

(3) 发酵。糖化醪送入发酵罐，接入成熟酒母，厌气发酵。接种温度 20～22℃，控制发酵温度 20～30℃，发酵时间 48～72h。

(4) 蒸馏。发酵成熟醪酒精含量 7%～8%(*V/V*)，立即蒸馏。初蒸馏采用经过改进的壶式蒸馏器，把成熟醪中挥发性成分全部蒸出，酒精浓度不大于 45%，然后再用填充泡盖蒸馏塔二次蒸馏至(60±2)%酒精浓度成为待储存酒。

(5) 老熟和勾兑。待储存酒用经过处理的橡木桶储存两年以上，然后进行勾兑。用双蒸水稀释为(38±2)%的酒精浓度，天然色素调色，添加澄清剂再储存一段时间，使酒色橙黄透明，过滤后包装即为成品，可出厂销售。

2. 原粮出酒率

高粱和玉米出粉率按 90%计，大麦和豌豆发芽制品收得率按 78%计，则 1kg 成品酒耗用原粮(kg)：高粱 0.807、玉米 0.101、大麦 0.687、豌豆 0.093，总计 1.688。相应的原粮出酒率为 59.2%。

3. 感官指标

金黄色、澄清透明无沉淀。具有麦芽酒和高粱酒的固有香气以及橡木桶存储而产生的橡木香气。滋味绵甜、醇厚、爽口。

第六节　糜子的加工

糜子属禾本科黍属，又称黍、糜、稷等。糜子栽培历史悠久，在我国古代农业中有极其重要的地位。其生育期 80～120 天，耐旱、耐瘠，是北方干旱和半干旱地区的重要粮食作物。糜子籽粒脱皮后称为黄米或糜米，分为糯性与粳性两种，糯性黄米又称为软黄米或大黄米。粳性的称为硬黄米或糜米。黄米是我国北方人的重要食物，具有丰富的营养价值、还具有药用、饲料、制酒、制革、出口加工等多种用途。糜子主要分布在欧洲和亚洲，美洲、大洋洲也有少量栽培。全世界糜子栽培面积为 5.5～6Mhm²，栽培面积最大是俄罗斯、乌克兰和中国。印度、伊朗、蒙古、朝鲜、日本、法国、罗马尼亚、美国和澳大利亚也有栽培。20 世纪 80 年代苏联糜子栽培面积约 2.5Mhm²，主要分布在南部和东南部干旱、半干旱地区。中国糜子栽培面积仅次于前苏联，约 1.5Mhm²，居世界第二位，主要分布北方干旱、半干旱地区。世界糜子平均产量每公顷 750kg 左右，中国平均每公顷约为 1000kg。

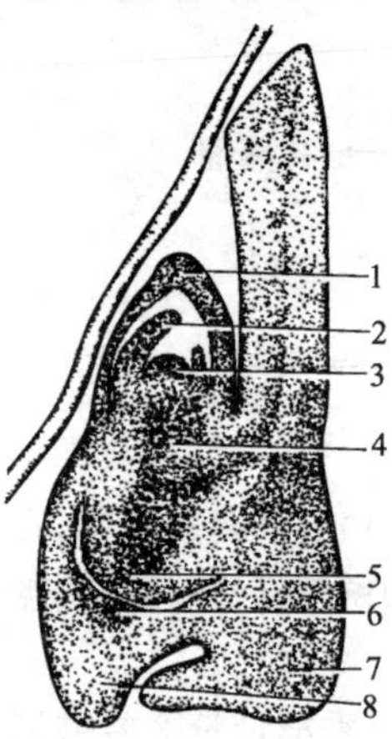

图 6-5　糜子胚示意图
1. 胚芽鞘；2. 叶原基；3. 生长点；4. 胚轴；5. 胚根；6. 根冠；7. 盾片；8. 胚根鞘

一、糜子的基本特性

（一）糜子的形态结构

糜子种子，实际上是由受精后的子房发育而成的果实，由于果皮和种皮连在一起不易分开，故生产上通称种子或籽粒，植物学上称颖果。

糜子的籽粒形状有球形、长圆形、卵圆形 3 种，千粒重 3～10g。粒色有黄、红、白、褐、灰和复色等颜色，脱壳后米色有深黄、浅黄等色。糜子种子做纵切面观察，主要由皮层、胚和胚乳 3 部分组成，胚的结构见图 6-5。

糜子种子的基本结构可概括如下：

糜子的种子
- 皮层（保护内含物）
  - 果皮：子房壁发育
  - 种皮：内珠被发育
- 胚（植株的雏体）
  - 胚芽：包括生长点和幼叶，外包有胚芽鞘
  - 胚轴：连接胚根、胚芽和子叶
  - 胚根：由生长点和根冠所组成，胚根外包有胚根鞘
  - 子叶：1片子叶，无外胚叶
- 胚乳（储藏营养物质）
  - 糊粉层
  - 淀粉层

（二）糜子的营养价值

糜子籽粒含有丰富的蛋白质、脂肪、维生素和矿物质元素，其含量普遍高于小麦、大米，是一种营养价值很高的食物源，糜子中蛋白质含量相当高，特别是糯性品种，其含量达13.6%，最高可达17.9%。比小麦、大米和玉米都高。糜子品种类型不同，蛋白质含量也不同，糯性品种普遍高于粳性品种；同一品种在不同地区种植，由于生态条件的差异籽粒蛋白质及其组分含量也不同。蛋白质营养价值的高低，主要取决于其所含必需氨基酸的种类、数量及其相互比例是否近似于人体蛋白质。糜子籽粒中含有多种氨基酸，数量丰富。糜子蛋白质中18种氨基酸的含量都比较高，其中人体必需8种氨基酸的含量均高于小麦、大米和玉米，尤其是甲硫氨酸含量，每100g小麦、大米、玉米分别为140mg、147mg和149mg，而糜子为299mg，是小麦、大米和玉米的2倍多；小麦必需氨基酸的比例不够平衡，而糜子蛋白质中几种氨基酸都有中等以上的含量，必需氨基酸较为平衡。可见糜子蛋白质品质在禾谷类作物中是较好的。

糜子籽粒中淀粉的含量在70%左右，其中糯性品种为67.6%，粳性品种为72.5%。

糜子中脂肪含量平均3.6%，高于小麦粉和大米的含量。糜子的脂肪在常温下呈固形物，淡黄色，含有多种脂肪酸，其中硬脂酸含量与玉米、高粱相近，而亚油酸含量较高。

糜子籽粒中钙、镁、磷、铁、锌、铜的含量均高于小麦、大米、玉米。其中镁的含量极高，每100g为116mg，是大米的3.4倍，小麦的2.3倍，玉米的1.05倍；钙的含量每100g为30mg，为大米和玉米的2.3倍。

糜子籽粒中食用纤维的含量极高，无论糯性还是粳性品种，其纤维含量都高于小麦和玉米，纤维有利于粪便排出，减少了细菌及其毒素对肠壁的刺激，可降低肿瘤的发病率；纤维素还能与饱和脂肪结合，防止血浆胆固醇的形成，从而减少胆固醇沉积在血管壁的数量，有利于防止冠心病的发生，在禾谷类作物中，糜子籽粒中食用纤维的含量最高。

糜子不仅具有很高的营养价值，也有一定的药用价值，是我国传统的中草药之一。《内经》、《本草纲目》等书中都要记述，糜子性味：甘、平、微寒、无毒。功能“补中益气、健脾益肺、除热愈疮”。主治脾胃虚弱、肺虚咳嗽、泄泻、胃痛、小儿鹅口疮、烫伤等症。据《名医别录》记载：稷米“入脾、胃经”，功能和中益气、凉血解暑。主治气虚乏力、中暑、头晕、口渴等症。煮熟和研末食。黍米“入脾、胃、大肠、肺经”。煮粥或淘取泔汁服。常用食疗与验方有：

（1）气滞食积方。肉食成积，胸满面赤不能食，饮糜子米泔水。

（2）胃寒、泄泻方。脾胃虚寒、泄泻及肺结核低热、盗汗，糜子米煮粥，常食。

（3）中老年人阳气不足，气血两亏，体虚消瘦，腰膝酸软，畏寒等症。羊肉250g，糜子米400g，葱、盐适量。先将羊肉洗净，切块，熬汤，糜子米、葱、盐同煮。任意食，以秋冬服食为宜。

（4）黄酒核桃泥汤。神经衰弱、头痛、失眠、健忘、久喘、腰痛、习惯性便秘等症：核桃仁5个，白糖50g，黄酒（糜子为原料）50mL。前两种放入瓷碗中捣成泥状，入锅中，加黄酒，小火煎煮10min，每日服两次。

（5）党参黄米茶。党参15～30g，炒糜子米30g。将其入锅内，加水4碗煎至1碗半，代茶饮，隔日服1次。适用于脾阳虚食少、倦怠、形寒肢冷，大便溏泄，或完谷不化，肠鸣腰痛，妇女白带清稀，舌淡苔白，脉虚弱沉迟者。

二、糜子加工

（一）糜子米

糜子籽粒为圆形，外层包被着坚硬的皮壳，表面光滑，摩擦力小，不利于制米，与水稻、谷子、高粱等制米作物相比，糜子制米最为困难。

糜子籽粒有褐(黑)、红、黄、白，灰以及复色等多种颜色，粒色不同，皮壳薄厚不同，所以出米率与粒色有较大关系。根据测定，糜子品种的皮壳率一般为12％～20％，出米率为80％～88％。出壳率的多少，取决于种皮的薄厚，粒色深的品种皮壳较厚，出米率低，以褐(黑)粒色品种出米率最低，为80％左右，粒色浅的品种皮壳较薄，出米率高，以白粒色品种出米率最高，为88％。

1. 糜子的传统制米工艺

糜子的传统制米方式是用石碾或石臼人工制米，制成的米品质好，但破碎粒多，带糠多，出米率低，操作繁琐，速度慢，劳动强度大。现在基本已被淘汰。

(1) 石碾制米工艺。石碾制米在我国西北及内蒙古、山西等地区较为多见。其工艺是先用筛子或簸箕清除杂质，晒干后上碾，加工的糙米用风车或簸箕去掉皮壳，如此反复3次，最后制成黄米。工艺流程见图6-6。

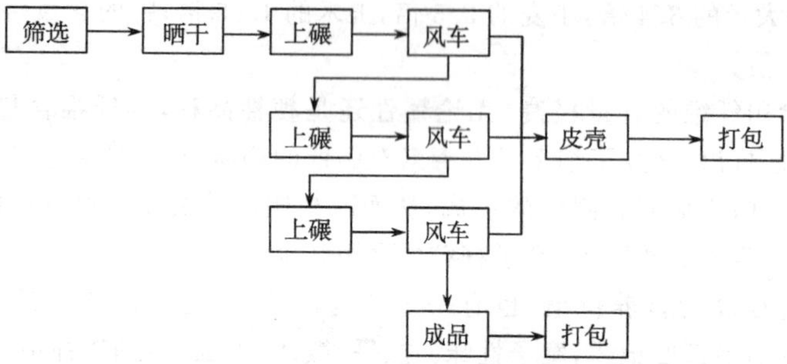

图6-6 石碾制米工艺流程图

(2)石臼制米工艺。我国有些糜子产区常用石臼制米，其工艺是用筛子或簸箕去杂，然后晾晒，待干后入臼，有的用脚踩木槌上下捶打，有的则用石锤捶打，糙米用风车或簸箕去皮，如此重复几次，直到脱净皮壳为止。由于受石臼容量的限制，每次入臼的米量很少。

2. 糜子的机械制米工艺

目前，我国糜子制米机械设备仍较为落后，前期筛选去杂等工作还需人工完成，只有碾米工序由机器完成，且出米时常带出许多皮壳及细糠，需人工进一步去除。但在一些大型加工厂机械化程度较高，从筛选到成品打包都由机器完成。机械制米工艺是晒糜、清选，去杂去秕，上机碾米，风车去皮壳。

（二）糜子黄酒

1）主要原料

黄米、小麦、酒曲、酒母、糖液、大麦麦芽。

2）工艺流程

选米→浸泡→蒸米→糖化→过滤→浓缩→发酵→灭菌→成品

3）操作方法

（1）选米与浸泡。选取颗粒大且饱满、无霉变的当年新鲜糜子，采用机械碾磙方法脱去外壳使其成为黄米，再除去碎米与米糠，然后放置于 20～30℃的温水中浸泡 27～28h，使黄米颗粒吸水膨胀，且逐渐疏松，以利于蒸煮膨化。

（2）蒸煮与糖化。取出浸泡膨松的黄米，置于铺有白纱布的蒸笼中，用大火加热蒸煮，待蒸笼大汽上圆后，保持 60min 左右，其间每隔 20min 翻动 1 次蒸米，使所蒸黄米达到外硬内软，内无白心，疏松不糊，透而不烂，均匀一致。然后取新制取的大麦麦芽，磨成糊状；再取酒曲、酒母，在蒸米出笼时乘高温一并及时加入，并搅拌均匀（按蒸米：麦芽糊：酒曲：酒母为 10：4.6：3：0.3 的比例加入），装入糖化缸中（离缸口 10cm），封口进行糖化处理。经过 24h 后，再加入稀糖液至缸满，封口继续保持 7～8h 的糖化。

（3）过滤与浓缩。将已糖化好的酒料移入布袋进行压滤，并除去料渣，取其酒醪直接转入蒸发容器中加热进行浓缩，并用糖度计测量，控制其糖度在人们所要求的糖度范围内。

（4）发酵与灭菌。待浓缩后的酒醪冷却后，移入发酵缸，温度保持在 20～30℃，密封发酵 30～60 天，此时已发酵好，再在发酵缸中静置澄清，虹吸上层澄清的酒液，装入自制的灭菌容器中，用水浴加热，使容器内温度达 85℃以上，保持半小时进行灭菌。

（5）成品。灭菌后，降至室温，装入已消毒后的容器中，密封得成品。此法制成的黄酒呈琥珀色，清澈透亮，酒精度一般大于 13 度，糖度一般大于 0.9 度，总酸小于 0.7 度，在室温下密闭封存可保质 15 个月左右。

参考文献

柴岩. 1999. 糜子. 北京：中国农业出版社

杜连起. 2004. 谷物杂粮食品加工技术. 北京：化学工业出版社

林汝法，柴岩，廖琴等. 2002. 中国小杂粮. 北京：中国农业科学技术出版社

卢庆善. 1999. 高粱学. 北京：中国农业出版社

张美莉. 2007. 杂粮食品生产工艺与配方. 北京：中国农业科学技术出版社